国家出版基金项目
NATIONAL PUBLICATION FOUNDATION

“十三五”国家重点出版物
出版规划项目

废物资源综合利用技术丛书

DIANZI FEIWU ZIYUAN ZONGHE LIYONG JISHU

电子废物资源综合利用技术

周全法　程洁红　龚林林　等编著

化学工业出版社
·北京·

全书分三篇共8章，第一篇是电子废物资源化利用基础，主要介绍了电子废物的资源性和污染性、常见家电的结构和拆解、电子废物分析方法；第二篇是电子废物资源化利用技术，主要介绍了电子废物中材料分离技术、典型电子废物处理工艺、电子废物中贵金属的循环利用；第三篇是电子废物环境管理和污染减控技术，主要介绍了电子废物的环境管理、电子废物处理位置中的“三废”减控技术。

本书具有较强的知识性和技术应用性，可供从事电子废物处理处置等领域的工程技术人员、科研人员和管理人员参考，也可供高等学校资源循环科学与工程、环境科学与工程及相关专业的师生参阅。

图书在版编目（CIP）数据

电子废物资源综合利用技术/周全法等编著. —北京：化学工业出版社，2017.11（2022.2重印）
（废物资源综合利用技术丛书）
ISBN 978-7-122-30432-2

Ⅰ.①电… Ⅱ.①周… Ⅲ.①电子产品-废物综合利用 Ⅳ.①X760.5

中国版本图书馆CIP数据核字（2017）第195721号

责任编辑：刘兴春　刘　婧　　文字编辑：汲永臻
责任校对：宋　玮　　装帧设计：王晓宇

出版发行：化学工业出版社（北京市东城区青年湖南街13号　邮政编码100011）
印　　装：北京盛通数码印刷有限公司
787mm×1092mm　1/16　印张26¾　字数647千字　2022年2月北京第1版第5次印刷

购书咨询：010-64518888　　售后服务：010-64518899
网　　址：http://www.cip.com.cn
凡购买本书，如有缺损质量问题，本社销售中心负责调换。

定　　价：98.00元

《电子废物资源综合利用技术》编著人员

编 著 者：周全法　程洁红　龚林林　朱炳龙　王　琪　黄继忠
陆静蓉　周雅雯　梁志强　陈　科　张锁荣　陈　娴
蔡　璐　赵世晓

FOREWORD

前 言

以废旧电视机、冰箱、空调机、洗衣机和电脑为主的废弃电器电子产品，手机、微波炉、油烟机等小型家电，交换机、发射和接收基站等大型公共电子产品以及电器电子产品拆余物构成的第一类电子废物，以家电和电子元器件生产过程中产生的残次品、边角料和相关报废材料等构成的第二类电子废物，已经成为20世纪增长速度最快的城市固体废弃物。2014年，全球电器电子产品废弃总量约为4180万吨，其中我国的产生量约为603.3万吨。我国已经成为世界最大的电器电子产品生产国和消费国，同时也是世界最大的电子废物处理处置国。电子废物中含有大量的有色金属、黑色金属、高分子材料和无机非金属材料，被称为“城市矿山”、“城市矿产”和“放错了地方的宝贵资源”。

如何在无害化前提下实现电子废物的高效资源化，已经成为科技界、政府管理部门、电子废物产生者、处理处置企业和公众极为关注的问题。在操作层面涉及三个方面：一是电子废物的回收管理体系建设问题，即如何报废、由谁收集、交给谁拆解分类；二是电子废物资源化利用和无害化处置的工艺技术和设备问题，即采用哪些技术、工艺和装备才能够实现在无害化前提下的资源化；三是行业准入、许可、审核和相关人才的培养培训问题，即各级环保部门如何许可和审核电子废物再生利用项目、相关企业应该具备怎样的条件、产业专门人才如何培养和培训。

在电子废物的回收管理体系建设方面，国家先后从产业布局和规划、企业准入和许可、法律法规建设等方面做了大量富有成效的工作，其中以国务院《废弃电器电子产品回收处理管理条例》，财政部、环保部和发改委等6大部委《废弃电器电子产品处理基金征收使用管理办法》，以及将电子废物再生利用纳入节能环保战略性新兴产业的意义最为重大。在电子废物资源化利用和无害化处置的工艺技术和设备问题上，科技部等相关部委在国家科技支撑计划、863计划等国家科技计划项目的设立上给予电子废物处理处置以大力支持，设立了一批国家级项目和课题，重点研究电子废物处理处置的工艺和技术、专用装备的设计制造，有些项目已经取得重大进展。在行业准入、许可、审核和相关人才的培养培训问题上，环保部做了大量工作，目前正在进行有关废印刷电路板等危险废物经营单位的许可和审核指南编制工作。教育部为了配合战略性新兴产业的发展，特设了“资源循环科学与工程”等相关本科专业。应该说，目前我国已经初步具备了电子废物资源循环利用的产业基础、科技基础和人才基础，已经具备了解决电子废物的资源性和污染性的矛盾的基础条件。

本书以作者多年来承担的国家科技支撑计划等重大项目的研究成果以及产业化经验为依托，对电子废物的资源性和污染性、常见家电的结构和拆解、材料成分分析、有价材料分离和深加工、电子废物的环境管理和二次污染减控技术等进行归纳总结，希望对我国电子废物再生利用行业的发展和企业的科技进步有所帮助。素材主要来源于国内外相关科研成果和生产实际应用成果，注重学术性与技术性、工程性和行业性的有机结合。

本书共分三篇共 8 章。第一篇是电子废物资源化利用基础，分为 3 章，分别是电子废物的资源性和污染性、常见家电的结构和拆解、电子废物分析方法；分别由朱炳龙、王琪、龚林林、黄继忠、陆静蓉和周全法等完成。第二篇是电子废物资源化利用技术，分为 3 章，分别是电子废物中材料分离技术、典型电子废物处理工艺、电子废物中贵金属的循环利用；分别由程洁红、张锁荣、陈娴、龚林林、蔡璐、梁志强、陈科、赵世晓和周全法等完成。第三篇是电子废物环境管理和污染减控技术，分为 2 章，主要介绍电子废物的环境管理、电子废物处理处置中的“三废”减控技术；分别由程洁红、陈娴、龚林林、周雅雯和周全法等完成。全书最后由周全法、程洁红和龚林林统稿、定稿。

在本书编著过程中，环境保护部固体废物管理中心、中国再生资源产业技术创新战略联盟、中国有色金属工业协会再生金属分会、江苏省固体有害废物登记和管理中心、江苏理工学院、江南大学等有关部门对相关课题的研究和本书的出版给予了大力支持和帮助。国家科技支撑计划项目（2014BAC03B06）、联合国开发计划署“通过环境无害化管理减少电子电器产品的生命周期内持久性有机污染物和持久性有毒化学品的排放全额示范项目”（20141201CN）给予本书出版以大力支持，项目的部分研究成果已经融入本书。在此，谨向各位关心支持本书出版和电子废物再生利用事业发展的各位同仁表示衷心感谢！

限于编著者编著时间和水平，书中不足和疏漏之处在所难免，敬请读者提出修改建议。

编著者

2017 年 6 月于常州

CONTENTS

目录

第一篇　电子废物资源化利用基础

第二篇 电子废物资源化利用技术

4 电子废物中材料分离技术

5 典型电子废物资源化工艺

6 电子废物中贵金属的循环利用

第三篇 电子废物环境管理和污染减控技术

7 电子废物的环境管理

8 电子废物处理处置中的污染减控技术

索引

第一篇
电子废物资源化利用基础

电子废物，是指废弃电器电子产品以及被国家环境保护部等政府部门纳入电子废物管理的废弃物。通常将电子废物粗分为两类：第一类是以废旧电视机、冰箱、空调机、洗衣机和电脑（简称为“四机一脑”）为主的废弃电器电子产品，手机、微波炉、油烟机等小型家电，交换机、发射和接收基站等大型公共电子产品，电器电子产品拆解所得的主要部件四部分；第二类是指家电和电子元器件等生产过程中产生的残次品、边角料和相关报废材料。相对于第一类电子废物而言，第二类电子废物仍然是目前环保监管的薄弱环节。

电子废物资源化利用的前提是其中含有可以资源化利用的材料，这是我国拥有众多电子废物再生利用企业和从业者的经济驱动力。与资源性相伴的是再生利用过程中的污染性，即由于对电子废物进行物理、化学、生物等方法处理或不当存储所引起的二次污染。在电子废物再生利用过程中，真正做到“全组分利用”和“零排放”是不可能的。全组分利用仅仅是指对电子废物的所有组分进行了充分利用，没有产生新的废物或严重的二次污染。无害化处置也仅指再生利用过程中所产生的二次污染处于现行环保排放标准容许的范围之内。

因此，在从事电子废物资源化利用之前，有必要了解电子废物的资源性和污染性、电子废物的环境管理要求、废旧家电的结构和拆解方法、电子废物中有价值材料的分析方法等基础知识，以便更有针对性地制订再生利用工艺和生产线设计方案以及二次污染的减控措施。

1 电子废物的资源性和污染性

随着我国电子信息产业的飞速发展和人民生活水平的提升，以家用电器为代表的电子信息产品更新换代速度越来越快，我国已经成为世界上最大的家用电器的生产国和消费国。大量生产和消费的背后必然是大量废弃。2014 年，全球电器电子产品废弃总量约为 4180 万吨，其中在我国产生约为 603.3 万吨，人均产生 4.4kg。以废家电为主的电子废物已经成为 21 世纪增长最快的城市固体废物[1,2]。电子废物中含有大量的有色金属、黑色金属、高分子材料和无机非金属材料，因而被称为“城市矿山”“城市矿产”和“放错了地方的宝贵资源”。

鉴于废弃电器电子产品等电子废物的资源性和污染性，国家发展和改革委员会于 2004 年出台了《废旧家电及电子产品回收处理管理条例》(征求意见稿)，经过近五年的意见征集和实践，国务院于 2009 年 2 月出台了第 551 号国务院令，颁布了上述条例并从 2011 年 1 月 1 日起正式实施。财政部、环保部、发改委等 6 大部委于 2012 年 5 月联合出台了《废弃电器电子产品处理基金征收使用管理办法》(下称“处理基金办法”)，开始实施废弃电器电子产品的国家定点拆解政策。同时，国家科学技术部高度重视电子废物处理处置工艺、技术、装备和示范生产线建设的研究，自 2008 年起先后下达了“废线路板全组分高值化清洁利用关键技术与示范”等多个国家科技支撑计划项目和 863 计划项目。上述办法及政策的出台，为电子废物处理处置产业提供了千载难逢的发展机遇和强大的科技进步动力。

1.1 我国电子废物来源和流向

我国电子废物主要来源于 3 个方面[3]。

1）国内废弃电器电子产品及其拆解物　包括居民日常生活中所产生的废旧家电及其配件、企事业单位和政府部门产生的以电脑及其外设为主的电子废物、电器电子产品生产过程中所产生的整机及零配件废品。

2）非法流入我国的废弃电器电子产品及其拆解物　俗称“电子垃圾”或“洋垃圾”的电

子废物大多流入到浙江、福建和广东等沿海地区，并逐步扩散到山东、河北和广西等地。虽然我国禁止进口废旧家电等电子废物，但由于电子废物具有“原料价格低、拆解成本低、拆解产物价格高”的“两低一高”的特点，仍有很多企业通过非法渠道进口大量电子废物。仅在广东贵屿和汕头两地，每年约有3万～4万人从事废弃电器电子产品及其拆解物的处理工作，每年处理量高达100万吨。相关资料显示，全球每年产生的电子垃圾中，约70%被转移到中国大陆进行处理，我国已经成为名副其实的世界最大的电子垃圾处理场。

3）电子信息产品生产过程中产生的边角料、废旧元器件、报废原辅材料　主要产生于电子元器件和电子化学品生产企业，包括废线路板（覆铜板、电路板）边角料、压电陶瓷废料、玻璃类废料、塑料类废料、无机非金属废料、电子元器件生产过程的液体废料和其他固体废料等。这一部分电子废物的产生源相对复杂，目前尚无法精确统计其产生量和流向。

我国废弃电器电子产品的流向主要有4个方面：a. 废弃电器电子产品所有者暂时储存；b. 回收处理厂再生利用；c. 整机或零部件进入二手市场再使用；d. 丢弃至垃圾箱随后进行填埋处理。

我国电器电子产品在报废或淘汰后，大多数被消费者暂时储存在家里或办公室。原因是废弃电器电子产品在中国往往被看作是有价值的商品，个人消费者一般不会随意丢弃，而是待价而沽。而用财政经费购买的电器电子产品，一般是作为固定资产管理，报废手续和流程长，尚未达到规定的报废年限而实际已经不能使用的电器电子产品只能暂时储存于单位仓库中。

另外，我国废弃电器电子产品回收体系不完善也是造成废弃电器电子产品及其拆解物积存的原因之一。目前大约90%的废弃电器电子产品及其拆解物被走街串巷的个体收购者回收，由于缺乏专门管理，在经济利益驱动下，大部分回收的废弃电器电子产品被卖给了非国家定点的废旧家电拆解处理企业，只有少量被倒卖到定点拆解企业进行拆解、分类、分选，回收或再使用其中的有用材料或零部件。国家定点拆解处理企业由于不能得到充足的原料，难以产生规模效益和示范效应。此外，尚有部分废旧家电被收购者维修、升级或翻新后进入二手市场。随着家电产品升级换代的加快和家电产品价格的降低，作为二手家电销售的数量将越来越少。

进入填埋场处置的废旧家电及其拆解物主要为拆解企业和个体拆解者无法再利用的相关材料，如玻璃类和树脂类废弃物。

1.2　我国电子废物的处理处置

1.2.1　处理处置途径

我国电子废物主要通过再生利用和再使用方式进行处理。

1.2.1.1　再使用

通过再使用方式，可以延长废旧家电及其拆解物的使用寿命。“再使用”是我国废旧家电及其拆解物循环利用的主要形式之一。虽然再使用过程对环境的污染较小，但由于再使用的电子产品可以使用的寿命短，很快会在农村等难以进行收集和处理的地区变成废物，从而造成更大的危害。同时以旧充新、以次充好的现象也充斥着二手电子产品市场，存在严重的安全隐患。目前，我国第一部关于规范二手家电的国家标准《二手(旧) 电子电器品质技术要求》国家标准已经进入审定阶段，这对规范我国电子产品二手市场将起到积极作用。

1.2.1.2　**再生利用**

受电子废物有价资源的利益驱动，电子废物回收处理企业快速崛起，已经成为一个新兴产业。根据处理处置的电子废物来源不同，我国电子废物回收处理企业可以分为以国外电子废物为主要原料的回收处理企业和以国内废旧家电为主要原料的回收处理企业。

1) 以国外电子废物为主要原料的回收处理企业　截至 2015 年，全国共有 600 多家以进口废电机、废电线电缆、废五金电器(海关进口目录：第七类废弃物) 为主的拆解回收企业，主要分布在东部沿海地区，并形成了天津、浙江和广东三个地域性的回收处理中心。由于普遍采用手工辅以机械拆解处理工艺，有毒重金属(如 Pb、Cr、Cd 等) 和持续性有机污染物(如 PBDEs、PCDD/Fs、PAHs、PCBs 等) 对当地大气、水体、土壤、沉积物等环境介质以及人体健康具有较大的潜在危害。

2) 以国内废旧家电为主要原料的回收处理企业　绝大多数企业均领取了相关种类的危险废物经营许可证，按照《危险废物经营许可证管理办法》的要求从事废旧家电及其拆解物的收集、储存、处置，一般做过环境评价，相对规范。江苏省领取许可证的废旧家电及其拆解物回收处理企业有 74 家，以废线路板为主要处置对象，主要集中在经济发达地区。另外，家庭作坊式的回收处理仍是我国目前比较普遍的处理模式。这类企业规模小、技术水平低、环保投入少，通常采用手工或简单工具进行拆解，并使用破坏性处理工艺(如传统的酸浸和露天焚烧等)，仅回收废旧家电及其拆解物中的有价金属，二次污染严重，因此相对于正规企业，其回收处理成本低。这也直接导致了污染严重的非正规小企业占领了主要市场，而技术先进、环保水平高的国家定点企业处于“吃不饱”甚至是亏损的尴尬局面。目前，保护正规废旧家电及其拆解物回收企业的有关法规和政策在中国还处于起步阶段。江苏省已经开展废旧家电及其拆解物处置利用企业准入条件研究，并出台了废线路板、含重金属污泥和蚀刻废液处置利用企业的准入条件，这对保障废旧家电及其拆解物资源化综合利用行业的健康和可持续发展具有重要意义。

1.2.2　法律法规体系

针对我国电子废物回收监管体系薄弱、相应法规不健全的问题，通过制定相关法律法规和政策，电子废物循环利用及其产业发展将逐步纳入法制化管理的轨道。表 1-1 概括了我国目前电子废物的相关法律法规。根据最新的国家危险废物名录，电子废物已被列为危险废物，因此我国所有适用于危险废物的法律法规也适用于电子废物。

表 1-1　中国电子废物管理相关法律法规

法律法规	相关内容	时间
限制进口类可用作原料的废物目录(第一批)	限制废五金电器、电机、电线、电缆的进口	施行 2002 年 1 月 1 日
禁止进口货物目录(第二批、第五批)	禁止废旧机电产品的进口	施行 2002 年 1 月 1 日(第二批)；2002 年 8 月 15 日(第五批)
废电池污染防治技术政策	废电池处理处置全过程污染防治技术	施行 2003 年 10 月 9 日

续表

法律法规	相关内容	时间
废弃机电产品集中拆解利用处置区环境保护技术规范(试行)	废弃机电产品集中拆解利用处置区的规划、建设及运行的污染防治和环境保护管理	施行2005年9月1日
废弃家用电器与电子产品污染防治技术政策	家用电器与电子产品的环境设计、废弃产品处理处置全过程的环境污染防治	施行2006年4月27日
电子信息产品污染控制管理办法	电子信息产品的设计、生产、销售和进口限制使用有毒有害物质或元素	施行2007年3月1日
再生资源回收管理办法	从事再生资源回收经营活动的企业和个体工商户的经营规则及相应的监督管理	施行2007年5月1日
电子废物污染环境防治管理办法	电子废物拆解、利用、处置的环境管理及相关方责任的确定	施行2008年2月1日
家用和类似用途电器的安全使用年限和再生利用通则	家用和类似用途电器安全使用年限、再生利用的要求以及标识	施行2008年5月1日
中华人民共和国循环经济促进法	废物的减量化、再利用和资源化	施行2009年1月1日
废弃电器电子产品回收处理管理条例	废弃电器电子产品回收处理相关方责任确定(生产者责任制);处理企业的资格认定	施行2011年1月1日
废家用电器处理与利用污染控制技术规范	废家用电器(电视机、电冰箱、空调、洗衣机)处理处置全过程污染控制技术要求	征求意见稿
废电器电子产品处理污染控制技术规范	电子废物处理处置全过程污染控制技术要求	征求意见稿

我国电子废物的管理从最初的无法可依，到现在众多法规的“一拥而上”，既体现了国家对电子废物回收的重视，也暴露了管理体制的不健全。例如，政出多门，难以协调；相关方责任不明确；无具体回收目标；无专项资金、资格认定等配套措施，多为原则性、指导性规定，可操作性较差。

1.2.3 电子废物EPR制度

目前，生产者责任延伸制(EPR)已成为发达国家管理电子废物的流行模式，被广泛应用于相关国家的电子废物法[4]。作为立法原则，其主旨是通过将产品生产者的责任延伸到产品的整个生命周期，特别是产品消费后的回收处理和最终处置阶段。这一制度将激励生产者进行环境友好设计，从而实现废弃物的最终处置与源头控制的完美融合。

欧盟大部分成员国就电子产品颁布了一系列区域性法令。2003年欧盟又颁布了两部整体性法令:《关于在电子电器设备中限制使用某些有害物质指令》(简称RoHS指令)和《关于废弃电子电器设备指令》(简称WEEE指令)，共同构建了欧盟的EPR体系。WEEE指令要求所有成员国建立允许消费者和销售商将电子废物免费送回的系统，由生产商或进口商承担其废弃后的收集、处理、回收和环保处置等相关费用[5]。比如彩电或冰箱，每台将被加收2%～3%左右的电子垃圾回收费。要求达到50%～80%的再使用(reuse)和再生利用(recycling)率及70%～80%的回收利用(recovery)率，每人每年4kg的回收目标。虽然在欧盟执行的是由生产者承担的EPR责任模式，但大部分成员国采用政府、生产商和消费者共同参与的联合机制。处理费用也转移到产品成本中，由消费者承担，其征收模式为预付费方式，即在消费者购买新产品时支付，一种是在新产品的销售价格的基础上明码标出处理费；另一种是将处理费隐含在销售价格之中。

日本对电子废物的规制领域仅限于几类特定家用电器（电冰箱、空调、洗衣机、电视机）。由生产者（包括进口商）承担废旧家电的回收和再生利用的有形责任；销售者在销售新家电时有责任入户回收旧家电，并将回收的电器运送到指定的回收地点，交给生产厂家；而经济责任则由消费者承担，实行消费者废弃时付费机制；根据家电种类，要求达到50%～80%以上的再商品化率，而在2003年10月1日后购买的电脑其处理费包含在产品的销售价格中。

美国倾向于利用市场的力量实施生产者责任延伸制度，目前暂无电子废物管理的联邦法律，但支持各州尝试制定自己的专门管理法案。例如，加利福尼亚州率先通过了电子垃圾法规——《2003电子废物再生法案》，对视频显示设备的废弃物的管理和回收做出了规定，采取可见的预付费形式，在销售环节向消费者收取6～10美元不等的处理费。缅因州在2006年1月开始实施《有害废物管理条例》，规定家用电视机和电脑显示器实行强制回收，由生产商承担收集和处理费用，采取处理时付费模式，在生产环节收取。美国也开始酝酿制定全国统一的法律法规，2007年5月25日电子行业联盟发布了针对家用电视和信息技术产品的国家回收再利用计划：由该行业赞助的第三方机构负责电视的收集和回收再利用，消费者在购买时只要支付一小笔费用；IT设备产品的制造商实施对其自身产品进行收集和回收再利用的方案，而且是以对消费者便利和免费的方式来实施。

我国自2011年1月1日起施行的《废弃电器电子产品回收处理管理条例》，明确规定废弃电器电子产品回收将推行生产者责任制，在我国电子废物管理领域推行EPR制度已成为必然趋势，关键是如何确定各方责任，特别是费用分担方式[6]。

从国外的成功经验来看，必须由政府制定相关的法规条例并由政府职能部门监督才能保证电子废物回收处理体系的正常运行。政府的责任主要有以下几方面：明确生产者回收责任，制定回收目标。建立多渠道回收网络，构筑以生产厂商为主体的定点或上门回收服务、以零售商为中心的回收服务和个体家电回收服务的综合回收网络（以上回收主体均应具有回收许可证），先进行试点，再逐步推广；对二手市场和旧货市场加强管理，制定二手电器产品的质量标准，符合质量要求的二手产品应在显著位置进行标识；对处理企业实行资格认定制度，在生产规模、技术水平、环境保护措施等方面做出硬性规定，禁止无资质单位从事电子废物的处理处置。在电子废物产生量大的地区鼓励建立产业园区，使其达到规范化和规模化；进一步完善电子废物综合利用的各项政策扶持，例如减免税收政策、优先投资政策、资金补偿政策等。政府对于生产者回收、再利用电子废物可按照回收处理量给予一定的补贴；在国外EPR组织模式主要采用行业协会管理，如瑞典的El-Kretsen，但目前我国行业协会发展不规范，对企业的约束力小，适宜采取由政府特定的部门组织管理模式，负责制定处理费收费标准，并征收、管理和分配处理基金。

家电生产企业应对EPR制度的一项积极措施就是“绿色设计”，即在产品设计阶段考虑产品能够全部或大部分回收利用，并减少有毒有害物质的使用。生产过程中采用清洁生产工艺，从源头减少电子废物产生量。生产者可根据自身情况，自行或委托销售者、维修机构、售后服务机构、回收经营者回收，并交由有资质处理企业处理。生产者不仅要承担产品设计、生产的责任，而且还要承担产品回收、安全处置、再循环利用的责任，真正实现产品

“从摇篮到坟墓”的全程设计。生产者有责任在产品说明中注明产品材料成分、废弃的回收处理渠道与方法以及安全使用年限等。在我国，消费者的消费水平较低，电子产品生产者也处于微利水平，因此不应将付费责任赋予单一主体，而应由生产者和消费者共同承担，其中生产者应该是费用的主要承担者。由于我国缺乏足够的回收处理资金，对生产者收费应采用预先收费机制，即由生产者根据新产品量预先支付废物的处理费用，这种方式一般会使销售价格上升。

消费者作为电子产品的最终受益者也应当承担电子废物循环利用的相关责任。消费者有义务承担返还电子废物的责任和缴纳一定处理费用的责任。结合国外实践，消费者负担处理费主要有两种方式：一种是预付费模式，具体可以通过“价内回收处理费”（处理费计入产品价格）和“主动回收保证金”（处理费另立）两种方式实现；另一种是后付费模式，即在废弃时支付。由于在我国电子废物是具有“正价值”的商品，因此消费者付费处置应循序渐进，宣传引导。从可操作性和消费者心理考虑宜采用价内回收处理费。此外，还应引导消费者绿色消费，购买和消耗符合环境保护标准的商品，利用消费者的环保意识在市场上形成一个庞大的环保消费趋势，来引导企业生产和制造符合环境标准的产品。

可见，在我国推行废旧家电的 EPR 制度是大势所趋，建立若干集约化的科学的废旧家电拆解分类和处理处置企业，进行废旧家电资源化的科技研究和先进工艺开发，已经成为 EPR 制度的重要组成部分。

对废旧家电进行回收利用，不仅关系到资源节约和环境保护，同时也是促进家电行业本身的可持续发展，增强参与全球化竞争的现实要求。随着科学技术的发展和人们对电子废物的认识的逐步深化，很多发达国家纷纷设置绿色贸易壁垒，以保护本国的家电产业和市场。2006 年欧盟发布的 WEEE 指令和 RoHS 指令，实际上对中国家电行业有巨大影响，成为国际贸易中的技术壁垒。主要体现在以下 2 个方面。

1）我国部分家电产品因不能满足指令要求而使出口直接受阻　中国出口到欧盟的家电产品占到整个家电出口的 1/4 左右。据中国商务部调查发现，国内部分进出口公司对欧盟出口的电子、电气产品中，有近 70% 属于指令范围内产品。RoHS 指令无形中提高了中国电器产品进入欧盟市场的门槛，增加了企业的成本负担，降低了中国家电产品的价格竞争力，家电产品的出口难度大幅增加。我国绝大多数企业出口所涉产品目前尚不能满足 RoHS 指令要求，其产品零部件含有的几种有害物质大都超标，并且难以在短时间内达到欧盟两个指令中规定的产品环保指标，因此，家电及上游材料行业均面临巨大的压力。

2）增加了我国产品进入欧盟市场的成本　对于绝大多数生产企业而言，WEEE 及 RoHS 这对“姊妹”指令带来的最大及最直接的影响是造成企业必须为进入欧盟市场投入更多的资金。企业必须承担的额外成本主要包括两个方面。一方面是设计绿色产品的成本。相对于生产传统电子电气产品的厂家而言，绿色产品生产商将在欧盟市场上占有明显的低成本优势。从长远来看，电子电气厂商无论是从经济效益角度，还是社会效益角度考虑，都不得不选择生产易于回收再循环的产品。WEEE 指令规定，每种产品都必须达到相应的回收再循环率，RoHS 指令还将迫使生产厂家尽快物色好禁用物质的替代品并实现工业化生产。由于国内现有产品及其生产线大都不能满足欧盟指令对更高环保的要求，中国企业只有重新设计产品及生产线，或向发达国家再次购进生产线，进行产品的更新换代，这无疑将增大我国家电出口厂商的成本。另一方面是建立并完善回收体系的成本。欧盟规定某一产品的生产商必须负责投放欧盟市场的自己产品的报废回收、再循环及处理成本。并且对 2005 年 8 月 13 日以前遗留“历史电子垃圾”的回收、处理费用由市场占有者按相应的市场占有比例分摊。因此生产商必须额外承担电子废物的回收处理费用，这无疑将增加中国企业的负担。WEEE 指令有关建立回收体系的要求虽然是针对欧盟内部的“生产商”(包括其进口商和经销商)，但最终成本势必会转嫁到欧盟以外的出口商身上，由此产生的直接成本及相关间接成本势必提高我国企业的出口成本。因此，我国企业在出口时要额外交纳高额的电子垃圾回收费用。回收成本可能会接近甚至高于在中国的制造成本，这对一直依靠低廉的价格取得竞争优势的中国企业来说无疑是雪上加霜。

但是，WEEE 指令的出台同时也蕴含着巨大的商机。该指令在欧盟国家的广阔地域内创造了一个巨大的回收设备与技术需求市场，为包括中国在内的世界各国回收设备生产商及回收技术科研单位创造了一个极具吸引力的庞大的需求市场。因此，及早进行废旧家电资源化的科技研究和示范工程建设，对于我国家电企业和再生利用企业而言是非常必要的，具有巨大的经济价值和环境价值。

1.2.4 试点及定点拆解

为了推动我国电子废物回收体系的建设，2003 年 12 月，国家发改委确定了浙江省、青岛市为国家废旧家电回收处理试点省市，同时将北京市、天津市废旧家电示范工程一起纳入了第一批节能、节水、资源综合利用项目国债投资计划(NDRC，2005/9/12)。

浙江省遵循定点回收、集中处置和生产者责任制的原则，提出了建立覆盖全省的回收网点。该试点由专门的回收处理企业——杭州大地环保有限公司承担，初步建立了年处理能力 7000t 的处理设施，建立了家电销售商、社区回收站、企事业单位和家电制造商四条回收渠道 36 个回收处理站。为了保证二手家电的安全使用，浙江省颁布了《再利用家电安全性能技术要求》(DB 33/566—2005) 用于二手家电的管理。

青岛市则以集中回收处理为原则，建立覆盖全市的回收网点。该试点由家电生产企业——海尔集团承担，欲达到规模化拆解 60 万台/年(人民网，2007/1/4)。其回收渠道包括：与企事业单位、家电生产企业和家电连锁商场等签订回收协议，建立稳定回收渠道；设置回收站点，开通回收服务热线和网站，委托个体业户加盟回收，构建政府支持的社会化回收站点，并积极探索采用以网络信息系统为平台，“五联单” 回收并采集基本信息的运行模式。

此外，北京、天津的废旧家电回收利用示范工程也正在积极推进中，已进入试运行阶段。但是这些项目均面临着回收困难的尴尬局面。例如，2004 年，青岛试点项目回收中心仅收集到不足 1000 台家电，而浙江大地回收中心仅收集到 50 多吨的废电子电器。其关键障碍在于过高的回收成本。海尔表示，环境友好的先进处理设备已经占了 1/2 左右的回收成本，如果企业支付更多的回收费用将造成上千万元的亏损。

为了扶持废旧家电处理处置产业的发展，财政部等六部委联合出台了《财政部 国家环境保护部 国家发展和改革委员会 工业和信息化部 海关总署 国家税务总局关于印发〈废弃电器电子产品处理基金征收使用管理办法〉的通知》(财综［2012］34 号)，自 2012 年 7 月开始实施至 2015 年 12 月，全国共有 21 个省、4 个直辖市和 4 个自治区的 109 家废弃电器电子产品拆解处理企业纳入到基金补贴范围，年处理能力达到 1.4 亿台。

1.3 电子废物的资源性

电器电子产品生产所使用的材料种类多、数量大，可以分为有色金属、黑色金属、高分子材料和无机非金属材料等种类。这些材料主要来源于矿产资源，尤其是其中的有色金属材料更是电子废物资源化利用的重点和经济驱动力。

铜、铝、铅、锌等有色金属，钢铁等黑色金属，镓、锗、铟等稀有金属，各种高分子材料以及玻璃等是组成废旧家电的主要材料，这些材料绝大部分可以得到高效的再生利用，而且再生利用成本大大低于直接从矿石、原油等矿产资源中获取材料的成本，节能减排效益巨大。据美国环保局确认，用从废旧家电中回收的废钢代替通过采矿、运输、冶炼得到的新钢材，可减少97%的矿废物，减少86%的空气污染和76%的水污染；减少40%的用水量，节约90%的原材料，74%的能源，而且废钢材与新钢材的性能基本相同。废旧家电等电子废物的资源属性是人们再生利用电子废物的物质驱动力，也是电子废物处理处置利用行业得以存在的根本原因。每吨典型电子垃圾(质量百分比为40%的金属、30%的塑料和30%的难熔氧化物）的回收组分价值如表1-2所列。随着国际金属价格的逐年攀升，电子废物的回收价值也越来越高。

表1-2 每吨典型电子废物的组分价值

材料	比例/%	质量/kg
铜	20	200
铁	8	80
镍	2	20
锡	4	40
铅	2	20
铝	2	20
锌	1	10
金	0.1	1
银	0.2	2
钯	0.005	0.05
塑料	30	300

在各类家电中，印刷线路板是必不可少和使用量较大的部件，也是回收价值最高的部件之一。根据瑞典Rönnskär冶炼厂对个人计算机中印刷线路板成分的分析，废印刷线路板中各主要元素的含量如表1-3所示。由表1-3可见，废线路板中含有一定量的稀贵金属(金、银、钯等）和相当数量的常见金属(铜、铝、铁等)。1t金矿石中含有2g黄金就具有开采价值了，而1t废线路板中黄金的含量达80g，并且与传统的金属矿山开采、加工得到的价值相比，从废线路板中提炼各种稀贵金属要比开矿容易得多，所以废线路板被称为一座“金矿”是当之无愧的。即使经济价值相对较低的玻璃纤维增强酚醛树脂和环氧树脂，也可以通过焚烧回收其中的热值，或是作为粉末用于涂料、铺路材料或是塑料制备的填料等，也可作为增

强材料和绝缘胶黏材料重新利用。

表 1-3 PC 中 PCB 的组成元素分析

成分	Ag	Al	Al(met)	As	Au	S	Ba	Be	—
含量	3300g/t	4.7%	1.9%	<0.01%	80g/t	0.10%	200g/t	1.1g/t	—
成分	Bi	Br	C	Cd	Cl	Cr	Cu	F	—
含量	0.17%	0.54%	9.6%	0.015%	1.74%	0.05%	26.8%	0.094%	—
成分	Fe	Ga	Mn	Mo	Ni	Zn	Sb	Se	—
含量	5.3%	35g/t	0.47%	0.003%	0.47%	1.5%	0.06%	41g/t	—
成分	Sr	Sn	Te	Ti	Se	I	Hg	Zr	SiO_2
含量	10g/t	1.0%	1g/t	3.4%	55g/t	200g/t	1g/t	30g/t	15%

除了常见的“四机一脑”以外，被人们闲置或丢弃的废旧手机实际上也蕴藏着巨大的再生利用价值。日本近年来兴起了一种新型“采矿业”——从废弃手机及其他电器中回收有用金属。日本横滨金属有限公司研究显示，从 1t 废弃手机中，能提取至少 150g 黄金、100kg 铜和 3kg 银，这比矿石提炼效率高 30 倍，7 年来处理了大约 900t 报废手机，从中回收了金、银、铜、钯等多种贵重金属，获得相当可观的收益。我国广东贵屿每年从电子废物中回收金、银、铝、铜、锡等金属约 20 多万吨。广东清远电子废物处理回收的铜占全国每年铜产量的 1/10。

废旧家电中的有价金属是回收处理废旧家电的驱动力，而塑料则往往被忽视。家电中的塑料用量约占家电材料总量的 5%～20%。家电用塑料约占塑料年消耗量的 10%～20%。塑料原料主要来自石油及石化工业，而任意丢弃废旧塑料将严重污染环境。因此无论从节约资源角度，还是从改善环境角度，都要求进行家电塑料回收与利用。1998 年开始，欧盟各国已从过去采用填埋方法处理 80%的废旧塑料转向废旧塑料的气化回收利用。德国是世界上使用化学再生利用技术最早的国家，塑料再生利用率超过 40%；民主德国 SVZ 公司从 20 世纪 50 年代起，利用废旧塑料生产甲醇和发电，1000kg 废旧塑料可生产 769kg 甲醇，发电 1128MW。日本三菱电机公司成功开发出可实现家电产品“水平型自我循环”(由家电到家电的回收再利用）技术，从混合塑料中自动筛选和高纯度地回收聚丙烯，然后重新用于家电产品。广东贵屿每年从电子废物中回收的塑料约在 15 万吨以上。

通常人们所看到的各类家电是由各种复杂的电子元器件或电子元器件的集合体(如各种板卡）组成的。但制造这些电子元器件所用的材料种类是相当多的。以电脑为例，制造一台个人电脑所用的材料达 1000 多种，这些材料的生产水平和使用这些材料的技术水平决定了电子元器件的质量水平，进而最终决定了电脑等家用电器的硬件档次。废旧家电中金属的含量约占 75%。

铜线材是铜材中产量最大、应用面最广的品种，主要用于电线电缆导体、漆包线、镀锡线等。含铜合金线材主要品种是黄铜线(包括普通黄铜线、黄铜扁线、铅黄铜线等)，主要用于螺丝、五金件、拉链、首饰、自行车辐条等。管材的用途相对集中，主要应用于空调盘管、冷凝管和给排水管的制造。带材的使用面非常广，主要用于变压器、汽车水箱散热片、电子铜带和普通黄铜带的制造。家用电器所用铜带主要为电子铜带和普通黄铜带。电子铜带是铜铁磷合金，主要用于集成电路插件，牌号为C19200和C19400的电子铜带，国内用量已经超过1万吨。普通黄铜带主要用于制造电器、汽车仪表、各种散热片、通信器材和计算机等的零件以及装潢等。电解铜箔主要用于电子工业制作印刷电路板，该产品要求高，技术难度较大，发展趋势是超薄和双面处理。随着信息产业的高速发展，用量越来越大。棒材中最大的品种是铅黄铜棒，主要用于各种机械、电器、五金等零部件的制造，该产品对铜品位要求不高，可用废铜生产。废旧家电中含有大量的铜材，主要存在于各类电线、冷凝管、带材、电动机、线路板和电子元器件等中。家用电器和电子工业几乎用到了铜材的所有品种，其中线材、带材和电解铜箔用量最大。因此，从废旧家用电器中回收铜时，含铜废料的品种和形态较为复杂，在回收利用家用电器中的铜材之前，了解铜材的相关知识是非常必要的。

铝是最重要的有色金属品种之一，由于其具有良好的特性(密度小、塑性和可成形性能好)，而且容易回收，纯铝及铝合金已经成为家电中重要的基础材料，广泛用于家电的框架、导热件、导电件等部件的制造。废杂铝的再生利用已经成为有色金属再生利用最重要的部分，其能耗、再生成本等都比原铝生产低得多(约为10%)。

废旧家电中，金主要存在于各类印制电路板、有源元器件和片状元器件之中，如锗普通二极管、硅整流元件、硅整流二极管、硅稳压二极管、可控硅整流元件、硅双基二极管、硅高频小功率晶体管、高频晶体管帽、高频三极管、高频小功率开关管、干簧继电器、硅单与非门电路、电容器、电位器、电阻器、集成电路、触点、引线等。

由于银的价格比金低得多，因而在家电和通信器材等电子产品中银的用量比金大得多，几乎所有电子产品中都含有数量不等的银。通常根据工业含银废料的来源，将含银工业废料分为电子行业含银废料(包括含银触点材料、钎料、涂镀层、银电极和导体、废板卡、各类废电子元器件和含银复合材料等)、石化行业含银废料(包括各种含银催化剂、各类使用后的含银化合物等)、胶片行业含银废料(包括各种废胶片、相纸、洗相用液和制造胶片过程中的含银废弃物等)、首饰及装饰行业含银废料(包括各类含银首饰、含银艺术品等)和其他工业行业含银废料(如铸币材料、牙用材料、陶瓷装饰材料等)共五大类型。其中前三类工业行业用银约占世界用银总量的65%。随着数码技术的出现，胶片行业用银量在逐渐下降，但电子和信息产业的用银量正逐年大幅度上升。废旧家电等电子废物相应地已经成为白银的第二大“矿产资源”。

钯是电子产品中的电子浆料、电镀材料和多种触头材料的重要组分。随着信息产业的高速发展，工业用钯量急剧增加。在电子产品中钯是用量仅次于银的贵金属。

铂在废旧家电中主要以含铂合金以及含铂涂镀层形式存在。无论用火法工艺还是用湿法工艺回收废旧家电中的铂，都是在回收完镍、铜和铁等贱金属以后，从与其他贵金属形成的合金或混合溶液中提取铂。与银、金和钯相比，铂在废旧家电中存在的量较少，但如果让其混杂在金银等贵金属中将对金银等贵金属的纯度造成很大影响，同时也是铂资源的流失。

废旧家电中的黑色金属及其制品主要为电脑、冰箱等主机外壳和一些螺丝螺帽等，所占比例较高，彩电约为10%～27%，冰箱约为50%～69%，洗衣机约为53%～69%。回收处理流程相对简单，主要包括拆解分类和熔炼，一般是集中以后统一交给钢厂处理。

废旧家电中的无机非金属材料以各类玻璃和填料为主。尤其是显示器玻璃的处理问题已经引起大家的重视，主要原因是显示器玻璃成分复杂，而且含有铅等重金属，再生利用的难度较大，经济效益较差。

相对于金属材料尤其是贵金属材料而言，废旧家电中的各种有机物质的处置相对难度较大，也是废旧家电无害化处置的瓶颈之一。主要原因在于，废旧家电中的有机物质的价值较低，再生利用的成本高，直接经济效益很低或者根本没有经济效益。但是，如果在回收利用废旧家电中的各种金属的同时，不将其中的有机物质(主要是高分子材料）处置好，对环境造成的污染是惊人的。家电生产中常用的高分子材料通常是工程塑料、通用塑料和特种橡胶。常用的工程塑料是ABS、高抗冲聚苯乙烯(HIPS)、聚碳酸酯和ABS合金(PC/ABS)、聚酯和聚酰胺等，通用塑料是聚氯乙烯(PVC）等，特种橡胶是硅橡胶(主要用于电脑键盘、手机和电话机按键)。不同家电产品和不同元器件生产中，所使用的高分子材料(通常是改性高分子材料）的种类和性能不同，不同改性高分子材料中含有的改性助剂(如阻燃剂、抗静电剂、颜料等）不同。

1.4 电子废物的污染性

废旧家电作为一种社会源的废弃物，主要产生于三种淘汰过程：一是耐久性淘汰，即因长期使用、达到或超过使用寿命而造成的报废；二是功能性淘汰，即用功能更好的新产品取代原有产品而造成的淘汰；三是时尚性淘汰，即消费者因消费品位的变化而选择另一种新产品，造成原使用产品被淘汰。正是由于人们消费观念的转变和国民收入的增加，人们往往选择购买新产品来淘汰家里的旧货，而不是把它们送到维修点修理和维护，许多远未达到实际使用寿命的产品被淘汰，由此也导致废旧家电数量剧增。

电子废物有两个相互依存的属性，即资源性和污染性。一方面是电子废物中含有大量有价值的材料，材料属性与报废或淘汰之前没有很大的差别。另一方面是电子废物的随意丢弃或不当处理处置，将会造成严重的环境污染[7]。如何解决电子废物资源性和污染性之间的矛盾，对电子废物进行科学合理的处理处置已经成为一个亟待解决的社会问题。

电子废物是一类特殊的固体废物，对人类健康和环境的危害常常被忽视。事实上，家用电器是用各种有色金属及其化合物材料、树脂等高分子材料、黑色金属材料等制造的高科技产品，每一个电子元器件或部件所用的材料种类从几十种到上千种不等，其中约1/2以上对人体健康和周围环境有害。如电路板中的铅、镉等重金属和溴化阻燃剂，显示器阴极射线管中的氧化铅和镉，纯平显示器中的汞，电脑电池中的镉，电容和转换器中的多氯联苯，电冰箱的制冷剂CFC-12和发泡剂CFC-11等。在电子废物中，存在范围较大且毒害性强的成分主要有铅、镉、汞、铬、钡、含PVC塑料、溴化阻燃剂、油墨、磷化物及其他添加物等，表1-4列出了家电中对健康/环境有影响的材料。

表1-4 家电中对健康/环境有影响的材料一览表

名称	用途/位置	健康/环境影响
铅	电视、电脑显示器、电路板及其他元件焊接物等	会损害中枢和周围神经系统、循环系统及肾脏，对内分泌系统有影响，严重影响大脑发育
镉	SMD电阻器，红外线发生器，半导体，阴极射线管等	肺部损伤，肾脏疾病，骨骼易碎裂，极有可能是一种人类致癌物质

续表

名称	用途/位置	健康/环境影响
汞	电路板、电灯、手机、电池、纯平显示器等	慢性大脑，肾脏，肺及胎儿损伤，血压升高，心率加快，可能是人类致癌物质
铬	金属镀层	溃疡，痉挛，肺及肾损伤，强烈的过敏反应，哮喘支气管炎，可能会引起 DNA 损害
钡	电脑显示器阴极射线管荧屏	人体脑肿、肌肉无力，及心脏、肝脏和脾脏损伤
含 PVC 塑料	塑料在电器设备中大量使用，含有 PVC 约占 26%	PVC 在一定温度下燃烧产生二噁英
溴化阻燃剂	塑料外壳及电路板中，降低可燃性	多溴二苯醚(PBDE)——干扰内分泌；多溴联苯基(PBBs)——增加消化和淋巴系统患癌症的风险，燃烧产生二噁英
油墨	打印机	主要成分炭黑，会强烈刺激呼吸系统，2B 类致癌物
磷化物及其他添加物	CRTs 玻璃内表面以产生磷光效应显示图像	CRTs 磷包衣有剧毒，还含有锌、钒等添加物，拆解时会对工人产生危害
氯氟烃	冰箱制冷剂 CFC-12，发泡剂中的 CFC-12	破坏臭氧层

综上所述，电子废物中含有大量的有毒有害物质，废弃后的家电如果不经处理直接进入环境，这些有毒有害物质将逐渐污染土壤、地下水和大气，或者通过植物、动物等食物链进入人体。同时，不科学不规范地处理处置电子废物，所造成的污染将更为严重，甚至远远大于将电子废物长期储存和自然老化所造成的污染。正因为如此，未集中的电子废物一般不作为危险废物管理，但是如果将电子废物集中起来进行拆解分类和材料回收，必须作为危险废物进行管理，必须实行严格的危险废物经营许可制度。

对于电子废物及其零配件和相关部件的处理处置方式主要有填埋、焚烧和回收利用。填埋和焚烧方式处理电子废物的成本较低，因而长期以来已经成为电子废物拆余物中“无回收价值”的高分子材料、玻璃及其他无机非金属材料的主要处理方式。填埋是最容易和最古老的处理固体垃圾的方法，具有以下缺点：占有土地和空间，所需的运输、堆积费用逐年提高；如不妥善处理而直接填埋，各种有毒有害物质易随渗滤液浸出而污染土壤及地下水，即使将填埋区的顶部和底部密封，也有可能泄漏，同时也意味着被填埋物质所含有的有价值资源的全部浪费；电子废物中的很多材料在填埋混合物中不易腐烂分解，塑料完全分解需 200 年以上，重金属能在环境中累积。因此，用填埋方式处理电子废物中的部件是极不科学的。而焚烧虽然可部分回收利用热能用于取热或发电，但其转化成本与获得的资源价值差异巨大，除了造成电子废物中被焚烧物质的资源浪费以外，还将产生大量有毒有害物质，如二噁英、汞蒸气、含重金属微粒、CO、HCl 气体、NO_x 等，造成严重的大气污染，同时产生大量的难以处理的焚烧废渣。废旧电视机显像管和计算机显示器属于易爆性废弃物，直接焚烧带来的危害更大。要消除或减少焚烧产生的污染需要昂贵的燃烧器和废气处理设备，代价很高。因此用简单焚烧方法处理电子废物拆余物的经济和环境风险很大。

处理电子废物最好的方法是进行集约化、规模化、科学化的回收利用，实现“家电—电子废物—拆解分类—材料回收利用—再生材料和深加工产品—家电”的反复多次的物质循环。回收利用电子废物意味着由生产、销售与消费环节产生的电子废物经处理后，能够成为二手家电进入二手市场或变成能够用于家电生产的原料。回收利用直接有利于减少废物流的排放，虽然难以达到“零排放”，但经回收利用后所需最终处置的废物量大大减少。由此可见，电子废物回收利用在一定程度上体现了人类物质利用过程具有循环性和封闭性特征的生态化要求，符合可持续发展和循环经济的要求。

不可否认的是，在经济利益的驱动下，大量的个体和小微企业已经成为电子废物回收行业的主力军，尤其是家电以旧换新政策出台前，电子废物的收集过程主要由个体商贩完成。部分个体和小微企业回收利用电子废物的方式方法是粗放式和作坊式的，采用破碎、焚烧、简单酸浸、废液废气直接排放、二次废渣随意丢弃或填埋等手段，导致了工人和当地人群受到有毒物质侵害、当地生态环境严重恶化等一系列问题。尽管各级政府对电子废物等不当处置所引发的环境问题已经给予关注和重视，但还存在着应对措施不力的问题。根据中国科学院《2009 年科学发展报告》中由傅家谟等 7 位院士联合撰写的《加强我国电子废物高污染区健康风险与调控研究》报告，我国目前的这种粗放式处理已对人群健康和环境造成严重危害。据检测，电子废物拆解地重金属铅、铬、铜和锡等污染物含量超过危险污染标准的数百倍，甚至上千倍，多溴联苯醚含量比其他地方高 30 倍以上，二噁英含量比其它城市也高 37～133 倍。“贵屿现象” 就是一个典型例子。广东贵屿大气中检测到的二噁英和溴代二噁英都是目前世界上报道的最高水平，其中溴代二噁英比欧美国家高出 30 多倍。根据呼吸量计算得到人体每天吸入的毒性当量值在 68.9～126pg TEQ/(d · kg)，比世界卫生组织建议的最高值 1～4pg TEQ/(d · kg) 还高 15～56 倍。这里工人的血液内溴代阻燃剂含量非常高，特别是十溴联苯醚的含量比国外职业暴露人群高出 50～200 倍，远远高出目前人体样品的报道水平。通过对贵屿 165 名一至六岁儿童的血铅水平调查结果看，儿童血铅负荷高，中度铅中毒者达到 24.4%，明显高于没有遭到电子废物污染的邻镇儿童。贵屿镇的青年近几年来都没有合格的参军人员。统计表明，贵屿超过 80% 的儿童都患有不同程度的呼吸道疾病，88% 的外来务工人员都患有皮肤病、神经系统、呼吸系统或消化系统等疾病，同时白血病也呈上升趋势。由此可见，废旧家电等电子废物粗放式的处理方式已形成以重金属和 POPs (持久性有机污染物，主要是溴代阻燃剂和二噁英类剧毒物质) 为主要污染特征的高暴露环境和高风险区。

尽管如此，电子废物的回收利用还必须进行，上述问题的解决只有紧紧依靠科技进步、加强监管和提高全民环境和资源意识才能解决。我们所要做的是加快电子废物回收处理技术的研究开发和技术集成，完善监管体系，在遵循可持续发展和循环经济的前提下，建设好具有中国特色的科学的电子废物回收处理体系。

2 常见家电的结构和拆解

2.1 常见家电的基本结构

2.1.1 电视机

电视机是指电视接收机，它是广播电视系统的终端设备，它的作用是接收并选择高频电视信号，经过一系列处理后，由显像管荧光屏重显电视图像，由扬声器重放伴音。

我们知道，电视机在开机后屏幕上就产生了光栅，收到电视节目后，由图像信号（视频信号）去调制光栅，从而显示出电视图像。所以一台完整的电视机应由产生光栅的扫描系统和处理电视信号的信号处理系统组成。图 2-1 和图 2-2 分别示出了黑白电视机和彩色电视机的整机方框图。

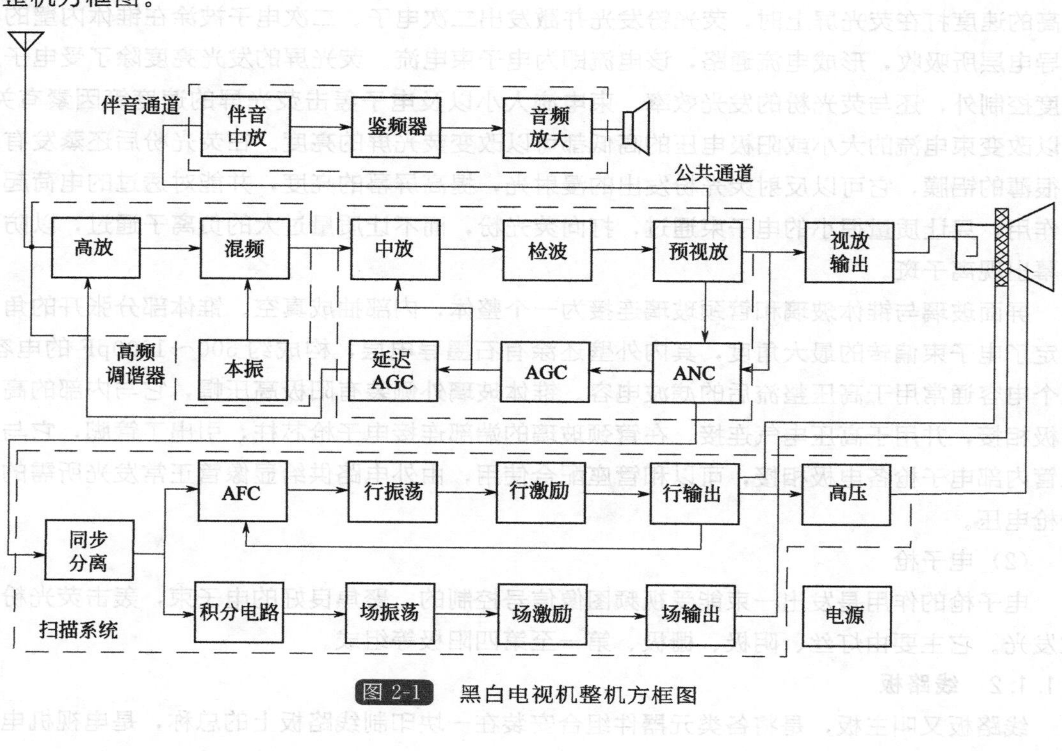

图 2-1 黑白电视机整机方框图

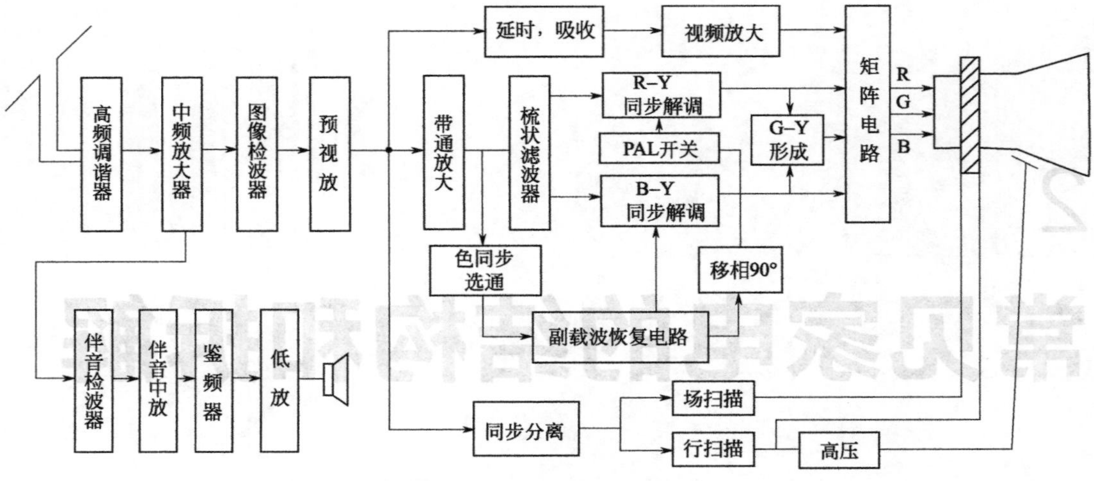

图 2-2　彩色电视机组成框图

电视机内部结构主要由显像管、线路板、高频头、扬声器以及机壳等构成。

2.1.1.1　显像管

显像管是电视机的终端显示器件和“心脏”，它能在一定条件下产生由电视图像信号调制的电子束，在行、场偏转磁场控制下进行扫描，从而在荧光屏上显示电视图像。显像管主要由电子枪、玻璃外壳和荧光屏三部分构成(彩色显像管还有荫罩板)。

(1) 玻璃外壳和荧光屏

玻璃外壳由管颈、锥体和屏面玻璃构成有机整体。管颈是一个细长的圆柱形玻璃管，内装电子枪。矩形的屏面玻璃内壁涂有荧光粉，称之为荧光屏，当电子枪阴极发射的电子束以很高的速度打在荧光屏上时，荧光粉发光并激发出二次电子。二次电子被涂在锥体内壁的石墨导电层所吸收，形成电流通路，该电流即为电子束电流。荧光屏的发光亮度除了受电子束强度控制外，还与荧光粉的发光效率、束电流大小以及电子轰击荧光屏的速度等因素有关，所以改变束电流的大小或阳极电压的高低都可以改变荧光屏的亮度。在荧光粉后还蒸发有一层很薄的铝膜，它可以反射荧光粉发出的漫射光，提高屏幕的亮度，并能对透过的电荷起过滤作用，只让质量很小的电子束通过，打向荧光粉，而不让质量过大的负离子通过，以防止屏幕出现离子斑。

屏面玻璃与锥体玻璃和管颈玻璃连接为一个整体，内部抽成真空。锥体部分张开的角度决定了电子束偏转的最大角度，其内外壁还涂有石墨导电层，构成约 500～1000pF 的电容。这个电容通常用于高压整流后的滤波电容。锥体玻璃外侧装有阳极高压帽，它与内部的高压阳极相接，并用于高压电气连接。在管颈玻璃的端部连接电子枪芯柱，引出了管脚，它与显像管内部电子枪各电极相接，可以和管座配合使用，由外电路供给显像管正常发光所需的电子枪电压。

(2) 电子枪

电子枪的作用是发出一束能受视频图像信号控制的、聚焦良好的电子束，轰击荧光粉使之发光。它主要由灯丝、阴极、栅极、第一至第四阳极等组成。

2.1.1.2　线路板

线路板又叫主板，是将各类元器件组合安装在一块印制线路板上的总称，是电视机电路的核心部分。它集中了组成电视机整机七部分电路的所有元器件，包括电源电路、行扫描电路、场扫描电路、显像管电路、图像通道电路、同步分离电路及伴音通道电路的电阻、电容、电感、变压器、二极管、三极管、集成电路等。

印制线路板通常有单面印制线路板、双层印制线路板、四层印制线路板及六层印制线路板。单面板是指在线路板的一面有印制导线，双层板是指在线路板的正、反面均有印制导线，四层板是指除了线路板的正、反面具有印制导线外，在板的中间夹层里还有两层印制导线。目前电视机中通常采用的是单面印制线路板。

在将元件安装到线路板时，一般用穿透连接法和表面焊接法来安装连接元件。穿透法是指在线路板上钻孔，再将电子元件引脚从孔中穿过，并通过焊接工艺连接在线路板上的一种方法。表面焊接法是指将电子元器件用胶黏剂粘接在线路板上，再用焊机将无引线器件的引脚焊接在线路板上的一种方法。目前电视机中通常采用的是穿透连接法。

2.1.1.3 高频头

高频头又称为高频调谐器、频道选择器，是电视机中的一个重要部件。根据接收的高频电视信号频段分类，有 VHF、UHF 和全频段三类高频调谐器。根据电路结构不同，又有机械式和电调谐式高频调谐器。黑白电视机通常采用机械式 VHF 和 UHF 调谐器(简称 V 头和 U 头）共同完成全频道接收功能，而 V/U 一体化全频段电调谐器多用于彩色电视机。高频调谐器的作用是将天线接收到的电视信号进行选择、放大并进行频率变换，输出 38MHz 图像中频信号和 31.5MHz 伴音中频信号。它主要由输入回路、高频放大器、本机振荡器和混频器四部分组成。

2.1.2 冰箱

电冰箱是一种带有制冷装置的低温设备，可以冷藏、冷冻食品。各类电冰箱早已广泛用于家庭、工农业、医疗卫生及科学研究中。按制冷方式的不同，可分为电机压缩式冰箱、吸收式冰箱、电磁振荡式冰箱、半导体式冰箱和化学冰箱等。按结构的不同，可分为单门冰箱(冷藏箱)、双门冰箱(冷藏、冷冻箱)、多门冰箱及冷冻箱。单门冰箱又称冷藏箱，一般有效容积在 45～170L 左右，单门冰箱的特点是结构简单、价格便宜、耗电省，但冷冻食品储藏室温度只能达到 12℃，即二星级冰箱。双门冰箱大部分是冷藏冷冻箱，即四星级冰箱，一般有效容积在 100～300L 左右。双门冰箱是目前市场上的主导品种，牌号最多，特点是容积跨度大，用户挑选余地大，价格适中，又能够满足冷冻食品的要求。结构形式也有直冷式与间冷式两种。

直冷式冰箱又称有霜型冰箱，该冰箱冷却方式是利用冷空气向下沉，热空气向上浮，使箱内空气产生自然对流，对箱内食品进行冷却。它的冷冻室直接由蒸发器围成，由四周蒸发器直接吸热进行降温冷却。间冷式冰箱又称无霜型冰箱，该冰箱冷却方式是利用风机将被蒸发器冷却了的冷空气强制吹入冷藏室和冷冻室，进行循环冷却的，所以又称冷气强迫循环式。区别直冷式与间冷式冰箱的方式是看冰箱内冷气是否从夹层或背部被风机吹出。无风机的是直冷式，有风机的是间冷式。三门及多门冰箱，其容积一般为 200～400L，多属豪华型冰箱，其特点为功能齐全、外形豪华、结构复杂、价格昂贵。冷冻箱分立式与卧式两种，其特点是整个箱内温度都为－18℃，即四星级冷冻箱。

压缩式电冰箱主要由制冷管路系统、电气控制系统和隔热保温系统三部分组成。

2.1.2.1 制冷管路系统

压缩式电冰箱的制冷系统由压缩机、冷凝器、蒸发器(热交换器)和毛细管四个部分组成，有些电冰箱还有积液管、干燥过滤器等附加零件，整个系统用管道连接，管道内充灌制冷剂(氟里昂)，构成一个密封循环的管路系统。

(1) 压缩机

压缩机是电冰箱制冷系统的"心脏"部件，是使制冷剂在制冷系统中做循环的动力，也是电冰箱中唯一的机械运转部件。它的作用是吸收蒸发器中已经蒸发的低温低压气态制冷剂，然后压缩成为高温高压的气态制冷剂，并排入冷凝器中冷却。按电冰箱的大小，可以采用不同型式的压缩机，如较大的电冰箱采用连杆式压缩机，较小的电冰箱采用滑管式压缩机，更小的电冰箱则采用电磁振荡式压缩机。目前市场上的电冰箱常用的是滑管式压缩机。整个压缩机组用外罩封闭，罩壳是用3～4mm厚的铁板冲压成上下两部分，然后焊接在一起的。电动机和压缩机都装在封闭的罩壳内。压缩机由机座、曲轴、滑管(包括滑块)、气缸阀门(包括进气阀和排气阀)以及一个与滑管成为一体的活塞组成。

(2) 冷凝器

冷凝器又称为散热器，是电冰箱制冷系统中的主要的热交换设备之一。在冷凝器内经压缩变成的高压高温气态制冷剂，向空气散热后，冷凝为高压常温的液态制冷剂。电冰箱的冷凝器均为空气冷却方式，一般都为自然对流方式进行冷却，置于箱体后部。冷凝器的冷凝面积也是由电冰箱的制冷量决定的，因此，对于容积不同、制冷量不同的电冰箱，冷凝器的大小也不同。常见的冷凝器有百叶窗式冷凝器、钢丝式冷凝器、内藏式冷凝器和翅片盘管式冷凝器4种。

(3) 蒸发器

蒸发器是将被冷却物质的热量传递给制冷剂的热交换器。在蒸发器内，低温低压的液态制冷剂迅速蒸发为蒸气，吸收被冷却物质的热量，使冷藏物质的温度下降，从而达到制冷的目的。蒸发器内制冷剂蒸发温度越低，则冷却周围物质的温度也越低。蒸发器一般安装于箱内上部或后侧，其蒸发面积是由电冰箱的制冷量决定的。

直冷式电冰箱用蒸发器分为管板式蒸发器、铝复合板式蒸发器、单脊翅片管式蒸发器三类。

1) 管板式蒸发器　国产冰箱早期产品使用的蒸发器，多数为管板式。它是将ϕ6～8mm的铜管用锡焊在厚为1mm左右的铜板上制成。这种蒸发器坚实耐用，但传热性能较差，特别是焊锡有漏焊时传热性更差。此外，这种蒸发器的外观质量较差，表面不太平整，在用冰盒制冷时，由于盒底与蒸发器接触不良，必须在蒸发器表面洒点水；而且是用手工制成，无法大批量生产。也有的管板式蒸发器不用焊接，而是靠胶黏剂将管板粘牢，工艺简单些，但传热性能较差。

2) 铝复合板式蒸发器　根据成形工艺的不同，又有铝锌铝复合板吹胀蒸发器和铝板印刷管路吹胀蒸发器之别。

① 铝锌铝复合板吹胀蒸发器。铝锌铝复合板是由铝锌铝三层金属板复合冷轧而成，裁好的复合板放到刻有管路通道的模具上，加压大约500t。模具中有电热丝通电加热，温度升至440～500℃，中间的锌层开始熔化，与此同时用24～28kgf/cm^{2}的高压氮气吹胀，刻有管道的部分因受高压氮气而被吹出管形，待几秒后再进行抽空。当其冷却后无管道处的锌

层重新与上、下层铅板黏合，然后进行铅板为阳极的氧化处理，再弯曲成型。这种蒸发器由于锌的存在容易产生异金属电化学反应，所以易腐蚀而造成制冷剂泄漏。

② 铝板印刷管路吹胀蒸发器。用丝网印刷将止焊剂石墨根据蒸发管路的设计印在铝板上，然后与另一块有印刷管路的铝板复合，进行热压延，无印刷管路处被连接成一体。然后用高压将印刷管路吹胀，成为蒸发器板坯。再焊上接管后，弯曲成型。这种蒸发器比铅锌铝复合板吹胀蒸发器耐腐蚀性能好，在国外已较广泛应用。

3）单脊翅片管式蒸发器 它是由经过特殊加工成型的单脊翅片铝管弯曲加工制成。翅高一般为 15～20mm。主要用作双门直冷式电冰箱冷藏室内的蒸发器。

间冷式电冰箱一般均采用翅片盘管式蒸发器，它是在铜或铝的 U 形管上，按一定次序排列，穿套经过二次翻边的铝翅片，经机械胀管后，焊接上回弯头，并经清洗处理而制成。这种型式蒸发器依靠专用的小风扇，以强制对流的冷却方式吹拂空气经过其表面。翅片盘管式蒸发器具有坚固、可靠性高、寿命长等优点。

（4）毛细管

毛细管是一根又长又细的铜管，一般电冰箱的毛细管长度为 2～4m，其内径为 0.5～1mm，外径为 2～3mm，一端接干燥过滤器，另一端同蒸发器相连接。毛细管的作用与节流膨胀阀相同，它和压缩机配合使得制冷系统形成两个压力区，即高压区和低压区。通过毛细管“节流”，使得制冷剂液体流经毛细管时受阻，压力下降，从而控制供给蒸发器（低压区）的制冷剂流量。毛细管的节流作用比节流膨胀阀简单，而且没有复杂的可动部分，因此使制冷系统内的控制机构简单化、成本低。由于毛细管的内径和长度都是固定的，因此当制冷工况条件变动时，冷凝压力（蒸发压力）也随之变化，它不能自动调节制冷系统中制冷剂的流量，也就是说不能按实际的运行工况条件自行调整。由于毛细管的节流降压作用，保持了冷凝器内一定的高压，并且在压缩机停止工作时，能均衡制冷系统内的压力，使高低压逐渐达到平衡，有利于压缩机的再次启动。但是当压缩机停止工作时，要立即通电启动是不允许的。因为这时活塞上面往往存在着高压压力，对于单相电机来说是不易启动的，所以电冰箱每次停机后，一般都要经过至少 3～5min 后，方能再次启动。停机 6～8min 后，高、低压的压力已趋平衡，压力差近于零，此时很容易启动。

（5）干燥过滤器

干燥过滤器是为毛细管配套服务的，用于吸附制冷系统中残留水分和过滤有形灰尘及金属等异物。它安装在冷凝器和毛细管之间。冰箱用的过滤器是以直径为 14～16mm、长约 10～15cm 的铜管为外壳，内装滤网（铜丝网加纱布）和吸收水分的干燥剂。制冷剂在制冷系统中循环时，不但有污物、灰尘，而且还有少量水分。水在制冷剂中的溶解程度与温度有关，温度越低，在制冷剂中的水的溶解量就越小，含有水分的制冷剂在制冷系统中循环，当温度下降时，有一部分水分被分离出来，有可能发生“冰堵”影响电冰箱的正常工作。所以，制冷剂在进入毛细管之前，必须先经过干燥过滤器。

（6）制冷剂

制冷剂是直接在蒸发式制冷系统中循环，并且通过其本身状态的变化来传递热量的工作物质。具体来说是在消耗一定功耗的情况下，在制冷系统中循环流动，并周期性地发生从蒸气变为液体，又从液体变为蒸气的状态变化。在此过程中这种工质不断地从冷却对象吸取热量，并传递给外界介质（空气或水），使冷却对象的温度得以降低，从而实现制冷目的。工作物质称为制冷剂或制冷工质。制冷剂在系统中的状态变化是物理变化，没有化学变化，只起吸收和放出热量的作用，其本身性质并不改变。因此，如果系统没有泄漏，制冷剂可长期循环使用。

随着制冷技术的发展，目前使用的制冷剂已不下百余种。但是各种制冷剂的分子式和化学名称都比较长，因此一般都用简化的符号来表示它们。目前，在我国对制冷剂的命名尚无明确规定，在过去以及现在的某些场合习惯上常用符号“F”表示。它有两层意思：其一是氟里昂的“氟” 字汉语拼音的字头“F”；其二是氟原子的化学符号是“F”。现在国际上对无机和有机化合物类制冷剂都用符号“R” 表示，它是取英文“Refrigerant”（制冷剂）的第一个字母而得名。

1）氨 氨是氮和氢的化合物，在一个大气压下，沸点为－33.4℃，凝固点为－77.7℃。在正常工作条件下，蒸发器内的蒸发压力高于大气压，冷凝压力一般不超过 15kgf/cm^2（1kgf/cm^2＝98.1kPa，下同），通常为 8～13kgf/cm^2，故属于中压制冷剂。氨的蒸发潜热大，单位体积制冷量较大，因而可缩小压缩机的尺寸。

氨在常态下是一种无色气体，有强烈的刺激性臭味，刺激人的眼睛和呼吸器官。当氨蒸气在空气中的体积浓度为 1%以上时，就会使人窒息中毒。氨液飞溅到皮肤上时，会引起肿胀甚至冻伤。所以，制冷设备应做到严密不漏。检漏方法是使用酚酞试纸，先将试纸浸水泡湿后，在与氨接触时，会变成玫瑰红色，漏量越多，颜色越深。

氨可以燃烧和爆炸。当空气中含氨量达 11%～14%（按体积计算）时即可点燃，达到 16%～25%时可引起爆炸。

氨的吸水性很强，即极易溶于水，因而它在制冷系统中可以避免冻堵冰塞现象，但是氨作为制冷剂时其水分含量也不得超过 0.2%，氨几乎不溶于油。

纯氨对一般金属（铁、铜）不起腐蚀作用，但若氨中含有水分时，则对铜和铜合金有强烈的腐蚀作用，但磷青铜例外。

氨作为制冷剂虽有上述许多缺点，但氨具有价格低廉、单位体积制冷量大、热导率大等优点，所以尽管氨有毒，仍是应用最早和比较广泛的制冷剂，它主要用于家用吸收-扩散式冰箱及大、中型制冷设备中。

2）氟里昂 12 氟里昂 12 是甲烷的衍生物，其化学名称为二氟二氯甲烷，在我国习惯上用 F-12 表示，近年来国际上改用 R12 表示。R12 属于中温（中压）制冷剂，在一个大气压下沸点为－29.3℃，凝固点为－155℃，因此在一般的工作条件下，蒸发器中的压力较大气压为高，冷凝器中的冷凝压力一般不超过 15kgf/cm^2。R12 是一种对人体毒性最小的制冷剂，它无色、无臭、无味。在不含水分时对铜、铁、锌、锡等金属没有腐蚀作用。R12 不燃烧，无爆炸性。只有在温度达到 400℃以上并与明火接触时，才分解出有毒的光气。但在空气中 R12 的含量超过 25%～30%时，2h 后也会使人窒息。R12 的特点是极易溶解于油，而不易溶解于水，同时渗透能力强。溶解于油，使润滑性能好。不易溶解于水，容易使系统中残存的水分结冰，堵塞管道或调节阀。当氟里昂含有水分时，对金属有很大的腐蚀性。用此水的含量不得超过 0.0025%。此外，氟里昂还能溶解多种有机物，所以在氟里昂制冷装置中，用一般橡胶密封垫圈是不适宜的，对用于制冷机中的高分子有机材料（橡胶、塑料件）都要经过制冷剂的浸泡试验。由于 R12 能透过极微小的细缝，又由于它无臭、无味，渗透时不易发现，所以对制冷系统的密封性要求很严。由于 R12 具有许多优点，因此它广泛地用于各种大小的活塞式制冷压缩机，从最小的家用电冰箱到大型的制冷设备。

2.1.2.2 电气控制系统

电冰箱的电气控制系统一般由电动机、启动继电器、过载保护器、温度控制器、照明灯和开关等组成。

(1) 电动机

电动机是电冰箱电气系统的动力部分，它和压缩机一起被密封在同一壳体中，成为全封闭压缩机组。家用电冰箱压缩机中电动机都是单相交流异步电机，主要部件是定子和转子。冰箱压缩机上目前都采用二极电机，其转速为2850～2900r/min。

定子是电动机的静止部分，主要包括定子铁芯和定子绕组等部件。定子铁芯是作为电机磁路的一部分，在其上放置定子绕组。定子铁芯一般由0.35～0.5mm表面具有绝缘层(涂绝缘漆或硅钢片表面具有氧化膜绝缘层) 的硅钢片冲制、叠压而成，在铁芯的内圆冲有均匀分布的槽，用以嵌放定子绕组。槽型有开口型、半开口型、半闭口型三种。半闭口型槽的优点是电动机的效率和功率因数较高，缺点是绕组嵌线和绝缘都较困难，一般用于小型低压电机中。半开口型槽可以嵌放成型绕组，故一般用于大型、中型低压电机中。开口型槽用以嵌放成型绕组，主要用在高压电机中。定子铁芯制作完成后再整体压入机座内，随后在铁芯槽内嵌放定子绕组。定子绕组是电动机的电路部分，通入交流电产生旋转磁场。小型异步电动机定子绕组通常用高强度漆包线(铜线或铝线) 绕制成各种线圈后，再嵌放在定子铁芯槽内。大中型电机则用各种规格的铜条经过绝缘处理后，再嵌放在定子铁芯槽内。为了保证绕组的各导电部分与铁芯之间的可靠绝缘以及绕组本身之间的可靠绝缘，故在定子绕组制造过程中采取了许多绝缘措施，如对地绝缘(定子绕组整体与定子铁心之间的绝缘)、相间绝缘(各定子绕组之间的绝缘)、匝间绝缘(每个定子绕组各线匝之间的绝缘)。常用的薄膜类绝缘材料有聚酯薄膜青壳纸、聚酯薄膜、聚酯薄膜玻璃漆布箔及聚四氟乙烯薄膜。

机座的作用是固定定子铁芯和定子绕组，并以两个端盖支承转子，同时起保护整台电机的电磁部分和发散电机运行中产生的热量。机座通常为铸铁件，大型异步电动机机座一般用钢板焊成，而有些微型电动机的机座则采用铸铝件以降低电机的重量。封闭式电机的机座外面有散热筋以增加散热面积，防护式电机的机座两端端盖开有通风孔，使电动机内外的空气可以直接对流，以利于散热。

转子是电动机的旋转部分，包括转子铁芯、转子绕组和转轴等部件。转子铁芯作为电机磁路的一部分，并放置转子绕组。一般用0.5mm厚的硅钢片冲制、叠压而成，硅钢片外圆冲有均匀分布的孔，用来安置转子绕组。通常都是用定子铁芯冲落后的硅钢片内圆来冲制转子铁芯。一般小型异步电动机的转子铁芯直接压装在转轴上，而大、中型异步电动机(转子直径在300～400mm以上) 的转子铁芯则借助于转子支架压在转轴上。

为了改善电机的启动及运行性能，鼠笼式异步电动机转子铁芯一般都采用斜槽结构(即转子槽并不与电动机转轴的轴线在同一平面上，而是扭斜了一个角度)。

转子绕组的作用为切割定子磁场，产生感应电动势和电流，并在旋转磁场的作用下受力而使转子转动。根据构造的不同有鼠笼式和绕线式两种，其中鼠笼式通常又有铸铝式转子和铜条转子两种结构形式。对于中小型异步电动机的鼠笼转子一般为铸铝式转子，它是将熔化了的铝浇铸在转子铁芯槽内成为一个完整体，连两端的短路环和风扇叶片一起铸成。而铜条转子是在转子铁芯槽内放置没有绝缘的铜条，铜条的两端用短路环焊接起来，形成一个鼠笼的形状。

转轴用以传递转矩及支承转子的重量。一般都由中碳钢或合金钢制成。端盖分别装在机座的两侧，起支撑转子的作用。一般为铸铁件。

(2) 启动继电器和热保护器

电冰箱压缩机电动机的启动装置一般都固定在压缩机外壳上。目前常用的启动继电器有重力式(又叫分装式)和弹力式(又叫整体式)两种，上述几种启动器都与热保护器配合使用，以保护压缩机电动机。近几年也有的采用热敏电阻式(PTC元件)启动方法。

(3) 温度控制器

启动继电器与过载保护器是用来使电机正常运转的，但只使电机运转，压缩机连续工作制冷还不行，还要设法控制它，使箱内温度达到人们所要求的范围，一种方法是设法调节制冷系统的制冷量大小，使箱内温度达到低温时，制冷量小些，而箱内温度升高时，制冷量大些，这种控制难度大。另一种方法就是控制压缩机工作制冷的开停时间，运转时间长些，停的时间短些，箱内温度就可降低些。冰箱就是采用后一种方法，压缩机的运转和停止是靠温度控制器(简称温控器)来控制的。一般都要装在冰箱内右侧，外面有一个塑料盒，上面有一旋钮，并有刻度，一端为“停”，向另一端旋转时，对应的箱温变低。温控器带有一根很长的毛细管，称为“感温管”或“感温包”，伸出塑料盒外，直通到蒸发器表面，用夹具使它紧贴在蒸发器表面或附近，一般是在蒸发器管路的出口处。

电冰箱箱内温度的高低随蒸发器表面温度的变化而变化。当蒸发器的表面温度高时，箱内温度也高，反之亦然。例如，当蒸发器表面温度为0～－8℃时，箱内温度为6～7℃，当蒸发器表面温度为－8～－16℃时，箱内温度为1～2℃，因此只要控制蒸发器表面的温度，就可以控制冰箱内的温度。还可以看出，当箱温变化1～2℃时，蒸发器的温度变化在8℃以上，变化幅度要大得多，所以便于控制。

温控器中的气室(波纹管或膜盒)、毛细管、感温包以及充入其中的感温剂(氯甲烷)组成一密闭的感温系统。在温控器所控制的温度范围内，密闭感温系统中的感温剂处于饱和湿蒸气状态。当蒸发器表面温度变化时，感温管内的感温剂压力发生变化，于是气室相应地发生伸缩，这样温度的变化转变成微小的位移，该位移通过机械传动机构加以放大，就可以控制触点机构，将压缩机的电机控制电路接通或断开。

2.1.2.3 隔热保温系统和箱内附件

冰箱的隔热保温系统包括箱体、箱门、绝热材料和磁性门封等。它是将冰箱内外空间隔绝，防止外界空气热量窜入箱内，起到保持箱内低温的作用。

(1) 箱体

外箱壳、门壳一般都用厚度为0.6～1.0mm的冷轧钢板制成，经裁剪、冲压、折边、焊接或辊轧成形，外表面经磷化、喷漆或喷塑处理。喷塑是喷环氧树脂或丙烯酸树脂粉，喷塑的表面耐蚀性好、附着性强、不易碰坏，但表面色泽不如喷漆。

打开箱门后，里面看到的就是内胆，一般是采用的ABS板或HIS(高强度聚苯乙烯)板，经加热至60℃干燥后采用凸模真空成形或凹模真空成形。板材厚度一般在1mm以下，表面光洁，呈白色。ABS比HIS价格高，但在外观光泽、对食品无污染、耐久性等方面比HIS好。

(2) 绝热材料

为了保持箱内低温，必须防止外部热量的传入，由箱口部分传入的热量约占总漏热量的

15%～20%，由箱壁传入的约为80%～85%，所以提高箱体的绝热性能直接关系到冰箱的冷却性能与耗电量等。箱体的绝热作用是靠外壳与内胆之间的绝热材料起作用的，箱体常用的隔热材料如下。

1）超细玻璃纤维　它的外观类似棉花，俗称玻璃棉，其热导率为0.025～0.035kcal/(m·℃·h)，有时用树脂将玻璃纤维粘为块状绝热材料，以避免使用日久后发生纤维沉积到下部的毛病。由于它容易吸湿，吸湿后绝热性能变差，所以有的冰箱在内胆上开一些小孔，使夹层中的水蒸气被低温蒸发器吸附。

2）聚苯乙烯泡沫　其热导率为0.03kcal/(m·℃·h)左右，多用作衬垫，如用在台面板下面。由于它可以制成任何形状，所以使用极为方便。

3）聚氨酯发泡　这是目前使用最广泛，绝热性能最优良的绝热材料，其热导率为0.015～0.020kcal/(m·℃·h)，它是将外壳与内胆用胎具固定后，把多元醇及异氰酸酯两种主要原料，另加入催化剂、发泡剂等注入外壳与内胆之间的空腔内，使之发生化学反应，再经熟化后生成的。外观如发酵的馒头，呈淡黄色，与软的海绵不同，称为硬泡，具有一定的强度，而且能牢固地粘住外壳和内胆，使之成为一体，所以它增强了箱体的刚性。聚氨酯发泡内部形成均匀致密的微孔，这些微孔是封闭的，水蒸气不会浸入，所以它的吸湿性很微小，长期使用后热导率变化很小。微孔内有的是空气，有的是热导率比空气小的F-11，所以热导率很小。

(3) 磁性门封

磁性门封由塑料门封条和磁性胶条两部分组成。将磁性胶条穿入门封条中，根据门的尺寸将四角切口热黏合制成磁性门封。磁性门封条采用挤出机挤出，磁条为渗有磁粉的橡胶条。由于双门电冰箱冷冻室和冷藏室箱内温度相差甚远，因此冷冻室和冷藏室门的门封形式也有明显区别。冷藏室的门封一般只有一个气室，一条翻边(也有两条翻边的)，而冷冻室门的门封有两个气室和两条翻边。

(4) 箱顶

箱顶是一块塑料贴面的夹板，可用于放置较轻的物件，四周是聚氯乙烯制的台面框或铝合金型材料台面框，靠自攻螺丝固定在下面的箱体上部，顶板插入其槽中，台面框还可起装饰作用，一般是深色的，给人以轮廓分明之感。后面的台面延伸部也由塑料制成，它突出箱体后面，以确保冰箱离开墙壁有一段距离，它上面开有一些长槽，使后面冷凝周围的空气能够对流，顶板下部垫的是高密度聚苯乙烯泡沫板，起支承作用。

(5) 箱内附件

包括制冰盒、储冰盒、搁架、果菜盒、鱼肉盘、内接水盘和铲霜刮刀等。

2.1.3 洗衣机

洗衣机是一种利用电能驱动依靠机械作用来代替人工洗涤衣物的家用电器，是目前家庭中使用率较高的家用电器。家用洗衣机通常有以下三种分类方法。

2.1.3.1 按自动化程度分类

洗衣过程包括洗涤、漂洗和拧干三个环节。对洗衣机来说，相应的有洗涤、漂洗和脱水三个功能。这三个功能能否自动进行转换，是我们区别洗衣机为普通型、半自动型和全自动型的依据。

(1) 普通型洗衣机

这种洗衣机的洗涤、漂洗和脱水三种功能的转换需用人工进行操作，使用起来不方便，省力不省时，但是它的结构简单，价格便宜，规格最多。常见的普通型洗衣机有单桶洗衣机和双桶洗衣机之分，其中单桶式普通洗衣机无脱水功能，双桶式普通洗衣机的洗涤和脱水分别在两个桶内进行。

(2) 自动型洗衣机

这种洗衣机的洗涤、漂洗和脱水三种功能之间，只有其中任意两个功能的转换不用人工操作，而是自动进行。它常有两种形式：一种是洗涤和漂洗两工序在一个桶内自动进行，并互相转换，但脱水仍要人工转换的单桶或套桶式洗衣机；另一种是洗涤和脱水分别在两个桶（也称双桶式）内进行的洗衣机，有在洗涤桶内洗涤和漂洗的洗涤侧半自动洗衣机，有在脱水桶内漂洗和脱水的脱水侧半自动洗衣机，有既能在洗涤桶内洗涤和漂洗、又能在脱水桶内漂洗和脱水的双桶洗衣机，但它们都必须用手工将洗涤物从洗衣桶移至脱水桶。双桶式洗衣机操作较灵活，具有节水和节省时间的优点。半自动型双桶洗衣机的结构比普通型复杂，价格也较高。

(3) 全自动型洗衣机

全自动洗衣机能自动完成洗涤、漂洗、脱水三功能，并且整个洗衣过程中无需人工介入。它有波轮式全自动洗衣机和滚桶式全自动洗衣机之分。全自动洗衣机自动化程度高，结构复杂，价格较高，维修保养要求也较高。

2.1.3.2 按结构分类

现在世界上主要有三种结构的洗衣机，即波轮式、滚筒式和搅拌式。各国和地区根据国情和穿衣的不同，使用不同结构的洗衣机。如美国、墨西哥、加拿大、智利、阿根廷等美洲国家，普遍使用搅拌式洗衣机；欧洲各国几乎都使用滚筒式洗衣机；中国、日本等亚洲国家、中东等部分国家主要使用波轮式洗衣机。

我国生产的洗衣机大多数是波轮式洗衣机，少数是滚筒式洗衣机。

(1) 波轮式洗衣机

它是在圆形或方形的洗衣桶的底部中心或偏心处，装置一个带凸筋的转轮(即波轮)。由电机通过传动机构带动波轮作正向和反向旋转(旋转速度为200～400r/min)，洗衣桶内盛洗涤液和要洗的衣物，洗涤液和衣物在波轮的带动下，作水平旋转和上下翻滚，达到去污的目的。波轮式洗衣机结构简单，维修方便，洗净度高，洗涤时间短，耗电少，缺点是磨损率较高，衣物扭绞变形较大，用水量大，噪声较大。

(2) 滚筒式洗衣机

这种洗衣机由一个圆筒形的外筒和外筒中的一个可旋转的内筒(滚筒) 组成。外筒的主要作用是盛放洗涤液，内筒壁上开有许多小孔，并在内壁上设有三条凸起的筋。衣物放置在内筒中，在电机及传动机构的带动下，内筒有规律地间歇正反向旋转，完成洗涤、漂洗、脱水等功能。

洗涤时，内筒转动速度大约 50r/min。一方面衣物同内筒壁、凸筋摩擦产生揉搓作用；另一方面凸筋将衣物托起，脱离液面，到达一定高度后，衣物在自重作用下又跌落到洗涤液中，产生抓起、抛下或摔打、挤压的作用，从而达到去污目的。脱水时，内筒以 500r/min 左右的速度旋转，将衣物中的水甩出，由排水泵排出机外。滚筒式洗衣机按装衣口位置的不同，分为顶装式和前装式洗衣机。

（3）搅拌式洗衣机

搅拌式洗衣机机体为一立桶，在桶内设一垂直的主轴，主轴上有搅拌翼。在电机及传动机构带动下，搅拌翼以每分钟40～50次的速度做小于360°的正反向旋转（摆动），完成洗涤过程。搅拌式洗衣机的优点是洗衣量大，洗净度高，洗净均匀性好，磨损率低，衣物不缠绕。缺点是传动机构复杂，制造困难，成本高，耗电多，体大沉重，不易维修。

2.1.3.3　按照控制方式分类

洗衣机还分为机械式洗衣机和电脑洗衣机。机械式洗衣机是指采用机械触点构成的控制器（即定时器、程控器）来控制运转方式和程序的洗衣机；电脑洗衣机是指采用电子元器件（单片机、可控硅等）构成的电脑程控器来控制运转的洗衣机。我国生产的双桶洗衣机几乎都是机械式的，全自动洗衣机有机械式的也有电脑式的。

波轮式双桶洗衣机主要由洗衣桶、波轮、波轮轴组件、传动机构、脱水系统、电气控制系统、进排水系统及箱体组成。

（1）洗衣桶

洗衣桶是指盛有洗涤液和被洗涤物的容器，是完成洗涤或漂洗的主要部件之一。桶内装有一波轮，波轮在洗衣桶中有三种安装位置：装于桶底的称涡卷式；装于桶侧壁上的称喷流式；装于桶的两相对侧壁上的称双喷流式。桶底开有排水孔，桶上部有溢水孔等。

洗衣桶截面形状有方形、圆形、长方形等式样，桶的内壁光滑的居多，但也有些桶内壁表面上设有若干条凸筋，以增强洗涤作用。家用洗衣机的洗衣桶常用材料有搪瓷、铝合金、镀锌铁板、不锈钢、玻璃钢或工程塑料等。

塑料桶一般是用热塑性塑料注塑成型，常用的热塑性塑料为改性聚丙烯（PP）、丙烯腈-丁二烯-苯乙烯（ABS）及低压聚乙烯等。从性能上讲，ABS优于PP，而PP优于低压聚乙烯。塑料桶的优点是易注塑成形状特异的桶，轻巧耐磨，不生锈，光泽好，便于大批量生产，工效高，成本低。铝桶一般用1.5mm铝板或防锈合金铝板经整体拉伸成形，并经氧化防腐处理，以提高它的抗碱蚀能力，使桶的表面光滑美观。搪瓷桶一般是用0.8mm厚的薄钢板制成，底和壁两部分焊接后经搪瓷而成。搪瓷桶的优点是耐热、耐酸、耐碱性能较好，表面硬度高。缺点是烧结后易变形，尺寸不易保证，给安装带来困难，还容易产生应力裂瓷，机械振动时容易爆瓷、掉瓷。不锈钢桶因成本高，一般只用在高档洗衣机上。目前波轮式双桶洗衣机的洗衣桶越来越倾向于采用塑料，如聚丙烯或ABS树脂注塑成形。

（2）波轮

波轮是波轮式洗衣机中对衣物产生机械洗涤作用的主要部件。外形呈圆盘状，在传动机构驱动下，以每分钟数百转的速度旋转时，拨动洗涤液产生旋涡，迫使桶中的衣物产生强烈的翻滚搅动。波轮一般用工程塑料注塑成形，表面均匀分布几条凸起的筋。为了不使衣物停在旋涡中心成团旋动，对波轮形状、转速、大小、安装位置以及洗衣机桶形状等方面都有所要求。

1）轮的基本要求　能够产生足够大的衣物分散度，即保证在洗涤过程中衣物不结团；能产生足够大的衣物移动率，即保证衣物在洗涤过程中不停在涡心，有不断移动位置的变化；能达到足够大的衣物洗净度；对衣物的磨损率应小。

2）轮的大小及转速　对于容量在1.5～2kg的洗衣机来说，波轮直径范围多在165～

185mm 之间，常见转速为 350～850r/min，小直径往往相应地配以稍高转速(如 500～800r/min)，而大直径则相应地配以略低转速(如 380～450r/min)。一般地说，波轮的大小与转速之间的关系是这样决定的：恰使波轮外缘的线速度在 4～7m/s 之间。

3）筋数量及排列　家用洗衣机的凸筋一般为 3～5 条，以 4 个为最普遍。通常高速小波轮，其凸筋的条数少些；而低速大波轮，凸筋的条数多些；低速波轮凸筋的高度高些，似驼峰状；高速波轮凸筋则低些，似叶轮状。这些凸筋均由轮心向外呈辐射状均匀分布在波轮上。

4）筋形状　凸筋的横断面多呈等边三角形或两底角在 45°～60°之间的等腰三角形，顶部和底部均以较大圆角过渡。

5）轮盘心形状　波轮盘心指波轮凸筋与之交接的盘面，多呈凸球形，球面半径大小差别较大。凸筋顶面也随之呈球形。盘心底部均设加强筋，而不采用实心结构，既可节省材料，又可减小波轮启动惯性，降低对电动机启动转矩的要求。

6）轮形状　波轮形状主要指凸筋的角度和高度。角度通常选取 70°～90°，角度增大，有利于衣物在桶内翻滚，高度加大，水流运动激烈。高度通常取波轮直径的 0.12～0.18 倍。

(3) 波轮轴组件

波轮轴组件是支撑波轮的重要部件，它起到传递电机动力给波轮以完成洗涤运转的重要作用，要求具有可靠的密封性、润滑性、腐蚀性、耐磨损性和运动稳定性，并要具有一定的强度和刚度。波轮轴组件由波轮轴、水封、含油轴承、轴承套(水封套)、紧固螺母等组成。

1）波轮轴　波轮轴是支撑波轮、传递动力的部件，常用不锈钢精工制作。波轮轴的上方铣成扁平形，插入波轮的方孔中，波轮螺钉拧入轴端的螺纹孔中将波轮固定于波轮轴上。

2）水封　水封即波轮轴轴封，又称油封，是保证洗涤液和水不外漏的重要零件。它使轴既能顺利转动而又不漏水，这就要求它的物理性能和化学性能稳定，通常用丁腈橡胶制作。水封安装在波轮轴上部，它以密封唇与轴贴合起到密封作用，而且外部用不锈钢材料制成的弹簧圈紧固。水封上部有密封盖，密封盖与水封的碟形上圈形成了封闭的密封空间，以防止泥沙等异物进入密封唇，从而保证密封唇和轴的使用寿命。水封的外圈压入轴承套内。

3）含油轴承　含油轴承用来安装波轮轴，它用粉末冶金制成。含油轴承内具有均匀的开放性孔隙，经过高温煮沸浸油后，润滑油就充满了孔隙。当波轮轴空转时，轴承因摩擦升温而膨胀，导致孔隙容积减小，加之润滑油亦因受热膨胀而溢出，另外运转中的轴对孔隙中的油有抽吸作用。这样，孔隙中的油就溢出表面，对轴起到润滑作用。转动停止后，轴承温度逐渐降低，孔隙和润滑油恢复常态，油又重新被吸回到孔隙中。就这样，含油轴承形成了自动润滑的作用。在两个轴承之间填充有锂基润滑脂，用以补充两个轴承中的润滑油损失。锂基润滑脂具有耐水、耐寒、受热不变质、化学稳定性好的优良性能，可以保证在整个洗衣机使用寿命(10 年左右) 的润滑性能。

4）轴承套　轴承套采用铝或增强树脂制成。轴承套上端装于洗衣桶底的凹窝中，下端用紧固螺母拧紧，将整个波轮轴组件固定在洗衣桶上。在轴承套与洗衣桶之间装有密封垫圈(橡胶石棉板制或橡胶板制)，以防止从轴承套外部漏水。在波轮轴的轴肩与上轴承之间，一般还装有磷青铜片制的耐磨、减摩垫圈。另外，在洗衣桶下部，轴承套上有一个铁板冲压成的加强盘，加强盘的周边与洗衣桶相抵，而中间部位呈悬空状态，紧固螺母压紧在加强盘上。加强盘将皮带拉力而引起的轴承套对洗衣桶的压力转移为加强盘对洗衣桶的压力，由于加强盘的直径比轴承套的直径大几倍，因而对洗衣桶的压力减为几分之一，使洗衣桶变形减小，使波轮轴组件不因皮带拉力而倾斜过大，保证正常的皮带传动工作条件。

(4) 传动机构

波轮式洗衣机的传动机构一般均为皮带传动系统，仅在极少数洗衣机上采用齿轮传动系统。皮带传动系统一般由皮带轮和三角皮带等组成。洗涤驱动电动机固定在箱体底部的支架上，支架上开有长孔槽，供移动电机位置以调整皮带松紧程度之用。传动皮带一般为单根三角带，它外层采用防伸缩的帆布橡胶，芯线采用化纤(人造丝) 经树脂处理。为了防止合成树脂做的洗涤桶与洗涤物摩擦而产生静电，有的洗衣机三角带增添了导电性的化合物。皮带轮现已多用塑料以注塑法制成。

(5) 脱水系统

双桶洗衣机的脱水系统是一套独立系统，包括脱水桶传动系统和刹车机构两部分。它工作在约 1400r/min 的条件下，由于旋转系统的质量分布不平衡(即不对称) 是不可避免的，因此是洗衣机的主要震动源和噪声源。在双桶洗衣机的故障比率中，脱水系统的故障占 70%以上。

1) 脱水桶传动系统　脱水桶传动系统采用电机直接驱动脱水桶的传动方式，脱水桶的转速与电机转速相同。国产双桶洗衣机脱水系统的工作原理相同，构造相似，依脱水容量的不同，零部件尺寸有所不同。

脱水桶传动系统主要由脱水电机、联轴器和脱水桶三部分构成。

① 脱水电机。它安装在装有阻尼套(橡胶套或聚氯乙烯套) 的三个减震弹簧上。

② 联轴器。电机轴伸入联轴器(刹车鼓) 的下孔，脱水桶轴伸入联轴器的上孔，两轴以螺钉紧固在联轴器上。为了保证操作者的安全，防止在万一脱水电机漏电的情况下，使操作者经常触及的脱水桶等不带电，在联轴器的下孔中装有绝缘套，绝缘套用玻璃纤维增强的聚甲醛塑料或增强尼龙制成，电机轴伸入绝缘套中，绝缘套将电机轴与联轴器绝缘起来。这样，如果脱水电机漏电，联轴器也不会带电。装配时，将螺钉对准电机轴上的平面部位，拧紧螺钉，螺钉将绝缘套壁顶变形，变形的绝缘套壁贴靠到电机轴的平面上，通过此部分绝缘套壁来传递电机转矩。由此可见，绝缘套在传动和绝缘两方面都起着决定性的作用。

③ 脱水桶。脱水桶又称甩干桶，双桶洗衣机的脱水桶为一个周壁上有许多小圆孔的长筒，其材料用搪瓷铁或塑料制成。脱水桶的径高比 D/h 较小，一般为 0.5 左右。在桶内有一个压盖，用来将待脱水的衣物压紧压实，以避免因洗涤物分布不均匀而引起的振动。

脱水桶轴与法兰盘用静配合连成一整体，脱水桶用螺钉(加弹簧垫圈) 紧固在法兰盘上，也有的洗衣机将法兰盘和脱水桶轴作为预埋件与塑料脱水桶注塑成一体。

2) 大胶碗　为了不漏水，在脱水外桶上装有大胶碗，大胶碗用连接卡圈压紧在外桶上，可防止水从大胶碗周边泄漏。大胶碗中心为单密封唇，下部为粉末冶金轴套，脱水桶轴穿越其中。大胶碗的外周做成大波浪形，用氯丁橡胶制成，可以承受并吸收脱水系统运转时产生的剧烈摆动和震动，密封唇部用耐油的橡胶制成。

3) 刹车机构　脱水桶刹车机构是保证操作安全的重要部分，它主要是为了在脱水结束和必要时，使高速旋转的脱水桶迅速停止。刹车机构由脱水桶盖控制，当脱水桶盖开启 75mm 时，应将脱水电路上的安全开关断开。与此同时，刹车机构还应起到刹车作用。前者主要由设计决定，后者则由调整决定，调整是否适当和机构是否正常直接影响到脱水桶的运转。脱水系统最常见的机械故障就是刹车机构失灵。刹车底板以三个螺钉固定在脱水电机上端盖上，刹车动板用阶梯形铆钉固定在刹车底板上，刹车动板可以转动。刹车片固定在刹车动板上，采用尼龙或橡胶制成。随刹车动板的转动刹车片可离开或贴靠到联轴器的刹车面上。刹车弹簧一端挂在刹车底板上，一端挂在刹车动板上，在无外力作用时，弹簧力将刹车动板拉向联轴器，刹车片贴靠到联轴器上。刹车闸线采用不锈钢制成，在刹车动板上压装有闸线固定座，在刹车底板上压装有闸线支撑座，在脱水外桶的后壁上固定着可上下移动位置的闸线调整座。闸线的下端挂在固定座上，上端挂在刹车控制杆上，控制杆为一个带弯边的长杆。在支撑座和调整座之间，闸线外套有金属(不锈钢）制的或塑料制的套管，套管的两端分别抵在支撑座和调整座的小孔内，也就是说这两座之间闸线长度始终不变。

(6）电气控制系统

洗衣机的电气控制系统主要由电动机、定时器、电容器及方式选择开关等组成。

1）电动机　电动机是洗衣机的动力装置，它通过传动机构来带动波轮或脱水桶转动。洗衣机质量指标中的大多数都与电动机相关，如电气安全性能、温升、启动特性、耐潮湿、噪声、耗电量等。洗衣机所使用的是单相电容运转式电动机。它的启动绕组与串入的电容在电动机运行过程中不从电路中切除，因此，又称永久分相电动机。这种电动机具有较好的启动性能和运行性能，功率因数大，过载能力强，能较好地满足洗衣机正转、反转的工作要求。洗衣机电动机主要由端盖、轴承、传动轴、定子铁芯、定子绕组、转子铁芯、转子绕组和机壳等组成，其材料主要由金属铜、铁、钢和铝等构成。

单相电容运转式电动机需要不断地正反交替运转。实现正反运转有 2 种方法：a. 在电动机与电源断开时将主绕组或副绕组中任何一组的首尾端换接，以改变旋转磁场的方向，使转子跟着反转；b. 在电动机停转时，将副绕组上的电容器串接于主绕组上，即主副绕组对调，电动机亦反转。洗衣机上的电动机主要使用后一种方法。因为洗衣机正反运转时的工作状态完全一样，所以两相绕组可以轮流充当主副相绕组。它们应具有相同的线径、匝数、节距及绕组分布形式。

洗涤过程中必须频繁地换向旋转，每换向一次便需重新启动一次，这就要求电动机的启动转矩要大，启动电流要小，只有这样才能缩短启动时间，延长电动机的使用寿命。目前，我国生产的波轮式洗衣机，启动转矩为额定转矩的 10～13 倍，输出功率为 120W 的电动机，其启动电流一般不超过 2.5A。

洗衣机在工作过程中不管是正向还是反向运转，都要求有相同的洗涤效果，即电动机的输出功率、额定转速及启动转矩等指标应基本相同。因此，在设计时主副绕组应具有相同的绕径、匝数、节矩及绕组分布形式。

由于每次洗衣量不完全一样，所以洗衣机电动机在工作过程中的实际负载是变化的，有时可能是超负荷工作。为了保证在超载情况下洗衣机能正常工作，要求电动机有一定的过载能力。一般规定最大转矩为额定转矩的 1.7～2.2 倍。国产洗衣机用电动机采用 XD 型单相电容运转式电动机，计有 90W、120W、180W、250W 四个额定功率等级。

2）定时器　洗衣机的定时器是一种自动控制开关，主要用来控制电动机的正反运转和停止的时间，同时也决定电动机运转的总时间，是洗衣机电气控制系统中的关键部件。

洗衣机定时器通常分两类：一类为发条式定时器；另一类为电动机式定时器。发条式定时器以发条为动力源，它制造容易、成本低廉、操作手感强、维修方便，目前我国普通型双桶洗衣机一般采用这种定时器。电动机式定时器，以小型同步电动机或罩极式电动机为动力源，它的特点是工作性能稳定、定时精度高，主要在大波轮新水流洗衣机上使用。

洗涤定时器用来控制洗衣机的全部洗涤时间，或通过控制时间组件控制电动机正反转和间歇时间。脱水定时器用来控制脱水桶和脱水电动机的运转时间。

（7）进水排水系统

波轮式双桶洗衣机进水排水系统较简单。进水装置为塑料软管，洗涤时将其接于自来水龙头。排水装置有两种，一种是机带蛇形软管，管的一端接于洗衣机排水口，另一端挂于洗衣机外侧，排水时将其放下；另一种是人工开关排水阀，排水时将控制旋钮旋转 90°(由关至开)，内设的连杆、杠杆机构便将橡胶锥形阀堵上，洗涤水便由排水管泄去。水排净后，再将控制旋钮钮回 90°(由开至关)，弹簧便将阀堵顶下，关闭排水通路。

（8）箱体(外壳)

箱体用来安装洗衣机的各零部件，通过支承与连接机构将各部分连成一个整体。因此，应具有足够的刚性和稳定性，以减轻振动和噪声。箱体表面喷涂各种颜色的涂料，起防腐和装饰作用。目前，箱体除少数用塑料制成外，大多数采用优质薄钢板或不锈钢板，经过机械冲压、弯曲成型以及焊接等工艺制成。它除了使洗衣机的外表美观大方外，还能保证转动部件和电气部件不易与外界直接接触，从而确保操作者的安全。因此，无论哪种型式的洗衣机，其电气部件和传动部件，一般都安装在箱体的顶部或底部，洗涤桶安装在箱体中央。为了便于检修，箱体后部最好是开启的。开口处经弯边处理，可提高箱体后侧的刚性，有利于减低噪声。开口的盖板可利用螺钉拧固。

2.1.4 空调器

空调器是空气调节器的简称，它是一种用来调节室内温度、湿度、气流速度和空气洁净度的电器。按功能不同分为冷风型(代号为 L，它只能制冷，不能制热)、热泵型(代号为 R，它夏季可供冷风，冬季可供热风，一机两用，靠系统换向)、电热型(代号为 D，它是在冷风型空调器的基础上增设一组电热丝加热装置，可以对室内空气进行加热)、热泵辅助电热型(代号为 Rd，这种空调器在冬季严寒时，可利用辅助电热来补偿热泵供热的不足)。按结构型式不同分为整体式(代号为 C，又称窗式空调器、穿墙式空调器)、分体式(代号为 F，由室外机组和室内机组两大部分组成)。有些房间空调器还具有独立抽湿功能，如冷风抽湿型、热泵抽湿型等。

2.1.4.1 空调器的基本组成

房间空调器主要由制冷(热) 循环系统、空气循环通风系统、电气控制系统和箱体(包括底板等) 四大部分组成。

（1）制冷(热) 循环系统

一般采用蒸气压缩式制冷。与电冰箱一样，由全封闭式压缩机、风冷式冷凝器、毛细管和肋片管式蒸发器及连接管路等组成一个封闭式制冷循环系统。系统内充以 R-22 制冷剂。为避免液击，有些制冷系统还设有气液分离器。

（2）空气循环通风系统

主要由离心风扇、轴流风扇、电动机、过滤器、风门、风道等组成。

(3) 电气控制系统

主要由温控器、启动器、选择开关、各种过载保护器、中间继电器等组成。热泵冷风型还应有四通电磁换向阀及除霜温控器。

(4) 箱体部分

它包括外壳、面板、底盘及若干加强筋、支架等。制冷系统、空气循环系统均安装在底盘上，而整个底盘又靠螺钉固定到机壳上。

2.1.4.2 窗式空调器的结构

窗式空调器在我国是一种被广泛使用的小型空调设备。由于窗式空调器结构紧凑、体积小、质量轻、安装简便、使用可靠，插上电源便可实现制冷(热)、去湿、通风、除尘等多种功能，所以深受用户的欢迎。窗式空调器主要由制冷(热) 循环系统、空气循环通风系统、电气控制系统和箱体、底盘、面板等几部分组成。全部制冷空调设备均装在底盘上。底盘可以从箱体抽出，便于安装和维护。

(1) 制冷循环系统

窗式空调器冷风型制冷循环系统与电热型的相同，它主要由全封闭式压缩机、蒸发器、冷凝器、毛细管及连接管道组成。有的制冷系统还装有过滤器、消声器等。热泵型空调器制冷循环系统主要由全封闭压缩机蒸发器、冷凝器、毛细管、电磁换向阀及连接管路等组成。电磁换向阀用于制冷剂换向循环运行，以使空调器夏季可制冷，冬季可制热。制冷循环系统内充以制冷工质 R-22。在正常工作时制冷剂不需要添加。若制冷剂泄漏，则必须补漏后将系统抽真空，按照空调器铭牌上的制冷剂量注入制冷剂。

(2) 热交换器

热交换器分为蒸发器、冷凝器，是空调器的核心部件之一，提高它们的换热效率，可以明显减少空调器的质量，缩小尺寸和降低制造成本，所以它是当前空调器方面的主要研究内容之一。冷风型窗式空调器一般采用风冷式肋片管式冷凝器。在热泵型空调器中，风冷式冷暖器在冬季作蒸发器用。蒸发器一般采用直接蒸发式，其结构与风冷式冷凝器的相同。在热泵型空调器中，蒸发器与冷凝器实际上已成为可以互相变换的热交换器。换热器的结构一般由传热管、肋片和端板三部分组成，通常都是在紫铜管上胀接铝肋片，组成整体肋片管束式。其中传热管通常采用 $\phi 10\times 0.7$、$\phi 10\times 0.5$、$\phi 9\times 0.5$ 的紫铜管弯成 U 形管，U 形管口再用半圆管焊接。传热管排列方式为等边三角形或等腰三角形。换热器的铜管排数趋向于减少。一般冷凝器排数不超过 4 排，蒸发器排数不超过 5 排。对于 735W 以下的小制冷量空调器，冷凝器只有 2 排。管排数减少后，空气流动阻力大大减小，同时各排之间的温差增大，使换热效率增加。肋片的材料为纯铝薄板，肋片片距一般在 1.2～3.0mm 之间。蒸发器的肋片由于有凝露水不断流下，所以蒸发器的片距应比冷凝器的片距大。目前国内外已开始采用在肋片上浸染“亲水膜” 的工艺，使冷凝水不易凝聚，从而可缩小片距。

(3) 离心风扇

窗式空调器的离心风扇一般由工作叶轮、螺旋形涡壳、轴及轴承座组成。它的特点是风量大、噪声小、压头低。目前大多采用多叶前向型叶轮，这种叶轮结构紧凑，尺寸小，而且随着转速的下降，风扇噪声也明显降低。叶轮的材料要求能耐大气腐蚀，表面光滑，以减少空气动力噪声。

目前空调器的叶轮主要有下列几种材料。

1）ABS塑料注塑叶轮　这类叶轮质量轻，抗腐蚀性能及空气动力性能好，适宜大批量生产，成本较低廉。

2）铝制叶轮　这类叶轮质量小，抗大气腐蚀性能好，适宜于小批量生产。

3）镀锌薄钢板及搪瓷叶轮　这类叶轮质量大，能耐大气腐蚀，但成型比铝材困难，目前已很少采用。

离心风扇的蜗壳目前趋向于用硬质聚苯乙烯注塑发泡成型。它的质量小，能吸振，批量生产价格低廉。对于电热型空调器，由于蜗壳受到电热丝的辐射热，温升较高，故仍用镀锌薄钢板或搪瓷蜗壳。

（4）轴流风扇

窗式空调器的冷凝器大多采用风量大、压头低的轴流风扇。轴流风扇多用铝材压制成型或ABS塑料注塑成型，也有的采用镀锌薄钢板制成。叶片一般为4～8片，且带有轮圈。轮圈有如下两点作用：叶片的后角与轮圈冲压成一体，或用铆钉铆接在一起，这既增加了叶轮的刚性，又保证了叶轮的扭角；轮圈可将底盘的凝露水飞溅到叶片前面，再由风扇吹到冷凝器上，这大大增强了热交换的效果。为了降低噪声和提高风机的效率，国外的一些空调器，在轴流风扇进风口处装有光滑圆弧形的导流器。它使气流有组织地进入风扇进入端，以减少涡流损失。

（5）箱体、底盘和面板

1）箱体　空调器的箱体常用0.8～1.0mm冷轧薄钢板弯制而成，但也有用塑料压制的。箱体底部有两条导轨，供底盘推入、拉出之用。制冷量大的空调器，由于机组质量大，在箱体左右内侧也设有导轨，以便底盘出入箱体时不致被卡阻。箱体左右侧面开设有百叶窗、方孔或栅格等，用于进风冷却冷凝器。在箱内设有若干加强筋，以提高箱体的刚度。箱内还设有若干支架，以便于安装零部件。

2）底盘　底盘用于安装压缩机、蒸发器、冷凝器和风机等，而整个底盘又靠螺钉固定在箱体上。用于制造底盘的冷轧钢板要进行防锈处理。一些国外空调器的底盘上还涂上一层有机涂料，使凝露水不与底盘薄钢板直接接触，增加了抗腐蚀能力。

3）面板　空调器的面板既要外形美观，线条流畅，与室内陈设颜色相协调，又要空气动力性能好，同时进风、出风栅要有足够的截面积。结构合理、空气动力性能好的面板，可有效地降低室内噪声。目前我国空调器面板大致有塑料面板、有机玻璃面板、木质面板和金属面板等几种形式。塑料面板用ABS塑料注塑成型，适用于大批量生产。

2.1.5　电脑

电脑是计算机的俗称，是一种能模仿人脑部分功能的一种工具，它的结构特点和工作过程与人脑有许多相似之处。虽然当今计算机已发展到巨型机、大型机、中型机、小型机和微型机这样一个比较庞大的家族，并有各种机型、规模、性能、结构和应用，但其组成和结构都可以分为硬件和软件两大部分。

硬件系统是计算机看得见摸得着的主机及其外围设备，主要包括前面所述的运算器、控制器、内存储器、输入输出设备(包括外存储器)。硬件系统主要着重研究运算速度、数据长度和精度。目前一台电脑一般由主机板、CPU、内存条、显示卡、硬盘驱动器、声卡、软盘驱动器、光盘驱动器、键盘、电源、鼠标、显示器和机箱几个部分组成。软件系统又称之为程序系统，是指“看不见”“摸不着”的程序和运行时需要的数据以及有关文档资料，它着重研究的是如何管理维护好计算机，如何使用户更好地使用计算机，从而更好地发挥计算机硬件资源的功能。

2.1.5.1 CPU

CPU即中央处理器或称微处理器，它是计算机的核心部件，担负着主要的运算和分析处理任务，并负责大部分控制与执行工作。CPU本身的运算速度和执行效率在很大程度上决定了整台计算机的速度和性能。

CPU最主要的工作是执行指令，CPU的所有指令的集合称为指令集或指令系统。CPU控制命令的基本单元是微指令，通常一个简单的处理过程都要由数个微指令来完成，众多微指令的组合便能组成完整的执行程序。CPU使用的微指令一般存放在CPU芯片内的只读存储器内。微指令码的数量随着CPU的复杂程度而增加，以满足新结构和新功能的需求。

CPU为集成电路芯片，内部由众多的晶体管密集相连，芯片的集成度越高，芯片的速度就越快，CPU需要同步信号来驱动成千上万个晶体管工作。减小晶体管间的距离，有利于芯片以更快的速度工作。

2.1.5.2 主板

主板，又叫主机板、系统板和母板，它安装在机箱内，是电脑的最重要的基本部件之一。上面插有CPU、内存条以及各类扩充槽组成，它的性能决定了主机的稳定性。主板的分类方法有很多，它可以根据所用CPU类型安装方式来区分，也可用芯片组分以及I/O扩展总线类型分等。

主板是将各类元件组合安装在一块印制线路板上的总称。根据主板所采用线路板不同，通常有双层印制线路板，四层印制线路板，六层印制线路板。双层板是指在线路板的正反面均有印制导线，即有两层印制导线，主要适用于早期的主板。四层板是指除线路板的正反面具有印制导线外，在主板的中间夹层里还有两层印制导线，通常正反面的印制导线为信号线，主要用于传输信号，而中间两层无须安装电源线和地线。目前主板基本为四层结构，还有一种主板采用六层结构。

主板在将元件安装到线路板上时，根据元件类型不同，在安装时一般用穿透连接法和表面焊接法来安装连接元件，穿透法是指在线路板上钻孔，再将电子元件引脚从孔中穿过，并通过焊接工艺连接在线路板上的一种方法，采用这种方法的器件通常有大容量电容、电感、电阻和三极管等；另一种方法为表面焊接法(SMT)，将电子元器件(必须是SMT标准)用黏合剂粘在线路板上，再用焊机将无引线器件的引脚焊接在线路板上的一种方法。这种方法特别适用于超大规模集成电线芯片。目前主板上有一些小电容、小功率电阻、三极管、二极管均采用这种安装方法。

2.1.5.3 内存

内存又称主存，是电脑系统中仅次于CPU的重要部件之一，它是用来保存CPU在各种处理过程中的程序、数据及中间结果等的元件，内存主要由装在主板上的一组内存条构成，它是电脑不可缺少的部件。

内存的物理实质是多组具备数据输出输入和数据存储功能的集成电路。内存按存储信息的功能与特性可分为RAM和ROM两大类。把一些内存芯片焊在一小条印制电路板上做成的部件，即称内存条。内存条必须插入主板中相应的内存条插槽中才能使用。

2.1.5.4 显卡与显示器

在电脑使用过程中人们通过显示器了解电脑的输入和输出内容，而将需要显示的内容送到显示器的是显示卡(又叫显示适配器)。显卡和显示器构成了电脑的显示系统，它们是在操作电脑过程中实现人机交互的重要设备。其性能的优劣直接影响工作效率及质量。人们在操作电脑过程中，大多数时间是在与具体的图形用户界面打交道。因此，在电脑系统中显示系统的性能有着极其重要的地位和作用。

(1) 电脑显示系统的组成

电脑的显示系统是整个电脑系统中最重要的外部设备，也是用户和电脑打交道最多的外部设备。它由显示器和装在主机内部的显示卡(显示适配器) 组成，显示系统的性能指标是电脑系统的一个重要的技术指标，它们将共同影响电脑系统的显示分辨率。

由于目前几乎所有的厂家都将显示控制功能和图形加速(包括 2D 和 3D 图形加速) 功能都做在一块电脑板卡上，故各种图形加速卡、2D/3D 图形加速卡等都称之为显示卡或显卡。

(2) 显示卡

显示卡的全称是显示接口卡或显示适配器，是主机与显示器之间的支持部件，是显示器与计算机主机之间的接口，用于将主机中的数字信号转换成图像信号并在显示器上显示出来。由于显示卡通常是插在主机板的 I/O 扩展槽中的一块电路板，故称为显示卡。

对于一般的电脑来说，显示接口是必不可少的，而对于大多数电脑来说，显示接口在物理上表现为显示卡，目前有很多品牌常采用一体化主板，即将显示接口集成在主板上，但不管其物理形式如何，显示板卡在逻辑上属于接口而不属于外设。

计算机的信息只有通过显示卡才能在屏幕上显示出来。电脑中的显示卡经历了由单色到彩色，由单色显示卡(MDA)、彩色显示卡(CGA)、增强型图形显示卡(EGA)、视频图形阵列显示卡(VGA) 到图形加速卡，由二维(2D) 到三维(3D) 图形加速卡，总线接口由 8 位的 PC/XT 总线显示卡、16 位 ISA 总线显示卡、32 位的 VESA 局部总线显示卡、32 位的 PCL 总线显示卡到目前流行的 AGP 接口的显示卡，由中低分辨率的显示卡到高分辨率的显示卡等一系列发展过程。在电脑中，显示卡也是除 CPU 外发展速度最快的部件，显示器必须配上显示卡才能正常显示出计算机的各种信息。

(3) 显示器

显示器是电脑与人类交流信息的一条主要途径。它也是电脑系统中必不可少的部分，是将电信号转变成光信号的设备。目前电脑中常用的显示器有 CRT、LCD 液晶显示器，Flat CAT(平面阴极射线管)、PDP(等离子体显示板) 等。

CRT 显示器主要由接口电路、显示信号处理电路、色度输出电路、行场扫描电路电源电路等功能电路组成，种类和功能如下。

1) 电源电路　电源电路是供给显示器内部各单元电路工作所需的单元，常用电源有+5V、+12V、+24V 以及 50～120V 的行扫描电源，以及色度输出用的 60～90V 电源。显示器为降低功耗，在电源中都采用开关电源，使得电源的效率达到 80%以上。

2) 场扫描电路　为使打到显示屏上的电子束能由上而下的移动(称为场扫描)，需要向 CRT 的场偏转线圈中提供一个与场同步信号频率相同的锯齿波扫描电流。目前，单片场扫描集成电路就可以完成这一功能。

3) 行扫描电路　行扫描电路的功能是使电子束从左向右运动。它的频率与显示卡提供的行同步信号频率相同。行扫描电路提供锯齿波扫描电流的同时，场扫描使电子束从上向下运动。电子束在行场电流的协同作用下，形成屏上的可见光栅。显示屏上的亮度，由CRT中电子束流的大小和电子束中电子的速度决定。电子的速度不够，电子就不能打到屏幕上，显示屏就不能发亮。所以行扫描电路的另一功能是产生加速电子所需的25kV以上的高压。控制电子束的电流，就可以控制显示屏上的亮度。当三个色度信号(RGB，红绿蓝）分别控制后，就可使显示屏上有色彩斑斓的画面。

4）接口电路　接口电路将显示卡送来的各种信号简单处理后送到相应电路。色度信号简单处理后，送到显示信号处理电路。同步信号放大形成处理后，送到行场扫描电路作为同步信号。

5）显示信号处理电路　显示信号处理电路将显示卡送来的色度信号放大，以便推动后面的色度输出电路。对VGA彩色显示器，使用三个结构相同的放大器与放大显示卡送来的三个色度信号。

6）色度输出电路　要控制电子束的电流，控制电压要达到40～60V。经显示信号处理电路放大后的色度信号，一般只有几伏，必须再放大，色度输出电路可以输出几十伏的控制电压，频率响应可达几十兆到上百兆。

除上述基本电路外，VGA彩色显示器还有一些辅助电路，如动态聚焦、枕形失真校正等。SVGA彩色显示器(多频自同步显示器）还有一个主要的辅助电路，即模式识别电路。模式识别电路不仅输出大范围改变行场扫描频率的控制信号，以支持SVGA要求的多种扫描频率。而且，由于不同显示模式所需行场比值不同，模式识别电路还要输出行场幅度控制信号使屏上的图形保持正确的比例和形状，模式识别电路还要输出其他供校正电路用的控制信号。

2.2　废旧家电的拆解分类原则

在废旧家用电器及其配件的回收利用过程中，将其进行拆解并将拆解所得元器件进行合理分类，是回收利用废旧家用电器及其配件过程中重要的预处理工序，也是回收处理工艺的起点。合理的拆解是有效回收利用的前提。我国废旧家电的拆解分类技术尚处于初级或原始阶段，手工作业多于机械作业，拆解分类对象还停留在简单的材料回收上，对拆解所得零部件深层次重复利用的技术还不成熟，相关再利用的法律法规尚处于空白阶段。因此，加强对拆解分类的技术开发和二手元器件再利用的质量标准及法规研究显得尤为重要。

2.2.1　拆解目标

废旧家电回收利用的目的，是以较经济的方式实现零部件的再利用、材料的回收和减少二次污染，使废旧家电产品中的材料根据自身的价值进行不同级别的有效的物质循环。传统意义上的拆解是将产品自顶向下一直拆到最底层，最终得到的是一个个单独的零件。在废旧产品回收过程中，这种拆解方式往往是不经济的，甚至是不可能的，实际拆解往往是部分拆解或特定目标的拆解。

以冰箱拆解为例，确定拆解目标时，首先应对废旧家电物质构成的多样性及产品生命结束后零部件和材料的再使用级别的差异性进行分析，然后考虑材料回收工艺因素和环境因素。冰箱拆解时主要应该考虑以下一些因素：a. 哪些是可以直接使用或再加工使用的零部件；b. 哪些是容易破坏环境的物质，如冰箱制冷剂；c. 哪些是对后续工序有害的物质，如润滑油、冰箱的门封条、橡胶、磁石、玻璃等；d. 哪些是难处理的零部件，如电机、压缩机等不容易破碎必须单独处理；e. 哪些是材料兼容性的结合体，对于材料兼容且以相同的方式回收的零件结合体，不必拆解，可作为一个整体；f. 哪些是工艺因素影响的结合体，如冰箱的内胆、外壳和保温层，目前的技术还不能将它们单独分开，只能放在一起进行后处理；g. 哪些是很有价值的零部件，包含贵重金属的零部件。

家电产品通常由很多零部件组成，若把这些零部件同等对待，形成的模型难以表示，增加求解的难度，同时降低了结论的准确性。因此，我们对废旧产品进行分析，把包含以上因素的零部件作为拆解的目标，这样可以大大简化拆解规划的复杂性。

2.2.2 拆解原则

一般拆解是按照装配的逆向过程来进行的，但是废旧家电的拆解过程有其特殊性。由于废旧家电物质构成的多样性及产品生命结束后零部件和材料使用级别的差异性，以及拆解的经济性和环保要求，废旧家电拆解与回收设计的总原则为：获取最大的利润，使零部件材料得到最大限度的利用，简化剩余物质的回收工艺，并使最终产生的废弃物数量最小。

依据上述总原则，制定废旧家电产品具体的拆解原则如下。

(1) 逆向原则

拆解要按照装配的逆向过程来进行，这样方便拆解，避免干涉现象的发生。

(2) 子装配体的稳定性原则

子装配体是指整个产品(装配体）和单个零件以外的零件组合体。它的稳定性是指在重力、弹力或摩擦力作用下，其零件不会自动分开或移动。否则不用拆解。

(3) 拆解工具的重复使用与调换拆解方向原则

在实际操作中，当拆解一个零件后，若存在两个以上的零件(在不同的方向上）可以拆解，一般没有必要特意转到别的方向上去操作，而是在目前的方向上继续拆解下一个可拆解零件。于是，先对本次拆解之后可以拆解的若干零件进行连接性质的判别。在确认相同的情况下，调换方向，优先拆解该零件。这就要求在一个拆解工序中，允许有几个工位，同一拆解工具可以重复使用来提高工作效率。

另外，拆解易受到废物处理费用、操作条件、产品使用状况等诸多因素的影响，故应对影响产品拆解与回收价值的因素进行细致的分析。选择合适的拆解方法及拆解路径，是实现经济效益和环境效益最大化的前提。

2.2.3 拆解经济性

零部件间的连接方式不同，产品使用环境不同，拆解的难易程度也不同，拆解费用也表现为不同的量值。拆解费用包括拆解人工费用和设备使用费用。拆解人工费用主要指工人工资，其单价与本地区的经济发展水平、行业规范、劳动力市场供求关系等因素有关。设备使用费用包括拆解所需的工具、夹具及辅助装置的费用，拆解操作费用，材料识别、分类运输及存储费用等。拆解费用是衡量产品可拆解、可回收性好坏的主要指标之一。一般来说，拆解费用越小，零部件单元的回收再利用价值就越高。

拆解是废旧家电回收的预处理阶段，拆解方式和拆解程度对后续处理流程有很大的影响，在回收工艺中占据重要位置。人工拆解可降低资本的投入，但随着回收产品数量的增加，自动拆解是未来发展的必然趋势。提高拆解工艺的柔性，自动生成有效的拆解序列，是废旧家电拆解业面临的新挑战，也是回收工艺中最具有创造性的工序之一。应充分考虑废旧家电回收过程中模块化回收特点，采用目标拆解理念，简化研究对象，采用一些评价指标对所有可行的拆解路径进行定量分析，给出最优路径，并反馈改进意见的方法，根据拆解结果将设计缺陷信息反馈给设计者，使其在设计初始阶段修改方案，设计出易于拆解的产品和零部件。

2.3 废电脑及其附属设备的拆解

2.3.1 主机的拆解

2.3.1.1 拆解工具

拆解主机所用的工具不多，只要有螺丝刀(电动或手动)、尖嘴钳和六角套筒等工具就可以进行拆解。

(1) 螺丝刀

电脑内部大多数的零部件都是利用螺丝固定，因此准备一把合适的螺丝刀是十分必要的。一般在拆解时都要准备各种规格的十字和一字螺丝刀一套。在此要特别说明的是，最好选用具有磁性的螺丝刀，它在拆解过程中，可以起到重要的作用，如把拆下的螺丝从机器内部吸出来。

(2) 尖嘴钳

拆解机器时，需要拆下许多引线，如电源线、硬盘数据线、软盘数据线等，有时用手直接拔并不十分方便，而且有时手不能伸到里面去，这时尖嘴钳就十分重要了。

(3) 六角套筒

六角套筒可以用来方便地拆解主机中的各种六角螺丝和螺钉，特别是固定主板用的铜柱，用六角套筒将十分方便。

2.3.1.2 拆解主机

主机是电脑中除显示器、键盘、鼠标外重要的外设部分。它是安装在机箱中的 CPU、主板、内存、硬盘、软驱等设备的总称。拆解时可按照从外到里的顺序进行。

(1) 机箱的拆解

当前主流计算机的机箱一般有两种类型：一类为在早期(586 以前) 使用的 AT 机箱；另一类为目前普遍采用的 ATX 机箱。由于市场上的机箱品牌和种类较多，每种机箱在拆解时都会有一点不同，但大同小异，在这里以较典型的机箱为例，进行介绍。

机箱按其结构不同有立式和卧式两种，拆解方法略有差异。

1) 卧式机箱的拆解　卧式机箱由上盖和底座组成，拆解时比较方便：a. 用十字螺丝刀旋出机箱左右两侧的螺丝，一般两边各有两个，后面有四个螺丝；b. 用手从机箱后面将机箱的上盖轻轻拉起，然后略用力向后上方拉，这样就可以将机箱的上盖卸下，完成机箱的拆解。

2) 立式机箱的拆解　立式机箱之所以称为立式是相对于卧式而言的，它由两侧面板和箱体组成：a. 立式机箱两边有两个侧板，在机箱后面由四个螺丝固定，用螺丝刀将四个螺丝旋下；b. 转向机箱侧面，将侧板往后平移，然后再往外轻拉，就可以将侧板卸下。用同样的方法可以将另一面侧板卸下。

（2）驱动器的拆解

1）硬盘驱动器的拆解　硬盘驱动器又称硬盘，一般由左右两边四个螺丝固定在机箱的硬盘架上，它与主板间有一数据线相连，与主机电源间有一电源线相接。

① 数据线的拆解。在硬盘的后边，有一排40线的硬盘数据线，其形状为扁平式，共有三个插头，一个与硬盘相连，一个与主板上的IDE口相接，另一个有的机箱为空着，有的接光驱或第二硬盘，用手或尖嘴钳从主板上拆下数据线，拆解时用手向上拔即可卸下。然后用同样的方法从硬盘后边取下数据线即可。

② 电源线的拆解。同样在硬盘的后面有一个四个脚的D插座，它为硬盘的电源插口，四脚中接3根线，此线由主机电源提供，用尖嘴钳夹住电源插头，稍用力向后拉，就可以将电源线拆下。

③ 硬盘的拆解。用螺丝刀从机箱的左右两侧，分别旋下固定硬盘的四个螺丝，然后从硬盘架上将硬盘往后拉，即可将硬盘取下。

2）光盘驱动器的拆解　光盘驱动器又称光驱，它通常都与硬盘装在同一支架上，其安装结构与硬盘相似，同样由数据线、电源线以及两边四个固定螺丝组成，唯一区别是，硬盘拆解时，硬盘由机箱内部取出，而一般光驱由机箱的前面板处取出，它的拆解步骤与方法与硬盘相似，在这就不一一介绍。

3）软盘驱动器的拆解　软盘驱动器又称软驱，通常有两种类型，即3.5in和5.25in两种，以前较流行的3.5in软驱，它的安装结构卧式机箱和立式机箱略有不同。它在立式机箱的安装拆解方法与硬盘相似；在卧式机箱中，它通常采用立式安装，即软驱的盘片插口是垂直向下的，它的数据线和电源线与硬盘相似。固定时是用螺丝固定在机箱内的一个软驱专用机架上。拆解时，只要拔出数据线、电源线以及旋下固定螺丝，即可取下软驱。

（3）主机电源的拆解

主机电源用来对主板提供＋12V、－12V、＋5V、－5V以及ATX主板用的＋3.3V电压，对硬盘、软驱、光驱提供＋12V和＋5V电源，对CPU风扇提供12V电源。它的引出线较多，它是由机箱后面的四个螺丝紧固在机箱内的电源架上。

① 分别用尖嘴钳拆下电源与主板、CPU风扇、光驱、软驱和硬盘的电源线插头。注意电源与主板的插座处有一个锁定口，拆解时，应用一个一字螺丝刀将锁定口向外撬开，然后用尖嘴钳将插头拔起。

② 从机架后面电源安装支架边，取下固定电源的四个螺丝，然后将电源往机箱内部略微一拉就可以取下电源。

（4）内存条的拆解

当前主板用的内存，绝大多数为168线的内存，其拆解方法十分简单。

首先从主板上找到内存条，内存条一般为由多个内存芯片固定在一块线路板上的电路，形状为长条形。找到内存条后，你会发现内存条的插槽两侧各有一个卡榫，用两只手的拇指分别将两侧卡榫往下按，内存条就会自动从插槽中跳出，由于不同的电脑使用的内存可能不一样，但其拆解方法基本相同。

(5) CPU散热片与风扇的拆解

CPU的散热片与风扇是为了帮助高速运行的CPU散热而用的。一般风扇是用四个螺丝直接固定在散热片上，拆风扇时，只需要将固定的四个螺丝旋下，同时拔去与电源相接的插头，即可取下风扇。

不同架构的主板，其CPU散热片的安装方式不尽相同，我们以采用Socket7架构的主板为例介绍，首先找到CPU的散热片，可以发现散热片上有一个扣环，扣环的两边分别插入ZIF插槽。用力将扣环向外拉起，松开扣环，再将另一侧扣环从ZIF插槽拉出，就可顺利从CPU上将散热片取下。

(6) CPU的拆解

CPU发展速度很快，不同时期的CPU采用的安装方式也不同，而且有的差异还较大。由于采用的封装形式不同，其拆解方式也不一样，下面分别介绍Socket7架构的CPU与Solt1架构的CPU的拆解方法。

1) Socket7架构CPU　Socket7架构，是将CPU插在一个ZIF的插槽中，拆解时，只需将ZIF插槽上的拉杆往上扳到垂直位置，然后用小一字螺丝刀将CPU的一个角轻轻撬起，就可以取下CPU。

2) Slot1架构CPU　Slot1是PIICPU所采用的安装形式，它的拆解比Socket7架构的要稍稍复杂一些，具体步骤如下：a. 用手捏住CPU处理器两端凸起处，使CPU处理器的插楔从支架的矩形插楔孔弹出；b. 抓住CPU处理器，然后用手向上拔起。

3) 散热器的拆解　找到CPU处理器上用来固定散热器的铆钉，其中一端是开口的，向另一个方向推动插销铆钉，松开被紧固的连接件，就可以从CPU处理器上卸下散热器。

(7) 各类扩展接口卡的拆解

当前电脑中常见的接口卡的插槽有ISA、PCI和AGP三种，接口卡除了使用的插槽不同外，安装方式都一样，ISA插槽的颜色一般为黑色，插槽距离主板边缘最近，其长度约为139mm，PCI插槽大多数为白色，插槽与主板边缘距离介于AGP与ISA插槽之间，其长度约为85mm。AGP的插槽多为咖啡色，距主板边缘最远，插槽长度约为74mm。接口卡的拆解步骤如下：a. 用螺丝刀将各类接口卡固定板与机箱的固定螺丝旋下；b. 用双手紧抓住接口卡用力往上拔即可从插槽中取下接口卡。

(8) 主板的拆解

主板是用铜螺丝固定在机箱底座上的，拆解时先将与其他部件相连的数据线、电源线拔出，再将各种扩展卡卸去，然后将固定主板的螺丝取下，就可卸下主板。

2.3.1.3　零部件拆解

经过上面的拆解过程将电脑的主机部分基本已经拆解完成，但在拆解中有些是组件，还需要进一步拆解，如电源、硬盘、光驱、软驱等。下面将介绍这几种组件的拆解方法。

(1) 电源的拆解

电源是主机非常重要的部分，它对整个主机提供能量，功率也较大。它通常由外壳、散热片、散热风扇、线路板组成。

拆解步骤如下：a. 用十字螺丝刀将电源上端固定外壳的四个螺丝旋下，然后用力向上拉上罩，可将电源的外壳卸下来；b. 将外壳上用来固定电源线的线夹取下；c. 从线路板上将电源风扇和电源开关(有的电源带开关，也有不带的）引线从线路板上拔下来，有的为直接焊接在线路板上，可以用尖嘴钳将它剪断或用电烙铁焊下；d. 用螺丝刀旋下固定线路板的四个螺钉，可以将线路板取下；e. 再从外壳上旋下固定风扇的四个螺钉可以顺利地取下风扇；f. 电源中的开关一般是卡在一电源外壳的一个长方形槽中，两边有两个榫子，拆开关时，先用一个一字螺丝刀将左边或右边的榫子往里按，然后用手将开关从里向外顶，直到榫子脱离槽口，用同样的方法将另一边榫子顶开，就可以拆下电源开关。

(2) 硬盘的拆解

硬盘由头盘组件(HAD) 和线路板两部分组成。头盘组件是安装在一个密封的金属腔体中的，线路板是用螺丝固定在金属腔体背面，它的拆解步骤如下。

① 用螺丝刀从硬盘背面旋下6～8 个固定线路板的螺钉，一些硬盘背面还有屏蔽的金属罩，只要将金属罩固定螺丝取下，就可卸下屏蔽罩，同时取下线路板，注意这时线路板是与头盘组件连在一起的，还必须取下与头盘组件相连的磁头信号线，方法是将插信号线用的插座两边的榫子向上拉起，就可以从插座中取下线排从而完全取下线路板。

② 再从金属外壳上取下固定头盘组件的螺丝(固定盘片轴和磁头组件轴的一般均为特殊的螺丝，需用专用工具才能卸下，同时这两个螺丝是固定在商标下的)，就可以拆下磁头和盘片，这样硬盘就拆完了。

(3) 软驱的拆解

软驱由驱动控制电路、数据读写电路和机电驱动部件组成，其中机电驱动部分又由盘片驱动定位机构、磁头驱动定位机构、磁头加载机构、写保护机构和各种位置检测机构组成。拆解步骤如下：a. 用小螺丝刀从软驱的两侧面按下上面板的卡锁，取下上面板；b. 用小一字螺丝刀从侧面撬开软驱上屏蔽罩的卡口，卸下屏蔽罩；c. 从卸下的屏蔽罩的另一面，旋下固定下屏蔽罩的2～4 个固定螺丝，卸下下屏蔽罩；d. 从线路板取下与磁头组件、驱动组件的连接信号线，取出时，只要用尖嘴钳向上拔即可；e. 旋下固定线路板的螺钉，取下线路板即可完成软驱的拆解。

(4) 光驱的拆解

光驱是光盘的驱动器，而光盘是一种容量较大的数据存储介质。其结构与软驱非常相似，它由线路板、光头组件、主轴驱动机构组成。光驱的拆解步骤如下。

1) 托盘面板的拆解　用小的回形针从光驱前的小孔中往下按，可以将光驱的托盘从里面推出来。然后将托盘的前面板下部往前拉，再向上拔，即可取下前面板，再将托盘送回光驱。

2) 前面板的拆解　用小螺丝刀从光驱两侧(上下) 按下前面板的卡锁，可以卸下面板。

3) 外壳的拆解　用螺丝刀拆下固定上下外壳的固定螺丝，取下外壳。

4) 线路板的拆解　取下固定线路板的螺丝，然后将光头与主轴驱动机构与线路板的连接线取下，方法与硬盘磁头组件的拆解方法一样。这样线路板就可以取下来。

5) 光头组件的拆解　拆下光头组件的固定螺丝、弹簧，即可取下组件。

经过以上步骤，光驱拆解完成。

(5) 键盘的拆解

虽然近年来各种新型输入设备不断出现，但键盘仍然是电脑中不可缺少的输入设备，操作者用键盘输入电脑指令来控制电脑完成各项工作，也使用键盘向电脑输入各种文字和数据。根据键盘的按键数目不同，目前最大部分为101 键标准键盘。键盘按开关结构的不同，可分为有触点开关键盘和无触点开关键盘，有触点式按键开关又分为机械式开关、导电橡胶式开关、薄膜开关和磁簧式开关等几种。无触点式键盘开关有电容式开关、电磁感应式开关和磁场效应式开关等，但不管键盘属于何种类型，但其结构相似，拆解方法也相同。拆解步骤：a. 从键盘的背面将固定螺丝全部取下，注意一定要选用合适的小螺丝刀才可将螺丝取下，然后再将键盘的后背板取下来；b. 从键盘上取下键盘的按键橡胶垫；c. 旋下固定键盘引线和线路板的螺钉，取下线路板；d. 再从键盘中取下各种按键，就可完成键盘的拆解。

(6) 鼠标的拆解

随着以图形用户界面为特征的人机交互技术迅速发展，鼠标作为一个重要的输入设备将是电脑中必不可少的一个部件。鼠标工作时，将移动距离及方向的信息变成脉冲送给计算机，计算机再将脉冲转换成鼠标指针的坐标数据，从而达到指示位置的目的。鼠标里面有测量移位的部件，根据测量部件的类型，可将鼠标分成光电式、光机式和机械式 3 种。

光电式鼠标是鼠标中可靠性最好的一种，它利用发光二极管与光敏晶体管的组合来测定位移。这种鼠标工作时，要放在一块专用的鼠标板上，发光二极管与光敏晶体管之间的夹角使前者发出的光照到鼠标后，正好反射给后者。由于鼠标板上印有间隔相同的网格，因此当鼠标在鼠标板上移动时反向的光就有强有弱，而鼠标中的电路就将检测到的光的强弱变化转变成表示位移的脉冲。光电鼠标用两组发光-测光元件，分别来表达 X 轴和 Y 轴两个方向上的位移。

光机式鼠标是最常用的鼠标，它只要有一块光滑的桌面即可工作。这种鼠标也用光敏半导体元件测量位移，但其工作方式与光电鼠标有些不同，它里面有了个滚轴，其中 1 个是空轴，另两个分别是 X 轴和 Y 轴滚轴，这 3 个滚轴都与一个可以滚动的小球接触，小球的一部分露出鼠标底部。当拖动鼠标时，摩擦力使小球滚动，小球带动了 3 个滚轴转动，X 方向和 Y 方向滚轴又各自带动一个小轮(译码轮) 转动。

由于置于两组传感器中的译码轮上刻有一圈小孔，因此当译码轮被带动时，LED 发出的光时而照到光敏管上，时而被阻断，从而产生表示位移的脉冲。

机械式鼠标其结构与原理与光电鼠标相似，只不过测量位移的部件不同。机械式鼠标的译码轮上没有小孔而是有一圈金属片，译码轮插在两组电刷对之间，当译码轮旋转时，电刷接触到金属片时接通开关，从而产生脉冲。

鼠标的拆解步骤如下：a. 撕开鼠标底部的商标，从鼠标底旋下固定螺钉，然后卸下鼠标的上下外壳。注意上下外壳间有卡锁；b. 从鼠标的下外壳中取出线路板；c. 从鼠标中取下译码轮和滚球。

2.3.2 显示器拆解

显示器类型较多，我们以最常见的 CRT 显示器为例介绍。

CRT 显示器是目前电脑设备中使用最多的显示器，随着产品技术的提高，显示器的性能也达到了一个较高的水平。显示器为了能显示出一个完整的图像，它一般由显像管、线路板、屏蔽罩、机箱几部分组成。拆解步骤如下。

(1) 显示器后盖的拆解

显示器的机箱一般由面板(前框)、中框和后盖三部分组成。显示器的大部分部件以各种不同的方式固定在面板和中框上，因此面板和中框既是机内元件的重要保护外壳，又是连接这些元器件的桥梁和稳定它们的骨架，在一般情况下面板和中框不必拆开，仅需卸掉后盖即可将机内零部件拆下。

在拆后盖时，先将显示器小心地放在工作台上，最好将工作台上放一块较厚的软垫，然后将显示器面板朝下，荧光屏置于软垫上。这样可以方便地拆解位于机箱底部的螺丝，也较为安全。目前种类品牌显示器较多，但其拆解方法大体上有两类，一类是用螺丝紧固的，一类是用机箱的卡口卡住的，而不用螺丝。对于用螺丝的，可用螺丝刀从后盖上卸下固定螺丝。对于无固定螺丝的，先找出固定后盖的卡口，然后用一字螺丝刀将卡口按下，或用手将卡口的锁定柱捏住，即可从显示器上将后盖卸下。在提起后盖时，先将箱体开一小缝，观察一下机内的主印制线路板是否与后盖脱开，因为有的显示器后盖上开有用以稳定主印制板的槽口或卡子，若卡得太紧，有可能在提起后盖时将主印制板带起。

（2）屏蔽罩的拆解

目前几乎所有的显示器中都有屏蔽罩，它是为了让外界杂散电磁场对显示器的干扰尽可能最小，从而使显示的图像更加逼真。拆解时只需在后盖打开的情况下，将其轻轻拿起即可。

（3）线路板的拆解

显示器的绝大部分电路元件安装在主印制板上，它处于显示器的中心位置，常称这个线路板为“机芯”，各种型号和品牌的显示器其主要区别也在机芯上。

机芯的主要任务是保证显像管正常工作，通过几组导线将所需电压与信号供给显像管。机芯与显像管之间的连接导线其长度有一定的富余量，这是为了让机芯在取出时有一定的活动余地。大多数的机芯采取卧式安装，左右两边用滑槽或导轨支承和固定。

机芯取出时一般按下列步骤。

① 取掉机芯与消磁线圈，偏转线圈的连线。

② 拔掉显像管的管座。拆解时要特别小心，只能向后垂直用力。

③ 卸下阳极帽。在拆解阳极帽的时候要特别小心。若显示器刚刚工作过，则阳极上往往有很高的残留电压，为避免电击，要先进行高压放电，同时拆解时还要注意不要碰坏高压嘴。

（4）显像管的拆解

在上一步中，将机芯取出后，最后还有显像管安装在机箱的前面板上，拆解显像管时必须十分小心，主要是因为显像管比较脆弱。

具体拆解按以下步骤完成：a. 从显像管体上取下消磁线圈；b. 卸下固定显像管和地线的四个螺丝；c. 拆除显像管上的接地线；d. 最后抓住显像管对角的两个固定螺丝的金属防暴罩，取下显像管。

2.3.3 打印机拆解

打印机分为击打式和非击打式两大类。喷墨打印机、激光打印机等非击打式打印机已经成为打印机市场的主流产品，考虑回收的废旧打印机中还存在一部分针式打印机，下面分别介绍上述三类打印机的拆解法。

2.3.3.1 针式打印机结构

针式打印机是机电一体化的智能设备，以微型计算机为控制中心的控制电路是针式打印机的核心，它通过接口接收计算机的数据信息和控制命令，送至打印机的 CPU 处理后，控制并驱动打印头、字车机构和输纸机构工作，从而完成字符或图形的打印，针式打印机从结构上可将其分成打印机械装置和电路两大部分。

(1) 打印机械装置

打印机械装置主要包括：印字机构即打印头，形成字行的横移机构即字车机构，完成各页打印功能的换行机构即输纸机构，以及显现字符、汉字、图形等功能的色带机构。另外还有机架和外壳。

机架主要由左右墙板、电气组装框架和底座等构成。外壳为整体塑压成形件，一般分上盖和壳体两部分。采用全密封形式，能起防尘和降低噪声的作用。

1）打印头的结构　打印头(印字机构）是成字部件，装在字车上，用于印字，是打印机中关键部件，打印机的打印速度、打印质量和可靠性，很大程度上取决于打印头的功能和质量。

驱动组件(铁芯、线圈和衔铁等)、打印组件(打印针和导板等)、散热件和支架以及垫片等均是打印头中不可缺少的部分。下面以储能式打印头为例介绍打印头的结构。储能式打印头由轭铁座、线圈、永磁铁、击打件和导板组件等组成。分述如下。

① 轭铁座和线圈。轭铁座中有与针数相等的铁芯柱数，如 24 针打印头则有 24 个铁芯柱，每个铁芯柱上置有激磁线圈，其导线采用自粘漆包线自粘成形。

② 永磁铁。永磁铁是储能式打印头中特有部件，一般是铲钻式钕铁硼永磁材料。

③ 击打件。储能式打印头的击打件通常由簧片、衔铁和打印针焊接而成组合式构件。打印针一般采用炭钨粉末冶金制成的硬合金。衔铁采用导磁率高的软磁材料做成。

④ 导板组件。导板组件包括前导板、上导板、中导板、下导板和支架等。前导板常用高强度微晶玻璃制成。上、中、下导板一般用耐磨尼龙制成；各导板的支架用增强聚碳酸酯等材料做成。

另外打印头中硅橡胶起绝热、减振等作用。

2）字车机构　字车机构是串行式打印机用来实现打印一个点阵字符及一行字符的机构。字车机构中装有字车，采用字车电机作为动力源，在传动系统的拖动下，字车将沿导轨做左右往复直线间歇运动。从而使字车上的打印头能沿字行方向，自左向右或自右至左完成一个点阵字符以及一行字符的打印。

典型的字车机构由步进电机、主齿带轮、从齿带轮、同步齿形带轮、同步齿形带、字车和前后导轨等组成。字车装在前导轨和后导轨之间，用来安装打印头。同步齿形带在字车下方与字车底的凸出部嵌接。由步进电机直接带动主齿带轮及从齿带轮或通过齿带传动后带动主齿带轮及从齿带轮，从而使同步齿形带获得移动。同步齿形带移动时就拖动字车及打印头沿导轨按照设定的移动量做往复直线间歇运动。导轨是引导字车沿字行方向做往复运动的零件，后导轨通常为圆柱形，前导轨有制成圆柱形的，也有用机架横梁作导轨用的。

3）输纸机构　输纸机构是驱动打印纸纵向移动以实现换行的机构。它采用输纸电机作为动力源，在传动系统的拖动下，使打印纸沿纵向前后移动，以实现打印全页的功能。

典型的输纸机构由输纸电机、偏心轮、打印辊和链轮等组成，打印辊既是承受打印媒体字力的部件，同时也是作为摩擦输纸的滚轮。打印辊芯轴为管形钢材，其表面常裹上一层硬橡胶。

4）色带机构　色带及驱动色带不断地做单向循环移动的装置称为色带机构。在针式打印机中普遍采用单向循环色带机构。它一般有盘式结构、窄型色带盒和长型色带盒三种形式。

盘式结构有两个色带盘分别装在打印头两侧，由字车电机和传动机构驱动色带，用特定的传动比控制色带移动，用换向机构控制色带换向。

窄型色带盒安装在字车上，随同字车的左右往复运动而一起移动。打印头置于色带盒的前端及其中空部分。

长型色带盒固定在打印机的机架上，色带盒本身不移动，而字车带动打印头沿色带的内侧移动。由于不安装在字车上，不会妨碍字车的高速运行，色带的单向循环移动，仍然利用字车电机驱动。

（2）控制电路

打印机控制电路是一个完整的微型计算机，一般由微处理器(CPU)、读写存储器(RAM)、只读存储器(ROM)、地址译码器和输入/输出(I/O)电路组成。另外还有打印头控制电路、字车电机控制电路和输纸电机控制电路等。微处理器是控制电路的核心，由于当前微电子技术的高速发展，单片计算机已将微型计算机的主要部分如CPU、RAM、ROM、I/O、定时/计时器、串行接口和中断系统集成在一个芯片上，所以有许多打印机都用高性能的单片计算机替代微处理器及其外围电路。

2.3.3.2　喷墨打印机结构

喷墨打印机与针式打印机不同的是增加了喷头控制与驱动电路，其余电路基本相似，它同样分为电路和机械两大部分，下面以佳能公司的喷墨打印机为例介绍其内部结构，主要包括墨盒及喷头、字车结构、输纸机构、传感器。

（1）墨盒及喷头

喷墨打印机的墨盒和喷头的结构有两种类型：一类是墨盒与喷头合一的一体化结构；另一类是墨盒与喷头分离式结构。

一体化结构的墨盒由侧盖、信号触点、墨水海绵、墨盒体、墨水过滤器、多路喷嘴、头盖等组成。分离式结构的墨盒由喷头、墨盒、墨水通道三部分组成。喷头部分由基板、加热脉冲设置电阻、热敏电阻、驱动器集成电路及支撑架构成。其中基板上设置有喷嘴、墨水过滤器、升温加热器、加热器、玻璃基座和硅板等。喷嘴的排列和一体化结构的墨盒一样。即64个喷嘴竖排成一列，热敏电阻用以检测喷头的温度，使其处于最佳温度。墨盒的结构基本相同，主要由墨水箱、废弃墨水吸收器组成。

（2）字车机构

喷墨打印机的字车机构与针式打印机相似，用于装载打印头(墨盒及喷头)，并沿字车导轨作横向间歇往返移动，以实现打字位置搜索，字车机构由字车步进电机作为动力源，通过齿轮传递，拖动字车沿导轨左右移动。为保证打印质量，在字车机构中设置有纸厚调节装置。

（3）输纸机构

喷墨打印机的输纸机构如同针式打印机一样，是给打印机提供纸张输送的机构。它与字车横向移动及喷头喷墨等操作同步，使打印纸沿纵向移动以实现换行操作。从而完成全页的打印，它主要由输纸步进电机、拾纸辊、输送辊、排纸辊、释放杆以及装纸托架、纸引导板等构成。

(4) 传感器

为了检测打印机各部件的工作状态和控制打印机工作，在打印机中设置了多种传感器，如字车初始位置传感器、纸尽传感器等。

2.3.3.3 激光打印机结构

激光打印机是一种集光机电一体化的高度自动化的电脑输出设备，它主要由机械系统、激光扫描系统、电路控制系统、安全系统组成。

(1) 机械系统

激光打印机的机械系统十分复杂，这里只介绍主要部件墨粉盒和纸张传送机构。

激光打印机中的墨粉、感光鼓(又称硒鼓)、显影轧辊、显影磁铁、初级电晕放电极、清扫器等，都装在墨粉盒内。当盒内墨粉用完后，可以将整个墨粉盒卸下更换。其中感光鼓是一个关键部件，一般用铝合金制成一个圆筒，鼓上涂敷一层感光材料(如硒-碲-砷合金)。

激光打印机的纸张传送机构和复印机相似，纸由一系列轧辊送进机器内。轧辊有的有动力驱动，有的没有。通常，有动力驱动的轧辊都是通过一系列的齿轮与电机联在一起。

(2) 激光扫描系统

激光扫描系统及核心部件是激光写入部件(即激光打印头）和多面转镜。高中速激光打字机的光源都采用气体(He-Ne）激光器。用声光(AO）调制器对激光进行调制。

(3) 电路控制系统

电路是激光打印机的控制系统，它包括 CPU、RAM、ROM、定时器、I/O 控制器、并行接口、串行接口电源等，通过电路它可以去控制和驱动各个驱动电机、扫描电机、激光发生器、离合器、高压电源、低压电源等。

(4) 安全系统

激光打印机中设置了大量的开关，控制电路利用这些开关检测并显示打印机各个部件的工作状态。许多开关带有安全器件，以防伤害操作人员或损坏打印机。

2.3.3.4 打印机的拆解过程

打印机的种类很多，拆解方法也不尽相同，这里以针式打印机为例介绍其拆解过程。

(1) 打印机输纸装置的拆解

① 将打印机的电源开关置于 OFF 位置，断开所有与打印机相连的数据线和电源线。

② 取下打印纸。取纸时注意将卡纸用的扳手垂直扳起，就可取下打印纸。

③ 拆解打印纸的托架。托架是用两边的插槽插在机箱上的，拆解时只要将托架抬起，用力往上拔。

④ 拆解观察盖。观察盖也是卡在机箱两侧的，拆解时也只要将其抬起，往上拉，注意观察盖是与一个机座上的盖板相连的，拆解时一起拿下。

⑤ 拆解顶盖。用螺丝刀将顶盖的固定螺丝旋下，从前面板将顶盖的卡口往前面板的方向按，用另一只手抓住顶盖往上拔，然后再往前上方拉，接着将顶盖上控制键的导线插头拔出，再提起左边，然后向右滑动顶盖，使其离开送纸轴，就可将顶盖卸下。顶盖的卡口共有 2 个。

⑥ 向前转动栓柄到达放松位置。

⑦ 松开引输纸装置的支撑轴两端的螺母。

⑧ 拆下引导轴左固定夹子，并且从轴上把轴衬滑出机架。

⑨ 从机上拿起引导轴、支撑轴和打印纸的牵引装置。

⑩ 从轴上滑出打印纸牵引装置。

(2) 保险丝-滤波电路板/交流插座的拆解

① 拆解保险丝-滤波电路板组件的安全护罩。

② 从保险丝-滤波电路板上拆下电源变压器初级的连接器。

③ 拆下保险丝-滤波电路板中部的螺丝。

④ 拆下交流插座接地线上的螺丝。

⑤ 从底座的卡槽中拿下交流插座。

⑥ 从底座的卡槽中拿下保险丝-滤波电路板。

⑦ 从线路板上将与开关、电源插座及线路板电源引线的插座拔出，如直接焊接的要用电烙铁焊下或用钳子剪去。

⑧ 将电源开关从机箱侧盖上拆下，拆解时，用手或尖嘴钳夹住开关体往上拉。

⑨ 用相同的方法从后侧盖中将电源的三脚插座拆下。

(3) 中间齿轮的拆解

① 将送纸电机支架上的两个螺丝拆下。

② 将中间齿轮的固定夹片拆下。

③ 将中间齿轮的滑出牵引轴拆下。

(4) 左端定位传感器的拆解

① 把字车移到右边架子。

② 拆解固定传感器的固定螺丝和固定夹片。

③ 焊开左端定位传感器上的三条线。

④ 从打印机上拿起左端定位传感器。

(5) 电源变压器的拆解

① 电源变压器是安装在电源线路板上的，拆解时要先将电源线路板拆下，才可进行。拆解时先用电烙铁将变压器的引脚线从线路板上焊下。

② 一般由于变压器较重，所以除焊接外还用螺丝固定。用螺丝刀将固定螺丝旋下，用力抓住变压器往上拔，就可以从电源板将变压器拆下。

(6) 打印头的拆解

① 用上述方法拆解打印纸的托架、观察盖、顶盖。

② 从连接器上拉下打印头电缆线。拉的时候要均匀用力，从打印头的后方往后拉。

③ 将打印头上用来固定的两个卡榫往两边扳开，抓住打印头的散热器往上拉，就可从字车上将打印头卸下。

(7) 打印机机械装置组件的拆卸

① 用上述方法拆解打印纸的托架、观察盖、顶盖。

② 拆下打印机机械装置组件底部的固定螺丝。一定要将全部螺丝都卸下。

③ 拔去所有与电路板、电源板、控制板相连的电线。

④ 从底座上拿起打印机机械装置组件。

(8) 色带盒的拆解

① 用上述方法拆解打印纸的托架、观察盖、顶盖、打印头。

② 卸下色带卡盒。色带盒是直接装在打印机的机械装置上的，只需从右边将色带盒轻轻抬起。

③ 拆解色带盒中的色带。用手或尖嘴钳将色带盒的卡口撬开。

④ 从色带盒中取下色带，同时取下用于调节色带松紧的螺钉调节器组件。

(9) 控制电路板的拆解

① 先用上述方法拆解打印纸的托架、顶盖、机械装置。

② 拆除与所有控制机构及其它线路板的连接线。

③ 找到固定控制线路板的固定螺丝，用螺丝刀旋下。

④ 从机箱上将线路板取出。

(10) 电源功率晶体管与散热器的拆解

① 用螺丝刀将固定散热器的螺丝卸下，有的散热器还焊在线路板上，则用电烙铁焊下。

② 用电烙铁从线路板上将功率晶体管拆下。

(11) 字车皮带的拆解

① 拆下字车电机支架上左前部和右部的螺丝。

② 将电机从支架上提起拿开，使皮带引轮露出。

③ 把皮带从打印头小车下面的夹子上拉下。

④ 松开小车驱动组件上槽内的螺丝。

⑤ 将小车驱动组件向右移动。

⑥ 将皮带从每一端的皮带引轮上脱离。

⑦ 从打印机机械装置组件右边架子上的开口引出皮带。

(12) 小车驱动组件的拆解

① 把小车移到架子的右边。

② 松开小车滑动轴，并且将轴的左端往前旋下。

③ 拆下左端定位传感器上的螺丝和夹片。

④ 拆下小车驱动组件的固定螺钉。

⑤ 顺时针方向转动小车驱动组件，将皮带脱离驱动引轮，将左端定位传感器提起脱离定位栓，然后从机上拿起小车驱动组件。

(13) 打印机控制面板的拆解

① 拆解顶盖。

②倒置顶盖。

③ 从顶盖的内侧拆下两个螺丝。

④ 从顶盖上拿起控制面板。

2.3.4 其他外设的拆解

电脑中的设备除了以上所述的以外，还有扫描仪、调制解调器、路由器、集线器、UPS电源等，这些设备虽然结构上原理上各不相同，但其拆解方法极为相似，都是要先将电源线数据线断开，再拆解设备的外壳。外壳的固定也有两种，一种为螺丝固定，采用这种固定方法的机构只要用螺丝刀将其旋下，即可完成外壳拆解；另一种是采用自锁卡口安装的，这种设备安装时由外壳上的一些自锁塑料或金属卡口固定，拆解时只需找到卡锁的位置，将卡锁用工具撬脱即可。

外壳拆除后，再将内部的结构分为机械和电路两部分，先拆去电路板与各机械装置、控制面板及其他部件上的连线，如电机、开关、传感器等，然后将固定线路板的螺丝取下，将电路板拆除。最后再观察一下机械结构的安装方式，拆去固定螺丝，就可以完成全部拆解。

所有设备在拆解时都要注意各装置的连接方式，目前有许多装置在连接时都不用螺丝而用塑料卡口，所以拆解时不能一味的用力，这样有可能破坏一些装置或零部件，要仔细观察，不管它有多复杂，都能顺利拆除。

2.3.5 拆解材料的分类

经过以上拆解过程以后，一般可以将电脑及其外部设备拆分成四大部分，即机箱（外壳）、电路板、机械传动和固定机构以及其他零部件，在对这类设备进行回收和利用时，首先应按类别进行分类。分类方法较多，可以按零部件的类型分类，也可按材料不同分类。

2.3.5.1 机箱类

机箱一般有两种材料做成：一种为塑料；另一种为金属。根据材料的不同，将其分开，以便于后面回收。在分类时注意将塑料机箱中残留的金属或螺丝取下。

2.3.5.2 机械传动和固定机构类

电脑中的机械传动和固定机构的材料一般也有两类：一类为塑料尼龙材料做成；另一类为金属材料。有些机器的机械部件既有金属也有塑料。在一些设备中也有一些特殊材料的。所以在分类时按材料不同分成三类：一类为塑料或尼龙件；一类为金属；一类为特殊材料。

2.3.5.3 电路板主器件的拆解与分类

电路板是设备中元器件最多的一个部分，在它上面包含有各类电子元件，如电阻、电感、电容、集成电路、散热片、半导体管以及线路板支架等，所以在对电路板进行分类前，首先必须将电子元件和固定件拆下，再分类。过程如下：a. 首先用螺丝刀将电路板上的各类散热器拆除，再将线路板上的固定支架拆下；b. 将线路板中的可直接拔下来的电子元件拆除，如集成电路等；c. 由于电子元件是用焊锡焊接在电路板上的，所以接下来的任务是将线路板上的电子元件拆除，拆解方法可以用电焊铁或锡炉等方法，将电子元件从线路板上取下；d. 将拆解下来的电子元件进行分类，具体分类可分成电阻、电容、半导体三极管、二极管、集成电路、电感和废线路板。

2.3.5.4 其他零部件

电脑设备的种类很多，每一种设备中都包含有特殊的元件和材料，如显示器中的显像管、激光打印机中的硒鼓、喷墨打印机中的墨盒、扫描仪中的扫描灯管、电机等。这些元件由于其特殊性，在使用材料上也有特殊性，所以在分类回收时要特别注意。

2.4 洗衣机拆解

一台双桶洗衣机由约 160 余种、近 300 个零部件组成，在进行废旧处理的拆解前，应充分了解所拆解零部件的部位、结构特点、功能、技术要求及拆解过程中需要的工具等。

2.4.1 拆解工具

拆解洗衣机所需用的工具有螺丝刀、钳子、扳手和电烙铁等。电烙铁主要用于焊开有关线头。

2.4.2 拆解流程

2.4.2.1 电气系统的拆解

① 用螺丝刀旋松后盖板上螺丝，卸下后盖板。

② 用钳子拉出接线端子，分开各电气元件的引线头，便可拆出洗涤电容器、脱水电容器和电源线。

③ 用螺丝刀旋松控制面板的后盖板螺丝，卸下控制面板的后盖板。

④ 摘下排水阀拉带，提起控制板。

⑤ 用电烙铁焊下蜂鸣器的两个引线头、盖安全开关的两个线头及洗涤方式选择开关的线头，拉出定时器和蜂鸣器的四个旋钮，扳开塑料卡子，逐个拔出脱水定时器、蜂鸣器和洗涤定时器，同时卸下控制面板。

2.4.2.2 脱水机械系统的拆解

洗衣机脱水机械系统的拆解步骤如下。

① 打开洗衣机脱水桶的外盖和内盖，用套筒扳手旋下三个脱水桶紧固螺钉，取下加强支架和脱水桶。

② 卸掉刹车钢丝，用扳手或螺丝刀拧松联轴器上脱水轴的销紧螺母和紧固螺钉，从脱水外桶里拔出脱水桶。

③ 把洗衣机翻倒，用扳手或螺丝刀旋下防震弹簧的三个紧固螺钉，把脱水电动机连同防震弹簧、刹车机构、联轴器一起从洗衣机里取出。

④ 用扳手或螺丝刀旋松联轴器上紧固脱水电动机轴的销紧螺母和螺钉，取下联轴器。再卸下三个防震弹簧，拆开上支架、下支架、橡胶套。

⑤ 用螺丝刀旋下刹车底盘上的紧固螺丝，取下刹车底盘。用冲子冲出刹车与动臂的轴销，取下刹车动臂。

⑥ 卸下连接支架和脱水桶轴的密封圈、含油轴承和波形橡胶套。塑料连接支架下面有8个爪钩，拆解时容易折断，可用毛巾裹住爪钩，向毛巾上浇开水来加热，再掰开爪钩。到此为止，拆解完毕。

2.4.2.3 洗涤机械部分的拆解

① 在控制面上卸下进水选择组件和排水组件。

② 拎起洗涤桶盖，提出进水槽。

③ 拆解三角皮带，用小扳手旋松大皮带轮上的紧固螺母或螺钉，卸下大皮带轮。

④ 用短扳手旋下波轮轴组件的紧固螺母，在洗涤桶内拉出波轮和波轮轴组件。用螺丝刀拧下波轮中心的螺钉，卸下波轮和波轮轴。

⑤ 用螺丝刀旋松桶底上的螺丝，向上拉出线屑过滤器、循环水板、溢水过滤器和排水过滤器。

⑥ 将洗衣机背面朝上放倒，用扳手或螺丝刀旋下电动机3颗紧固螺母或螺钉，取出带

小皮带轮的洗涤电动机。然后再用扳手或螺丝刀拧下小皮带轮的固定螺钉，拔出小皮带轮，取出电动机。

⑦ 用螺丝刀旋松洗涤连体桶的固定螺丝，向上提出洗涤连体桶。在连体桶上可拆下排水阀。

⑧ 用螺丝刀旋松底座上固定洗衣机外壳的螺丝，卸下外壳。

2.4.2.4 洗衣机零部件的拆解

(1) 波轮含油轴组件拆解

① 用短扳手旋下轴套六角紧固螺母，从洗衣机桶里取出波轮组件和防水橡胶垫。

② 从波轮轴下面用木锤敲打波轮轴，把波轮轴连同上铜垫圈、密封圈一起打出，并从轴上取下。

③ 从轴套里分别拔出和取下轴承盖、塑料套、外油毡、下含油轴承、内油毡、上含油轴承，将波轮组件全部拆开。

(2) 洗衣机电动机的拆解

① 用扳手、螺丝刀卸下电动机上的小带轮和四副上下端盖的紧固螺钉和螺母。记下定子铁芯和上下端盖的位置。

② 用左手握住电动机轴的上端，提起电动机，右手用木锤敲开端盖，使转子的下滚珠轴承与下端盖的轴承座分离，将转子连同上轴承盖从定子铁芯中取出。用左手握住转子铁芯，将上端翻转向下提起，右手用木锤敲打上轴承盖，使上滚珠轴承同上端盖的轴承座分离。

③ 用左手握住定子铁芯并提起，右手用木锤敲打下端盖，从下端盖取出定子铁芯。

④ 用拉马拆解滚珠轴承：用拉马的爪钩扣住轴承内圈，旋紧顶在电动机轴中心孔上的锥头螺丝。此时爪钩便对轴承产生拉力，把轴承拉下。倘若旋紧锥头螺丝时轴承不动，切不要硬拉猛顶，以免损伤机轴。此时在轴承与机轴的结合处滴数滴汽油，15min 后再旋紧锥头螺丝，即可将轴承拉下。

(3) 洗衣机定时器的拆解

先把洗涤定时器从洗衣机中取出，其方法是：卸下洗衣机的后盖板，焊下洗涤定时器的导线，旋下两个固定定时器的紧固螺钉，就可以取出定时器。

再旋下固定定时器后盖的紧固螺钉，就可以进一步拆解它的控制系统和走时系统。

① 洗衣机洗涤定时器控制系统的拆解步骤：a. 用手轻轻扳开卸下的定时器的中洗和弱洗触点开关的两组簧片，把两组触点组件从固定柱上拔出来；b. 把主触点开关组件拔出；c. 拔出摇臂转轴并取出摇臂。

② 洗衣机洗涤定时器走时系统的拆解步骤：a. 将洗涤定时器的转柄夹在台钳上，用尖冲取下旋钮销和发条限位销，再卸下底座上用螺钉紧固的机芯；b. 放松发条后，从发条柱上拔下发条的外端；c. 卸下上下夹板紧固螺母，分开上下夹板，用镊子取出二轮、四轮、擒纵轮、摆轮、发条等，并用汽油和刷子把这些零件清洗干净并擦干。

2.4.3 拆解材料的分类

经过以上拆解过程以后，一般可以将洗衣机拆分成三大部分，即箱体(外壳)类、传动机械和固定机构类以及其他零部件类。在对这种设备进行回收和利用时，应按类别进行分类。

（1）箱体类

箱体一般由塑料和金属两种材料构成。根据材料的不同，将其分开以便今后回收。

（2）传动机械和固定机构类

洗衣机中传动机械和固定机构类的材料一般有塑料、橡胶、金属三种材料。有的采用特殊材料，因此在分类时要注意。

（3）其他零部件类

洗衣机的零部件很多，每一种部件中都包含有特殊的材料，如洗涤电机、脱水电机、波轮轴、定时器以及各种开关等。这些元件由于组成材料多而特殊，所以在分类回收时要特别注意。

2.5 电冰箱拆解

电冰箱结构的组装在技术性能和工艺性能上要求比较高，专业性较强，所以在拆解过程中要选用合适的专业工具，严格按照操作规程，根据其工艺要求进行。

2.5.1 拆解工具

拆解电冰箱的工具需要两大类：一类是专用工具；另一类为常用工具。

2.5.1.1 专用工具

（1）割管刀

割管刀又叫割刀，是一种切割铜管的专用工具，一般适用于割断外经为 3～25mm 的铜管。操作时要将切轮与管子垂直夹住并且顶住，旋转调整钮约半圈，同时将割管刀旋转一圈，即边拧边转，直至切断。旋转调整钮时进刀要均匀，切割后的管口要整齐光滑，如管口边缘有毛刺，则要用铰刀将其去掉，以便于扩口。

（2）气焊设备

所谓“气焊”，是利用可燃气体和助燃气体混合点燃后产生的高温火焰加热熔化两个被焊接件的连接处，并用（或不用）填充材料，将两个分离的焊件连接起来，使它们达到原子间的结合，冷凝后形成一个整体的过程。

气焊是一项专门技术。在制冷设备中，涉及铜管与铜管、铜管与钢管、钢管与钢管的焊接都应用气焊。

气焊设备包括氧气钢瓶、乙炔瓶、焊枪（焊炬）、减压器、胶管等。

1）氧气钢瓶　氧气钢瓶是储存和运输氧气的一种高压容器。它的充灌压力约为 15MPa。气焊时通过减压器、胶管和焊枪将氧气送出，作为气焊用的助燃气体。它主要由瓶体、瓶阀、瓶帽、瓶箍和防震圈等组成。氧气瓶的瓶体涂以天蓝色，并标明黑色的“氧气”字样。平时氧气瓶直立放置，并加以固定。使用时，按逆时针方向旋转瓶阀手轮，瓶内的氧气即经减压后送出。焊接结束后，按顺时针方向旋转瓶阀手轮，关闭氧气瓶，将瓶帽盖好、拧紧，以保护瓶阀。

氧气瓶内的氧气不允许用完，至少应保留 0.2MPa 的剩余压力。应关紧瓶阀，防止杂质、空气或其它气体进入氧气瓶内，以保证下次充气时不会降低氧气的质量。

2）减压器　减压器俗称氧气表。减压器的作用是把瓶内高压气体调节成工作所需要的低压气体，并保持输出气体的压力和流量稳定不变。

目前生产上用的减压器大多为反作用式。减压器上装有高压表和低压表，高压表指示氧气瓶内氧气的压力，低压表则指示工作压力。

使用时，将减压器装在氧气瓶的瓶阀上，再在低压出气口端接上胶管，并用铁丝扎紧，然后开启氧气瓶瓶阀。如果是新充灌的氧气瓶，高压表应指示在 15MPa 左右。按顺时针方向旋动调压螺丝，便可调节输出低压的氧气的压力。气焊时低压表指示以 0.2MPa 左右为宜。

开启减压器时，操作者不应站在减压器的正面或氧气瓶阀的出气口前面，以免受到气体的冲击。减压器是否漏气，可以用毛笔蘸一些肥皂水涂在连接处进行检查，严禁用明火或烟火等进行检查。

3）乙炔瓶　乙炔也是一种广泛用于气焊的可燃气体。乙炔瓶内最大压力为 17MPa，乙炔内含有约 93%的碳和 7%的氧气，与适量的氧气混合后，点火即可产生高温火焰。采用乙炔进行气焊，其火焰的温度较高，操作不如用液化石油气方便，目前多采用液化石油气作可燃气体。

4）胶管　按气焊安全操作要求，工作场地应距离氧气瓶和乙炔气瓶 10m 处，需要使用胶管连接，以输送气体。一般氧气胶管使用红色的高压胶管，它的内径为 8mm，工作压力为 1.5～2.0MPa，应具有耐磨和耐燃性能。液化石油气或乙炔胶管选用绿色的低压胶管，它的内径为 8～10mm，工作压力为 0.2MPa 左右。使用时，这两种胶管不允许相互代用或接错。新胶管在使用前应吹除内壁的粉尘。焊接时，一旦氧气胶管着火，应迅速关闭氧气瓶阀和减压器，以停止供氧，禁止采用折弯氧气胶管的办法来断氧灭火。

5）焊枪（焊炬）　又叫熔接器。它的作用是将氧气和乙炔（或液化石油气）按一定的比例混合，喷出的混合气体点燃后可产生高温，加热工件进行焊接。

焊枪的好坏直接影响到焊接火焰的性质和焊接的质量，因此，焊枪应满足以下条件：a. 能使氧气和乙炔（或活化石油气）按比例地均匀混合，且在焊接过程中保持气体混合比例不变；b. 混合气体喷出的速度应等于燃烧的速度；c. 火焰要有小的体积和便于施焊的形状；d. 构造简单、轻巧，调节方便，使用安全；e. 每把焊枪要配一套规格不同的焊嘴，以便在焊接不同形状和厚薄的工件时选用；f. 制造焊枪的材料要有一定的耐腐蚀性和耐高温性能。一般是用黄铜，但焊嘴采用青铜或紫铜制作。

焊枪的种类很多，大小不同，但就其构造原理来说，有射吸式和非射吸式两种。目前我国使用的多数是射吸式。

把氧气阀打开后，具有一定压力的氧气（0.1～0.8MPa）经氧气导管进入喷嘴，并以高速从喷嘴流出，进入射吸管内，使喷嘴周围空间形成真空区。乙炔导管中的乙炔气体（或液化石油气）被吸入射吸管内，并在混合气管内与氧气充分混合为混合气体，混合气体从焊嘴喷出，点燃后就形成了焊接火焰。

使用焊枪前，将红色氧气胶管套在焊枪的氧气进气口上，用铁线扎紧，并打开氧气阀，通入氧气以清除焊嘴内的灰尘。然后检查其射吸能力，检查时将氧气压力调在 0.1～0.4MPa 的表压位置，打开焊枪上的氧气阀和乙炔阀，用手指按住乙炔接管嘴口，若感到内部吸力很大，说明射吸能力正常；如果没有吸力，甚至氧气从乙炔接管嘴口倒流出来，说明其射吸能力不正常，必须进行修复。检查射吸能力合格后，再将绿色的乙炔气（或液化石油气）管紧套在焊枪的乙炔气进气口上。

点火时，先将氧气阀调到很小的氧气流量，然后缓慢地打开乙炔阀，点燃。然后调节氧气和乙炔气的流量，直到火焰为合适的中性焰，即可进行气焊操作。

熄灭火焰时，先关闭氧气阀，后关闭乙炔气阀。

2.5.1.2　常用工具

拆解电冰箱所需用的常用工具有螺丝刀、钳子、扳手和钢锯等。

（1）螺丝刀

电冰箱大多数零部件都是利用螺丝固定的，因此准备一把合适的螺丝刀十分必要。一般在拆解时，都要准备各种规格的十字螺丝刀和一字螺丝刀一套。

（2）钳子

包括尖嘴钳和钢丝钳，电冰箱内部有一些细小零件和许多连接线，在拆解过程中，有时用手直接拔连接线并不十分方便，而且有时手不能伸到里面去，这时尖嘴钳就显得十分重要。

（3）扳手

可以方便地用来拆解冰箱中的各种螺母、螺丝和螺钉。

（4）钢锯

可以方便地用来拆解压缩机的铁壳。

2.5.2　拆解流程

电冰箱的结构由箱体系统、制冷管路系统及电路控制系统三部分组成，所以拆解时可从这三个方面来进行。下面以单门冰箱为例介绍废旧电冰箱的拆解方法。

（1）箱体系统的拆解

① 用螺丝刀旋下铰链的固紧螺丝，两手抓住冰箱门向外移动，卸下电冰箱的箱门。

② 翻开箱门四周的门封条，用螺丝刀旋下固定门封条的螺丝，卸下门封条，并把每条边剪开。

③ 用尖嘴钳把每条门封中的磁性条抽出。

④ 拆下箱门上的内胆，挖掉中间的聚氨酯发泡绝热层，取下箱门外壳。

⑤ 用螺丝刀旋下固定装饰顶板的螺丝，卸下装饰顶板。

（2）制冷管路系统的拆解

① 用割管刀割开压缩机上的加液管，泄放 R-12。泄放时间大约需 5～10min。注意R-12的回收，以免破坏环境。

② 用气焊设备产生高温火焰加热压缩机上的高压管接头，待焊点发红，用钳子夹住高压管使高压管与压缩机分开。

③ 同理，用气焊设备产生高温火焰分别加热压缩机上的低压管接头、干燥过滤器与毛细管的连接头、干燥过滤器与冷凝器的连接头，使之逐一断开，并拆下干燥过滤器。

④ 用螺丝刀或扳手旋下压缩机的四个基脚螺丝，拆出压缩机。

⑤ 用螺丝刀或扳手旋下固定冷凝器的四个固定螺丝，卸下冷凝器。

⑥ 抽出蒸发器下部的接水盘，拆下冷冻食品贮藏室的小门，小心拆下温控器的感温管。

⑦ 细心拉直箱外毛细管，小心把弯曲了的回气管扳直，用螺丝刀或扳手松开蒸发器内壁顶部的四个螺母，双手抓住蒸发器，把蒸发器连同回气管由外向内一同卸下。

⑧ 再用气焊分别烧开回气管和毛细管与蒸发器的连接头，拆下回气管和毛细管及蒸发器。回气管和毛细管很难再拆开，可以不再拆。

(3) 电气控制系统的拆解

① 用尖嘴钳夹住压缩机接线盒上固定盒盖的弹簧钩一头往外拉，卸下弹簧钩，取下盒盖。

② 将接线盒内的启动继电器及过载保护器从压缩机接线柱上拔下，并用钳子拔下连接线插头，分别取下启动继电器和过载保护器。

③ 在冷藏室右侧壁上，用螺丝刀旋下固定温控器盒的螺丝，卸下温控盒。用尖嘴钳拔下连接线插头，分别取下温控器和门开关，并用手旋下照明灯泡。

(4) 压缩机的拆解

1) 切开外壳　开壳的方法与步骤如下：a. 将压缩机从箱体上拆下，并从低压管口将压缩机内的冷冻机油倒入量杯中；b. 将压缩机固定在台钳上，用钢锯锯开焊缝。锯透后用扁铲即可撬开上盖；c. 用冲子将固定减震拉簧挂钩的三个压点冲开，再用大螺丝刀将三个挂钩撬松；d. 用扳手卸掉固定高压缓冲管的螺丝，并轻轻地将其弯向机壳边；e. 将内部机芯整体从铁壳中取出。

2) 拆解气缸

① 拆下气缸。先将固定气缸体的四个螺栓用小扳手拧下，气缸体即可从机座上取下。

② 分解气缸体。a. 用螺丝刀将固定气缸盖的四个螺丝拧下，即可将气缸盖拆开，同时也可取下阀板。阀板的上面装有高压阀片和阀垫，阀板的下面装有低压阀片和阀垫，卸下阀片和阀垫。b. 再从气缸孔内取出活塞和滑决，至此气缸体的分解完毕。

3) 拆解曲轴

① 先用小锤将曲轴下端的吸油嘴轻轻敲下。

② 将曲轴夹在台钳上，在曲柄端套上一根内径及长短合适的铁管(包括偏心平衡块一起都套入)，夹紧并转动台钳的手柄，顶下机座和转子，即可把转子、曲轴和机座完全分解。

2.5.3　拆解材料的分类

经过以上拆解过程以后，一般可以将电冰箱拆分成三大部分，即箱体(外壳)类、制冷系统类以及其他零部件类。在对这种设备进行回收和利用时，应按类别进行分类。

(1) 箱体类

箱体一般由塑料、泡沫、橡胶和金属四种材料构成。根据材料的不同，将其分开以便今后回收。

(2) 制冷系统类

电冰箱中制冷系统类的材料一般有金属和氟里昂两种材料，因此在分类时要注意。

(3) 其他零部件类

电冰箱的零部件也较多，每一种部件中都包含有特殊的材料，如压缩机、附件、启动继电器、过载保护器、温控器等。这些元件由于组成材料多而特殊，所以在分类回收时要特别注意。

2.6 电视机拆解

电视机是一种较复杂的无线电整机产品。整机结构和电路复杂，元器件和专用器件数量多，所以拆解时要多加注意。

2.6.1 拆解工具

电视机的拆解工具有螺丝刀、尖嘴钳、扳手、电烙铁等。

（1）螺丝刀

电视机的零部件都是利用螺丝固定的，因此准备一把合适的螺丝刀十分必要。一般在拆解时都要准备各种规格的十字螺丝刀和一字螺丝刀一套。

（2）尖嘴钳

电视机内部有一些细小零件和许多连接线，在拆解过程中，有时手不能伸到里面去，这时尖嘴钳就显得十分重要。

（3）扳手

可以方便地用来拆解电视机中的各种螺母、螺丝和螺钉。

（4）电烙铁

电视机中大多数零部件采用了电烙铁锡焊接，所以在拆解时要使用电烙铁来进行。

2.6.2 拆解流程

电视机是目前使用最广泛的电器之一。它一般由显像管、线路板、高频头、扬声器（喇叭）、电源变压器、机壳等几部分组成。电视机拆解步骤如下。

2.6.2.1 电视机后盖的拆解

电视机的机壳一般由前壳和后盖两部分组成。电视机的大部分部件都以各种不同方式固定在前壳上，因此前壳既是机内元件的重要保护外壳，又是连接这些元器件的桥梁和固定元器件的骨架。在一般情况下，仅需卸掉后盖即可将机内零部件拆下。

在拆后盖时，先将电视机小心地放在工作台上，最好在工作台上放一块较厚的软垫，然后将电视机面板朝下，显像管的面玻璃置于软垫上。这样既可以方便拆解，又较为安全。

① 用螺丝刀将后盖上的固定螺丝全部旋下。

② 用两只手抓住电视机的后盖慢慢地向上提起，先开一小缝，观察一下机内的主印制线路板是否与后盖脱开。因为电视机的后盖上有的开有用以稳定主印制板的槽口或卡子，若卡得太紧，有可能在提起后盖时将主印制板带起；如没有卡住则可将后盖完全卸下。

2.6.2.2 线路板的拆解

电视机的绝大部分电路元件都安装在主印制板上，它的任务是完成电压和信号的处理，使电视机正常工作。其中图像的显示由显像管完成，并通过几组导线将线路板上的电压与信号供给显像管，而且连接导线的长度有一定富余量。这是为了让线路板在取出时有一定活动余地。大多数线路板采取卧式安装，左右两边用滑槽或导轨支承和固定。

① 用电烙铁焊下偏转线圈与线路板的连线。

② 向外拔掉显像管的管座。拆解时要特别小心，只能沿着显像管的轴线方向用力。

③ 卸下阳极高压帽。在拆解阳极高压帽时要特别小心，如果显像管刚刚工作过，则阳极高压帽上往往有很高的残留电压。为避免电击，要先进行高压放电。

④ 用电烙铁分别焊下电源变压器、电位器组件及喇叭与线路板间的连接线。

⑤ 用手拔下高频头与线路板的连接插头。

⑥ 用两手抓住线路板沿着滑槽或导轨向外拉出。

2.6.2.3 显像管的拆解

因为显像管比较容易破碎，所以拆解时应十分小心。具体拆解过程为：a. 用螺丝刀旋松固紧偏转线圈的螺丝，卸下偏转线圈；b. 用螺丝刀旋下固定显像管的 4 只螺丝；c. 两手抓住显像管对角两个固定螺丝的金属防爆罩，取下显像管；d. 最后拆除显像管上的接地线。

2.6.2.4 高频调谐器的拆解

高频调谐器亦称高频头，是电视机中选择频道的器件。其拆解过程为：用手拔下高频头与线路板的连接插头。将面板上 VHF 和 UHF 频道调谐旋钮卸下。用螺丝刀旋下高频头安装支架上的固定螺丝，卸下高频头组件。拔下 VHF 高频头与 UHF 高频头间的电缆线，用电烙铁焊下 UHF 高频头的电源线(红色)。用螺丝刀分别旋下固定在支架上的 VHF 高频头和 UHF 高频头的螺丝，取下 VHF 高频头和 UHF 高频头，并卸下安装支架。

2.6.2.5 扬声器的拆解

扬声器俗称喇叭，是电视机中还原声音的器件。其拆解过程为：a. 用电烙铁焊下低音喇叭上的两根导线及与高音喇叭的连接线；b. 用螺丝刀旋下固定低音喇叭和高音喇叭的螺丝，取下低音喇叭和高音喇叭及其电容。

2.6.2.6 电源变压器的拆解

电源变压器是电视机中把交流 220V 电压降低的器件。其拆解过程为：a. 用电烙铁焊下电源变压器初级、次级线圈上的连接线；b. 用螺丝刀旋下固定电源变压器的螺丝、螺母，取下电源变压器。

2.6.2.7 电位器组件的拆解

电位器组件是指电视机中调节音量、音调、亮度和对比度电位器的组合。其拆解过程为：用电烙铁焊下音量、音调、亮度和对比度电位器上的连接线。用螺丝刀旋下固定电位器组件的螺丝，取下电位器组件。用钳子或扳手分别旋下固定各电位器的螺母，取下各电位器。

2.6.3 拆解材料的分类

经过以上拆解过程以后，一般可以将电视机拆分成三大部分，即机壳类、电路板类以及其他零部件类。在对这种设备进行回收和利用时应按类别进行分类。

2.6.3.1 机壳类

电视机机壳一般由塑料和金属两种材料构成。根据材料的不同，将其分开以便今后回收。

2.6.3.2 电路板主器件的拆解与分类

电路板是电视机中元器件使用最多的部分，在它上面包含有各类电子元件如电阻、电感、电容器、集成电路、散热片、半导体管以及线路板支架等。所以在对电路板进行分类前，首先必须将电子元件和固定件拆下再分类，具体过程如下。

① 首先用螺丝刀将电路板上的各类散热器拆除。

② 再将线路板上的固定支架拆下。

③ 将线路板中可直接拔下来的电子元件拆除，如集成电路等。

④ 将线路板上的电子元件拆除。由于电子元件是用焊锡焊接在电路板上，拆解方法可以用电烙铁或锡炉等方法将电子元件从线路板上取下。

⑤ 将拆解下来的电子元件进行分类，具体分类可分成电阻、电容器、半导体三极管、半导体二极管、集成电路、电感和废电路板。

2.6.3.3 **其他零部件类**

电视机的零部件也较多，每一种部件中都包含有特殊的材料，如显像管、高频头、扬声器等。这些部件由于组成材料多而特殊，所以在分类回收时要特别注意。

2.7 微波炉拆解

微波炉的结构复杂，尤其是炉门开关等处零件相互牵连，为此在拆解前，应了解微波炉的结构特点。对零件较多的部件，在拆解过程中应作好记号，编好零部件顺序号。若遇到某个零件拆不动时，应仔细检查是否还有螺钉未松开，是否有卡扣，不应盲目用力、敲打。

2.7.1 拆解工具

拆解微波炉所用的工具不多，只要有螺丝刀、尖嘴钳和套筒扳手等工具就可以进行拆解。

微波炉内部大多数零部件都是利用螺丝固定的，因此准备一把合适的螺丝刀十分必要。一般在拆解时，都要准备各种规格的十字螺丝刀和一字螺丝刀一套，尤其要选用具有磁性的螺丝刀，它在拆解过程中可以起到重要作用，如把拆下的螺丝从机器内部吸出来。

微波炉内部有一些细小零件和许多连接线，在拆解过程中，有时用手直接拔连接线并不十分方便，而且有时手不能伸到里面去，这时尖嘴钳就显得十分重要。

套筒扳手可以用来方便地拆解机器中的各种螺母、螺丝和螺钉。

2.7.2 拆解流程

2.7.2.1 **外壳的拆解**

拔去微波炉电源插头。用螺丝刀松开微波炉背面的 4 只固定螺钉，将外壳向后拉，即可取下外壳。

2.7.2.2 **炉门组件的拆解**

炉门组件包括铰链、门框、门板、门钩组件及门窗板，其拆解步骤为：a. 用套筒扳手将腔体左边上铰链处的两只外六角螺钉松开；b. 按一下开门按钮，使门钩脱出；c. 将上铰链随同门一起拉出腔体，并取下门下铰链轴上的垫圈；d. 用小一字形螺丝刀将遮板四周的 10 只倒扎钩慢慢挑开；e. 用十字形螺丝刀松下炉门侧边的 2 只螺钉，取下上铰链；f. 分开门框和门板；g. 用尖嘴钳把门钩拉簧取下，再取下门钩组件；h. 用双手夹住门窗板，取下门窗板。

2.7.2.3 控制面板及开门机构的拆解

拆解步骤：a. 拔去定时器、功率分配器上的连接线插头；b. 用十字螺丝刀松下固定控制面板的1只螺钉，并取下控制面板；c. 拆下定时器和功率分配器的2只旋钮，并松下固定定时器的4只螺钉；d. 拆下开门按钮。

2.7.2.4 磁控管的拆解

磁控管是产生微波的部件，它有脉冲磁控管和连续波磁控管两种，前者在阳极与阴极之间加脉冲电压，后者则加直流电压。微波炉上使用的是连续波磁控管，其拆解步骤为：a. 拔去磁控管和热切断器的两根接线，并拆去炉灯边的1只螺钉；b. 用套筒扳手拆去固定磁控管的4只螺钉，即可取下磁控管。

2.7.2.5 变压器的拆解

微波炉用的高压变压器，也叫稳压变压器或漏感变压器。它为磁控管提供阳极高压和灯丝电压。它和普通变压器不一样，具有体积小、功率容量大、稳压范围宽、工作温度高、次级高压端可以短路、抗电强度高等优点。变压器的拆解过程为：a. 用尖嘴钳拔去变压器上各连接线；b. 将微波炉倒转过来，用螺丝刀或套筒扳手拆下右底板固定在腔体上的4只螺钉，连同变压器一起取下；c. 按下变压器与腔体中间的橡皮垫块。

2.7.2.6 风扇电机拆解

微波炉磁控管在工作时要产生高热，所以冷却十分重要，一般采取强制风冷方式。风扇电机是冷却系统的动力源，一般为单相罩极微型电机。风扇电机的拆解步骤为：a. 用尖嘴钳拔去风扇电机上的两根连接线；b. 用十字螺丝刀松开固定风扇电机的两只螺钉，取下风扇电机组件；c. 将转轴与风叶上的胶水刮去，取下弹簧夹；d. 将风扇叶从电机轴上拔下，即可拆下风扇电机。

2.7.2.7 电容器与二极管的拆解

微波炉上使用的电容和二极管为高压电容和高压二极管。高压电容的耐压值在300V以上，容量一般取0.6～1.2μF，它与高压二极管组成半波倍压电路，为磁控管提供直流高压。由于该电容的补偿作用，微波炉整机功率因素高达95%以上。高压二极管耐压需10000V以上，额定工作电流为1A，主要起整流作用。高压电容和高压二极管的拆解过程为：a. 用尖嘴钳拔去电容器和二极管上的连接线；b. 用十字螺丝刀松开固定它们的螺钉即可取下。

2.7.2.8 转盘组件拆解

微波炉的转盘组件主要包括玻璃盘、转盘支架环、转盘支承及转盘电机等，其动力源是转盘电机，它以5～8r/min的速度带动转盘缓慢旋转，这样放在玻璃盘上的食物所吸收的微波能量趋向均匀。转盘组件的拆解步骤为：a. 取出微波炉中玻璃盘、转盘支架环及转盘支承；b. 将微波炉反过来，用十字螺丝刀旋下固定中底板的2个螺钉，并取下中间一块盖板；c. 用尖嘴钳拔去转盘电机的两根连线；d. 用十字形螺丝刀松开固定转盘电机的2只螺钉，将转盘电机取出。

2.7.2.9 联锁装置拆解

微波炉的联锁装置主要包括炉门安全开关和双重闭锁开关。炉门安全开关是通过炉门的凸轮臂来控制的，它的触点与变压器初级绕组串联，一旦断开，即使双重闭锁开关仍闭合，也能断开变压器初级电源通道，使微波炉停止工作。双重闭锁开关由炉门的把手控制，是一个具有两重闭锁作用的重要安全装置。当炉门打开或忘记关闭时，始终切断继电器、定时器的电源，使它们的触点断开，继而使微波炉停止工作，防止微波泄漏。联锁装置的拆解过程为：a. 用尖嘴钳拔掉联锁开关及监控开关上的接线插头；b. 用十字形螺丝刀松开2只固定开关托架的螺钉，并取下开关托架；c. 将联锁开关和监控开关从托架中取出；d. 把开关托架中的开关联杆臂、动作杠杆取下。

2.7.3 拆解材料的分类

经过以上拆解过程以后，一般可以将微波炉拆分成三大部分，即箱体(外壳)、固定机构以及其他零部件。在对这类设备进行回收和利用时，首先应按类别进行分类。分类方法较多，可以按零部件的类型分类，也可按材料不同分类。

2.7.3.1 箱体类

箱体一般由玻璃、塑料和金属三种材料构成。根据材料的不同，将其分开以便今后回收。

2.7.3.2 固定机构类

微波炉中固定机构的材料一般也有两类：一类为塑料；另一类为金属材料。有的既有金属也有塑料，也有的采用一些特殊材料。所以在分类时按材料的不同分成三类：一类为塑料；一类为金属材料；一类为特殊材料。

2.7.3.3 其他零部件类

微波炉的部件很多，每一种部件中都包含有特殊的材料，如变压器、磁控管、风扇电机、转盘电机以及各种开关等。这些元件由于组成材料多而特殊，所以在分类回收时要特别注意。

3 电子废物分析方法

电子废物经过拆解和对有关元器件进行分类后，在制定具体的回收利用方案前，首先必须对有关物料进行系统分析，以确保所制定回收利用工艺的科学性和可操作性。在对电子废物等二次资源中的有关元素进行分析时，除了具有一般材料分析的共性外，更具有其特殊性。

首先，分析对象和分析结果的使用具有复杂性。电子废料的形态可以是固体、液体甚至气体，成分一般较为复杂；分析结果可能用于确定电子废物再生利用工艺，也可能用于废料成分和含量的仲裁或其他特殊用途等。需要分析的废料中往往同时含有多种金属元素和大量有机物，每种元素的含量变化范围很大，单一分析方法和技术往往难以满足性质如此相似的多元素和分析范围广的分析测定。

其次，目前可用于高含量贵金属成分准确分析的仪器及分析方法较少，对含贵金属成分高的电子废料分析时，还不得不采用操作手续冗长的重量法。如果电子废物中含有多种贵金属元素且含量不很低，则由于元素间相似的化学性质和在溶液中存在的价态及状态的复杂性，采用先分离后测定的方法会降低分析的准确度；而采用滴定法直接测定，则会因为贵金属元素间的共轭反应，彼此发生干扰。

最后，许多低含量金属在电子废物中的分布很不均匀，分析误差的大小会涉及较大的经济利益和社会利益。但获得准确的分析结果往往并不完全依赖于分析方法本身，电子废物的取样是否具有代表性对分析结果的影响很大。对于金属的痕量分析，误差可能发生在自取样到测定的每个环节中。一般而言，取样引入的误差＞样品制备引入的误差＞试样测定引入的误差。

本章介绍电子废物中金属和高分子材料的常用分析方法，以及电子废物分析实验室的基本配置情况。

3.1 常见金属的分析

3.1.1 样品的预处理

对于电子废物中金属含量分析之前，需要做的准备工作包括金属元素分析方法的选择、准备以及分析样品的准备(包括取样和制样)。

3.1.1.1 分析方法的选择

分析对象的多样性决定了分析方法的多样性。在选择分析方法时应该根据分析目的和分析对象的不同，优先决定考虑的问题，如分析的准确度、选择性、灵敏度或分析的速度等。

金属元素分析方法可以分为重量法、容量法、光度法、火焰原子吸收光谱法、等离子体原子发射光谱法、X 射线荧光法和电分析化学法等。这些方法在不同含量和不同种类的金属样品分析中都得到一定应用。一般来说，对于常量组分或痕量组分的分析往往采用重量法和容量法等化学分析方法。化学分析方法具有准确度高的优点，但操作较烦琐；而对于微量组分或痕量组分的分析常采用吸光光度法、原子吸收法或发射光谱分析法等仪器分析方法。仪器分析方法具有分析灵敏度高、分析的速度快等优点，但仪器价格的昂贵限制了该方法的普及和使用。

3.1.1.2 分析样品的采集

金属二次资源的取样是十分复杂的过程，涉及各种各样的问题。实际工作中常根据废料的特点，对废料进行适当的预处理后再进行取样。

(1) 固体废料的取样

含金属的固体废料中金属含量的不均匀性使采样工作通常不能采用常规方法进行，应根据固体废料的具体形态和杂质含量的多少采取适当的预处理后再进行取样。电子废物在拆解后，如果已经进行了包括粉碎在内的预处理，待分析废料已经处于比较均匀的粉末状态，则可用四分法分取分析试样。对于某些特别不均匀的废配件和材料，可采用定量制液后再取样的方法来解决取样均匀性问题，即准确称取一定量的废配件和材料，按照回收程序先制液，然后再按照液体废料的取样方法从溶液中取液体样，分析以后再折算成废料的金属量。

(2) 液体废料的取样方法

含金属的废液主要包括不均匀的废料经定量制液后形成的废液、溶解金属样品的过程中的废王水、金属回收利用过程中产生的废液等。这些废液中一般含有一定量的沉淀。对于透明、浑浊和有少量微细沉淀的废液，只需充分搅动溶液，使沉淀悬浮于溶液中，迅速准确量取一定量溶液作为正样和副样即可。如沉淀较多且颗粒较大，则必须经过过滤，分别从溶液和沉淀物中取出一部分作为分析样品，然后根据两部分结果进行整体含量的计算。

3.1.1.3 金属分析的制样

经过取样后所得的含金属的分析试样，实际上是各类物料的缩影，本质上应与各类物料没有太大的区别。为了后续分析测试工作的顺利进行，必须将所得样品转变成符合分析测试要求的状态。制样的内容包括以下几个方面。

(1) 分解试样的总体要求

分解试样的目的是使待测金属元素以离子或配合物的形式转入溶液，这是金属分析的前提。如果试样分解不完全，后续测定工作和测定结果就没有任何实际意义。大多数贵金属具有很强的抗酸(碱) 能力，用常规无机溶剂分解很难奏效。铑、铱、钌等金属在常压条件下，用王水也不能溶解。目前，有关分解贵金属试样的一些特殊技术，如高压(10MPa) 溶解技术、交流电溶解技术、微波溶解技术等已逐步得到应用。

分解试样的总要求如下。

① 使待测样品的状态尽可能与测定要求一致；分解试样过程引入的金属离子应不影响

测定且越少越好；分解试样的操作应简单、安全、不污染环境。

② 将溶液中的贵金属离子或配合物转变成分析方法和分析仪器所要求的价态和形式，如将分解试样所得的低价离子氧化成高价离子或将高价离子还原成低价离子，或将一种配体和配位形式转变成另一种配体和配位形态等。

③ 将前述溶液或固体加工成所用仪器所要求的特定形态，如X射线衍射分析所需试样和电子显微镜测试所需试样等。制样的三方面内容对某一具体样品不一定要全部用到，必须根据分析测试的目的和要求来确定到底需要将样品制备到什么程度。

（2）贵金属的分解

贵金属试样的分解相对于一般金属有一定的难度。贵金属试样的分解技术可以分为干法和湿法两种。干法分解技术包括火试金法、合金碎化法、高温氯化法、碱熔法和烧结法。湿法分解技术包括常压酸分解法、高压酸分解法、交流电解法等。含硫或砷的试样需经焙烧后再分解。

所谓焙烧是指将试样在低于熔融温度下加热灼烧，使试样中的硫、砷等可以与氧气形成挥发性气体而使元素被挥发除去的过程。焙烧温度和焙烧时间的控制很重要，温度过低，分解不完全；温度过高会烧结成块，影响分析测定。常用的焙烧温度在600～700℃之间。焙烧时间与试样量和试样种类有关，一般控制在1～2h。

1）火试金法分解贵金属试样　火试金法分解贵金属试样实际上是用小型火法熔炼的办法来提炼贵金属。它是古老而迄今仍在使用的分解贵金属矿样的方法，对贵金属的分解和富集有特殊效果。其操作过程为：将固体溶剂与矿样混合进行高温熔融，生成的合金熔体富集贵金属后沉于坩埚底部，而贱金属等生成硅酸盐、硼酸盐渣浮于表面，冷却后，取出合金扣（如以铅为捕集剂，得到的产物称为铅扣），再将合金扣置于灰皿上，进行灰吹，最后得到贵金属合粒，从而达到分解、分离、富集的目的。贵金属合粒用作分析测定。除了用铅作为捕集剂外，锡、锑、铋等金属以及有关合金也可以作为贵金属的捕集剂，它们在某些矿样的捕集中，效果甚至比铅捕集剂好。

2）碱熔法分解贵金属试样　碱熔法分解贵金属试样是将试样与具有氧化性的碱性氧化物或固体烧碱（或纯碱）和具有氧化性的盐类混合，进行高温熔融，从而将贵金属与试样中的其他物质分开。最常用的氧化物是过氧化钠（Na_2O_2），其次为过氧化钡。常用的固体烧碱（或纯碱）与具有氧化性的盐类构成的混合物有KOH-KNO_3、$NaOH$-$NaClO_3$、Na_2CO_3-KNO_3、$NaCO_3$-$NaClO_3$等体系。碱熔法几乎可以分解所有含贵金属的试样。本法的缺点是引入大量无机盐，坩埚腐蚀严重，又带入大量铁、镍；使用镍坩埚还能带入微量贵金属元素。此法多用于无机酸难以分解的试样。操作步骤如下。

① 在镍坩埚中先加入一定量的KOH和KNO_3固体混合物（按质量份1∶1配成）使锅底覆盖住，称取一定量的贵金属试样置于其中，再在上面覆盖一层KOH和KNO_3固体混合物，压实。

② 将坩埚置于高温炉中，逐步升温至250℃，保温10min；再升温至550℃，保温1h；继续升温至550℃，保温1h；继续升温至650℃，保温30min。停止加热，取出，稍冷却后，将坩埚放入有水的大烧杯中，趁热用水浸取，并洗净坩埚。

③ 过滤，用去离子水洗涤不溶物3次；洗液和滤液合并，用盐酸中和并酸化，煮沸至清亮，冷却后精确定容。所得溶液中贵金属以氯化物形式存在。

3）酸分解法分解贵金属试样　酸分解法是最常用和操作最简便的方法，不需要特殊设备，也不会引入其他金属离子。最常用的溶剂是王水；另外，$HCl-H_2O_2$、$HCl-KClO_3$、$HCl-Br_2$、$KBr-Br_2$、$KI-I_2$、Cl_2-HCl 等体系也常用于贵金属试样的分解。王水溶金在室温下浸泡即可进行，加热能使溶解加速。溶解铂、钯时，需用浓王水并加热。

4）高温氯化法分解贵金属试样　高温氯化法分解贵金属试样的方法是在高温条件下，通入氯气与试样反应，通过生成相应的氯化物来达到分解的目的，多用于王水难以分解的试样。高温氯化法的特点是分解能力强，但需要专门设备，对批量分析不方便。操作步骤如下：a. 称取一定量的贵金属试样，按 1∶1 的比例加入固体氯化钾，置于球磨机中研磨；b. 将上述混合物固体置于管式炉内的石英舟中，表面再覆盖少量的固体氯化钾粉末，通入氯气，逐渐加热升温至 800℃，保温 6h，自然冷却；c. 将固体混合物从石英管中取出，置于玻璃容器中，加稀盐酸浸泡并搅拌过夜；d. 过滤，用去离子水反复清洗滤渣。洗液与浸出液以及吸收液合并后，精确定容得到所需分析样品。

采用高温氯化法分解贵金属试样时，试样与固体氯化钾必须研磨以充分混合和研细；否则，有部分试样在通氯气反应时反应会不完全。石英管内的固体混合物应尽量疏松放置，应先通氯气后逐渐升温且控制气流大小，不能让固体混合物随气流而流动。浸泡反应混合物时可以适当加热。

（3）其他金属样品的分解

其他金属样品经过取样后所得样品的形态为固态和液态。对于液态样品，其操作比较简单；固体样品则需要根据样品中待测组分的性质分别采用不同的分解方法。如废合金样的分解通常采用酸溶法，或将酸溶法与碱熔法或高温氯化法结合以分解样品。先用硝酸或王水溶解，如果还有不溶物，则采取碱熔法或高温氯化法继续分解。将酸溶渣用碱熔法或高温氯化法进行处理，可将全部金属较好地转入溶液。将分解所得溶液准确定容，可得非常均匀的试样。

3.1.2　金的分析

金常用分析方法中用于常量分析的方法有火试金法、还原重量法、碘量法、硫酸亚铁铵-重铬酸钾滴定法等。测定微量金的方法常采用原子吸收法等。

碘量法中的硫代硫酸钠碘量法是将含金试样经王水溶解后，与过剩的盐酸形成氯金酸：

$$Au + 3HCl + HNO_3 \longrightarrow AuCl_3 + 2H_2O + NO\uparrow$$

$$AuCl_3 + HCl \longrightarrow HAuCl_4$$

氯金酸在溶液中解离：

$$HAuCl_4 \longrightarrow H^+ + AuCl_4^-$$

在 10%～40%王水介质中，氯金酸易于被活性炭吸附，与大量共存离子富集分离。经灰化、灼烧、王水溶解，使金转变成三价状态。在氯化钠的保护下，水浴蒸干。加盐酸驱除硝酸，在 pH＝3.5～4.0 的乙酸溶液中，金被碘化钾还原成碘化亚金，并析出相同物质的量的碘：

$$AuCl_3 + 3KI \longrightarrow AuI + I_2 + 3KCl$$

以淀粉为指示剂，用硫代硫酸钠标准溶液滴定：

$$I_2 + 2Na_2S_2O_3 \longrightarrow 2NaI + NaS_4O_6$$

根据消耗的硫代硫酸钠的量计算金的含量。

而亚砷酸盐碘量法则是在碱性介质中，氯金酸与碘化钾作用而析出碘：

$$AuCl_4^- + 4KI \longrightarrow AuI_2^- + I_2 + 4KCl$$

析出的碘，以淀粉为指示剂，用亚砷酸钠进行滴定：

$$2I_2 + As_2O_3^- + 2H_2O \longrightarrow As_2O_5^- + 4HI$$

银、铁、钼、镍不干扰测定，铂族元素的碘化物颜色深，影响滴定，故应采用活性炭吸附分离法除去。

碘量法测定含量时加入的碘化钾为过量。这是因为过量的碘化钾有利于平衡向右移动，使反应完全；而且过量的碘化钾能与碘生成更稳定的三碘配位离子，有利于测定并可防止碘的挥发，因而可减少测定误差。淀粉指示剂加入的时间不能太早，以防止它吸附较多的碘，产生误差。滴定到淀粉的蓝色消失后，能保持 30s，即可认为已达到终点。

3.1.2.1 铅试金法

该法是用电解铅皮将试样和加入的纯银包好，放入事先预热的灰皿中，在高温下试样中的金与金属铅在灰皿中进行氧化熔炼(即灰吹)，铅又被氧化成氧化铅再被灰皿吸收，而金、银则不被氧化而以金属珠的形式留在灰皿上。所得的金、银合粒用硝酸溶解银，留下的金直接进行称重。由于在灰吹操作中，金会有些损失，为此在熔炼时应加入一定量的银。

试金重量法是一种经典的方法。该法分析结果准确度高，精密度好，适应性强，测定范围广。因试金法具有其独特的优点，目前在地质、矿山、冶炼部门仍把铅试金法作为试金的标准方法。该法的致命缺点是铅对环境的污染和铅对人体的危害。

(1) 试剂和仪器

1) 试剂　电解铅皮，铅含量不小于 99.99%；纯银，含量≥99.99%；硝酸，分析纯，使用前要检查氯化物、溴化物、碘化物和氯酸盐，然后与水配制成 1∶7、1∶2 的溶液。

2) 仪器　试金天平，感量 0.01mg；高温电阻炉，最高温度 1300℃；灰皿，将骨灰和硅酸盐水泥(400#) 按 1∶1(质量份) 混匀，过 100 目筛，然后用水混合至混合物用手捏紧不再散开为止，放灰皿机上压制成灰皿，阴干 2 月后使用；分金坩埚，使用容积为 30mL 的瓷坩埚。

(2) 测定方法

① 准确称取一定量样品，将试样放在重 20g 的纯电解铅皮上包好，并压成块，用小锤锤紧，放在预先放入 900～1000℃的灰吹炉中预热 30min(以驱除灰皿中的水分和有机物) 的灰皿中，关闭炉门，待熔铅去掉浮膜后，半开炉门使炉温降到 850℃进行灰吹，待灰吹接近完成时，再升温到 900℃，使铅彻底除尽。出现金银合粒的闪光点后，立即移灰皿至炉口处保持 1min 左右，取出冷却。

② 用镊子从灰皿中取出金银合粒，除掉附在合粒上的灰皿渣，将合粒放在小铁砧板上用小锤锤扁至厚约 0.3mm，放入分金坩埚中，加入热至近沸的硝酸(1∶7) 20mL，在沸水浴上分金 20min，取下坩埚，倾去酸液，注意勿使金粒倾出，再加入热至近沸的硝酸(1∶2) 15mL，保持近沸约 15min。倾出硝酸，用去离子水洗涤 3～4 次，将金片倾入瓷坩埚，盖上，烘干，放入 600℃高温炉内灼烧 2～3min，取出冷却，用试金天平称重。按下式计算试样中金的百分含量(%)。

$$M_{Au}=\frac{m}{m_s}\times 100\%$$

式中　m——称得的金的质量，g；

m_s——称取的试样量，g。

两次平行测定的结果差值不大于 0.2%，取其算术平均值为测定结果。

3.1.2.2　还原重量法

还原重量法是加入还原剂使含金试液中的金析出，经冷却、过滤、洗涤、灼烧后称量，计算试样中金的含量。可作为还原剂的有草酸、亚硫酸钠、硫酸亚铁、锌粉和保险粉等。还原剂不同，则沉淀的条件有所不同。

与火试金重量法相比，还原重量法存在一定的弱点，如准确度不太高，操作烦琐，选择性较差，干扰元素较多。采用此法可以避免铅试金法所带来的铅对环境的污染和对人体的危害。

（1）试剂

① 退金液：自行配制或用王水代替。

② 草酸：固体，分析纯。

（2）测定方法

① 准确称取一定量样品，置于烧杯中，加退金液（或王水）溶解试样中的金，加 20mL 10% 的热草酸溶液，立即盖表面皿，反应完毕后，用水洗净表面皿，在水浴上蒸至约 10mL，用无灰滤纸过滤，以热水洗涤滤渣至洗液无氯离子为止，烘干，加热炭化，于 800℃灼烧至恒重。

② Au 含量按下式计算：

$$M_{Au}=\frac{m}{m_s}\times 100\%$$

式中　m——沉淀质量，g；

m_s——样品质量，g。

两次平行测定的结果差值不大于 0.2%，取其算术平均值作为测定结果。

3.1.2.3　碘量法

用王水处理试样，使金全部转化为三氯化金，与碘化钾作用析出定量的游离碘，再用硫代硫酸钠标准溶液滴定游离碘以测定金的含量。其反应如下：

$$AuCl_3 + 3KI \longrightarrow AuI + I_2 + 3KCl$$

$$I_2 + 2Na_2S_2O_3 \longrightarrow 2NaI + Na_2S_4O_6$$

（1）试剂

① 盐酸溶液（1∶3）。

② 王水。

③ 碘化钾溶液：10%。

④ 淀粉溶液：1%。

⑤ 硫代硫酸钠标准溶液：$c(1/2Na_2S_2O_3)=0.05mol/L$。

（2）测定方法

① 取一定量试样（或退金液溶液）于 300mL 锥形瓶中，加 20mL 浓盐酸在炉上蒸发至干（在通风橱内进行），然后再加王水 5～7mL 溶解，在温度为 70～80℃下，徐徐蒸发到浆状为止（切勿蒸干）；再以热水约为 80mL 溶解并洗涤瓶壁，冷却后加 1∶3 盐酸 10mL 及 10%

碘化钾溶液10mol，在暗处放置2min，以淀粉溶液为指示剂，用硫代硫酸标准钠溶液滴定，至蓝色消失为终点。

② 按下式计算试样中Au的含量：

$$M_{Au}=\frac{cV\times 0.1970}{m_s}\times 100\%$$

式中 c——硫代硫酸钠标准溶液的物质的量浓度，mol/L；

V——耗用硫代硫酸钠标准溶液的体积，mL；

m_s——试样的质量，g；

0.1970——每毫摩尔Au相当的质量，g/mmol。

(3) 注意事项

① 在蒸发出去硝酸的过程中，不能将溶液完全熬干或局部蒸干，以免金盐分解。如果已生成不溶沉淀，需加入少量盐酸及硝酸溶解，再重新蒸发。也可用下列方法进行测定：取一定量试样，加15mL王水，蒸至近干(在通风橱内进行)，加浓盐酸10mL，再蒸至近干(或局部蒸干)，冷却，以水稀释至70mL左右，加入5mL淀粉溶液，继续以硫代硫酸钠溶液滴定至蓝色消失为终点。本方法不适用于含银、铜的含金样品和退金液。

② 指示剂淀粉加入的时间不能太早，以防止它吸附较多的碘，产生误差。滴定到淀粉的蓝色消失后，能保持30s，即可认为已到达终点。

3.1.2.4 硫酸亚铁铵-重铬酸钾滴定法

试样用王水溶解，在NaCl存在下将试液蒸干，加入过量的硫酸亚铁铵标准溶液，以二苯胺磺酸钠作为指示剂，用$K_2Cr_2O_7$标准溶液返滴定过量的亚铁。本法适用于含金量较高的含银、铜样品中金的分析。

(1) 试剂

① 硫酸亚铁铵标准溶液：$c\ [(NH_4)_2Fe(SO_4)_2]=0.04$mol/L。

② H_2SO_4-H_3PO_4混合酸：$H_2SO_4:H_3PO_4:H_2O=1:1:3.5$。

③ 重铬酸钾标准溶液：$c(K_2Cr_2O_7)=0.025$mol/L。

④ 二苯胺磺酸钠指示剂：5g/L，现配。

(2) 测定方法

① 准确称取一定量的试样于500mL锥形瓶中，加入王水溶解试样，加NaCl赶硝(视试样中Ag、Cu含量加入少许KCl)，继续加热蒸发近干，取下冷却，加20～100mL水(视Ag含量而定)，在不断搅拌下准确加入50mL的$c\ [(NH_4)_2Fe(SO_4)_2]=0.04$mol/L的硫酸亚铁铵标准溶液，继续搅拌1min，加入15mL H_2SO_4-H_3PO_4混合酸、30mL水和3滴5g/L二苯胺磺酸钠指示剂，以重铬酸钾$c(K_2Cr_2O_7)=0.025$mol/L标准溶液滴定由浅绿色转变为紫红色，即为终点。

② 按下式计算试样中金的含量：

$$M_{Au}=\frac{(Vc_1-\frac{1}{6}V_2c_2)\times 0.1967}{2m_s}\times 100\%$$

式中 c_1——硫酸亚铁铵标准溶液的物质的量浓度，mol/L；

V_1——加入硫酸亚铁铵标准溶液体积，mL；

c_2——重铬酸钾标准溶液的物质的量浓度，mol/L；

V_2——滴定耗用重铬酸钾标准溶液的体积，mL；

m_s——试样的质量，g；

0.1967——每毫摩尔 Au 相当的质量，g/mmol。

(3) 注意事项

当试样中银的含量较高时，为避免银对终点颜色变化的干扰，可适当多加水。

3.1.3 银的分析

银的测定一般采用硫氰酸盐滴定法、络合滴定法或电位滴定法。

3.1.3.1 硫氰酸盐滴定法

本法以硫氰酸盐滴定银，以高价铁盐为指示剂，终点时生成红色硫氰酸铁。加入硝基苯(或邻苯二甲酸二丁酯)，使硫氰酸银进入硝基苯层，也使终点更容易判断。

(1) 试剂

1) 铁铵钒指示剂　2g 硫酸铁铵 [$NH_4Fe(SO_4)_2 \cdot 12H_2O$]，溶于 100mL 水中，滴加刚煮沸过的浓硝酸，直至棕色退去。

2) 0.1mol/L 硝酸银标准溶液　取基准硝酸银于120℃干燥 2h，在干燥器内冷却，准确称取 17.000g，溶解于水，定容至 1000mL 并储存于棕色瓶中。此标准溶液的浓度为 0.1000mol/L，或用分析纯硝酸银配制成近似浓度溶液后，摇匀，保存于棕色塞玻璃瓶中，再按如下方法标定：称取 0.2g(称准至 0.0001g) 于 500～600℃灼烧至恒重的基准氯化钠，溶于 70mL 水中，加入10％的 10mL 淀粉溶液，用配好的硝酸银溶液滴定。用 216 型银电极作为指示剂，用 217 型双盐桥饱和甘汞电极作为参比电极，按 GB/T 9725—2007 中二级微商法的规定确定终点。硝酸银标准溶液物质的量浓度 c 按下式计算：

$$c(AgNO_3)=\frac{m}{0.05844V}$$

式中　m——基准氯化钠的质量，g；

V——硝酸银溶液的用量，mL；

0.05844——NaCl 的质量(1mmol)，g。

硝酸银标准溶液的浓度也可以采用比较法确定。具体操作为：量取 30.00～35.00mL 配好的硝酸银溶液，加入 40mL 水，1mL 硝酸，用 0.1mol/L 的硫氰酸钠标准溶液滴定。用 216 型银电极作为指示电极，再用 217 型双盐桥饱和甘汞电极作为参比电极，按GB/T 9725—2007 中二级微商法的规定确定终点。硝酸银标准溶液物质的量浓度 c 按下式计算：

$$c(AgNO_3)=\frac{c_1V}{V}$$

式中　c_1——硫氰酸钠标准溶液物质的量浓度，mol/L；

V_1——硫氰酸钠标准溶液用量，mL；

V——硝酸银标准溶液用量，mL。

3) 0.1mol/L 硫氰酸钠(或硫氰酸钾) 标准溶液的配制和标定　称取分析纯硫氰酸钠 10g，以水溶解后，稀释至 1L。用移液管吸取 0.1mol/L 硝酸银标准溶液 25mL 于 250mL 锥形瓶中，加水 25mL 及煮沸过的冷 6mol/L 硝酸 10mL，加铁铵钒指示剂 5mL，用配好的硫氰酸钠标准溶液滴定至淡红色为终点。按下式计算硫氰酸钠标准溶液的浓度：

$$c(\mathrm{NaSCN})=\frac{0.1000\times25.00}{V}$$

式中 $c(\mathrm{NaSCN})$——硫氰酸钠标准溶液物质的量浓度，mol/L；

V——耗用硫氰酸钠标准溶液的体积，mL。

(2) 测定方法

1) 准确称取一定量样品，溶于硝酸，加 1mL 的 8% 硫酸铁铵溶液，在摇动下用 0.1mol/L 硫氰酸钠标准溶液滴定至溶液呈浅棕红色，保持 30s。

2) Ag 的百分含量按下式计算：

$$M_{\mathrm{Ag}}=\frac{cV\times0.1699}{m_{\mathrm{s}}}\times100\%$$

式中 c——硫氰酸钠标准溶液物质的量浓度，mol/L；

V——硫氰酸钠标准溶液用量，mL；

m_{s}——试样的质量，g；

0.1699——每毫摩尔 Ag 相当的质量，g/mmol。

3.1.3.2 EDTA 滴定法

在氨性含银溶液中，加入镍氰化物，镍被银取代出来，以紫脲酸铵为指示剂，用 EDTA 溶液滴定镍，可得出银的含量。

$$K_2Ni(CN)_4+2Ag^+\longrightarrow 2KAg(CN)_2+Ni^{2+}$$

此方法选择性较差，在氨性条件下能与 EDTA 生成配合物的金属离子均干扰测定。可采用其他方法测定。

(1) 试剂

① 硝酸：6mol/L。

② 缓冲溶液(pH=10)：溶解 54g 氯化铵于水中，加入 350mL 氨水，加水稀释至 1L。

③ 紫脲酸铵指示剂：紫脲酸铵与氯化钠 100g 研磨混合均匀。

④ EDTA 标准溶液：0.05mol/L。

⑤ 镍氢化物 [$K_2Ni(CN)_4$]：称取硫酸镍 14g，加水 200mL 溶解，加氰化钾 14g，溶解后过滤，用水稀释至 250mL。此溶液呈黄色。

(2) 测定方法

① 取一定量试样溶于硝酸，加水 100～150mL、氨性缓冲溶液 20mL、镍氰化物 5mL、紫脲酸铵少许，用标准 0.05mol/L EDTA 溶液滴定至溶液由黄色至红色再到紫色时为终点(滴定至近终点时，速度要慢，并注意颜色的变化)。

② 试样中银的含量由下式计算：

$$M_{\mathrm{Ag}}=\frac{2cV\times0.10787}{m_{\mathrm{s}}}\times100\%$$

式中 c——EDTA 标准溶液物质的量浓度，mol/L；

V——耗用 EDTA 标准溶液的体积，mL；

m_{s}——试样的质量，g；

0.10787——每毫摩尔 Ag 相当的质量，g/mmol。

3.1.3.3 **电位滴定法**

采用电位滴定法滴定合金中Ag时，经常使用卤化物和硫氰酸盐作为沉淀滴定剂，以银电极、石墨电极、Ag_2S、AgI等选择性电极指示滴定终点。用KSCN作为滴定剂的佛尔哈德法是常用的测银方法，但采取以银离子选择性电极或AgSCN涂膜电极指示终点的电位测定法则有更多的优点，使用于AgCu、PbSnAg或铝合金中Ag的测定。

（1）试剂

① 氯化钠标准溶液：c(NaCl) ＝0.1mol/L。

② 淀粉溶液：10g/L。

（2）测定方法

① 准确称取一定量的含银试样，置于烧杯中并溶于硝酸，蒸发近干，加70mL水并加10mL淀粉溶液，采用216型银电极作为指示电极，用217型双盐桥饱和甘汞电极（外盐桥套管内装有饱和硝酸钾溶液）作为参比，用氯化钠标准溶液［c(NaCl) ＝0.1mol/L］滴定至终点。

② 银含量按下式计算：

$$M_{Ag}=\frac{Vc(\mathrm{NaCl})\times 0.10787}{m_s}\times 100\%$$

式中 c(NaCl)——氯化钠标准溶液的浓度，mol/L；

V——氯化钠标准溶液的体积，mL；

m_s——试样的质量，g；

0.10787——与1.0000g氯化钠标准溶液［c(NaCl) ＝1.0000mol/L］相当的以克表示的银的质量。

3.1.4 铂的分析

铂的重量法测定，可用甲酸将铂盐还原为金属铂，通过称量计算铂的含量，但此法测定结果较差。通常还可将试液中的铂通过氯铂酸铵沉淀，再灼烧转变为单质铂的形式，用重量法进行测定。对于微量铂的测定往往采用吸光光度法和原子吸收法等。

3.1.4.1 **甲酸还原重量法**

用甲酸将铂盐还原为金属铂，通过称量计算铂的含量。

（1）试剂

①无水乙酸钠。

②甲酸。

（2）测定方法

① 准确称取一定量的样品，溶于王水中，加盐酸5mL，蒸干。加入5mL水和5mL盐酸，再蒸至浆状。加入100mL水、5g无水乙酸钠和1mL甲酸，加盖，在水浴中加热6h，用无灰滤纸过滤，以热水洗涤数次，将沉淀及滤纸一同移入已经恒重的坩埚中，烘干，炭化，于800℃灼烧至恒重。

② Pt含量按下式计算：

$$M_{Pt}=\frac{m}{m_s}\times 100\%$$

式中　m——沉淀的质量，g；

m_s——样品的质量，g。

试样中若有钯存在时，也将被甲酸还原，此时得到的沉淀用水洗涤至无Cl^-后，用硝酸洗去钯，过滤灼烧得到铂的含量。

3.1.4.2　氯铂酸铵沉淀重量法

（1）试剂

饱和氯化铵。

（2）测定方法

① 准确称取一定量样品，溶于王水中，必要时过滤，充分洗涤滤纸，将滤液及洗涤液合并，在水浴上蒸发至原体积，加盐酸赶硝，加10mL饱和氯化铵溶液，放置18～24h。用无灰滤纸过滤，以20mL饱和氯化铵溶液洗涤，将沉淀移入恒重的坩埚中，烘干，炭化，于800℃灼烧至恒重。

② Pt含量按下式计算：

$$M_{Pt}=\frac{m}{m_s}\times 100\%$$

式中　m——沉淀的质量，g；

m_s——样品的质量，g。

沉淀烘干和炭化时会有白色的NH_4Cl烟雾冒出，此时应在通风橱中进行。

3.1.4.3　$SnCl_2$法

$SnCl_2$吸光光度法测定铂时，同时有Ag、Pd、Rh的干扰，应设法消除。试样用王水溶解，在3%HCl溶液中过滤析出AgCl，滤液以HCl赶除HNO_3。用$NaBrO_3$氧化，在$NaHCO_3$（pH=8）溶液中，Pd、Rh呈水合氢氧化物形式沉淀，Pt则留在溶液中。过滤，用HCl调节酸度。在2mol/L HCl介质中，铂与$SnCl_2$形成稳定的黄色配合物，于波长420nm处测量吸光度。

（1）试剂

1）铂标准溶液　称取0.2500g金属铂(99.99%)，溶于王水，盖上表面皿，于低温加热至完全溶解。加5mL HCl，重复蒸干两次。用25mL HCl溶解，并转入250mL容量瓶中，以水定容。吸取10.00mL此溶液于100mL容量瓶中，加8mL HCl，以水定容。此工作溶液含Pt 0.10mg/mL。

2）$SnCl_2$溶液(20%)　称取20g $SnCl_2\cdot 2H_2O$，用20mL浓盐酸溶解，以水稀释至100mL，保存在棕色瓶中。

3）$NaBrO_3$溶液　100g/L。

4）$NaHCO_3$溶液　50g/L。

（2）测定方法

① 称取一定量试样于500mL烧杯中，加入约40mL王水，盖上表面皿，于低温加热至完全溶解(若王水溶解不完全，则需封管氯化溶解)，并蒸发至约1mL，加入5mL的HCl蒸发至1mL左右。加80mL水，加热煮沸至AgCl凝聚，冷却后用定量滤纸过滤，用稀盐酸(1:99)洗涤烧杯及沉淀多次，再用水洗涤2次(沉淀可用于测定Ag)。

② 滤液和洗涤液合并，煮至近沸，加入40mL的100g/L的$NaBrO_3$溶液，煮沸30min。

在搅拌下慢慢地滴加 50g/L 的 $NaHCO_3$ 溶液至有少量黑褐色沉淀产生($pH=6\sim7$)，再加 20mL 的 $NaBrO_3$ 溶液，煮沸 15min，滴加 $NaHCO_3$ 溶液调节 $pH=8.0\pm0.5$(用精密试纸检查)，在微沸状态下保持 30min。取下，放置陈化 1～1.5h。过滤洗涤沉淀，所得沉淀用于测定 Pd 和 Rh 的含量。滤液与第一次水解后的滤液合并蒸发至约 80mL，冷却，转入 100mL 容量瓶中，以水定容。吸取 5.00mL 或 10.00mL 试液于 50mL 容量瓶中，加入 8mL 的 HCl，于低温下加热煮沸，加入 8mL 的 $SnCl_2$ 溶液，冷却，以水定容。用干滤纸过滤于 50mL 烧杯中，使用 1cm 吸收池，以试剂空白为参比，于波长 420nm 处测量吸光度。工作曲线范围为 0.1～0.6mg/50mL。

(3) 注意事项

加入 40mL 的 100g/L $NaBrO_3$ 溶液，煮沸 30min 以保证充分的氧化时间和氧化温度，否则影响分离效果。陈化时间 1～1.5h，不宜太长，否则会使沉淀吸附 Pt 较多。

3.1.5 钯的分析

在分析时，将含钯样品溶于硝酸制样，用丁二酮肟钯沉淀的重量法测定钯含量。

3.1.5.1 丁二酮肟法

(1) 试剂

丁二酮肟乙醇溶液(1%)。

(2) 测定方法

① 称取一定量含钯样品，称准至 0.0002g。溶于 10mL 硝酸中，不断搅拌下加入 1%的 10mL 丁二酮肟乙醇溶液，在 60～70℃保温静置 1h。用 4[#] 玻璃漏斗过滤，以水洗沉淀至无丁二肟反应为止(在氨性溶液中，用镍离子检试)。将坩埚及沉淀于 100～120℃烘 30min，冷却后称重。

② Pd 含量按下式计算：

$$M_{Pd}=\frac{m\times0.3161}{m_0}\times100\%$$

式中 m——沉淀质量，g；

m_0——样品质量，g；

0.3161——106.4/336.62 即 Pd 与 $Pd(C_4H_7O_2N_2)_2$ 分子量之比。

3.1.5.2 丁二酮肟沉淀分离-EDTA 返滴定法

丁二酮肟钯沉淀分离后，再将沉淀溶解，在弱酸性溶液中，加过量的 EDTA 与钯络合，调 pH 值至约 5.5，以甲基麝香草酚蓝指示，用硫酸锌回滴过量的 EDTA，从而可计算出钯含量。

(1) 试剂

① EDTA 标准溶液(0.05mol/L)。

② 甲基麝香草酚蓝(1%)：1g 甲基麝香草酚蓝与 100g 硝酸钾研细而得。

③ 乙酸-乙酸钠缓冲溶液($pH=5.5$)。

④ 硫酸锌标准溶液(0.05mol/L)。

(2) 测定方法

① 丁二酮肟钯沉淀分离后，使沉淀溶解定容至一定体积。吸取一定量含钯试液于 250mL 锥形瓶中，准确加入 0.05mol/L 的 EDTA 溶液 10mL(V_2)，加硝酸 5mL，用乙酸-

乙酸钠溶液调 pH＝5.5，加少量甲基麝香草酚蓝(1%)，用硫酸锌标准溶液回滴至由黄色转为蓝色为终点(V_1)。

② Pd 含量按下式计算：

$$M_{Pd}=\frac{(c_2V_2-c_1V_1)\times 0.1064}{m_s}\times 100\%$$

式中 c_2——EDTA 标准溶液物质的量浓度，mol/L；

V_2——耗用 EDTA 标准溶液的体积，mL；

c_1——硫酸锌标准溶液物质的量浓度，mol/L；

m_s——所称取试样的质量，g；

V_1——滴定消耗的硫酸锌标准溶液体积，mL；

0.1064——钯的毫摩尔质量，g/mmol。

3.1.6 铜的分析

铜的测定最常见的方法是电解重量法和容量法。

(1) 电解重量法

电解重量法可分为恒电流电解法和控制阴极电位电解法。两方法利用在一定条件下，进行恒电流电解或控制阴极电位电解，使铜析出在铂网电极上，然后用重量法测定。

(2) 容量法

常用的容量法是碘量法和 EDTA 容量法。

1) 碘量法　在 pH＝3～4 的弱酸性介质中，Cu^{2+}与I^-作用生成碘化亚铜沉淀，并析出等量的碘，以淀粉溶液为指示剂，用硫代硫酸钠标准溶液滴定析出的碘，以测得铜量。碘化亚铜沉淀吸附微量碘，使测得的结果偏低，因此常于近终点时，加入硫氰酸盐，使 CuI 沉淀转化为溶解度更小的 CuSCN 沉淀。此方法简单快速，终点敏锐，准确度也较高，被广泛应用。

2) EDTA 滴定法　在 pH＝2.5～10.0 范围内，Cu^{2+}与 EDTA 能生成稳定的配合物，适于络合滴定。

① 硫脲差减法。取两份试样，溶解，其中 1 份加硫脲掩蔽 Cu^{2+}，于 pH＝5～6 时，分别滴定能被 EDTA 络合的金属离子总量，两者之差相当于铜量。汞对测定有干扰。

② 硫脲释出法。加入过量的 EDTA，于 pH＝5～6 时，以锌盐(或铅盐) 溶液反滴定金属离子总量，然后调节酸度为 0.2～0.5mol/L，加入硫脲等使 Cu^{2+}-EDTA 配合物中的 EDTA 定量释放出来，再调节溶液的 pH 值，以锌盐(或铅盐) 溶液滴定释出的 EDTA。

③ 掩蔽剂法。以硫脲-抗坏血酸-辅助配合剂(氨基硫脲，少量 1,10-二氮菲) 作为掩蔽剂，用 EDTA 滴定 Cu^{2+}。即在 pH＝5～6 的溶液中，加入过量的 EDTA，过剩的 EDTA 用二甲酚橙作为指示剂，用锌盐(或铅盐) 溶液进行返滴定。然后用混合掩蔽剂分解 Cu^{2+}-EDTA 配合物，再用锌盐(或铅盐) 溶液返滴定析出的 EDTA。此法在 Ag^+、As(Ⅲ，Ⅴ)、Pb^{2+}、Zn^{2+}、Ni^{2+}、Sb^{3+}、Bi^{3+}、Cr^{3+}、Hg^{2+}和 Al^{3+}(在室温下) 以及少量的 Cd 和 Co 存在时不干扰测定。

由于 Cu^{2+}-EDTA 的颜色较 Cu^{2+} 水溶液的颜色深，所以用 EDTA 测定铜时，其量不能大于 30mg，否则终点不明显。

3.1.6.1 恒电流电解法

电解重量法常是测定铜的仲裁方法，又可分为恒电流电解法和控制阴极电位电解法。

在含有硫酸和硝酸的酸性溶液中，当在两铂电极间加一适当的电压使两极上分别发生电解反应。在阴极上有金属析出，而在阳极上则有氧气逸出。

在阴极上：$Cu^{2+}+2e \longrightarrow Cu$

在阳极上：$2OH^{-}-2e \longrightarrow H_2O+\frac{1}{2}O_2\uparrow$

电解结束时将积镀在铂阴极上的金属铜烘干并称重，然后根据其质量计算含铜试样中铜的百分含量，振摇达到定量分析的要求。在阴极上析出的金属铜必须是纯净、光滑和紧密的镀层，否则测定的结果不准确。

电解时，首先要防止试样中共存的杂质和铜一起在阴极还原析出。如所分析的试样含有较多的杂质，可按杂质的种类和量的多少，选择合适的措施。如仅含砷较高，则可再增加溶样酸或在电解时加入硝酸铵 5g，如含有砷、锑、铋、锡等杂质但含量不高，则可采取二次电解的方法；如含有较高含量的硒、碲，则可在硫酸溶液中通入 SO_2 使这两种元素还原而分离之；如各种杂质都比较高，则可用氨水沉淀法(加铁作为载体）使与铜分离后再进行电解。

其次要控制好电解时的电流密度。一般采用较小的电流密度($0.2\sim0.5A/dm^2$）进行电解。如需用较大的电流密度电解，则应在搅拌的情况下进行，这样可获得较好的镀层。

铜的电解速度除了与电流密度有关外，Cu^{2+} 本身的浓度也有影响。一般来说，在开始阶段，溶液中铜离子浓度较高，电解的速度也较快。在铜的电解将近终点时，溶液中 Cu^{2+} 离子溶度很低，电解速度很慢。要使最后的一部分铜积镀完毕往往要等待 1～2h，而且在此阶段其他元素也很容易析出。因此为了缩短整个测定时间，电解至最后阶段，溶液中残留的铜用光度法测定后加入主量中，这样有利于提高分析速度和准确度。本方法适用于铜含量在 40％以上高含量样品中铜的分析。

(1）试剂和仪器

1）试剂 a. 无水乙醇；b. 氢氟酸；c. 硝酸(1∶1)；d. 过氧化氢(1∶9)；e. 氯化铵溶液(0.02g/L)；f. 硝酸铅溶液(10g/L)；g. 铜标准溶液，称取 1.0000g 纯铜，置于 250mL 烧杯中，加入 40mL 硝酸，盖上表面皿，加热至完全溶解，煮沸除去氮的氧化物，用水洗涤表面皿及杯壁，冷却。移入 1000mL 容量瓶中，用水稀释至刻度，混匀。此溶液 1mg 含 20μg 铜。

2）仪器 a. 备用自动搅拌装置和精密直流电流表、电压表的电解器；b. 铂阴极，用直径约 0.2mm 的铂丝，编织成每平方厘米约 36μm 筛孔的网，制成网状圆筒形；c. 铂阳极，螺旋形；d. 原子吸收光谱仪(附铜空心阴极灯)。

(2）测定方法

① 准确称取一定量含铜试样于 250mL 聚四氟乙烯或聚丙烯烧杯中，加入 2mL 氢氟酸、30mL 硝酸，盖上表面皿，待反应接近结束，在不高于 80℃下加热至试样完全溶解。加入 25mL 过氧化氢、3mL 硝酸铅溶液，以氯化铵溶液洗涤表面皿和杯壁并稀释体积至 150mL。

② 将铂阳极和精确称取重量的铂阴极安装在电解器上，使网全部浸没在溶液中，用剖开的聚四氟乙烯或聚丙烯皿盖上烧杯。在搅拌下用电流密度 $1.0A/dm^2$ 进行电解。电解至铜的颜色退去，以水洗涤表面皿、杯壁和电极杆，继续电解 30min。如新浸没的电极部分无铜

析出，表明已电解完全。

③ 不切断电流，慢慢地提升电极或降低烧杯，立即用两杯水交替淋洗电极，迅速取下铂阴极，并依次浸入无水乙醇中，立即放入105℃的恒温干燥箱中干燥3～5min，取出置于干燥器中，冷却至室温后称重。

④ 移取0，2.50mL，5.00mL，7.50mL，10.00mL，12.50mL铜标准溶液于一组100mL容量瓶中，分别加入5mL硝酸，用水稀释至刻度，混匀。在与试样溶液测定相同条件下，测量标准溶液系列的吸光度，减去标准溶液系列中"零"浓度溶液的吸光度。以铜浓度为横坐标，吸光度为纵坐标，绘制工作曲线。

⑤ 将电解铜后的溶液及第一杯洗涤电极的水分别移入两个250mL烧杯中，盖上表面皿，蒸发至体积约为80mL，冷却。合并溶液移入200mL容量瓶中，用水稀释至刻度，混匀。使用空气-乙炔火焰原子吸收光谱仪，在波长324.7nm处，与标准溶液系列同时以水调零测量试液的吸光度。所测吸光度减去随同试样的空白溶液的吸光度，从工作曲线上查出相应的铜浓度。

⑥ 按下式计算铜的百分含量：

$$M_{Cu}=\left(\frac{m_1-m_2}{m_0}+\frac{cV_0V_2\times10^{-6}}{m_0V_1}\right)\times100\%$$

式中 m_1——铂电极与沉积铜的总质量，g；

m_2——铂阴极的质量，g；

c——自工作曲线上查得的铜浓度，μg/mL；

V_0——电解后残留铜溶液稀释总体积，mL；

V_2——分取部分残留铜溶液后稀释体积，mL；

V_1——分取部分残留铜溶液的体积，mL；

m_0——试样的质量，g。

所得结果表示至两位小数。

(3) 注意事项

① 对含杂质锡、锑、砷、铋较高的试样可按下法进行氨水沉淀分离。称取一定量试样置于400mL烧杯中，加入硝酸(1:1) 35mL，加热溶解后驱散黄烟，加水至70mL，加硝酸铁溶液(约含铁10mg/mL) 2mL，加氨水至出现沉淀并过量约2～3mL，用中速滤纸过滤，滤液接收于300mL高型烧杯中，用热硝酸铵溶液(1%) 洗涤烧杯及沉淀数次。将沉淀转移入原烧杯中，用热硝酸(1:3) 溶解滤纸上残留的沉淀，用水洗涤滤纸数次。在溶液中再加氨水沉淀一次，过滤，合并滤液，弃去沉淀。将滤液蒸发至约100～150mL，滴加硫酸(1:2)酸化并加过量硫酸(1:2) 15mL及硝酸2mL。按所述方法进行电解。

② 使用铂电解应注意以下2点：a. 不能用含有氯离子的硝酸洗铂电极，否则将使铂电极受到侵蚀，一般可以用试剂级的硝酸配成1:1的溶液洗电极；b. 操作时不要用手接触铂网，因为手上的油垢留在铂网上会使铜镀不上去。

③ 电解结束取下电极时要防止阴极上的铜被氧化，以免使质量增加，即应做到：a. 当电极离开溶液时要立即用水冲洗电极表面的酸；b. 铂网阴极一经洗净随即浸入乙醇中；c. 阴极自乙醇中取出后要立即吹干(或110℃烘2～3min)。

3.1.6.2 碘量法

在 pH＝3～4 的弱酸性介质中，加入碘化钾与二价铜作用，析出的碘以淀粉为指示剂，用硫代硫酸钠标准溶液滴定，即可测得铜的含量。有关反应式如下：

$$Cu^{2+} + 2I^- \longrightarrow Cu\downarrow + I_2$$

$$I_2 + 2S_2O_3^{2-} \longrightarrow S_4O_6^{2-} + 2I^-$$

砷、锑、铁、钼、钒等元素对上述测定有干扰。试料用硝酸溶解，三价砷和锑用溴氧化，控制溶液的 pH 值为 3～4，用氟化氢铵掩蔽铁。NO_2^-、NO_2 的存在将干扰铜的测定，这是由于在酸性溶液中发生下列反应：

$$2NO_2^- + 2I^- + 4H^+ \longrightarrow 2NO + I_2 + 2H_2O$$

$$NO_2 + 2I^- + 2H^+ \longrightarrow NO + I_2 + H_2O$$

NO 被空气氧化为 NO_2，又能氧化 I^- 为 I_2，致使滴定终点不稳定。为此，在溶解试样时使用的硝酸必须除尽(至冒硫酸烟) 或者避免使用硝酸，而使用盐酸-过氧化氢溶解试样。

滴定时溶液的酸度不宜过高，也不宜太低。酸度过高，则高价砷、锑等元素将与碘化物作用而析出碘，因而干扰测定。而当溶液的酸度太低，如 pH 值大于 4，则 Cu^{2+} 与 I^- 的反应速率很慢且不完全。

在碘化亚铜沉淀的表面，常有少量碘被吸附，这样不但使测得的结果偏低，而且终点也不易观察，为改善这一情况，可在滴定近终点时，加入硫氰酸盐，使 CuI 沉淀转化为溶解度更小的 CuSCN 沉淀，从而使吸附在 CuI 沉淀表面的碘析出。硫氰酸盐的加入不宜过早，以免有少量碘被硫氰酸盐还原。

(1) 试剂

① 碘化钾。

② 氟化氢铵饱和溶液，储存于聚乙烯瓶中。

③ 氨水。

④ 冰醋酸。

⑤ 硝酸(1∶2)。

⑥ 硫氰酸钾溶液(200g/L)。

⑦ 氨水(1∶1)。

⑧ 淀粉溶液(5g/L) 称取 5g 可溶性淀粉与蒸馏水调成糊状，倾入 80mL 沸水中，煮沸至淀粉全部溶解。冷却后稀释至 100mL，混匀。用时现配。

⑨ 铜标准溶液称取 1.0000g 纯铜，加 20mL 水、10mL 硝酸，加热溶解，加 10mL 硫酸，蒸发冒硫酸烟 1min，冷却。用水溶解盐类，移入 1000mL 容量瓶中，用水稀释至刻度，混匀。此溶液每毫升含 1mg 铜。

⑩ 硫代硫酸钠标准溶液 [$c(Na_2S_2O_3 \cdot 5H_2O) = 0.1mol/L$]。称取 2.48g 硫代硫酸钠($Na_2S_2O_3 \cdot 5H_2O$)，置于 1000mL 烧杯中用煮沸后冷却的蒸馏水溶解，加 0.2g 无水碳酸钠，溶解完全后煮沸并经冷却的蒸馏水稀释至 1000mL，混匀。储存于棕色瓶中，放置 8～14d 后标定使用。移取 20.00mL 铜标准溶液 3 份，分别置于 250mL 锥形瓶中，加 30mL 水，滴加氨水(1∶1) 至溶液呈现蓝色，再滴加冰醋酸使蓝色消失并过量 2mL，加 3g 碘化钾，混匀，暗处放置 2min，用硫代硫酸钠标准溶液滴定至溶液呈淡黄色，加 3mL 淀粉溶液、10mL 硫氰酸钾溶液，继续用硫代硫酸钠标准溶液滴定至溶液呈乳白色。按下式计算硫代硫

酸钠标准溶液对铜的滴定度 T：

$$T=\frac{cV_1}{V_0}$$

式中 T——硫代硫酸钠标准溶液对铜的滴定度，g/mL；

c——铜标准溶液的浓度，g/mL；

V_0——滴定所消耗硫代硫酸钠标准溶液的体积，mL；

V_1——移取铜标准溶液的体积，mL。

(2) 测定方法

① 取一定量的试样置于 500mL 锥形瓶中，缓慢加入 50mL 硝酸，盖上表面皿，低温加热溶解(难溶解试样可加 0.5g 氟化铵助溶)，待试样全部溶解后，取下，用水洗涤表面皿及瓶壁，冷却至室温。加 20mL 磷酸，20mL 硫酸，继续加热蒸发至冒硫酸烟。冷却，加 25～30mL 水，溶解盐类，滴加氨水(1∶1)至溶液呈现蓝色，再滴加冰醋酸使蓝色消失并过量 2mL；滴加 1mL 氟化氢铵，加 3g 碘化钾，混匀，暗处放置 2min，用硫代硫酸钠标准溶液滴定至溶液呈淡黄色；加 3mL 淀粉溶液、10mL 硫氰酸钾溶液，继续用硫代硫酸钠标准溶液滴定至溶液由蓝色转变为乳白色为终点。

② 按下式计算铜的含量：

$$M_{\mathrm{Cu}}=\frac{TV}{m_{\mathrm{s}}}\times 100\%$$

式中 T——硫代硫酸钠标准溶液对铜的滴定度，g/mL；

V——滴定所消耗硫代硫酸钠标准溶液的体积，mL；

m_{s}——称取试样的质量，g。

(3) 注意事项

① 试样中有铁存在，因为 Fe^{3+} 能氧化 I^- 为 I_2，干扰铜的测定。加入氟化氢铵，使 Fe^{3+} 与 F^- 形成稳定的配合物，消除其影响，又可起到缓冲作用以控制溶液的酸度。

② 加水稀释，既可以降低溶液的酸度，使 I^- 被空气氧化的速率减慢，又可使硫代硫酸钠溶液的分解作用减小。

③ 碘化钾有下列作用：还原剂的作用(使 $Cu^{2+}\longrightarrow Cu^+$)；沉淀剂的作用(使 $Cu^+ + I^-\longrightarrow CuI\downarrow$)；配合剂作用($I^- + I_2\longrightarrow I_3^-$)。为了使反应加速进行，避免 I_2 的挥发，必须加入足量的碘化钾，但也不能过量太多，否则碘和淀粉的变色不明显。一般碘化钾的用量比理论值用量大 3 倍较合适。

④ 为避免 I_2 的挥发，加入足量的碘化钾，同时反应最好在 25℃下进行，并使用碘量瓶；另外为了避免 I^- 的氧化，反应时应避免阳光的照射，析出的碘应及时用硫代硫酸钠滴定，并适当地提高滴定速度。

⑤ 淀粉溶液应在滴定到接近终点时加入，否则将会有较多的 I_2 被淀粉胶粒包住，使滴定时蓝色退去很慢，妨碍终点的观察。

⑥ 滴定终点往往不一定呈乳白色，或是呈淡黄色。滴定终点主要根据淀粉指示剂的蓝色消失来判断，有时在滴定到终点后又会恢复出现蓝色，这是由于硫氰酸盐使沉淀表面所吸附的碘游离析出所致。在滴入硫代硫酸钠溶液使蓝色消失后 10s 内无恢复出现蓝色时即可判断为终点。

3.1.6.3 EDTA 络合滴定法

在微酸性溶液中(pH≈5.5) 加入过量 EDTA 溶液使能络合的元素全部络合，然后加入由硫脲、1,10-二氮菲和抗坏血酸组成的联合掩蔽剂，有选择性地分解 Cu-EDTA 配合物，最后用铅标准溶液滴定所释放出来的 EDTA，从而计算铜的含量。上述联合掩蔽剂中的硫脲主要是配合剂，1,10-二氮菲是辅助配合剂，抗坏血酸为还原剂。此三元掩蔽体系之所以能在 pH≈5.5 的低酸度条件下迅速分解 Cu-EDTA 配合物，主要是由于 1,10-二氮菲的催化作用，它的加入量很少，却大大加速对 Cu-EDTA 的解蔽作用，因此可把它称为“催化解蔽”。实验证明：由 2～3g 硫脲、0.5g 抗坏血酸和约 0.5mg 的 1,10-二氮菲组成的联合掩蔽剂可迅速分解 Cu-EDTA 配合物，滴定终点敏锐且稳定不变。

(1) 试剂

① EDTA 溶液：0.05mol/L。

② 铅标准溶液(0.01000mol/L)：称取纯铅或优级纯硝酸铅试剂配制而成。

③ 六亚甲基四胺溶液：30%。

④ 抗坏血酸：5%。

⑤ 1,10-二氮菲：0.1%。

⑥ 硫脲溶液：10%。

⑦ 二甲酚橙指示剂：0.5%。

(2) 测定方法

① 称取一定量的试样，置于 250mL 烧杯中，加浓盐酸 20mL，分次加入过氧化氢约 10mL 溶解试样，待试样完全溶解后，加热煮沸约半分钟使多余的过氧化氢分解。冷却，移入 200mL 容量瓶中，加水至刻度，摇匀。吸收试样溶液 10mL，置于 250mL 锥形瓶中，加入 EDTA 溶液(0.05mol/L) 20mL，摇匀。加热 1min，取下，冷却至室温。加入六亚甲基四胺溶液(30%) 15mL，二甲酚橙指示剂数滴，用铅标准溶液(0.01000mol/L) 滴定至黄绿色转变为蓝色，不计消耗体积。依次加入硫脲至色泽变为黄色，再用铅标准溶液滴定至微红色为终点。

② 按下式计算试样的含铜量：

$$M_{Cu}=\frac{V\times 0.01000\times 0.06354}{m_s}\times 100\%$$

式中 V——加入硫脲溶液后，滴定所消耗铅标准溶液的体积，mL；

m_s——称取试样的质量，g；

0.06354——铜的毫摩尔质量，g/mmol。

3.1.7 锡的分析

3.1.7.1 络合滴定法

Sn(Ⅳ) 和 Sn(Ⅱ) 都能和乙二胺四乙酸二钠(EDTA) 在酸性溶液中形成较稳定的配合物，而尤以 Sn(Ⅳ) 的配合物更为稳定。锡可以在 pH＝1～6 的酸性溶液中和 EDTA 定量络合，但 Sn(Ⅳ) 和 Sn(Ⅱ) 离子在稀释溶液中比较容易水解，因此锡的络合滴定通常采用返滴定法。即先加入过量的 EDTA 与 Sn(Ⅳ) 络合，再用适当的金属盐标准溶液回滴过量的 EDTA。总的来说，络合滴定锡的酸度适宜条件应在 pH＝2～5.5。如 pH 值过高，Sn(Ⅳ)

倾向于形成 $Sn(OH)_4$ 而不利于滴定的进行。但各方法所用的酸度又因所用金属盐标准溶液不同而不同。例如用硝酸钍标准溶液回滴可以在 pH≈2 时进行，而用锌和铅等标准回滴则应在 pH＝5～5.5 时进行。

本法利用 Sn(Ⅳ) 与氟化物生成稳定配合物的反应，可以在 Sn-EDTA 配合物中置换出与 Sn(Ⅳ) 定量络合的那部分 EDTA，用锌或铅标准溶液滴定所释放出的 EDTA，间接地进行锡的定量测定。用这样的氟化物释放返滴定法可以提高方法的选择性。测定时先在试样中加入过量的 EDTA，并调整酸度至 pH＝5.5～6，使 Sn(Ⅳ) 和其他在此条件下能与 EDTA 络合的离子形成稳定的配合物，用锌或铅标准溶液回滴过量的 EDTA，然后加入氟化物使之与 Sn(Ⅳ) 络合而定量地置换释放出相当的 EDTA，并计算出试样中锡的含量。按此条件测定时，Al^{3+}、Ti^{4+}、Zr^{4+}、Th^{4+} 等离子与 Sn(Ⅳ) 的行为相似，干扰测定。如少量铝可用乙酰丙酮掩蔽。铜、镍等离子含量太高，所生成的 EDTA 配合物色泽太深，影响滴定终点的观察，加入硫脲可有效地掩蔽大量的铜，而镍含量不高时不影响滴定。用氟化铵较好，因氟化钠能使 Fe-EDTA 分解而影响锡的测定，另外氟化铵溶解度也比较大。

(1) 试剂

① 浓盐酸。

② 过氧化氢：30%。

③ 乙酰丙酮溶液：5%。

④ 硫脲(固体或饱和溶液)。

⑤ 六亚甲基四胺溶液：30%。

⑥ 二甲酚橙溶液：0.2%水溶液。

⑦ EDTA 溶液(0.025mol/L)：称取 EDTA 试剂 9.3g 溶于水中，加入水稀释至 1L。

⑧ 锌标准溶液(0.01000mol/L)：称取纯锌 0.6538g 置于 250L 烧杯中，加盐酸(1：1) 15mL，加热溶解，然后小心地转入 1L 容量瓶中，用氨水(1：1) 及盐酸(1：1) 调至酸度至刚果红试剂呈蓝紫色(或对硝基酚呈无色)，以水稀释至刻度，摇匀。

⑨ 氟化铵(固体)。

(2) 测定方法

① 称取一定量试样，置于 300mL 锥形瓶中，加入 1mL 浓盐酸及过氧化氢 1mL，试样溶解后煮沸片刻使过量的过氧化氢分解，加水 20mL，EDTA 溶液(0.025mol/L) 20mL，于沸水浴上加热 1min，取下，流水冷却，加乙酰丙酮溶液(5%) 20mL，硫脲饱和溶液 20mL (或固体 2g)，摇动溶液至蓝色退去，然后加入六亚甲基四胺溶液(30%) 20mL(此时溶液 pH＝5.5～6)，加入二甲酚橙指示剂(0.2%) 3～4 滴。用锌标准溶液(0.01000mol/L) 滴定至溶液由黄色变为微红色(不计读数)。而后加入氟化铵 2g，摇匀，放置 5～20min，继续用锌标准溶液滴定至溶液由黄色变为微红色为终点。

② 按下式计算试样的含锡量。

$$M_{Sn}=\frac{Vc\times 0.1187}{m_s}\times 100\%$$

式中 c——锌标准溶液物质的量浓度，mol/L；

V——滴定试样溶液时消耗锌标准溶液的体积，mL；

m_s—称取试样的质量，g；

0.1187——锡的毫摩尔质量，g/mmol。

(3) 注意事项

① 对于含锡量较高的试样，如果在稀释时出现锡的水解现象，可采用加入氯化钾溶液(4%) 20mL，代替加水20mL，而后加EDTA。

② 溶液滴定时的pH值控制在5.5～6.0为好：可保证Zn^{2+}和EDTA配合物有足够的稳定性，同时又要保证二甲酚橙的合适变色范围(pH＞6.1)。二甲酚橙指示剂本身为红色，无法变色。

③ 可以用铅标准溶液(0.01mol/L)滴定。铅标准溶液的配制和标定方法如下：称取3.4g硝酸铅，溶于1000mL硝酸(0.5：999.5)中，摇匀。取30.00～35.00mL配制好的硝酸铅溶液，加3mL冰乙酸及5g六亚甲基四胺；加70mL水及两滴二甲酚橙指示剂(2%)，用相同浓度的EDTA标准溶液滴定至溶液呈亮黄色。

④ 采用NH_4F较好，因NH_4F不释放Fe-EDTA中的EDTA，而NaF或KF则有可能形成碱金属的氟铁酸盐沉淀，使Fe-EDTA配合物遭到破坏。

⑤ 用金属离子作为滴定剂滴定EDTA(即所谓返滴定)，其终点一般以指示剂固有颜色中夹杂一部分可以辨别的金属离子与指示剂生成配合物的颜色为终点。这里用锌盐(或铅盐)标准溶液作为滴定剂，滴定溶液的EDTA则以滴定至黄色(指示剂固有的颜色)夹有红色锌(或铅)和二甲酚橙配合物的颜色为终点。所以必须严格控制终点的变化程度，以刚出现微红色即为终点；同时两个终点变色程度要一致，否则将造成偏差。

3.1.7.2 铁粉还原-碘酸钾滴定法

用硫酸及氟硼酸溶解试样，过氧化氢氧化。在盐酸介质中，以三氯化锑为催化剂，在加热和隔绝空气的情况下，以纯铁粉将四价锡还原为二价锡。

在盐酸溶液中，用淀粉作为指示剂，以碘酸钾标准溶液滴定二价锡：

$$IO_3^- + 3Sn^{2+} + 6H^+ \longrightarrow 3Sn^{4+} + I^- + 3H_2O$$

$$IO_3^- + 5I^- + 6H^+ \longrightarrow 3I_2 + 3H_2O$$

含铜小于0.5%时对测定无影响。试样中含有大量的钛及不超过10%铬、6%钼、4%钒和1%钨不干扰测定，含铜量大于0.5%时则必须分离除去。

(1) 试剂

① 硫酸(1：1)。

② 氟硼酸(48%)。

③ 过氧化氢(30%)。

④ 纯铁粉。

⑤ 浓盐酸。

⑥ 三氯化锑溶液(1%)：取1g三氯化锑溶于20mL盐酸，以水稀释至100mL。

⑦ 碳酸氢钠饱和溶液。

⑧ 大理石碎片。

⑨ 淀粉溶液(1%)：取0.5g可溶性淀粉置于250mL烧杯中，用少量水调成糊状，在搅拌下加入100mL热水，稍微煮沸，冷却后加入0.1g NaOH，混匀。

⑩ 碘化钾溶液(10%)。

⑪ 锡标准溶液：称取纯锡(或含锡量与试样相近的标准试样)1.000g，溶于盐酸(1：1)

300mL 中，温热至溶解完全；冷却，移入 1000mL 容量瓶中，以水稀释至刻度，摇匀，此溶液每毫升含锡 1mg。

⑫ 钾标准溶液　称取碘酸钾 0.59g 及氢氧化钠 0.5g，溶于 200mL 水中，再加碘化钾 8g，然后加热至完全溶解，用玻璃棉将溶液过滤于 1000mL 容量瓶中，加水至刻度，摇匀，取 50.00mL 锡标准溶液，按分析方法进行标定得到滴定度 T：

$$T=\frac{50.00}{V}$$

式中　T——碘酸钾对锡的滴定度，g/mL；

V——滴定锡标准溶液消耗碘酸钾标准溶液的体积，mL。

(2) 测定方法

① 称取一定量试样(视锡含量而定)，置于 500mL 锥形瓶中，加入硫酸(1：1) 10mL 和氟硼酸 10mL，温热溶解，滴加过氧化氢氧化至出现淡稻草色。加水 100mL，纯铁粉 5g、盐酸 60mL 和三氯化锑溶液(1%) 2 滴。装上隔绝空气装置，并在其中注入碳酸氢钠饱和溶液。

② 先低温加热，待铁粉溶解，再升高温度加热煮沸 1min。流水冷却(在冷却过程中，一直要有碳酸氢钠饱和溶液的保护)。取下隔绝空气装置，迅速加入几粒大理石碎片、碘化钾溶液(15%) 5mL 和淀粉溶液(1%) 5mL，迅速用碘酸钾标准溶液滴定至呈现的蓝色保持 10s 即为终点。

③ 按下式计算试样的含锡量：

$$M_{\mathrm{Sn}}=\frac{VT}{m_s}\times 100\%$$

式中　V——滴定试样溶液时消耗碘酸钾标准溶液的体积，mL；

T——碘酸钾对锡的滴定度，即每毫升碘酸钾溶液相当于锡的质量，g/mL；

m_s——称取试样的质量，g。

所得结果表示为两位有效数字。

(3) 注意事项

① 本方法适用于测定含锡大于 0.25%的试样。

② 在还原及以后的冷却过程中，应保持溶液的空气隔绝。在将还原后的溶液冷却时，载于隔绝空气装置中的碳酸氢钠饱和溶液将被吸入锥形瓶中，这时应补加碳酸氢钠溶液，以免空气进入瓶中。

③ 滴定时为了尽量避免 Sn^{2+} 被空气氧化而引起的误差，因此投入几片大理石碎片，以造成 CO_2 气氛，同时应迅速滴完。

④ 试样含铜大于 0.5%时，可用碱分离，以除去铜等干扰元素。但这样会产生较大误差，此时可采用次磷酸钠还原-碘酸钾滴定法。

⑤ 三氯化锑溶液(1%)：取 1g 三氯化锑溶于 20mL 盐酸，以水稀释至 100mL。

3.1.7.3　次磷酸钠还原-碘酸钾滴定法

用盐酸及过氧化氢溶解试样后，加入次磷酸或次磷酸钠溶液，使锡(Ⅳ)还原为锡(Ⅱ)。还原时需加氯化高汞催化剂。还原反应应在隔绝空气的情况下进行。

$$SnCl_4+NaH_2PO_2+H_2O\longrightarrow SnCl_2+NaH_2PO_3+2HCl$$

在盐酸溶液中，用淀粉作为指示剂，以碘酸钾标准溶液滴定二价锡。

$$IO_3^- + 5I^- + 6H^+ \longrightarrow 3I_2 + 3H_2O$$

$$I_2 + Sn^{2+} \longrightarrow Sn^{4+} + 2I^-$$

在还原过程中，试样中大量铜被还原至一价状态。为了消除一价铜对测定锡的影响，须在滴定前加入硫氰酸盐以生成白色的硫氰酸亚铜沉淀。如有大量砷存在，砷将被次磷酸还原为元素状态的黑色沉淀而影响终点的判断。其他元素不干扰测定，不必分离除去。

(1) 试剂

① 盐酸(1∶1)。

② 过氧化氢(30%)。

③ 次磷酸钠(或次磷酸) 溶液(50%)。

④ 氯化高汞溶液：溶解氯化高汞 1g 于 600mL 水中，加盐酸 700mL，混匀。

⑤ 硫氰酸铵溶液(25%)。

⑥ 碘化钾溶液(1%)。

⑦ 碳酸氢钠饱和溶液。

⑧ 大理石碎片。

⑨ 淀粉溶液(1%)。

⑩ 碘化钾溶液(10%)。

⑪ 锡标准溶液：称取纯锡(99.90%以上或含锡量与试样相近的标准试样) 1.000g，溶于盐酸(1∶1) 300mL 中，温热至溶解完全；冷却，移入 1000mL 容量瓶中，以水稀释至刻度，摇匀，此溶液每毫升含锡 1mg。

⑫ 碘酸钾标准溶液　称取碘酸钾 0.59g 及氢氧化钠 0.5g，溶于 200mL 水中，再加碘化钾 8g，然后移入 1L 容量瓶中，加水至刻度，摇匀，用锡标准溶液按分析方法进行表达。

(2) 测定方法

① 称取一定量试样，置于 500mL 锥形瓶中，加 10mL 盐酸(1∶1) 及 3～5mL 过氧化氢，微热溶解后煮沸至无细小气泡。加入氯化高汞溶液 65mL、次磷酸钠溶液 10mL、装上隔绝空气装置，并在其中注入碳酸氢钠饱和溶液，加热煮沸并保持微沸 5min。取下，先放在空气中稍冷，再将锥形瓶置于冰水中冷却 10℃以下。取下隔绝空气装置，迅速加入硫氰酸铵溶液(25%) 10mL，碘化钾溶液(10%) 5mL 和淀粉溶液(1%) 1mL，迅速用碘酸钾标准溶液滴定至在白色乳浊液中呈现的蓝色保持 10s 即为终点。

② 按下式计算试样的锡含量：

$$M_{Sn} = \frac{VT}{m_s} \times 100\%$$

式中 V——滴定试样溶液时消耗碘酸钾标准溶液的体积，mL；

T——碘酸钾对锡的滴定度，即每毫升碘酸钾溶液相当于锡的质量，g/mL；

m_s——称取试样的质量，g。

(3) 注意事项

① 本方法适用于测定含铜大于 0.5%的试样。

② 锡在浓盐酸中容易挥发，故溶解试样宜用 1∶1 的盐酸。

③ 在还原及以后的冷却过程中，应保持溶液的空气隔绝。在将还原后的溶液冷却时，

载于隔绝空气装置中的碳酸氢钠饱和溶液将被吸入锥形瓶中，这时应补加碳酸氢钠溶液，以免空气进入瓶中。

④ 滴定时溶液已暴露在空气中，为了尽量避免 Sn^{2+} 被空气氧化而引起的误差，滴定应迅速进行。

⑤ 在滴定前应将溶液冷却到10℃以下，以减少过量的次磷酸或次磷酸钠与碘酸钾标准溶液相互反应而产生误差。

⑥ 由于溶液中过剩的次磷酸将缓慢地与碘酸钾溶液反应，故滴定终点的蓝色不能长久保持，此蓝色能保持 10s 即认为到达终点。

⑦ 按上述方法所配的碘酸钾溶液，每毫升约相当于 0.001g 锡。为了抵消可能产生的实验误差，一般不用理论计算，而在每次分析时用标样或锡标准溶液按分析试样相同的条件进行还原和滴定，从而求得碘酸钾溶液的滴定度。如果用标准试样标定，则应称取与试样含锡量相近的标样，按分析试样相同方法进行操作。如用锡标准溶液 10～20mL(按试样含锡量而定)，置于 500mL 锥形瓶中，加入氯化高汞溶液 65mL 及次磷酸钠溶液(50%) 10mL。按上述方法还原并滴定，据此计算出碘酸钾溶液的滴定度。

3.1.8 铅的分析

铅的测定目前应用较为广泛的分析方法为重量法、容量法和光度法。

(1) 重量法

通常用的重量法有硫酸铅法、铬酸铅法和电解法。对于硫酸铅法，基于试样中的铅转化为硫酸铅，可以从稀硫酸中将沉淀滤入古氏坩埚中，在 500～550℃灼烧后以 $PbSO_4$ 状态称重。此法若控制合适的条件可降低 $PbSO_4$ 的溶解度和消除干扰可以获得较好的分析结果。铬酸铅法与硫酸铅法相比较，其优点一是铬酸铅的溶解度比硫酸铅小得多；二是铬酸铅可以在稀硝酸中沉淀。因此，可以使铅与铜、银、镍、钙、钡、锶、锰、镉、铝及铁等元素分离。当对含有铅的硝酸溶液进行电解时，铅即以二氧化铅的形式在阳极上沉积。该法对于铅较高的试样可以得到较为满意的结果，所以较广泛地得到应用。

(2) 容量法

铅的容量法有沉淀滴定法、间接氧化还原滴定法和络合滴定法。沉淀滴定法是在 Pb^{2+} 离子溶液中滴入与 Pb^{2+} 形成沉淀试剂(如钼酸镁、重铬酸钾、亚铁氰化钾等) 的沉积剂体积来计算试样的铅含量，但这类方法准确度较差。间接氧化还原法主要是利用铅的沉淀反应进行测定。例如，在乙酸-乙酸钠溶液中定量地加入重铬酸钾标准溶液在硝酸锶的存在下使 Pb^{2+} 以 $PbCrO_4$ 沉淀析出，然后调高酸度，用硫酸亚铁铵标准溶液滴定溶液中过量的重铬酸钾，可以间接地测定铅含量。该法选择性较高，准确度也较好。络合滴定法在铅的测定方面具有操作简单、快速的特点。Pb^{2+} 与 EDTA 在 pH＝4～12 的溶液中能形成稳定的配合物，因此可用 EDTA 滴定铅。常用的滴定条件有以下两种：一种是在微酸性溶液(pH≈5.5) 中滴定；另一种是在氨性溶液 pH≈10 中滴定。不论在微酸性溶液或者氨性溶液中滴定，往往有较多干扰元素，需采取掩蔽方法消除干扰，以提高测定结果的准确度。

(3) 光度法

光度法是测定微量铅的较好方法之一，但铅的光度测定方法为数不多。常用的显色剂有二苯硫腙、二乙基磺酸钠等。其中二苯硫腙为光度法测定铅的较好试剂。

3.1.8.1 铬酸铅沉淀-亚铁滴定法

用定量的硝酸溶解试样，加入过量的重铬酸钾标准溶液，在 pH＝3～4 乙酸缓冲介质中使铅定量地生成铬酸铅沉淀。过量的重铬酸钾在不分离铬酸铅沉淀的情况下，提高溶液的酸度后可用亚铁标准溶液滴定，用 N-苯代邻氨基苯甲酸作为指示剂。

用亚铁标准溶液滴定过量的重铬酸钾，必须在较高的酸度(1mol/L 以上）条件下进行；而在低酸度条件下生成的铬酸铅沉淀，在高酸度的溶液中会逐渐溶解。因此过去的方法都要求将铬酸铅沉淀分离后，再进行滴定。本方法采用加入硝酸锶作为凝聚剂，使铬酸铅在高酸度时也不溶解，这样就使手续简化，分析的时间也大为缩短。同时，对于在低酸度溶液中能与重铬酸钾形成沉淀的金属离子，如 Ag^{+}、Hg^{2+}、Bi^{3+}，当提高酸度时又溶解，这样就提高了方法的选择性。

阴离子中氯离子有干扰，它妨碍铬酸铅的定量沉淀。若有锡存在，硝酸溶解后试样中的锡以偏锡酸析出，但不干扰铅的测定。

(1) 试剂

① 重铬酸钾标准溶液 [$c(1/6K_2Cr_2O_7)$ ＝0.05000mol/L]：称取重铬酸钾基准试剂 2.4518g，置于 100mL 容量瓶中，稀释至刻度，摇匀。

② 乙酸铵溶液(15％)。

③ 硝酸锶溶液(10％)。

④ *N*-苯代邻氨基苯甲酸指示剂(0.2％)：称取 0.2g *N*-苯代邻氨基苯甲酸溶于 100mL 碳酸钠溶液(0.2％) 中，溶液贮存于棕色瓶中。

⑤ 硫酸混合酸：于 600mL 水中加入硫酸 150mL 及磷酸 150mL，冷却，加水至 1000mL。

⑥ 硫酸亚铁铵标准溶液(c＝0.02mol/L)。称取硫酸亚铁铵 [$Fe(NH_4)_2(SO_4)_2 \cdot 6H_2O$] 7.9g，溶于 1000mL 硫酸(5∶95) 中，为了保持此溶液二价铁浓度稳定，可在配好的溶液中投几小粒纯铝。重铬酸钾标准溶液与硫酸亚铁铵标准溶液的比值 *K* 按下法求得：吸取 10.00mL 中铬酸钾标准溶液 [$c(1/6K_2Cr_2O_7)$ ＝0.05000mol/L] 置于 250mL 锥形瓶中，加水 80mL、硫酸混合酸 20mL、指示剂 2 滴，用硫酸亚铁铵标准溶液滴定至亮绿色为终点。比值 *K* 按下式计算：

$$K=\frac{10.00}{V_1}$$

式中　V_1——滴定所消耗硫酸亚铁铵标准溶液的体积，mL。

(2) 测定方法

① 称取一定量试样置于 300mL 锥形瓶中，加入硝酸(1∶3) 16mL，温热溶解试样。如试样溶解较慢，为了防止酸的过分蒸发，要随时补充适量的水分。试样溶解完毕趁热加入硝酸锶溶液(10％) 4mL、乙酸铵溶液 25mL 及重铬酸钾标准溶液 [$c(1/6K_2Cr_2O_7)$ ＝0.05000mol/L] 10.00mL，煮沸 1min，冷却，加水 50mL 及硫磷混合酸 20mL，立即用 0.02mol/L 的硫酸亚铁铵标准溶液滴定至淡黄绿色，加 *N*-苯代邻氨基苯甲酸指示剂 2 滴，继续滴定至溶液由紫红色转变为亮绿色为终点。

② 按下式计算试样的含铅量：

$$M_{Pb}=\frac{(10.00-V)\times 0.05000\times \frac{207.21}{3000}}{m_s}\times 100\%$$

式中 V——滴定试样时所消耗硫酸亚铁铵标准溶液的体积，mL；

m_s——称取试样质量，g。

(3) 注意事项

① 沉淀铬酸铅时溶液的酸度应在 pH＝3～4 范围内，所以溶解酸必须严格控制。

② 本方法适用于含铅 0.5%以上的试样。

3.1.8.2 EDTA 重量法

试样经稀硝酸分解，用六亚甲基四胺调节至溶液 pH＝5.5～6.0，以二甲酚橙为指示剂，用 EDTA 标准溶液滴定，测其铅量。

在被滴定溶液中，砷、锑、铟、锡等不干扰测定。铁的干扰可加乙酰丙酮消除，铜、锌、镉、锰、钴、镍、银可加邻二氮杂菲消除干扰。铋的干扰在 pH＝1～2 时预先滴定。其他元素含量不高时，可不考虑。

(1) 试剂

① 乙酰丙酮。

② 硝酸：1∶4。

③ 邻二氮杂菲溶液：称取 1g 试剂溶于 100mL 硝酸(2∶98)。

④ 乙醇钠溶液：20%。

⑤ 六亚甲基四胺溶液：20%。

⑥ 二甲酚橙溶液：1%。

⑦ 乙二胺四乙酸二钠(EDTA) 标准溶液(约 0.01mol/L)。称取 4g EDTA 置于 250mL 烧杯中，加水溶解，移入 1000mL 容量瓶中，用水稀释至刻度，混匀。称取 10.00g 纯铅，按分析步骤测定此溶液对铅的滴定度。EDTA 标准溶液对铅的滴定度 T 计算式如下：

$$T=\frac{m_1}{V_1}$$

式中 T——EDTA 标准溶液对铅的滴定度，g/mL；

m_1——分取纯铅量，g；

V_1——滴定所消耗 EDTA 标准溶液的体积，mL。

⑧ 稀 EDTA 溶液：将⑦中的 EDTA 标准溶液稀释 5 倍。

(2) 测定方法

① 加入 150mL 硝酸，盖上表面皿，加热至试样完全溶解，驱赶氮的氧化物，取下冷却，用水冲洗烧杯壁及表面皿，将溶液移入 1000mL 容量瓶中，以水稀释至刻度，混匀。移取 25.00mL 试样溶液；同时移取 25.00mL 纯铅溶液 3 份，分别置于 500mL 锥形瓶中。

② 用乙酸钠溶液(20%) 调节溶液为 pH＝1～2(最好 1.5～1.9)，加 1 滴二甲酚橙溶液，用稀 EDTA 溶液滴定至黄色。向溶液中加入 2mL 乙酰丙酮、8mL 邻二氮杂菲溶液，稀释体积至 100～200mL。加入 20mL 六亚甲基四胺溶液(20%)，用 EDTA 标准溶液滴定至溶液红色变浅，再用六亚甲基四胺调至 pH＝5.5～6.0，继续滴定至亮黄色为终点。

③ 按下式计算试样中铅的百分含量：

$$M_{Pb}=\frac{TV\times 1000}{m_s\times 25}\times 100\%$$

式中 T——EDTA 标准溶液对铅的滴定度，g/mL；

V——滴定试样时所消耗 EDTA 标准溶液的体积，mL；

m_s——试样质量，g。

(3) 注意事项

① 若试样中铁含量大于 0.3mg 时，应按以下步骤测定铅的含量。

② 配制铋盐溶液：称取 1g 纯铋(99.99%以上) 于 250mL 烧杯中，加入 20mL 硝酸，盖上表面皿，加热至溶解完全，驱除氮的氧化物，取下冷却，移入 1000mL 容量瓶中，以硝酸(5：95) 稀释至刻度，混匀。

③ 将移取的试液加热至 40～60℃，加入 0.1g 磺基水杨酸，用乙酸钠溶液调节至溶液为 pH=1～2(最好 1.5～1.9)，滴加 EDTA 溶液至红色消失再过量 1mL；加 1 滴二甲酚橙溶液，用铋盐溶液滴定至红色出现，再过量 3～5 滴，用稀 EDTA 滴定至黄色。向溶液中加入 8mL 邻二氮杂菲溶液，稀释体积至 100～200mL，加入 20mL 六亚甲基四胺溶液(20%)，调节至 pH=5.5～6.0，继续滴定至黄色为终点。按公式计算试样中铅的百分含量。

3.1.9 铬的分析

铬的化学分析方法有重量法、氧化还原容量法和比色法。

(1) 重量法

重量法手续繁杂、费时，往往需进行分离，远不及容量法简单、快速，而且在准确度和精密度方面也不比容量法优越，因此无实用价值。

(2) 氧化还原容量法

氧化还原容量法是目前应用最广泛的测定常量铬的方法。该法是基于铬是一种变价元素，利用一定的氧化剂和还原剂来促使铬发生价态的变化，从而求得铬量。为了使三价铬定量地氧化成六价，在酸性溶液中，通常用的氧化剂有高锰酸钾、过硫酸铵(在硝酸银存在下)、高氯酸等。而将六价铬还原滴定为三价，通常用的还原剂为硫酸亚铁。根据所用氧化剂不同而有多种测定铬的方法，但就其滴定方法而言，主要有以下 3 种。

① 以 N-苯代邻氨基苯甲酸为指示剂，用亚铁标准溶液直接滴定六价铬。但如果有钒存在时，由于其标准还原电位($E^{\ominus}=+1.0$V) 高，因而它优先与指示剂作用而被亚铁还原，对铬的测定有干扰，所以钒也被滴定，故必须从结果中减去钒的量。

② 用高锰酸钾返滴定方式，即先加入过量的亚铁标准溶液将铬还原，再以高锰酸钾标准溶液滴定过量亚铁。这种方式钒不干扰。由于用亚铁还原铬时，H_3VO_4同时被还原成四价：

$$2H_3VO_4+2FeSO_4+3H_2SO_4 \longrightarrow V_2O_2(SO_4)_2+Fe_2(SO_4)_3+6H_2O$$

而当用高锰酸钾返滴定过量的亚铁时，四价钒又被氧化成 H_3VO_4：

$$5V_2O_2(SO_4)_2+2KMnO_4+22H_2O \longrightarrow 10H_3VO_4+K_2SO_4+2MnSO_4+7H_2SO_4$$

这两个反应所消耗的亚铁和高锰酸钾是等物质的量，因此，钒无影响。这种滴定方式常用作标准分析。

③ 利用低温下钒可被高锰酸钾氧化而铬不被氧化的特性，先用亚铁标准溶液滴定钒，然后再滴定铬钒总量。

(3) 比色法

测定微量铬常采用分光光度法和原子吸收分光光度法。利用有机比色测定铬的方法很多，国家标准采用二苯碳酰二肼(DPCI) 分光光度法。在酸性条件下，六价铬与DPCI反应生成紫红色配合物，可以直接用分光光度法测定，也可以用萃取光度法测定。最大波长为540nm，摩尔吸收系数 ε 为 $2.6\times10^4\sim4.17\times10^4 L/(mol \cdot cm)$。

3.1.9.1 过硫酸铵氧化滴定法

用氧化还原容量法滴定试样中较大量的铬，均基于将铬氧化至六价，然后用标准还原剂溶液滴定。

铬的氧化一般在硫酸混合酸介质中进行，用过硫酸铵作为氧化剂，反应如下：

$$2Cr^{3+} + 3S_2O_8^{2-} + 7H_2O \longrightarrow Cr_2O_7^{2-} + 6SO_4^{2-} + 14H^+$$

氧化时溶液中硫酸浓度宜控制在 0.7～1mol/L 之间，磷酸浓度通常保持在 0.5mol/L 左右。

此方法中要求加入少量锰，其目的是作为铬氧化完全的指标。因为 MnO_4^-/Mn^{2+} 的 $E^{\ominus}=1.5V$，而 CrO_7^{2-}/Cr^{3+} 的 $E^{\ominus}=1.36V$，用过硫酸铵氧化时，铬先于锰被氧化，所以当溶液中出现 MnO_4^- 的红色时，表示铬已氧化完全。在铬氧化完全后，应将溶液煮沸 5min 以上，使多余的过硫酸铵分解。

硝酸银(作为催化剂) 的存在与否对于铬的氧化没有影响；但不加硝酸银，不仅使锰的氧化缓慢，多余的过硫酸铵分解也缓慢。因此在方法中仍需要加入少量硝酸银。

测定的最后一步是用亚铁标准溶液滴定(还原) 高价铬：

$$6Fe^{2+} + Cr_2O_7^{2-} + 14H^+ \longrightarrow 6Fe^3 + 2Cr^{3+} + 7H_2O$$

随着亚铁标准溶液的不断加入，溶液的电位也不断发生变化，在接近化学计量点时，电位发生突跃变化(1.31～0.94)。选择一种变色电位在此突跃变化范围内的氧化还原指示剂(如二苯胺磺酸钠、邻苯氨基苯甲酸等) 即可指示滴定的终点。二苯胺磺酸钠指示剂的变色点标准电位 $E_{Ln}^{\ominus}=0.85V$，而邻苯氨基苯甲酸指示剂 $E_{Ln}^{\ominus}=0.89V$，都没落在滴定反应的电位范围之内。但由于滴定溶液中有磷酸存在，它与 Fe^{3+} 生成无色稳定的 $Fe(HPO_4)_2^-$ 络离子，使 Fe^{3+} 减少，而降低 Fe^{3+}/Fe^{2+} 电对的条件电位，从而使滴定终点时的电位突跃范围扩大为 0.31～0.72V。因此上述两种指示剂均可应用。

(1) 试剂

① 水。

② 重铬酸钾标准溶液 [$c(1/6K_2Cr_2O_7)$ =0.05000mol/L]：称取重铬酸钾基准试剂 4.9035g，置于 2000mL 容量瓶中。

③ 硝酸银溶液：0.2%。

④ 高锰酸钾溶液：0.5%。

⑤ 过硫酸铵溶液：20%。

⑥ 邻苯氨基苯甲酸指示剂：称取邻苯氨基苯甲酸 0.2g，置于烧杯中，加入碳酸钠 0.2g 及水 100mL，搅拌使溶解。

⑦ 硫酸亚铁铵标准溶液(0.025mol/L)。称取硫酸亚铁铵 20g，溶解于硫酸(5∶95) 2000mL 中。其准确浓度用重铬酸钾标准溶液标定，标定方法如下：移取重铬酸钾标准溶液

[$c(1/6K_2Cr_2O_7)=0.05000mol/L$] 20.00mL，置于 250mL 锥形瓶中，加水 20mL，硫酸（1∶1）3mL，摇匀。加入指示剂 2 滴，用亚铁标准溶液滴定至亮绿色终点。按下式计算亚铁标准溶液物质的量浓度($c_{Fe^{2+}}$)：

$$c_{Fe^{2+}}=\frac{0.05000\times 20.00}{V_{Fe}}$$

式中　V_{Fe}——滴定时所消耗亚铁标准溶液体积，mL。

（2）测定方法

① 称取一定量试样，将试样置于 250mL 锥形瓶中，加入 15mL 盐酸、2mL 硝酸，低温加热(难溶试样可滴加氢氟酸助溶）溶解。加 4mL 磷酸、8mL 硫酸，蒸发至冒硫酸烟，滴加硝酸氧化直至碳化物完全破坏为止，并继续蒸发至冒硫酸烟，冷却。

② 加水至 100mL，低温加热使盐类溶解，加入 10～20 滴硝酸银溶液、20mL 过硫酸铵溶液、2 滴硫酸锰溶液，加入玻璃珠，以防止溶液过热溅溢，煮沸约 5min，直至铬全部被氧化(有高锰酸的红色出现，表示铬已全部氧化)。加盐酸（1∶3）6mL，煮沸至高锰酸的红色褪去后继续煮沸 6～7min，使过硫酸铵完全分解。置于冷水中冷却至室温，加入邻苯氨基苯甲酸指示剂 2 滴，用亚铁标准溶液滴定至恰由紫红色转变为亮绿色。

③ 按下式计算试样的含铬量：

$$M_{Cr}=\frac{cV+0.01734}{m_s}\times 100\%$$

式中　V——滴定试样时所消耗亚铁标准溶液的体积，mL；

c——亚铁标准溶液物质的量浓度，mol/L；

m_s——试样质量，g。

（3）注意事项

① 本法可根据试样中铬的含量确定适当的取样量，或改变标准溶液浓度。

② 铬含量较低时，过硫酸铵用量可适当减少。为了检验三价铬是否氧化完全，检验硝酸银和过硫酸铵用量是否合适，可以进行平行试验，如溶液出现稳定的红色或紫红色，说明三价铬已氧化完全；否则应适当增加硝酸银和过硫酸铵的用量，直至出现稳定的红色。

③ 氧化时，过剩的过硫酸铵一定要煮沸分解除去，否则会使分析结果偏高。

④ 若含铬量高，宜先用亚铁标准溶液滴定至近终点(淡黄绿色)，再加指示剂，继续滴定至终点。指示剂不能在滴定之前加入，否则会被大量的六价铬破坏。

3.1.9.2　高氯酸氧化容量法

试样经王水溶解，在高氯酸冒烟条件下，将铬氧化至高价，然后用硫酸与磷酸的混合酸调节至适当酸度，以 *N*-邻苯氨基苯甲酸为指示剂，用硫酸亚铁溶液滴定。本方法快速，但氧化的稳定和时间要严格控制。

（1）试剂

① 王水(2∶1)：盐酸 2 份，硝酸 1 份。

② 高氯酸：60%～70%。

③ *N*-邻苯氨基苯甲酸指示剂：0.2%。

④ 硫酸亚铁铵标准溶液(0.05mol/L)：称取 20g 硫酸亚铁铵 [$(NH_4)_2Fe(SO_4)_2\cdot 6H_2O$] 溶于(5∶95）硫酸 1000mL 中。

(2) 测定方法

① 称取一定量试样(或试液)，置于 250mL 锥形瓶中，加王水 4～5mL，加热溶解；加高氯酸 3mL，继续加热至冒烟，使铬氧化，并保持此温度约半分钟；稍冷，加水 30mL，流水冷却至室温。用硫酸亚铁铵标准溶液滴定至淡黄绿色，加指示剂 2 滴，继续滴定至溶液由樱红色变为亮绿色为终点。

② 按下式计算试样的含铬量：

$$M_{Cr}=\frac{cV+0.01734}{m_s}\times 100\%$$

式中 V——滴定试样时所消耗亚铁标准溶液的体积，mL；

c——亚铁标准溶液物质的量浓度，mol/L；

m_s——试样质量，g。

(3) 注意事项

加热冒烟时的温度、时间很重要，温度高，时间长，易使结果偏低。加热时高氯酸于瓶壁回流接近瓶口(瓶内无白烟) 时结果将偏低。注意不要同时氧化多个试样，使氧化时间不一致引入误差。

3.1.10 镉的分析

Cd^{2+}与 EDTA 形成中等稳定的配合物($\lg K=16.46$)。在 pH＞4 的溶液中能与 EDTA 定量反应。在各种文献上介绍的镉的络合滴定方法有数十种之多，但应用比较广泛的有两种：一种是在 pH＝5～6 的微酸性溶液中进行测定，用二甲酚橙作为指示剂；另一种是在氨性溶液中(pH＝10) 进行滴定，用铬黑 T 作为指示剂。在微酸性溶液中进行滴定，选择性差。特别是镍的干扰难以消除，没有较好的掩蔽剂。因此测定废电路板中的镉采用氨性条件较好。大量的铜虽可用氰化物掩蔽，但在滴定过程中常因出现少量铜的氰化物络离子解蔽而使指示剂出现“封闭”现象。因此本方法中用硫氰酸亚铜沉淀分离大量铜后进行镉的测定，这样测定终点比较明显。在滴定镉时通常加入一定量的镁，使滴定终点更为灵敏。

(1) 试剂

① 浓盐酸。

② 过氧化氢：30％。

③ 酒石酸溶液：25％。

④ 盐酸羟胺溶液：10％。

⑤ 硫氰酸铵溶液：25％。

⑥ 浓氨水。

⑦ 氨性缓冲溶液(pH＝10)：称取氯化铵 54g 溶于水中，加氨水 350mL，加水 1L，混匀。

⑧ 氰化钠溶液：10％。

⑨ 镁溶液(0.01mol/L)：溶解硫酸镁 2.5g 于 100mL 水中，以水稀释至 1L。

⑩ 铬黑 T 指示剂：称取铬黑 T 0.1g，与氯化钠 20g 置于研钵中研磨混匀后，储存于密闭的干燥棕色瓶中。

⑪ 甲醛溶液：1∶3。

⑫ EDTA 标准溶液(0.01000mol/L)：称取 EDTA 基准试剂 3.7226g 溶于水中，移入 1L 容量瓶中，以水稀释至刻度；摇匀，如无基准试剂，可用分析纯试剂配制成0.01mol/L溶液；然后用锌或铅标准溶液标定。

(2) 测定方法

① 称取一定量试样，置于 1000mL 两用瓶中，加盐酸 5mL 及过氧化氢 3～5mL，溶解完毕后加热煮沸，使过剩的过氧化氢分解。加酒石酸溶液(25%) 5mL，加水稀释约 70mL，加热盐酸羟胺溶液(10%) 10mL，煮沸，加硫氰酸铵溶液(25%) 10mL，冷却。加水至刻度，摇匀，干过滤。吸取滤液 50mL，置于 300mL 锥形瓶中，用氨水中和并过量 5mL，加入 pH＝10 缓冲溶液 15mL，氯化钠溶液(10%) 5mL，摇匀。加入镁溶液(0.01mol/L) 5mL，加入适量的铬黑 T 指示剂，用 EDTA 标准溶液滴定至溶液由紫红色变为蓝色为止(滴定所消耗 EDTA 标准溶液毫升数不计)。加入甲醛溶液(1∶8) 10mL，充分摇动至溶液再呈紫红色，再用 EDTA 标准溶液滴定至将近蓝色终点，再加甲醛溶液 10mL，摇匀，继续滴定至蓝色终点。

② 按下式计算试样的含镉量：

$$M_{\mathrm{Cd}}=\frac{Vc\times 0.1124}{m_{\mathrm{s}}}\times 100\%$$

式中 V——滴定试样时所消耗 EDTA 标准溶液的体积，mL；

c——EDTA 标准溶液物质的量浓度，mol/L；

m_{s}——称取试样的质量，g。

(3) 注意事项

① 试样中镉含量降低时可取较多的试样进行滴定。

② 锌在所述条件下也定量地参加反应，所以当试样中含有锌时，测定的结果是锌和镉的总量。

如果含锌量较高，则应按下述分离后再进行测定：将试样溶液用氨水中和后，加盐酸 5mL 及硫氰酸铵 5g，将溶液移入分液漏斗中，加水至约 100mL，加入戊醇-乙醚混合试剂(1∶4) 20mL，振摇 1min，静置分层，将水相放入 400mL 烧杯中，在有机相中加盐酸洗液 10mL，振摇半分钟，静置分层，将水相合并于 400mL 烧杯中，按上述方法进行镉的测定。

3.1.11 汞的分析（硫氰酸钾容量法）

样品与铁粉混合于单球管中，用喷灯加热使汞还原成金属后呈蒸气逸出冷凝于玻璃管壁上，熔断玻璃球后，用硝酸将汞溶解，经高锰酸钾氧化后，用硫氰酸钾溶液滴定。

在分解含汞的试样时必须注意汞的挥发性。通常汞是以蒸馏法分离后再进行测定。汞的蒸馏法是将试样与铁粉混合，在玻璃单球管中加热蒸馏，蒸馏出的汞凝聚在管壁上，然后用硝酸溶解或碘液溶解。

(1) 试剂

1) 硝酸 煮沸或通入空气逐去二氧化氮。

2) 硫酸亚铁铵溶液(2%) 将硫酸亚铁铵 20g 溶解于 1000mL 5%硫酸中。

3) 硝酸铁溶液 于 100mL 硝酸铁饱和溶液中加(1∶1) 硝酸 5mL 或 100mL 硫酸铁铵饱和溶液中加硝酸 10mL。

4）汞标准溶液　称取纯金属汞 0.5000g 于 100mL 烧杯中，加 25mL 硝酸溶解；加水 100mL，用 1%高锰酸钾溶液滴至淡红色，移入 500mL 容量瓶中，用水稀释至刻度，此溶液每毫升含汞 1mg。

5）硫氰酸钾标准溶液　称取硫氰酸钾 4.86g 溶解于水后，移入 1000mL 容量瓶中，用水稀释至刻度，摇匀，此溶液每毫升约相当于 5mg 汞；将此溶液用水稀释 10 倍，得每毫升约相当于 0.5mg 汞的溶液。用汞标准溶液标定其对汞的滴定度。标定法步骤如下：吸取汞标准溶液 25mL 及 5mL 各两份，分别置于 150mL 锥形瓶中，用水稀释为 30mL，加硝酸 1mL，用 1%高锰酸钾溶液滴至淡红色，再滴入 2%硫酸亚铁铵溶液至红色刚褪去；加硝酸铁溶液 2mL，分别用浓、稀两种硫氰酸钾溶液滴定至呈棕红色为止，计算硫氰酸钾溶液对汞的滴定度 T：

$$T=\frac{V_1}{V_2\times 1000}$$

式中　T——硫氰酸钾溶液对汞的滴定度，g/mL；

V_1——吸取汞标准溶液的体积，mL；

V_2——滴定时所消耗硫氰酸钾溶液的体积，mL。

（2）测定方法

① 称取一定量样品（视汞含量而定），通过干燥的长颈漏斗装入单球管的小球中，再通过长颈漏斗加铁粉 1g 将黏结于颈中的样品带入小球中，移去漏斗，移动单球管使样品与铁粉混合均匀。将单球管以水平状态在喷灯上转动低温加热，逐去水分后，升高温度将小球烧红 650～700℃（不能熔化）约 5min，此时汞已全部成金属状态蒸出，冷凝于玻璃中；再升高温度使小球及邻近的玻璃管软化，用镊子将小球拉掉并将玻璃管熔封，小球部分弃去。

② 将玻璃管垂直放于 100mL 烧杯中，注入热硝酸 2～3mL，待汞完全溶解后，用玻璃棒将熔封的尖端击破使硝酸溶液流入。玻璃管用水洗涤后弃去，用水将溶液稀释成为 30mL，滴加 1%高锰酸钾溶液至淡红色，再滴加 2%硫酸亚铁铵溶液至红色刚退去，加硝酸铁溶液 2mL；用硫氰酸钾标准溶液滴至棕红色在 1min 内不消失即达终点。

（3）注意事项

① 在加热逐去水分时所产生的水滴，要注意不能让其流回球部，否则小球会炸裂。

② 样品中含有大量有机物，在灼烧时会有大量有机物挥发出来附着在管壁上将汞滴掩盖，使硝酸不能将汞完全溶解而造成偏低的结果。如发现这种情况时，应重新取样，另加氧化锌 1g 与样品混合然后灼烧，使有机物不会挥发出来。

③ 用热硝酸溶解玻璃管内汞滴时，一般可以将汞完全溶解。如发现尚有未能溶解的汞滴时，可将玻璃管微热使其溶解，然后再将尖端击破使溶液流出。

④ 如样品中汞含量较高，除减少样品称量外，最好改用双球管进行蒸馏，在蒸馏时可将两球间的玻璃管小心加热，使汞在上部的球中冷凝。

⑤ 滴定溶液中不能有氯离子存在，Hg(Ⅰ) 必须加入高锰酸钾完全氧化为 Hg(Ⅱ)，否则结果偏低。

⑥ 滴定溶液中不能有亚硝酸根存在，因亚硝酸根能与硫氰酸钾生成红色化合物而影响终点的观察。

⑦ 灼烧蒸馏时间不宜超过5min，如灼烧时间过长，汞会有损失的可能。

⑧ 滴定溶液的体积不宜超过30mL，可用试剂空白的终点作为参比。如果在50mL瓷坩埚中滴定则终点较易观察。

⑨ 滴定溶液的酸度以5%～10%为宜。如酸度大于10%，则硫氰酸铁的生成将会受到阻滞，因而影响终点；如酸度过低则硝酸汞会发生水解作用。因此在滴定时最好根据汞的含量选用不同硫氰酸钾溶液来滴定，含汞量的高低可以用冷凝在玻璃管内的汞滴来判断。

3.1.12 钛的分析

试样可用硫酸、盐酸、硝酸混合酸在有氢氟酸存在下溶解。用铝薄片将钛全部还原到三价状态，然后用硫氰酸盐作为指示剂，以硫酸铁铵标准溶液滴定三价钛。主要反应如下：

$$6Ti(SO_4)_2 + Al \longrightarrow 3Ti_2(SO_4)_3 + Al_2(SO_4)_3$$

$$Ti^{3+} + Fe^{3+} + H_2O \longrightarrow TiO^{2+} + Fe^{2+} + 2H^+$$

$$Fe^{3+} + 3SCN^- \longrightarrow Fe(SCN)_3\text{(红色)}$$

Sn、Cu、As、Cr、V、W、U等元素，因为在用薄铝片还原时也可将这些元素还原到低价，当用高价铁滴定时又被氧化到高价，使结果偏高。如有这些元素存在，必须将其除去。当其含量很低时，可不必考虑。

必须注意的是还原及滴定过程都需在隔绝空气的情况下进行，即在盛有待滴定溶液的容器中要求充满惰性气体，如CO_2、N_2等。

(1) 试剂

① 混合酸：硫酸(1∶1) 150mL，盐酸40mL，硝酸10mL，三者混合均匀。

② 氢氟酸(40%)。

③ 盐酸。

④ 铝薄片(CP)。

⑤ 碳酸氢钠溶液(饱和)。

⑥ 硫氰酸溶液(20%)。

⑦ 大理石：碎片状。

⑧ 硫酸铁铵标准溶液：取24.2g硫酸铁铵［$NH_4Fe(SO_4)_2 \cdot 12H_2O$］溶于约500mL水中，加入硫酸25mL，加热使之溶解；冷却后，滴加高锰酸钾溶液(0.1mol/L)至呈现极淡的红色，以氧化可能存在的二价铁；稀释至1000mL，此溶液浓度为0.05mol/L。用0.1000g高纯钛按下述方法标定，求出硫酸铁铵溶液对钛的滴定度。

(2) 测定方法

① 称取一定量试样，置于500mL锥形瓶中，加混合酸20mL，滴加氢氟酸10滴，加热溶解，蒸发至冒白烟。稍冷，加盐酸35mL，用水稀释至约100mL，摇匀。投入2g铝薄片、1g碳酸氢钠，装上绝缘空气装置，并在其中注入碳酸氢钠饱和溶液。当剧烈反应时(溶液变黑)，置于冷水浴中冷却。大部分铝片溶解后，将锥形瓶移至电炉上微微煮沸，直至铝片完全溶解，再继续煮沸数分钟，驱除氢气。冷却至室温(在冷却过程中要在碳酸氢钠饱和溶液保护下)。取下隔绝空气装置，迅速投入几颗纯大理石碎片(或固体碳酸铵)，加入硫氰酸铵溶液(20%) 20mL，立即用硫酸铁铵标准溶液滴定至溶液刚呈红色，以红色在30s内不消失

为终点。

② 按下式计算试样的含钛量：

$$M_{Ti}=\frac{VT}{m_s}\times 100\%$$

式中 V——滴定时消耗硫酸高铁铵标准溶液的体积，mL；

T——硫酸高铁铵标准溶液对钛的滴定度，g/mL；

m_s——称取试样的质量，g。

(3) 注意事项

① 溶液中氢气必须驱尽，否则会使结果偏高。煮沸溶液时氢气或小气泡逸出，当煮沸至小气泡停止出现，而代之以大气泡时，氢气即已驱尽。

② 在滴定高含量钛的样品时，最好在快要到终点时再加入硫氰酸盐溶液；否则，因高价钛经过较长时间也能在硫氰酸根离子作用下生成红色的 $H_2[TiO(SCN)_4]$ 配合物而误认为已经到达终点。同时滴入的高价铁也会与硫氰酸根离子作用，使之与微量 Ti^{3+} 作用较滞后，因此也会使终点过早地出现而造成误差。

③ 大理石溶解时产生 CO_2，可防止空气侵入锥形瓶内；也可以在不断通入 CO_2 的条件下进行滴定。在此情况下，当除去隔绝空气装置时，换上一个双孔橡皮塞；CO_2 由其中一个孔通入，滴定管由另一孔插入。

3.1.13 镍的分析

金属镍的常用分析方法有重量法、络合滴定法和吸光光度法等。当镍的含量较高时，吸光光度法容易引起较大误差，所以采用重量法或络合滴定法较为稳妥。

3.1.13.1 丁二酮肟沉淀重量法

在氨性或乙酸缓冲的微酸性溶液中，Ni^{2+} 定量地被丁二酮肟沉淀。此沉淀为鲜红色螯合物。

由于此螯合物为絮状大体积沉淀，沉淀时镍的绝对量应控制在 0.1g 以下。在沉淀镍的条件下，很多易于水解的金属离子将生成氢氧化物或碱式盐沉淀，加入酒石酸或柠檬酸可掩蔽 Fe^{3+}、Al^{3+}、Cr^{3+}、Ti(Ⅳ)、W(Ⅵ)、Nb(Ⅴ)、Ta(Ⅴ)、Zr(Ⅳ)、Sn(Ⅳ) 和 Sb(Ⅴ) 等。Co^{2+}、Mn^{2+}、Cu^{2+} 单独存在时与丁二酮肟试剂不生成沉淀，但要消耗丁二酮肟试剂；而当有较大量的钴、锰、铜与镍共存时，丁二酮肟镍的沉淀中将部分地吸附这些离子而使镍的沉淀不纯，必须采取相应的措施避免干扰。

在分析较复杂的含镍样品时，如果采取各种措施，所得到的丁二酮肟镍沉淀仍然不纯净而呈暗红色，这时宜将沉淀用盐酸溶解后再沉淀一次。丁二酮肟镍的沉淀能溶于乙醇、乙醚、四氯化碳、三氯甲烷等有机溶剂中。因此在沉淀时要注意勿使乙醇的比例超过 20%。沉淀过滤后也不宜用乙醇洗涤。所得丁二酮肟镍沉淀可在 150℃烘干后称重。

(1) 试剂

① 酒石酸溶液：20%。

② 乙酸铵溶液：2%。

③ 盐酸羟胺溶液：10%。

④ 丁二酮肟乙醇溶液：1%。

（2）测定方法

① 称取一定量含镍样品，置于 250mL 烧杯中，加入王水 10mL，加入高氯酸 10mL，蒸发至冒浓烟，冷却。加水 50mL 溶解盐类。加入酒石酸溶液 30mL，滴加氨水至明显的氨性，再滴加盐酸至酸性。将溶液滤入 250mL 容量瓶中，用热水洗涤滤纸及沉淀。加水至刻度，摇匀。分取溶液 50mL，置于 600mL 烧杯中，滴加氨水(1∶1) 至刚果红恰呈红色，加入盐酸羟胺溶液 10mL，乙酸铵溶液 20mL，加水至约 400mL，此时溶液的酸度应在 pH＝6～7。加热至 60～70℃，假如丁二酮肟镍的沉淀呈暗红色，表示沉淀吸附有杂质。可用快速滤纸过滤沉淀，用冷水洗涤滤纸和沉淀。用热盐酸(1∶2) 溶解沉淀。在冷水中放置 1h 后滤入已事先恒重的玻璃过滤坩埚中，在 150℃烘干至恒重。

② 按下式计算试样的含镍量：

$$M_{Ni}=\frac{m\times 0.2032}{m_s}\times 100\%$$

式中 m——丁二酮肟镍沉淀质量，g；

m_s——称取样品质量，g。

3.1.13.2 丁二酮肟沉淀分离-EDTA 滴定法

Ni^{2+} 与 EDTA 形成中等强度的螯合物($\lg K=18.62$)。可以在 pH＝3～12 的酸度范围内与 EDTA 定量反应。由于 Ni^{2+} 与 EDTA 的螯合反应速率较慢，通常要在加热条件下滴定，或用加入过量 EDTA 后用金属离子的标准溶液返滴定的方法。

考虑到在分析复杂的含镍体系中大量共存元素对 Ni^{2+} 络合滴定的干扰，下述方法中先将镍用丁二酮肟沉淀分离，然后加过量 EDTA 使之与 Ni^{2+} 螯合，在 pH≈5.5 的酸度下，以二甲酚橙为指示剂，用锌标准溶液返滴定。

（1）试剂

① EDTA 标准溶液(0.05000mol/L)。称取 18.6130g 固体 EDTA(二钠基准试剂) 置于 250mL 烧杯中，加水溶解，移入 1000mL 容量瓶中，用水稀释至刻度，混匀。

② 六亚甲基四氨溶液(30%)。

③ 锌标准溶液 0.02000mol/L。称取基准氧化锌 1.6280g 置于烧杯中，加入盐酸(1∶1) 7mL，溶解后用六亚甲基四胺溶液调节 pH＝5，将溶液移入 1000mL 容量瓶中，加水稀释至刻度，摇匀。

④ 二甲酚橙指示剂(0.2%)。

（2）测定方法

① 试样的溶解及丁二酮肟沉淀的操作与以上所述相同。将所得丁二酮肟镍用快速滤纸过滤，用水充分洗涤沉淀(约洗 10～15 次)。弃去滤液。用热盐酸(1∶2) 溶解沉淀并接收溶液于原烧杯中。用热水充分洗涤滤纸。洗液与主液合并。将溶液稀释至约 100mL，加热，按试样中镍的估计含量定量加入 EDTA 溶液并适当过量(0.05000mol/L 的 EDTA 溶液每毫升可螯合 2.9345mg 的镍)，用氨水(1∶1) 调节酸度至刚果红试纸呈蓝紫色(pH≈3)，冷却，加入六亚甲基四胺溶液 15mL 及二甲酚橙指示剂数滴，以锌标准溶液返滴定至溶液呈紫红色为终点。

② 按下式计算试样的含镍量：

$$M_{Ni}=\frac{[(V_{EDTA}c_{EDTA})-(V_{Zn}c_{Zn})]\times 0.05871}{m_s}\times 100\%$$

式中 V_{EDTA}——加入的 EDTA 标准溶液体积，mL；

c_{EDTA}——EDTA 标准溶液的物质的量浓度，mol/L；

V_{Zn}——返滴定所消耗的锌标准溶液体积，mL；

c_{Zn}——锌标准溶液物质的量浓度，mol/L；

m_s——称取试样的质量，g。

3.2 常见高分子材料的分析方法

3.2.1 黏度法测定聚合物黏均分子量

线形聚合物的基本特性之一，是黏度比较大并且其黏度值与分子量有关，因此可利用这一特性测定聚合物的分子量。黏度法尽管是一种相对的方法，但因其仪器设备简单、操作方便、分子量适用范围大，又有相当好的实验精确度，在生产和研究中得到广泛应用。

(1) 仪器和试剂

1) 仪器　a. 乌氏黏度计 1 支；b. 计时器；c. 25mL 滴定瓶 2 个；d. 分析天平 1 台；e. 恒温槽装置 1 套(玻璃缸，自动搅拌器)；f. 调压器；g. 加热器；h. 继电器；i. 接点温度计 1 支，50℃、1/10 刻度的温度计 1 支；j. 3# 玻璃砂芯漏斗 1 个；k. 加压过滤器；l. 50mL 针筒。

2) 试剂　a. PEOX(聚乙二醇)；b. 蒸馏水。

(2) 实验步骤

1) 装配恒温槽及调节温度　水在 20℃时其黏度为 1.0050mPa·s，而在 30℃时，黏度为 0.8007mPa·s，相差达 20%，所以液体的黏度必须在恒温下测定。温度的控制对实验的准确性有很大的影响，要求准确度达到±0.5℃。水槽温度调节到(25±0.5)℃，为有效控制温度，应尽量将搅拌器、加热器放在一起，而黏度计要放在较远的地方。

2) 聚合物溶液的配制　用黏度法测聚合物分子量，选择高分子-溶剂体系时，常数 K_a 值必须是已知的而且所有溶剂应具有稳定、易得、易于纯化、挥发性小、毒性小等特点。为控制测定过程中 η_r 在 1.2～2.0 之间，浓度一般为 0.001～0.011g/mL。于测定前数天，用约 25mL 容量瓶把试样溶解好(本实验配聚乙二醇水溶液 1.5%浓度为宜。易溶解，实验时再配制)。

把配制好的溶液用干燥的 3# 玻璃砂芯漏斗加压过滤到 25mL 滴瓶中，并称重。

(3) 溶液流出时间的测定

乌氏黏度计如图 3-1 所示。把预先经严格洗净、检查过的洁净黏度计 B、C 管，分别套上清洁的医用胶管，垂直夹持于恒温槽中，然后自 A 管加入溶液，恒温 15min 后，用一只手捏住 C 管上的胶管，用针筒从 B 管把溶液缓慢抽至 G 球，停止抽气，把连接 B、C 管的胶管同时放开，让空气进入 D 球，B 管溶液就会慢慢下降，至于弯月面降到刻度 a 时，按停表开始计时，弯月面到刻度 b 时，再按停表，记下流经 ab 间的时间 t_1，如此重复，取流出时间相差不超过 0.2s 的连续 3 次平均值。但有时相邻两次之差虽不超过 0.2s，而连续测得的数据是递减或者递增(表明溶液体系未达到平衡状态)，这时应认为所得的数据是不可靠的，可能是温度不恒定，或浓度不均匀，应继续测。

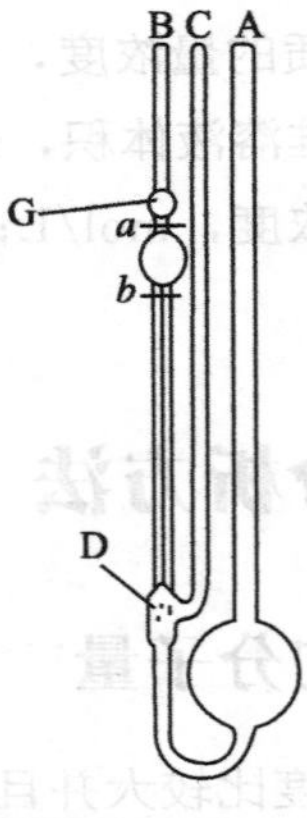

图 3-1 乌氏黏度计

(4) 稀释法测一系列溶液的流出时间

因液柱高度与 A 管内液面的高低无关，因而流出时间与 A 管内试液的体积没有关系，可以直接在黏度计内对溶液进行一系列的稀释。各次加溶剂后，必须用针筒鼓泡并抽上 G 球三次，使其浓度均匀，抽的时候一定要慢，不能有气泡抽上去，待温度恒定才进行测定溶液及溶剂的量，用分析天平正确称量。

(5) 纯溶剂的流经时间测定

倒出全部溶液，用蒸馏水洗涤数遍，黏度计的毛细管要用针筒抽洗。洗净后加入纯水，如上操作测定溶剂的流出时间，记作 t_0。

(6) 数据记录

实验恒温温度，纯溶剂名称，纯溶剂密度，溶剂流出时间 t_0，试样浓度 c_0，溶液质量 W_0，溶质质量 m，查阅聚合物手册，聚合物在溶剂中的 K、a 值，把纯水的加入量、测定的流出时间列成表格，用 η_{sp}/c-c 及 $\ln(\eta_r/c)$ -c 作图外推至c_0截距即为 $[\eta]$，代入 $[\eta]=KM^a$ 方程中，就可以算出聚合物分子量 M_η，此分子量称为平均分子量。

3.2.2 端基分析法测定聚合物的分子量

端基分析法是通过一定质量聚合物中特性基团的含量而求得平均分子量的方法。采用本法测定的聚合物必须具有明确的化学结构，例如由缩聚反应合成的聚合物，每根分子链都应具备可供化学分析的基团。对于线性聚合物而言，试样的分子量越大，单位质量中所含的可供分析的端基越少，分析误差也就越大，因此端基分析法适合分子量较小的聚合物，可测定的分子量上限在 2×10^4 左右。

(1) 仪器和试剂

1) 仪器 a. 分析天平；b. 250mL 磨口锥形瓶；c. 移液管；d. 滴定装置；e. 回流冷凝管；f. 电炉。

2) 试剂 a. 待测样品聚酯；b. 二氯甲烷；c. 0.1mol/L NaOH 溶液；d. 乙酸酐吡啶溶液(体积比 1∶10)；e. 苯；f. 去离子水；g. 酚酞指示剂；h. 0.5mol/L NaOH 乙醇溶液。

（2）实验步骤

1）羧基的测定 用分析天平准确称取0.5g聚酯样品，置于250mL磨口瓶内，加入10mL三氯甲烷，摇动，溶解后加入酚酞指示剂，用0.1mol/L NaOH乙醇溶液滴定至终点。由于大分子链端羧基的反应性低于低分子物，因此在滴定羧基时需要等待5min，如果红色不消失才算滴定到终点。但等待时间过长时，空气中的CO_2也会与此同时与NaOH起作用而使酚酞褪色。

2）羟基的测定 准确称取1g聚酯，置于250mL干燥的锥形瓶内，用移液管加入10mL预先配制好的乙酸酐吡啶溶液(或称乙酰化试剂)。在锥形瓶上装好回流冷凝管，然后进行加热并不断摇动。反应时间约1h。然后由冷凝管上口加入10mL苯(为了便于观察终点）和10mL去离子水，等完全冷却后以酚酞作指示剂，用标准0.5mol/L NaOH滴定至终点，同时做空白实验。

3）数据处理 根据羧基与羟基的量分别按下式计算平均分子量，然后计算其平均值，如两者相差较大需分析其原因。

$$M_n=\frac{1000W}{N_{NaOH}(V_0-V_f)}$$

$$M_n=\frac{1000W}{N_t'-N_{NaOH}(V_0-V_f)}$$

式中 N_{NaOH}——NaOH标准溶液的浓度，mol/L；

W——样品量，g；

V_f——消耗的NaOH标准溶液体积，mL；

V_0——空白试验消耗的NaOH标准溶液体积，mL；

N_t'——被分析的基团的物质的量，mol。

3.2.3 树脂黏度的测定

树脂质量指标中黏度是作为一个不可缺少的性能指标，本实验采用旋转黏度计测定树脂的绝对黏度。旋转黏度计是利用圆筒在流体中旋转时，圆筒受流体黏性力的阻碍作用的原理设计的。

（1）仪器和试剂

① 不饱和聚酯树脂。

② 旋转黏度计：NDJ-79。

③ 恒温水浴：控制温度精确度为±0.5℃。

④ 温度计：测定范围0～50℃，最小分度值0.2℃。

⑤ 玻璃棒。

⑥ 丙酮(工业级)。

（2）实验步骤

① 旋转黏度测定需要合适的转筒和转速，尽可能使测定的读数落在满刻度值的45%～90%之间。

② 在旋转黏度计测定器上装上温度计，将恒温槽橡皮管接在测定容器上，并调节恒温槽温度为(25±0.5)℃。

③ 调零点，黏度计在空载旋转时，用调零螺丝将指针调到刻度零点。

④ 装好转筒，将树脂倒入测定容器内，使转筒完全浸入树脂中，直至液面达到锥形面下部边缘为止，调整位置，使转筒在测定器的中央。

⑤ 在整个测定过程中，测定器温度控制在(25±0.5)℃，当转筒浸入试样中达 8min，开启发动机，转筒旋转 2min 后读数，读数后关闭发动机。停留 1min 后再开启发动机，旋转 1min 后再读数。取两次读数的平均值(两次读数应基本一致)。

⑥ 测定完毕，应将测定容器、转筒等用溶剂洗干净。

(3) 计算

$$\eta=\frac{AF}{1000}$$

式中 η——黏度，Pa·s；

A——刻度读数；

F——转筒因子。

3.2.4 聚合物溶解度参数的测定

溶解度参数是表示物体混合能相互溶解的关系。估算某一聚合物的溶解度参数是了解一个聚合物是否能溶于某一溶剂的重要途径。本实验用浊度滴定法测定聚合物的溶解度参数；并用密度法和摩尔吸引常数 F 来估算聚合物的溶解度参数。

原理如下。

根据溶解度参数的定义：

$$\delta=\left(\frac{\Delta E}{V}\right)^{\frac{1}{2}}$$

它等于“内聚能密度”的平方根。而内聚能就是把 1mol 液体，从液体中移到离开周围分子很远的地方所需的能量。对于小分子来说，内聚能就是气化能，它可由溶剂的蒸气压与温度的关系求得。通过克拉贝龙方程，计算出摩尔蒸发热 ΔH，再根据热力学第一定律换算成摩尔气化能 ΔE：

$$\frac{\mathrm{d}P}{\mathrm{d}T}=\frac{\Delta H}{T(V_g-V_1)}$$

$$\Delta E=\Delta H-P(V_g-V_1)$$

式中 V_g——气相中 1mol 物质的体积；

V_1——液相中 1mol 物质的体积。

而聚合物不能挥发，它不存在气态，因此它们的溶解度参数不能由气化热直接测得。目前用于测定聚合物溶解度参数的实验方法主要是溶胀法、黏度法和浊度滴定法等，也可以通过组成聚合物基本单元的化学基团的摩尔吸引常数 F 来估算。

(1) 黏度法

假定聚合物的溶解度参数与溶剂的溶解度参数相等，则高分子物质在溶剂中充分舒展，扩张得最大，从而黏度最大。因此，只需将聚合物溶于一系列不同溶解度参数的溶剂中，分别测得溶液的特性黏度数。其中黏度最大的溶液所对应溶剂的黏度参数，即为聚合物的溶解度参数。

(2) 溶胀法

将待测聚合物适当交联，用一系列不同溶解度参数的溶剂进行溶胀，在达到溶胀平衡时，使聚合物溶胀最大所用溶剂的溶解度参数，即为聚合物的溶解度参数。

(3) 估算法

斯摩尔(Small) 论证了摩尔吸引常数 F，无论对于低分子量化合物或聚合物都具有基团加和性，并提出了一套基团数值。其计算方法如下：

$$\delta = \frac{\sum F_i}{\sum V_i}$$

式中 F_i、V_i——基团摩尔吸引常数与摩尔体积，但体积应区分所测物体是玻璃态、橡胶态或液态。

根据上式估算所得值与实验结果相比较，一般相差10%左右。

又因为

$$\delta = \frac{\sum F_i}{\overline{V}} = \frac{d\sum F_i}{M}$$

式中 $\overline{V}$——试样摩尔体积；

d——样品的密度；

M——样品分子量(对聚合物 M 为链节分子量)。

所以，我们只需要测得聚合物的密度 d，则 δ 也就可以算出。

测定固体密度的方法很多，最简便的方法是悬浮法。如果把一个固体放在一种密度相同，又与它不相溶的液体中时，这个固体处于重力的自由场中，它将悬浮在液体中，不沉也不浮。这样，我们只要测定该液体的密度，也即求得固体的密度。

然而，当两种不同密度而又易混合的液体混合时，假使它们近似理想溶液混合，则混合液体的密度按下式计算：

$$d_{\mathrm{m}} = \phi_1 d_1 + \phi_2 d_2$$

式中 d_{m}——混合液体的密度；

ϕ_1、ϕ_2——组分1和组分2的体积分数；

d_1、d_2——组分1和组分2的密度。

根据上述原理，我们便可以用调整混合溶液组成的方法，测定聚合物的密度，然后再估算其溶解度参数。

(4) 浊度滴定法

在两元互溶体系中，只要某聚合物的溶解度参数 δ_{p} 在两个互溶溶剂 δ_{s} 值的范围内，我们便可能调节这两个互溶混合剂的溶解度参数 δ_{sm} 值。聚合物溶于两元互溶溶剂的体系中，允许体系的溶解度参数有一个范围。本实验我们选用两种具有不同溶解度参数的沉淀剂来滴定聚合物溶液，这样可以得到溶解该聚合物的混合溶剂溶解度参数的上限和下限，然后取其平均值，即为聚合物的 δ_{p} 值。

$$\Delta p = \frac{\delta_{\mathrm{mh}} + \delta_{\mathrm{ml}}}{2}$$

式中 δ_{mh}、δ_{ml}——高、低溶解度参数的沉淀剂滴定聚合物溶液，在浑浊点时混合溶剂的溶解度参数。

3.2.4.1　**密度法估算聚合物的溶解度参数**

(1) 试剂

① 四氯化碳。

② 二溴乙烷。

③ 甲酸。

④ 戊烷。

⑤ 甲醇。

⑥ 二氯乙烷。

⑦ 水杨酸甲酯。

⑧ 二氯甲烷。

⑨ 重蒸蒸馏水。

(2) 实验步骤

① 取 2～3 粒样品(本实验用聚苯乙烯样品)，按图 3-2 预测聚合物密度的范围，并选择适当的混合溶剂。

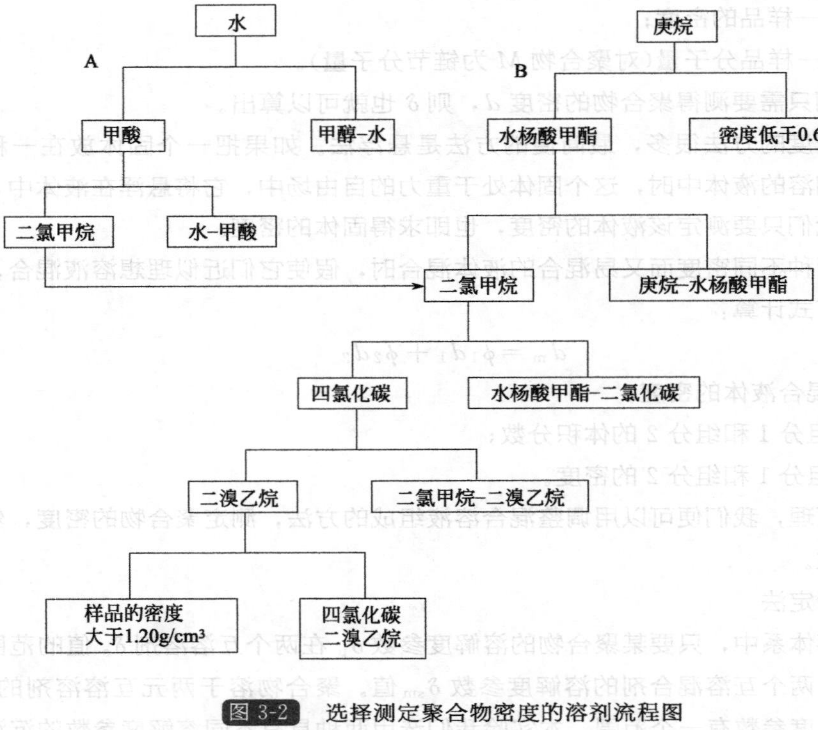

图 3-2　选择测定聚合物密度的溶剂流程图

② 取 2～3 粒聚合物样品加到试管中，试管放在一个小烧杯中称重得 W_1，精确至 0.001g(注意称重时需塞上橡皮塞)。

③ 添加 2g 左右密度较小的液体(如水)，此时聚合物样品应沉于试管底部，并称重 W_2。

④ 用小烧杯倒取少量的两种密度较大的溶剂(本实验用甲酸)，用滴管一滴一滴地往试管中慢慢滴加。由于液体表面张力作用，可能导致错误的结果，所以要不断猛烈摇动(注意

液体表面不得有气泡并防止液体外溅）。直至聚合物样品自由悬浮在混合液体中，并保持5min，重新称重得 W_3。

注：1. 路线A用于不溶于水的聚合物，而路线B可用于溶于水的聚合物。

2. 流程指向右边时，表示样品密度比液体小，它是漂起来；指向左边时，表示样品密度比液体大，它是下沉的。可用该路线一端指出的适当溶剂来测定密度。

3. 水和甲醇的体积是不加和的，约有5%的体积收缩，因而它所测定的聚合物的表观密度会偏低。如果要求较高的准确度，必须测定溶剂的体积加以校正。

（3）数据处理

将测得的数据代入下式计算聚合物密度 d_p

$$d_p = \frac{W_3 - W_1}{(W_2 - W_1)/d_1 + (W_3 - W_2)d_2}$$

有了聚合物的密度参数值，就可以估算出该聚合物的溶解度参数。

3.2.4.2 用浊度法测定聚合物的溶解度参数

（1）仪器和试剂

1）仪器　a. 10mL 自动滴定管 2 个（也可用普通滴定管代替）；b. 大试管（25mm×200mm）4 个；c. 5mL 和 10mL 移液管 1 支；d. 25mL 容量瓶 1 个；e. 50mL 烧杯 1 个。

2）试剂　a. 粉末聚苯乙烯样品；b. 氯仿；c. 正戊烷；d. 甲醇。

（2）实验步骤

① 溶剂和沉淀剂的选择。首先确定聚合物样品溶解度参数 δ_p 值的范围。取少量样品，在一些 δ 的溶剂中做溶解实验，在室温下如果不溶或溶解较慢，可以把聚合物和试剂一起加热，并把热溶液冷却至室温，以不析出沉淀才认为是可溶的。从中挑选合适的溶剂和沉淀剂。

② 根据选定的溶剂配制聚合物溶剂。称取 0.2g 左右的聚合物样品，溶于 25mL 的溶剂（用氯仿作溶剂）。用移液管吸取 5mL（或 10mL）溶剂，放置一试管中，先用正戊烷滴定。注意在滴定时要不断摇晃试管，直至出现沉淀不再消失为止，即为滴定终点。记下所用去的正戊烷体积。然后用甲醇做沉淀剂滴定聚合物溶液，直到出现沉淀不消失为止（操作用正戊烷），记下用去的甲醇体积。

③ 分别称取 0.1g、0.05g 左右上述聚合物样品，溶于 25mL 的溶剂中，同上操作进行滴定。

（3）数据处理

根据溶解度参数 δ_{mh} 和 δ_{ml}，计算聚合物的溶解度参数 δ_p。

3.2.5　根据溶解性能鉴别聚合物

聚合物分子的溶解行为与低分子化合物相比有许多不同的特点。除化学组成外，大分子的结构形态、链的长短、柔性、结晶性、交联程度等均对溶解性能有影响。

各种不同的聚合物由于它们的分子结构有所不同，它们在不同溶剂中的溶解性也不同，我们可以利用聚合物这一溶解性能设计一个“流程图”（见图 3-3），按照这个图便可鉴别一般常见的聚合物。

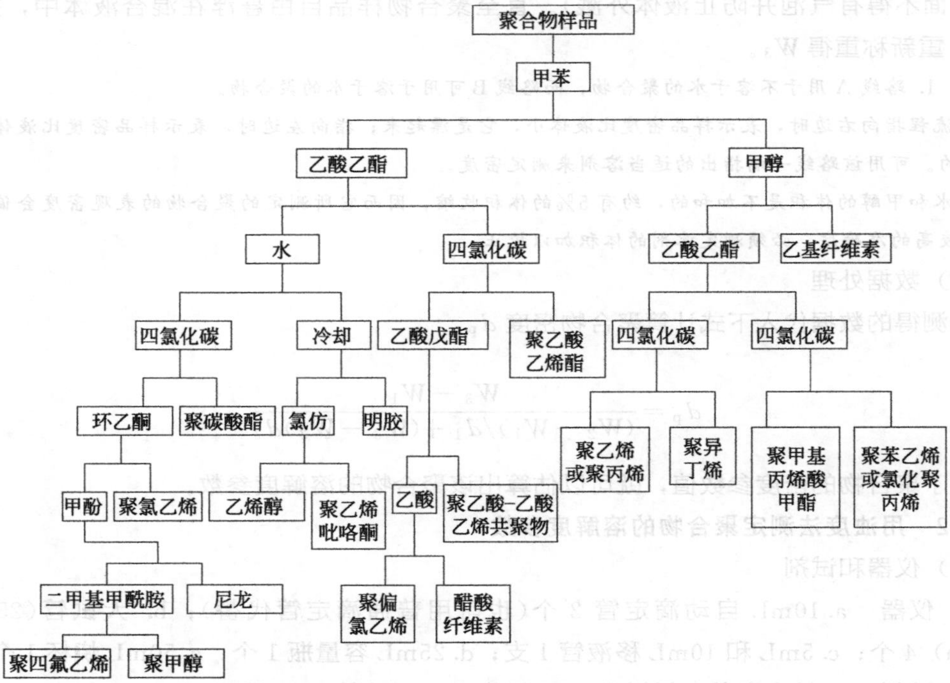

图 3-3 由溶解性能鉴别聚合物流程

3.3 电子废物分析的质量控制

3.3.1 电子废物分析实验室

3.3.1.1 基本要求

电子废物分析实验室用房大致分为：精密仪器实验室、化学分析实验室、辅助室(办公室、储藏室、钢瓶室等）三类。基本要求是远离灰尘、烟雾、噪声和震动源环境。

（1）电子废物分析实验室的通风系统

电子废物分析中往往产生有害酸性或含氰、含铅废气，必须拥有完善的通风设施。一般采用自然通风和机械通风方式，以机械通风为主。

（2）电子废物分析实验室的供电系统

① 实验室的供电线路应给出较大宽余量，输电线路应采用较小的载流量，并预留一定的备用容量(通常可按预计用电量增加30%左右)。

② 各个实验室均配备三相和单相供电线路，以满足不同用电器的需要。

③ 每个实验室均应设置电源总开关，以方便控制各实验室的供电线路。对于某些必须长期运行的用电设备，如冰箱、冷柜、老化试验箱等，则应专线供电而不受各室总开关控制(可以由实验室的总配电室供给和控制)。

④ 实验室供电线路应有良好的安全保障系统，应配备安全接地系统，总线路及各实验室的总开关上均应安装漏电保护开关，所有线路均应符合供电安装规范，确保用电安全。

⑤ 有稳定的供电电压，在线路电压不够稳定的时候，通过交流稳压器向精密仪器实验

室输送电能，对有特别要求的用电器，在用电器前再加二级稳压装置，确保仪器稳定工作。

⑥ 避免外电线路电场干扰，必要时加装滤波设备排除。

⑦ 配备足够的供电电源插座，每一实验台至少应有2～3个三相电源插座和数个单相电源插座，所有插座均应有电源开关控制和独立的保险(熔丝)装置。

⑧ 实验室室内供电线路应采用护套(管)暗铺。在使用易燃易爆物品较多的实验室，还要注意供电线路和用电器运行中可能引发的危险，并根据实际需要配置必要的附加安全设施(如防爆开关、防爆灯具及其他防爆安全电器等)。

(3) 电子废物分析实验室的给排水系统

在保证水质、水量和供水压力的前提下，从室外的供水管网引入进水，并输送到各个用水设备配水龙头和消防设施，以满足实验、日常生活和消防用水的需要。排水设施必须齐全，并具备以下条件：排水管道应加深拐弯，并保证一定的倾斜度，以利于含金属的沉积物能在拐弯处沉积；当排放的废水中含有较多的杂物时，管道的拐弯处应预留“清理孔”；排水主干管应尽量靠近排水量最大、杂质较多的排水点设置；采用耐腐蚀材料作为排水管道；在排水总管设置废水处理装置，对可能影响环境的废水进行必要的处理。

3.3.1.2 精密仪器室要求

具有防火、防震、防电磁干扰、防噪声、防潮、防腐蚀、防尘、防有害气体侵入的功能，室温尽可能保持恒定。温度15～30℃，最好控制在18～25℃，湿度60%～70%。

因使用地毯会积聚积灰尘、产生静电，一般可用水磨石地板或防静电地板。大型精密仪器室一般允许电压波动为±10%，必要时要配备稳压电源，设有专用地线，根据设备要求，接地电阻越低越好，一般应小于4Ω。精密仪器室应尽可能靠近或配备相应的化学处理室。

3.3.1.3 化学分析室要求

室内相关实验台和仪器架等所用材料均应为耐火或不易燃材料，室内采光良好，设置双出口。供水、排水、通风设施齐全。实验台宽为750mm，高为800～900mm，台面具有防腐功能。

3.3.1.4 仪器和试剂购置要求

(1) 仪器设备购置计划

选择仪器设备是一项综合技术，必须认真做好调查并对诸方面因素进行全面的综合评价。对所需仪器设备的购置应从功能、可靠性、维修性、耐用性、互换性、成套性、节能性、环保性等方面进行全面考察。不要过分相信厂家和供应商的宣传广告，特别是大型精密仪器，最好是亲自到制造厂家加以核实。当本单位欠缺适当的专业人员时，应通过专业机构进行咨询。在编制申请计划时，应对任务、所需仪器的数量和质量、经费、技术力量及用房设施、附属设备等各方面进行综合平衡，以保证计划能顺利执行，购得的仪器能够及时投入使用。仪器的选购由物资器材的管理部门、有关业务部门及必要的技术咨询小组对仪器的选型、配置、经费、技术力量等进行综合评价和答辩审查。在选择仪器型号、功能、配件时，总的原则是技术上适用、经济上合算。

(2) 化学试剂和标准物质的购置

化学试剂、标准物质购置计划的制订流程与仪器设备购置计划的制订流程相同，同时应考虑试剂等物资的特殊性。化学试剂的纯度越高，价格越贵。应当根据分析任务、分析方法以及对分析结果准确度的要求等，选用不同等级的试剂。应建立健全化学试剂管理制度，包括请购、审批、采购、验收入库、保管保养、领用、定期盘点、特殊试剂的退库及过期试剂的报废处理等方面的管理制度，防止化学试剂外流。

3.3.2 电子废物分析的质量控制环节

电子废物分析的质量控制环节包括试样采集、预处理、制样、分析、数据处理等。关键控制点有采样分析人员的技术能力和工作态度、采样及样品处理方法、分析测试方法和操作规程、仪器设备和试剂质量、原始记录和数据处理等。

3.3.2.1 质量控制的基本要素

（1）分析测试人员素质

分析实验人员的能力和经验是保证分析测试质量的首要条件。随着现代分析仪器的应用，对人员的专业水平要求更高。分析实验室应按合理比例配备高级、中级和初级技术人员，各自承担相应的分析测试任务。分析实验室要有一个勤勤恳恳、努力工作、联系群众，既有一定理论基础，又有工作经验的负责抓质量保证的实验室主任。分析实验室工作人员必须有一定的化学知识并经过专门培训。

分析实验室应不断地对各类人员继续进行业务技术培训，并且建立每一个工作人员的技术业务档案，包括学历、能承担的分析任务项目、编写的论文与技术资料、参加的学术会议、专业培训（包括短训班、夜大学、进修有关的课程、研讨会）与资格证明、工作成果、考核成绩、奖惩情况等。这些个人技术业务档案不仅是个人业务能力的考核，也是显示分析实验室水平的重要基础，是社会认可分析实验室的重要依据。

（2）分析仪器设备

仪器设备是电子废物材料分析实验室不可缺少的重要的物质基础，是开展分析实验工作的必要条件。典型的现代分析化学需要有专门的仪器设备。分析检验的成功与失败，常与使用的仪器设备密切相关。专门的仪器设备正在迅速地替代通用仪器。因此，某些种类的分析测量就只能在有这些仪器设备的实验室中进行。

分析实验室的仪器设备必须适应实验室的任务要求。应根据实验室任务的需要，选择合适的仪器设备，没有必要盲目地追求仪器设备的档次。不应购进备而不用的仪器设备。要产生质量好的数据，只有合适的仪器设备是不够的，还必须正确地使用和保养好这些仪器设备，使仪器设备产生误差的因素处于控制之下，才能得到合乎质量要求的数据。

1）常用仪器设备的校准　在化学测量的仪器分析中，大部分测量是相对测量技术，必须以标准物质（标准溶液）对仪器设备的响应值进行校正。校正的标准，可以用国家质量管理部门监制的标准物质，也可用制造厂家标定的设备和厂家标明的一定纯度的化学试剂。是否使用标准物质依赖于使用仪器设备的分析方法所须的准确度，有时还与经费开支有关。因为标准物质的价格通常比较昂贵，只在必要时才用它。分析方法的校正常通过制作标准溶液的工作曲线来实现。

① 分析天平。常用 50g 或 100g 高质量的砝码（或标准砝码）来校正。电子分析天平内常装有已知质量的标准砝码，用于天平的校正。天平校正的时间间隔长短依赖于天平的使用次数，如果使用较多，需每天或每周核准一次。

② 容量玻璃器皿。若使用著名厂家生产的标有“一等”字样的玻璃量器，除非要求方法准确度高于 0.2%，一般不用校正。

③ 烘箱。烘箱应使用校正过的温度计(可以根据生产厂家提供的证明)，烘箱的温度每天要检查。

④ 马弗炉。马弗炉的温度通常不须校正，若要校正可采用光学高温计。

⑤ 紫外-可见分光光度计。可用钕玻璃滤光器进行波长校正。也可用 0.04000g 的 K_2CrO_4 溶于 1L 0.05mol/L 的 KOH 溶液中进行波长校正。$KMnO_4$ 溶液可用于检查可见区 526nm 和 546nm 吸收峰的分辨能力。吸光度的校正采用工作曲线法。分光光度的波长和吸光度至少每周要校准一次。

⑥ pH 计。用标准 pH 缓冲溶液进行校准。pH 计每次使用均应核准。

⑦ 红外光谱仪。可用聚苯乙烯薄膜进行波数的校正及分辨率的校正。

⑧ 荧光计。荧光强度用已知浓度的硫酸奎宁溶液校正。荧光计的激发光光谱和荧光光谱，可采用罗单明 B 标准光子计数器进行校正。其波长的分辨率可以用汞灯的波长 365.0nm、365.5nm 和 366.3nm 三条线的分辨情况来检查。

⑨ 原子吸收光谱仪。每次使用均须使用被测元素的空心阴极灯进行波长的校正，用标准溶液进行浓度校正或做工作曲线。

⑩ 电导仪。电导值可用一定浓度的 KCl 或 NaCl 标准溶液核准。至少每周核准一次。

⑪ 气相色谱和高效液相色谱仪。每批样品测定至少要用工作曲线校正一次。必要时还要采用内标法。

2) 仪器设备的管理　安放仪器设备的实验室应符合该仪器设备的要求，以确保仪器的精度及使用寿命。仪器室应防尘、防腐蚀、防震、防晒、防湿等。仪器应在单独房间安放，不能与化学操作室混用。

使用仪器之前应经专人指导培训或认真仔细阅读仪器设备的说明书，弄懂仪器的原理、结构、性能、操作规程及注意事项等方能进行操作。操作时应非常小心地按操作规程进行。未经准许的人，未经专门培训的人，应严禁使用或操作贵重仪器。

仪器设备应建立专人管理的责任制。仪器名称、规格、型号、数量、单价、出厂和购置年月以及主要的零配件都要准确登记。

每台大型精密仪器都须建立技术档案，内容包括：a. 仪器的装箱单、零配件清单、合同复印件、说明书等；b. 仪器的安装、调试、性能鉴定、验收等记录；c. 使用规程、保养维修规程；d. 使用登记本、事故与检修记录。

大型精密仪器的管理使用、维修等应由专人负责。使用与维修人员经考核合格后方能上岗。如确须拆卸、改装固定的仪器设备均应有一定的审批手续。出现事故应及时汇报有关部门处理。

(3) 分析实验室管理

一个好的分析实验室应具备以下条件。

1) 组织管理与质量管理制度

① 技术资料档案管理制度。要经常注意收集本行业和有关专业的技术性书刊和技术资料，以及有关字典、辞典、手册等必备的工具书，这些资料在专柜保存，由专人管理，负责购置、登记、编号、保管、出借、收回等工作。

② 技术责任制和岗位责任制。

③ 检验试验工作质量的检验制度。

④ 样品管理制度。

⑤ 设备、仪器的使用、管理、维修制度。

⑥ 试剂、药品以及低值易耗品的使用管理制度。

⑦ 技术人员考核、晋升制度。

⑧ 试验事故的分析和报告制度。

⑨ 安全、保密、卫生、保健等制度。

2）对仪器设备的要求

① 应具备与其业务范围相适应的试验仪器设备。

② 仪器设备的性能和运用性应定期进行检查、维护和维修，定期进行校准。

③ 仪器设备发生故障时，应及时进行检修，并写出检修记录存档。

④ 仪器设备应有专人管理，保持完好状态，便于随时使用。

3）对实验室环境要求

① 实验室的环境应符合装备技术条件所规定的操作环境的要求，如要防止烟雾、尘埃、震动、噪声、电磁、辐射等可能的干扰。

② 保持环境的整齐清洁。除有特殊要求外，一般应保持正常的气候条件。

③ 仪器设备的布局要便于进行试验和记录测试结果，并便于仪器设备的维修。

4）测试的方法、步骤、程序、注意事项、注释以及修改的内容等要有文字记载，装订成册，可供使用与引用。采用的测试方法要进行评定。

5）对原始记录的要求。原始记录是对检测全过程的现象、条件、数据和事实的记载。原始记录要做到记录齐全、反映真实、表达准确、整齐清洁。记录要用记录本或按规定印制的原始记录单，不得用白纸或其他记录纸替代；原始记录不准用铅笔或圆珠笔书写，也不准先用铅笔书写后再用墨水笔描写；原始记录不可重新抄写，以保证记录的原始性；原始记录不能随意划改，必须涂改的数据，涂改后应签字盖章，正确的数据写在划改数据的上方，不得擦、刮改写。检验人员要签名并注明日期，负责人要定期检查原始记录并签上姓名与日期。为了促进化验测试工作的标准化、规范化、制度化和科学化管理，有必要按计量认证对化验测试工作的要求，把化验测试工作的原始记录统一格式。"分析报告"为原始记录表格成册后的封面。"分析原始记录"为每批样品检测完毕后，所有测试项目原始记录汇总装订成册的封面。

6）对检验报告的要求包括：a. 要写明试验依据的标准；b. 试验结论意见要清楚；试验结果要与依据的标准及试验要求进行比较；c. 样品有简单的说明；d. 试验分析报告要写明测试分析实验室的全称、编号、委托单位或委托人、交样日期、样品名称、样品数量、分析项目、分析批号、试验人员、审核人员、负责人等签字和日期、报告页数。

7）收取试样要有登记手续，试样要编号并妥善保管一定时间。试样应有标签，标签上记录编号、委托单位、交样日期、试验人员、试验日期、报告签发日期以及其他简短说明。以上为证明满足质量要求的程度或为质量体系的要素运行的有效性提供客观证明的文件为质量记录。记录可以是书面的，也可以储存在任何媒体上。质量记录的某些目的是证实、可追溯性、预防措施和纠正措施。

实验室须妥善保存的资料包括：a. 测试分析方法汇编；b. 原始数据记录本及数据处理；c. 测试报告的复印件；d. 实验室的各种规章制度；e. 质量控制图；f. 考核样品的分析结果

报告；g. 标准物质、盲样；h. 鉴定或审查报告、鉴定证书；i. 质量控制手册、质量控制审计文件；j. 分析试样须编号保存一定时间，以便查询或复检；k. 实验室人员的技术业务档案。

3.3.2.2 分析测试的质量评定

质量评定是对测量过程进行监督的方法。通常分为实验室内部和实验室外部两种质量评定方法。

（1）内部质量评定

实验室内部的质量评定可采用下列方法：a. 用重复测定试样的方法来评价测试方法的精密度；b. 用测量标准物质或内部参考标准中组分的方法来评价测试方法的系统误差；c. 利用标准物质，采用交换操作者、交换仪器设备的方法来评价测试方法的系统误差，可以评价这系统误差是来自操作者还是来自仪器设备；d. 利用标准测量方法或权威测量方法和现用的测量方法测得的结果相比较，可用来评价方法的系统误差。

（2）外部质量评定

测试分析质量的外部评定是很重要的。它可以避免实验室内部的主观因素，评价测量系统的系统误差的大小；它是实验室水平的鉴定、认可的重要手段。测试分析质量的外部评定可采用实验室之间共同分析一个试样、实验室间交换试样以及分析从其他实验室得到的标准物质或质量控制样品等方法。

标准物质为比较测量系统和比较各实验室在不同条件下取得的数据提供了可比性的依据，它已被广泛认可为评价测量系统的最好的考核样品。

由主管部门或中心实验室每年一次或二次把为数不多的考核样品(常是标准物质）发放到各实验室，用指定的方式对考核样品进行分析测试，可依据标准物质的给定值及其误差范围来判断和验证各实验室分析测验的能力与水平。

用标准物质或质量控制样品作为考核样品，对包括人员、仪器、方法等在内的整个测量系统进行质量评定，最常用的方法是采用“盲样”分析。盲样分析有单盲和双盲两种。所谓单盲分析是指考核这件事是通知被考核的实验室或操作人员的，但考核样品真实组分含量是保密的。

所谓双盲分析是指被考核的实验室或操作人员根本不知道考核这件事，当然更不知道考核样品组分的真实含量。双盲考核要求要比单盲分析考核高。

参考文献

[1] 张伟，蒋洪强，王金南，卢亚灵．我国主要电子废弃物产生量预测及特征分析［J］．环境科学与技术，2013（6）：195-199.

[2] 葛亚军，金宜英，聂永丰．电子废物回收管理现状与研究［J］．环境科学与技术，2006，29（3）：61-63.

[3] 周全法．国内外电子废物处置现状与发展趋势［J］．江苏技术师范学院学报，2006，12（2）：4-9.

[4] 童昕，颜琳．可持续转型与延伸生产者责任制度［J］．中国人口资源与环境，2012，22（8）：48-53.

[5] J. X. Yang，B. Lu，C. Xu. WEEE flow and mitigation measures in China［J］. Waste Management，2008，28：1589-1597.

[6] 李晓旭，张志佳，刘展宁，等．废旧电子产品回收现状分析及对策［J］．中国市场，2016，1：97-100.

[7] 袁剑刚，郑晶，陈森林，等．中国电子废物处理处置典型地区污染调查及环境、生态和健康风险研究进展［J］．生态毒理学报，2013，8（4）：473-486.

第二篇

电子废物资源化利用技术

4 电子废物中材料分离技术

4.1 电子废物机械法分离技术

机械处理方法是根据材料物理性质的不同进行分选的方法，主要利用拆解、破碎、分选等手段进行处理[1]。机械方法处理后的物质必须经过冶炼、填埋或焚烧等后续工序进一步处理。机械处理方法最早始于20世纪70年代末美国矿产局采用物理方法处理军用电子废物的尝试，采用了锤磨机、磁选、气流分选、电分选和涡电流分选等冶金和矿物加工技术，可能由于费用较高，没有获得进一步的商业发展。同一时期开始，西欧一些国家也开始研究电子废物的机械处理。20世纪90年代后，机械处理方法不仅在西欧和美国得以实施，在日本和新加坡都已经开始研究并进行了工业规模的应用。废旧家电机械法处理的原则流程如图4-1所示。

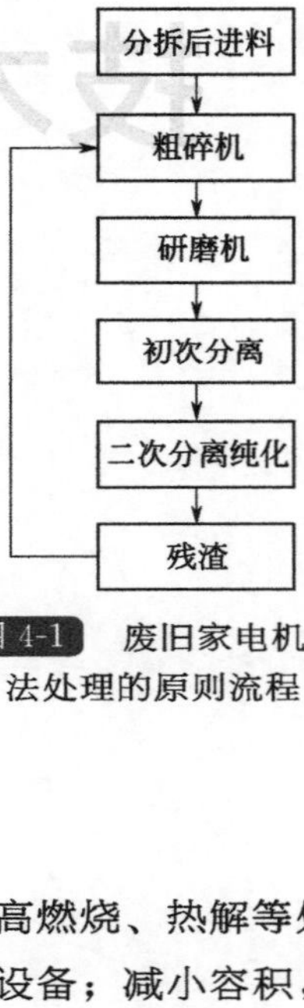

图4-1 废旧家电机械法处理的原则流程

4.1.1 破碎技术

通过人力或机械等外力的作用，破坏物体内部的凝聚力和分子间作用力而使物体破裂变小的操作过程称为破碎。

4.1.1.1 破碎目的

破碎的目的主要有以下几个方面：使组成不一的废物混合均匀，提高燃烧、热解等处理过程的效率及稳定性；防止粗大、锋利的废物损坏分选、焚烧、热解等设备；减小容积，降低运输费用；容易通过磁选等方法回收小块的贵重金属。

能充分地单体解离是高效率分选的前提。破碎程度的选择不仅影响到破碎设备的能源消耗，还将影响到后续的分选效率。常用的破碎设备主要有锤碎机、锤磨机、切碎机和旋转破碎机等。由于拆除元器件后的废电路板主要由强化树脂板和附着其上的铜箔等金属组成，硬度较高、韧性较强，采用具有剪、切作用的破碎设备可以达到比较好的解离效果，如旋转式破碎机和切碎机。旋转式破碎机的中间转筒周围安装着一套能够自由旋转的压碎环，依靠压碎环与设备内壁之间的剪切作用使物料破碎。使用这种破碎机可以减小解离后金属的缠绕作用。而锤磨机破碎的缺点之一是解离的金属容易缠绕成球状。

使用切碎机也可以获得好的解离效果。主要依靠旋转切刀和固定切刀之间的剪切力破碎物料，解离的金属不易缠绕。日本NEC公司[2]的回收工艺采用两级破碎，分别使用剪切破碎机和特制的具有剪断和冲击作用的磨碎机，将废板粉碎成0.1～0.3mm左右的碎块。特制的磨碎机中使用复合研磨转子，并选用特种陶瓷作为研磨材料。不同材料的变形情况不同，脆性材料碎成粉末，金属则形成多层球状物。现在废电路板的破碎也开始使用低温破碎技术：在破碎阶段用旋转切刀将废板切破2cm×2cm的碎块，磁选后再用液氮冷却，然后送入锤磨机碾压成细小颗粒，从而达到好的解离效果。研究发现，一般破碎到0.6～1nm时金属基本上可以达到100％的解离，但破碎方式和级数还要视后续工艺而定。不同的分选方法对进料有不同的要求，破碎后颗粒的形状和大小会影响分选的效率和效果。另外，废电路板的破碎过程中会产生大量含玻纤和树脂的粉尘，阻燃剂中含有的溴主要集中在0.6nm以下的颗粒中，而且连续破碎时还会发热，散发有毒气体。因此，破碎时必须注意除尘和排风。

Jakob[3]等提出预先机械粉碎后再经液氮低温脆化，然后再研磨得到小颗粒的专利技术。该技术能通过一个简单的过程回收到高纯度金属，而且残留物中金属物含量尽可能低，低温脆化的颗粒被选择性地分批在研磨室中磨碎，而研磨过的物质通过研磨腔底部的一个隔筛分出细颗粒部分，粗的金属颗粒部分被分批排出研磨腔，出料处铁被磁选去除。细颗粒再被分成许多窄范围的尺寸级别，分级标准按颗粒粒径与粒径范围之比为1∶1.16划分。每个粒径范围内的颗粒单独通过滚筒分离器分成金属颗粒和残余物颗粒，最后归类为不同的金属。预处理的步骤是：拆分电路板上含有污染物的组件(如电池、水银开关以及含有多氯联苯的电容器等)；机械预处理粉碎获得粒径在30mm以下的颗粒；然后用液化气(如液氯）低温脆化处理，得到低温脆化颗粒；最后在研磨室中磨碎低温脆化颗粒得到碎片。采用这样的预处理流程后，回收的金属纯度得到了提高，但液氮冷却操作费用过高，其经济性取决于回收效率的高低；而0.1mm以下粒径的颗粒需要通过静电沉积器分离。

4.1.1.2 破碎方法

按所消耗的能量形式，破碎可分为机械能破碎和非机械能破碎两种方式。机械能破碎是利用破碎工具如破碎机的齿板、锤子和球磨机的钢球等对固体废物实施作用力而将其破碎。非机械破碎是利用电能、热能等对固体废物进行破碎的方式，如低温破碎、热力破碎、低压破碎或超声波破碎等。各种破碎方法如表4-1所列。

表4-1 各种破碎方法

破碎方法		作用原理	适用范围
机械能破碎	颚式破碎	挤压	强度及韧性高、腐蚀性强的废物
	冲击式破碎	冲击、摩擦和剪切	中等硬度、软质、脆性、韧性及纤维状废物，破碎比大
	剪切式破碎	剪切	低二氧化硅含量的松散物料
	辊式破碎	剪切、挤压	脆性或黏性较大的废物

续表

破碎方法		作用原理	适用范围
非机械能破碎	低温破碎	低温时物质脆化性	轮胎、包覆电源线、塑料件、压缩机等
	热力破碎	高温时物质塑性	
	超声波破碎		线路板

4.1.1.3 破碎原理

目前广泛采用的破碎方法有挤压破碎、冲击破碎、剪切破碎、摩擦破碎以及专用的低温破碎等。

(1) 挤压破碎

挤压破碎是指废物在两个相对运动的硬面之间的挤压作用下破碎。

(2) 冲击破碎

有重力冲击和动力冲击两种形式。重力冲击是使废物落到一个硬的表面上，就像是瓶子落到混凝土上使它破碎一样。动力冲击是使废物碰到一个比它硬的表面而产生冲击作用，在动力冲击过程中，废物在无支撑的冲击力作用下使破碎的颗粒向各个方向加速，如锤式破碎机利用的就是动力冲击的原理。

(3) 剪切破碎

指在剪切作用下使废物破碎，剪切作用包括劈开、撕破和折断等。

(4) 摩擦破碎

是指废物在两个相对运动的硬面摩擦作用下破碎。如碾磨机是借助旋转磨轮沿着环形地盘运动来连续摩擦、压碎和磨削废物。

(5) 低温破碎

是指利用塑料、橡胶类废物在低温下脆化的特性进行破碎。为避免机器的过度磨损，废物尺寸变小的过程往往分几步进行。

4.1.1.4 破碎设备

(1) 颚式破碎设备

颚式破碎机俗称老虎口，属于挤压破碎机械。颚式破碎机出现于 1858 年。它虽然是一种古老的破碎设备，但是由于具有构造简单、工作可靠、制造容易、维修方便等优点，所以至今仍获得广泛应用。在固体废物破碎处理中主要用于破碎强度及韧性高、腐蚀性强的废物。

颚式破碎机的主要部件为固定颚板、可动颚板、连接传动轴的偏心转动轮，固定颚板与可动颚板构成破碎腔。

根据可动颚板的运动特性分为简单摆动型与复式摆动型两种。近年来，液压技术在破碎设备上得到应用，出现液压颚式破碎机。

1) 简单摆动型颚式破碎机　简单摆动型颚式破碎机如图 4-2 所示。该机由机架、工作机构、传动机构、保险装置等部分组成。其中固定颚和动颚构成破碎腔，送入破碎腔中的废料由于动颚被转动的偏心轴带动呈往复摆动而被挤压、破裂和弯曲破碎。当动颚离开固定颚时，破碎腔内下部已破碎到小于排料口的物料靠其自身重力从排料口排出，位于破碎腔上部的尚未充分压碎的料块当即下落一定距离，在动颚板下被破碎。

2）复杂摆动型颚式破碎机　图 4-3 为复杂摆动型颚式破碎机的构造图。从构造上来看，复杂摆动型颚式破碎机与简单摆动型颚式破碎机的区别是少了一根动颚悬挂的心轴，动颚与连杆合为一个部件，没有垂直连杆，轴板也只有一块。可见，复杂摆动型颚式破碎机构造简单。复杂摆动型动颚上部行程较大，可以满足物料破碎时所需要的破碎量，动颚向下运动时有促进排料的作用，因而比简单摆动颚式破碎机的生产效率高 30％左右。但是动颚垂直行程大使颚板磨损加快。简单摆动型给料口水平行程小，因此压缩量不够，生产率较低。

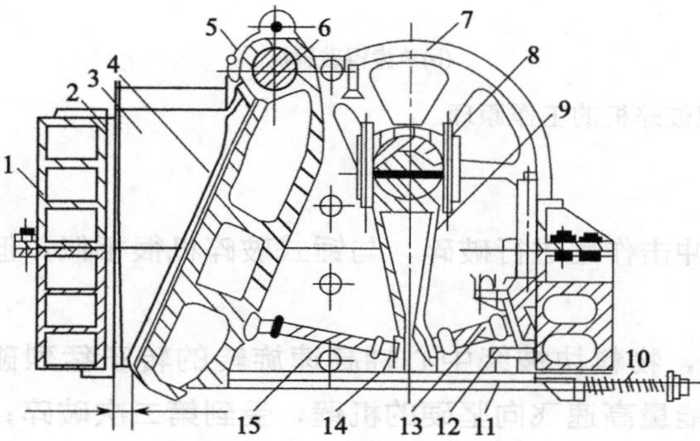

图 4-2　简单摆动型颚式破碎机

1—机架；2—破碎齿板；3—侧面衬板；4—破碎齿板；5—可动颚板；6—心轴；7—飞轮；8—偏心轴；9—连杆；10—弹簧；11—拉杆；12—砌块；13—后推力板；14—肘板支座；15—前推力板

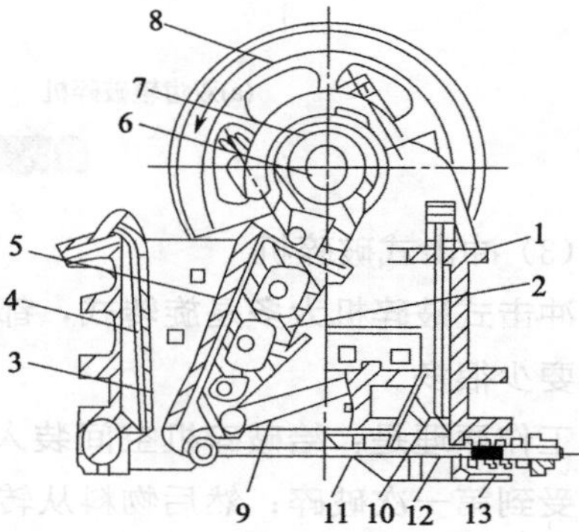

图 4-3　复杂摆动型颚式破碎机

1—机架；2—可动颚板；3—固定颚板；4、5—破碎齿板；6—偏心转动轴；7—轴孔；8—飞轮；9—肘板；10—调节楔；11—楔块；12—水平拉杆；13—弹簧

(2) 辊式破碎机

辊式破碎机用两个相对旋转的辊子强制抓取需要破碎的废物。辊式破碎机的第一个目标是抓到要破碎的物块，这种抓取作用取决于该种物料颗粒的大小和特性，以及各辊子的大小、间隙和特性。辊式破碎机主要靠剪切和挤压作用。根据辊子的特点，可将辊式破碎机分为光辊破碎机和齿辊破碎机。光辊破碎机的辊子表面光滑，主要作用为挤压与研磨，可用于硬度较大的固体废物的中碎与细碎。而齿辊破碎机辊子表面有破碎齿牙，使其主要作用为劈裂，可用于脆性或黏性较大的废物，也可用于堆肥物料的破碎。按齿辊数目的多少，可将齿辊破碎机分为单齿辊和双齿辊两种。齿辊破碎机的工作原理如图 4-4 所示。前者由一旋转的齿辊和一固定的弧形破碎板组成，两者之间的破碎空间呈上宽下窄状，上方供入固体废物，达到要求尺寸的产品从下部缝隙中排出。后者由两个相对运动的齿辊组成，齿牙咬住物料后，将其劈碎，合格产品仍随齿辊转动由下部排出，齿辊间隙大小决定产品粒度。辊式破碎机可有效地防止产品过度破碎，能耗相对较低，构造简单，工作可靠。但其破碎效果不如锤式破碎机，运行时间长，使得设备较为庞大。

辊式破碎机在资源回收作业中主要用来破碎脆性材料，如玻璃等废物。而对延性材料如金属罐等只起压平作用。经辊式破碎机破碎后的物料，可用螺旋分选机做进一步分选。在资源回收和废物处理领域中，辊式破碎机最初用来从炉渣中回收原料，目前也用作对含有玻璃器皿、铝和铁皮罐头的废物进行分选。

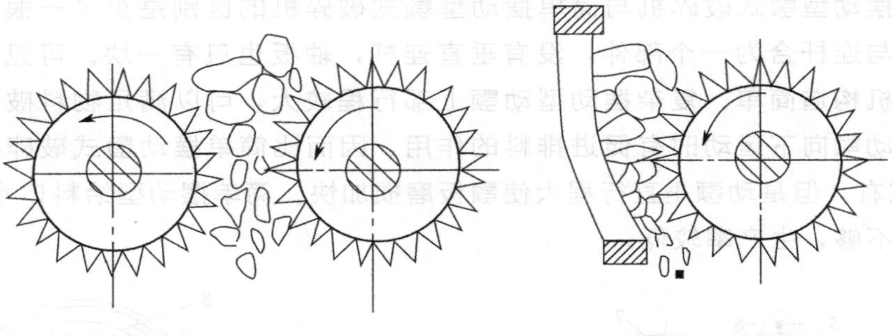

(a)双齿辊破碎机　　(b)单齿辊破碎机

图 4-4　齿辊破碎机的工作原理

(3) 冲击式破碎机

冲击式破碎机大多是旋转式，都是利用冲击作用进行破碎，与锤式破碎机很相似，但锤子数要少很多。

工作原理是：给破碎机空间装入物料块，物料块被绕中心轴高速旋转的转子猛烈碰撞后，受到第一次破碎；然后物料从转子获得能量高速飞向坚硬的机壁，受到第二次破碎；在冲击过程中弹回再次被转子击碎，难于破碎的物料，被转子和固定板挟持而剪断，破碎产品由下部排出。当要求的破碎产品粒度为 40mm 时，此时足以达到目的，而若要求粒度更小时，接下来还需经锤子与研磨板的作用，进一步细化物料，其间空隙远小于冲击板与锤子之间的空隙，若底部再设有箅筛，可更为有效地控制出料尺寸。

冲击板与锤子之间的距离，以及冲击板倾斜度是可以调节的。合理布置冲击板，使破碎物存在于破碎循环中，直至其充分破碎，而能通过锤子与板间空隙或箅筛筛孔，排出机外。冲击式破碎机具有破碎比大、适应性强、构造简单、外形尺寸小、操作方便、易于维护等特点。适用于破碎中等硬度、软质、脆性、韧性及纤维状等多种固体废物。

(4) 锤式破碎机

锤式破碎机是最普通的一种工业破碎设备，按转子数目可分为两类：一类为单转子锤式破碎机，它只有一个转子；另一类为双转子锤式破碎机，它有两个做相对运动的转子。单转子锤式破碎机根据转子的旋转方向，又分为可逆和不可逆两种，目前普遍采用可逆单转子锤式破碎机如图 4-5 所示。

锤式破碎机按转子轴布置的方式又可分为卧轴锤式破碎机和立轴锤式破碎机。

卧轴锤式破碎机轴子由两端的轴承支持，原料借助重力或用输送机送入。转子下方装有箅条筛，箅条缝隙的大小决定破碎后颗粒的大小。有些锤式破碎机是对称的，转子的旋转方向可以改变，用以变换锤头的磨损面，减少对锤头的检修。

立轴锤式破碎机有一立轴，物料靠重力进入破碎腔的侧面。这种破碎机，通常在破碎腔的上部间隙较大，越往下间隙逐渐减小。因此当物料通过破碎机时，就逐渐被破碎，破碎后的颗粒尺寸取决于下部锤头与机壳之间的间隙。

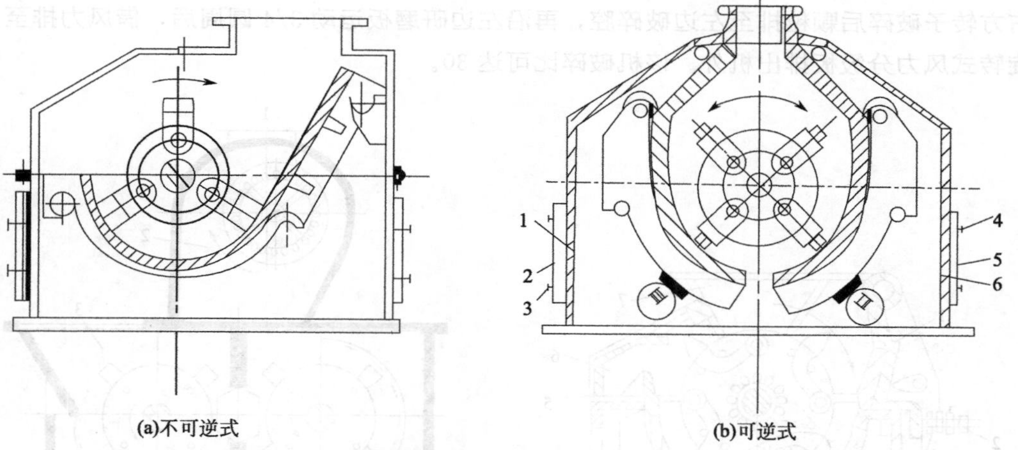

图 4-5　单转子锤式破碎机

1，6—检修孔；2，5—盖板；3—螺栓；4—螺柱

1）Hammer Mills 式锤式破碎机　Hammer Mills 式锤式破碎机的构造如图 4-6 所示。机体分成压缩机和锤碎机两部分。大型固体废物先经压缩机压缩，再给入锤式破碎机。转子由大小两种锤子组成，大锤子磨损后改作小锤用，锤子铰接悬挂在绕中心旋转的转子上做高速旋转。转子下方半周安装有箅子筛板，筛板两端安装有固定反击板，起二次破碎和剪切作用。这种锤碎机用于破碎废汽车等粗大固体废物。

2）BJD 普通锤式破碎机　BJD 锤式破碎机如图 4-7 所示，转子转速 450～1500r/min，处理量为 7～55t/h，它主要用于破碎电视机、电冰箱、洗衣机等大型废物，破碎块可达到 50mm 左右。该机设有旁路，不能破碎的废物由旁路排出。

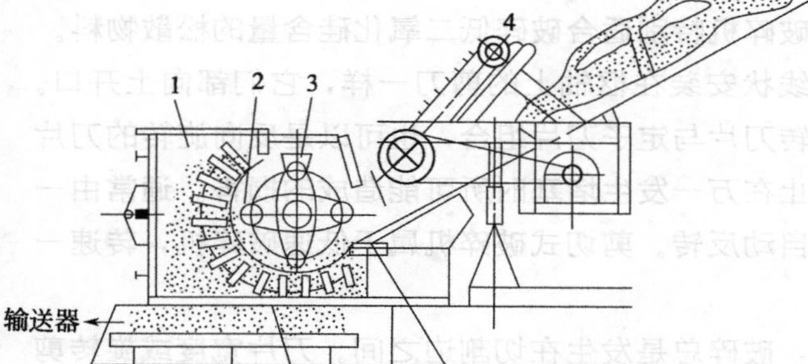

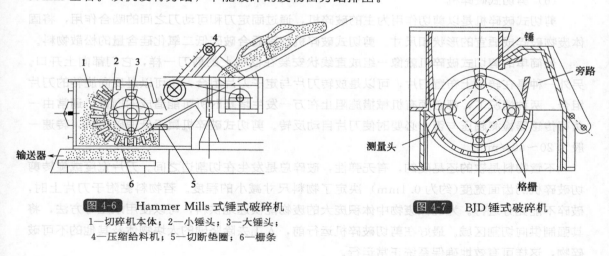

图 4-6　Hammer Mills 式锤式破碎机

1—切碎机本体；2—小锤头；3—大锤头；
4—压缩给料机；5—切断垫圈；6—栅条

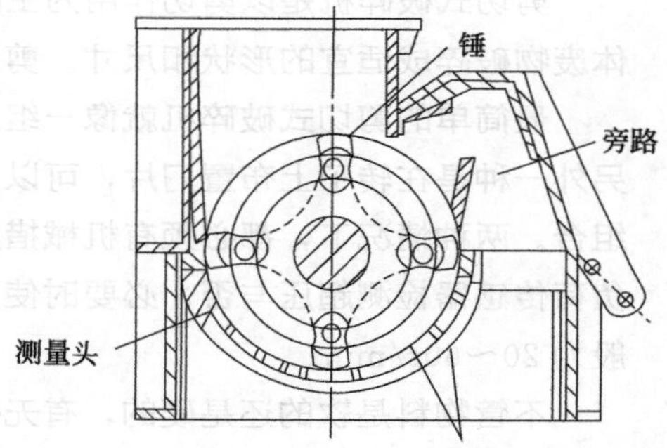

图 4-7　BJD 锤式破碎机

3）BJD 金属切屑破碎机　BJD 型金属切屑锤式破碎机结构示意如图 4-8 所示。经该机破碎后，可使金属碎屑体积减少 3～8 倍，便于运输。锤子呈钩形，对金属切屑施加剪切撕拉等作用而破碎。

4）Novorotor 型双转子锤式破碎机　Novorotor 型双转子锤式破碎机如图 4-9 所示。这种破碎机具有两个旋转方向的转子，转子下方均装有研磨板。物料自右方给料口送入机内，经右方转子破碎后颗粒排至左边破碎腔，再沿左边研磨板运动 3/4 圆周后，借风力排至上部的旋转式风力分级板排出机外。该机破碎比可达 30。

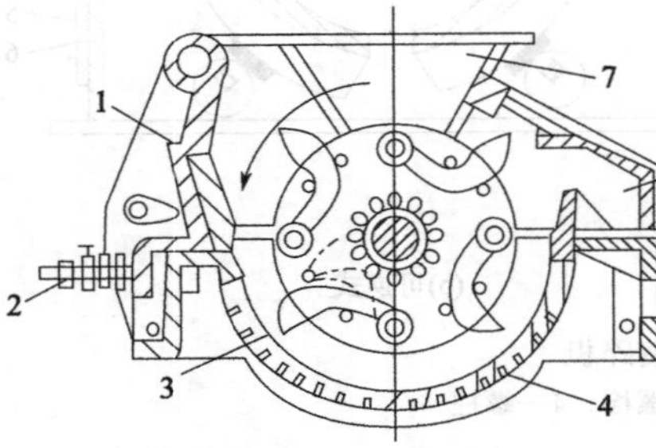

图 4-8 BJD 金属切屑破碎机
1—衬板；2—弹簧；3—锤子；4—筛条；5—小门；6—非破碎物收集区；7—进料口

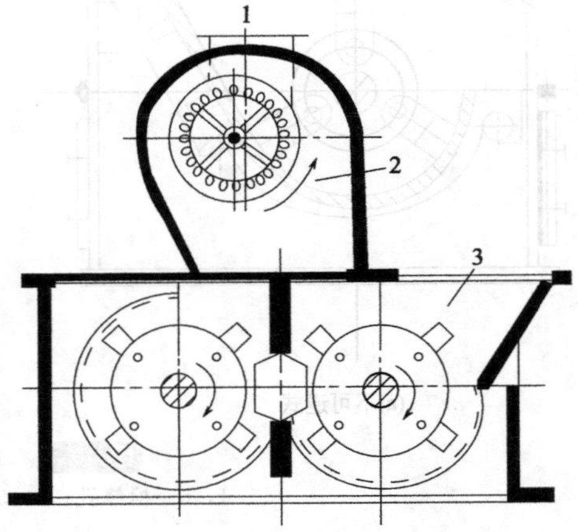

图 4-9 Novorotor 型双转子锤式破碎机
1—细粒级产品出口；2—风力分级器；3—物料入口

（5） 反击式破碎机

反击式破碎机是一种新型高效破碎设备，它具有破碎比大、适应性广(可以破碎中硬、软、脆、韧性等物料)、构造简单、外形尺寸小、安全方便、易于维护等许多优点，主要用在水泥、火电、玻璃、化工、建材、冶金等部门。

（6） 剪切式破碎机

剪切式破碎机是以剪切作用为主的破碎机，通过固定刀和可动刀之间的啮合作用，将固体废物破碎成适宜的形状和尺寸。剪切式破碎机特别适合破碎低二氧化硅含量的松散物料。

最简单的剪切式破碎机就像一组成直线状安装在枢轴上的剪刀一样，它们都向上开口。另外一种是在转子上布置刀片，可以是放转刀片与定子刀片组合，也可以是反向旋转的刀片组合。两种情况下，都必须有机械措施阻止在万一发生堵塞时所可能造成的损害。通常由一负荷传感器检测超压与否，必要时使刀片自动反转。剪切式破碎机属于低速破碎机，转速一般为 20～60r/min。

不管物料是软的还是硬的，有无弹性，破碎总是发生在切割边之间。刀片宽度或旋转剪切破碎机的齿面宽度(约为 0.1mm) 决定了物料尺寸减小的程度。若物料黏附于刀片上时，破碎不能充分进行。为确保废物中体积庞大的废物能快速地供料，可以使用水压等方法，将其强制供向切割区域。最好在剪切破碎机运行前，人工去除坚硬的大块物体及其他的不可破碎物，这样可有效地确保系统正常运行。

目前被广泛使用的剪切破碎机主要有 Von Roll 型往复剪切式破碎机(图 4-10)、Linclemann 型剪切式破碎机(图 4-11)、旋转剪切式破碎机(图 4-12) 等。

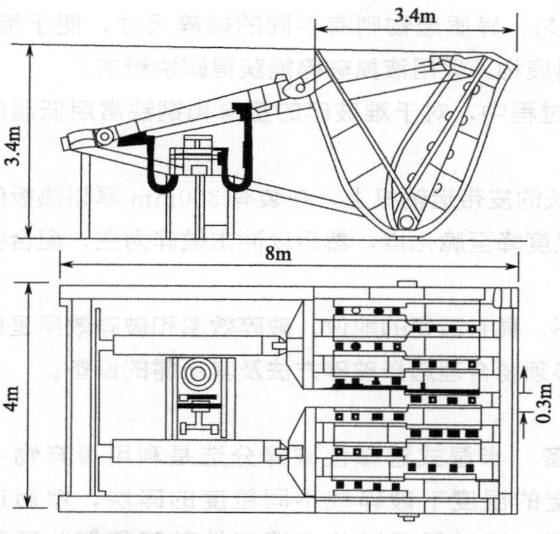

图 4-10　Von Roll 型往复剪切式破碎机

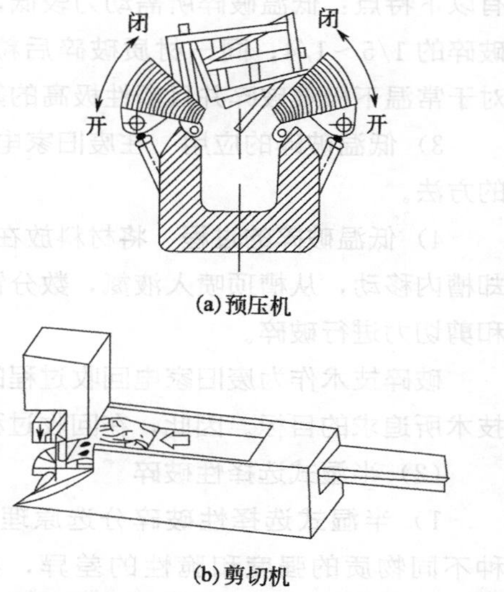

图 4-11　Linclemann 型剪切式破碎机

选择破碎机类型时，必须综合考虑下列因素：所需要的破碎能力；被破碎的物料的性质（如形状、硬度、密度、含水率等）和颗粒的大小；对破碎产品粒径大小、粒度组成、形状的要求；供料方式；安装操作场所情况等。

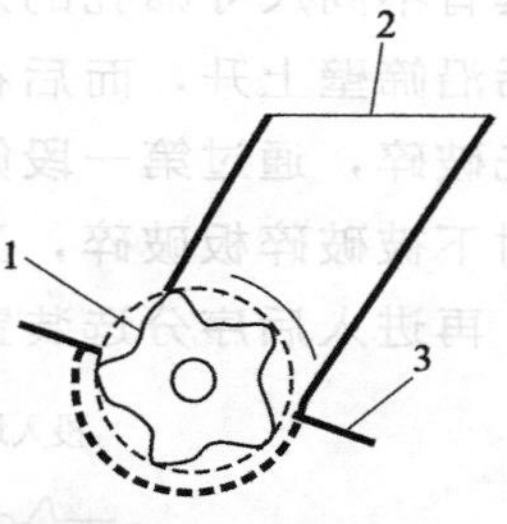

图 4-12　旋转剪切式破碎机

1—旋转刀；2—废物；3—固定刀

4.1.1.5　其他破碎方法

（1）低温破碎

常温破碎装置噪声大、振动强，产生粉尘多，此外还具有爆炸性、污染环境以及过量消耗动力等缺点，在选用不同类型的机械设备时，需要根据不同情况，通过多种方案的比较，尽量减少弊病，满足生产的需要。对于一些难以破碎的固体废物，可以利用其低温变脆的性能而有效地施行破碎；也可利用组成不同的物质其脆化温度的差异进行选择性破碎，这即是低温冷冻破碎技术。

低温破碎通常需要配置制冷系统，液氮是常用的制冷剂，因液氮制冷效果好、无毒、无爆炸性且货源充足，但是所需液氮量较大，且制备液氮需要消耗大量的能量，故从经济性考虑，低温破碎对象仅限于常温下破碎机回收成本高的合成材料，如橡胶和塑料。

1）低温破碎流程　先将固体废物投入预冷装置，再进入浸没冷却装置，易冷脆物质迅速脆化，最后送入高速冲击破碎机破碎，易脆物质脱落粉碎，破碎后产物进入分选设备进行分选(图 4-13 为破碎流程示意)。

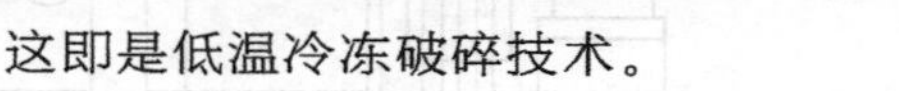

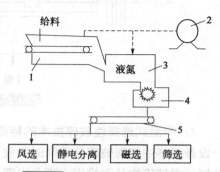

图 4-13　低温冷冻破碎工艺流程

1—预冷装置；2—液氮储槽；3—浸没冷却装置；4—高速冲击破碎机；5—皮带运输机

2）低温破碎的优点　低温破碎与常温破碎相比

有以下特点：低温破碎所需动力较低，仅为常温破碎的 1/4；噪声降低，振动减轻约为常温破碎的 1/5～1/4；同一材质破碎后粒度均匀，异质废物则有不同的破碎尺寸，便于筛分；对于常温下极难破碎并且塑性极高的氟塑料废物，采用液氮破碎能获得碎块粉末。

3）低温破碎的应用　在废旧家电回收过程中，对于难破碎的塑料和钢铁常用低温破碎的方法。

4）低温破碎的过程　将材料放在 4m 长的皮带运输机上，在装有 300mm 厚隔热板的冷却槽内移动，从槽顶喷入液氮，数分钟后温度降至脆化点，然后以冲击破碎为主，配合张力和剪切力进行破碎。

破碎技术作为废旧家电回收过程的一环，具有重要的地位。破碎效率和破碎效果是破碎技术所追求的目标。因此，在回收过程中必须要合理选择破碎方法及其所需的设备。

（2）半湿式选择性破碎

1）半湿式选择性破碎分选原理和设备　半湿式选择性破碎分选是利用废弃物中各种不同物质的强度和脆性的差异，在一定的湿度下破碎成不同粒度的碎块，然后通过网眼大小不同的筛网加以分离回收的过程。该过程通过兼有选择性破碎和筛分两种功能的装置实现，称之为半湿式选择性破碎分选机，其构造如图 4-14 所示，该装置由两段具有不同尺寸筛孔的外旋转圆筒筛和筛内与之反方向旋转的破碎板组成。废弃物进入后沿筛壁上升，而后在重力作用下抛落，同时被反向旋转的破碎板撞击，易脆物质首先破碎，通过第一段筛网分离排出；剩余废弃物进入第二段，中等强度的物质在水喷射下被破碎板破碎，又由第二段筛网排出；最后剩余的物质由不设筛网的第三段排出，再进入后序分选装置。

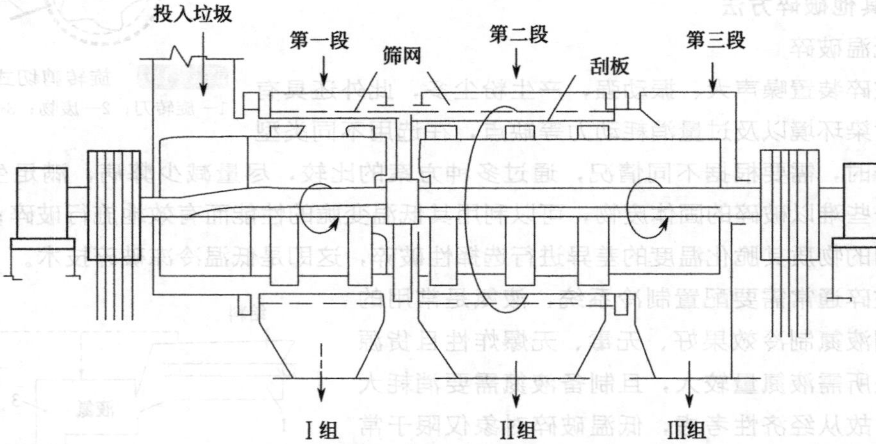

图 4-14　半湿式选择性破碎分选机

2）半湿式选择性破碎技术的特点　半湿式选择性破碎技术的特点可以归纳为：能在同一设备工序中实现破碎分选同时作业；能充分有效地回收废弃物中的有用物质；对进料适应性好、易破碎物及时排出，不会出现过破碎现象；动力消耗低，磨损小，易维修；当投入的废弃物在组成上有所变化及以后的处理系统另有要求时则可改变分选条件或改变该筒长度、破碎板段数、筛网孔径等，以适应其变化。

4.1.2 分选技术

固体废物分选是废物处理的一种方法(单元操作)，其目的是将废物中可回收利用的或不利于后续处理、处置工艺要求的物料分离出来。

废旧家电处理处置与回用之前必须进行分选，将有用的成分分选出来加以利用，并将有害的成分分离出来。根据物料的物理性质或化学性质(包括粒度、密度、重力、磁性、电性、弹性等)，分别采用不同的分选方法，包括筛分、重力分选、磁选、电选、光电分选、摩擦与弹性分选、浮选以及最简单有效的人工分选等。

4.1.2.1 分选的作用

废旧家电的分选是回收利用的关键步骤和瓶颈环节。分选的目的是把混杂在一起的不同品种的制品分开归类，利用废电路板等材料的磁性、电性和密度的差异进行分选。分选方法常用传统的有手工分选、磁选、风选、重力分选、涡流分选、静电分选法、氯原子检出法、光学法、标识物等(见表 4-2)。其中手工分选是最简单的分离方法，虽效率低下却是机械分选难以取代的。如果手工分选遇到难以分辨的制品，可用其他的鉴别方法。

4.1.2.2 常用的分选方法

利用废弃物的物理、化学特性，结合回收物的种类、物性、形状、回收率、纯度和经济性、公害的处理对策，采用不同的分选方法。常用的分选形式及处理装置见表 4-2。

表 4-2 常用的分选形式及其处理装置

分选形式	作用原理	处理装置
机械式分选装置	粒度、密度	旋转钉、旋转刷
过滤分选	粒径大小	振动筛网、旋转筛网
密度差分选	密度差	机械式密度差,湿式密度差
风力分选	物质自重和空气阻力之差	立型、卧型、倾斜型
磁力分选	利用磁性铁磁	鼓形、传送带型
涡电流分选	利用在移动磁场分离非铁金属	旋转圆盘式、倾斜板式
静电分选	产生的涡流	钢带、电晕放电式
磁场分选	物质带电性的差异	磁性流体式
溶剂分选	物质磁性	二甲苯溶解式
洗涤分选	物质的溶解性	水流式、水筛网并用式
强度差分选	物质的强度	半湿式破碎机
浮游分选	密度	浮游选矿式
光学分选	物质折射率	反射光式
弹性分选	物质弹性性能	旋转圆盘式、传送带式

(1) 筛分设备类型及应用

在固体废物处理中最常用的筛分设备有以下几种类型。

1) 固定筛 筛面由许多平行排列的筛条组成，可以水平安装或倾斜安装。由于构造简单、不耗用动力、设备费用低和维修方便，故在固体废物处理中被广泛应用。固定筛又可分为格筛和棒条筛两种。

格筛一般安装在粗碎机之前，起到保证入料块度适宜的作用。

棒条筛主要用于粗碎和中碎之前，安装倾角应大于废物对筛面的摩擦角，一般为30°～35°。以保证废物沿筛面下滑。棒条筛筛孔尺寸为要求筛下粒度的1.1～1.2倍，一般筛孔尺寸不小于50mm。筛条宽度应大于固体废物中最大块度的2.5倍。该筛适用于筛分粒度大于50mm的粗粒废物。

2）滚筒筛　滚筒筛也称转筒筛，是物料处理中重要的运行单元。该筒筛为一缓慢旋转（一般转速控制在10～15r/mm）的圆柱形筛分面，以筛筒轴线倾角为3°～5°安装。筛面可用各种构造材料，制成编织筛网，但筛分线状物料时会很困难，最常用的则是冲击筛板；筛分时，固体废物内稍高一端供入，随即跟着转筒在筛内不断翻滚，细颗粒最终穿过筛孔而透筛。滚筒筛倾斜角度决定了物料轴向运行速度，而垂直于筒轴的物料行为则由转速决定。物料在筛子中的运动有3种状态。

① 沉落状态。此时筛子的转速很低，物料颗粒由于筛子的圆周运动而被带起，然后滚落到向下运动的颗粒层上面，物料混合很不充分，不易使中间的细料翻滚物移向边缘而触及筛孔。

② 抛落状态。当转速足够高但又低于临界速度时，颗粒克服重力作用沿筒壁上升，直至到达转筒最高点之前，这时重力超过了离心力，颗粒沿抛物线轨迹落向筛底。这种情况下，颗粒以可能的最大距离下落(如转筒直径)，翻滚程度最为剧烈，很少有堆积现象发生，筛子的筛分效率最高，物料以螺旋状前进方式移出滚筒筛。

③ 离心状态。若转筒筛的转速进一步提高，达到临界速度，物料由于离心作用附着在筒壁上而无下落、翻滚现象，这时的筛分效率很低。

操作运行中，应尽可能使物料处于最佳的抛落状态，筛子的最佳速度约为临界速度的45%，筛分效率随倾角的增大而迅速降低。随着筛分器负荷增加，物料在筒内所占容积比例增加。这时，要达到抛落状态的转速以及功率要求也随之增加。实际上筛子完全充满时不可能进入抛落状态。

3）振动筛　振动筛是许多工业部门应用非常广泛的一种设备。它的特点是振动方向与筛面垂直或近似垂直，振动次数600～3600r/min，振幅0.5～1.5mm。物料在筛顶发生离析现象，密度大而粒度小的颗粒钻过密度小而粒度大的颗粒的空隙，进入下层达到筛面。振动筛的倾角一般控制在8°～40°之间。倾角过小使物料移动缓慢，单位时间内的筛分效率势必降低；但倾角过大同样也使筛分效率降低，因为物料在筛面上移动过快，还未充分透筛即排出筛外。

振动筛由于筛面强烈振动，消除了堵塞筛孔的现象，有利于湿物料的筛分，可用于粗、中、细粒的筛分，还可以用于脱水振动和脱泥筛分。振动筛主要有惯性振动筛和共振筛两种。

① 惯性振动筛是通过不平衡体的旋转所产生的离心惯性力，使筛箱产生振动的一种筛子，其构造及工作原理见图4-15。由于筛面通过筛箱作用于弹簧，强迫弹簧作拉伸及压缩的强迫运动。因此，筛箱的运动轨迹为椭圆或近似于圆。由于该种筛子的激振力是离心惯性力，故称为惯性振动筛。惯性振动筛适用于细粒废物（0.1～1.5mm）的筛分，也可用于潮湿及黏性废物的筛分。

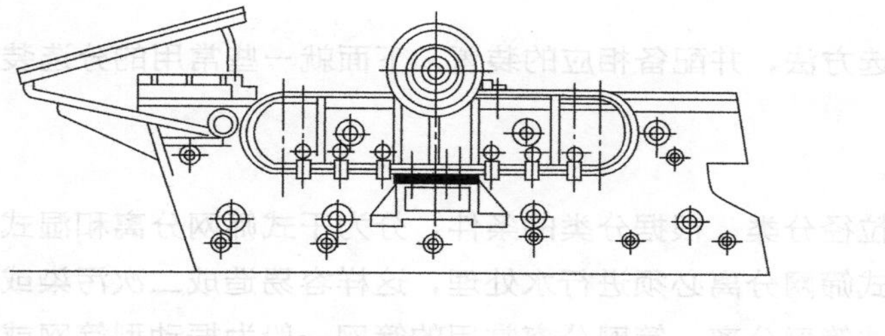

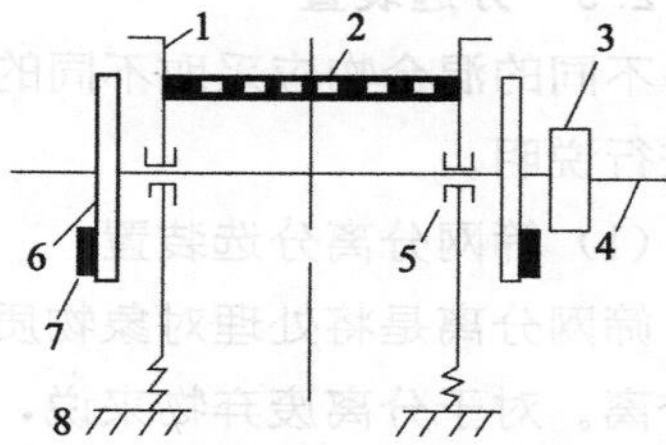

图 4-15　惯性振动筛构造及工作原理

1—筛箱；2—筛网；3— 皮带轮；4—主轴；5—轴承；6—配重轮；7—重块；8—板簧

② 共振筛是利用连杆上装有弹簧的曲柄连杆机构驱动，使筛子在共振状态下进行筛分的。其构造及工作原理如图 4-16 所示。当电动机带动装在下机体上的偏心轴转动时，轴上的偏心使连杆做往复运动。连杆通过末端的弹簧将作用力传给筛箱，与此同时下机体也受到相反的作用力，使筛箱和下机体沿着倾斜方向振动，但它们的运动方向相反，所以达到动力平衡。

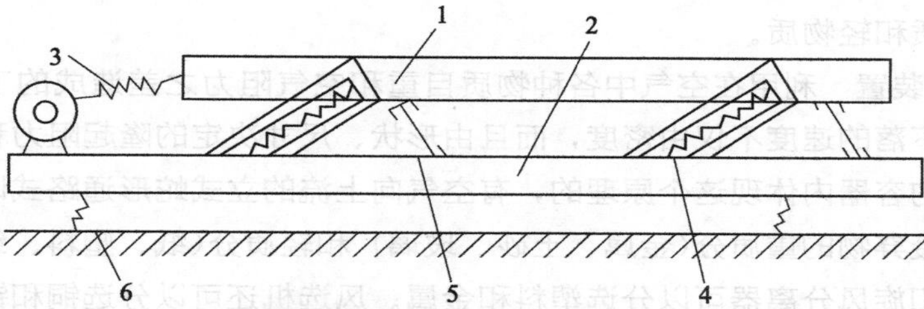

图 4-16　共振筛构造及工作原理

1—上筛箱；2—下机体；3—传动装置；4—共振弹簧；5—板簧；6—支撑弹簧

筛箱、弹簧及下机体组成一个弹性系统，该弹性系统固有的自振频率与传动装置的强迫振动频率接近或相同时，使筛子在共振态下筛分，故称为共振筛。当共振筛的筛箱压缩弹簧而运动时，其运动速度和动能都逐渐减小，被压缩的弹簧所储存的位能却逐渐增加；当筛箱的运动速度和动能等于零时，弹簧被压缩到极限，它所储存的位能达到最大值，接着筛箱向相反方向运动，弹簧释放出所储存的位能，转化为筛箱的动能，因而筛箱的运动速度增加。当筛箱的运动速度和动能达到最大值时，弹簧伸长到极限，所储存的位能也就最小。可见，共振筛的工作过程是筛箱的动能和弹簧的位能相互转化的过程。所以，在每次振动中，只需要补充克服阻力的能量，就能维持筛子的连续振动。这种筛子虽大，但功率消耗却很小。

共振筛的优点有处理能力大、筛分效率高、耗电少以及结构紧凑；但同时也有制造工艺复杂、机体大、橡胶弹簧易老化等缺点。

(2) 筛分设备的选择

选择筛分设备时应考虑如下因素：颗粒大小、形状、整体密度、含水率、黏结或缠绕的可能；筛分器的构造材料，筛孔尺寸，形状，筛孔所占筛面比例，转筒筛的转速、长与直径，振动筛的振动频率、长与宽；筛分效率与总体效果要求；运行特征如能耗、日常维护、运行难易、可靠性、噪声、非正常振动与堵塞的可能等。

4.1.2.3 分选装置

不同的混合物应采取不同的分选方法，并配备相应的装置，下面就一些常用的分选装置来进行说明。

(1) 筛网分离分选装置

筛网分离是将处理对象物质按粒径分类。根据分类的条件，分为干式筛网分离和湿式筛网分离。对于分离废弃物来说，湿式筛网分离必须进行水处理，这样容易造成二次污染或进行必要的后处理，因此通常采用干式筛网分离。筛网分离常用的筛网一般为振动型筛网或者旋转圆盘型筛网。

(2) 密度差分选装置

利用被分选物质的密度差进行分类，混合物密度差大的时候分离精度高。密度差分选法也有干式和湿式之分。湿式分离是应用水或密度大的液体来使固体物上浮或者沉降实现分离；干式分离有机械式分选装置、风力分选装置等。

1) 机械式分选装置　机械式分选是把粒度、密度作为分类条件，在密度差分选中不用空气、水等媒介，利用自由落体的重力和具有挠性的弹性线体的反弹力之差。第一段以旋转钉的方式按尺寸大小进行分离，第二段是以旋转刷子(把钢琴线按放射线状安装在轴上）弹拨方式分离重物质和轻物质。

2) 风力分选装置　利用在空气中各种物质自重和空气阻力之差造成的下落速度不同实施分离。废弃物下落的速度不仅由密度，而且由形状、尺寸决定的隆起阻力和密度的平衡关系决定。在密闭的容器内体现这个原理的，有空气向上流的立式蛇形通路式以及横型式。该装置适用于分离废弃物的重质分(金属、土砂、玻璃）和轻质分(纸、塑料、纤维等)。

风力分选机和旋风分离器可以分选塑料和金属。风选机还可以分选铜和铝，但设备性能不太稳定，受进料影响较大。风力摇床也称重力分选机，也已经成功地用于电子废物的商业化回收。颗粒在气流作用下分层，下面的重颗粒受板的摩擦和振动作用向上移动，轻颗粒则由于板的倾斜度而向下漂移，从而将金属和塑料分离。风力摆床要求进料的尺寸和形状不能相差太大，否则不能进行有效分层。因此破碎后必须仔细分级，采用窄级别物料分别进行重选。具体采用哪种设备更适用、更经济，要根据采用的回收工艺、设备的最佳操作条件和分选要达到的纯度和回收率来确定。

(3) 跳汰分选

1) 跳汰分选原理　跳汰分选是一个典型的从采矿工业部门借鉴而来的运行单元，它是在垂直脉冲介质中颗粒群反复交替地膨胀收缩，按密度分选固体废物的一种方法。从动力而言，跳汰分选区别于其他的装置，通常使用水为介质，故称为水力跳汰分选。如图 4-17 所示为一种跳汰分选机，供料在水介质中受到脉冲力作用，于是，整个筛面上的物料层不断地被冲起又落下，颗粒之间频繁接触，逐渐形成一个按密度分层的床面。一个脉冲循环中包括这样两个过程：床面先是浮起，然后被压紧。在浮起状态，轻颗粒加速较快，运动到床面物上面；在压紧状态重颗粒比轻颗粒加速快，钻入床面物的下层中，脉冲作用使物料分层，该过程如图 4-18 所示。在这样的周期性的脉冲水流中进行的分选要优于在一股稳定的上升流中进行的分选。其原因就在于，前者更为直接地利用了密度这一分离特征，而将颗粒尺寸的影响降至最小，水面振动使颗粒之间的密度差异表现得更为明显了。

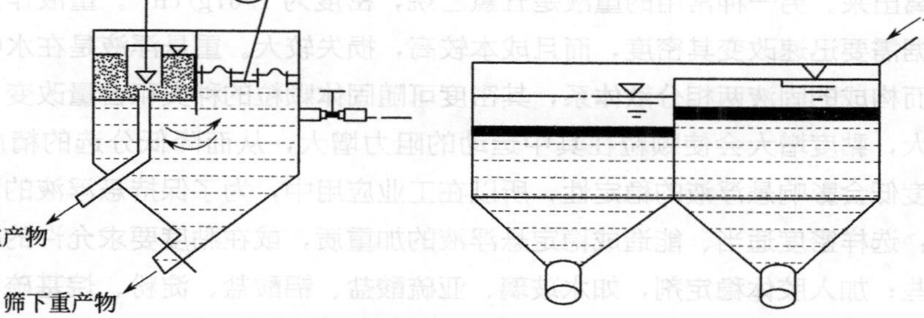

图 4-17 隔膜跳汰机分选示意

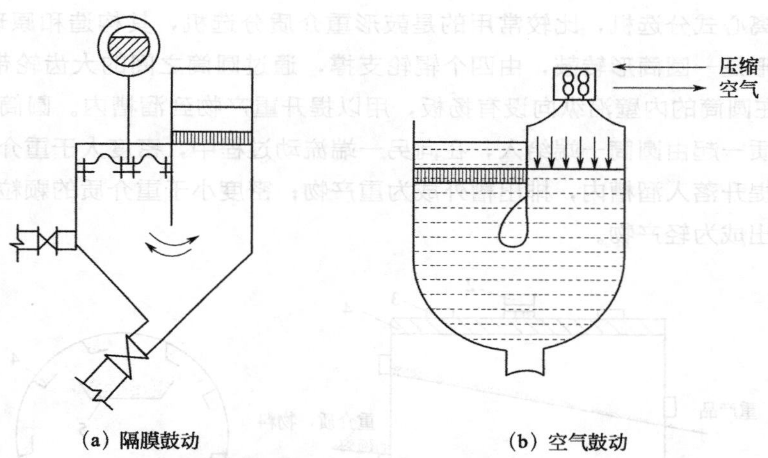

图 4-18 跳汰机中推动水流运动的形式

分层后，密度大的重颗粒群集中于底层，其中小而重的颗粒会透筛成为筛下重产物，密度小的轻物料群进入上层，被水平水流带到机外成为轻产物。

2）跳汰分选设备　按推动水流运动方式，分为隔膜跳汰机和无活塞跳汰机两种。隔膜跳汰机是利用偏心连杆机构带动橡胶隔膜做往复运动，借以推动水流在跳汰室内作脉冲运动。无活塞跳汰机采用压缩空气推动水流跳汰分选，主要用于混合金属的分离与回收。尽管在此过程中水的消耗量并不大，但所排放的跳汰用水仍需加以处理。

(4) 重介质分选

1）基本原理　重介质分选又称浮沉法，主要适用于几种固体的密度差别较小及难以用跳汰法等其他分离技术分选的场合。通常将密度大于水的介质称为重介质，包括重液和重悬浮液两种流体。重介质密度一般应该介于大密度和小密度颗粒之间。

2）重介质　重介质是由高密度的固体微粒和水构成的固液两相分散体系，它是密度高于水的非均匀介质。重介质可以是重液和重悬浮液两大类，但重液价格昂贵，只能在实验室中使用。在固体废物分选中只能使用重悬浮液。高密度固体微粒起着加大介质密度的作用，故称为加重质。

重液是一些可溶性高密度的盐溶液（如 $CaCl_2$、$ZnCl_2$ 等）或高密度的有机液体（如 CCl_4、

$CHCl_3$、$CHBr_3$、四溴乙烷等)。四溴乙烷与丙酮的混合液密度约为 2.4g/cm³，可将铝从较重的物料中分离出来。另一种常用的重液是五氯乙烷，密度为 1.67g/cm³。重液作介质的主要问题是不能根据需要迅速改变其密度，而且成本较高，损失较大。重悬浮液是在水中添加高密度的固体颗粒而构成的固液两相分散体系，其密度可随固体颗粒的种类和含量改变。重悬浮液的黏度不应太大，黏度增大会使颗粒在其中运动的阻力增大，从而降低分选的精度和设备生产率，但是黏度低会影响悬浮液的稳定性，所以在工业应用中，为了保持悬浮液的稳定，可以采用如下方法：选择密度适当、能造成稳定悬浮液的加重质，或在黏度要求允许的条件下，把加重质磨碎一些；加入胶体稳定剂，如水玻璃、亚硫酸盐、铝酸盐、淀粉、烷基硫酸盐、膨润土和合成聚合物等；适量的机械搅拌促使悬浮液更加稳定。除此以外，重介质还应具有密度高、化学稳定性好(不与处理的废物发生化学反应)、无毒、无腐蚀性、易回收再生等特性。

3）重介质分选设备　工业上应用的分选机一般分为鼓形重介质分选机和深槽式、浅槽式、振动式、离心式分选机，比较常用的是鼓形重介质分选机，其构造和原理如图 4-19 所示。该设备外形是一圆筒形转鼓，由四个辊轮支撑，通过圆筒之间的大齿轮带动旋转(转速为 2r/min)。在圆筒的内壁沿纵向设有扬板，用以提升重产物到溜槽内。圆筒水平安装。固体废物和重介质一起由圆筒一端给入，在向另一端流动过程中，密度大于重介质的颗粒沉于槽底，由扬板提升落入溜槽内，排出槽外成为重产物；密度小于重介质的颗粒随重介质流从圆筒溢流口排出成为轻产物。

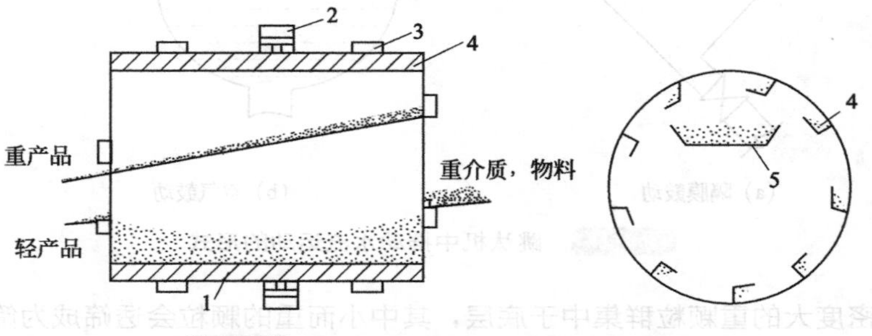

图 4-19　鼓形重介质分选机的构造原理

1—圆鼓形转筒；2—大齿轮；3—辊轮；4—扬板；5—溜槽

鼓形重介质分选机适用于分离粒度较粗(40～60mm)的固体废物。具有结构简单、紧凑，便于操作，分选机内密度分布均匀，动力消耗低等优点。缺点是轻重产物量调节不方便。

深槽式圆锥形重悬浮液分选机如图 4-20 所示，分选机的空心轴同时作为排出重产物的空气提升管。

图 4-20　深槽式圆锥形重悬浮液分选机

(5) 摇床分选

摇床分选是使固体废物颗粒群在倾斜床面的不对称往复运动和薄层斜面水流的综合作用下按密度差异在床面上呈扇形分布而进行分选的一种方法。

摇床分选的运行原理与跳汰分选相似，目的也是使颗粒群按密度松散分层后，沿不同方向排出实现分离。该分选法按密度不同分选颗粒，但粒度和形状亦影响分选的精确性。

在摇床分选设备中最常用的是平面摇床。平面摇床主要由床面、床头和传动机构组成，如图 4-21 所示。摇床床面近似呈梯形，横向有 1.5°～5°的倾斜。在倾斜床面的上方设置有给料槽和给水槽。床面上铺有耐磨层(如橡胶等)。沿纵向布置有床条，床条高度从传动端向对侧逐渐降低，并沿一条斜线逐渐趋向于零。整个床面由机架支撑。床面横向坡度借机架上的调坡装置调节。床面由传动装置带动进行往复不对称运动。

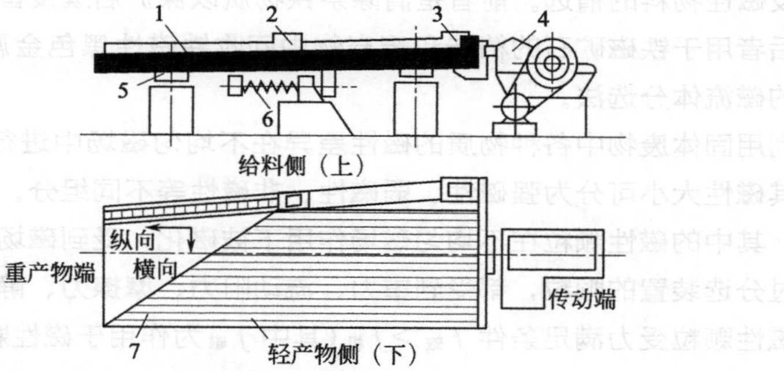

图 4-21　摇床结构示意

1—床面；2—给水槽；3—给料槽；4—床头；5—滑动支承；6—弹簧；7—床条

摇床分选过程中，由给水槽给入冲洗水，使其布满倾斜的床面，并形成一均匀的薄层斜面水流。固体废物颗粒由给料槽供入做变速运动的床面上，其方向与水流方向垂直。这种情况下，颗粒群在重力、水流冲力、床层摇动产生的惯性力和摩擦力等的综合作用下，按密度差异产生松散分层，并且不同密度与粒度的颗粒以不同的速度沿床面做纵向和横向运动。它们的合速度偏离方向各异，使不同密度颗粒在床面上呈扇形分布，达到分离的目的。细而重的颗粒处于床槽底部，粗而重的颗粒在细颗粒的上面，依次向上为细而轻的颗粒，粗而轻的颗粒。之所以能形成这样的分布，首先是由于颗粒在床面的纵向往复摇动过程中，因密度不同而重排(沿移动方向依次为轻、中、重产物)；其次是在横向变速水流冲洗作用下，小颗粒穿过密度相同而尺寸较大的颗粒之间的间隙并按密度分层，同时还由于涡流搅拌作用，颗粒受到更为强烈的冲刷，不会黏结成团，从而改善分选效果。

床面上的床条不仅能形成沟槽，增强水流的脉动，增加床层松散，有利于颗粒分层和析离，而且所引起的涡流能清洗出混杂在大密度颗粒层内的小密度颗粒，改善分选效果。床条高度由传动端向重产物端逐渐降低，使分层的颗粒依次受到冲洗。因此，分层后位于最上端的轻而粗的颗粒由于最先脱离床条阻挡而最早流出床面，然后是细而轻与粗而重的颗粒，最后是细而重的颗粒从床尾排出。

综上所述，摇床分选具有以下特点。

① 床面的强烈摇动使松散分层和迁移分离得到加强，分选过程中析离分层占主导，使其按密度分选更加完善。

② 摇床分选是斜面薄层水流分选的一种，因此等降颗粒可因移动速度的不同而达到按密度分选。

③ 不同性质颗粒的分离，不单纯取决于纵向和横向的移动速度，而主要取决于它们的合速度偏离摇动方向的角度。

(6) 惯性分选

惯性分选又称弹道分选，是用高速传输带、旋流器或气流等水平方向抛射粒子，利用由于密度、粒度不同而形成的惯性不同差异，粒子沿抛物线运动轨迹不同的性质，达到分离的目的的方法。普通的惯性分选器有弹道分选器选器。

(7) 磁力分选

磁力分选有两种类型。一类是通常意义上的磁选，它主要应用于供料中磁性杂质的提纯、净化以及磁性物料的精选。前者是清除杂铁物质以保护后续设备免遭损坏，产品为非磁性物料，而后者用于铁磁矿石的精选和废弃物中回收铁磁性黑色金属材料。另一类是近 20 年发展起来的磁流体分选法。

磁选是利用固体废物中各种物质的磁性差异在不均匀磁场中进行分选的一种处理方法。固体废物按其磁性大小可分为强磁性、弱磁性、非磁性等不同组分。磁选过程是将固体废物输入磁选机，其中的磁性颗粒在不均匀磁场作用下被磁化，受到磁场吸引力的作用。除此之外，所有穿过分选装置的颗粒，都受到重力、流动阻力、摩擦力、静电力和惯性力等机械力的作用。若磁性颗粒受力满足条件 $f_{磁}>f_{机}$(其中 $f_{磁}$为作用于磁性颗粒的吸引力，$f_{机}$为与磁性引力方向相反的各机械力的合力)，则该磁性颗粒就会沿磁场强度增加的方向移动直至被吸附在滚筒或带式收集器上，而后随着传输带运动而被排出。非磁性颗粒所受到的机械力占优势。对于粗粒，重力、摩擦力起主要作用，而对于细粒，静电引力和流体阻力则较明显，在这些作用下，它们仍会留在废物中而被排出。因此，磁选是基于固体废物各组分的磁性差异，作用于各种颗粒上的磁力和机械力的合力不同，使它们的运动轨迹也不同，从而实现分选。

磁选机中使用的磁铁有两类：电磁——用通电方式磁化或极化铁磁材料；永磁——利用永磁材料形成磁区。其中永磁较为常用。回收应用中的磁铁的布置多种多样，最常见的几种设备介绍如下。

1) 磁力滚筒　又称磁滑轮，有永磁和电磁两种。应用较多的是永磁滚筒(图 4-22)。这种设备的主要组成部分是一个回转的多极磁系和套在磁系外面的用不锈钢或铜、铝等非导磁材料制成的圆筒，磁系与圆筒固定在同一个轴上，安装在皮带运转机头部(代替传动滚筒)。

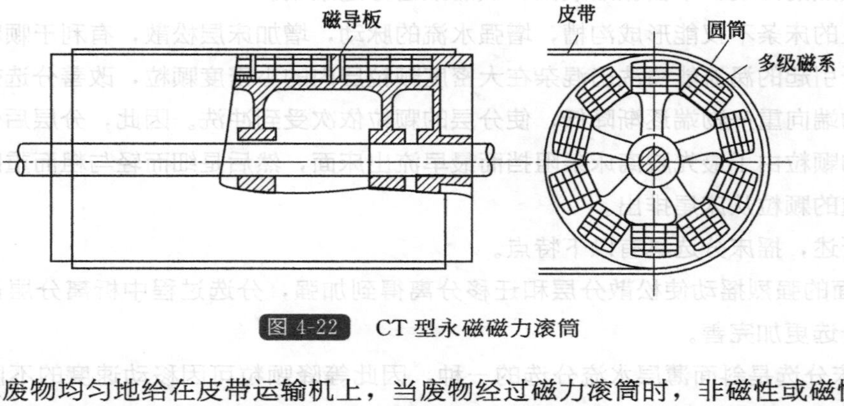

图 4-22　CT 型永磁磁力滚筒

将固体废物均匀地给在皮带运输机上，当废物经过磁力滚筒时，非磁性或磁性很弱的物质在离心力和重力作用下脱离皮带面；而磁性较强的物质受磁力作用被吸在皮带上，并由皮带带到磁力滚筒的下部，当皮带离开磁力滚筒伸直时，由于磁场强度减弱而落入磁性物质收集槽中。

这种设备主要用于固体废物的破碎设备或焚烧炉前，除去废物中的铁器，防止损坏破碎设备或焚烧炉。

2）湿式CTN型水磁圆筒式磁选机　CTN型永磁圆筒式磁选机的构造型式为逆流型（图4-23）。它的给料方向和圆筒旋转方向或磁性物质的移动方向相反。物料液由给料箱直接进入圆筒的磁系下方，非磁性物质由磁系左边下方底板上的排料口排出，磁性物质随圆筒逆着给料方向移到磁性物质排料端，排入磁性物质收集槽中。

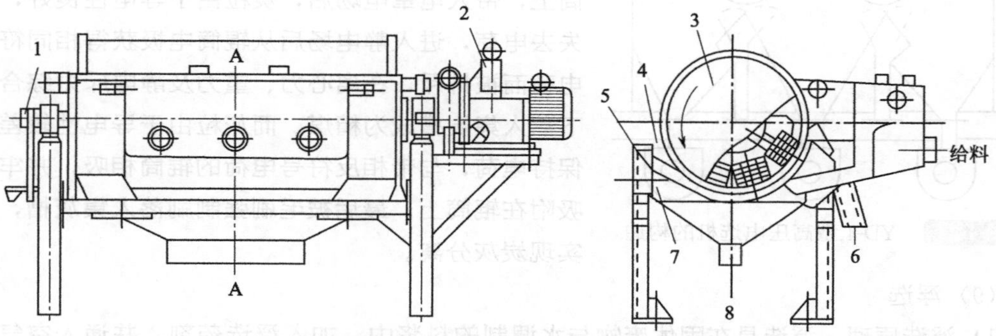

图4-23　CTN型永磁圆筒式磁选机
1—磁偏角调整部分；2—传动部分；3—圆筒；4—槽体；5—机架；
6—磁性物质；7—溢流堰；8—非磁性物质

（8）电力分选

电力分选简称电选，是利用废弃物中各种组分在高压电场中电性的差异而实现分选的一种方法。一般物质大致可分为电的良导体、半导体和非导体，它们在高压电场中有着不同的运动轨迹，加上机械力的共同作用，即可将它们互相分开。电场分选对于塑料、橡胶、纤维、废纸、合成皮革、树脂等与某些物料的分离，各种导体、半导体和绝缘体的分离等都十分简便有效。

1）电选的分离过程　电选分离过程是在电晕-静电复合电场电选设备中进行的。废物由给料斗均匀地给入辊筒上。随着辊筒的旋转，废物颗粒进入电晕电场区，由于空间带有电荷，使导体和非导体颗粒都获得负电荷(与电晕电极电性相同)，导体颗粒一面荷电，一面又把电荷传给辊筒(接地电极)，其放电速度快。因此，当废物颗粒随辊筒旋转离开电晕电场区而进入静电场区时，导体颗粒的剩余电荷少，而非导体颗粒则因放电速度慢，致使剩余电荷多。导体颗粒进入静电场后不再继续获得负电荷，但仍继续放电，直至放完全部负电荷，并从辊筒上得到正电荷而被辊筒排斥，在电力、离心力和重力分力的综合作用下，其运动轨迹偏离辊筒，而在辊筒前方落下。偏向电极的静电引力作用更增大了导体颗粒的偏离程度。非导体颗粒由于有较多的剩余负电荷，将与辊筒相吸，被吸附在辊筒上，带到辊筒后方，被毛刷强制刷下；半导体颗粒的运动轨迹则介于导体与非导体颗粒之间，成为半导体产品落下，从而完成电选分离过程。

2）静电分选机理及应用　将含有铝和玻璃的废物，通过电振给料器均匀给到带电辊筒上，铝为良导体，从辊筒电极获得相同符号的大量电荷，因而被辊筒电极排斥落入铝收集槽内。玻璃为非导体，与带电辊筒接触被极化，在靠近辊筒一端产生相反的束缚电荷，被辊筒吸住，随辊筒带至后面被毛刷强制刷落进入玻璃收集槽，从而实现铝与玻璃的分离。

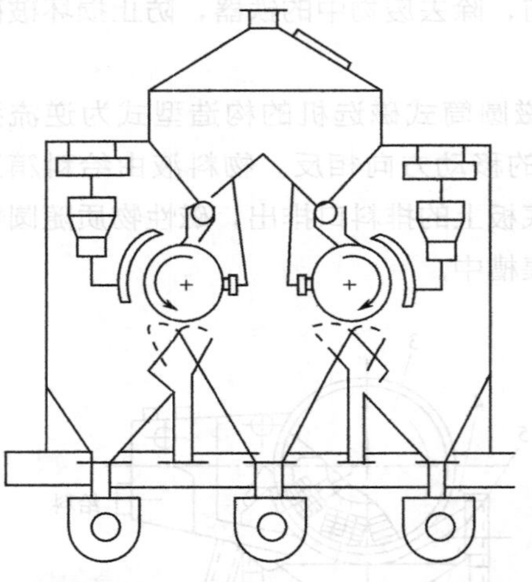

图 4-24　YD-4 型高压电选机的构造

3）YD-4 型高压电选机的应用　YD-4 型高压电选机的构造如图 4-24 所示。该机特点是具有较宽的电晕电场区、特殊的下料装置和防积灰漏电措施；整机密封性能好；采用双筒并列式，结构合理、紧凑；处理能力大；效率高。可作为粉煤灰分选专用设备。

该机的工作原理是将粉煤灰均匀给到旋转接地辊筒上，带入电晕电场后，炭粒由于导电性良好，很快失去电荷，进入静电场后从辊筒电极获得相同符号的电荷而被排斥，在离心力、重力及静电斥力综合作用下落入集炭槽成为精煤。而灰粒由于导电性较差，能保持电荷，与带相反符号电荷的辊筒相吸，并牢固地吸附在辊筒上，最后被毛刷强制刷落入集灰槽，从而实现炭灰分离。

（9）浮选

1）浮选原理　浮选是在固体废物与水调制的料浆中，加入浮选药剂，并通入空气形成无数细小气泡，使欲选物质颗粒黏附在气泡上，随气泡上浮于料浆表面成为泡沫层，然后刮出回收；不浮的颗粒仍留在料浆内，通过适当处理后废弃。

在浮选过程中，固体废物各组分对气泡黏附的选择性，是由固体颗粒、水、气泡组成的二相界面间的物理化学特性所决定的。其中比较重要的是物质表面的湿润性。固体废物中有些物质表面的疏水性较强，容易黏附在气泡上，而另一些物质表面亲水。不易黏附在气泡上。物质表面的亲水、疏水性能，可以通过浮选药剂的作用而加强。因此，在浮选工艺中正确选择、使用浮选药剂是调整物质可浮性的主要外因条件。

2）浮选药剂　根据药剂在浮选过程中的作用不同，可分为捕收剂、起泡剂和调整剂三大类。

① 捕收剂能够选择性地吸附在欲选的物质颗粒表面上，使其疏水性增强，提高可浮性，并牢固地黏附在气泡上而上浮。良好的捕收剂应具备：a. 捕收作用强，具有足够的活性；b. 有较高的选择性，最好只对一种物质颗粒具有捕收作用；c. 易溶于水、无毒、无害、成分稳定、不易变质；d. 价廉易得。常用的捕收剂有异极性捕收剂和非极性油类捕收剂两类。

② 起泡剂是一种表面活性物质，主要作用在水-气界面上使其界面张力降低，促使空气在料浆中弥散，形成小气泡，防止气泡合并，增大分选界面，提高气泡与颗粒的黏附性和上浮过程中的稳定性，以保证气泡上浮形成泡沫层。浮选用的起泡剂应具备：a. 用量少，能形成量多、分布均匀、大小适宜、韧性适当和黏度不大的气泡；b. 有良好的流动性，适当的水溶性，无毒、无腐蚀性，便于使用；c. 无捕收作用，对料浆 pH 值的变化和料浆中的各种物质颗粒有较好的适应性。常用的起泡剂有松油、松醇油、脂肪醇等。

③ 调整剂的作用主要是调整其他药剂（主要是捕收剂）与物质颗粒表面之间的作用。还可调整料浆的性质，提高浮选过程的选择性。调整剂的种类较多，按其作用可分为以下 4 种。

Ⅰ. 活化剂。其作用称为活化作用，它能促进捕收剂与欲选颗粒之间的作用，从而提高欲选物质颗粒的可浮性。常用的活化剂多为无机盐，如硫化钠、硫酸铜等。

Ⅱ. 抑制剂。抑制剂的作用是削弱非选物质颗粒和捕收剂之间的作用，抑制其可浮性，增大其与欲选物质颗粒之间的上浮性差异，它的作用正好与活化剂相反。常用的抑制剂有各种无机盐(如水玻璃）和有机物(如单宁、淀粉等)。

Ⅲ. 介质调整剂。主要作用是调整料浆的性质，使料浆对某些物质颗粒的浮选有利，而对另一些物质颗粒的浮选不利。常用的介质调整剂是酸和碱类。

Ⅳ. 分散与混凝剂。调整料中细泥的分散、团聚与絮凝，以减小细泥对浮选的不利影响，改善和提高浮选效果。常用的分散剂有无机盐类(如苏打、水玻璃等）和高分子化合物(如各类聚磷酸盐)。常用的混凝剂有石灰、明矾、聚丙烯酰胺等。

3）浮选设备　国内外浮选设备类型很多，我国使用最多的是机械搅拌式浮选机，其构造见图4-25。大型浮选机每两个槽为一组，第一个槽称为吸入槽，第二个槽为直流槽。小型浮选机多为4～6个槽为一组，每排可以配置2～20个槽。每组有一个中间室和料浆面调节装置。

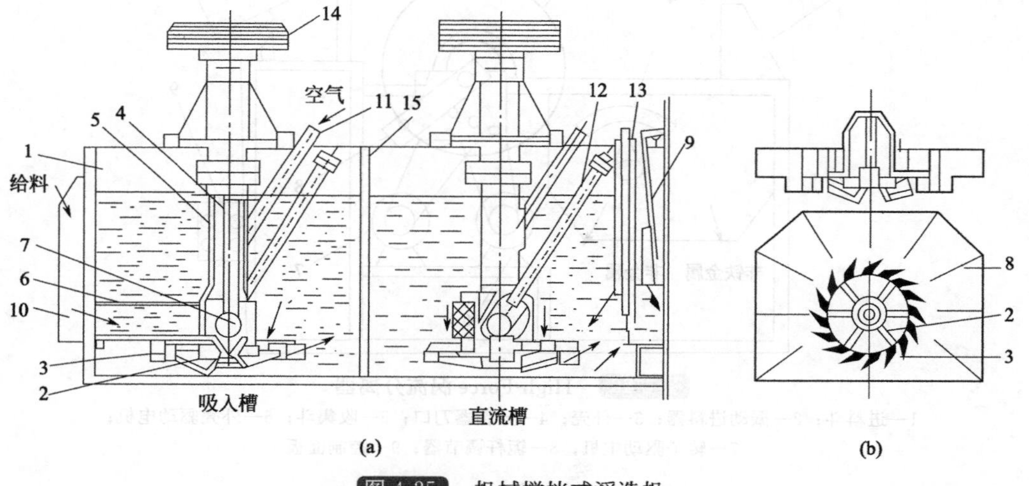

图 4-25　机械搅拌式浮选机

1—槽子；2—叶轮；3—盖板；4—轴；5—套管；6—进浆管；7—循环管
8—稳流板；9—闸门；10—受浆箱；11—进气管；12—调节循环量的闸门；
13—闸门；14—皮带轮；15—槽间隔板

浮选工作时，料浆由进浆管进入，给到盖板与叶轮中心处，由于叶轮的高速旋转，在盖板与叶轮中心处造成一定的负压，空气由进气管和套管吸入，与料浆混合后一起被叶轮甩出，在强烈的搅拌下气流被分割成无数微细气池，欲选物质颗粒与气泡碰撞黏附在气泡上而浮升至料浆表面形成泡沫层，经刮泡机刮出成为泡沫产品，再经消泡脱水后即可回收。

(10) 涡流分选

涡流分选机是利用涡电流力分离金属和非金属的方法，现在已被广泛地应用于从电子废物中回收非铁金属。它特别适用于轻金属材料与密度相近的塑料材料(如铝和塑料）之间的分离，但要求进料颗粒的形状规则、平整，而且粒度不能太小。静电分选机也是常用的分离非铁金属和塑料的方法，进料颗粒均匀时分选效果较好。

传统用于废弃物处理的涡流分离器由于只能处理粒径约 50mm 的颗粒。而电子废物粉碎后，含铝的颗粒相对较小，需要对涡流分离器加以改进。High-Force 改进型的磁力辊系统设计能够有效提高作用在小颗粒上的偏转力。作用在粒径大约为 10mm 的颗粒上的偏转力仍然很弱，因此这些颗粒能够随着外壳旋转而不是飞出壳外。High-Force 涡流分离器如图 4-26 所示。High-Force 很好地利用了两个同时作用反向旋转的磁力辊。通过调整磁力辊的位置，第二个磁力辊能够提供放射状的外向作用力，和由第一个磁力辊产生的偏转力共同作用，提高了小颗粒的偏转分离效果。如果要固定最大化回收某种金属，需要对该金属的偏转效果进行相应的调整。分离的效果与颗粒的粒径、颗粒的形状、物质的导电性、进料速率、分裂器位置有关。

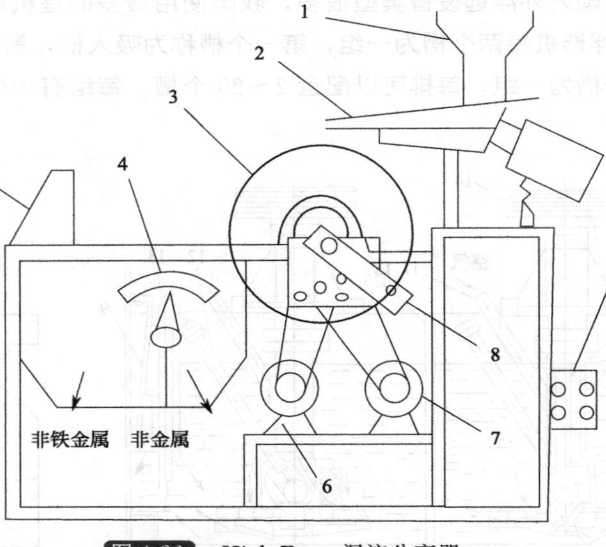

图 4-26 High-Force 涡流分离器

1—进料斗；2—振动进料器；3—外壳；4—分裂器刀口；5—收集斗；6—外壳驱动电机；7—转子驱动电机；8—轭杆调节器；9—控制面板

总之，分选是材料再循环的关键工艺，针对材料的特性不同，选择相应的分选方法及其装置，更加有效地将混合物质分离开来，有利于材料的再循环使用。

4.1.3 机械法回收应用实例

4.1.3.1 拆解技术应用

日本 NEC 公司早在 20 世纪 90 年代就开始对废弃家电进行机械回收利用，工艺的特点是采用两段式破碎法，利用某种特制破碎设备将废板粉碎成小于 1mm 的粉末。由于铜颗粒得到了充分的解离，物料经过风力分选和静电分选后可以得到铜含量约 82%的铜粉，铜的回收率为 94%；而树脂和玻璃纤维的混合粉末主要分布在 100～300nm 的粒级中，它们可以作为油漆、涂料和建筑材料的添加剂。NEC 公司还开发了一套全自动拆解废弃线路板中电子元件的装置，这种装置主要利用红外加热和利用垂直方向和水平方向的冲击力作用使穿孔元件和表面元件脱落，对电子元器件不会造成任何损伤，然后再结合加热、冲击力和表面剥蚀等作用使线路板上 96%左右的焊料脱焊(见图 4-27)。

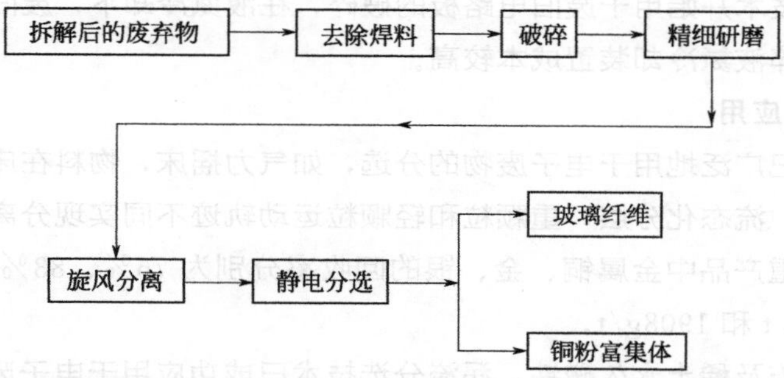

图 4-27 日本 NEC 公司开发的废弃线路板处理工艺

德国一直在研究废电路板的拆解方法，采用与电路板自动装配方式相反的原理和流程进行拆解：先将废电路板放入加热的液体中融化焊料，再用一种特殊的机械装置根据构件的形状分拣出可用的构件。

瑞士大多数的回收工厂采用手工拆解，瑞士的 Ragn-Sells Elektronikatervinning AB 是典型的手工拆解回收的工艺，回收流程如图 4-28 所示。

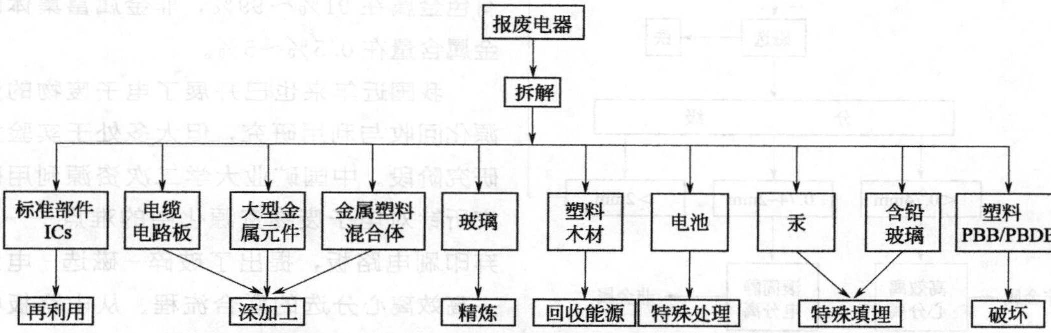

图 4-28 Ragn-Sells Elektronikatervinning AB 回收流程

4.1.3.2 破碎技术应用

德国 DBURC 公司开发了四段式机械处理工艺，预破碎、液氮冷冻后粉碎、筛分、静电分选。液氮冷却后废旧电路板变得易于破碎还可防止塑料在破碎时产生有害气体，该处理方法的工艺流程如图 4-29 所示。相关研究表明：由预冷与深冷两个部分组成电子废物破碎系统预冷温度为－10℃，深冷温度为－100℃。

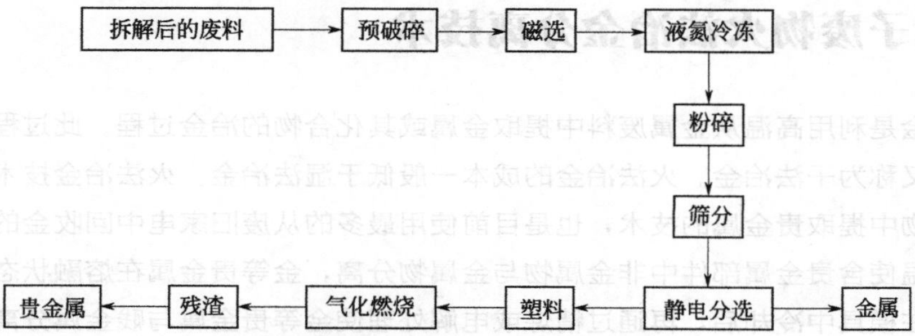

图 4-29 四段式处理工艺流程

目前低温破碎技术开始用于废旧电路板的破碎，在液氮冷却下，废旧电路板变脆很容易粉碎，但是低温破碎液氮冷却装置成本较高。

4.1.3.3 分选技术应用

摇床在国内外已广泛地用于电子废物的分选，如气力摇床，物料在床面孔隙吹入的空气和机械震动作用下，流态化分层，重颗粒和轻颗粒运动轨迹不同实现分离。气力摇床从电子废物中分选金属，重产品中金属铜、金、银的回收率分别为76%、83%和91%，品位也分别高达72%、328g/t和1908g/t。

采用强力涡电流及稀土永久磁铁，涡流分选技术已成功应用于电子废物的分选，它对轻金属与塑料的分离很有效。利用涡流分选机从电脑废弃物中回收金属铝，可获得品位高达85%的金属铝的富集体，回收率也可达到90%。

德国一电子废物回收厂经拆解、破碎、分级及涡流分选、风力分选，可获得铁、有色金属及非金属富集体，其中铁富集体含铁高达95%～99%，有色金属富集体含有色金属在91%～99%，非金属富集体的金属含量在0.5%～5%。

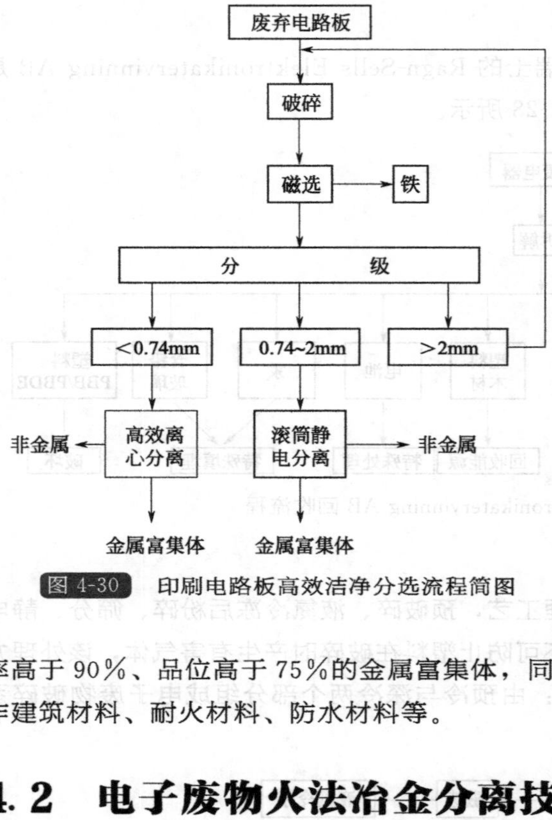

图 4-30 印刷电路板高效洁净分选流程简图

我国近年来也已开展了电子废物的资源化回收与利用研究，但大多处于实验室研究阶段。中国矿业大学二次资源利用研究所针对电子废物资源化中的难点——废弃印刷电路板，提出了破碎—磁选—电选—高效离心分选的联合流程、从电路板中回收金属富集体[4]，如图4-30所示。该工艺对于2～0.74mm粒级产物可得到回收率高于95%、品位高于90%的金属富集体，对于<0.74mm粒级物料也可以得到回收率高于90%、品位高于75%的金属富集体，同时非金属产物也得到了有效的富集，可以制作建筑材料、耐火材料、防水材料等。

4.2 电子废物火法冶金分离技术

火法冶金是利用高温从金属废料中提取金属或其化合物的冶金过程。此过程没有水溶液参加，所以又称为干法冶金。火法冶金的成本一般低于湿法冶金。火法冶金技术是最早应用于从电子废物中提取贵金属的技术，也是目前使用最多的从废旧家电中回收金的技术。其原理是利用高温使含贵金属部件中非金属物与金属物分离，金等贵金属在熔融状态下与贱金属形成合金，在模具中冷却后，再通过精炼或电解处理使金等贵金属与贱金属分离。其工艺流程如图4-31所示。

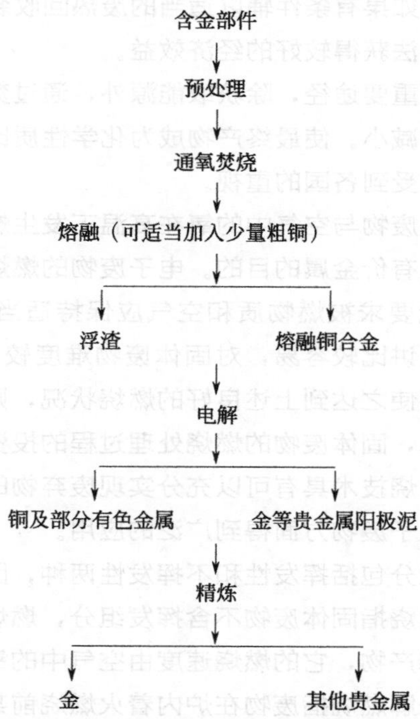

图 4-31 火法冶金技术从废旧家电中回收金的工艺流程

上述火法工艺的最明显特点是工艺简单、操作方便和贵金属回收率高(可达 90%以上)。但从环保角度看，缺点非常明显。在冶金炉内焚烧板卡等部件时，这些部件中的有机物质焚烧后产生大量有害气体，绝大部分小型或个体回收企业对焚烧产生的废气没有进行处理，二次污染严重。个别企业或回收人员则简单地采取在板卡等部件上浇上煤油或汽油，在露天空地进行焚烧，污染极其严重。在熔融过程中，板卡基底材料中的玻璃、陶瓷和未焚烧变成气体的有机物质形成的大量浮渣，产生了大量难以处理的二次固体废弃物，增加了环保的难度，同时浮渣中残留了一部分有用金属，造成了资源的浪费。火法回收工艺的另一个缺点是，贵金属以外的其他有色金属的回收率较低，低沸点的铅等重金属跑到空气中较多。能源消耗大，大量有机物质不能综合利用，设备投入大，经济效益较低。因此，用火法冶金技术回收板卡等部件中的金等贵金属，尚有许多问题有待解决，与无害化处置电子废物的要求相距还很远。

4.2.1 焚烧法

焚烧法是一种高温热处理技术，即以一定量的过剩空气与被处理的有机废物在焚烧炉内进行氧化反应，废物中的有害有毒物质在 800～1200℃的高温下氧化、热解而被破坏，是一种可同时实现废物无害化、减量化、资源化的处理技术。

焚烧的目的是尽可能焚毁废物，使被焚烧的物质变为无害和最大限度地减容，并尽可能减少新的污染物质产生，避免造成二次污染。对于大、中型的废物焚烧厂，能同时实现使废物减量、彻底焚毁废物中的毒性物质，以及回收利用焚烧产生的废热这三个目的。焚烧法适宜处理有机成分多、热值高的废物；当处理可燃有机物组分很少的废物时，需补加大量的燃料，这会使运行费用增高。但如果有条件辅以适当的废热回收装置，则可弥补上述缺点，降低废物焚烧成本，从而使焚烧法获得较好的经济效益。

焚烧技术处理固体废物的重要途径，除获取能源外，通过焚烧处理，可使废物体积减少80%～95%以上，质量也显著减小。使最终产物成为化学性质比较稳定的无害化灰渣。由于具备一系列优点，该处理技术受到各国的重视。

焚烧过程是将可燃件电子废物与空气中的氧在高温下发生燃烧反应使其氧化分解，达到减容、去除毒性并回收能源及有价金属的目的。电子废物的燃烧过程必须以良好的燃烧为基础，即燃烧过程应完全。这就要求被燃物质和空气应保持适当的比例并能迅速着火发生燃烧。这对粉末状固体可燃物来讲比较容易，对固体废物难度较大，因为固体废物组成复杂，往往物理、化学性能多变，要使之达到上述良好的燃烧状况，则对燃烧设备及工艺参数的确定均需满足较高的要求。因此，固体废物的燃烧处理过程的投资及运行管理费用高，且存在二次污染问题。但是，由于焚烧技术具有可以充分实现废弃物的资源化、废弃物减量化和无害化程度高等优点，在处理电子废物方面得到广泛的应用。

由于电子废物中的可燃组分包括挥发性和不挥发性两种，因此，焚烧处理的方式有表面燃烧和分解燃烧两种。表面燃烧指固体废物不含挥发组分，燃烧只在固体表面进行，且燃烧过程中不产生熔融产物或分解产物，它的燃烧速度由空气中的氧向固体表面扩散速度及固体表面氧化反应速率所决定。分解燃烧指废物在炉内着火燃烧前某一温度逸出挥发分，此气体挥发分在炉内做扩散燃烧，当挥发分的逸出速度大于燃烧速度，则燃烧不完全，会产生黑烟。

4.2.1.1 焚烧技术的优点

焚烧技术在处理电子废物方面得到如此广泛的应用，是因为它有许多独特的优点。

① 经焚烧处理后，燃烧过程中产生的有害气体和烟气经处理后达到排放要求，无害化程度高。

② 经过焚烧，废弃物中的可燃成分被高温分解后，一般可减重80%和减容90%以上，减量效果好，焚烧筛上物效果更好。

③ 废弃物焚烧所产生的高温烟气，其热能被废热锅炉吸收转变为蒸汽，用来供热或发电，被作为能源来利用，还可回收铁磁性金属等资源，可以充分实现废弃物的资源化。

④ 焚烧厂占地面积小，尾气经净化处理后污染较小，可以靠近市区建厂。既节约用地又缩短了废弃物的运输距离，对于经济发达的城市，尤为重要。

⑤ 焚烧处理对全天候操作，不易受天气影响。

当然，焚烧方法也有其自身不足。首先，焚烧法投资大，占用资金周期长；其次，焚烧对废弃物的热值有一定要求，限制了它的应用范围；最后，焚烧过程中也可能产生较为严重的二噁英问题，必须要对烟气投入很大的资金进行处理。

4.2.1.2 废弃物的焚烧过程

焚烧是通过燃烧处理废物的一种热力技术。燃烧是一种剧烈的氧化反应，常伴有光与热的现象，即辐射热，也常伴有火焰现象，会导致周围温度的升高。燃烧系统中有：燃料或可燃物质、氧化物及惰性物质三种主要成分。含有碳碳、碳氢及氢氢等高能量化学键的有机物质经燃料氧化后，会放出热能。氧化物是燃烧反应中不可缺少的物质，最普通的氧化物为含有21%氧气的空气，空气量的多寡及与燃料的混合程度直接影响燃烧的效率。惰性物质不直接参与燃烧过程。

(1) 废弃物的燃烧过程

1) 燃烧方式　固体可燃性物质的燃烧过程比较复杂，通常由热分解、熔融、蒸发和化学反应等传热、传质过程所组成。一般根据不同可燃物质的种类有3种不同的燃烧方式。

① 蒸发燃烧。废弃物受热熔化成液体，继而转化成蒸气，与空气扩散混合而燃烧，蜡的燃烧属这一类。

② 分解燃烧。废弃物受热后首先分解，轻的烃类化合物挥发，留下固定碳及惰性物，挥发分与空气扩散混合而燃烧，固定碳的表面与空气接触进行表面燃烧。

③ 表面燃烧。固体受热后不发生融化、蒸发和分解等过程，而是在固体表面与空气反应进行燃烧。

2) 燃烧阶段　电子废物中含有多种有机成分，其燃烧过程是蒸发燃烧、分解燃烧和表面燃烧的综合过程，在这里将其依次分为干燥、热分解和燃烧三个过程；在废弃物的实际焚烧过程中，这三个阶段没有明显的界限，只不过在总体上有时间上的先后差别而已。

① 干燥。废弃物的干燥是利用热能使水分汽化，并排出生成的水蒸气的过程。按热量传递的方式，可将干燥分为传导干燥、对流干燥和辐射干燥3种方式。电子废物的含水率较低，因此，干燥过程中需要消耗较少的热能。

② 热分解。废弃物的热分解是废弃物中多种有机可燃物在高温作用下的分解或聚合化学反应过程，反应的产物包括各种烃类、固定碳及不完全燃烧物等。这些物质的热分解过程包括多种反应，这些反应可能是吸热的，也可能是放热的。废弃物中有机可燃物活化能越小，热分解温度越高，则其热分解速率越快。同时，热分解速率还与传热及传质速率有关，传热速率对热分解速率的影响远大于传质速率。所以，在实际操作中应保持良好的传热状态，使热分解能在较短的时间内彻底完成，这是保证废弃物燃烧完全的基础。

③ 燃烧。废弃物的燃烧是在氧气存在条件下有机物质的快速、高温氧化。废弃物的实际焚烧过程是十分复杂的，经过干燥和热分解后产生许多不同种类的气态、固态可燃物，这些物质与空气混合，达到着火所需的必要条件时就会形成火焰而燃烧。因此，废弃物的焚烧是气相燃烧和非均相燃烧的混合过程，它比气态燃料和液态燃料的燃烧过程更复杂。同时，废弃物的燃烧还可以分为完全燃烧和不完全燃烧，最终产物为CO_2和H_2O的燃烧过程为完全燃烧；当反应产物为CO或其他可燃有机物时，则称之为不完全燃烧。燃烧过程中要尽量避免不完全燃烧现象，尽可能使废弃物燃烧完全。

(2) 燃烧过程污染物的产生

焚烧过程会产生大量的酸性气体、未完全燃烧的有机组分、粉尘直接排入环境，必然会导致二次污染，因此需对其进行适当的处理。

1) 粉尘产生和特性　焚烧烟气中的粉尘(颗粒物) 是废弃物焚烧过程中产生的微小无机颗粒物质，可以分为由于物理原因产生的粉尘和热化学反应产生的粉尘；表4-3列出了粉尘产生的机理。物理原因产生的粉尘是指燃烧空气卷起的微小不燃物、可燃物的灰分等，流化床废弃物焚烧炉由于构造上的原因，这类粉尘量特别大。另外，发生不完全燃烧时，未燃炭分、纸灰等也会成为粉尘的一部分。热化学反应产生的粉尘是指高温燃烧室内氮化的盐类，在烟气冷却后凝结成盐颗粒。

2) 炉渣、飞灰的产生和特性　焚烧过程产生的灰渣(包括炉渣和飞灰) 一般为无机物质，它们主要是金属的氧化物、氢氧化物和碳酸盐、硫酸盐、磷酸盐以及硅酸盐，大量的灰渣特别是其中含有重金属化合物的灰渣，对环境会造成很大危害。废弃物焚烧设施灰渣的产量，与废弃物种类、焚烧炉型式、焚烧条件有关。

3）烟气的产生与特性　烟囱部位的烟气成分含量与废弃物组成、燃烧方式、烟气处理设备有关，废弃物焚烧产生的烟气与其他燃料燃烧所产生的烟气在组成上相差较大。

焚烧过程中一些物质会产生有害气体，有害气体也会和粉尘反应，成为粉尘的一部分。废弃物中挥发性氯元素转化为 HCl 的转化率为 100%，燃烧性硫转化为 SO_x 的转化率为 100%，氮元素转化为 NO_x 的转化率为 100%。800℃以上时，NO 和 SO_2 是稳定的化学形态；300℃以下时，NO_2、SO_3 或 H_2SO_4 是稳定的化学形态。但是，300℃以下的烟气实测数据显示，SO_x 和 NO_x 的 95%以上为 SO_2 和 NO。300℃以下，$HgCl_2$ 是稳定的化学状态。大型焚烧炉的烟气温度在 300℃ 以下，气体中的汞几乎都以 $HgCl_2$ 形式存在，90%是水溶性的。

烟气中的 HCl 与粉尘中的碱性成分易发生反应，SO_x 易与粉尘中的碱性成分和氯化物发生反应。烟气中汞（Hg）的化学形态在炉内基本上是汞蒸气，经燃烧室、静电除尘器后基本转变为氯化汞（$HgCl_2$）。重金属、盐分在高温炉内部分气化，但在烟气冷却过程中凝聚，成为粉尘。

表 4-3　烟气中污染物来源、产生原因及存在形态

污染物		来源	产生原因	存在形态
酸性气体	HCl	PVC、其他氯代烃类化合物	—	气态
	HF	氟代烃类化合物	—	气态
	SO_2	橡胶及其他含硫组分	—	气态
	HBr	火焰延缓剂	—	气态
	NO_x	丙烯氰、胺	热 NO_x	气态
CO 与烃类化合物	CO		不完全燃烧	气态
	未燃烧的烃类化合物	溶剂	不完全燃烧	气、固态
	二噁英、呋喃	多种来源	化合物的离解及重新合成	气、固态
颗粒物	粉末、砂	挥发性物质的凝结	固态	
重金属	Hg	温度计、电子元件、电池	—	气态
	Cd	涂料、电池、稳定剂/软化剂	—	气、固态
	Pb	稳定剂/软化剂	—	气、固态
	Zn	镀锌原料	—	固态
	Cr	不锈钢	—	固态
	Ni	不锈钢 NiCd 电池	—	固态
	其他	—	—	气、固态

（3）焚烧过程中的废弃物分析

1）废弃物组成分析　废弃物组成是决定焚烧炉状况的重要因素。因此，对废弃物组成进行分析，可以预测焚烧炉的发热量、烟气中二氧化硫浓度，也可以计算焚烧废弃物量与空气需求量。

2）烟气分析　焚烧炉的烟气温度、一氧化碳浓度、二氧化碳浓度、氧浓度是跟踪测定的参数，利用这些参数对焚烧炉进行反馈控制。为了使废弃物完全燃烧，炉出口的温度必须达到 750～950℃。为了防止高温腐蚀，余热锅炉出口的温度必须控制在 200～300℃。为了减少氟氧化物生成，在氧化条件下，炉内温度不能升得太高。为了控制炉内不同部位达到不同温度，在炉内适当的部分进行温度测定是非常必要的。

3）焚烧灰渣分析　焚烧灰渣是判定焚烧炉运行正常与否的最有力的数据。通过测定焚烧灰渣热灼减量，可以推算焚烧的完成状况。炉内热损失计算在热量管理上十分重要。定期测定热灼减量可以检知焚烧炉的异常和老化程度。

4.2.1.3　电子废物的燃烧方式

电子废物在焚烧炉内的燃烧方式，按照燃烧气体的流动方向，大致可分为反向流、同向流及旋涡流等几类；按照助燃空气加入阶段数分类，可分为单段燃烧和多段燃烧；按照助燃空气供应量，可分为过氧燃烧、缺氧燃烧（控气式）和热解燃烧等方式。

（1）按燃烧气体流动方式分类

1）反向流　焚烧炉的燃烧气体与废物流动方向相反，适合难燃性燃烧。

2）同向流　焚烧炉的燃烧气体与废物流动方向相同，适用于易燃性燃烧。

3）旋涡流　燃烧气体由炉周围方向切线加入，造成炉内燃烧气流的旋涡性，可使炉内气流扰动性增大，极易发生短流，废气流经路径和停留时间长，而且气流中间温度非常高，周围温度并不高，燃烧较为完全。

（2）按助燃空气加入段数分类

1）单段燃烧　由于废物在燃烧过程中，开始是先将水分蒸发，这必须克服水分潜热后，温度才开始上升，故反应时间长；其次是废物中的挥发分开始热分解，成为挥发性烃类化合物，迅速进行挥发燃烧；最后才是炭颗粒的表面燃烧，需要较长燃烧反应时间，约需数秒至数十秒，才能完全燃烧完毕。因此单段燃烧时，一般必须送入大量的空气，且需较长停留时间才能将未燃烧的炭颗粒完全燃烧。

2）多段燃烧　在多段燃烧中，首先在一次燃烧过程中提供未充足的空气量，使废物进行蒸发和热解燃烧，产生大量的 CO、烃类化合物气体和微细的炭颗粒；然后在第二次、第三次燃烧过程中，再供给充足空气使其逐次氧化成稳定的气体。多段燃烧的优点是燃烧所必须提供的气体量不需要太大，因此在第一燃烧室内送风量小，不易将底灰带出，产生颗粒物的可能性较少。目前最常用的是两段燃烧。

（3）按燃烧室空气供给量分类

依照第一燃烧室的供给空气量，大致可分为以下 3 种。

1）过氧燃烧　第一燃烧室供给充足的空气量（即超过理论空气量）。

2）缺氧燃烧　第一燃烧室供给的空气量约是理论空气量的 70%～80%，处于缺氧状态，使废物在此室内裂解成较小分子的烃类化合物气体、CO 与少量微细的炭颗粒，到第二燃烧室再供给充足空气使其氧化成稳定的气体。由于经过阶段性的空气供给，使燃烧反应较为稳定，相对产生的污染物较少，且在第一燃烧室供给的空气量少，所带出的粒状物质也相对较少，为目前焚烧炉设计与操作较常使用的模式。

3）热解燃烧　第一燃烧室与热解炉相似，利用部分燃烧使炉体升温，向燃烧室加入少量的空气(约为理论空气量的20%～30%)，加速废物裂解反应的进行，产生部分可回收利用的裂解油，裂解后的烟气中仅有微量的粉尘与大量的CO和烃类化合物气体，加入充足的空气使其迅速燃烧放热。此种燃烧适合处理高热值废物，但目前技术尚未十分成熟。

(4) 焚烧四个控制参数的互动关系

在焚烧系统中，焚烧温度、搅拌混合程度、气体停留时间和过剩空气率是四个重要的设计及操作参数。过剩空气率由进料速率及助燃空气供应速率即可决定。气体停留时间由燃烧室几何形状、供应助燃空气速率及废气产率决定。而助燃空气供流量亦将直接影响到燃烧室中的温度和流场混合程度，燃烧温度则影响废弃物焚烧的效率。这四个焚烧控制参数相互影响，其互动关系如表4-4所列。

表4-4　焚烧四个控制参数的互动关系

参数变化	垃圾搅拌混合程度	气体停留时间	燃烧室温度	燃烧室负荷
燃烧温度上升	可减少	可减少	—	会增加
过剩空气率增加	可增加	会减少	会降低	会增加
气体停留时间增加	可减少	—	会降低	会降低

焚烧温度和废物在炉内的停留时间有密切关系：若停留时间短，则要求较高的焚烧温度；停留时间长，则可采用略低的焚烧温度。设计时不宜采用提高焚烧温度的办法来缩短停留时间，而应从技术经济角度确定焚烧温度，并通过试验确定所需的停留时间。同样，也不宜片面地以延长停留时间而达到降低焚烧温度的目的。因为这不仅使炉体结构设计的庞大，增加炉子占地面积和建造费用，甚至会使炉温不够，使废物焚烧不完全。

废物焚烧时如能保证供给充足的空气，维持适宜的温度，使空气与废物在炉内均匀混合，且炉内气流有一定扰动作用，保持较好的焚烧条件，所需停留时间就可小一点。

4.2.1.4　电子废物焚烧系统

一个电子废物焚烧厂包括诸多系统(设备)，主要有废物储存及进料系统、焚烧系统、废热回收系统、灰渣收集与处理系统、烟气处理系统等。这些系统各自独立，又相互关联成为统一主体。

城市废弃物焚烧处理的一般流程及构造示意见图4-32。其操作为每日24h连续燃烧，仅于每年一次的大修期间(约1个月)或故障时停炉。废弃物以废弃物车载入厂区，经地磅称量，进入倾斜平台，将废弃物倾入废弃物储坑，由吊车操作员操纵抓斗，将废弃物抓入进料斗，废弃物由滑槽进入炉内，从进料器推入炉床。内于炉排的机械运动，使废弃物在炉床上移动并翻搅，提高燃烧效果。废弃物首先被炉壁的辐射热干燥及气化，再被高温引燃，最后烧成灰烬，落入冷却设备，通过输送带经磁选回收废铁后，送入灰烬储坑，再送往填埋场。燃烧所用空气分为一次及二次空气，一次空气以蒸汽预热，由炉床下贯穿废弃物层助燃；二次空气由炉体颈部送入，以充分氧化废气，并控制炉温不致过高，以避免炉体损坏及氯氧化物的产生。炉内温度一般控制在850℃以上，以防未燃尽的气状有机物自烟囱逸出。因此废弃物低位发热量低时，需喷油助燃。高温废气经锅炉冷却，用引风机抽入酸性气体去除设备去除酸性气体后进入布袋集尘器除尘，再经加热后，自烟囱排入大气扩散。锅炉产生的蒸汽经汽轮发电机发电后，进入凝结器，凝结水经除气及加入补充水后，运送至锅炉；蒸汽产生量如有过剩，则直接经过减压器再送入凝结器。

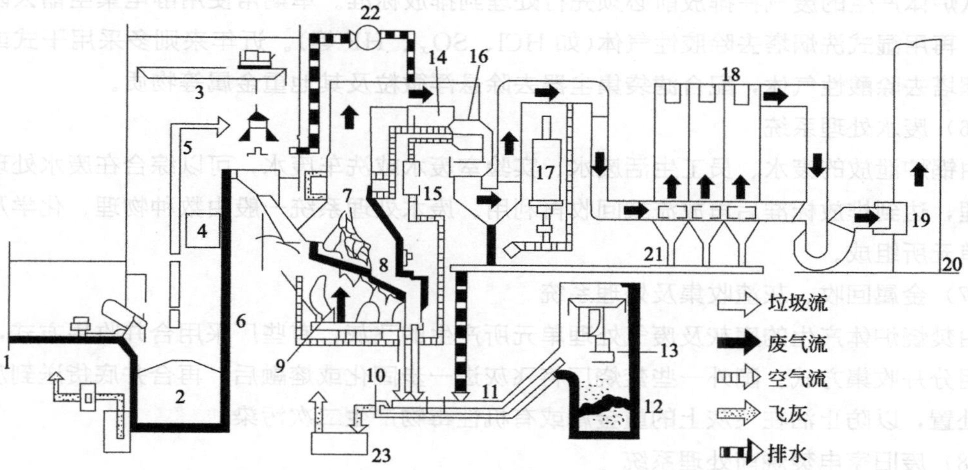

图 4-32　城市废弃物焚烧处理的一般流程及构造示意图

1—倾卸平台；2—垃圾储坑；3—抓斗；4—操作室；5—进料口；6—炉床；7—燃烧炉床；8—后燃烧炉床；9—燃烧机；10—灰渣；11—出灰输送带；12—灰渣储坑；13—出灰抓斗；14—废气冷却室；15—暖房用热交换器；16—空气预热器；17—酸性气体去除设备；18—滤袋集尘器；19—诱引风扇；20—烟囱；21—飞灰输送带；22—抽风机；23—废水处理设备

一座大型电子废物焚烧厂通常包括下述 8 个系统。

(1) 储存及进料系统

系统由废弃物储坑、抓斗、破碎机、进料斗及故障排除监视设备组成。废弃物储坑提供了废弃物储存、混合及去除大型废弃物的场所，一座大型焚烧厂通常设有一座储坑，负责为 3～4 座焚烧炉进行供料的任务。每一座焚烧炉均有一进料斗，储坑上方通常由 1～2 座吊车及抓斗负责供料，操作人员由屏幕监视或目视废弃物抓进料斗滑入炉体内的速度决定进料频率。若有大型物卡住进料口，进料斗内的故障排除装置亦可将大型物顶出，落回储坑；操作人员亦可指挥抓斗抓取大型物品，吊送到储坑上方的破碎机破碎，以利进料。

(2) 焚烧系统

即焚烧炉本体内的设备，主要包括炉床及燃烧室。每个炉体仅一个燃烧室。炉体多为机械可移动式炉排构造，可让废弃物在炉床上翻转及燃烧。燃烧室一般在炉床正上方，可提供燃烧废气数秒钟的停留时间，由炉床下方往上喷入的一次空气可与炉床上的废弃物层充分混合，由炉床正上方喷入的二次空气可以提高废气的搅拌时间。

(3) 废热回收系统

包括布置在燃烧室四周的锅炉路管(即蒸发器)、过热器、节热器、炉管吹灰设备、蒸汽导管、安全阀等装置。锅炉炉水循环系统为一封闭系统，炉水不断在锅炉管中循环，经不同的热力学相变化将能量释出给发电机。炉水每日需冲放以泄出管内污垢，损失的水则由饲水处理厂补充。

(4) 饲水处理系统

饲水子系统主要工作为处理外界送入的自来水或地下水，将其处理到纯水或超纯水的品质，再送入锅炉水循环系统。其处理方法为高级用水处理程序，一般包括活性炭吸附、离子交换及反渗透等单元。

(5) 废气处理系统

从炉体产生的废气在排放前必须先行处理到排放标准。早期常使用静电集尘器去除悬浮颗粒，再用湿式洗烟塔去除胶性气体(如 HCl、SO_x、HF 等)。近年来则多采用干式或半干式洗烟塔去除酸性气体，配合滤袋集尘器去除悬浮微粒及其他重金属等物质。

(6) 废水处理系统

由锅炉泄放的废水、员工生活废水、实验室废水或洗车废水，可以综合在废水处理厂一起处理，达到排放标准后再放流或回收再利用。废水处理系统一般由数种物理、化学及生物处理单元所组成。

(7) 金属回收、灰渣收集及处理系统

由焚烧炉体产生的底灰及废气处理单元所产生的飞灰，有些厂采用合并收集方式，有些则采用分开收集方式。国外一些焚烧厂将飞灰进一步固化或熔融后，再合并底货送到灰渣掩埋场处置，以防止沾在飞灰上的重金属或有机性毒物产生二次污染。

(8) 废旧家电焚烧前处理系统

废旧家电焚烧前处理系统，是用破碎、风选、筛选等单元操作将废弃物中的不燃物及不适燃物分离去除，然后将剩余的可燃物制成废弃物衍生燃料(即 RDF)。因此，废弃物衍生燃料焚烧厂与一般燃煤电厂非常类似，焚烧炉并不需要设置专利机械式炉排，仅需设置燃煤电厂使用的传统链条式炉排即可，也可采用流化床焚烧炉。

4.2.1.5 焚烧炉类型

焚烧炉的结构形式与废物的种类、性质和燃烧形式等因素有关，不同的焚烧方式有相应的焚烧炉与之相配合。通常根据所处理废物对环境和人体健康的危害大小以及所要求的处理程度，将焚烧炉分为城市废弃物焚烧炉、一般工业废物焚烧炉和危险废物焚烧炉三种类型。不过，更能反映焚烧炉结构特点的分类方法，是按照待处理废物的形态将其分为液体废物焚烧炉、气体废物焚烧炉和固体废物焚烧炉三种类型。

液体废物焚烧炉的结构内废液的种类、性质和所采用的废液喷嘴的形式来决定。炉型有立式圆筒炉、卧式圆筒炉、箱式炉、回转窑等。一般按照采用的喷嘴形式和炉型进行分类，有液体喷射立式焚烧炉、转杯式喷雾卧式圆筒焚烧炉等。

气体废物焚烧炉相当于一个用气体燃料燃烧的炉子或固体废物焚烧炉的二次燃烧室，其构造及分类与液体废物焚烧炉相似。

固体废物焚烧炉种类繁多，主要有炉排型焚烧炉、炉床型焚烧炉和沸腾流化床焚烧炉三种类型。但每一种类型的炉子又视其具体的结构又有不同的形式，具体分为以下几种类型。

(1) 炉排型焚烧炉

将废物置于炉排上进行焚烧的炉子称为炉排型焚烧炉。

1) 固定炉排焚烧炉　固定炉排焚烧炉只能手工操作、间歇运行，劳动条件差、效率低，拨料不充分时焚烧不彻底。最简单的是水平固定炉排焚烧炉。废物从炉子上部投入后经人工扒平，使物料均匀铺在炉排上，炉排下部的灰坑兼作通风室，由出灰门处靠自然通风送入燃烧空气，也可采用风机强制通风。为了使废物焚烧完全，在焚烧过程中需对料层进行翻动，燃尽的灰渣落在炉排下面的灰坑，人工扒出，劳动条件和操作稳定性差，炉温不易控制。因此对废物量较大及难于燃烧的固体废物是不适用的。它只适用于焚烧少量的如皮纸屑、木屑及纤维素等易燃性废物。

2) 倾斜式固定炉排焚烧炉　其基本原理同前，只是炉排设置成倾斜式，有的倾斜炉排后仍有水平炉排，这样增加一段倾斜段可有一个干燥段以适应含水量较大的固体废物的焚烧。此种炉型仍只能用于小型易燃的固体废物焚烧。

3）活动炉排焚烧炉　活动炉排焚烧炉即为机械炉排焚烧炉。炉排是活动炉排焚烧炉的心脏部分，其性能直接影响废弃物的焚烧处理效果，可使焚烧操作自动化、连续化。按炉排构造不同可分为链条式、阶梯往复式、多段滚动式焚烧炉等。我国目前制造的大部分中小型垃圾焚烧炉为链条炉和阶梯往复式焚烧炉，功能较差。大部分功能较好的机械炉排均为专利炉排。

（2）炉床式焚烧炉

炉床式焚烧炉采用炉床盛料，燃烧在炉床上物料表面进行，适于处理颗粒小或粉末状固体废物以及泥浆状废物，分为固定炉床和活动炉床两大类。

1）固定炉床焚烧炉　最简单的炉床式焚烧炉是水平固定炉床焚烧炉，其炉床与燃烧室构成一个整体，炉体为水平或略呈倾斜。废物的加料、搅拌及出灰均为手工操作，劳动条件差、且为间歇式操作，故不适用于大量废物的处理。固定炉床焚烧炉适用于蒸发燃烧形态的固体废物，例如塑料、油脂残渣等；但不适用于橡胶、焦油、沥青、废活性炭等以表面燃烧形态燃烧的废物。处理能力由炉床面积大小决定。

倾斜式固定炉床焚烧炉的炉床做成倾斜式，便于投料、出灰，并使在倾斜床上的物料一边下滑一边燃烧，改善了焚烧条件。与水平炉床相同，该型焚烧炉的燃烧室与炉床成为一体。这种焚烧炉的投料、出料操作基本上是间歇式的，但如固体废物焚烧后灰分很少，并没有较大的储灰坑，或有连续出灰机和连续加料设备，亦可使焚烧作业成为连续操作。

2）活动床焚烧炉　活动床焚烧炉的炉床是可动的，可使废物在炉床上松散和移动，以改善焚烧条件，进行自动加料和出灰操作，这种炉型的焚烧炉有转盘式炉床、隧道回转式炉床和回转式炉床（即旋转窑）三种。应用最多的是旋转窑焚烧炉。

（3）流化床焚烧炉

这是一种近年发展起来的高效焚烧炉，利用炉底分布板吹出的热风将废物悬浮起来呈沸腾状进行燃烧。一般常采用中间媒体即载体（砂子）进行流化，再将废物加入到流化床中与高温的沙子接触、传热进行燃烧。按照有无流化媒体（载体）及流化状态进行分类。

（4）多室焚烧炉

多室焚烧炉是由多个燃烧室的焚烧炉，可使废物的燃烧过程分为两步进行：首先是引燃室中废物的初级燃烧（或称固体燃烧）过程，接着是二级燃烧（或称气相燃烧）过程。二级燃烧区域由两部分组成，一个是下行烟道（或混合室），另一个为上行的扩大室（或燃烧室）。

两步多燃烧室焚烧过程在引燃室中开始，包括了固体废物的干燥、引燃和燃烧。当燃料从引燃室通过连接引燃室与混合室之间的火焰口时，蒸发掉了其中的水分和挥发成分并被部分氧化。废物的挥发组分和燃烧产物从火焰口向下通过混合室，在混合室内，同时引入二次空气。足够的温度与加入的空气相结合引起了第二阶段的燃烧过程，必要时还可通过混合室或二次燃烧喷嘴助燃。由于限制流动范围并突然改变流动方向而引起的紊流作用也增进了气相反应。气体通过由混合室到最后燃烧室的隔墙口时，在可燃成分的蒸发和最后氧化的同时，气体又经历了一次方向的改变，飞灰和其他的固体颗粒物由于与炉壁相碰撞和单纯的沉降作用而被收集在燃烧室，使由一燃室排出烟气中的未燃尽气体燃烧产物和气载可燃固体得以充分燃烧。

4.2.1.6 机械炉排焚烧炉

机械炉排焚烧炉采用活动式炉排，可使焚烧操作连续化、自动化，是目前在处理城市废弃物使用最为广泛的焚烧炉。焚烧炉燃烧室内放置有一系列机械炉排，通常按其功能分为干燥段、燃烧段和后燃烧段。废物由进料装置进入焚烧炉后，在机械式炉排的往复运动下，逐步被导入燃烧室内炉排上，废物在由炉排下方送入的助燃空气及炉排运动的机械力共同推动及翻滚下，在向前运动的过程中水分不断蒸发，通常废物在被送落到水平燃烧炉排时被完全燃尽成灰渣。从后燃烧段炉排上落下的灰渣进入灰斗。产生的废气流上升而进入二次燃烧室内，与出炉排上方导入的助燃室气充分搅拌、混合及完全燃烧后，废气被导入燃烧室上方的废热回收锅炉进行热交换。机械炉排焚烧炉的一次燃烧室和二次燃烧室并无明显可分的界限，废物燃烧产生的废气流在二燃室的停留时间，是指烟气从最后的空气喷口或燃烧器出口到换热面的停留时间。图 4-33 给出了典型的垂直流向型燃烧室设计。

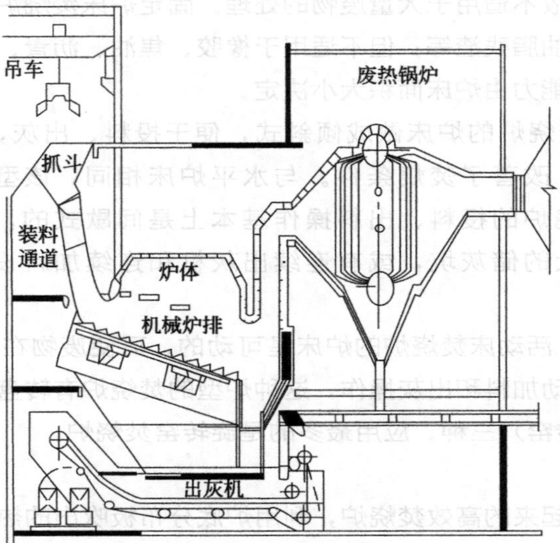

图 4-33 机械炉排焚烧炉

机械炉排类型很多，有链条式、阶梯往复式、多段滚动式和启型炉排等。但除链条式、阶梯往复式外，其他炉排均为专利炉排。

(1) 链条式炉排

链条炉排结构简单(见图 4-34)，对废弃物没有搅拌和翻动作用。废弃物只有在从一炉排落到下一炉排时有所扰动，容易出现局部废弃物烧透、局部废弃物又未燃尽的现象，这种现象对于大型焚烧炉尤为突出。此外，链条炉排不适宜焚烧含有大量粒状废物及废塑料等废物。因此，链条炉排目前在国外焚烧厂已很少采用。不过，我国一些中小型废弃物焚烧炉仍在使用这种炉排。

(2) 阶梯往复式炉排

这种炉排分固定和活动两种(见图 4-35)，固定和活动炉排交替放置。活动炉排的往复运动由液压油缸或机械推动，往复的频率根据生产能力可以在较大范围内进行调节，操作控制方便。阶梯往复式炉排的往复运动能将料层翻动扒松，使燃烧空气与之充分接触，其性能较链条式炉排好。

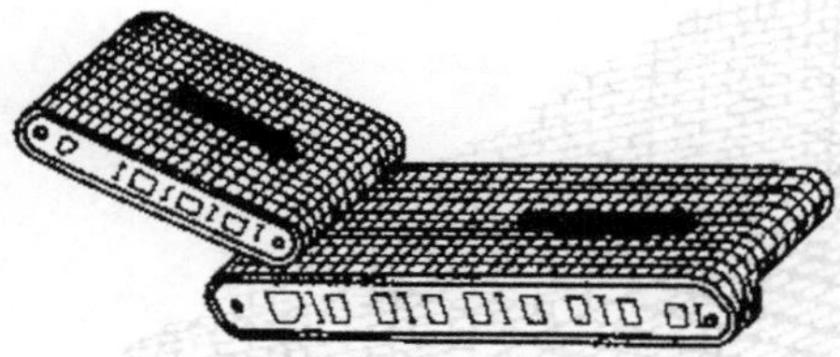

图 4-34　链条式炉排

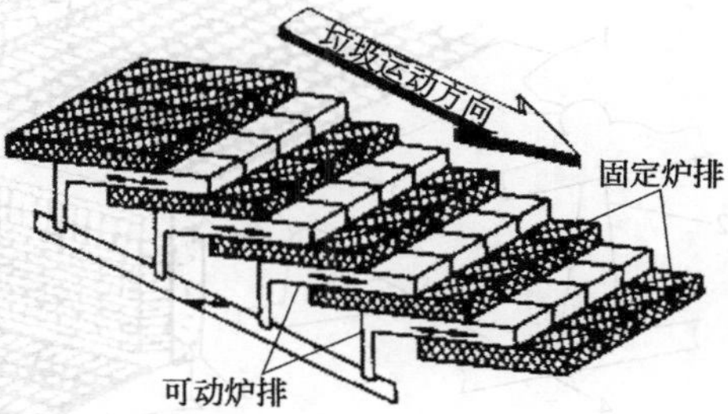

图 4-35　阶梯往复式炉排

阶梯往复式炉排焚烧炉对处理废物的适应性较强，可用于含水量较高的废弃物和以表面燃烧及分解燃烧形态为主的固体废物的焚烧，但不适宜细微粒状物和塑料等低熔点废物。

(3) 逆折动式炉排

这种炉排长度固定，宽度则依炉床所需的面积调整，可由数个炉床横向组合而成，每个炉床包含 13 个固定及可动阶梯炉条。

固定炉条及可动炉条采用横向交替配置，炉床为倾斜 26°的倾斜床面，废弃物的干燥、燃烧及后燃烧均在此炉床进行，一次空气由炉床底部经炉条的空气槽从炉条两侧吹出。可动炉条由连杆及横梁组成，由液压传动装置驱动，其移动速度可调整，以配合各种燃烧条件。可动炉条逆向移动，使得废弃物因重力而滑落，使废弃物层达到良好的搅拌，最后灰烬经灰渣滚轮移送至排灰槽。

这种炉排目前为大多数大型废弃物焚烧厂所采用，具有下述优点：炉床长度较其他形式同等容量的炉床短，减少安装所需的基地面积；燃烧空气在火层上连续及均匀分布，对于废弃物产生相当迅速的干燥及燃烧效果，搅拌能力强，燃烧效率佳；炉条下方有空气槽，对炉条的冷却效果佳；炉条前端为角锥设计，可避免熔融灰渣附着。

(4) 机械反复摇动式炉排

此型炉排构造包含一个干烘炉排、一个燃烧炉排及一个旋转窑炉排，旋转窑炉排可视实际情况来决定是否需装设。机械式炉排为倾斜床面，其中固定炉排及可动炉排纵向交错配置，有阶段落差。可动炉条由炉条组件及可动支架组合而成，由液压装置驱动。一次空气由炉排底部经干燥区片状炉条的两侧吹出，及由燃烧区板式炉条的前端及表面细孔吹出。板式炉条的优点为可使燃烧用空气分布均匀，炉条冷却效果佳，可避免炉条烧损。燃烧区炉排的可动炉条在前后方向反复运动，使废弃物移动、剪断，经由阶段落差，达到搅动混合的目的。在燃烧炉排的固定炉条上，装有一列切断刀刃，可增加搅拌功能，使燃烧更完全，其动作方式如图 4-36 所示。提供给燃烧炉排的废弃物可经由下游附加的旋转窑进行后燃烧，旋转窑的构造为钢制圆筒，内部衬以耐火材料，窑体稍为倾斜，一次空气由窑体前方喷入，窑体出口有气密装置，以隔绝外部气体入侵。圆筒下方装设有滚轮，操作时以电力驱动滚轮，使其带动圆筒窑体转动。窑尾在面对废气出口方向的炉壁上通常设有一个燃烧器，可由尾端加热窑内的废弃物。在燃烧炉排左右两侧的耐火砖墙上通常也各设有一个燃烧器，废弃物经后燃烧阶段，最后灰渣由重力及滚动方式排出。

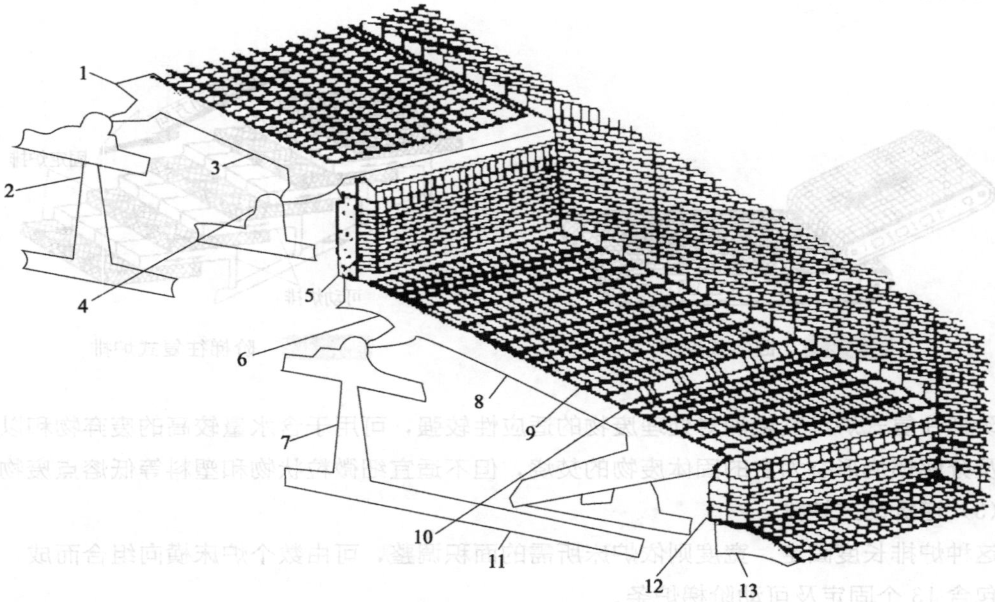

图 4-36 机械反复摇动式炉排

1—片状炉条；2，7—炉排液压驱动装置；3—干燥炉排；4—支持滚轮；5—阶段落差；6—板式炉条；8—燃烧炉排；9—可动炉条；10—炉条上升杆；11—炉条上升液压驱动装置；12—阶段落差；13—燃尽炉排

（5）西格斯多级炉排

比利时西格斯炉排如图 4-37 所示，为台阶式炉排，由固定式炉条、滑动式炉条和翻动式炉条相互结合，并且可以各自单独控制。西格斯炉排由相同标准的元件组成，每一元件包括由刚性梁组成的下层结构、每片炉条的铸钢支撑和覆有耐火材料的铜质炉条。每件标准炉排元件有六行炉条。分三种不同炉条按两层布置：固定式、水平滑动式和翻动式。下层机构的低层框架直接支撑固定炉条。

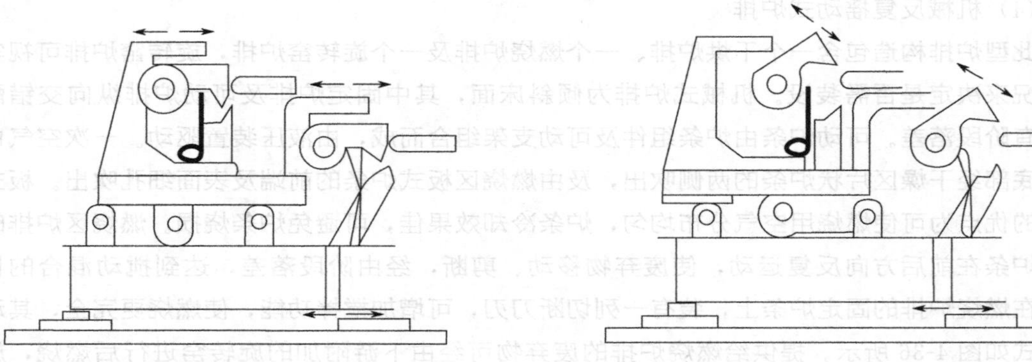

(a) 废物推进：滑动炉条运动　　(b) 混合、燃烧：翻动炉条运动

图 4-37 西格斯多级炉排

斜角的炉排倾斜面，全部元件皆按这个方式布置。

滑动炉条推动废弃物层向炉排末端运动，而翻动炉条使废弃物变得蓬松并充满空气。在炉条下面的燃烧风，经过几个冷却鳍片和位于每片炉条前端的开口和槽后离开炉条，并吹过下一炉排片的顶部。每一片炉条有燃烧风出口开口槽，从而保证整个炉排表面的空气分布。

程序员控制炉条的自动移动，并将整个炉膛分为干燥-预燃烧区、燃烧区和燃尽冷渣区，各区的停留时间和动作数量可根据废弃物成分的不同而做出调整。

西格斯炉排系统有以下主要优点：单台炉处理能力为 1.5～25t/h，炉排全程微机控制，可处理热值范围广泛的废弃物，适合处理低热值、高水分的废弃物；废弃物的燃尽率高。

4.2.1.7 控气式焚烧炉

(1) 控气式焚烧炉特点

控气式焚烧炉的特点是由一个一燃室和一个二燃室两部分组成，分两段燃烧。操作过程中严格控制进入一燃室和二燃室的空气量。引入一燃室的助燃空气量恰好够用来满足为燃烧提供热量，典型值为理论助燃空气量的 70%～80%。贫氧条件下燃烧产生的含有易燃组分的裂解气体在二燃室中燃烧，二燃室的设计为完全去除裂解气中的有机物提供足够的停留时间。同一燃室一样，严格控制量的气体被引入二燃室。不过在富氧的情况下，140%～200%的理想配比的气体被引入以维持完全燃烧。与其他燃烧方式相比较，一燃室内焚烧废物的气体量小、速度低，气体的低速和废物的几乎不湍流使得气流带走的颗粒物数量最少。

完全燃烧在二燃室中完成，产生的废气清洁且几乎不含颗粒物质，通常可以满足排气标准而不必使用附加的空气净化装置。

温度通常被用作控制一燃室和二燃室中的气流的判据。在理想配比下，反应温度随着气量的增大而升高。提供的气体量越多，发生的燃烧反应越完全，就有更多的热量被释放出来，使温度更高。因此，在供气量少于完全氧化的需氧量的一燃室，其运行控制如下：温度升高时减小进气量，温度降低时增大进气量。二燃室是为完全焚烧设计的，其供气量多于理想配比的供气量。在理想配比的状况下，可燃物质会完全燃烧；过量的气体会使裂解气体熄灭，也就是说会降低尾气的温度。因此，二燃室的运行控制如下：温度升高，增大进气量；温度降低，减小进气量。

(2) 模组式固定床焚烧炉

模组式固定床焚烧炉是先在工厂内铸造好，再运到现场组装。焚烧炉包括两个圆筒状、内敷耐火砖的碳钢制成的燃烧室(图 4-38)，通常不设置昂贵而复杂的空气污染控制系统，仅以粒状污染物控制为主。主燃烧室内成阶梯形，每阶梯间装有输送杆，每隔 7～8mm 即往前推进一次，便于废物及灰渣的移动。每个燃烧室至少装置一个辅助燃烧器，以维持炉内温度。为了避免不完全燃烧气体外泄，炉内的压力略低于炉外，主燃烧室底部装有空气导管，以吸取炉外的空气。

空气控制式模组焚烧炉由于燃烧情况较缺氧式好，而且可以自动连续进料及排灰，废热亦可回收产生蒸汽及热水，已经成为主要的小型废物焚烧炉，普遍为一般学校、机关、医院、工厂及小型乡镇使用。适用于废纸、城市废弃物和医疗废弃物的处理。也可用于焚烧其他一般固体、液体及污泥废物，但不十分适合危险废物焚烧使用。

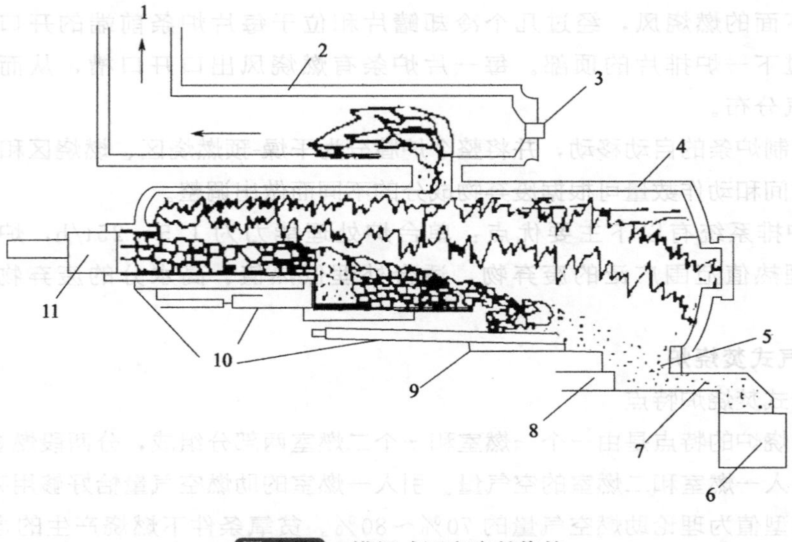

图 4-38　模组式固定床焚烧炉

1—废热锅炉；2—二次燃烧室；3—燃烧嘴；4——一次燃烧室；5—灰渣；6—灰渣冷却；
7—出灰口；8—排灰装置；9—空气导管；10—出灰推杆；11—进料推杆

4.2.1.8　旋转窑式焚烧炉

旋转窑是一个略为倾斜而内衬耐火砖的钢制中心圆筒。窑体通常很长。大多数废物物料是由燃烧过程中产生的气体以及窑壁传输的热量加热的。固体废物可从前端送入窑中进行焚烧，以定速旋转来达到搅拌废物的目的。旋转时必须保持适当倾斜度，以利固体废物下滑。此外，废液及废气可以从前段、中段、后段同时配合助燃空气送入，甚至于整筒装的废物（如污泥）也可送入旋转窑焚烧炉燃烧。但这种多用途的旋转窑式焚烧炉在备料及进料上较复杂。

每一座旋转窑常配有1～2个燃烧器，可装在旋转窑的前端或后端。在开机时，燃烧器把炉温升高到要求的温度后才开始进料，其使用的燃料可为燃料油、液化气或高热值的废渣。进料方式多采用批式进料，以螺旋推进器配合旋转式的空气锁。废液有时与废弃物混合后一起送入，或借助空气、蒸汽进行雾化后直接喷入。二次燃烧室通常也装有一到数个燃烧器，整个空间约为第一燃烧室的30％～60％，有时也设有若干阻挡板配合鼓风机以提高送入的助燃空气的搅拌能力。

由于驱动系统在旋转窑体之外，所以维护要求较低。必须仔细地确定旋转窑的大小，以便保证能适应燃烧废物的要求，并尽可能地延长耐火材料的寿命；随着旋转窑尺寸的减小，设备对于过量热量释放更为敏感，使温度更难控制。

旋转窑式焚烧炉有两种类型：基本形式的旋转窑焚烧炉和后旋转窑焚烧炉。该系统由旋转窑和一个二燃室组成，当固体废物向窑的下方移动时，其中的有机物质就被销毁了。在旋转窑和二燃室中都使用液体和气体废物以及商品燃料作为辅助燃料。后旋转窑焚烧炉如图4-39所示，这种旋转窑可以用来处理夹带着任何液体的大体积的固体废物。在干燥区，水分和挥发性有机物被蒸发掉，蒸发物绕道转窑送入二燃室。固体物质进入转窑之前，在通过燃烧炉排时被点燃；液体和气体废物则送入转窑或二燃室。在这两种结构中，二燃室能使挥发性的有机物和由气体中的悬浮颗粒所夹带的有机物完全燃烧，在设备中遗留下来的灰分主要为灰渣和其他不可燃烧的物质，如其他金属物质。通常将这些灰分冷却后排出系统。

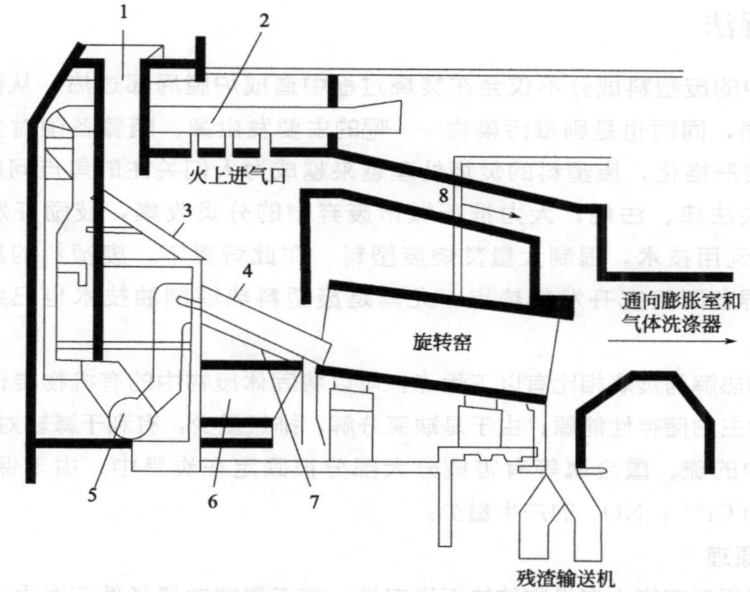

图 4-39 后旋转窑焚烧炉

1—装料斗；2—通风道；3—干燥炉排；4—燃烧炉排；5—送风机；6—去除筛屑；7—火下进气口；8—烟气

气体、固体在旋转窑内流动的方向有同向及逆向两种。逆向式可提供较佳的气体、固体混合及接触，可增加其燃烧速率，热传递效率高，但是由于气体、固体相对速度较大，排气所带走的粉尘数量也高。在同向式操作下，干燥、挥发、燃烧及后燃烧的阶段性现象非常明显，废气的温度与燃烧残渣的温度在旋转窑的尾端趋于接近。日前绝大多数的旋转窑焚烧炉为同向式，主要的原因为同向式炉型设计不仅适于固体废物的输入及前处理，同时可以增加气体的停留时间，逆向式旋转窑较适用于湿度大、可燃性低的污泥。

旋转窑依其窑内灰渣物态及温度范围可分为灰渣式及熔渣式两种。灰渣式旋转窑焚烧炉通常在 650～980℃之间操作，窑内固体尚未熔融；而熔渣式旋转窑焚烧炉则在 1203～1430℃之间操作，废物中的惰性物，除高熔点的金属及其化合物外皆在窑内熔融，焚烧程度比较完全，熔融的流体出窑后流出，经急速冷却后凝固，类似矿渣或岩浆的残渣，透水性低，颗粒大，可将有毒的重金属化合物包存其内，因此其毒性较灰渣式旋转窑所排放的灰渣低。当处理筒装危险废物占大多数时，须将旋转窑设计成熔融式。熔渣旋转窑焚烧炉平时亦可操作在灰渣式的状态。此外，若进料以批式进行，则可称此种旋转窑为振动式。熔融式旋转窑运转极为困难，如果温度控制不当，窑壁上可能附着不同形状的矿渣，熔渣出口容易阻塞；如果进料中含低熔点的钠、钾化合物，熔渣在急速冷却时，可能会产生物理爆炸的危险。

物料在回转窑内移动复杂，运动方式呈周期性的变化，或埋在料层里面与窑一起向上运动，或到料层表面上降落下来，但只有在物料颗粒沿表面层降落的过程中，它才能沿着窑长方向前进。废物在旋转窑内停留时间较长，有的可达几小时，这由窑的炉长与直径之比、转速、加料方式、燃烧气流流向及流速等因素而定。

旋转窑式焚烧炉是一种适应性很强，能焚烧多种液体和固体废物的多用途焚烧炉。除了重金属、水或无机化合物含过高的不可燃物外，各种不同物态（固体、液体、污泥等）及形状（颗粒、粉状、块状及筒状）的可燃性废物皆可送入旋转窑焚烧。

4.2.2 热解法

电子废物中的废塑料成分不仅会在焚烧过程中造成炉膛局部过热，从而导致炉腔及耐火衬里的烧损，同时也是剧毒污染物——噁的主要发生源。随着各国对焚烧过程中二噁英排放限制的严格化，废塑料的焚烧处理越来越成为人们关注的焦点问题。许多国家相继制定了有关法律、法规，大力推行城市废弃物的分类收集，鼓励开发城市废弃物的资源化/再生利用技术，限制大量焚烧废塑料。在此背景下，废塑料的热解处理技术又重新成为世界各国研究开发的热点，尤其是废塑料热解制油技术也已经开始进入工业实用化阶段。

固体废物的热解与焚烧相比有以下优点：可以将固体废物中的有机物转化为以燃料气、燃料油和炭黑为主的储存性能源；由于是缺氧分解，排气量少，有利于减轻对大气环境的二次污染；废物中的硫、重金属等有害成分大部分被固定在炭黑中；由于保持还原条件，Cr^{3+} 不会转化为 Cr^{6+}；NO_x 的产生量少。

4.2.2.1 热解原理

热解法是利用废弃物中有机物的热不稳定性，在无氧或缺氧条件下对之进行加热蒸馏，使有机物产生热裂解，经冷凝后形成各种新的气体、液体和固体，从中提取燃料、油、油脂和燃料气的过程。热解产物的产率取决于原料的化学结构、物理形态和热解的温度和速度。San Diego 固体废物热解处理流程如图 4-40 所示。

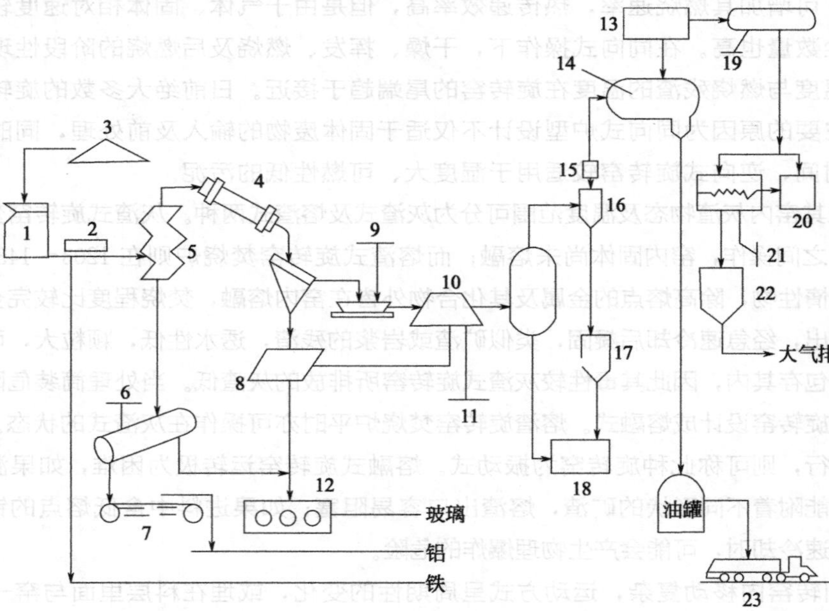

图 4-40 San Diego 固体废物热解处理流程示意

1—破碎机；2—磁铁；3—城市垃圾；4—干燥器；5—风力分选；6—滚筒筛；7—AL 涡流分选器；8—空气跳汰；9—二次破碎机；10—热解装置；11—堆置场；12—气浮分选；13—气体净化装置；14—油气分离器；15—冷却塔；16—旋风分离器；17—炭黑贮存；18—炭黑燃烧器；19—压缩机；20—压燃烧器；21—换热器；22—布袋除尘器；23—热解燃料

热解法和焚烧法是两个完全不同的过程。首先，焚烧的产物主要是二氧化碳和水，而热解的产物主要是可燃的低分子化合物。气态的有氢气、甲烷、一氧化碳；液态的有甲醇、丙酮、乙酸、乙醛等有机物及焦油、溶剂油等；固态的主要是焦炭或炭黑。其次，焚烧是一个放热过程，而热解需要吸收大量热量。另外，焚烧产生的热能量大的可用于发电，量小的只可供加热水或产生蒸汽，适于就近利用，而热解的产物是燃物油及燃料气，便于储藏和远距离输送；热解反应所需的能量取决于各种产物的生成比，而生成比又与加热的速度、温度、反应原料的粒度有关。低温-低速加热条件下，有机物分子有足够时间在其最薄弱的接点处分解，重新结合为热稳定性固体，而难以进一步分解，固体产率增加；高温-高速加热条件下，有机物分子结构发生全面裂解，生成大范围的低分子有机物，产物中气体组分增加。对于粒度较大的原料有机物，要达到均匀的温度分布需要较长的传热时间，其中心附近的加热速度低于表面的加热速度，热解产生的气体和液体也要通过较长的传质过程，这期间将会发生许多二次反应。

4.2.2.2 热解反应器

一个完整的热解工艺包括进料系统、反应器、回收净化系统、控制系统几个部分。热解反应器种类很多，主要根据燃烧床条件及内部物流方向进行分类。燃烧床有固定床、流化床、旋转炉、分段炉等。物料方向指反应器内物料与气体相向流向，有同向流、逆向流、交叉流。

（1）固定燃烧床反应器

图 4-41 所示为固定燃烧床反应器。经选择和破碎的固体废物从反应器顶部加入，反应器中物料与气体界面温度为 93～315℃，物料通过燃烧床向下移动。燃烧床由炉箅支持，在反应器的底部引入预热的空气或氧。此外，温度通常为 980～1650℃。这种反应器的产物包括从底部排出的熔渣（或灰渣）和从顶部排出的气体。排出的气体中含一定的焦油等成分，经冷却洗涤后可作燃气使用。

在固定燃烧床反应器中，维持反应进行的热量是由废物燃烧部分燃烧所提供的。由于采用逆流式物流方向，物料在反应器中滞留时间长，保证了废物最大程度地转换成燃料。同时，由于反应器中气体流速相应较低，在产生的气体中夹带的颗粒物质也比较少。固体物质损失少，加上高的燃料转换率，则将未气化的燃料损失减到最少，并且减少了对空气污染的潜在影响。但固定床反应器也存在一些技术难题，如有黏性的燃料诸如污泥和湿的固体废物需要进行预处理，才能直接加入反应器。这种情况一般包括将炉料进行预烘干和进一步粉碎，从而保证不结成饼状，未粉碎的燃料在反应器中也会使气流成为槽流，使气化效果变差，并使气体带走较大的固体物质。另外，出于反应器内气流为上行式，温度低，含焦油等成分多，易堵塞气化部分管道。

（2）流化床反应器

在流化床中气体与燃料同流向相接触，如图 4-42 所示。由于反应器中气体流速高到可以使颗粒悬浮，使得固体废物颗粒不再像在固定床反应器中那样连续地靠在一起，反应性能更好，速率快。在流化床的工艺控制中，要求废物颗粒本身可燃性好；温度应控制在避免灰渣熔化的范围内，以防灰渣熔酸结块。

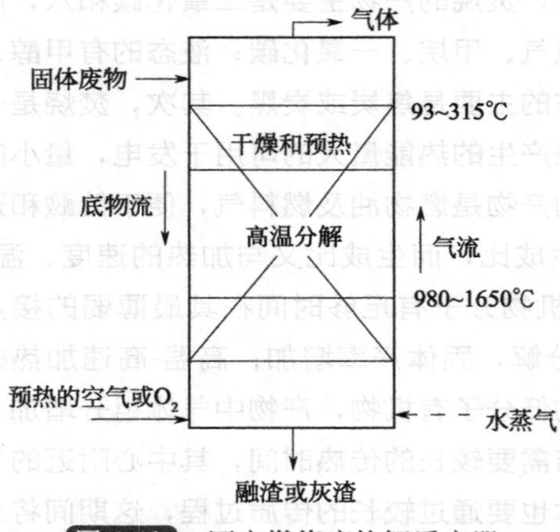

图 4-41 固定燃烧床热解反应器

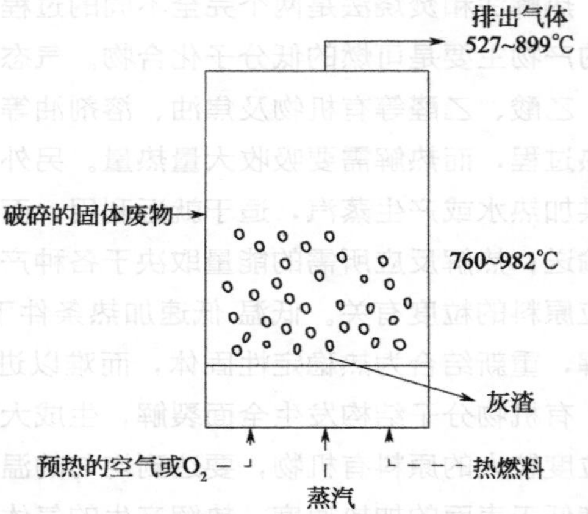

图 4-42 流化床反应器

流化床适应于含水量高或含水量波动大的废物燃料，且设备尺寸比固定床的小，但流化床反应器热损失大，气体中不仅带走大量的热量而且也带走较多的未反应的固体燃料粉末。所以在固体废料本身热值不高的情况下，尚须提供辅助燃料以保持设备正常运转。

(3) 回转炉

回转炉是一种间接加热的高温分解反应器，如图 4-43 所示。

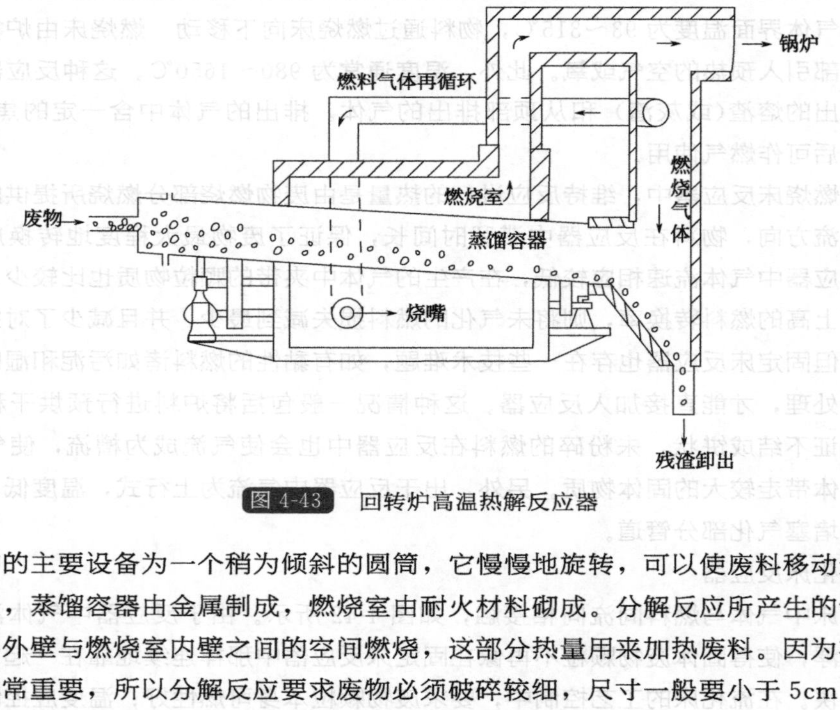

图 4-43 回转炉高温热解反应器

回转炉的主要设备为一个稍为倾斜的圆筒，它慢慢地旋转，可以使废料移动通过蒸馏容器到卸料口，蒸馏容器由金属制成，燃烧室由耐火材料砌成。分解反应所产生的气体一部分在蒸馏容器外壁与燃烧室内壁之间的空间燃烧，这部分热量用来加热废料。因为在这类装置中热传导非常重要，所以分解反应要求废物必须破碎较细，尺寸一般要小于 5cm，以保证反应进行完全，此类反应器生产的可燃气热值较高，可燃性好。

4.2.2.3 热解工艺

热分解过程由于供热方式、产品状态、热解炉结构等方面的不同，热解方式也各异。按热解的温度不同，分为高温热解、中温热解和低温热解；按供热方式可分为直接加热和间接加热；按热解炉的结构可分为固定床、移动床、流化床和旋转炉等；按热解产物的聚集状态可分成气化方式、液化方式和炭化方式；按热分解与燃烧反应是否在同一设备中进行，热分解过程可分成单塔式和双塔式；还可按热解过程是否生成炉渣分为造渣型和非造渣型。

4.2.2.4 热解工艺实例

电子废物的热解技术可以根据其装置的类型分为：a. 移动床熔融炉方式；b. 回转窑方式；c. 流化床方式；d. 多段炉方式；e. Ush Pyrolysis 方式。多段炉主要用于含水率较高的有机污泥的处理。流化床有单格式和双塔式两种，其中双塔式流化床已经达到工业化生产规模。移动床熔融炉方式是废弃物热解技术中最成熟的方法，代表性的系统有新日铁系统、Purox 系统和 Torrax 系统。

新日铁系统是将热解和熔融一体化的设备，通过控制炉温和供氧条件，使废弃物在同一炉体内完成干燥、热解、燃烧和熔融。干燥段温度约为 300℃，热解段温度为 300～1000℃，熔融段温度为 1700～1800℃，其工艺流程见图 4-44。废弃物由炉顶投料口进入炉内，为了防止空气的混入和热解气体的泄漏，投料口采用双重密封阀结构。进入炉内的废弃物在竖式炉内由上向下移动，通过与上升的高温气体换热，废弃物中的水分受热蒸发，逐渐降至热解段，在控制的缺氧状态下有机物发生热解，生成可燃气和灰渣。有机物热解产生可燃性气体导入二燃室进一步燃烧，并利用尾气的余热发电。灰渣进一步下移进入燃烧区，灰渣中残存的热解固相产物——炭黑与从炉下部通入的空气发生燃烧反应，其产生的热量不足以满足灰渣熔融所需温度，通过添加焦炭来提供炭源。

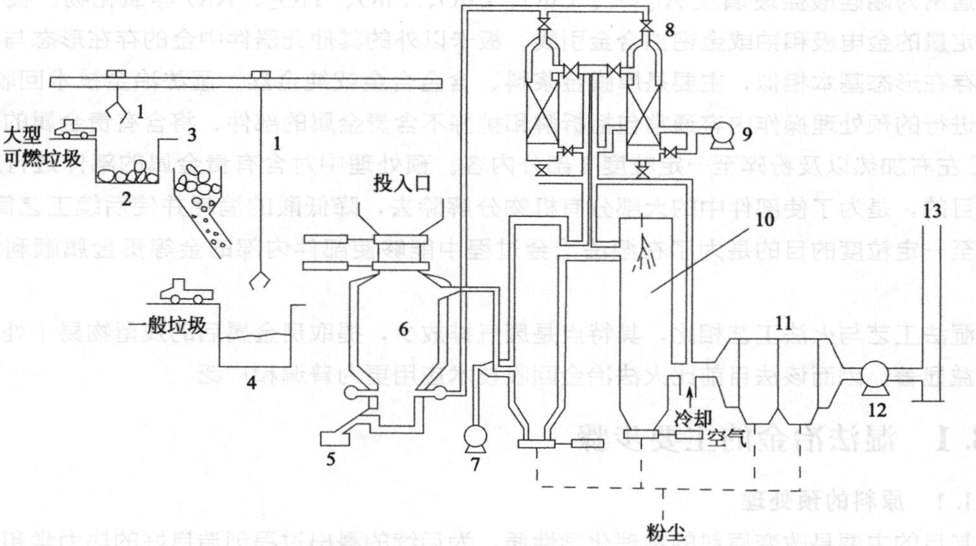

图 4-44 新日铁热解处理工艺流程

1—吊车；2—大型垃圾储槽；3—破碎机；4—垃圾渣槽；5—熔融渣槽；6—熔融炉；7—燃烧用鼓风机；8—热风炉；9—鼓风机；10—喷水冷却器（或锅炉）燃烧室；11—电除尘器；12—引风机；13—烟囱

灰渣熔融后形成玻璃体和铁，体积大大减少，重金属等有害物质也被完全固定在固相中。玻璃体可以直接填埋处置或作为建材加以利用，磁分选出的铁也有足够的利用价值。热解得到的可燃性气体的热值约为 6276～10460kJ/m³。

4.2.2.5 流化床系统

将废弃物破碎至 50mm 以下的粒径，经定量输送带传至螺杆进料器，由此投入热解炉内。在流化床内，作为载体的石英砂在热解生成气和助燃空气的作用下产生流动，从投料口进入的废弃物在流化床内接受热量，在大约 500℃时发生热分解，热解过程产生的炭黑在此过程中发生部分燃烧。热解产生的可燃性气体经旋风除尘器去除风尘后，再经分离塔分出气、油和水。分离出的热解气一部分用于燃烧，用来加热辅助流化气回流到热解塔中。当热解气不足时，由热解油提供所需的那部分热量。

4.3 电子废物湿法冶金分离技术

湿法冶金是利用某种溶剂，借助化学作用，包括氧化、还原、中和、水解及络合等反应，对原料中的金属进行提取和分离的冶金过程。又称水法冶金，与传统的火法冶金同属于提取冶金或化学冶金。

湿法冶金技术回收废旧家电中的贵金属开始于 20 世纪 70 年代，其基本原理是利用废家电中的绝大多数金属(包括金等贵金属和贱金属）能在硝酸、王水等强氧化性介质中溶解而进入液相的特性，使绝大部分贵金属和其它金属进入液相而与其它物料分离，然后从液相中分别回收金等贵金属和其他贱金属。家电板卡上的电路通常用厚膜工艺制作，厚膜金基浆料中的金、银、钯、铂等贵金属一般以单质微粒形式悬浮于有机载体中，浆料中含有的无机黏结剂通常为硼硅酸盐玻璃及 Al_2O_3、CuO、CdO、ZnO、TiO_2、NiO 等氧化物。板卡上还有一定量的金电极和铂或金钯铂合金引线。板卡以外的其他元器件中金的存在形态与板卡中金的存在形态基本相似，主要是厚膜金浆料、含金合金或纯金丝。湿法冶金技术回收金时，所需进行的预处理操作内容通常包括拆解和挑拣不含贵金属的部件、将含有贵金属的部件在 400℃左右加热以及粉碎至一定粒度 3 部分内容。预处理中对含有贵金属的部件进行加热处理的目的，是为了使部件中的大部分有机物分解除去，降低酸的消耗并使后续工艺简单化。粉碎至一定粒度的目的是为了在湿法冶金过程中能够使部件内部的金等贵金属顺利地转入溶液。

湿法工艺与火法工艺相比，其特点是废气排放少，提取贵金属后的残留物易于处理，经济效益显著。因而该法目前比火法冶金回收技术应用更为普遍和广泛。

4.3.1 湿法冶金的主要步骤

4.3.1.1 原料的预处理

其目的主要是改变原料的物理化学性质，为后续的浸出过程创造良好的热力学和动力学条件，或预先除去某些有害杂质。预处理主要包括以下方法。

(1) 粉碎

经过粉碎后，原料粒度变细，具有较大的比表面积，这样可以提高浸出反应的速率。

(2) 预活化

利用机械活化、热活化等手段，提高待浸物料的活性。

(3) 矿物的预分解

原料中的有价金属有时呈稳定的化合物形态存在，难以直接被常用的浸出剂浸出。预分解就是通过某些化学反应破坏原料的稳定结构，而变为易浸出的形态。预分解可在高温下进行，例如某些硫化矿预先在高温下进行氧化焙烧，使之变为易溶于酸的氧化物；亦可在水溶液中进行。在水溶液中进行的分解过程通常称为“湿法分解”。湿法分解过程的原理和工艺与浸出过程相同，两者在学术上也没有严格的区别。

（4）预处理除有害杂质

此过程往往与矿物的分解、高温预活化等过程结合在一起。

4.3.1.2 浸出

在水溶液中，利用浸出剂（如酸溶液、碱溶液、水等）与原料作用，使其中有价元素变为可溶性化合物进入水相，并与进入渣相的伴生元素初步分离。浸出过程亦可用于浸出物料中的某些有害杂质，而将有价元素保留在固相，实现两者的分离。

（1）碱性浸出

碱性浸出主要指用 NaOH 或 Na_2CO_3、Na_2S 作浸出剂的浸出过程，在某些情况下氨浸过程亦属于碱性浸出。

（2）酸性浸出

酸性浸出为有色冶金中应用最广的浸出方法之一，总的说来凡是要从固体物料中溶出（或除去）碱性或两性化合物或有些两性的单质金属都可用酸性浸出。

（3）氨浸法

氨浸有两种情况：一种是利用其碱性，使酸性化合物溶解；另一种是利用其与某些金属离子的络合作用，使某些金属形成氨络合物优先进入溶液。

4.3.1.3 溶液的净化和相似元素分离

该过程是按照用户或后续工序的需求，利用化学沉淀、离子交换、萃取等方法除去溶液中的有害杂质，同时，也可将其中的相似元素例如稀土元素彼此分离。

4.3.1.4 析出化合物或金属

从溶液中析出具有一定化学成分和物理形态的化合物或金属。在上述各阶段之间，往往设固液分离过程，如过滤、澄清等。

4.3.2 浸取法

4.3.2.1 酸浸法

酸浸法是固体废物浸出法中应用最广泛的一种方法，具体采用何种酸进行浸取需根据固体废物的性质而定。对废旧家电的处理而言，硫酸是一种最有效的浸取试剂，因其具有价格便宜、挥发性小、不易分解等特点而被广泛使用。硫酸对铜、镍的浸出率可达 95%～100%，而在电解法回收过程中，二者的回收率也高达 94%～99%。也可用其他酸性提取剂（如酸性硫脲）来浸取重金属。

（1）硝酸-王水湿法工艺

将经过上述预处理工序后的板卡等部件浸泡在约 9mol/L 的硝酸中并适当加热，可使这些部件中的 Ag、贱金属和 Al_2O_3、CuO、CdO、ZnO、TiO_2、NiO 等氧化物溶解，经过过滤，得到含银及其他有色金属的硝酸盐溶液，用电解或化学方法回收银。金、钯、铂等贵金属不溶于硝酸，仍留在板卡等部件上。将此时不溶的部件浸泡在王水中，加热至微沸状态，使金、钯、铂等贵金属溶解而进入溶液。过滤，将滤液蒸发浓缩在一定体积并分批加入少量盐酸赶硝，根据溶液中贵金属的含量高低加入适量水稀释至一定浓度，用亚硫酸钠或草酸、甲酸、水合肼、硫酸亚铁、甲醛等还原剂将溶液中的金还原成金颗粒沉淀下来，钯、铂则以配合物形式留在溶液中，用萃取方法或氨水沉淀铂钯而得到回收。发生的主要化学反应式可用下列反应方程式表示：

$$Ag + 2HNO_3 \longrightarrow AgNO_3 + NO_2 + H_2O$$

$$Au + 4HCl + HNO_3 \longrightarrow HAuCl_4 + 2H_2O + NO$$

$$3Pt + 18HCl + 4HNO_3 \longrightarrow 3H_2PtCl_6 + 8H_2O + 4NO$$

$$3Pd + 18HCl + 4HNO_3 \longrightarrow 3H_2PdCl_6 + 8H_2O + 4NO$$

$$2HAuCl_4 + 3Na_2SO_3 + 3H_2O \longrightarrow 2Au\downarrow + 3Na_2SO_4 + 8HCl$$

$$H_2PtCl_6 + Na_2SO_3 + H_2O \longrightarrow H_2PtCl_4 + Na_2SO_4 + 2HCl$$

$$H_2PdCl_6 + Na_2SO_3 + H_2O \longrightarrow H_2PdCl_4 + Na_2SO_4 + 2HCl$$

原则工艺流程如图 4-45 所示。该原则工艺与火法回收工艺相比，其特点是废气排放少、提取贵金属后的残留物易于处理、经济效益显著。因而目前比火法冶金回收技术应用得更为普遍和广泛。

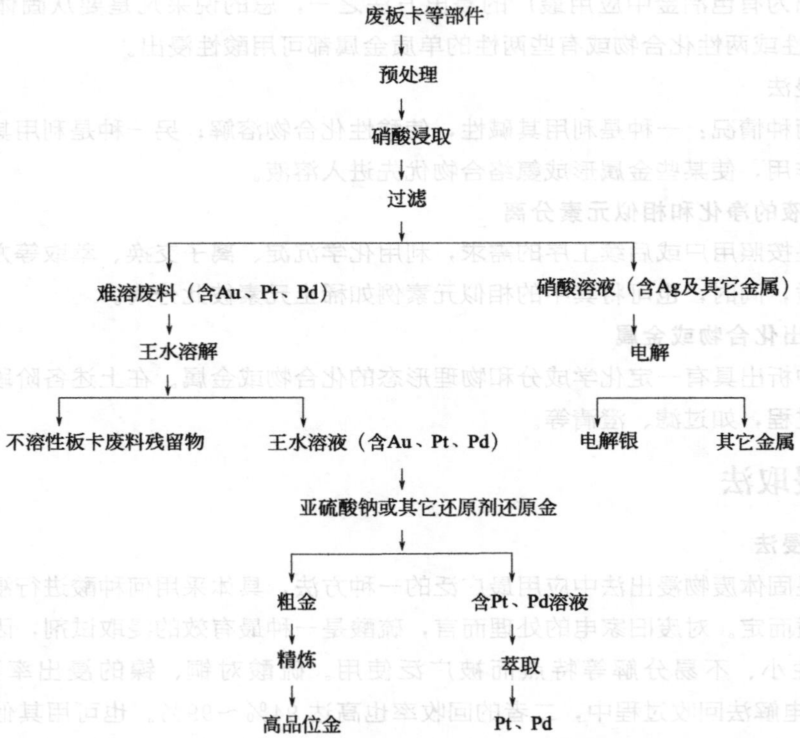

图 4-45 硝酸-王水湿法技术从废家电中回收金的原则工艺流程图

(2) 双氧水-硫酸湿法工艺

将经过拆解和挑拣不含贵金属的部件、含有贵金属的部件在 400℃左右加热以及粉碎至约 200 目的废电脑部件置于耐酸反应器中，加入一定量的水、H_2O_2和稀硫酸浸泡一段时间。待反应平衡后，进行固液分离。不溶的固体物质为金等贵金属、部分氧化物以及少量的高分子物质，液体为铜、镍、铁、锡等金属的硫酸盐溶液。把取出的已剥离完的废料用王水溶解，过滤得到含金王水溶液。用硫酸亚铁或草酸在加热条件下进行还原，得到粗金粉。再经过湿法或电解处理得到高纯度金粉或金锭。

硫酸的浓度和用量对金的回收率有较大的影响。随着硫酸浓度的增大，金和铜等有色金属的回收率能够增加。当硫酸浓度达到 1∶3 时，金的剥离率和回收率均可达到98%左右，铜的回收率可达 99%以上。但是硫酸浓度太大时，由于［H^+］浓度太高，导致 H_2O_2 消耗太快，与废料反应不充分，金的回收率反而下降。金和铜等有色金属的回收率随着硫酸用量的增加而提高。随着双氧水用量的增加，金的回收率增加。试验结果表明，1kg 废板卡中加入 2L 30%的 H_2O_2，2L 1∶3 的硫酸，固液比 ＝1∶2，反应时间为 2h 时，金和铜等有色金属的回收率都可达到 98%以上。双氧水-硫酸湿法回收金的工艺如图 4-46 所示。

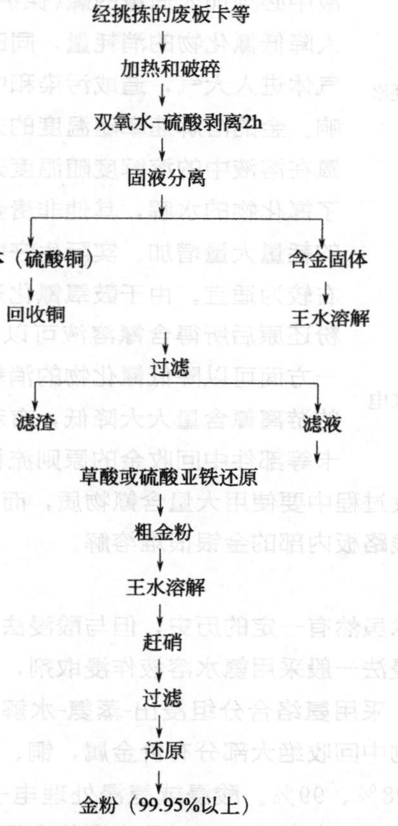

图 4-46　双氧水-硫酸湿法回收废家电中金的工艺流程

（3） 鼓氧氰化法工艺

氰化溶解法是回收废电脑中金的另一湿法冶金技术。其原理是利用碱金属氰化物将板卡等部件表面的金银溶解而进入溶液，与板卡等部件中的大部分物料分离，再通过还原方法使氰化溶液中的金银还原出来。

金溶解的化学反应为：

$$4Au + 8NaCN + O_2 + 2H_2O \longrightarrow 4NaAu(CN)_2 + 4NaOH$$

此化学反应分两步进行：

$$2Au + 4NaCN + O_2 + 2H_2O \longrightarrow 2NaAu(CN)_2 + 2NaOH + H_2O_2$$

$$2Au + 4NaCN + H_2O_2 \longrightarrow 2NaAu(CN)_2 + 2NaOH$$

因此用氰化法从板卡等部件中回收金时，必须在氰化溶液中鼓入空气。在实际回收中，控制氰化溶液中氰化物和氧气浓度对提高板卡等部件表面金的溶解速率非常重要。研究结果表明，金在氰化物中的溶解速率是氧消耗速率的2倍，是氰化物消耗速率的一半。在氰化物浓度较低时，金的溶解速率主要取决于氰化物的浓度，当氰化物浓度较高时，金的溶解速率取决于氧的浓度。当$[CN^-]/[O_2]=6$左右时，金的溶解速率最快。为了减少氰化物的化学损失，在氰化溶液中必须加入适量的碱(保护碱)，保持一定的碱度，可以大大降低氰化物的消耗量，同时也可以避免氰化物变成氰化氢气体进入大气，造成污染和中毒。温度对金的浸出有较大影响。金的溶解速率随温度的升高而增大(80℃达最大值)，但氧在溶液中的溶解度随温度升高而下降，同时温度升高增加了氰化物的水解，其他非贵金属与氰化物作用加剧，氰化物的耗量大量增加。实际生产中控制氰化溶液的温度在30℃左右较为适宜。由于鼓氧氰化过程中氰化物处于过量状态，金粉还原后所得含氰溶液可以返回鼓氧氰化池重复使用数次。一方面可以降低氰化物的消耗量，另一方面也使最终废液中的游离氰含量大大降低，有利于环境保护。鼓氧氰化法从板卡等部件中回收金的原则流程如图4-47所示。

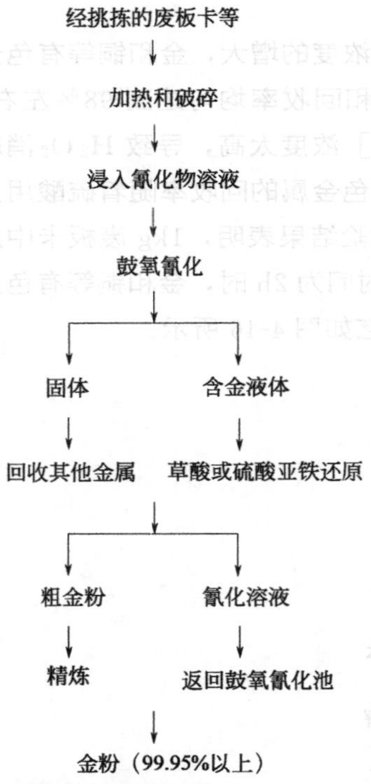

图4-47 鼓氧氰化法从废家电中回收金的原则流程

此法的最大问题是回收过程中要使用大量含氰物质，而且只能回收板卡表面的金银，对包裹于元器件内部或印制线路板内部的金银很难溶解。

4.3.2.2 氨浸法

氨浸法提取金属的技术虽然有一定的历史，但与酸浸法相比，采用氨浸法处理电子废物的研究报道相对较少。氨浸法一般采用氨水溶液作浸取剂，原因是氨水具有碱度适中、使用方便、可回收使用等优点。采用氨络合分组浸出-蒸氨-水解渣硫酸浸出-溶剂萃取-金属盐结晶回收工艺，可从电子废物中回收绝大部分有价金属，铜、锌、镍、铬、铁的总回收率分别大于93%、91%、88%、98%、99%。酸浸或氨浸处理电子废物时，有价金属的总回收率及同其他杂质分离的难易程度，主要受浸取过程中有价金属的浸出率和浸取液对有价金属和杂质的选择性控制。酸浸法的主要特点是对铜、锌、镍等有价金属的浸取效果较好，但对杂质的选择性较低，特别是对铬、铁等杂质的选择性较差；而氨浸法则对铬、铁等杂质具有较高的选择性，但对铜、锌、镍等的浸出率较低。作为替代传统氰化法的新兴方法，氨-硫代硫酸盐浸出法具有毒性低，用药品量少和浸取速率快的优点，是一种较有前景的方法。在常规氰化法中，一些金属杂质(如铜、砷、锑、锌和镍)会降低氰化物对金的浸出率。而氨-硫代硫酸盐则降低了这些外来阳离子的干扰。在碱性或中性的环境中，金可以很容易发生下列反应：

$$4Au + 8S_2O_3^{2-} + O_2 + 2H_2O \longrightarrow 4Au(S_2O_3)_2^{3-} + 4OH^-$$

溶液中如有Cu(Ⅱ)存在，且与氨呈适当比例时，会对第一个反应起强烈的催化作用。

机理如下：

$$Au + Cu(NH_3)_4^{2+} + 4S_2O_3^{2-} \longrightarrow Au(S_2O_3)_2^{3-} + Cu(S_2O_3)_2^{3-} + 4NH_3$$

$$4Cu(S_2O_3)_2^{3-} + O_2 + 2H_2O + 16NH_3 \longrightarrow 4Cu(NH_3)_4^{2+} + 8S_2O_3^{2-} + 4OH^-$$

此法存在的主要缺点是从浸取后的溶液中回收金较为困难。原因是采用活性炭吸附法时，这种金的硫代硫酸盐络合物较难附着在活性炭表面，这就限制了此法的应用与发展。

4.3.3 电解沉积法

电解沉积法是利用直流电的作用使含贵金属废水中的简单贵金属离子或配位贵金属离子在阴极得到电子变成单质的贵金属回收方法，在技术上和经济上均显示出许多优越性。世界各国对此进行了较多的研究，改进并研制出许多形式的电解槽、电解装置或贵金属提取机。下面以电解法提银为例。根据设备结构，电解法提银设备可分成两大类，即开槽搅拌式电解提银机和闭槽循环式电解提银机。国外在 20 世纪 40～50 年代，多采用开槽电解提银机。我国上海电影技术厂、北京电影洗印厂即属此类技术。这种工艺出槽方便，但效率低、占地面积大，还有有害气体污染环境。因此，从 60 年代，国外已淘汰了这种工艺，并已普遍采用密闭机械搅拌电解提银机提银。我国结合国内实际，制成的提银机采用石墨作阳极，不锈钢作阴极，溶液在机内密闭循环的工作方式。电解的技术条件为：槽电压 2～2.2V；电流密度 175～193A/m²；液温 20～35℃；循环速度 4.82m/s；电解时间为含银 3～4g/L 时，需 3～4h，含银 5～6g/L 时，需 5～6h；原液含银 2.5～9.3g/L 时，尾液含银 0.5～0.7g/L(当尾液不再生时，含银可降至 0.15g/L)；电银品位：90%～93%。

如果用电解法回收含银氰化废水中银，废水中的氰化物也能够得到同时治理。电解槽的阴极用不锈钢板制成，阳极为石墨，通入直流电后，阴极析出银而阳极放出氧气。随着溶液中银离子浓度减少，槽电压升至 3～5V，这时阳极除氢氧根放电外，还进行脱氰过程：

$$4OH^- - 4e \longrightarrow 2H_2O + O_2\uparrow$$

$$CN^- + 2OH^- - e \longrightarrow CNO^- + H_2O$$

$$CNO^- + 2H_2O \longrightarrow NH_4{}^+ + CO_3{}^{2-}$$

$$2CNO^- + 4OH^- - 6e \longrightarrow 2CO_2\uparrow + N_2\uparrow + 2H_2O$$

阴极反应为：

$$Ag^+ + e \longrightarrow Ag$$

$$2H^+ + 2e \longrightarrow H_2\uparrow$$

脱银尾液如果仍含有少量 CN^- 时，可加入少量硫酸亚铁，使之生成稳定的亚铁氰化物沉淀，这时尾液即可正常排放。

4.3.4 有机溶剂萃取法

其基本原理是利用含贵金属废水中的贵金属配合物在某些有机溶剂中的溶解度大于在水相中的溶解度而将含贵金属配合物萃取到有机相中进行富集，处理有机相得到粗贵金属。以有机溶剂萃取法提金为例，可用于萃取金的有机溶剂有许多，如乙酸乙酯、醚、二丁基卡必醇、甲基异丁基酮（MIBK）、磷酸三丁酯(TBP)、三辛基磷氧化物(TOPO) 和三辛基甲基铵盐等都可以从含金溶液中萃取金。萃取作业时，含金废液的萃取首次一般控制在3～8次，如萃取剂选择适当，萃取回收率一般都能达到95%以上。

4.3.5 离子交换法

由于含贵金属废水中部分贵金属以离子的形式存在，因此可以选用适当的离子交换剂从废液中离子交换提取贵金属，再用适当的溶液将贵金属离子从离子交换剂上洗提下来。

下面以离子交换法从废水中提取金为例。由于含金氰化废水中金以 $Au(CN)_2^-$ 阴离子的形式存在，因此可以选用适当的阴离子交换树脂从含金废液中离子交换金，再用适当的溶液将 $Au(CN)_2^-$ 阴离子从树脂上洗提下来。将阴离子交换树脂装柱，先用去离子水试验柱的流速，调节合适后将经过过滤的含金废液通过离子交换柱，流出液定时检测含金量。当流出液的含金量超出规定标准时停止通入含金氰化废水。用硫脲盐酸溶液或盐酸丙酮溶液反复洗提金，使树脂再生。洗提液含金量大大提高，用电解或还原的方法将洗提液中的金提取出来。

4.3.6 微生物浸出法

生物浸出因其投资少，能耗低，试剂消耗少，用于处理现有的冶金方法不能经济地处理或无法处理的物料。国外的所谓生物冶金，主要是应用在这些方面。

生物浸取法的主要原理是，利用化能自养型嗜酸性硫杆菌的生物产酸作用，将难溶性的重金属从固相溶出而进入液相成为可溶性的金属离子，再采用适当的方法从浸取液中加以回收，作用机理比较复杂，包括微生物的生长代谢、吸附以及转化等。目前，利用生物浸取法来处理电子废物的研究报道还比较少，原因是电子废物中高含量的重金属对微生物的毒害作用大大限制了该技术在这一领域的应用。因此，如何降低电子废物中高含量的重金属对微生物的毒害作用，以及如何培养出适应性强、治废效率高的菌种，仍然是生物浸取法所面临的一大难题，但也是解决该技术在该领域应用的关键。

4.4 电子废物生物分离技术

目前从电子废物中回收金属的方法主要有火法冶金、湿法冶金、机械分选和微生物法。火法冶金和湿法冶金主要用于金、银等贵金属的回收，它工艺简单，但成本高，二次污染严重，特别是对普通金属的回收不实用。机械分选工艺虽比火法冶金和湿法冶金复杂一些，但其二次污染小，因此，对废弃印刷线路板中各种金属的综合利用具有较高的使用价值。但是，由于机械分选的前提是被分离的物质必须单体解离，达到单体解离的方法通常是破碎，在废弃印刷线路板中金属和非金属之间是靠涂膜等工艺结合在一起的，通过适当的设备和破碎方法，可以使金属和非金属单体解离。但其中各种金属之间是以合金、镀层或焊接的方式结合在一起的，用机械破碎很难使金属单体解离，所以，机械分选方法宜作为辅助手段与其它方法一起使用。

人类对生物技术的研究与利用已经有几百年的历史了，其应用已遍及基因、化学工程、食品工程、矿物工程等各个领域，但被应用于回收电子废物中的金属的研究却是从20世纪80年代才开始，其基本原理是利用某种微生物或其代谢产物与电子废物中的金属相互作用，产生氧化、还原、溶解等反应，从而实现回收其中的有价金属。虽然从电子废物中回收金属的技术起步较晚，但已取得了一定的研究成果。

4.4.1 微生物浸取回收电子废物贵金属

利用细菌浸取金等贵金属是20世纪80年代开始研究的用于提取低含量物料中贵金属的新方法，基本原理是利用 Fe^{3+} 的氧化性将贵金属合金中的其他金属氧化溶解，使贵金属裸露出来便于回收，还原的 Fe^{2+} 被细菌再氧化后用于浸取。近年来这类方法有了很大的发展。现今研究中较具前景的是两阶段生物浸取法：第一阶段，在不加电子废物的环境下，选择适当条件使细菌生长若干天数，之后加入电子废物，使细菌在其表面再生长若干天；第二阶段，第一阶段中细菌产生的有机糖类（如葡萄糖）和有机酸类物质（草酸和柠檬酸等）可分别与电子废物中各类金属反应，从而选择性浸出各类金属。从生态环境中分离筛选出的巨大芽孢杆菌株具有较强的吸附和还原 Pt^{4+} 的能力。该菌体通过细胞壁和活性基团的作用提供电子，将废液中的铂离子较快速地还原为 Pt^{4+}，继而缓慢地还原成单质铂。吸附率可达94%，吸附量达94mg/g。

此法优点在于：a. 生物与电子废物不会直接反应，因此生物可以被回收重复利用；b. 即使在电子废物缺乏情况下，产生的糖类和酸性物质也能尽可能地得到利用；c. 适用于任何浓度的含金属溶液中金属的提取。

利用生物法可以得到很高的金属回收率（通常95%以上）。同时，在相同产量下，生物浸出创造了降低原材料和能量消耗的机会，也创造了降低污染物和废物产生的机会。且生物技术具有工艺简单、费用低、操作方便、环境清洁的优点。

不利之处主要是浸取时间长，浸取速率低。但它代表着未来的技术发展方向，而且在经济上也有竞争力。

4.4.2 电子废物生物浸取贵金属所用微生物

浸出电子废物常用的微生物主要可以分为自养菌和异养菌两大类。自养菌包括氧化亚铁硫杆菌和氧化硫硫杆菌等；异养菌包括黑曲霉和简青霉等。

采用硫杆菌、氧化铁硫杆菌、黑曲霉、青霉菌等细菌对机械过程中产生的粉尘或微细颗粒（<0.5mm）中的金属进行浸出试验，当细菌和真菌在培养基中的浓度大于10g/L时，65%的铜和锡被浸出，95%以上的铝、镍、铅、锌也同时被浸出。

当细菌和真菌在培养基中的浓度为5～10g/L时，利用已驯化好的硫杆菌可使废物中铜、镍和铝的浸出率达到90%以上，并且使得其中的铅和锡分别转化为硫酸铅、氧化锡沉淀。

采用去磺弧菌（*Desulfovibrio desulfuricans*）从废旧电路板中回收钯，分3个阶段。

① 用湿法冶金方法浸出废旧电路板中的铜、铅和锡等基本金属，然后用电化学方法回收浸出液中的基本金属，剩余固体则用王水溶解进一步回收金和钯。

② 向王水溶解液中添加2mmol/L NaAu(Ⅲ)Cl_4溶液并通入 H_2，然后去磺弧菌（*Desulfovibrio desulfuricans*）与溶液中的Au(Ⅲ)发生反应形成单质Au沉淀。固液分离回收固体金粉，分离液进一步回收钯。

③ 向分离液中添加 Na_2Pd(Ⅱ)Cl_4溶液并通入氢气，然后加入经特殊驯化的去磺弧菌

与溶液中Pd(Ⅱ）反应生成单质Pd沉淀，溶液固液分离回收固体钯粉，回收率>95%。

国外学者采用生物法从电子废物(含电路板）浸出液中回收金、银和钯的新工艺，即将在充氧条件下培养肺炎克雷伯菌(*Klebsiellaumoniae*）的过程中产生的生物气通入浸出液，使其与溶液中的贵金属反应充分，然后从生成的反应沉淀物中回收金、银及钯等贵金属，其回收率均>99%。

4.4.3 微生物浸出电子废物的影响因素

微生物浸出电子废物的过程和化学浸出过程有所不同，微生物浸出是一个更复杂的化学浸出过程，在这个过程中既有细菌生长繁殖和生物化学反应，又有浸出剂和电子废物的化学反应，受到不同的物理、化学、生物等诸多因素的控制。微生物浸出电子废物的影响因素主要如下。

(1) 电子废物的性质

电子废物堆放在一起后，其透气性、物理化学性质等因素都将影响微生物与电子废物的作用，从而影响浸出率。

(2) 浸出体系中的pH值

酸度影响微生物的活性，绝大多数浸出微生物是既产酸又嗜酸的，环境酸度对细菌生长有明显影响。从而不仅要通过驯化培养使微生物尽量适应其环境，而且最好调节pH值在微生物最适宜范围。

(3) 通气量

浸出微生物一般为好氧菌，同时吸收大气中CO_2作为碳源，所以在这类微生物的培养和浸出作业中，充分供气是很重要的。

(4) 营养成分

为提高微生物浸出率，浸出过程中，必须提供微生物生长所必需的营养物质，以保持较高的细菌生长速度，这对提高细菌浸出率是十分有利的。

(5) 温度

温度是微生物生长的重要条件之一，每种微生物都有各自最适应的生长温度条件，因此，其对微生物的繁殖和生存有着很大的影响。

(6) 氧化还原电动势

在微生物浸矿方面，有如下说法：从热力学的角度看，矿物的电位越小越有利于浸出。首先是由于浸出过程真正的电子受体是溶解于浸矿液的氧。矿物的电位越小，与氧的电位差越大，其氧化的热力学趋势也越大。第二是电位不同的两个矿粒紧密接触并浸没在同一溶液中组成了一对原电池。电位小的是阳极，发生阳极溶解(氧化)，电位大的是阴极，在其上发生O_2与Fe^{3+}的还原。

(7) 微生物种类和浓度

不同的微生物种类对同种电子废物的浸出率是不一样的同时，同种微生物，当其浓度不一样时浸出率也是不一样的。

从电子废物中回收金属的各种技术的比较分析如表4-5所列。

表4-5 从电子废物中回收金属的各种技术比较分析

技术方法		工艺特点	环境影响	金属回收率	回收的金属产品特点	经济成本
机械处理技术		利用废物中各组分物理性质的差异性实现金属和非金属物质的分离回收，工艺简单，易操作，容易规模化发展	(1)能耗高，有噪声污染； (2)干法破碎有粉尘飞扬，且破碎撞击易使废物中有机物发生高温分解产生呋喃、多氯联苯等有毒有害气体； (3)湿法破碎和分选有大量的废水排放	金属回收率高	由于废物中各金属组分的不同物理特性的重叠，使各金属难以实现完全分离，因而仅能回收金属、金属富集体	机械处理设备及运行维护费用较高，但环境污染治理成本低
热处理技术	火法冶金	利用高温将废物熔融，使其中的非金属物质与金属物质分离从而实现金属物质的回收，工艺简单，易操作，主要用于大批量的回收各种电子废物中的金属	(1)能耗高，熔融时产生的浮渣增加了二次固体废物量； (2)废物中有机物在高温作用下易产生有毒有害气体。另外高温也易使废物中低沸点的铅、锡等重金属挥发而污染环境	(1)高温易使废物中贵金属形成氯化物挥发和低沸点金属挥发，且陶瓷等浮渣也带走部分金属，造成金属产品总体收率下降； (2)对铜及贵金属的回收率较高，但部分金属如铅、锡等回收率低，且目前技术还无法回收铝和锌等金属	可获得各种金属元素组成的金属富集体	普通焚烧法或防氧化焙烧法处理成本低，但微波焚烧工艺处理成本相对较高，而且均需要投入较高的污染治理费用
	热解技术	利用高温将废物中的有机物气化和液化处理，再从残渣中回收金属，既可分别回收金属物质和非金属物质也可同时回收部分能量，工艺简单，适用于回收各种电子废物，但操作条件要求高，且不能得到最终较纯的金属产品	(1)能耗大，热解后产生的固体物质经回收其中金属后产生的余渣增加了二次固体废物量； (2)有机物热解时产生较多的遮蔽性烟雾、单质溴和溴化氢、多氯联苯等有毒有害气体。另外高温易使废物中低沸点的铅等重金属挥发而造成污染	因高温可能会使部分低沸点金属挥发损失，造成金属富集体总收率下降	可获得各种金属元素组成的金属富集体	处理设备投资、运行及维修费用较高，且需要投入一定的污染治理费用
湿法冶金		利用废物中金属能与某些化学试剂发生化学反应而将其转移进入液相，再通过电解、还原等手段回收溶液中的金属。该工艺灵活、对设备要求不高，易操作，可获得最终较纯的金属产品，但不能直接处理复杂的电子废物，处理工艺流程复杂，试剂耗量大	浸出过程能耗低，但试剂耗量大，且在整个回收过程中会产生大量的废气、废渣，具有腐蚀性、有毒有害性的废水排放	金属回收率高	可获得纯度较高的金属单质或其化合物	单浸出段而言其成本低，但后续金属单质回收段若用电化学技术则因设备运行维护及耗能较大使成本增加，而且整个回收过程污染治理费用也较高

续表

技术方法	工艺特点	环境影响	金属回收率	回收的金属产品特点	经济成本
生物技术	利用某种微生物或其代谢产物与废物中的金属相互作用，使目标金属从废物中分离出来或除去废物中的杂质从而实现有价金属的回收。工艺简单、易操作，可获得最终较纯的金属产品，但具有生产周期长，目前已知可利用的微生物种类较少	(1)能耗低； (2)清洁、安全； (3)污染小	金属回收率高	可获得纯度较高的金属单质或其化合物	投资运行成本低，而且污染治理费用的投入少

4.5 电子废物材料分离集成技术

废旧家电资源化技术很多，大部分侧重于某一个环节或工序技术的开发应用。将各种先进技术集成起来，应用于废旧家电资源化过程，是未来废旧家电再生利用的发展方向。科技部于 2008 年针对废旧家电中最难以资源化的“废线路板全组分高值化清洁利用关键技术集成和工程示范”问题，设立了国家科技支撑计划项目，由江苏理工学院周全法教授课题组承担，目前已经取得重大进展，即对于废线路板的资源化工作做到了全组分利用、高值化利用和清洁利用，并建设完成了年处理 10000t 的示范生产线，经济效益和环境效益明显。

该技术所处理的废线路板为电子信息类产品和其它使用线路板的产品在生产、使用和报废过程产生的板状废弃物，通常分为 3 大类型，即废覆铜板、线路板边角料、废电路板。其中废覆铜板、线路板边角料是生产线路板过程中产生的下脚料和残次品，特点是相对集中，收集较为容易，也是目前国内外废线路板再生利用的主要对象。随着电子信息产业的飞速发展和以废家电为主的电子废物的大量产生，成分复杂的各类废电路板(即带有各种电子元器件的废线路板)逐步成为废线路板的主要类型和再生利用对象。废电路板来源渠道多，物质组成较其他两类废线路板复杂，因而处理难度较大，主要表现为资源再生利用过程中的资源利用率较低，二次污染严重。废电路板的全组分高值化清洁利用技术已经成为该类废弃物处理处置的关键和核心技术，也是世界各国普遍关心和竞相开发的技术。

目前，国内对废覆铜板和线路板边角料的处理已经有较为成熟的技术，即江西石城矿山设备厂开发的“破碎-重选”技术(已经申报专利)。国内较大的 9 个处理废覆铜板和线路板边角料的企业，全部应用的是“破碎-重选”或类似技术，国内相关的许多研究工作都基于该技术而展开。该技术的缺点有：a. 前期预处理环节需要破碎，能源消耗量大，铜的回收率低(回收率约 90%)，产生的玻璃纤维对环境有影响，必须专门被动地处理，如加入水泥生产低档砖等；b. 该技术不能处理废电路板，也不能回收其中的铅和锡。此外，敞开式简易的鼓风炉直接熔炼、全湿法酸浸处理等落后工艺在一些小型企业还在使用，二次污染非常严重。

已经形成产业化的国外废线路板资源综合利用技术以火法或火法-湿法联合技术为主，日本是线路板资源综合利用较好的国家，主要采用的技术是火法-湿法联合流程，一般都与再生铜企业联合进行。该方法的优点是铜和贵金属的回收率高，缺点是铅锡没有得到回收，全部以硅酸盐形式进入炉渣，无法再回收利用。

该技术采用“自动拆解分类—密闭回转焚烧炉粗分—电解和深加工结合”路线，实现所有类型废线路板的免粉碎直接回收和分离金属、深加工增值，做到了全组分利用、清洁利用和高值化利用。工艺路线如图 4-48 所示。

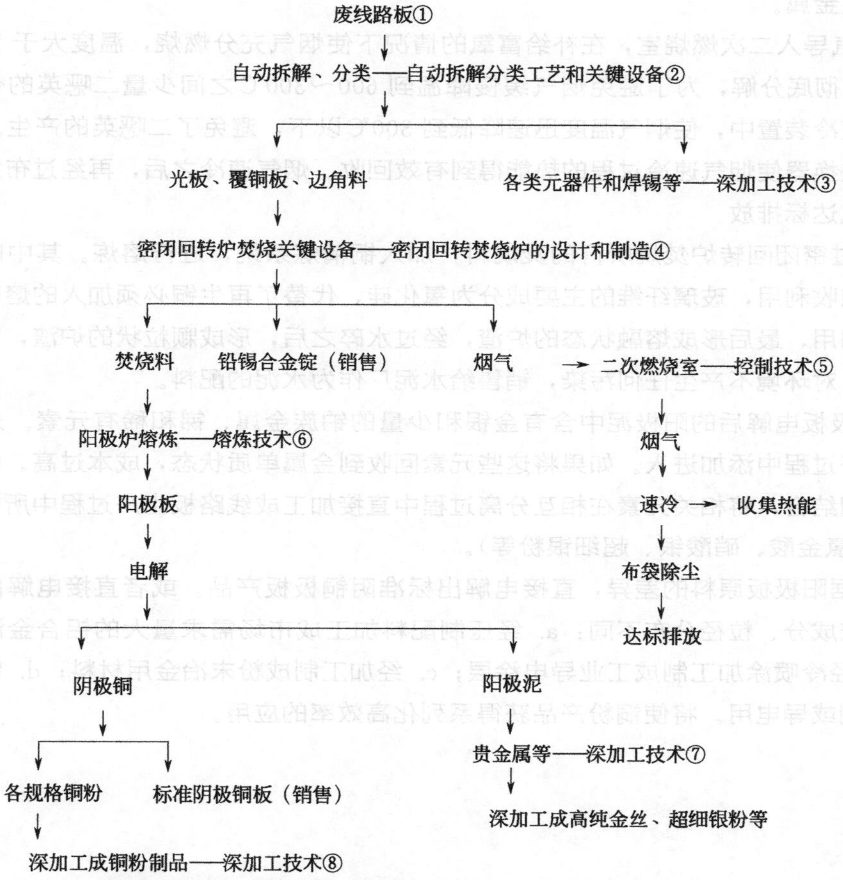

图 4-48 废线路板全组分高值化清洁利用关键技术集成路线

技术路线说明如下。

① 本技术路线所处理的线路板包括废覆铜板、废线路板边角料、废电路板。其中废电路板包括仅含元器件的废电路板和含有元器件、铜(铝) 引线的废电路板。

② 自动拆解和分类技术及其实施：由输送带将各类废线路板送至自动剪线机，剪下连接导线后的废线路板由输送带送至自动烫锡机。连接导线集中后统一处理。自动烫锡机由程序升温装置、加热装置、传送装置、撞击分离装置和烟气冷却收集装置等组成，能够将废线路板自动分类成光板、元器件、焊锡等材料类型，同时能将过程产生的重金属废气进行有效回收。

③ 自动拆解分类所得的各类元器件和焊锡等，成分比光板、覆铜板和边角料复杂，是处理废线路板的重要经济收益来源。再生利用的方法是收集到一定数量后集中处置。先进行破碎，然后按照贵贱金属分离、铜铝铅锌锡等有色金属与稀有金属分离，深加工成相应电子化学品(相关化合物) 进行资源循环并增值。

④ 密闭回转炉焚烧：该装置的特点是给予一定的启动能量后，废线路板能够在其中进行自热型焚烧，使废电路板中的有机物充分燃烧，并在回转炉中回收铅和锡。焚烧所得材料分为焚烧料、铅锡合金锭和烟气三个部分。其中焚烧料已经全部转化为无机化合物，加入铜精炼系统，进行熔炼。铅锡等低熔点金属形成合金，可以作为一级粗产品进行销售或进一步分离低熔点金属。

⑤ 烟气导入二次燃烧室，在补给富氧的情况下使烟气充分燃烧，温度大于 1000℃，能够使二噁英彻底分解，为了避免烟气缓慢降温到 600～300℃之间少量二噁英的合成，在一个特殊的速冷装置中，使烟气温度迅速降低到 300℃以下，避免了二噁英的产生。通过一个特殊的热交换器使烟气速冷过程的热能得到有效回收。烟气速冷之后，再经过布袋除尘、吸收塔，烟气达标排放。

⑥ 经过密闭回转炉焚烧所得的焚烧料，加入铜精炼系统，进行熔炼。其中的铜、贵金属等得到回收利用，玻璃纤维的主要成分为氧化硅，代替了再生铜必须加入的熔剂，得到有效的回收利用，最后形成熔融状态的炉渣，经过水碎之后，形成颗粒状的炉渣，主要成分为硅酸亚铁，对环境不产生任何污染，销售给水泥厂作为水泥的配料。

⑦ 阳极板电解后的阳极泥中含有金银和少量的铂族金属、锑和稀有元素。这些元素是线路板生产过程中添加进入。如果将这些元素回收到金属单质状态，成本过高。因此，必须与深加工相结合，将相关元素在相互分离过程中直接加工成线路板生产过程中所需要的电子化学品(如氯金酸、硝酸银、超细银粉等)。

⑧ 根据阳极板原料的差异，直接电解出标准阴铜极板产品。或者直接电解出不同规格的铜粉，按成分、粒径分布不同：a. 经压制配料加工成市场需求量大的铝合金添加剂铜剂制品；b. 经冷喷涂加工制成工业导电涂层；c. 经加工制成粉末冶金用材料；d. 制成超细片状铜粉印刷或导电用。将使铜粉产品获得系列化高效率的应用。

5 典型电子废物资源化工艺

废旧家电等电子废弃物的处理处置，涉及废弃物种类多，所含材料面广量大，一般处理处置企业仅偏重于某一类材料的回收利用。因而出现了许多专业化的偏重于某一类家电或某一类材料的废旧家电处理处置企业和模块化处理工艺。

5.1 废电路板资源化工艺

废电路板一般是指经过使用、表面连接有各类电子元器件和导线的板状废弃物，是各类电器中最难以处理处置的废弃物种类之一。国内外对废电路板的资源化利用技术和工艺开展了多年研究，逐步形成了一些可以产业化应用的工艺。

5.1.1 国内物理法工艺

废电路板的物理法工艺的核心是：基板与电子元器件(含连接导线)的分离，基板中金属和非金属材料的分离，电子元器件中金属和非金属的分离。PCB 基板一般为玻璃纤维增强的环氧树脂覆铜板，含有卤化阻燃剂，硬度较高，韧性较强。物理法的基本流程如图 5-1 所示。

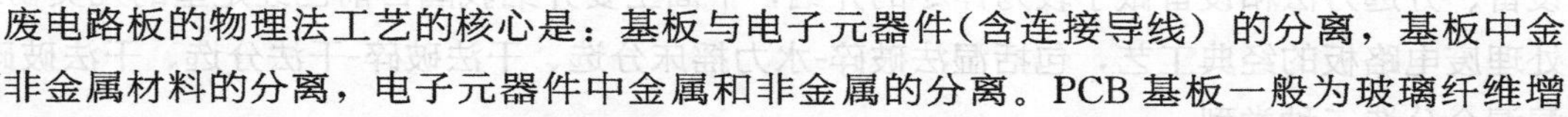

图 5-1 物理法基本流程

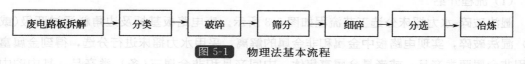

5.1.1.1 基板与电子元器件（含连接导线）的分离

基板与电子元器件(含连接导线)的分离是废电路板处理的前提和基础，也是目前废旧家电回收行业面临的一大难题。用手工方式借助于简单的工具，可以将废电路板上几乎所有的元器件与基板分离，但是效率很低。在一些手工作坊，在煤炉上架一块铁板，将铁板烧热，然后将废电路板依次放在铁板上，将焊锡熔化后即可很方便地将各类元器件与基板分开。这种方式的最大问题是，在熔化焊锡过程中，大量的低熔点金属(铅和锡等)进入大气，严重危害操作者的身体健康，同时污染环境，造成资源浪费。这些手工作坊用此方法的目的之一，是为了获取废电路板上的一些关键元器件(如集成电路块)，然后以一定价格直接卖给二手市场获利。这些元器件一般用于低档电器(如玩具)的制造，安全隐患非常严重。

目前，国内外对于机械法自动化分离元器件和基板研究甚多，一些自动化程度较高的分离设备已经商业化。周全法等开发的自动烫锡机(图 5-2)，借助于高温和内设撞击机构，能够高效率地将废电路板上的元器件与基板分开，其不足之处是所得元器件为混合物，尚未做到元器件自动识别。

图 5-2 自动烫锡机外形图

废电路板上元器件与基板分离后，基板将进入破碎工序，元器件将进入有色金属深加工工序。

5.1.1.2 基板破碎分选

拆除元器件后的废电路板的硬度较高、韧性较强，一般采用具有剪、切作用的破碎设备，如旋转式破碎机和切碎机。实践证明，当破碎粒度达到 0.6nm 时，金属基本上可以达到 100%的解离。

破碎后的基板粉末和颗粒的分选，一般与破碎工序组成一个整体单元。电选、磁选、重力选、涡流分选等各种方法分别应用于各种分选工艺。在第 2 章中，已经对各种破碎方法和设备、分选方法和设备做了较为详尽的介绍，下面主要介绍我国目前已经定型的几类物理法处理废电路板的经典工艺，包括湿法破碎-水力摇床分选、干法破碎-干法分选、干法破碎-干湿混合分选三种类型。

5.1.1.3 湿法破碎-水力摇床分选工艺流程

(1) 流程介绍

湿法破碎-水力摇床分选工艺流程如图 5-3 所示。废电路板基板及边角料通过两级(或多级) 湿法破碎，实现电路板中金属和非金属的解离，采用水力摇床进行分选，得到金属富集体和非金属两类产品，或者是金属富集体、中间产品和非金属三(多) 类产品，其中的中间产品可以返回水力摇床进行再次分选，或返回细碎机再次粉碎。金属富集体和非金属经过过滤后，金属富集体送往冶炼厂，非金属(玻璃纤维和环氧树脂等) 作为填充材料或者经深加工作为其他产品的原料。过滤水经处理后可以回用。

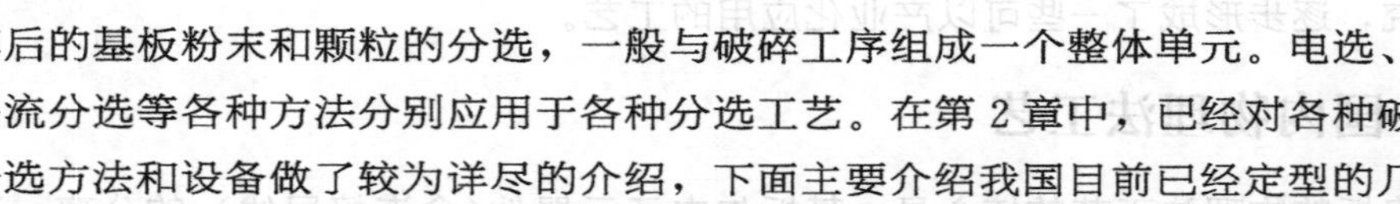

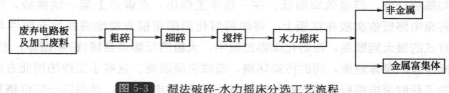

图 5-3 湿法破碎-水力摇床分选工艺流程

一些企业利用水力摇床与浮选相结合的方法从废弃印刷电路板或废板边料回收金属如图5-4所示。首先将废弃的电路板机械粉碎到粒度0.25mm左右，使金属与非金属解离，粉碎后的物料按照粒度不同分别采用水力摇床和浮选机分离富集金属相与非金属相，再将富集金属以碱熔焙烧法回收锡，氨水浸渍法回收铜后，以磁选分离法分离磁性的铁、镍金属与非磁性的金、银、铅金属；非金属部分则可作为增强材料再利用。

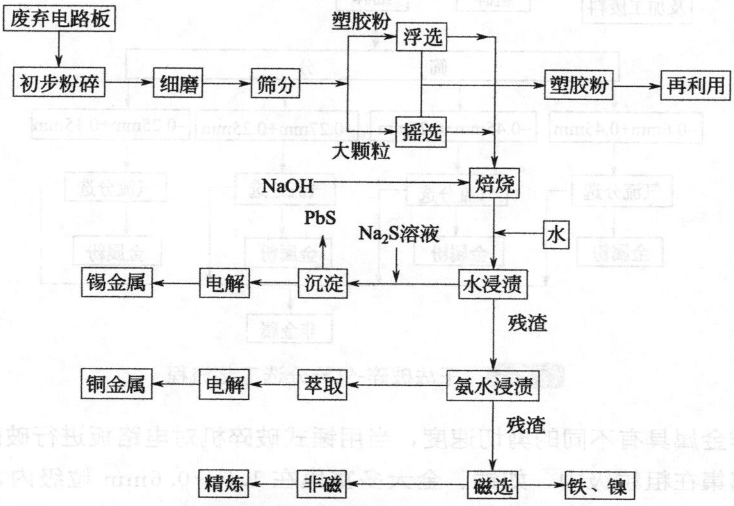

图 5-4 破碎-摇床-浮选联合流程

(2) 工艺特点

该工艺具有投资少、运行成本低、简单实用的特点。采用湿法破碎可以避免破碎过程中刺激性气体和粉尘的产生，可以连续生产。清华大学采用水力摇床分选废弃电路板(拆除元件）的研究结果表明，采用水力摇床分选效率超过95%。表5-1、表5-2分别列出了分选后的金属粉末和非金属粉末中金属的含量。

表 5-1 分选后金属粉末中的金属含量

元素	铋	锰	镍	锌	铁	铜	砷
含量/(g/g)	未检出	4.74×10^{-5}	4.18×10^{-6}	5.75×10^{-5}	3.33×10^{-3}	1.19×10^{-2}	未检出
元素	镉	锡	锶	硒	铬	钼	金
含量/(g/g)	6.85×10^{-7}	7.32×10^{-4}	6.40×10^{-4}	1.52×10^{-4}	2.20×10^{-5}	1.15×10^{-6}	1.19×10^{-5}

表 5-2 分选后非金属粉末中的金属含量

元素	金	铬	砷	钯	铅	锡	镍	银
含量/(μg/g)	8.28	2.81	46.6	161.3	3032	3824	24.34	6.84

国内多家电子废物再生利用企业采用这种工艺回收处理废电路板及线路板边角料。但是，该工艺最大的问题是水力摇床用水量较大，大部分企业采用河水或井水，不再循环利用，废水直接排放。而且，许多企业对于从摇床下来的低含量废渣不再处理，随意填埋或堆放现象普遍。因此，国内已经有几个省份禁止采用水力摇床和相关工艺处理处置电子废弃物。

5.1.1.4 干法破碎-气流/气力摇床分选工艺流程

（1）流程介绍

废电路板基板及线路板边角料经过干法粗碎和细碎，然后干式筛分，再采用空气分离器实现金属与非金属的分离。工艺流程如图 5-5 所示。

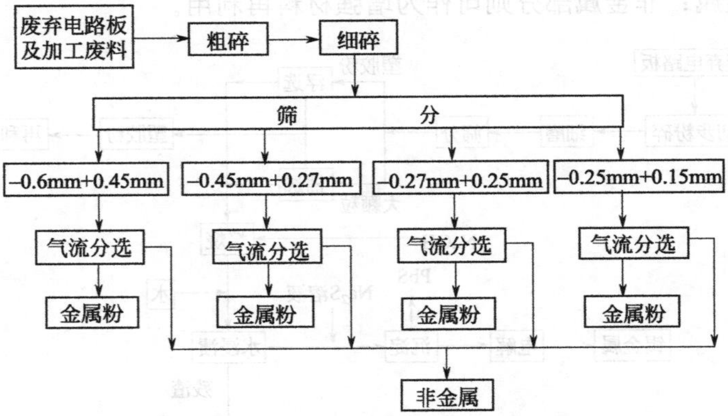

图 5-5 干法破碎-气流分选工艺流程

因金属和非金属具有不同的剪切速度，当用锤式破碎机对电路板进行破碎解离时，大部分金属物料将富集在粗粒级中，如铜、金大多富集在 1.0～0.6mm 粒级内，非金属颗粒则集中在细粒级。考虑形状因素的影响，设计不同的筛孔尺寸和开孔率，利用干式筛分机可以较好地实现金属和非金属的分离。

（2）工艺特点

干法破碎-气流/气力摇床分选工艺具有投资小、运行成本低等特点。适合于废弃线路板及边角料的分选，金属回收率达到 95%，而且金属纯度能够达到 90%以上。对于带有元件的电路板物料，由于金属和非金属组分复杂，金属富集体的回收率和品位会明显降低。

该工艺存在入料级别窄，颗粒形状对分选效果的影响大，以及噪声和粉尘较大等缺点。相关车间的防尘除尘是困扰该工艺得到大面积应用的问题。

5.1.1.5 干法破碎-静电分选工艺流程

（1）流程介绍

废电路板及其他废料经过多级干法破碎，实现金属与非金属的解离，然后采用超微分级，分离出一部分微细物料得到部分非金属，剩余适合静电分选的物料进入辊筒静电分选机分选，得到金属富集体和非金属。工艺流程如图 5-6 所示。

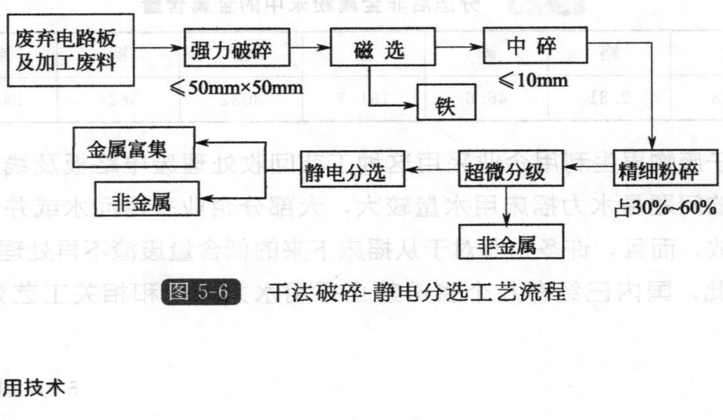

图 5-6 干法破碎-静电分选工艺流程

(2) 工艺特点

该工艺的特点是采用辊筒静电分选机进行分选。具有运转平稳、能耗低、使用可靠性好、易损件寿命长和检修方便等特点，生产过程中无二次污染。对于传统的静电分选，入料范围通常在（－2＋0.074）mm，因此处理废弃电路板是十分适合的。

清华大学胡利晓等[5]的静电分选试验研究结果表明：对于（－0.9＋0.45）mm 电路板物料，可以得到铜品位为 77.14％，回收率为 76.66％；对于（－0.45＋0.074）mm 电路板物料，铜的品位为 75.15％，回收率为 84.05％。

该工艺的缺点是随着粒度的逐渐降低，颗粒之间的作用力增强，在电场中分选时，将会发生排斥、吸引和团聚等现象。由于团聚现象发生，实现细粒级物料的单层入料变得困难，再加上分选过程出现的吸引、排斥、电极风及颗粒向电极运动等现象使得分选过程更加复杂，因此不能实现微细级(－0.074mm) 电(线) 路板的有效分选。浙江丰利粉碎设备有限公司研发的 FXS 废旧电子电路板回收处理成套设备就是采用上述流程，处理能力为 5t/h。

5.1.1.6 干法破碎-静电分选-离心分选工艺流程

(1) 流程介绍

废电(线) 路板经双齿辊破碎机粗碎、冲击式破碎机细碎后分级为三部分。－0.074mm 和(－0.5＋0.074) mm 级电路板物料通过静电分选回收，微细级物料以及破碎过程中产生的粉尘采用高强度离心分选回收。(－2＋0.5) mm 级物料经静电分选产生的非金属再次破碎进行分选回收。工艺流程如图 5-7 所示。

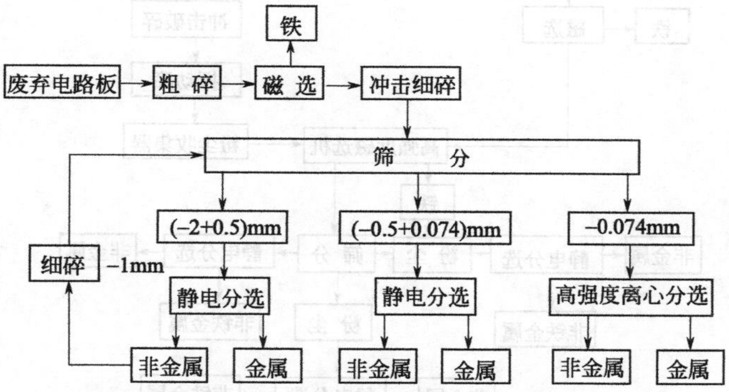

图 5-7 干法破碎-静电分选-离心分选工艺流程

(2) 工艺特点

该工艺主要针对带有元件的废弃电路板设计的干法和湿法混合工艺流程。该流程对于（－2＋0.074）mm 物料，采用电选方式进行回收，并且针对不同粒级的物料，选择不同的电极结构和电晕、转速等工艺参数，整体回收效率高。更重要的是该流程采用高强度离心分选法有效地解决了微细级电路板颗粒的资源化，通常在干法分选工艺中，破碎产生的粉尘和微细级物料作为非金属，不做进一步处理；而在上述传统的湿法分选工艺中，采用水力摇床分选，对于微细级物料分选精度比较差。因此采用高强度离心分选方法对于实现微细级电路板颗粒中金属富集体的回收，特别是微细级贵金属的回收具有重要的意义。

温雪峰等[6]的研究结果表明：对于(－2＋0.5) mm 级废弃电路板物料，可以得到品位为 95.42％的金属富集体，综合效率为 86.92％；对于(－0.5＋0.074) mm 级物料，金属富集体的品位为 93.07%，综合效率为 73.11%；对于－0.074mm 级物料，金属富集体的品位为 76.89%，综合效率为 80.77%。

5.1.2 国外物理法工艺

发达国家很重视从 PCB 中回收金属及稀贵金属。物理法主要用于常规金属如铝、铜的回收，回收率较高能达到 90%以上。如美国利用强力旋流分选机从个人电脑的 PCB 中回收铝，所得铝精矿的纯度为 85%，回收率在 90%以上。瑞典利用电动滚筒静电分选机回收铜，通过设计和操作参数优化，所得铜精矿的品位为 93%～99%，回收率高达 95%～99%。

5.1.2.1 破碎-磁选-电选工艺流程

俄罗斯的专利中提出了以破碎-磁选-电选为主要内容的电路板资源化流程，如图 5-8 所示。

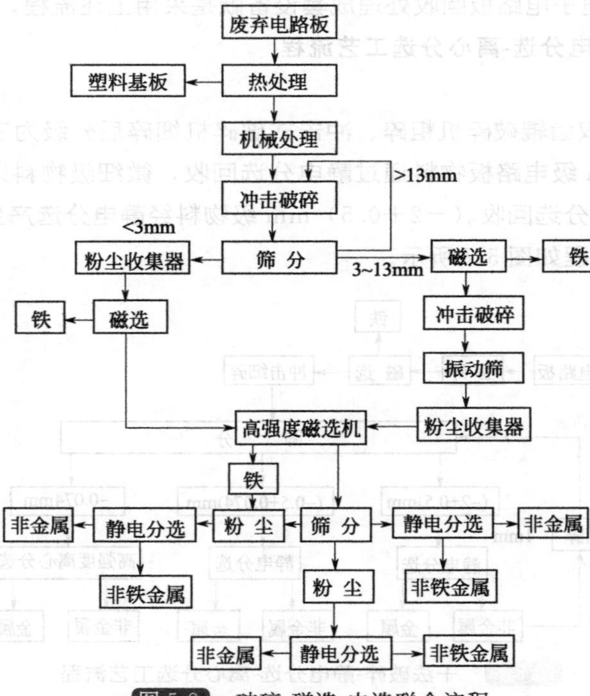

图 5-8 破碎-磁选-电选联合流程

此外，德国 Dainler Benz Ulm 研究中心也采用类似的工艺对废电路板进行资源化处理，在破碎阶段用旋转切刀将废板切成 2cm×2cm 的碎块，磁选后再用液氮冷却，然后送入锤磨机碾压成细小颗粒，从而达到好的解离效果。开发了四段式处理工艺：预处理、液氮冷冻、筛分、静电分选，如图 5-9 所示。这种方法具有 3 个特点：a. 液氮冷却有利于破碎；b. 破碎时会产生大量的热，在整个粉碎过程中持续通入 －196℃的液氮可以防止塑料燃烧（氧化），从而避免形成有害气体；c. 以前的工艺在分离小于 1mm 的细粒时一般就达到极限，而该公司研制的电分选设备可以分离尺寸小于 0.1mm 的颗粒，甚至可以从粉尘中回收贵重金属。即使贵金属的含量很少，采用这种方法还可以获得一定的经济效益，目前回收这种废物的纯利润近 2000 欧元/t。

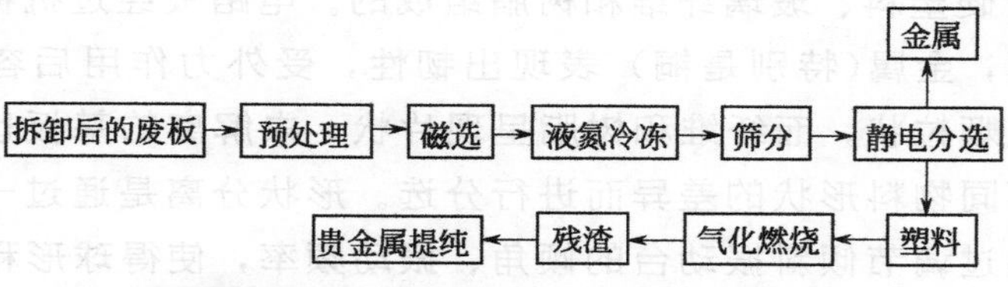

图 5-9　Daimier Benz Ulm 研究中心的流程

5.1.2.2　破碎-磁选-电选-气流分选-涡电流分选工艺流程

德国在其专利中提出了以破碎-磁选-电选-气流分选-涡电流分选为主要内容的废线路板资源化处理的流程。主体思路是：将安装在线路板上的电池、含汞开关、含聚氯联苯开关的电容等有害组分拆除后，经过剪切机进行粗碎，送入液氮罐中进行冷却，经过冷却后的物料呈现磁性，进入锤式破碎机破碎，锤式破碎机采用分批操作。破碎后的物料经过筛比 1∶1.6 的套筛进行分级，分级后的物料分别经过气流分选、电选得到金属富集体和非金属富集体。

此外美国矿产局（USBM）在 20 世纪 70 年代末 80 年代初采用相似的流程，利用物理方法处理军用电子废物，采用了破碎、磁选、气流分选、电选和涡流分选的流程。但当时由于费用较高，没有获得进一步的商业发展。

5.1.2.3　破碎-流化床分选工艺流程

美国在其专利中提出采用破碎-流化床分选的流程实现废弃电路板的资源化，如图 5-10 所示。

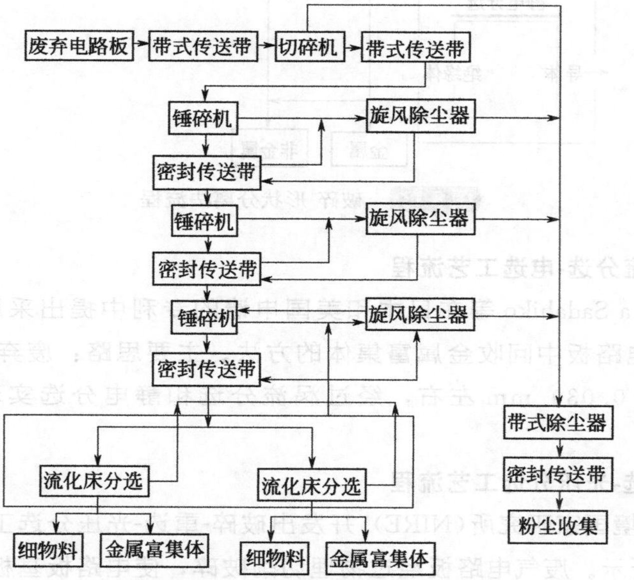

图 5-10　破碎-流化床分选联合流程

5.1.2.4　破碎-形状分选工艺流程

破碎-形状分离法从电路板（或线路板）中回收金属是日本 Chiaki Izumikawa 等提出的，并在许多文章中对形状分离的原理、特点做了详细的分析。由于电路板主要是由金属(以铜为主)、硬塑料、玻璃纤维和树脂组成的。电路板经过机械破碎后，由于物料力学特性的不同，金属(特别是铜)表现出韧性，受外力作用后容易打团呈近似球形，硬塑料也呈现颗粒状，而纤维和树脂呈现片状，未解离的基板也为片状。性状分离就是基于上述不同物料形状的差异而进行分选。形状分离是通过一种称为倾斜振动台实现分离的。通过调节倾斜振动台的倾角、振动频率，使得球形和片状颗粒运动轨迹不同分别收集实现最终分选。如图 5-11 所示。

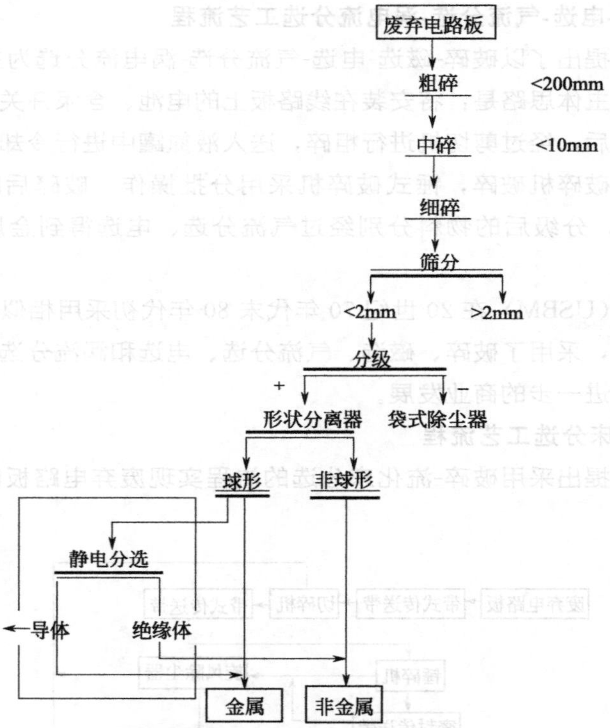

图 5-11 破碎-形状分离法流程

5.1.2.5 破碎-旋流分选-电选工艺流程

日本 Yokoyama Sadahiko 等在日本和美国申请的专利中提出采用破碎-涡流(旋流)分选-电选流程从电路板中回收金属富集体的方法。主要思路：废弃电路板经破碎机破碎到粒径为(−1+0.03) mm 左右，经过涡流分选和静电分选实现金属和非金属的分离。

5.1.2.6 破碎-重选-光压分选工艺流程

日本资源与环境国家研究所(NIRE) 开发出破碎-重选-光压分选工艺流程处理废弃电路板，如图 5-12 所示。废气电路板经过物理切削破碎，使电路板基板、电子插件中的金属和非金属充分分离，将粗颗粒按照密度、粒度的不同采用类似流体密度分选方法将金属和非金属或不同金属分离；细颗粒按照不同物质的反射率(光学性质) 不同，再用光压分选(photo pressure assisted separation) 方法实现微细粒级中金属与非金属的分离。采用光压分选的方法在日本处于实验室研究阶段，是一种新兴的方法，距工业化生产还有一定的距离。

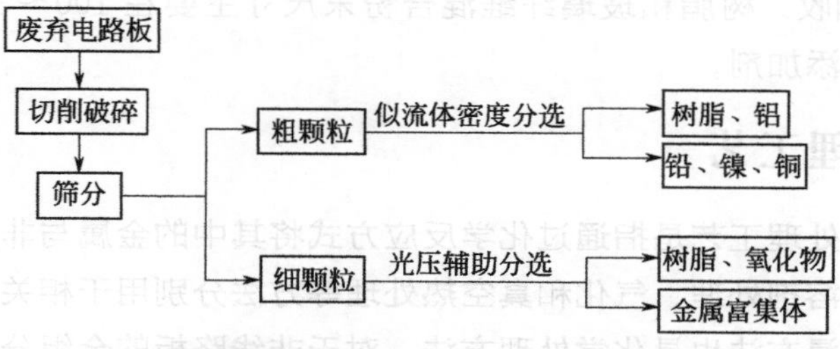

图 5-12 破碎-重选-光压分选流程

5.1.2.7 破碎-分级分离工艺流程

日本 Yokoyama Sadahiko 等在其专利中提出采用破碎-分级分选工艺流程从废弃电路板中回收金属富集体，主要思路是：通过调节设备参数，采用锤式破碎机或旋转剪切机设备将废弃电路板破碎到(−5+0.5) mm。电路板中的玻璃纤维和树脂的力学特性呈现脆性，而金属(主要是铜) 呈现展延性。在外力冲击作用下，玻璃纤维和树脂很容易变碎，金属由于其延展性而呈现近似球形。这样不同粒度中金属与非金属的分布明显不同：金属主要集中在粗粒级中，而非金属(玻璃纤维和树脂) 主要集中到细粒级。采用筛分的方法即可以实现金属与非金属的初步分离。由于金属与非金属解离不彻底，因此通过筛分的方法实现分选，精度较低。

5.1.2.8 破碎-涡电流分选-电选工艺流程

日本 Chiaki Izunikawa 发明的专利，采用破碎-涡电流分选-电选联合流程从电路板中回收金属富集体。主要思路：采用锤式破碎机将废弃电路板破碎到 0.8mm 左右，然后对粗颗粒采用涡电流分选；细颗粒采用电选，或者将涡电流分选和电选连接起来，即涡流首先经过涡电流分选，可得到金属富集体和非金属富集体，其中非金属富集体经电选机再选，回收其中的金属。

5.1.2.9 干法分离技术富集稀贵金属

德国已建成一个年处理能力达 21000t 电子废物的综合处理厂，它能处理的电子废物的范围很宽，特别是电信方面的废物。其工艺路线为：首先将构件进行手工拆卸分为电路板、电缆、电子元件、机壳和显像管等几组，手选得到的部分元件甚至可以直接用于新产品中。然后再分别对各组分进行破碎解离，常用的破碎机械是切碎机和锤碎机，高效率分选的前提是各种材料尽可能充分单体解离。对破碎后的物料进行多级分选，第一级分选一般为重选，尽可能将各种塑料和轻质垃圾排出，采用的设备是摇床和旋流器。第二段为磁选，实现铁与其他金属的分离。经过一系列的分选，最终获得塑料、玻璃和不同的金属富集体，该工厂不负责对各种产品进行深加工，而是分别送到不同的部门进行提炼处理。经过以上的处理，90%的物料可以得到回收，成为原材料(稀贵金属、有色金属、铁、塑料、玻璃)。对剩余的10%物料则采用填埋或焚烧技术处理。

5.1.2.10 其他

日本 NEC 公司开发的处理工艺是采用两段式破碎法，利用特制破碎设备，将废板粉碎成小于 1mm 的粉末，这时铜可以很好地解离，再使用剪切破碎机和特制的具有剪断和冲击作用磨碎机，将废板粉碎成 0.1～0.3mm 左右的碎块。铜的尺寸远大于玻璃纤维和树脂，这样可以回收高纯度的铜。再经过两级分选可以得到铜含量约 82%(重量) 的铜粉，其中超过 94%的铜得到了回收。树脂和玻璃纤维混合粉末尺寸主要在 100～300μm 之间，可以用作涂料和建筑材料的添加剂。

5.1.3 化学处理工艺

废电路板的化学处理工艺是指通过化学反应方式将其中的金属与非金属进行有效分离的工艺。焚烧、热解、溶剂处理、气化和真空热处理等方法分别用于相关工艺之中。媒体大量曝光的作坊式简单酸浸方法也是化学处理方法。对于非线路板的全组分利用和高值化利用而言，化学处理是必不可少的，关键问题在于如何减少和消除由于大量使用化学药品而带来的二次污染和提高资源利用率。

5.1.3.1 焚烧法工艺

废电路板中的非金属的价值和可利用性较差，在提炼金属成分的过程中常被作为无用废物处理掉。电子产品中的塑料废弃物与普通塑料废物的主要区别之一是其中常常含有无机填料、阻燃剂以及增强材料，这些成分对废物的燃烧状况有较大的影响。为了防火的需要，电子电器塑料中普遍添加有高浓度的阻燃剂，其中大部分为卤系阻燃剂，含卤塑料的燃烧除了产生强腐蚀的卤化氢外，还会形成剧毒的二噁英、呋喃类化合物，如果燃烧不完全，卤代烃、多环芳烃的排放也会成倍增加。普通焚烧法处理废电路板的工艺流程如图 5-13 所示。

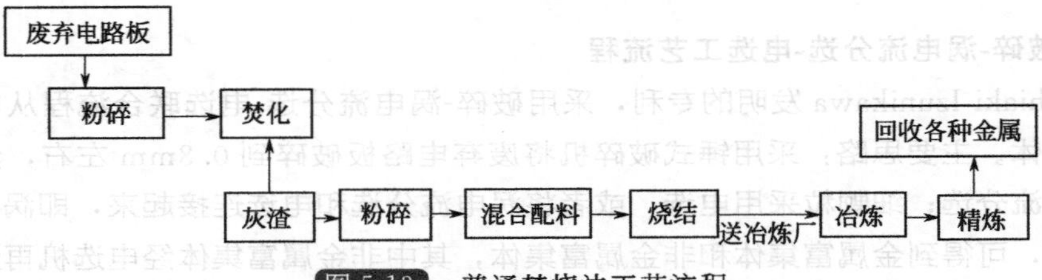

图 5-13 普通焚烧法工艺流程

日本在其专利中提出一种防止金属氧化的焙烧流程，这种方法的思路是：将废弃的废电路板紧密地叠加起来，使得电路板之间不留空隙，然后在高温下进行焙烧。控制焙烧的温度（大于 800℃）和时间，使得电路板中的树脂成分燃烧炭化，而电路板中的铜却基本上未被氧化。然后进行筛分，筛上物即为铜富集体。

美国 Flordia 大学与 Savannah River 技术中心（SRTC）的科学家开发的微波焚烧回收法，主要用来处理废弃的印刷电路板。方法流程为：在实验室处理中，废电路板被压碎，然后放入一个硅石坩埚中，在一个内壁衬有耐火材料的微波炉中加热 30～60min。其中的有机物，如苯和苯乙烯等则先挥发出来，被一股压缩空气载气带出第一个微波炉。余下的废料在 1000℃以下被烧焦处理。然后将微波炉功率升高，余下的物料（绝大多数为玻璃和金属）在 1400℃高温下熔化，形成一种玻璃化物质。在冷却这种物质后，金、银和其他金属就以小珠的形式分离出来，可回收作重新冶炼用。余下的玻璃化物质则可回收作建筑材料。在第一级微波炉处理步骤中产生的有机挥发物和可燃性气体被载气带入第二级微波炉后，它们在渗过微波加热下红热的碳化硅床时被分解。排出气体中有机物种类在经过第二级微波炉后可下降 1～2 个数量级，有时可能下降 3 个数量级。据研究结果表明：微波处理工艺更简单、更清洁、更易于操作、更有效，而且更显著降低处理成本。

5.1.3.2 热解法工艺

由于废电路板制造技术的进步和资源利用效率的提高，其中所含金属成分越来越少，金属类物质在电路板中的质量含量一般不超过50%，因此废电路板中的非金属成分占总量50%以上，如环氧树脂、阻燃剂等，对环境造成的潜在污染危害很大，需要进行资源化和无害化。目前废旧电路板回收金属后留下的非金属成分除了少数用作填料外，更多是作为垃圾填埋。不仅树脂和玻璃纤维等有价物质得不到充分利用，而且其中的阻燃剂、残余金属等有害物质也易通过各种途径污染环境，这就使得对电路板中的非金属物质特别是塑料进行回收利用技术的需求越来越迫切。

热解是在缺氧或无氧条件下将有机物加热至一定温度，使其分解生成气体、液体(油)、固体(焦) 并加以回收的过程。采用热解技术处理废电路板，不仅可以回收金属成分，对于有机高分子聚合材料等非金属成分也可得到有效资源化回收。使其得到减量化、无害化和资源化处理，获取化工产品或热能资源。

目前废电路板热解主要有两种不同工艺：一是废电路板经过预处理后全部进行热解；二是废电路板经预处理粉碎，由物理方法回收金属后，剩下的非金属残渣进行热解。第一种热解工艺产生的环氧树脂等聚合物材料在惰性气体保护下加热到一定温度发生热解，生成相对低分子量的物质，冷凝从反应器出来的热解油气，得到不凝性气体和液态热解油。金属和玻璃纤维等成分留在反应器中作为固相残渣，采用物理方法分离回收金属成分。第二种工艺路线是把物理回收金属和热解处理非金属回收能量或化工原料两个过程串联起来，这样避免了金属因被氧化而影响回收。第一种工艺的优点是可以防止破碎导致升温逸出有毒有害气体，而且由于一般破碎粒度较大，机械破碎过程中能耗较低。

在电子废物热解过程中，大分子有机组分在高温下降解为挥发性组分，如油状烃化物和气体等，可用作燃料或化工原料；而金属、无机填料等物质通常不会发生变化。但是，由于电子废物中的塑料多含有溴化阻燃剂等热解过程会产生挥发性卤化物的成分，这些挥发性卤化物在电子废物热解后的气体或油状产物中是不可忽视的组分，会对环境产生危害。因此，用电子废物的热解处理法实现商业化的一个关键问题就是热解产物的脱卤。

在选用电子废物热解方式时，要结合电子塑料废物自身的特点，无填料或含很少填充物的热塑性塑料可选用槽式、釜式或管式反应器，分解温度相对较低的热塑性塑料，如聚烯烃，也可以采用挤出机反应器。螺旋式、皮带式和转炉反应器更适合于较高浓度填充物和黏合有金属杂质的废电子塑料的热解，热固性废物用流化床热解模式比较好。热解炉的加热有直接加热和间接加热两种模式。间接加热一般采用电加热或燃烧炉加热，使用燃烧炉加热可直接使用热解所得的液体和气体产品作为燃料，这样一方面省去了外购燃料，另一方面解决了热解气体储运、销售的困难，还可降低不少处理成本。间接加热工艺简单，但塑料导热性能差，热效率不高，而且反应器容易结焦。使用直接加热方式可以避免这些问题，常用的加热介质有熔融盐、重油、高温水蒸气等，在流化床热解器中还使用砂粒、金属颗粒或过热气体作为热源，由于热载介质与废物直接接触，大大提高了传热效率，结焦现象也得到了一定程度的抑制。但直接加热必须增加传热介质的分离措施，因而工艺更复杂，尤其当电子废物中含有较多的填料、金属时，载热介质分离会更加困难。除了上面的加热方式外，还有微波、辐射等新型加热技术，这些技术的优点是显而易见的，但目前还处于研究阶段，远没到工业应用的地步。

电子废物与其他类型的塑料废物不同，其中所含的工程塑料、增强塑料、改性塑料等专用塑料占有很大比例，这也决定了电子塑料废物的热解处理目的与一般塑料废物有所区别：一般塑料废物主要以获取燃料油和燃气为主；而对电子塑料的热解研究多以生产化工原料、单体为目标。有研究表明，PS、HIPS在适当的碱催化热解条件下，液态产品中苯乙烯及其二聚体的比例可达90%以上，而干裂解主要是商业价值不大的气体。加拿大国家科学研究委员会一项关于电子塑料热解试验报告指出，在700～900℃的热解温度下，ABS的热解产品以苯乙烯为主，PC以苯酚及其衍生物为主，POM的热解液体产品中甲醛的含量更在90%以上。电子线路板热解产物中酚的含量也很高，大部分为苯酚和异丙基苯酚。因此电子塑料废物的热解产品比单纯的燃料有更高的商业利用价值，这些产品提纯、分离、利用是有待解决的新课题。

热解回收是在一个没有氧气的密闭体系中进行，因而抑制了二噁英、呋喃类物质的形成，同时还原性焦炭的存在有利于抑制金属的氧化物和卤化物的形成，整个回收过程向大气排放的有毒有害物质比燃烧要低得多。热解是一项比焚烧更环保、更有前途的回收技术。

电子废物的热解主要是分解其中的塑料部分，回收原理与其他塑料废物并无原则的区别，因此可用现有的塑料热解回收工艺处理电子塑料废物。

Adherent Technologies公司开发了Tertiary Recycling技术，这种技术处理电子废物的主要流程是：电子废物（含电路板）经过简单的预处理，破碎回收铁磁性物质后，进入3-pass tertiary循环反应器，电路板中的聚合物通过热解裂变为低分子的烃类化合物，以气体的形式从反应器中排出冷凝后净化、提纯再利用。剩余的固体残渣即是金属富集体、陶瓷和玻璃纤维的混合物。

日本的Yamada Keitajp等发明的专利是采用热解的方式，将废弃的电路板在500～1000℃温度下，还原的气氛中进行蒸馏。还原产生的气体进行收集后燃烧，剩余固体残渣在还原的气氛中（确保金属不氧化的前提下）进行冷却，然后破碎，采用振动筛使得金属与非金属分离。与这种处理相似的流程还有日本Fujimura Hiroyuki等发明的专利，将废弃电路板放入热解炉中进行热解处理，剩余残渣（主要是金属与焦炭）破碎后，采用气流分选实现金属与非金属的分离。

日本Sato Kazuhiko等也采用热解的方法从废弃电路板（无电子元件）中回收金属，其思路是将电路板放入密闭烤箱中在一定的温度下加热（300～450℃），使得树脂分解，产生的气体通过气体吸附、吸收净化装置处理。树脂分解后的电路板经齿辊破碎机破碎，金属与非金属解离，再经过气流分选实现金属与非金属的分离。

5.1.3.3 气化法工艺

气化方法是以可控的方式对塑料废弃物中的烃类化合物进行氧化，生产出具有高价值的合成气体。气化技术同时结合了热解和焚烧技术的特点，在过程中引入氧气加速分解，并起到了避免炭化结焦的效果。废塑料气化过程克服了热裂解反应速率慢、残渣多、易结焦炭化、传热性能差的缺点，与燃烧不同的是，气化过程是使用纯氧，气化的产物为H_2和CO，不是CO_2。气化的温度一般在1300～1500℃之间，因而反应过程中不会产生二噁英、芳香族化合物与卤代烃类有毒物质，对环境影响比焚烧和热解要小得多。从气化过程中回收的所有产品（气体、金属、填充物等）都能直接利用，无需进一步处理，这一点明显优于热解过程。不利的是气化需要非常高的温度和非常好的耐高温材料。

根据气化工艺过程的不同，有直接气化法和间接气化法。前者是直接将废物送入气化炉中，在高温下(1000～1500℃）进行有氧分解，直接气化技术适合液体废物的处理，固体废物由于不能连续、稳定的加料，使得气化过程不易控制。间接气化过程首先将塑料废物和氧在 400～600℃下分解成油气，然后将油气引入高温气化室进行进一步有氧气化，这样可保证气化操作过程的稳定性。现有的塑料气化工艺都是以间接气化技术为基础改进和发展起来的。

Texao 气化技术是将废物在 350℃下熔融、分解，使其成为黏度降低的液体(塑料油)，然后与热解产生的气体一起加压注入高温气化釜，其特点是通过用氨水中和气化反应中产生的氯化氢，并回收氯化铵产品，很好地解决了脱氯问题，因此 Texao 气化技术非常适合于含卤素的热塑性电子塑料废物的回收。

为了处理高金属含量的废物，意大利的 Kiss Gunter H 等开发了一种叫选择性气化的工艺，这种工艺也可用于各种电子电器废物的处理。处理的过程是：首先对废物进行压缩脱气，在保持一定压力的条件下，经过一条水平加热管加热到 800℃以上并同时发生分解反应，加热管另一端开口通往竖立放置的高温气化室的中部，废物进入气化室后迅速气化，1200℃的气体从气化室上部排出，金属和不能气化的无机废物落入气化室下部，在超过 2000℃的高温下进行冶炼，得到金属和无机矿物产品。

对于电子废物中的热固性纤维(碳纤维和玻璃纤维）复合材料可以利用反相（counter-current）气化技术处理，废物与氧气从气化器顶部进入，在气化器中部是反相高温热化学反应区，纤维材料和燃气从气化器底部出来。这种气化技术除了能回收合成气，还可以获得高质量非常清洁的纤维产品。由美国圣路易斯大学开发的这项技术已经成功地用于从环氧树脂中回收碳纤维或玻璃纤维。采用等离子加热气化电子废物是最近开发的新的先进气化技术，等离子气化温度高(最高可达 20000℃)、分解速率快，不但能气化有机物，还能气化金属组分。在高温无氧的条件下，电子废物在等离子炉内被快速分解成气体、玻璃体和金属三部分，然后分别回收。

将以上各单一火法综合起来，形成串联的火法工艺处理流程在国外有不少应用。首先将破碎的 PCB 废品在回转炉或熔解池内燃烧以去除塑料，留下金属熔渣，再通过熔炼这些熔渣可以得到掺杂合金。这些合金可以用电解或高温冶金的方法进行提炼。可生产出三类可销售的产品：Zn、Pb、Sn 的氧化物，符合环保要求的渣以及 Cu-Ni-Sn 合金。德国柏林大学冶金学院 1997 年提出顶吹反应器用于废弃印刷线路板处理。该过程可得到 Cu-Ni-Sn 合金、Pb、Zn 的氧化物，残渣符合环境要求，可用于生产建筑材料。Masude 等的专利描述了在铜提炼炉中回收废弃印刷线路板等电子废品中的 Au 和 Ag 的方法。送入的样品碎片在空气或氧气中燃烧，然后与熔融的生铜接触。Cu 溶液中的 Au 和 Ag 用电解沉淀提炼，最后从阳极泥中回收贵金属。英国的一家冶金工厂从电子类废品中回收 Au、Ag 和 Pd。工艺流程主要包括：压碎和分类，燃烧和物理分离，熔解和提炼。熔渣被回收，块状和颗粒金属用化学或电解方法进一步提炼，Au、Ag 和 Pd 的回收率达 90%。

5.1.3.4 溶液回收法工艺

溶液回收法是用有机或无机溶剂，将 PCB 板中的网状交联高分子基体分解，或水解成低分子量的线性有机化合物。当前，采用溶液法回收环氧树脂的研究比较少，国内尚未见采用此种工艺回收处置废线路板中非金属成分的报道。国外对溶液法的研究侧重于热固性环氧树脂的耐溶剂性研究，这些研究指明了非金属成分综合利用的方向。

5.1.4 废电路板资源化技术应用实例

近年来，国内对废物资源化利用重视程度逐渐加大，形成了一些具有代表性的资源化技术应用实例。

湖南万容科技有限公司开发的“废旧电路板综合利用”成套设备与技术具有系统优势。该系统的分离设备是采用目前世界上最先进的“完全物理技术”来回收电路板中的铜以及其他稀有贵重金属。经特殊设备处理与分选工艺，实现了金属与非金属的有效分离，整个生产过程中没有废水、废渣的排放。金属回收率稳定在95%以上，单线年处理量可分别达到500t、3000t和6000t的规模(可视处理量提供不同配置)，并且创新性地实现了非金属粉料的直接利用。

苏州同和资源综合利用有限公司是江苏省内规模最大的电子废物处理场之一，日处理量达15t。其黄金再生处理采用的湿式处理法先对表面含金的高品位电子废物和废镀液用氰化物剥离，对其他高品位电子废物用王水溶解，然后对溶有金的剥离液和溶解液进行电解、精炼、还原处理等一系列工艺最终形成金块，而剩余的剥离、溶解残渣则成为铜原料提供给冶铜企业，现在每月可以从电镀废液和废旧环氧印刷电路板等电子废品中提炼出20kg纯度为99.9%的黄金。其干式工厂配置的干式处理装置系统，具有焚烧印刷电路板的碎片、废旧电器的电路板以及有价金属前处理回收等功能，它不仅能从高品位的电子基板、镀金废液中提取贵重金属，也大大提高了低品位的电子基板循环再利用的可能性，干式处理的生产提取物主要是铜产品，月处理能力可以达到250t左右。废电路板送入专用的焚烧炉经煤油助燃将原料中的可燃物质变成气体，铜、金等金属以残渣的形式使其浓缩，并在焚烧炉后采用二次助燃的方式，使烟气在1100℃的高温下保持2s以上的时间，确保二噁英全部分解。在二次助燃后设置急冷却，通过喷淋使炉内烟气短时间内下降到400℃以下，破坏二噁英因温度下降而再合成。其燃烧残渣即为含有金、铜等成分的冶炼原料。

苏州伟翔电子废物处理技术有限公司自主研发的电子废物资源化利用成套技术，首先是将垃圾在一个密闭容器中拆解，以防止有毒的汞蒸发出来，经自动机械粉碎机粉碎后进入磁性分选机，把金属原料分选出来，再经过化学方法进行溶金，最后采用电沉积的方式把液体里面的金属电解出来。该公司具有年处理电子类废弃物及其衍生废弃物5000t、年处理电脑4000台、年处理废焊锡200t、年产塑料原料粒590t和年收集、储存含汞灯管10万根的能力。

无锡金盛物资回收有限公司建有废电路板再生加工生产线1套。废电路板在粉碎机内通过两次粉碎成为30～40目的金属粉末与树脂粉末的混合物进入风力分选设备，比较轻的树脂被抽走，金属粉末进入下部收集箱，分选后的金属粉末利用静电分选设备进行二次分选，分选后的金属粉末含有的杂质少于0.1%。

佳龙环保科技(苏州)有限公司首先通过三级粉碎将废电路板粉碎成颗粒状产品，然后通过30万伏高压静电装置采用静电分离。通过该种方法可以将电路板分解成树脂粉末和金属粉末，金属粉末中金属成分占92%～94%。

苏州荣望环保科技有限公司工艺设备较简单，经过分拣的废电路板通过粗破碎、细破碎后形成树脂粉末和金属颗粒物，通过水洗、摇床筛分，以选矿的方式进行分选。这种分选以水为分离介质，水通过 9 个循环沉淀池，循环使用。分离出的铜粉经离心式脱水机脱水后在铜粉晾晒场自然晒干。

苏州顺惠有色金属制品有限公司利用树脂粉末生产复合材料标准砖、多孔砖和砌块的技术。该技术以环氧树脂粉末为主要原料，添加水泥、白泥、粉煤灰、石米渣、激发剂等各种辅料，通过配料、搅拌、成形等简单工序，制成标准成品砖、多孔砖和砌块。该资源化利用技术简单，环氧树脂消耗量大(添加量在 12%以上)，由于整个生产过程和普通建材生产没有多大区别，环境污染很小且易于控制。整个项目建设的规模是年产标准砖 500 万块、多孔砖 300 万块、砌块 300 万块，总投资也比较小，包括设备投资、厂房建设等，一共 200 万元。整个项目运行成本也比较低，主要为普通建筑材料的购进。该资源化产品具有一套完整的企业标准，其多孔砖经江苏省建筑工程质量检测中心有限公司的检测，达到国家混凝土多孔砖的技术要求，主要应用于非建筑类项目中，例如在道路、围墙建筑中，用来替代黏土砖。此类型砖材和普通砖材相比，可节约成本 10%以上，有一定的价格优势和市场空间。

杭州大洲物资再生利用有限公司，利用环氧树脂粉末替代部分煤粉作燃料的技术。树脂粉末的主要成分为环氧树脂和玻璃纤维，其中环氧树脂占 50%～60%。该技术利用的树脂粉末具有高达 16747. 20 J/kg 左右的高热值特性，将其研磨到 200 目以下，可以如同煤粉一样，极易燃烧，燃烧后的残渣成分与煤粉燃烧后的灰渣成分很相似，不会对生产过程产生不利影响。该资源化利用，技术简单，树脂粉末消耗量大，但需要增加研磨工序，因此需添加研磨设备，并需对燃烧产生的尾气加以特别控制，尾气环境污染治理成本较高。目前，该项目处于小试阶段，根据对该项目介绍的材料进行推断，一次性投入，包括研磨设备、尾气治理设施等，其投资适中。但是该项目由于对研磨工艺的要求较高，运行成本中仅树脂粉末研磨费用就达到 3 元/kg 以上，增加了运行成本，因此在树脂粉末资源化利用技术中，产品的市场价格没有竞争的优势。

广州市万绿达集团有限公司将 PCB 非金属粉应用在井盖和雨水箅子方面，通过井盖试验表明：加入 PCB 非金属粉代替部分木粉的 PE，PP 挤出的复合托盘比普通木塑托盘的关键指标，如韧性、抗冲击性等有很大的提高。PCB 非金属粉代替部分木粉(塑料：PCB 非金属粉：木粉＝40：40：20) 制得的复合木塑制品具有较理想的综合性能。全部用 PCB 非金属粉代替木粉制得的制品同样具有很高的刚性，这证明 PCB 非金属粉中的玻璃纤维具有与木纤维同样的增强材料的功能，但因为 PCB 非金属粉中的玻璃纤维是与固化了的环氧树脂紧密结合在一起的复合颗粒，因此它和塑料有着很好的相容性，而木塑制品中木粉与塑料的相容性一直是木塑制品性能不尽人意的关键因素之一。PCB 非金属粉用于木塑制品中，不仅简单地代替了木粉，在不提高产品成本的情况下，还找到了一种大大提高制品性能的有效途径，具有比一些传统填料难以达到的优势性能。

世界上最大的电子废物回收处理公司瑞典的 Scandinavian Recycling AB (SR) 公司，一直致力于实施和开发电子废物的机械处理技术和设备。这个公司关于电子废物处理的基本流程如图 5-14 所示。

德国 Kamet Recycling Gmbh (公司) 采用的处理工艺是通过破碎、重选、磁选、涡流分离的方法获得铁、铝、贵金属和有机物等几个组分。德国 Trischler und Partner Gmbh (公司) 的处理方法与之基本相同。这也是目前最常用的机械处理工艺，一般经过这样的处理后，废电路板中 90%的金属和塑料得以回收，10 %左右的剩余物质(包括很难进一步处理的细粒物料、粉尘等）则根据成分的性质填埋或焚烧。目前这种处理工序已经实现机械化和自动化。

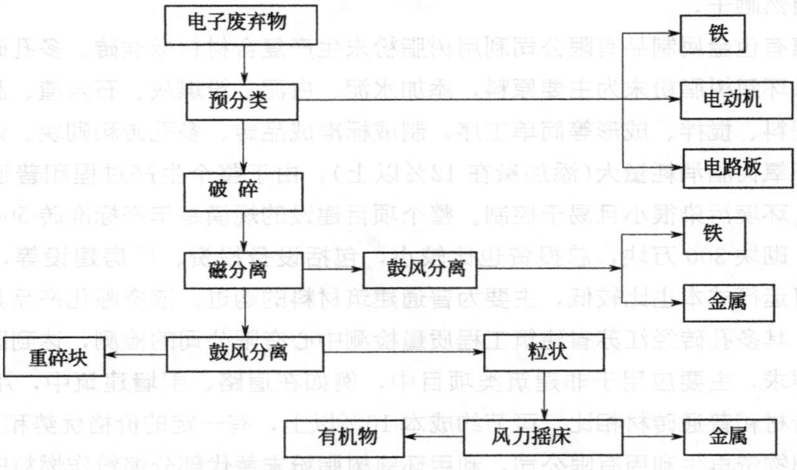

图 5-14 电子废物处理的基本流程

5.2 废塑料资源化工艺

塑料来源于石油，是用化学方法合成的高分子材料。因其具有密度小、强度大、耐磨、耐腐蚀、隔热、隔声、绝缘、容易加工、可塑性强、价格便宜等优点，在短短几十年内，已经在许多领域和产品中大量取代了木、棉、麻、毛、金属及陶瓷等材料，成为门类齐全、品种繁多、对国民经济发展起重大作用的一类新材料。电脑等家用电器的绝缘、小（微）型化和轻质量的要求，使塑料成为电子工业不可缺少的重要原材料之一。可以说，没有塑料的出现和参与，就没有今天丰富多彩的电子世界。

塑料和其他树脂在电脑等家用电器中得到广泛应用主要是基于它们的如下属性。

1）耐磨性能好　通常电脑等家用电器的使用寿命多达数年，因此用于制造的原材料必须经久耐用。电脑等家用电器内部的各种电子元器件精密度很高，作为包封材料以及外壳的材料必须具有很好的耐磨性能，以保证在内部电子元器件没有报废以前这些材料不会出现磨损等质量问题。塑料以其耐磨损性能好和其他一些特性，成为电脑等家用电器内部元器件和外壳的首选材料。

2）密度小、成本低　随着家电产品向着轻型、超薄和小（微）型化发展，要求各电子元器件和外壳所用材料的密度尽可能小，有关材料的制造成本必须尽可能低。塑料和其他一些树脂能够很好地满足上述要求。与其他材料相比，塑料成形容易，通过在塑料中加入各种添加剂，可使塑料具有耐高温、耐腐蚀、高绝缘性等优异性能，甚至可以成为导电和导热体。塑料的上述特性使得塑料在电子产品中的消耗量与日俱增，相应带来的等待处置的废旧塑料急剧增加。由于塑料等高分子材料在自然状态下很难降解，因而由废旧塑料制品带来的环境问题越来越严重。在废旧家电的回收利用过程中，如何恰如其分地利用好其中的包括废旧塑料在内的有机物质，同时又不给环境和生态造成太多的污染，是一个还没有完全解决的世界性难题，是家电生产、消费和报废环节中最为敏感的问题，也是废旧家电全组分利用的关键和核心问题。

塑料降解很难，塑料废物能够长期存在。目前世界各国对废旧塑料的处置方式大体有回收利用、生物和光降解处理、深埋、焚烧四种方式。

5.2.1 废家电塑料的成分

电子电器工业消耗塑料的数量在塑料消费中占第三位，几乎所有的塑料品种都可以在废家电中被发现，含量比较高的塑料种类有：PP、PE、PVC、PS、HIPS、ABS、PC、EP、PU等，但多数情况下塑料是以复合材料或塑料合金形式用于电子产品，如ABS/PC合金广泛用于计算机、冰箱等，环氧树脂/玻璃纤维布是电路板的主要材料。家电用塑料约占塑料年消耗量的10%～20%，主要包括：工程阻燃塑料≥30%；通用塑料中ABS≥20%、PS≥25%、PP≥30%、PE≤1%、混合塑料≤2%。不同电器中塑料或树脂所占比例差异较大。如表5-3所列。

表5-3 不同电器中各种塑料或树脂的比例

塑料或树脂	电视机	电脑	其他电器
HIPS	75%	5%	50%
ABS	8%	57%	24%
PPO	12%	36%	11%
PP	3%	—	3%
PE			6%
PC/ABS	—	2%	—
PC	—	—	2%
PVC	—	—	2%

塑料在计算机中的应用已经有很多年的历史了。最初塑料在计算机中只应用于内部元件当中，后来逐渐应用于外壳框架。为满足计算机的应用，采用了许多不同类型或不同性能的塑料。并且与当今的计算机不同，过去的计算机使用的塑料并没有标识其属于何种类型。因此对于设备制造商和循环处理商而言，从达到寿命周期的计算机中回收塑料，是一个巨大的挑战。与其他材料(比如金属)不同的是，不同类型的塑料之间通常不兼容，因此很难进行识别或存储，并且需要采用化学或物理的方法预先除去粘贴在其上面的标签、涂料和其他污染物才能进行后续的循环处理。塑料等高分子材料在制造电脑所用材料中约占40%。相对电脑中的金属而言，废电脑中的高分子材料和其他有机材料的回收利用价值不大，但是如果不能很好地处置，其对环境造成的危害极大。因此，回收利用废电脑及其配件中的高分子材料，主要是为了防止这些材料对环境造成污染。

电脑整机及其元器件中高分子材料主要是塑料或树脂，最常用的高分子材料为：丙烯酸树脂(大多数是聚甲基丙烯酸甲酯，PMMA)、丙烯腈-丁二烯-苯乙烯树脂(ABS)、环氧树脂、酚醛树脂(PF)、聚缩醛树脂(POM)、聚酰胺树脂(尼龙，PA)、聚碳酸酯(PC)、聚碳酸酯/丙烯腈-丁二烯-苯乙烯树脂(PC/ABS)、聚乙烯(PE)、聚对苯二甲酸乙二酯/聚对苯二甲酸丁二酯(PET/PBT)、不饱和聚酯(UP)、聚苯醚/高抗冲聚苯乙烯(PPE或PPO/HIPS)、聚丙烯(PP)、聚苯乙烯(包括HIPS，PS)、聚氨酯和聚氯乙烯(PVC)。据美国塑料学会分析，在电子产品中使用最普遍的塑料或树脂是PS(29%)、ABS(14%)、PP(12%)、

PU(9%)、PC(8%) 和 PF(5%)，这 6 种塑料或树脂占电子工业塑料或树脂消耗量的 77%左右。制造电脑所用的许多有机材料(包括塑料) 必须经过氯化、溴化和磺化处理，如果对这些材料进行简单的焚烧处理，能放出大量有害废气，破坏臭氧层并能形成酸雨。

印刷电路板的组成成分极其复杂，基板材料通常为玻璃纤维增强酚醛树脂或环氧树脂。废印刷电路板中通常含有 30%的塑料、30%的惰性氧化物以及 40%的金属。其中塑料组分主要由 C—H—O 聚合物(如聚乙烯、聚丙烯、聚酯、聚碳酸酯和酚醛树脂) 组成(＞25%)。剩余的塑料组分主要是卤化物(＜5%) 和含氮聚合物(＜1%)。惰性氧化物的主要组分是硅酸(约 15%)、氧化铝(约 6%) 以及碱和碱性氧化物(约 6%)。另外还有少量其它氧化物如碳酸钡和云母(含钾、镁、硅酸铝等) 约占 3%。

塑料在电视机中的重量比占到 20%左右，电视机拆解后的废塑料也用比重筛选机将各种不同种类的塑料区分开来，按不同比例混合热解而油化用作燃料。表 5-4 为电视机中塑料的种类及其比例。

表 5-4 电视机中塑料的种类及其比例 单位:%

聚丙烯	聚乙烯	聚苯乙烯	AS	ABS	ASA	聚酯	玻璃纤维增强塑料	发泡聚氨酯	其他	合计
8.9	3.2	84.5	0	1.7	0	0	0	0	1.7	100.00

来源：1996 年日本四种家电材料构成比。

在冰箱上使用的热固性塑料主要有硬质聚氨酯泡沫保温层和作为涂料的聚酯/环氧粉末。这两种材料由于其在制冷、家电、汽车、建筑等方面广泛的用途，形成了独立而庞大的行业。热塑性塑料，包括工程塑料有 ABS、PS、HIPS、PVC、PP、PE、PA、POM、PBT 等，其主要应用见表 5-5。电冰箱中塑料种类及其含量见表 5-6。

表 5-5 冰箱主要塑料零部件应用概况

名称	级别	冰箱所有塑料零部件应用概况
ABS	板材级	箱内胆、内胆
	抗 141b 级	使用于以 R141b 为发泡剂的冰箱内胆材料
	注塑级	冷冻框、顶盖、拉手、定位板
	电镀级	拉手、拉手装饰条、装饰扣
	阻燃级	电器盒、温控器盒、除臭器座
	HIPS(板材级)	主要是欧洲，用于真空吸塑
	HIPS(注塑级)	抽屉、搁架
PS	GPPS(注塑级)	全部塑料层架、搁架、果菜箱
	MIPS(注塑级)	全部抽屉、搁架
	EPS(发泡级)	风道部件、各类包装用泡沫垫
	高流动级	冰箱顶盖、压缩机罩
	热成型级	小冰箱门胆

续表

名称	级别	冰箱所有塑料零部件应用概况
PP	高抗冲击级	耐寒性能好、大冰箱压缩机罩
	阻燃级	接水管、压缩机罩
	吹塑级	排水管
	均聚级	限位块
PE	注塑级	指示滑块
	吹塑级	蓄冷器
PVC	软制品挤出	门封条
PBT	阻燃级	各类电线接插件、接线盒
PA	注塑级	各类轴套
POM	注塑级	各类助吸器

表 5-6　电冰箱中塑料的种类及其百分比　　单位：%

聚丙烯	聚乙烯	聚苯乙烯	AS	ABS	ASA	聚酯	玻璃纤维增强塑料	发泡聚氨酯	其他	合计
24.7	7.9	26.3	0	16.3	0	0	0	21.4	3.4	100.00

来源：1996 年日本四种家电材料构成比。

洗衣机中塑料的组成比例高，有聚丙烯、聚乙烯、氯乙烯等，可通过在混合塑料中将氯乙烯区分除去或脱氯处理等关键技术实现再利用。空调与洗衣机中塑料的种类及其含量见表 5-7、表 5-8。

表 5-7　空调机中塑料的种类及其含量　　单位：%

聚丙烯	聚乙烯	聚苯乙烯	AS	ABS	ASA	聚酯	玻璃纤维增强塑料	发泡聚氨酯	其他	合计
21.2	10.6	31.9	1.7	10.8	2.5	3.7	8.4	0	9.2	100.00

来源：1996 年日本四种家电材料构成比。

表 5-8　洗衣机中塑料的种类及其含量　　单位：%

聚丙烯	聚乙烯	聚苯乙烯	AS	ABS	ASA	聚酯	玻璃纤维增强塑料	发泡聚氨酯	其他	合计
76.5	5.7	6.2	0	3.0	0	2.0	0	0	6.6	100.00

来源：1996 年日本四种家电材料构成比。

5.2.2　废旧家电塑料的处理技术

人们出于经济原因，在对废旧家电中的有价值金属进行回收利用过程中，很少考虑如何回收利用其中的有机物质。确实，这些有机物质相对于金属而言价值很低，但如果为了回收其中的金属而对这些有机物质不加处理或处理不当，对环境的危害比将这些废旧电器搁置起来要大得多。因而有人提出，如果没有很好的无害化处置包括有机物质在内的固体废弃物方案，将这些固体废弃物暂时搁置是对环境危害最小的处置方式。当然，暂时搁置并非长久之计，广泛开展废旧电器中的有机物质的无害化处置研究，尽早找到相应的无害化处置方案才是上策。

从高分子学科知识看，废弃塑料中的高分子链结构受光、氧等作用会发生一定程度的老化(降解或交联)。但是这些高分子要分解到不影响土壤中植物生长的程度则需要十分漫长的岁月。塑料的基本成分(单体)主要来自石油，与其他自然资源一样，石油等资源也并非取之不尽、用之不竭。所以，塑料的回收利用至少包含了解决环境污染和充分利用自然资源两层意义。

目前废家电塑料处理方式是填埋、简单物理再生、焚烧。由于废家电塑料组成复杂，识别分离困难，多种材料、杂质混在一起，造成物理熔融再生获得的材料性能明显下降，价值不高。另一方面废旧家电塑料普遍含有卤素阻燃剂，主要是溴系阻燃剂，再生处理过程中阻燃剂的扩散、溴代烃、多溴芳烃，尤其是二噁英、呋喃类化合物的形成大大增加了上述处置方法的环境风险。

废塑料的处理方法有物理法和化学法两种。物理法是不改变物质的性质，对塑料零部件进行破碎、造粒等机械处理，有机械回收循环法和离心法等。化学法有热解法、溶剂法等。无论是物理法还是化学法，都需要先对塑料进行分类与分离。分离与分类技术分为两类：一是将含有塑料材料的制品或部件进行拆卸或支解，然后通过磁性或密度上的区别进行分离或分类；二是先将其进行粉碎，然后通过磁性或密度上的区别进行分离或分类。在进行塑料分类时，对单一材质的大型部件应先分拣后粉碎。例如冰箱中的抽屉和隔板、洗衣机内的洗衣桶等，应先拆卸、后粉碎回收。分离与分类技术是节约能源，保护环境，实现材料再利用的最好途径。通常工序较多，且不能掺杂其他材料，否则得到的回收料往往性能下降较大，只能用作次一级的原料。废旧塑料的分离与分类见表 5-9。

表 5-9　废旧塑料的分离与分类

技术	手段与特点
分类与分离	手工分离
	密度分离：湿法沉降分离、干法分离、离心分离、溶剂吸收沉降分离、水流沉降分离等
	光分离：颜色分离器分离
	高级分光镜分离：中红外分光法、近红外分光法、声光感应法、拉曼分光法、激光发射光谱、分析分离法、等离子体发射光谱法、各种分光技术
	X 射线荧光分离：适合 PVC
	静电分离：摩擦电笔法、摩擦静电连续分离法
	熔点(软化点)分离
	溶解分离
	破碎分离
	塑料中金属杂质的涡流分离
粉碎回收	化学法减容：利用从柑橘皮中提取的苎烯溶剂溶解发泡 PS，实现减容
	切割工艺：破碎机、研磨机、粉碎造粒机、切片机、螺杆切割机等
	稠化工艺：凝结、减容/压实、辊筒压实等
	粉末化工艺：盘式粉碎、旋转叶轮粉碎、锤研、低温粉碎、固态剪切挤出等
熔融过滤	非连续过滤网过滤
	连续过滤网过滤

5.2.2.1 物理法

(1) 机械循环再造法

目前国内最为流行的废旧塑料回收利用方法是机械回收循环再造法。该方法是将丢弃的物料直接收回和制成塑胶粒，然后将再造的胶粒送回塑料制造工序，用来制成新产品。其特点是过程较长，不同塑料分离较为复杂，经再生后的塑料粒子可以再次利用。

1）收集塑胶废物　用机器或人手将废物中的塑料分类拣出。按种类分开打包后运到塑料再造厂。

塑料分拣有：手工分选和自动分选两种主要的分类方法。这两种方法在工业中都有应用，下面对其进行简要评述，对两种方法的优缺点进行比较。

① 手工分选。手工分选法是用于塑料净化分类中最广泛而切实有效的一种方法。图 5-15 为手工分选塑料工艺，包括几个关键步骤。该方法的好处是：最简单的分类方法；较低的设备投资费用；不需要专门的技巧或设备来完成分类工作。该方法的缺点：需要花费较高的运输费用；处理小部件时，采用人工分选处理量小，相对处理成本高；产品质量受限于操作者；较高的存储、追踪费用；受到分选水平的限制。

回收者可以借助手工分选和机械分选相结合的混合方法进行分类。比如物料经过粉碎后，借助磁铁器除去一部分黑色金属。在很多情形下，这种联合使用的方式是很成功的。手工分选和机械分选的良好配合既取决于塑料回收商的实际能力也取决于耐用品趋势。拥有低劳动力成本的国家就具有较好的机会能够采用人工的方式实现去污和分选。

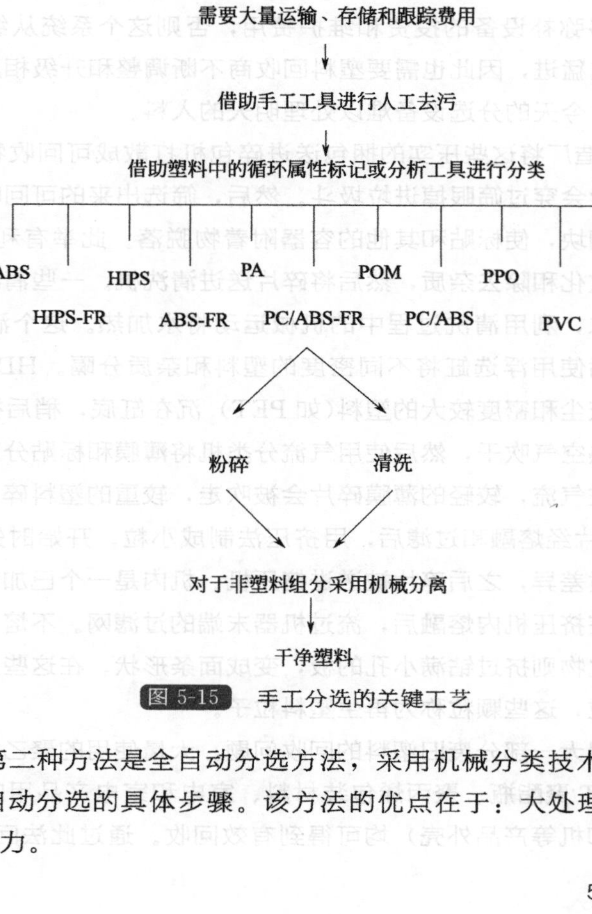

图 5-15　手工分选的关键工艺

② 自动分选。第二种方法是全自动分选方法，采用机械分类技术从混合物流中分选塑料。图 5-16 给出了自动分选的具体步骤。该方法的优点在于：大处理量；较低的塑料袋运输费用；强化分类能力。

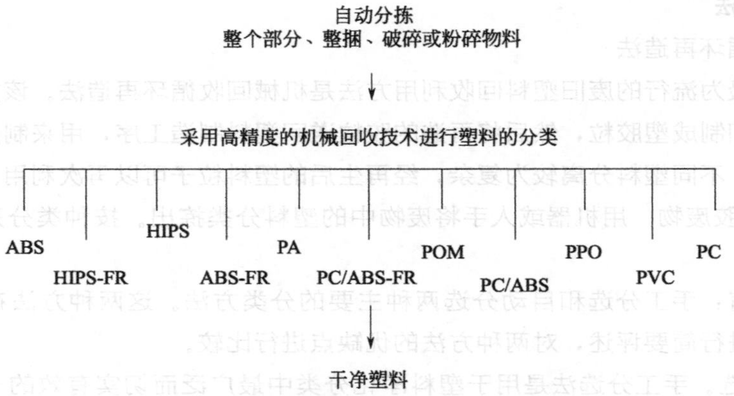

图 5-16 自动分选的关键工艺图

自动分选与手工分选方法相比，处理能力不会受到限制。自动分选的方法减少了产品净化的费用，使得到的最终产品具有更好的同质性。分选的准确度也得到极大的改善。比如采用磁铁进行黑色金属和有色金属的分类，其准确性要比手工分选者高得多。但是自动分选方法也存在一些不足之处，主要表现在：系统复杂、较高的设备投资费用和新材料的出现必须对整个工艺过程进行调整，整体的适应性、灵活性较差。由于上述三种缺点，使得几乎没有人采用上述自动分选设备。目前由于还没有一种技术能够将各种混合塑料完全分开，因此自动分选必然会产生配置需求以及内部的工作人员进行设备的维护和操作。除非得到的最终产品和较高的处理量能够弥补设备的投资和维护费用，否则这个系统从经济性而言，难以运营。此外材料发展突飞猛进，因此也需要塑料回收商不断调整和升级相应的分拣设备。往往存在这样的尴尬局面：今天的分选设备难以处理明天的入料。

2）清除杂质　再造厂将这些压实的捆包送进碎包机打散成可回收物料，送进专用振荡筛。细小的垃圾和灰尘会穿过筛眼掉进垃圾斗。然后，筛选出来的可回收塑料进入磨碎和清洗工序。将材料切成细块，使标贴和其他的容器附着物脱落。此举有利于稍后的清洗工作。切碎后，加水将碎片软化和除去杂质，然后将碎片送进清洗机。一些清洗机使用温水和清洁剂；另一些使用室温水，利用清洗过程中的机械运动将水加热。这个清洗工序可清除残留物、灰尘和标贴。然后使用浮选缸将不同密度的塑料和杂质分隔。HDPE 塑料的密度比水低，因此浮在水面。灰尘和密度较大的塑料（如 PET）沉在缸底，稍后被除去。分隔后浮选出来的清洁碎片先用热空气吹干，然后使用气流分类机将薄膜和标贴分隔出来。塑料碎片进入分类机后，向下吹进气流，较轻的薄膜碎片会被吹走，较重的塑料碎片则继续往下掉。

3）造粒　塑料碎片经熔融和过滤后，用挤压法制成小粒。开始时先将塑料碎片倒进大斗中混合，以减少品质差异，之后碎片被送进挤压机。机内是一个已加热的圆筒，筒内有一个螺旋输送器。碎片在挤压机内熔融后，流过机器末端的过滤网。不熔化的杂质粒子不能通过网眼，而纯净的熔化物则挤过钻满小孔的板，变成面条形状。在这些塑料条冷却期间，快速切割，即可制成颗粒，这些颗粒称为再生塑料粒子。

利用此法可解决很大一部分废旧塑料的回收问题。大量使用的聚乙烯农膜、地膜、PVC 电缆线、包装用的 PET 聚酯瓶、聚丙烯包装材料、家电和家电产品用的工程塑料（如电脑、电视机、电话机、打印机等产品外壳）均可得到有效回收。通过此法回收的再生塑料粒子，根据其性能的不同，可有选择性的使用和生产不同的其他塑料制品，达到再生利用的目的。

(2) 离心分离法

这是德国 Delphi 公司和 Wuppertal 大学研究成功的一种同时利用热过程和旋转过程分离回收混合塑料的工艺。回收塑料时，先将整个部件置于离心机的篮子中，然后用热氮气（氮气中不含氧，以避免塑料受热时降解）加热部件，加热温度应严格控制，上下波动应小于±3℃，以使低熔点的塑料软化而高熔点的塑料不熔化，熔融塑料自离心机流出，而未溶塑料则留在离心机中，使两者得以分离。

此工艺仅可用于由 CD 的金属化涂层中分离 PC。分离时金属留在离心机中，分离所得的 PC 纯度很高，可重新使用。因为此分离过程仅涉及塑料的加热和分离，并不涉及化学反应，也不需采用溶剂等化学品，所以过程中不产生需要处理的有毒化学物质。

5.2.2.2 化学法

(1) 化学循环法

聚丙烯、聚乙烯、聚苯乙烯和聚氯乙烯等原料的单体都是从石油中提炼出来的。化学循环再造是将废旧塑料还原为石油的废旧塑料利用方法。具体思路是通过解聚合方法，拆除缩聚作用或加成聚合作用，使聚合物变回单体。我国目前在北京、西安、太原等城市开展了用热解催化工艺从废塑料中制取燃油的研究和应用。

废旧塑料采用催化裂解提炼汽油、柴油的工艺流程如图 5-17 所示。

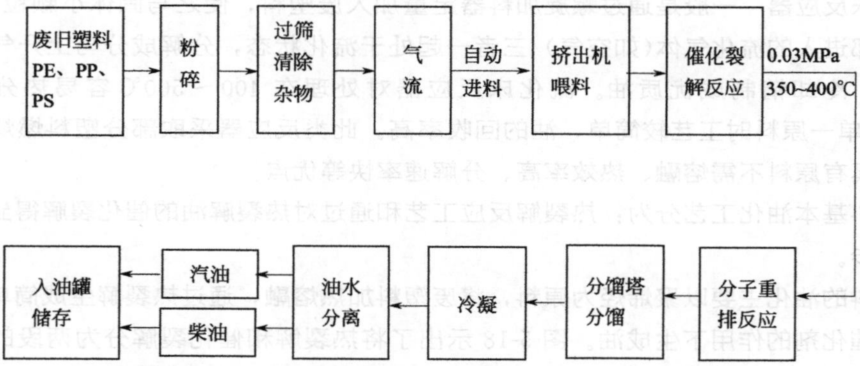

图 5-17 废旧塑料采用催化裂解提炼汽油、柴油的工艺流程

(2) 热裂解法

热裂解是使大分子的塑料聚合物在高温下发生分子链断裂，生成分子量较小的混合烃，经蒸馏分离成石油类产品。此种方法主要适应于热塑性的聚烯烃类废塑料。目前研究和应用较多的废塑料的热解技术有聚乙烯和聚丙烯等单一或混合废塑料回收燃料油技术、聚苯乙烯废塑料回收苯乙烯或乙苯技术、聚氯乙烯先脱除氯化氢再回收燃料技术。

废塑料的裂解产物与塑料的种类、温度、催化剂、裂解设备等有关。对 PE、PP、PVC、PS 四种塑料的直接热裂解研究发现，在 500℃左右可获得较高产率的液态烃或苯乙烯单体，而低于或高于此温度会发生分解不完全或液态烃产率降低。废塑料的热裂解均有一个最佳裂解温度点或温度范围。

催化剂是影响热裂解的关键因素之一。聚烯烃废塑料裂解造油的关键在催化剂的选择和制备。日本北海道工业开发实验室和富士循环应用工业公司开发的废塑料油化技术是先将废塑料加热至400～420℃使之分解成气态，然后再通过ZSM-5沸石催化剂进行气相转化，得到低沸点的油品。英国Umist与BP石油公司共同开发将PP转化为汽油型化合物的工艺中也使用H-ZSM-5沸石催化剂。尽管废塑料的热裂解大多采取催化方式进行，但催化裂解的机理尚不明确。聚烯烃热裂解常用催化剂如表5-10所列。

表5-10　聚烯烃热裂解常用催化剂

催化剂商品名	Al_2O_3	$SiO_2SiO_2F_4$	ZHYLZ-Y82	ZREYSK500	SAHA	SAHA
种类	氧化铝，色层分离用	二氧化硅凝胶	H-Y沸石，碱性氧化物，0.2%	贵金属氧化物-Y沸石，R_2O_3，10.7%	二氧化硅-氧化铝，$Al_2O_3$24.2%	二氧化硅-氧化铝，$Al_2O_3$13.2%

废塑料的热裂解一般需要用专门设备。因为塑料的导热性差，并且许多塑料在加热时会变成难以输送的高黏度熔体，同时废塑料在高温裂解时会产生炭沉积于反应器壁，造成排放困难。常用的热裂解专用设备的类型有槽式反应器、管式反应器和流化床反应器。

槽式反应器　采取外部加热，其特点是在物料槽内分解过程中进行混合搅拌，靠温度来控制生成油的性状。该法物料停留时间长，加热管表面有炭析出，会造成传热不良，应定期清理排出。

管式反应器　也是采取外加热形式。首先用重油溶解或分解废塑料，然后再进入分解炉。该法主要用于原料均匀、容易制成液态单体的PS和PMMA的回收。

流化床反应器　一般是通过螺旋加料器定量加入废塑料，使之与固体小颗粒载体(如砂子)和下部进入的流化气体(如空气)三者一起处于流化状态，分解成分与上升气体一起导出反应器，冷却精制成优质油。流化床反应器对处理在400～500℃容易热分解的PS、PMMA等单一原料时工艺较简单，油的回收率高。此类反应器采取部分塑料燃烧的内部加热方式，具有原料不需熔融、热效率高、分解速率快等优点。

废塑料基本油化工艺分为：热裂解反应工艺和通过对热裂解油的催化裂解得到高质量油的工艺两步。

废塑料的油化主要以聚烯烃为原料，将废塑料加热熔融，通过热裂解生成简单的烃类化合物，在催化剂的作用下生成油。图5-18示出了将热裂解和催化裂解分为两段的废塑料油化工艺流程。优点是可以采用在各地将塑料收集，通过减容与热裂解得到重质油，然后将重质油集中进行催化裂解而得到汽油。

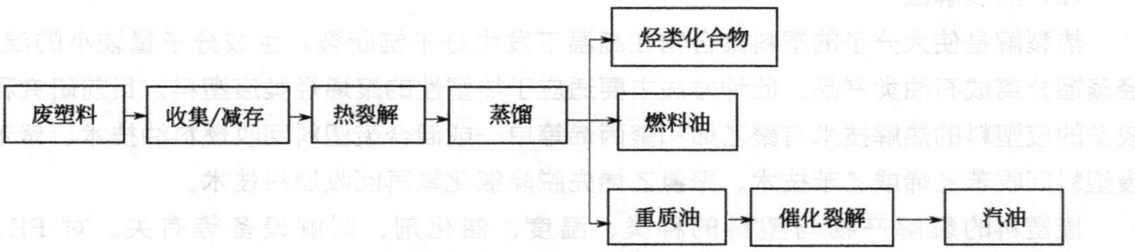

图5-18　废塑料制造汽油的工艺流程

各种废塑料的裂解反应特性有一定差异。聚乙烯大约在650K开始热裂解，在770K左右结束，裂解反应完全，几乎不生成残渣。PVC的热裂解反应跨越温度区间较大。在500K开始裂解，在750K结束，剩余10%左右未分解的残渣。PET在650K以上温度开始裂解，

750K 结束，约生成 14％～20％的残渣。PS 在 600K 开始裂解，在 700K 结束，产生 5％～10％的残渣。

实际裂解操作中所用废塑料是由包括 PVC、PET 等在内的各种塑料所组成的混合物，其油化工艺比较复杂，基本步骤是：废塑料的收集→前处理→热裂解→催化裂解等。

（3）溶剂法回收 PVC

两种新近发展的溶剂分离工艺，将在欧洲获得工业应用，以回收复配 PVC。以这类工艺回收的 PVC 的价格比购买新 PVC 的价格低得多。

此工艺由 Solvay SA 公司等开发，取名为 Vinyloop 工艺。已被用于回收除去铜后的 PVC 及橡胶的短线缆料。首先采用静电分离器将原始物料分离，得到 PVC 及橡胶料，经磨碎后送入溶解器，用甲基乙基酮溶解，所得溶液以特殊过滤法除去未溶的杂质及其他污染物。滤液送入沉淀器，往溶液中吹入蒸汽，令 PVC 沉淀为小圆球粒料，然后将溶剂蒸发、冷凝，再送入溶解器循环利用。将得到的 PVC 粒料送入空气干燥器干燥，得到流散性良好的 PVC，其密度与 PVC 新料相近，但颜色显灰色，原因是短线缆料中含有的颜色、各种溶剂难于除去。由于此工艺过程的各步温度都不高于 115℃，所以 PVC 的各项性能基本上未恶化。Vinyloop 工艺在经济上是可行的，回收的 PVC 粒料可直接使用，不需单独造粒。

原则上，Vinyloop 工艺可用于处理各种 PVC 废物，如线缆包覆层和绝缘层、地板等，而回收得到的 PVC 仍可作为原有用途。但不能将短线缆料与粉碎后的地板料混合，因为 PVC 短线缆料中的各种铅稳定剂是彼此相容的，PVC 地板中的各种锡稳定剂也是相容的，但铅稳定剂和锡稳定剂混合后会使 PVC 回收料显棕色。

一个根据 Vinloop 工艺在布鲁塞尔建立的中型试验厂，从 1999 年起即开始运行。全球第一个工业规模的工厂也已于 2001 年 3 月在意大利的 Ferrara 动工新建，耗资 720 万美元，年处理废弃 PVC 量为 10000t，回收 PVC 的费用为 0.3 美元/kg。法国正计划建立第二个同样规模的以 Vinyloop 回收 PVC 的工厂，用于从单 PVC 包覆层的帆布回收 PVC，回收的 PVC 用于制造地板或其他工业器材。据报道，在全球已有 10 家厂商正在讨论兴建这种 PVC 回收生产线，但均在等待意大利 Ferrara 工厂的运行结果。从经济角度考虑，这种生产线的规模至少应达到年处理量 10000t 才能实现盈利。

5.2.3 集成处理技术

下面主要介绍废旧家电中几种主要废塑料的集成处理技术。

5.2.3.1 ABS 塑料的资源化利用技术

许多工程塑料在应用时都会采用镀层或涂料，如计算机箱体、控制盒外壳、电子设备外壳/面板、仪器外壳等。特别是 ABS 材料，因为其表面容易被刻蚀，可以很好地与电镀金属层结合。除了 ABS 和 PC-ABS 以外，PC 光盘也可通过气相沉积法镀上铝层。如果聚合物只是进行简单的再处理过程，这些涂料和镀层就会成为问题的焦点，因此，对工程塑料的回收而言，去除这些表层是非常关键的。其常用的主要方法如下。

1）水解　在高温高压的水中，涂层会发生水解，导致涂层产生细微裂纹，并最终从聚合物上剥离下来，分解成细碎的颗粒。这种方法特别适用于三聚氰胺涂料，但不能用于会发生水解的工程塑料。

2）化学剥离　使用溶剂或攻击型化学药品来去除聚合物的涂层。

3）湿法旋风分离　将有涂层的塑料产品粉碎成几百微米的颗粒，然后根据不同的密度，采用湿式旋风分离器进行分离。

4）压缩振荡　采用锥形压缩器对带有涂层的聚合物施加形变(即在固定的锥体和套筒之间施加压缩振荡)，然后采用针形离心器去除那些不容易发生变形的涂层。

5）熔融过滤　塑料产品先被粉碎成粒子，然后加入到挤压机中，熔融物被强迫通过极细的过滤器，达到去除未熔融杂质的目的。

6）机械打磨　采用该方法可以去除工程塑料的涂层，已成功地用于 PC 光盘涂层的去除。

7）低温粉碎　利用 ABS 树脂和涂料催化温度的不同，在液氮温度下，ABS 发生脆化、裂碎与涂层分离。

8）干式粉碎　采用圆盘式冲击磨设备，产生剧烈的湍动，使塑料粒子相互碰撞，达到分离涂层的目的。

9）辊轧粉碎　采用两个转速不同的辊筒来去除涂层，转速不同产生压缩拉伸应力、剪切应力和热效应不同，在它们的共同作用下，涂层与聚合物分离开来。

(1) 冰箱 ABS 塑料回收技术

从用过的冰箱绝热层和洗衣机中可以回收 ABS，但是，许多白色家电都同时使用了 ABS 和 HIPS 这两种不相容的材料。事实上，HIPS 会降低 ABS 的拉伸强度和冲击强度。即使使用的 ABS 中仅含有 2.5%的 HIPS，也会导致 ABS 的冲击强度下降到 50%，拉伸强度下降 20%。人们通常将废弃的家用电器进行粉碎以回收其中的金属材料，剩余的主要是一些可以回收的工程塑料，通常被称为电器废屑，它们主要是 ABS(约 73%)、HIPS(约 12%)、PU 泡沫和聚烯烃(约 6%) 以及少量的尼龙、聚氯乙烯和残余金属。Argonne 国家实验室开发了一种从电器废屑中回收 ABS 和 HIPS 的方案。首先将这些废屑粉碎成粒度约为 6mm 的颗粒，然后用水漂洗。由于聚烯烃和 PU 泡沫的密度比水小，漂浮于水上，从而可以方便地分离；较重的部分则利用密度为 1.15g/m^3 的盐浴池进行分离，此时漂浮在上面的轻组分包括 ABS 和 HIPS。因为 ABS 和 HIPS 的相对密度都在 1.145～1.15 之间，因此无法通过密度来分离。Agronne 采用浮选技术来分离这两种材料，浮选介质是 NaCl 和 HCl 的水溶液，相对密度为 1.067。采用这种技术可以得到纯度高于 99%的 ABS，产率为 88%。Minneapolis 的一个工厂采用这种技术，其处理能力可达到 455kg/h。

(2) 计算机外壳的回收方法

Potente 和 Gao 调查了注射级 ABS 的可回收性。他们发现，回收处理后的 ABS 性能基本保持不变，只是缺口冲击强度略有降低。Kim 和 King 进行了模拟回收试验，他们将 ABS 先后挤出 5 次，发现材料的拉伸强度、伸长率、硬度等性能没有发生改变，只是聚合物的颜色逐渐变黄。ABS 的丁二烯含量越高，多次挤出后产品的颜色就越黄。多次挤出的 ABS 的抗冲击性能下降，ABS 的丁二烯含量越高，抗冲击性的损失就越大。高橡胶接枝率(橡胶含量高于 50%) 的 ABS，特别适合于制备聚合物共混物和合金，此类 ABS 树脂具有良好的韧性、耐化学性和高的热变形温度。回收级 ABS 可以和 SMA、PPO、PC、TPU、EPDA 等进行共混。对于那些回收的 PC 材料，ABS 可以显著改善其低温冲击性能。对于回收废弃光盘的 PC 材料，通过控制 ABS 的添加量可以有效提高其冲击强度和低温冲击强度。但是如果 ABS 中含有三氧化锑(阻燃剂) 或含卤阻燃剂，这些阻燃剂会使 PC 发生降解，从而导致回收的ABS-PC共混物性能下降。从废弃的计算机外壳中回收的ABS，经过切细、粉碎和重新掺配，可以用来生产新的外壳。Bayer AG就从事这方面的回收工作。大多数计算机外壳均为米色，因此采用回收级产品生产的新外壳的颜色也是可以被接受的。同样惠普打印机的外壳也采用了25%的回收级ABS。Camoplast公司（Richmond，Quebec）利用100%的回收级ABS和PC-ABS生产复印机外壳（Xerox公司）。收集来的废弃聚合物材料首先被粉碎，然后再次造粒，以便更好地控制树脂的干燥程度和材料的喂料特性。Siemens Nixdorf采用Bayer公司的回收级产品Baylend（PC-ABS）生产电子设备。用于制造Baylend产品的废弃工程塑料每年大约是250t。Siemens Nixdorf In formationsisteme（SNI）从顾客那里回收使用过的计算机，顾客为每台计算机支付30美元的处理费用。由SNI回收车间进行手工拆卸和分类。含有PC-ABS的外壳被粉碎并运送到Bayer公司，以1∶3的比例将回收物与原始PC-ABS进行共混。最后SNI公司采用这些含有回收级PC-ABS的材料生产新的设备外壳，这样形成一个封闭的循环系统。

据报道，GE公司采用碾碎、清洗和重新掺配的工艺，回收废旧计算机的ABS塑料。每5台个人计算机中就有1台被回收，而在1997～2001年，这个比例为1∶1。1996年美国大约由70家企业从事与此相关的回收业务。IBM公司每年也从计算机键盘中回收几千吨ABS。

5.2.3.2 PVC塑料的资源化利用技术

PVC循环利用技术包括机械回收和化学回收。从PVC的整个生命周期全过程来看，PVC废物的回收利用和最终途径如图5-19所示。PVC废物两种循环利用技术，它们在某一方面或对一些具体的PVC废物具有优势，但又都存在环境、技术或经济问题。

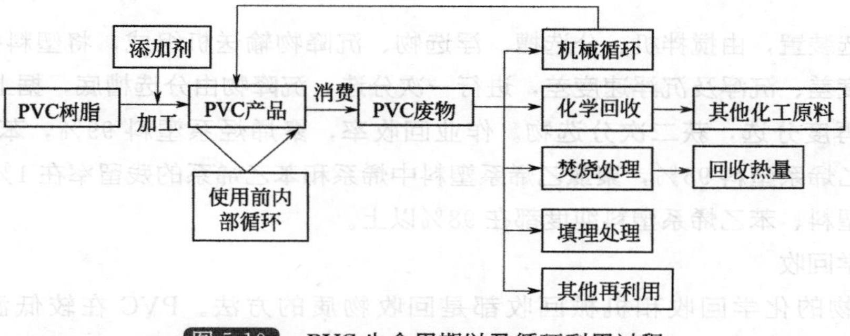

图 5-19 PVC生命周期以及循环利用过程

（1）机械回收

机械回收是指通过切碎、筛选、磨碎，最终回收物能被加工为新产品。机械回收可分为高质量回收（PVC废物回收后用于原始的用途）和低质量回收（用于制作较低级的产品中）。高质量回收的PVC包括PVC使用前废物、管道、窗户外窗和地板材料，低质量回收的PVC废物主要来自废电缆、电子废物和包装废物。机械回收过程示意如图5-20所示。

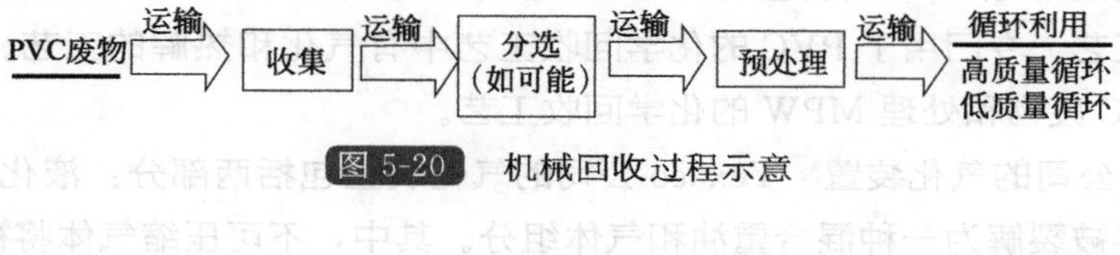

图 5-20 机械回收过程示意

1）低温破碎技术　低温破碎技术主要用于分离聚氯乙烯废料。塑料也同金属材料一样具有低温特性，其脆化温度见表5-11。

表 5-11　废家电用塑料的脆化温度

材料	脆化温度/℃	材料	脆化温度/℃
聚丙烯(PP)	−50	聚氯乙烯(PVC)	−20
聚苯乙烯(PS)	−40～50	聚乙烯(PE)	−100
ABS树脂(ABS)	−30		

塑料的脆化温度因材质而异，聚氯乙烯的脆化温度最高为−20℃，其他塑料较低，所以只有聚氯乙烯先脆化被破碎，利用低温破碎特性分选出聚氯乙烯塑料。

实验表明，在常温破碎的塑料大部分为均等的碎片，而低温破碎的聚氯乙烯成为良好的碎末，很易用筛分法将其与其他塑料分离。

当处理物料含有25%的聚氯乙烯系塑料时，经低温破碎筛分，90%的聚氯乙烯系塑料可分离出来，回收的PE、PP、PS、ABS中聚氯乙烯系塑料余量在5%以下。

2）密度分选技术　密度分选的目的是除去聚氯乙烯系塑料，以免回收的塑料作燃料用时，燃烧中产生有害气体，另外，在物质循环利用时，同系的易于溶解混合，故分类为直链系的聚烯烃系塑料（PE、PP）和苯环的苯乙烯系塑料（PS、ABS）。

纯塑料密度为0.9～1.4g/cm³左右，家电用塑料一般含添加剂，但密度变化不大，测定家电用塑料的密度如下：聚烯烃系塑料0.9～0.94g/cm³；苯乙烯系塑料1.02～1.15g/cm³；聚氯乙烯系塑料1.35～1.44g/cm³。废家电用各类塑料，据以上三类的密度差，可以完全分离。

密度分选装置，由搅拌机、分选槽、浮选物、沉降物输送机组成，将塑料投入水流中，据水力、密度差、沉浮及沉浮速度差，进行一次分选；沉降物由分选槽底，据上升水流和沉降速度差，再度分选，获二次分选物。作业回收率，聚烯烃系塑料99%，苯乙烯系塑料85%，聚氯乙烯系塑料96%，聚氯乙烯系塑料中烯系和苯乙烯系的残留率在1%左右，回收的聚烯烃系塑料、苯乙烯系塑料纯度都在98%以上。

（2）化学回收

PVC废物的化学回收和机械回收都是回收物质的方法。PVC在较低温度（200～360℃）下就发生分解，先是脱除HCl，再在更高温度（360～500℃）下发生断链，生产脂肪族、烯烃、芳香烃等化合物。化学回收正是利用PVC废物的这种热不稳定性，把PVC高分子打碎成小分子，用来合成新的高分子或用作基础化工原料。在PVC的化学回收技术中，有专门处理富含PVC废物的技术，也有处理含PVC混合塑料废物（MPW）的技术。由于PVC塑料的自身特性，与不同品种的塑料混在一起时，由于各品种熔体指数不同，无法选定适宜的成形加工条件，且其制成品质量低劣。MPW技术不需要对混合塑料中的PVC进行专门分离，但通常对PVC的含量有一个上限要求。常见德尔MPW的处理技术分为气化、裂解和转化等工艺。专门用于PVC的化学回收工艺中有气化和热解的工艺。下面是几种国外处理富含PVC废物和处理MPW的化学回收工艺。

1）Texaco公司的气化装置　Texaco公司的气化装置包括两部分：液化过程和气化床。在液化过程塑料被裂解为一种混合重油和气体组分。其中，不可压缩气体将被用作液化过程的燃料，如图 5-21 所示。该工艺要求 PVC 重量比不能超过 10%。

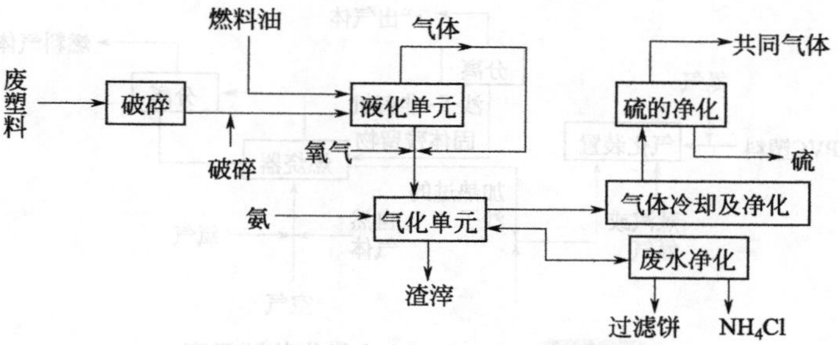

图 5-21 Texaco 公司气化装置

2）BP 的 Polymer 裂解装置　BP 化学公司的 Polymer 裂解工艺首先把进料破碎到一定尺寸，并除去杂物。然后在 500℃流化床上，塑料裂解成烃类化合物。塑料中的金属和一些焦炭一部分集中在流化床上，一部分随着流动的气体而被带走。随着 PVC 的分解生成的 HCl 被石灰接触吸收。反应生成的大部分烃类化合物作为有价值的馏出物而重新使用，其余较轻的烃类化合物被压缩后返回反应器，作为燃料气体而使用，如图 5-22 所示。该装置要求 PVC 的重量百分比不得超过 4%。

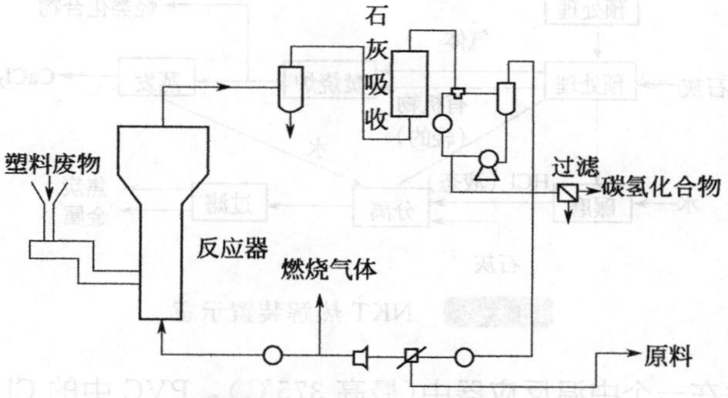

图 5-22 Polymer 裂解装置

3）BASF 的转化装置　BASF 公司曾经于 1994 年建立了一套处理量 15000t/a 的实验性装置，但是该装置由于经济等方面的原因而于 1996 年被迫停止使用。

塑料经过预处理后，与其他废塑料组分分开，然后经过多步融化和分解过程，转化成碳链程度不等的有机物。其中，有 20%～30%为气体，有 60%～70%为油。它们在随后的蒸馏器中被分离，还有最多占总量 5%的残余物。大部分 Cl 转化为 HCl 被出售，残余的 Cl 被转化为 NaCl 和 $CaCl_2$，整个反应过程在密闭条件下进行，如图 5-23 所示。该装置不需要把 PVC 分开处理，但是含氯量最大为 2.5%。

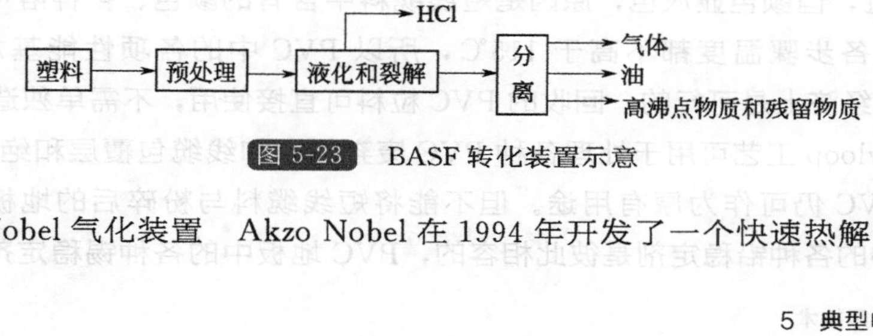

图 5-23 BASF 转化装置示意

4）Akzo Nobel 气化装置　Akzo Nobel 在 1994 年开发了一个快速热解的循环液化反应

系统，如图 5-24 所示。该装置可以用来处理富含 PVC 的废物。

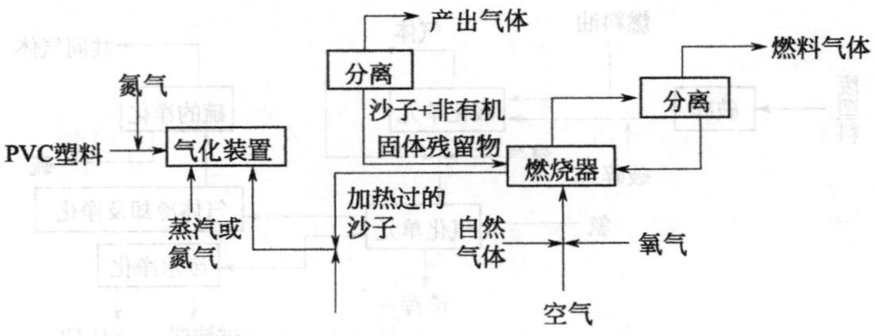

图 5-24　Akzo Nobel 气化装置示意

该装置包括两个分开的流化反应床：一个气化反应器在 700～900℃下，将富含 PVC 的废物转化成气体(燃料气和 HCl）及残余焦油；另一个燃烧反应器残余焦油燃烧并为气化反应提供能量。最后产物主要是 CO 和 H_2，PVC 中的 Cl 形成 HCl 回收利用。

5）NKT 的热解装置　NKT 的热解装置主要用来处理建筑和拆毁方面的 PVC 废物，如图 5-25 所示。

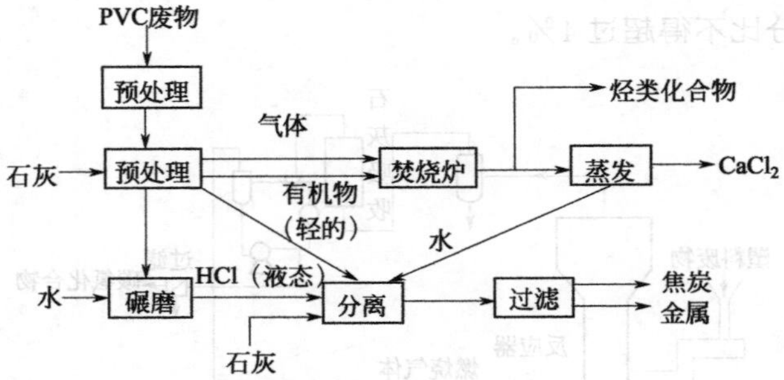

图 5-25　NKT 热解装置示意

PVC 的热解发生在一个中温反应器中(最高 375℃)，PVC 中的 Cl 被过滤器吸收，形成 $CaCl_2$。PVC 中的金属稳定剂被转化为金属氯化物。反应物为 CO 和 H_2 混合气体以及 HCl 和渣滓。渣滓中含有 PVC 中的大部分金属。接着 HCl 被吸收，混合气体一部分被利用，一部分成为残余气体被排出。

6）Vinyloop 工艺　由 Solvay SA 公司等开发，已被用于回收除去铜后的 PVC 及橡胶的短线缆料。首先采用静电分离器将原始物料分离，得到 PVC/橡胶料，经磨碎后送入溶解器，用甲基乙基酮溶解，所得溶液以特殊过滤法除去未溶的杂质及其他污染物。滤液送入沉淀器，向溶液中吹入蒸汽，令 PVC 沉淀为小圆球粒料；然后将溶剂蒸发、冷凝，再送入溶解器循环利用。将得到的 PVC 粒料送入空气干燥器干燥，得到流散性良好的 PVC，其密度与 PVC 新料相近，但颜色显灰色，原因是短线缆料中含有的颜色、各种溶剂难于除去。由于此工艺过程中各步骤温度都不高于 115℃，所以 PVC 中的各项性能基本上未被恶化。Vinyloop 工艺在经济上是可行的，回收的 PVC 粒料可直接使用，不需单独造粒。

原则上 Vinyloop 工艺可用于处理各种 PVC 废弃物，如线缆包覆层和绝缘层、地板等，而回收得到的 PVC 仍可作为原有用途。但不能将短线缆料与粉碎后的地板料混合，因为 PVC 短线缆料中的各种铅稳定剂是彼此相容的，PVC 地板中的各种锡稳定剂也是彼此相容的，但铅稳定剂和锡稳定剂混合后会使PVC回收料显棕色。

过去，欧盟有超过80%的PVC废物被填埋处置，仅3%的进行循环利用，剩下的进行焚烧，而且大部分混在城市垃圾中焚烧。欧盟包装废物方案要求2001年以后，包括PVC包装废物在内的包装材料废物的循环利用率在25%～45%之间，最少也应到15%。电子电器废物（WEEE）的循环回收率在70%～90%之间。WEEE中塑料废物的机械回收率占很小一部分，大部分被简单填埋或焚烧回收能量。目前，在欧盟大约76%的汽车塑料废物被填埋处置，剩下的15%焚烧回收能量，剩下的进行机械回收。很多欧盟国家已经采取措施，减少含大件PVC建筑废物的填埋处置量，比如，2000年瑞典填埋处置建筑废物量减小50%，荷兰通过禁止填埋处置，循环回收率已经达到80%～90%，德国进行有选择收集并且在一些城市实现循环利用。法国比较重视能源和原料回收技术，PVC塑料的机械循环和化学回收技术已相当成功，比如专门从事PVC瓶回收及循环再生的RevyPVC公司、负责PVC废瓶分类筛选的Sydel公司、把PVC废物加工成复合材料的Micronyl公司等。

5.2.3.3 塑料资源化利用途径

非金属富集体中塑料的资源化再生利用主要有以下几个途径。

(1) 作为塑料的原料使用

这是最广泛使用的废塑料再生回用技术，主要用于热塑性树脂。其方法是将所收集的经过分选质量较单一的废塑料再次加工(过程包括破碎、掺混、熔融、混炼、成型等）成塑料原料，用作包装、建材、农业及工业器具等。

该资源化方法适用于能够大量生产、具有稳定供应源以及收集点距离从事拆卸厂商、材料加工和潜在产品最终用户近的地方。

(2) 加工成塑料制品

按照塑料的生产工艺将同性或异性的废塑料直接加工成定形的制品。一般多为较厚的墙壁材料，如板式或方式型材作建筑或在农业上使用。有的是在其熔融体中按一定比例添加木屑或其他无机物使之改性，或是以之包覆于木或铁芯之上做成具有特殊用途的制品，以备使用。以其经过改性用作建筑材料举例如下。

1) 制成塑料油膏　此种塑料油膏为一种新型建筑防水嵌缝材料，由废聚氯乙烯塑料、煤焦油、增塑剂、稀释剂、防老化剂、填料等配制而成。其特性是黏结力强、内热度高、低温柔性好、具抗老化性、耐酸碱、宜热施工兼可冷用，主要适用于各种混凝土屋面板嵌缝防水和大型板侧墙、天沟、落水管、桥梁、渡槽、堤坝等混凝土构配件接缝防水及旧屋面的补漏等工程。目前此种材料因其用途较广已广泛应用，其配方因施工情况而异。

2) 制成改性耐低温油毡　此种改性油毡为一种新型防水材料，系以废聚氯乙烯塑料加入煤焦油中，同时加入一定量的塑化剂、催化剂、热稳定剂等材料，按照一定工艺程序配制成涂覆面料，再敷于基层材料之上而成。此种改性涂覆材料的配方是：废聚氯乙烯材料15份、煤焦油100份、二辛酯4～5份、填料30份、硬脂酸钙少量。其加工过程是先将煤焦油加热脱水，继而加入易破碎成片的废聚氯乙烯塑料，在温度达140～160℃的范围搅拌至塑料片熔化，然后在同一温度下再加入其余的三种材料并搅拌均匀，趁热泵入涂覆材料槽内备用。

3) 制成防水涂料　已公开的使用废聚氯乙烯塑料采用化学溶解法制备防水涂料的配方如下。本涂料的原料组成(按质量比例）为：废聚氯乙烯泡沫塑料10～40份，混合有机溶剂可为芳香烃(甲苯、二甲苯等)、酯类(如乙酸乙酯、乙酸丁酯等)、碳烃类(如汽油、煤油等)三者中的两种或两种以上的混合溶剂，但应以前者(即芳香烃)为主溶剂30～60份、松香改性树脂10～18份、增黏剂(可为异氰酸酯或环氧树脂)0.5～2份、乳化剂(自制，为碳水化合物经水解、氧化所制得的水溶性黏稠状分散型物质)3～20份，以及增塑剂(为二丁酯或二辛酯)0.2～2份。

此种防水材料的配制过程是：按照上述配方先将混合有机溶剂倒入反应釜中，在搅拌下加入松香改性树脂，再将废聚氯乙烯泡沫塑料(经洗净晾干)破碎成小块放入釜内直至完全溶解。然后加入增黏剂和自制乳化剂，在温度30～65℃条件下搅拌1～2.5h，再加增塑剂继续反应0.5～10h，最后取出冷却至室温备用。

4) 加工防腐涂料　以邻苯二甲酸二辛酯(DOP)为改性剂将废聚苯乙烯塑料加工制成防腐涂料，产品有较好的物理机械性能，并有良好的耐化学防腐性和一定的光泽度。

其具体制作工艺如下：在装有温度计、搅拌器和冷凝管的1000mL三角瓶中，加入190g废聚氯乙烯塑料和540g混合溶剂(按二甲苯：乙酸乙酯：200号溶解汽油=70：15：15的比例配制)，然后在搅拌下加热至55～60℃，待废塑料完全溶解后，再加入45g改性剂DOP，继续搅拌至溶液清澈透明，经冷却至室温后在锥形磨中研磨至细度小于50μm即可使用。

5) 制成软质拼装型地板元件和生产地板块　以废聚氯乙烯塑料为主要原料，经过粉碎、清洗、混炼等工序再生成塑料颗粒，然后加入增塑剂、稳定剂、润滑剂、颜料及其他外加剂，再经切料、混合、注塑成型、冲裁等工序，最后生产出定形的产品。

地板元件的制作配方：废聚氯乙烯再生塑料100份、邻苯二甲酸二甲酯5份、邻苯二甲酸二丁酯5份、石油酯5份、碱式亚硫酸铅2份、硬脂酸钡1份、硬脂酸1份、碳酸钙15份，另加适量的阻燃剂、抗静电剂、颜料和香料。

废聚氯乙烯塑料生产的地板块为一种新型室内地面铺设材料，具有耐磨、耐腐蚀、隔凉防潮、不易燃烧等特性，更具色泽美观、施工方法简单、可拼成各种图案的优点。由于有良好的装饰效果，目前其应用广泛。其主要原料有农用废聚氯乙烯膜和碳酸钙，经过一定比例的配方(比例为：废聚氯乙烯塑料农膜100份、碳酸钙120～150份、润滑剂1.5份、稳定剂4份，另加色浆剂适量)，再通过密炼、拉片(两辊炼塑)、切粒、挤出片、两辊压延冷却、剪片、冲块等工序制成。

6) 生产木质塑料板材或人工板材　木质塑料板材的产品为以木屑和废聚氯乙烯塑料作原料的复合材料(经热塑成型)经过加工而成。其特点是既保留热塑性塑料的特性，具有不霉、不腐、不折裂、不老化、隔热、隔声、减振等性质，又使价格比一般塑料大为降低(为一般塑料的1/3)。除适用于作建材、交通运输、包装容器之外，还可用以制造家具等民用器皿。在常温的使用期限可达15年。

另一种人工板材主要是利用废聚氯乙烯塑料和生产黄素后剩余的麻黄草渣以及榨油后的葵花子皮为原料，外加数种辅助化工添加剂经混合热压而成。通过检测，其多项物理性能指标接近甚至超过普通木材，特别是具有耐酸碱油、耐高温、不变形、成本低、亮度高等性能，因而适宜于制作各种高档家具、室内装饰和建筑用品。

7) 混塑包装板材　使用废塑料可以生产混塑包装板材。该技术以废塑料、塑料垃圾、非塑料纤维垃圾为原料，利用特有的工艺流程、技术与设备进行综合处理，形成"泥石流效应”，经初级混炼、混熔造粒、混合配方、混熔挤压、压延、冷却，加工成不同厚度、宽度的板、片、防水材料及农用塑料制品，生产新型改性混塑板。主要工艺设备有混合塑料混炼挤出机、复合四压延机、初混机组、造粒机组、星形熟料配方系统、自动上料系统、原料输送线、搅拌混合机和塑料破碎机。

8）生产色漆　原料：可溶于醇、脂类的废旧塑料及环氧树脂、酚醛树脂的下脚料，各种醇类的混合料(或乙醇)，各种着色颜料。

操作方法：将 1 份废旧塑料浸于 8～10 份的杂醇(或乙醇）中 24h，再搅拌 6h 成胶状溶液，用 80 目铜丝箩过滤，制得塑料清漆。

先用塑料加入适量杂醇(或乙醇）经球磨机磨成色浆，时间视细度而定。如无球磨机，在陶瓷中搅拌均匀也可。

根据配方比，称取清漆、树脂，搅拌均匀加色浆，再均匀调和 0.5～1h，再用 100～200 目铜丝箩过滤，即得色漆。

配方：塑料清漆 10 份，废环氧树脂 0.5～1 份(防水性能随其比例增大而加强)，废酚醛树脂 1 份，经调配的颜料浆 1～2 份。

上述方法制得的色漆，耐磨、耐热、耐寒、防水、耐酸碱，是一种价廉物美的装饰材料。

9）用废塑料改善石膏制品的质量　前苏联利用废塑料改善石膏制品的装饰质量和强度。原来用石膏生产装饰板其废品率高达 30%～35%，为了改善石膏板的装饰性能和强度性能，掺加塑料制品余料——网眼塑料板条。石膏板可以单面或双面掺加网眼废塑料板条作筋。这样，板的表面就形成一些凹凸点，对提高墙面装饰质量有利。用废塑料板作筋，石膏装饰板的抗折强度提高 26%～55%，抗压强度提高 58%～65%。

10）塑料砖　德国埃富尔地区的研究部门研究出一种以热塑性废旧聚氯乙烯塑料为主要制砖材料的塑料轻质保温砖，用破碎的废塑料掺和在普通烧砖用的黏土中，烧制成建筑用砖。在烧制过程中，热塑性塑料化成灰烬，砖里呈现出孔状空隙，使其质量变轻，保温性能提高。

(3）用于回收热源或使之燃料化

能量回收有如下定义：将日常用过的塑料和没有消费过的废塑料制品直接燃烧或者作为其他燃料的助燃剂，通过产生和回收热能的资源回收方式进行利用。废塑料发热量高达 33472～37656kJ/kg，比煤高而比重油略低，是一种理想燃料，故国外将废塑料用于高炉喷吹代替煤、油和焦，用于水泥回转窑代煤，做成垃圾固形燃料发电和烧水泥，也可制成热量均匀的固体燃料，均收到了较好的效果，但其中含氯量应控制在 0.4%以下。普通的方法是将废塑料粉碎成细粉或微粉，再调和成浆液作燃料，如废塑料中不含氯，则此燃料可用于水泥窑等。最主要的例子有生活垃圾焚烧以得到蒸汽、电能和热水。其他例子有：在水泥窑和火力发电厂中作为化石燃料替代物，用于煤炭气化、炉渣熔融和金属回收系统中垃圾衍生燃料的高热值组分。此种技术已有成熟的经验，通过二次燃烧室结构设计和尾气净化技术的改进，其能量回收系统和废气排放已达到很高的质量要求。不过在生产规模上对废塑料的日处理量至少需达到 100t 以上才能取得经济效益。

废塑料热能再生是以废塑料为原料，通过燃烧回收其中的能量。各种热能再生方法如图 5-26 所示。由于废塑料形状混杂，可分类后选择不同的流程和设备。例如，成型品应先

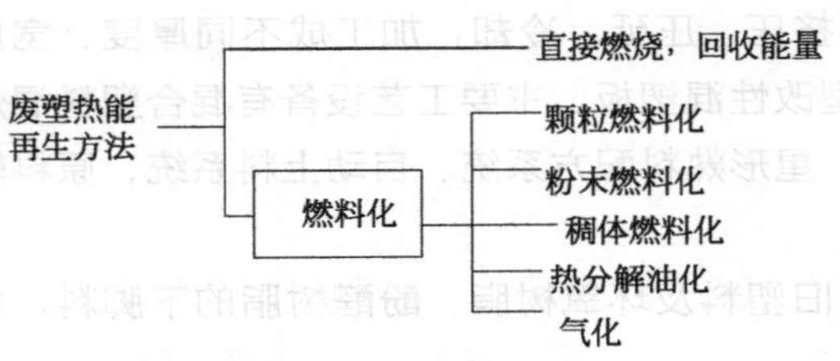

图 5-26　废塑料热能再生方法

经破碎后再粉碎；发泡、薄膜类因不易高效粉碎，则必须先熔融制成粒后再微粉碎；片状料可直接进入涡流磨微粉碎；粉状废料则可经定量给料机直接进入锅炉燃烧。废塑料成功用于热能回收的例子很多，下面分别举出德国和日本的成功的典型例子。

1）制作废物燃料 RDF　RDF 技术就是将废塑料与废纸、木屑、果壳和下水污泥等其他可燃垃圾混杂，制成发热量约 21 MJ/ kg 且粒度均匀的固形燃料。这种固形燃料便于储存、运输，可代替煤供应锅炉和工业窑炉使用。由于废塑料热值高，如直接燃烧会有损锅炉寿命并且氯的浓度较高，因此，采用 RDF 技术能较好地解决上述问题。

RDF 技术在美国和日本发展较快。据统计，美国 1995 年共有垃圾发电站 171 座，其中燃烧 RDF 的就有 37 座，发电效率在 30%以上，比直接燃烧垃圾高 50%左右。日本近年来由于垃圾填埋场不足和焚烧处理含氯废塑料时造成 HCl 对锅炉腐蚀和尾气产生二噁英污染环境的问题，大力发展 RDF，并且将一些小型垃圾焚烧站改为 RDF 燃料生产站以便于集中后进行较大规模的发电。伊腾忠商事和川崎制铁合资的资源再生公司已批量生产 RDF，使垃圾发电站蒸汽参数由小于 300℃ 提高到 450 ℃左右，发电效率由原来的 15% 提高到 20%～25%。日本要求一次性包装袋等塑料制品在加工时要加入不低于 30%的 $CaCO_3$ 就是为了方便 RDF 的焚烧和稳定性。

2）炼焦煤中掺烧废塑料的新技术　日本新日铁成功开发了在炼焦煤中掺入 1%废塑料的新技术。该技术的优点是能量利用率高，达 90%以上，比高炉喷吹高。同时，在废塑料预处理上经简单粉碎即可，且少量 PVC 混入亦可用，从而比高炉喷吹效益高和易推广。我国首钢正研究在炼焦煤中掺烧 5%废塑料的技术，这将为我国废塑料热能利用开辟一条新的道路。另外，炼焦煤价格比一般动力煤高 1 倍以上，经济上较为有利。我国是世界第一焦炭生产国，仅此一项即可吃掉不宜作原料利用的废塑料。

3）水泥回转窑喷吹废塑料技术　日本在这方面的研究工作做得比较好。日本德山公司水泥厂在长期吃废轮胎的基础上于 1996 年进行了回转窑喷吹废塑料试验，获得成功。该技术是将不含氯的废塑料粉碎成 10～20mm 的片、粒，然后从窑头喷煤孔的中部用空气送入。试验结果表明效果较好，对回转窑尾部排烟的影响不明显，烟气环保达标，不需要采取特殊措施，对回转窑的运行、熟料和水泥的质量无影响。在此基础上，该厂建设了 1×10^4 t/a 废塑料制备装置，大量连续喷吹代煤。

4）高炉喷吹废塑料炼铁　将废塑料经分类、清洗、干燥处理后制成粒径为 6 mm 的颗粒可以代替部分煤粉用于高炉炼铁。废塑料在炉内高温和还原气氛下产生的 H_2/CO 比值大于等量的煤粉，由于 H_2 的扩散能力和还原能力均大于 CO，因此，用废塑料代替煤粉有利于降低焦比，提高生产率。高炉喷吹塑料可节约 1.3 倍的煤，高炉煤气的热值和使用价值也有所提高。

国外将废塑料用于高炉喷吹代替煤、油和焦炭收到了良好效果。德国利用高炉处理废塑料效果良好。不来梅钢铁公司经过 1 年多的实验后，于 1995 年 2 月经政府批准正式建设向高炉喷吹 7×10^4 t/a 废塑料粒的装置，每年可代替重油 7×10^4 t，仅此项收入约 2 年即可收回投资。此项技术已向曼内斯曼和蒂森等大钢铁公司推广。由于废塑料的成分和油、煤相近，只是含氯偏高，为了防止氯产生的呋喃和二噁英等污染，该厂在控制废塑料含氯量<2%的同时，对尾气进行了严格检验，结果其浓度仅为0.0001～0.0005μg/m³，远低于排放标准的0.1μg/m³。在该公司的带动下，从1995年开始，克虏伯哧施钢铁公司、曼内斯曼和蒂森等钢铁公司亦开始推广使用废塑料作为燃料。

日本NKK公司于1995年进行了高炉喷吹废塑料粒代煤粉中试，获得成功。该公司在1996年在京洪钢铁厂1号高炉(4093m³，年产铁3.0×10^6t以上)，建成3×10^4t/a废塑料破碎、选粒装置，并从10月开始进行每吨铁喷吹200kg废塑料粒的大喷吹量工试，以便全部取代煤粉和部分取代焦炭。为了防止氯的危害，初期只喷不含氯乙烯的工业废塑料。后在四叶县的委托下对废农用塑料薄膜亦进行了试验，效果良好。日本环保界和舆论界对此寄予厚望，声称若达200kg废塑料/t铁目标，则该高炉每年可处理废塑料6.0×10^5t，日本全国用10台高炉就可将国内的废塑料吃光，不仅能够节约填埋用地，而且节能和减排CO_2的效果很好。

5）热电利用　很多电子产品含有数量较少但集成度很高的多种混合塑料，见表5-12。这使得传统的再生方法很难使用。因此对于这种情形不再适合采用机械方法回收再生塑料，通过直接燃烧回收其热能是较好的选择。热电厂可使用废塑料作为补充燃料，这是一项可行而又比较先进的热能利用技术。另外，可使用专用焚烧炉焚烧废塑料产生蒸汽推动蒸汽轮机发电，目前技术已较成熟，燃烧炉有流动床式燃烧炉、转炉和固定炉等。

该方法有助于达到不同的环境和社会目标，比如减少对进口燃料资源，如石油和天然气的依赖性。现代化的垃圾电厂要比传统的燃烧电厂更加清洁，并且相对于较大体积的市政垃圾而言，废电子电器塑料的体积要小得多，对尾气排放和飞灰质量没有影响。

表5-12　废电子电器产品塑料的燃料分析

指标	消费者源	商业源	工业源
热值/(GJ/t)	35	32	35
灰分/%	3～5	3～5	35～40
溴/%	0.4	1.5～4.1	0.6～1.3
氯/%	0.4	1.1～2.3	0.2～0.7
锑/%	0.2	0.2～1.3	0.2～0.35

来源：Michael M. Fisher，2005。

表5-13列出了一系列测试的电子电器产品的元素分析结果。混合料1和混合料2是两种不同类型破碎机处理后的混合物残渣。电视机1和电视机2是两种不同来源的电视机外壳粉碎后的混合物。电路板是印刷电路板破碎后的混合物。建立在有效的湿式洗淋系统的基础上，以几种不同形式存在的溴的回收已被证明了技术上的可行性，这些溴的存在形式有：溴单质、溴化氢或溴化钠。与先前的电子电器产品相关试验的结果相吻合的是，电子电器产品塑料配合标准燃料的联合焚烧并没有增加PCDD/F合成的可能，而且整个燃烧过程二噁英和呋喃类物质的减少是已经验证的事实。

塑料废物可以单独燃烧，也可以与其他可燃物混合在一起燃烧，供给使用固体燃料的锅炉厂和发电厂。塑料废物的能量回收有如下几种形式：作为城市固体废物的一部分进行焚烧，以回收能量；单独燃烧，以回收能量；与传统矿物燃料进行一起燃烧，以回收能量；将塑料废物作为水泥窑的燃料（替代部分煤或焦炭）。

表 5-13　废电子电器产品成分分析　　单位：mg/kg

元素	混合料 1	混合料 2	电视机 1	电视机 2　1/2	电视机 2　3/4	电视机 2　5/6	电路板
Cl	31350	56400	19040	6850	1520	3540	23000
K	810	70	＜20	540	570	750	720
Ca	9980	1260	＜10	500	900	1000	17620
Cr	70	6	＜1	＜16	27	22	220
Mn	60	4	＜1	7	＜20	＞12	230
Fe	1570	80	＜2	145	640	225	3095
Ni	110	8	＜1	16	30	35	470
Cu	2720	80	＜1	20	60	140	66200
Zn	850	40	＜1	210	305	220	1310
As	18	15	55	30	25	20	40
Br	13100	17400	34900	26600	26000	25000	18540
Rb	＜10	—	＜1	＜20	50	＜15	＜20
Sr	70	4	＜1	＜7	＜15	＜10	160
Mo	6	95	6	5	5	5	3
Cd	70	110	70	20	22	13	40
Sb	6950	7190	23980	14540	13000	10900	5730
Sn	580	935	170	70	80	310	5550
Ba	390	＜25	＜20	120	290	135	770
Pb	3500	1010	220	145	170	220	4960

来源：Michael M. Fisher，2005。

因为对于一些小型的塑料包装物机械法回收既不经济，同时也带来环境污染；另外对于某些塑料废物，如果采用机械方法回收，会产生过量污染、分离困难、物性下降等问题，因此，采用能量回收则是一个较好的办法。

焚烧塑料废物回收能量的优点如下：废物的质量可减少 90%；焚烧法可破坏废物中的有毒物质，事实上，焚烧法被看作是“可控解毒”方法；采用焚烧法可将废物中的无机成分转化成惰性矿渣，然后用作道路的铺设材料；焚烧方法特别容易处理混杂的、具有复合物结构的、与其他材料黏合或层压在一起的聚合物材料/产品，同时也适用处理那些因老化降解而被废弃的户外制品；焚烧方法适于处理电子电器部件中，塑料和金属相互连接在一起，拆卸、分离成本很高的情形。

但是，塑料废物的焚烧也存在一些实际和可预见的缺点：焚烧不完全会导致部分材料（＞5%）未发生燃烧；焚烧产生的灰分和有害气体中含有有毒成分。

焚烧技术不易被广大民众接受；人们不欢迎在自己的地区设立焚烧厂，因此将废物运送至焚烧厂的成本很高；由于焚烧法回收电能的效率很低，因此能量回收受到越来越多的反对。

(4) 回收废塑料中的溴

塑料废物的能量回收有 2 种截然不同的方式：a. 焚烧城市固体废物(其中含有塑料废物)，以回收能量；b. 对塑料废物进行分类收集，用作燃料，进行单独焚烧和共焚烧。

日本废塑料管理协会组织项目示范了从废电子电器产品塑料中回收溴的工艺，该工艺同时包含了物料回收和能量回收，为高温、部分氧化气化(1200℃）和冶炼(1500℃）相结合的工艺，如图 5-27 所示。排气通道内气体的快速冷却避免了溴代二噁英的生成。系统末端二噁英的监测值完全满足规定排放限值，而溴则从飞灰中回收。

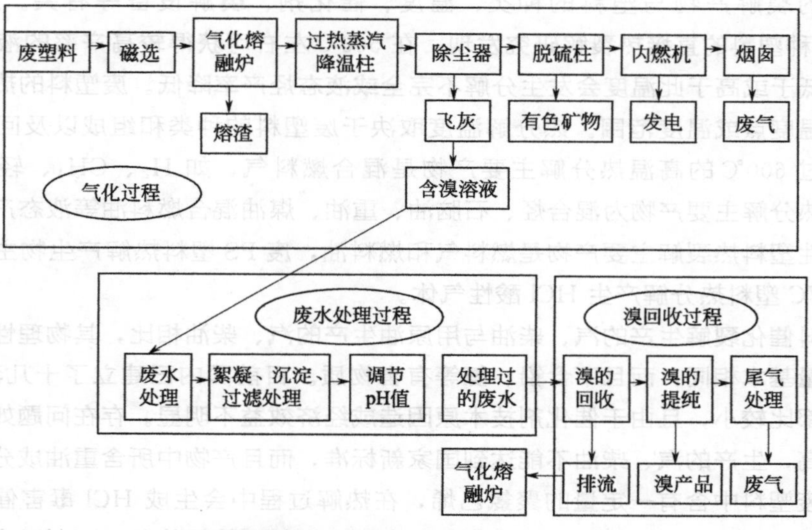

图 5-27 废塑料中溴的回收工艺流程

(来源：Michael M. Fisher，2005)

废气需要做金属和重金属、卤素、含多氯代二苯并二噁英/多氯代二苯并呋喃（PCDD/Fs）的可挥发性有机化合物与半挥发性有机化合物的分析检测；飞灰则需要进行毒性溶出试验（TCLP）检测。废气中铜、铅和锑含量的高低决定了电子电器废物焚烧回收能量设施是否需要加装粉尘系统，例如布袋除尘器。未经处理的飞灰通过 TCLP 检测铅的含量超标，而废气中则没有检测出 PCDD/Fs 和汞的存在。检测出排放的挥发性有机物中起初含有溴苯，而氯化有机物通常检测不到。通过这一系列基础测试的结果，他们也因此得出结论：焚烧是一种处理消费电子产品可行的方式。

欧洲塑料协会组织试验详细考察了电子电器产品塑料(占总投料重量的 12%）对几项关键特性参数的影响，得出如下结论：燃烧的效果没有因电子电器产品塑料投料量的增加而受到负面影响；所有的试验都发现了炉箅物料燃烧充分性的提高(与早期包装塑料的测试结果类似)；电子电器产品物料中能检测到的溴化阻燃剂成分在原始燃烧产气中并未发现踪迹；可以证实二噁英和呋喃类物质已被破坏；在尾气净化装置之后所取气样中 PCDD/Fs 的浓度不到 0.001ng/m^3(TEQ)，完全满足规定限值。含溴同系物未检出，预示着当今最先进的生活垃圾焚烧工厂已经无须担忧含溴类物质的危害了。

这些试验都试图添加高比例的电子电器塑料以考验生活垃圾焚烧系统的承受能力，结果是令人满意的，现实中电子电器塑料在生活垃圾焚烧系统中的比例低于12%。

(5) 通过裂解(化) 制成燃料油或粗原油

热裂解是使大分子的塑料聚合物在高温下发生分子链断裂，生成分子量较小的混合烃，经蒸馏分离成不同型号的燃料油或粗原油类产品。此种方法主要适应于热塑性的聚烯烃类废塑料。目前研究和应用较多的废塑料的热解技术有聚乙烯和聚丙烯等单一或混合废塑料回收燃料油技术、聚苯乙烯废塑料回收苯乙烯或乙苯技术、聚氯乙烯先脱除氯化氢再回收燃料技术。可供使用的裂解反应器装置有连续式和间歇式两种，应用较多的有槽式(聚合浴、分解槽)、管式(管式蒸馏、螺旋式和流化床式)。

废塑料的裂解产物与塑料的种类、温度、催化剂、裂解设备等有关。对PE、PP、PVC、PS四种塑料的直接热裂解研究发现，在500℃左右可获得较高产率的液态烃或苯乙烯单体，而低于或高于此温度会发生分解不完全或液态烃产率降低。废塑料的热裂解均有一个最佳裂解温度点或温度范围。热分解温度取决于废塑料的种类和组成以及回收的目的产品。温度超过600℃的高温热分解主要产物是混合燃料气，如H_2、CH_4、轻烃；温度在400～600℃热分解主要产物为混合烃、石脑油、重油、煤油混合燃料油等液态产物和蜡。聚烯烃等热塑性塑料热裂解主要产物是燃料气和燃料油，废PS塑料热解产生物主要是苯乙烯单体，而PVC塑料热分解产生HCl酸性气体。

用废塑料催化裂解生产的汽、柴油与用原油生产的汽、柴油相比，其物理性质、化学性质、产品质量基本相同，而且不含铅、氨等有害物质。目前国内已建立了十几套生产装置，但一般规模都比较小，且由于催化剂技术原因造成经济效益不明显。存在问题如下：催化剂催化效率不高，生产的汽、柴油不能达到国家新标准，而且产物中所含重油成分较多，易堵塞管路；若废塑料中含有一定量的聚氯乙烯，在热解过程中会生成HCl毒害催化剂，使催化剂减活；催化剂使用寿命短，造成生产成本高；废塑料导热性能差，同时还含有相当数量的不可热解的杂质，造成催化剂表面结焦失活。

因此，催化剂是影响热裂解的关键因素之一。聚烯烃废塑料裂解造油的关键在催化剂的选择和制备。日本北海道工业开发实验室和富士循环应用工业公司开发的废塑料油化技术是先将废塑料加热至400～420℃使之分解成气态，然后再通过ZSM-5沸石催化剂进行气相转化，得到低沸点的油品。英国Umist与BP石油公司共同开发将PP转化为汽油型化合物的工艺中也使用H-ZSM-5沸石催化剂。尽管废塑料的热裂解大多采取催化方式进行，但催化裂解的机理尚不明确。废塑料的热裂解一般需要用专门设备。因为塑料的导热性差，并且许多塑料在加热时会变成难以输送的高黏度熔体，同时废塑料在高温裂解时会产生炭沉积于反应器壁，造成排放困难。常用的热裂解专用设备的类型有槽式反应器、管式反应器和流化床反应器。

槽式反应器采取外部加热，其特点是在物料槽内分解过程中进行混合搅拌，靠温度来控制生成油的性状。该法物料停留时间长，加热管表面有炭析出，会造成传热不良，应定期清理排出。

管式反应器也是采取外加热形式。首先用重油溶解或分解废塑料，然后再进入分解炉。该法主要用于原料均匀、容易制成液态单体的PS和PMMA的回收。

流化床反应器一般是通过螺旋加料器定量加入废塑料，使之与固体小颗粒载体(如砂子)和下部进入的流化气体(如空气) 三者一起处于流化状态，分解成分与上升气体一起导出反应器，冷却精制成优质油。流化床反应器对处理在400～500℃容易热分解的PS、PMMA等单一原料时工艺较简单，油的回收率高。此类反应器采取部分塑料燃烧的内部加热方式，具有原料不需熔融、热效率高、分解速率快等优点。

废塑料基本油化工艺分为：热裂解反应工艺和通过对热裂解油的催化裂解得到高质量油的工艺两步。废塑料的油化主要以聚烯烃为原料，将废塑料加热熔融，通过热裂解生成简单的烃类化合物，在催化剂的作用下生成油。

目前，我国有关部门已成功研制出利用回收废PE、PP塑料生产无铅汽油、柴油技术，并已获得规模化生产，国产的成套设备已出口美国，该技术在国际上领先，对于治理“白色污染”是一条很好的途径。工艺原理如下：将废塑料经初步分拣后加入反应器中，在催化剂及一定温度作用下进行裂化反应，反应后生成汽油混合物，经冷凝进入储罐分离杂质和水分，再加热后进入分馏塔将两种产品分开。催化工艺分出的低烃类化合物气体通过火炬进行最后处理，所得到的轻组分为汽油，重组分为柴油，残渣作为焦油处理，重新参加二次反应。

各种废塑料的裂解反应特性有一定差异。聚乙烯大约在650K开始热裂解，在770K左右结束，裂解反应完全，几乎不生成残渣。PVC的热裂解反应跨越温度区间较大。在500K开始裂解，在750K结束，剩余10%左右未分解的残渣。PET在650K以上温度开始裂解，750K结束，生成14%～20%的残渣。PS在600K开始裂解，在700K结束，产生5%～10%的残渣。

实际裂解操作中所用废塑料是由包括PVC、PET等在内的各种塑料所组成的混合物，其油化工艺比较复杂，基本步骤是：废塑料的收集→前处理→热裂解→催化裂解等。

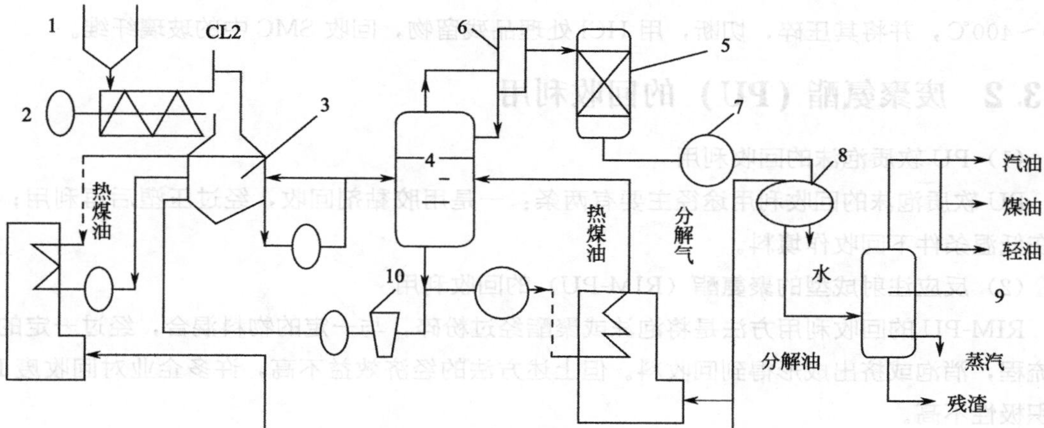

图 5-28 裂解热塑性材料的油化工艺流程

1—料斗；2—挤出机；3—熔融槽；4—热分解槽；5—回流冷凝器；6—催化裂解槽；7—冷却器；8—分离槽；9—分馏塔；10—沉积罐

图5-28是裂解热塑性材料的油化工艺流程图，将粉碎的废塑料由料斗1定量供给挤出机2，在挤出机2中加热至230～270℃被挤入熔融槽3，再加热至280～300℃时送入热分解槽4，当温度到达350～400℃时进行热分解，产生气体进入填充了合成沸石催化剂(ZSM-5)的裂解槽6，接着进行分解回收。油化再生产物见表5-14。

表 5-14　裂解热塑性材料的油化再生产物

处理的材料	处理产物				
聚乙烯 PP、聚丙烯 PE	51%汽油	17%煤油	17%轻油	10%气体	5%残渣
聚苯乙烯 PS	81%芳香轻油	5%烷烃油	5%烯烃油	5%气体	5%残渣

目前，废家电制品中的铁、铜、铝等金属已实施回收利用，并确立了再生途径，而塑料的再生利用、再生油化热回收等技术，尚在开发中或仅一部分进入实用化，且再生利用途径少。

另一方面，塑料的再生利用、用途的开发和保证一定质量的塑料再生材料并能稳定供应是十分重要的。这不仅是开发有效回收利用技术问题，而且在家电制品的设计、制造时，既要考虑废品的回收利用问题，在选材和零件设计上，又要考虑易于回收利用，要实行彻底的资源再生循环利用，建立循环型社会体系，这需要全社会共同努力，使经济与环境协调发展，为维持人类的持续发展做出贡献。

5.3 其他高分子材料资源化工艺

5.3.1 废不饱和聚酯玻璃纤维增强塑料（SMC）的回收利用

SMC 的回收利用主要用作填料，如将 SMC 粉碎，作预制整体模型塑料的填料。实验结果表明，含大粒径的 SMC 的回收料的拉伸强度、模量和冲击强度等性质有下降，而含小粒径的性能下降不大。SMC 除用作填料外，还可用来回收其中的纤维，如将 SMC 加热至 350～400℃，并将其压碎，切断，用 HCl 处理品残留物，回收 SMC 中的玻璃纤维。

5.3.2 废聚氨酯（PU）的回收利用

（1） PU 软质泡沫的回收利用

PU 软质泡沫的回收利用途径主要有两条：一是用胶黏剂回收，经过压塑后再利用；二是在低温条件下回收作填料。

（2） 反应注射成型的聚氨酯（RIM-PU）的回收利用

RIM-PU 的回收利用方法是将泡沫或聚酯经过粉碎，与一定的物料混合，经过一定的工艺流程，消泡或挤出成形得到回收料。但上述方法的经济效益不高，许多企业对回收废 PU 的积极性不高。

随着电子和其他工业行业的快速发展，近几年来 PU 的消费量一直以 5%～10%的速度递增，1995 年已超过 6000kt，2000 年已经达到 8700kt。由于废聚氨酯不能自然降解，因此开发可以生物降解的 PU 新产品成了许多 PU 生成企业的重点技术目标。目前用纤维素、木质素、树皮或淀粉改性的 PU 产品已经面世。这对降低废 PU 对环境的危害意义十分重大。

5.3.3 废橡胶的回收利用工艺

全世界每年约产生 1.0×10^{8}t 废橡胶，我国是仅次于美国的产生废橡胶最多的国家。目前我国每年废橡胶产生量约 100 余万吨，回收利用率在 15%左右，有近 1.0×10^{6}t 废橡胶没有被利用，资源浪费严重。通信器材中所用的硅橡胶具有无味无毒、不怕高温和严寒、具有强度高和弹性好的特点，电脑、手机、电话机和传真机等几乎所有的通信器材产品都要使用硅橡胶。包括废通信器材在内的各类废旧工业产品中的废橡胶不易降解，如果将其焚烧则会带来严重的大气污染。因此，对废橡胶的无害化处置已经成为影响橡胶制品的生产和使用的重要因素之一，也是影响我国可持续发展战略的重要内容之一。

5.3.3.1 从废橡胶生产再生橡胶工艺

再生橡胶由废硫化橡胶或废橡胶制品经破碎、除杂质（纤维、金属液等），然后经物理和化学处理消除弹性，重新获得类似橡胶的刚性、黏性和可硫化性的一种橡胶代用材料。再生胶不是生胶，从分子结构和组分观察，两者有很大的区别，但从使用价值来看，再生胶可以代替部分生胶而制造橡胶制品。制造再生胶的主要原料有：废橡胶；软化剂，主要包括石油系软化剂（如三线油、六线油、机油、裂化渣油、重油、石油树脂、石油沥青等）、焦油系列软化剂（如煤焦油、古马隆树脂、煤沥青等）、植物油系软化剂（如松香、松焦油、松节油等）和酯类软化剂（如邻苯二甲酸二丁酯、邻苯二甲酸二辛酯、癸二酸二辛酯等）；增黏剂，如松香及氢化松香酯等；活化剂，如硫酚、硫酚锌盐及芳香族二硫化物、萘酚、噻唑及其衍生物等。

再生橡胶的制备工艺很多，我国目前大多采用的是油法和水油法两种。此两种工艺的主要区别是脱硫再生工艺。

（1）油法脱硫再生工艺

将废胶粉送入拌油机，经搅拌后装在小车上，送进卧式蒸汽再生罐中再生。工艺流程如图 5-29 所示。

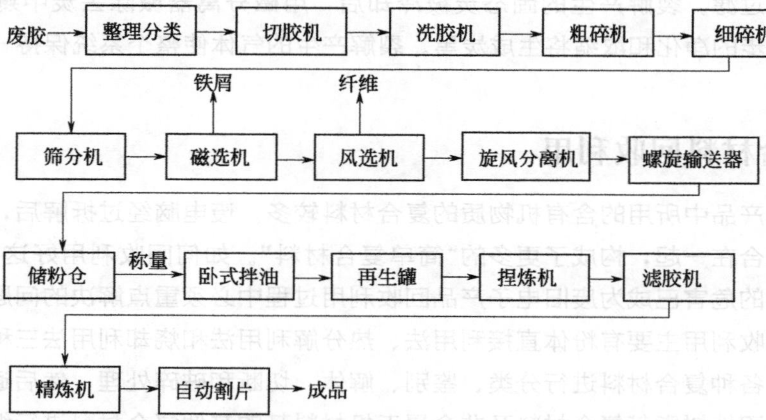

图 5-29 废橡胶油法脱硫工艺流程

（2）水油法脱硫再生工艺

在带有搅拌器和高压蒸汽夹套的再生罐中，装入温水、再生剂（活化剂、软化剂和增黏剂等）和胶粉，在搅拌下以水作传热介质进行再生。再生后的胶粉经冲洗、压水和干燥等工序处理得到再生胶。该法所需设备较多，投资较大，但再生胶质量好，再生时间短，产量较大。

（3）再生橡胶高温连续脱硫新工艺

新工艺的主机为一个多管道的、密闭的立体型加热机组。胶粉在 6 组总长度为 18m 的往复式管体中螺旋式推进，经不同阶段的梯级升温、再加热、机械搅动、冷却处理等工序完成脱硫反应。工艺过程为：加入软化剂的胶粉→进料口→初始温度区→高峰温度区→保温区→冷却区→熟料出口。其运行过程为：胶粉由加料口运动到150℃的加热区段，继而推进到260℃的强加热区段并使之持续保温5～6min，然后再进入强制降温区段，经过脱硫的熟料在75～80℃的出口温度进行连续排放。整个脱硫过程是无间歇地连续进行，从进料到出料约需15min。机组主机的前5组管体为再生橡胶粉粒的热解断链区段，后1组管体为强制降温区段。机组的升温、加热、冷却均由微机自动控制，自动巡检显示(并可配以打印装置)，从而确保了产品质量的一致性和稳定性。由于高温连续，脱硫反应过程时间短，因而可大量节约能源。

连续脱硫新工艺机组体积小、质量轻，不必使用蒸汽，又能以一机取代“水油法”所需的锅炉、脱硫罐、冲洗罐、压水机、干燥机等设备。这种新工艺没有水和蒸汽参与脱硫反应过程，故不会溢出有毒气体及有害污水等污染物，是目前污染脱硫工艺的换代设备。它对胶料粒径无特殊要求，一般按25目筛过筛的胶粉即可投入高温脱硫机组使用。采用这种新工艺制得的再生胶质量高，产品均可达到水油法工艺再生胶一级品标准。

5.3.3.2 废橡胶的高温热解及利用工艺

废橡胶的高温热解依靠外部热量使化学链打开，有机物得以分解、气化和液化。典型的废橡胶热解操作如下。

废橡胶经称量后，整个或碎化后送入热解系统。进料通常用裂解产生的气体来干燥和预热。热解的两个关键因素是温度和原料在反应器内的停留时间。在反应器内保持正压能防止空气中的氧气渗入反应系统。裂解产生的油被冷凝和浓缩，轻油和重油被分离，水分被去除，最后产品被过滤。裂解产生的固态炭被冷却后，用磁分离器械除去炭中剩余的磁性物质。该炭作进一步的净化和浓缩将生成炭黑。裂解产生的气体使整个系统保持一定压力并为系统提供热量。

5.3.4 复合材料回收利用

电脑等电子产品中所用的含有机物质的复合材料较多。废电脑经过拆解后，各种有机和无机材料往往混合在一起，构成了更多的“简单复合材料”。如何回收利用好这些复合材料，降低它们对环境的危害已成为废旧电子产品回收利用过程中必须重点解决的问题之一。

复合材料回收利用主要有粉体直接利用法、热分解利用法和烧却利用法三种方法。在回收利用前，先对各种复合材料进行分类、鉴别、解体、切断和破碎处理，然后通过微细粉化技术，对一些热固性树脂基复合材料及非金属无机材料基的其他复合材料进行细化处理得到相应粉体，将粉体直接制成型材或配以各种黏合剂重新制造成各种新的复合材料。

热分解利用法主要用于回收一些丙烯酸酯类，通过加热分解使之成为烯烃单体以及可燃气体和液体燃料。

烧却法是将复合材料可燃有机体替代发电燃料进行燃烧回收温水、热风和蒸汽，主要目的是回收热能。

若上述三种方法都处理不了，则只能采取掩埋法处置。

5.4 废压缩机资源化工艺

电冰箱、空调器等家电在废弃后都要考虑压缩机的回收利用。压缩机是电冰箱、空调等制冷系统的“心脏”部件，是使制冷剂在制冷系统中做循环的动力，也是电冰箱中唯一的机械运转部件。它的作用是吸收蒸发器中已经蒸发的低温低压气态制冷剂，然后压缩成为高温高压的气态制冷剂，并排至冷凝器中冷却。

按电冰箱的大小，可以采用不同型式的压缩机，如：较大的电冰箱采用连杆式压缩机；较小的电冰箱采用滑管式压缩机；更小的电冰箱则采用电磁振荡式压缩机。目前市场上的电冰箱常用的是滑管式压缩机。压缩机在从箱体上拆下前要先从压缩机中抽取 CFC 和油。然后再进行后续处理。

家电的压缩机属于金属复合物，外壳钢板厚 3mm，是坚固的材料，压缩机用普通破碎机破碎，振动大、噪声高、机器磨损严重，而且复合材料剥离不彻底，后工序分选困难。废弃物的回收利用需要将废弃物中的有用物质最大限度地分类以较高纯度地回收，而低温破碎技术对金属复合物的破碎是很有效的。压缩机可用有液氮冷却的低温粉碎机或专用粉碎机粉碎。此后再用磁力分选机、涡流分选机、风力分选机等，把已粉碎的压缩机按铜、铁、铝、塑料分离回收。

一般物质在低温冷却时，从延性高、破碎强度大的状态，急剧向脆性高、破碎强度小的状态变化。物质这种脆性变化的温度与材料的化学成分、组织结构、结晶粒度及应力状态有关。

低温破碎技术是利用材料的低温脆性对破碎强度大的物质进行脆化破碎，利用物质的催化温度差别，把金属复合物进行选择性破碎和分选的技术。

金属复合物的低温破碎流程为：先把金属复合物置于冷却管，再送入冷却罐中，用液氮和氮气将铁冷却到脆化温度－100℃左右，铁被脆化后，用回转式破碎机破碎，铁被粉碎后与铜、铝等良好剥离。

压缩机经低温破碎，金属材料的剥离比达 96%～99%，几乎完全剥离出来，易于后工序分选，可得到纯度较高的各种金属。常温破碎耗能每千克处理物为 24W·h，低温破碎为 6W·h，降到原功率的 1/4。

国外采用液氮低温破碎技术效果很好，但是投入的成本较高。国内采用铣刀开盖或等离子切割、手提锯切割、氧乙炔气割等方案，实现定子绕组铜、铁分离。

总之，对压缩机回收处理达到经济和环境两方面要求的理想效果，必须对压缩机进行初步拆卸分解处理。通过对压缩机的结构了解、拆卸分析，确定压缩机的回收工艺流程如图 5-30所示。

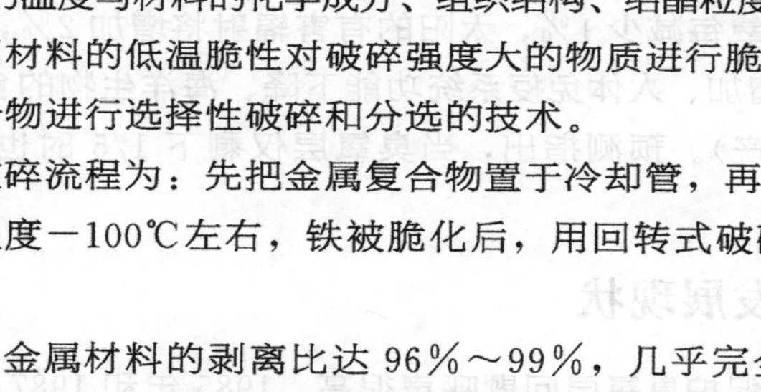

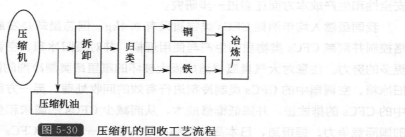

图 5-30 压缩机的回收工艺流程

5.5 废氟里昂资源化工艺

5.5.1 氟里昂对臭氧层破坏的机理

氟里昂(CFCs)是饱和烃类化合物的氟、氯、溴衍生物的总称，它具有无味、毒性小、不燃烧、对金属不腐蚀且价格便宜等优点，是20世纪20年代合成的一种化学物质，被当作制冷剂和发泡剂广泛应用于家电、汽车和消防器材领域，家电中的冰箱和空调都有氟里昂。氟里昂非常稳定，在大气层中的寿命可达数百年，且大部分停留在对流层，极少部分(约10%)升入平流层。升入平流层的氟里昂在强紫外线照射下，在一定的气象条件下会释放出 Cl^-。

Cl^- 与臭氧发生连锁反应，从两个方向不断破坏 O。据估计，1个 Cl^- 可连续破坏数万个臭氧原子。反应如下：

$Cl^- + O_3 \xrightarrow{h\nu} ClO + O_2$(分解 O_3)

$ClO + O^- \xrightarrow{h\nu} Cl + O_2$(争夺合成 O_2 的 O^-)

上式表明，Cl^- 不仅分解 O_3，同时还消耗合成 O_2 的 O^-，由此可见，Cl^- 相当于催化剂，不断与臭氧分子发生反应，从而降低臭氧浓度，而臭氧层是一个包围地表的天然滤波器，能有效阻止有害紫外线向地面的辐射，保护地球上的生命。

研究结果指出，臭氧每减少1%，太阳的有害辐射将增加2%，随之而来的是人类疾病(如眼病、皮肤癌)的增加、人体免疫系统功能下降、海洋生物的食物链被破坏、一些植物的生长受影响(粮食减产)。预测指出，当臭氧层仅剩下1/5时也就是地球生命存在的临界点。

5.5.2 CFCs的发展现状

近几年，国际上对保护臭氧层问题呼声很高，1985年和1987年分别签定的“保护臭氧层维也纳公约”和“关于消耗臭氧层物质的蒙特利尔协定书”对氟里昂这类物质的生产、消耗及使用进行了限制规定：发达国家在1996年1月1日前完全淘汰CFCs，而发展中国家2010年以前最终淘汰CFCs。目前德国、美国、欧盟等发达国家已全面停止生产CFCs，而一些主要的家电制冷设备企业如：德律风根公司、博氏/西门子公司、丽都公司、丽勃海尔公司等已于1994年全面禁用CFCs，并积极开发出了替代CFCs制冷剂的产品，但这些替代制冷剂对环境的破坏作用较CFCs而言虽然较小，但其温室效应仍不可忽视，并且在其使用安全性和生产成本方面还需进一步研究。

我国虽然人均年消耗CFCs类物质只有0.4kg，但总量却是发展中国家中最多的，应严格控制并削减CFCs类物质的生产与使用规模，并对废旧冰箱、空调器的回收技术研究做出更多的努力。注意对大气臭氧层造成极大破坏的氟里昂类制冷剂的回收与处理，一方面对废旧冰箱、空调器中的CFCs类制冷剂进行有效的回收处理，另一方面可以减少产品维修过程中的CFCs的排放量，并降低维修成本，从而减少CFCs的需求和生产，增强国产制冷电器的国际竞争力。据报道，日本高知九浩成功开发出一种处理CFCs类物质的设备，能100%

对其与 NaOH 溶液一起分解为 NaCl 和 CO_2，值得国内一些企业借鉴。

为节约电能及利用各种能源，各国开发了各类型冰箱，如改进半导体冰箱、太阳能冰箱、吸收式冰箱等。此外，国内外对能降低能耗的新制冷剂及混合工质制冷剂的材料及应用技术正在大力开展研究，并取得一定的进展。

5.5.3 CFCs的回收处置

对于将要继续存在很长时间的 CFCs，各国政府及企业研究部门广泛关注氟里昂的回收。日本于 1995 年底停止生产 CFCs，1993 年 10 月建立了第一个国家 CFCs 回收中心，该中心是个独立单位，投资 100 万美元，处理能力为 100t/a，既可以通过蒸馏装置再生氟里昂，也可以通过过热蒸汽装置销毁氟里昂。

家电产品冰箱、空调中制冷剂的回收是属于高浓度回收范围，一般都是采用压缩冷凝法进行回收。由于制冷剂在使用过程中发生化学反应，可能含有气体（CO、CO_2、H_2、HCl、甲烷、乙烷、乙炔等）、水分、杂质（油的结焦物、金属盐等）、润滑油及其氧化而形成的酸化物，所以制冷剂回收过程中一定要进行净化处理，尤其对分离生成的氯化物（冷冻油、空气、水分）要分别进行净化，就可以达到再生净化制冷剂的目的。通常在制冷剂气态的时候通过多级过滤、干燥吸附、加热再生的工艺手段完全可以保证制冷剂的纯度。通常制冷剂回收的路线：液体回收—气体回收—系统抽真空—再生净化制冷剂—冷凝器—回收钢瓶。

5.5.3.1 CFCs 的回收

对于制冷系统中的制冷剂，比如冰箱制冷剂 CFC-12 回收，通常采用钻头在压缩机底部钻孔，直接抽取润滑油和制冷剂，然后送入专门的制冷剂回收装置中。电冰箱维修时，可直接将 CFC-12 抽入制冷剂回收装置中进行净化处理。

对于冰箱箱体聚氨酯发泡剂的回收，一般可采取以下方法。

1）以原有机械破碎方式为基础的材料再生系统　其特点是将破碎、聚氨酯磨碎工序，材料回收、分选工序，氟里昂抽出液化工序等一系列自动封闭式装置放在室外。将聚氨酯泡沫破碎，CFC-11 释放到冷空气中冷凝，以液态形式回收。

2）干馏法隔热材料处理技术　是将破碎的冰箱壳体放在干馏炉中烘烤，200℃左右时氟里昂游离。400℃左右时塑料类材料气化，将其冷却液化，用作燃料动力。残存的氟里昂在催化炉中使气体分解。再对氯化氢（HCl）进行水洗中和，HF 用钙吸附而稳定，这样便可消除对环境的污染。从干馏炉中排出的金属固体物可进行再循环，得到利用。

3）用燃烧法进行隔热材料处理技术　含有 CFC 的电冰箱隔热材料，燃烧时可能产生光气等有毒气体，目前不得不进行填埋处理。采用规模大、性能好的尾气处理设施的燃烧炉或回转炉，通过试验，掌握可安全地烧掉经过粗破碎的电冰箱垃圾而又不污染环境的燃烧条件，选择炉壁材料及排烟处理设备等的技术诀窍和方法。

5.5.3.2 CFCs 的处置

CFCs 除回收外还有一些处置的方法。

（1）液态喷注式焚烧化炉焚烧

液态喷注式焚烧化炉通常为单燃烧室单元加上一个或多个废弃物燃烧器，燃烧室有耐火内衬。此类型焚化炉通用于低灰分含量的废弃物，并且可用于任何可燃性液体及蒸气或可用泵抽的污泥。若废弃物含无机物及灰分，必须选用垂直向下喷火型焚化炉，水平式焚化炉通常用于低灰分含量废弃物。液态废弃物通过燃烧器注入火焰带，如果 CFCs 等 ODS 注入量过大，可能影响火焰的稳定剂。

有害废弃物液态喷射注入焚化炉已商业化，但实际用来销毁 CFCs 的经验并不多，依据试烧结果显示，CFC-11、CFC-12、CFC-113 在 900℃左右即可分解，破坏处理率可达到 99.99%以上。

台湾地区百盈集团采用的制冷剂回收装置流程如图 5-31 所示。

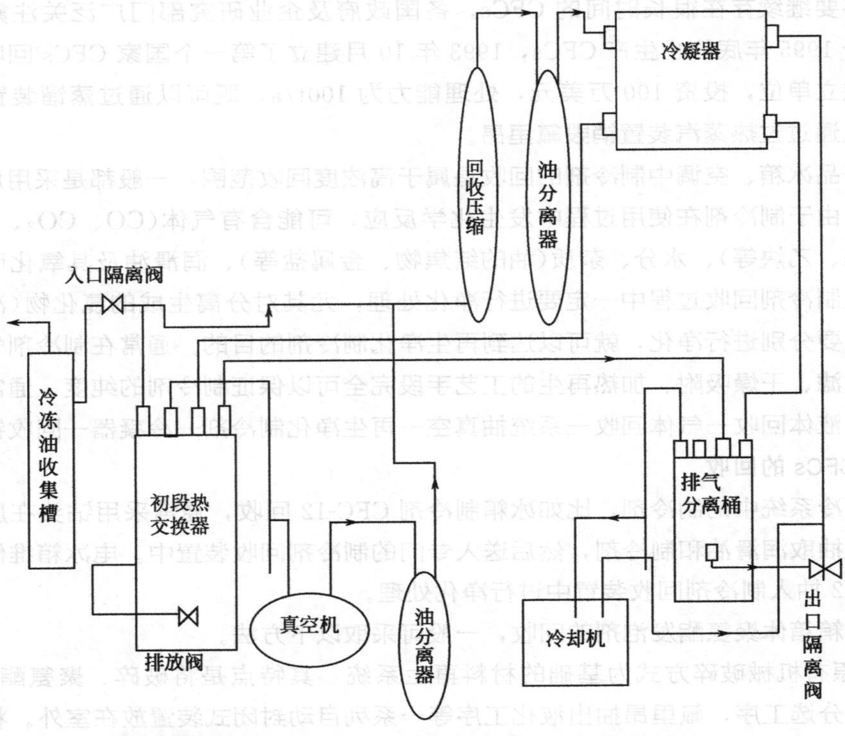

图 5-31　台湾地区百盈集团采用的制冷剂回收装置流程

(2) 反应炉裂解法

反应炉裂解法由德国 Hoechst 公司研发出来并拥有专利权(EP0212410 B1)。此法使用一个水冷却的石墨制圆柱形反应炉以及一个氧氢燃烧器系统，其反应(燃烧) 室边缘直接接上吸收器。反应炉裂解法从 1983 年起就用来处理制造 CFCs 时所产生的废气。废气中包括 CFCs、HCFC、HFC，这些气体裂解成 HF、H_2O、HCl、CO_2 及 Cl_2。吸收器将裂解物冷却至 HF 可流出的温度，流出的气流在一个纯化管柱中进一步处理得到纯度 50%～55%的 HF，之后气流再注入气体洗涤器中而得到纯度 30%的 HCl，剩余气体再进一步以洗涤法除去参与的 Cl_2，最后气体中仅含有 CO_2、O_2、H_2O。处理过程中所得到纯度 50%左右的 HF 可以外售再用。

反应炉裂解法的反应压力为 110kPa，反应室内的温度在 2000℃以上。由于燃烧器所使用的燃料是爆炸性混合气体，为安全起见，必须使用燃料流量控制和调节系统。根据现有的试验结果表明，反应炉裂解过程中，破坏处理率可达 99.99%以上。

(3) 气体/烟气氧化法

气体/烟气氧化法使用耐火内衬的燃烧室将VOCs等废弃物蒸气预热破坏。烟气流以辅助燃料如天然气和燃料油等加热至650～1100℃，而大部分的ODS需接近1100℃的高温来燃烧，此外，必须提供过量的气体。烟气焚化炉中的气体滞留时间应为1～2s。若处理卤化废弃物蒸气，必须使用酸性气体洗涤器。两种常见的烟气焚化炉为直接火焰式（direct flame）、同流换热式（regenerative）。直接火焰式为烟气焚化炉中最简单的一种，和二阶旋转窑系统中的第二阶段后燃烧器类似，也和许多液态喷注式焚烧化炉类似，仅由燃烧器及燃烧室组成。同流换热式烟气焚化炉使用热交换器，利用出流气体的热量预热进流的废弃物蒸气或燃烧空气，热交换器可回收出流气体70%的热量，可降低燃料消耗。

根据国外资料，目前气体或烟气焚化炉已用来销毁ODS及其他卤化有机物。但是，此类型焚化炉通常应用在废气处理，尚无法判定该焚化炉的ODS破坏处理率可否达到99.99%。

（4）水泥旋窑

水泥旋窑早已被用来处理废弃物。由于水泥窑以1450℃以上的高温将石灰烧成水泥，因此大部分的有机废弃物包括CFCs都可利用此高温进行分解。气体在窑中停留时间需长达10s，以确保有机化合物的破坏处理率高于99.99%。酸性气体在窑中和碱性物质反应，不需额外的酸性气体控制，自身也可以使HCl的去除率达90%以上。

一些研究发现，利用水泥窑处理有机物去除效率可在99.99%以上。但是每个水泥厂对于卤素的处理程度并不相同。因此，采用此法时，必须考虑所使用的旋窑系统的种类、原料及燃料中所含卤素的浓度以及现场制造水泥产品的种类等。

经由研究发现氟化物可以降低水泥生成反应的温度，因此可降低水泥窑的燃料用料，对水泥制造有利。但若氟化物浓度太高时对水泥的品质有不良影响。因此，水泥窑添加氟化物必须小心控制，一般来说，氟化物最大含量约为原料重量的0.25%。氯在水泥制造过程中通常被认为是不受欢迎的物质，对水泥的品质也有负面影响。以日本JIS的规格为例，含量限制在200mg/L以下，通常水泥窑对于氯的最大进料重量为原料的0.015%。因此整体来说，利用水泥窑处理ODS必须严格控制进料量。

（5）旋转窑式焚化炉

旋转窑式焚化炉系统很早就用来处理各种形态的废弃物，其炉体为一水平略微倾斜的钢制圆柱形炉体，并利用旋转将废弃物混合，且可促使废弃物暴露于空气中使得燃烧更安全。

旋转窑式焚化炉至少有两个燃烧室——旋转窑及后燃烧器。后燃烧器紧接于旋转窑段之后，用以确保排气在进入气体洗涤段之前能完全燃烧，后燃烧器亦须燃烧辅助燃料以维持高温。旋转窑可透过挥发、热解及部分氧化等一连串步骤将固体废物转换成气体，再由后燃烧器完成气相燃烧反应。旋转窑燃烧器和废弃物进料可安排在同方向或反方向。CFCs等其他ODS的液态物质进料可加入旋转窑段或后燃烧器中。

美国"资源保护和再生法"中关于有害废弃物焚化炉试验结果显示，添加1%的CFCs，破坏处理率可达99.99%以上。

（6）电浆法

这是利用高周波放电的电浆将CFCs分解破坏。其分解装置为直径6cm、高20cm的圆筒形反应器(plasma torch)，以2～5MHz的高周波通电到火炬内部，将流过的CFCs及水蒸气进行分解，电浆温度达到10000℃以上，CFCs分解率可达99.99%。由于反应时与水蒸气一起进行，因此，会产生 HF、HCl、CO_2 等。1994 年日本市川市已设置一套每小时处理 50kg 以上的 CFCs 试验厂。

（7）触媒法

利用触媒法配合燃烧法或电浆法，可降低温度或缩短时间，但仍可达到破坏 CFCs 的目的。目前研究中有 TiO_2-ZrO_2、TiO_2-WO_3、氧化反应用 PO_2-ZrO_2、触媒燃烧用WO_3-Al_2O_3 等触媒。

（8）其他分解法

其他的分解法如 Na-Naphthalene、金属氨、熔融金属、$Na_2C_2O_4$、SiO_2 等化学分解法，紫外光分解法、超临界水法、超声波法等都仅在实验室研究阶段。

5.6 废电源线资源化工艺

大部分废电源线主要是由塑料外皮和金属芯组成，其中塑料主要是聚氯乙烯，金属芯主要是铜芯。

5.6.1 废电源线的整体处理技术

5.6.1.1 机械整体回收

各种废电线电缆经破碎成单离状态，再分选回收铜及塑料。处理流程是将废电线电缆先以双辊破碎机破碎成 60mm 以下长度，再经粗破碎机、筛分机、细粉碎机，粉碎至 5mm 以下，铜和塑料成单离状态，进入风选机，分选出铜、混合物、塑料。铜和塑料回收出售，混合物送回细粉碎机再粉碎，各机械设备及处理流程产生的粉屑，以抽风机抽送至集尘机处理达 EPA 标准后排放。集尘屑(灰）经静电分选机分选，回收细铜及废塑料混合料，废塑料进入衍生性燃料(RDF）处理线。电线也可采用低温破碎，PVC 脆化点为－20～ 5℃。日本使用机械剥离电线涂层进行回收。用涂层分离技术，对粗的废电线按涂层材料的种类分选，用涂层剥离机进行剥离，PVC 成为良好的再生材料，细线、杂线用熔核(nugget）系统分离涂层材料和芯线。

5.6.1.2 溶剂法

还有欧洲的 Vinloop 工艺可用于处理各种 PVC 废弃物，回收的 PVC 仍可作原用途使用，电缆除去铜后电线包覆层中含 50％PVC 和 50％橡胶。已形成专利的 Vinyloop 间歇法工艺，先把 PVC 溶于甲乙酮(MEK）溶液中，用专门过滤器除去天然合成纤维、交联 PE、硫化橡胶、PP、PU、纸、金属和其他材料，然后把蒸汽注入溶液，使 PVC 沉淀成小圆球，蒸发溶剂后冷凝回收 PVC。经过干燥后的 PVC 小球流动性好，本体密度与起始配混料相近，一般为灰色。回收的电线包皮颜色多，其中含有不同添加剂和稳定剂，因未经过热处理，PVC 性能不下降，不需造粒可直接使用。

5.6.1.3 离心分离工艺

德国开发了一种离心分离工艺，先将整个部件放到离心机的篮子里，然后用热氮气(不含氧，避免塑料受热降解）加热部件，并严格控制温度(在 131℃)，使低熔点的塑料熔化流出离心机。此方法回收电缆包覆层和尼龙中的 PP 效果都很好，工艺简单，排放量较低。但离心分离工艺需要开发离心分离机。

5.6.2 废电源线中铜的循环利用

5.6.2.1 铜资源现状

废旧家电中含有大量的铜材，主要存在于各类电线、冷凝管、带材、电动机、线路板和电子元器件等中。家用电器和电子工业几乎用到了铜材的所有品种，其中线材、带材和电解铜箔用量最大。因此，从废旧家用电器中回收铜时，含铜废料的品种和形态较为复杂，在回收利用家用电器中的铜材之前，了解铜材的相关知识是非常必要的。

铜线材是铜材中产量最大、应用面最广的品种，主要用于电线电缆导体、漆包线、镀锡线等。含铜合金线材主要品种是黄铜线（包括普通黄铜线、黄铜扁线、铅黄铜线等），主要用于螺丝、五金件、拉链、首饰、自行车辐条等。管材的用途相对集中，主要应用于空调盘管、冷凝管和给排水管的制造。带材的使用面非常广，主要用于变压器、汽车水箱散热片、电子铜带和普通黄铜带的制造。家用电器所用铜带主要为电子铜带和普通黄铜带。电子铜带是铜铁磷合金，主要用于集成电路插件，牌号为 C19200 和 C19400 的电子铜带，国内用量已经超过 10000t。普通黄铜带主要用于制造电器、汽车仪表、各种散热片、通信器材和计算机等的零件以及装潢等。电解铜箔主要用于电子工业制作印刷电路板。该产品要求高，技术难度较大。发展趋势是超薄和双面处理。随着信息产业的高速发展，用量越来越大。棒材中最大的品种是铅黄铜棒，主要用于各种机械、电器、五金等零部件的制造，该产品对铜品位要求不高，可用废铜生产。

随着铜的一次资源的日益枯竭，含铜废料的再生利用引起了世界各国的重视。这不仅是因为它的再生回收利用价值高，更主要的是人们对环境保护越来越重视，从而加强了对废杂铜的再生利用。

西方主要国家是世界上铜消费大国，也是废杂铜的产生大国和再生利用大国。西方国家废杂铜的直接利用量较高，但再生铜产量却较低，这是因为西方主要国家环保法规定很严，造成污染时处罚很重。而再生铜的回收分类、重熔冶炼会造成当地一定程度的污染，促使这些国家的废杂铜往往销往国外，实际上这种做法是污染转移。

我国的铜矿资源先天不足，始终不能充分满足国民经济发展的需要。自 20 世纪 80 年代以来，国内的铜需求短缺一直依靠进口加以补充解决。正是由于这一点，我国政府和相关企业历来对废杂铜的回收利用十分重视。20 世纪 90 年代以前，国家物资部门和供销社系统就在全国建立了广泛的废旧金属和废旧物资回收网络，并将废杂铜的回收列入指令性计划。

进入 20 世纪 90 年代以后，随着社会主义市场经济体制的建立和逐步完善，随着国民经济的持续发展和铜消费规模的快速扩张，对废杂铜的需求大幅增长，并将废杂铜的供给市场由国内扩展到了国外。废杂铜的进口量开始逐年增多。国内进口废杂铜的品种主要是 2# 废杂铜、废旧电线、电缆，以及大量含铜低的废旧电机等。我国进口的废杂铜主要来自美国、日本、欧盟和俄罗斯，其中从美国进口量最大，大约占进口总量的 40%～50%。

国内废杂铜回收业的特点是点多面广。从大中型企业现有的回收利用方式看，可大致分为 4 种类型：

① 国有大型采选冶铜联合企业。这类企业回收利用废杂铜主要是为了补充自有原料（铜精矿）的不足，满足发挥生产能力的需要，如白银有色金属公司、大冶有色金属公司、江西铜业公司、铜陵有色金属公司等。

② 全靠采购铜精矿和废杂铜来满足生产需要的企业。如重庆冶炼厂、云南冶炼厂、株洲冶炼厂、沈阳冶炼厂等。

③ 全靠粗铜和废杂铜进行重熔、精炼、电解满足生产需要的企业。如武汉冶炼厂、太仓电解铜厂、常州东方鑫源铜业公司、宁波金田铜业公司、洛阳铜加工厂、广州铜材厂等。

④ 全靠回收废杂铜来进行生产的企业，如天津电解铜厂（有部分粗铜）等。

除了上述大中型铜冶炼加工企业外，我国目前尚有数以百计的小型铜冶炼厂。这些企业多属于集体或私营个体企业，完全以废杂铜为原料，利用简单的生产工艺(冲天炉、小反射炉等）回收再生，所得产品大多数为粗铜(俗称黑铜)。其中，也有一些企业的最终产品是硫酸铜。总之，这类企业生产的粗铜一般含杂质较高，不能直接用于生产加工铜材，这些企业的产品均需进行进一步精炼电解。在传统的生产、经营过程中，国内废杂铜回收和再生的主要集散地已逐渐形成。根据调查，目前国内废杂铜的回收再生主要集中在河北、江苏、浙江、广东和上海 5 省市。而江苏省和上海市不仅生产再生铜的企业数量多，再生铜的产量也大。目前，国内废杂铜的回收再生和销售流通的集散地主要集中在河北省的清苑、新安，浙江省的富阳、绍兴、宁波和广东省等地区。

5.6.2.2 铜循环利用的方法

二次铜资源的处理方法主要分为两类：新废料多采用直接利用法，即将废料直接熔炼成铜合金或紫精铜；旧废料多采用间接利用法，即将废料经火法熔炼成粗铜，然后再电解精炼成电解铜。间接利用法较复杂，按废料所需回收的组分采用一段法、二段法和三段法 3 种流程。主要工艺设备有鼓风炉(竖炉)、转炉、反射炉和电炉等。

(1) 直接利用

通常原料是废纯铜或铜合金，按原料性质直接利用有如下处理方法。

1）废纯铜生产铜线锭　主要原料为铜线锭加工废料、铜杆剥皮废屑，拉线过程产生的废线等。冶炼过程与原生铜的生产类似，包括熔化、氧化、还原和浇铸等工序。

2）铜合金生产　铜加工厂的相应铜合金废料甚至可不经精炼和成分调整就可直接熔炼成原级产品；回收的纯铜或合金废料往往需经精炼和成分调整后才能产出相应的合金。

3）废纯铜生产铜箔　废纯铜或铜线经高温和酸洗除去油污后，在氧化条件下用硫酸溶解制取电解液，再用辊筒式不锈钢或钛阴极产出铜箔。

(2) 间接利用

按原料性质间接利用可分别采用下列方法处理。

1）一段法　将分类后的紫杂铜和黄杂铜用反射炉处理成阳极铜，原料中的锌、铅、锡应尽量回收。一段法只适宜处理杂质少而成分不复杂的废杂铜。一段法流程短，设备简单，投资少，建厂快，适宜中小厂应用。该法在处理成分复杂的杂铜时，产出的烟尘成分复杂，难以处理；同时精炼操作的炉时长，劳动强度大，生产效率低，金属回收率也较低。

2）二段法　杂铜先经鼓风炉还原熔炼得到金属铜，然后将金属铜在反射炉内精炼成阳极铜；或杂铜先经转炉吹炼成粗铜，再在反射炉内精炼成阳极铜，由于这两种方法都要经过两道工序，所以称为二段法。鼓风炉熔炼得到的金属铜杂质含量较高，呈黑色，故称为黑铜。适宜于成分更复杂的废料。如含锌高的黄铜废料可采用鼓风炉-反射炉工艺，含锡和铅高的青铜废料可采用转炉-反射炉工艺，这样有利于回收锌、铅和锡等有价成分。

3）三段法　难分类、混杂的废杂铜等原料适宜于用三段法处理。杂铜先经鼓风炉还原熔炼成黑铜，黑铜在转炉内吹炼成次粗铜，次粗铜再在反射炉中精炼成阳极铜。原料要经过3道工序处理才能产出合格的阳极铜，故称三段法。三段法具有原料综合利用好，产出的烟尘成分简单、容易处理、粗铜品位较高、精炼炉操作较容易、设备生产率也较高等优点，但又有过程较复杂、设备多、投资大，且燃料消耗多等缺点。因此，我国除规模较大的企业或需处理某些特殊废渣外，一般的废杂铜处理流程多采用二段法和一段法。

可采用湿法冶金工艺或火法冶金工艺对二次铜资源进行处理。湿法冶金工艺和设备较简单，环境条件较好，投资省，见效快，伴生成分综合回收好。局限性是处理量小，只适合一些单一碎铜料。故适于中小厂应用，如氨浸法、杂铜直接电解法等。

采用火法熔炼时，大部分废铜只需重熔和浇铸，无需化学冶金处理。但有一部分铜废料需精炼处理才能再用，这些废料包括：与其他金属混合的废料，包覆有其他金属或有机物的废料，严重氧化了的废料，混合的合金废料。无论如何，必须在熔炼中除去铜二次原料中的杂质并铸成适当的锭块，然后再加工。处理这些废料有两种方式：一种是在专门的铜二次原料冶炼厂处理；另一种是在原生铜冶炼厂与原生铜原料一起处理。

图 5-32 是冶炼厂处理低品位铜废料的原则流程。处理的铜废料包括从废旧汽车启动机、开关和继电器等拆卸的铜和铁不能分离的物料、粗铅脱铜浮渣、铜熔炼和铜合金厂来的烟尘、铜电镀产生的泥渣。

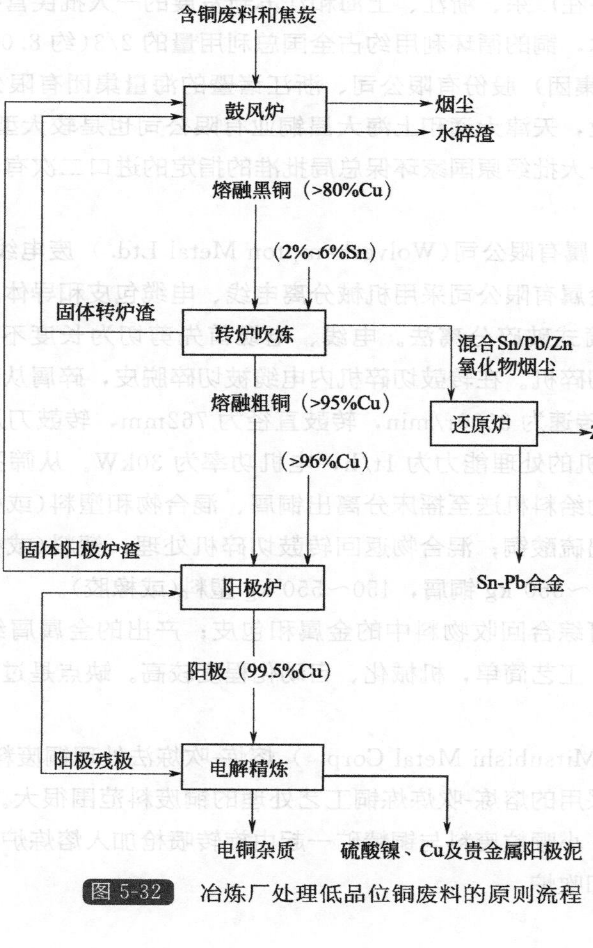

图 5-32 冶炼厂处理低品位铜废料的原则流程

在原生铜转炉吹炼作业中加入高品位铜二次原料是常见的处理方式，这正好利用原生铜吹炼中硫和铁氧化放热来熔化废铜。也可将高品位铜二次原料加入精炼炉处理，但此时必须外加更多的燃料。低品位铜二次原料一般不太适于在原生铜冶炼厂的转炉和阳极炉中处理，因为这种铜废料冶炼中要吸收大量热。通常块(粒）度较大时，也不适于在一些铜精矿熔炼炉(如闪速炉）中处理，但有几种原生铜冶炼工艺适于处理这种铜二次原料，如反射炉、顶吹回转炉等。阳极炉处理的原料主要限于高品位铜二次原料，如废铜丝、线，不合格阳极、残极等。

5.6.2.3 铜循环利用的生产实践

改革开放前，中国铜循环利用的生产规模较小，生产工艺也单一。当时处理铜二次原料的企业有上海冶炼厂、常州冶炼厂、株洲冶炼厂、天津铜厂、邢台冶炼厂等，基本上采用：鼓风炉熔炼成黑铜→转炉吹炼成粗铜→阳极炉精炼成阳极→电解精炼成电铜。近十几年来发生了巨大变化，有的老企业关门停产，有的成了现代化企业。现在，铜循环利用的企业主要分为两大类，一类为大型国有企业，如江西铜业公司、铜陵有色金属公司、大冶有色金属公司、云南铜业公司等，分别采用了闪速炉熔炼、诺兰达法和lsasmelt炼铜法。闪速炉熔炼工艺中铜二次原料主要是加入转炉和精炼炉中处理，诺兰达和lsasmelt炉则可直接处理。国内的原生铜冶炼企业(如江铜、铜陵等）每年总计约处理 3.0×10^5t(金属量）以上的铜二次原料。另一类是近十几年来在广东、浙江、上海和江苏新发展的一大批民营铜企业，民营企业已成了铜循环利用的主体，铜的循环利用约占全国总利用量的2/3(约 8.0×10^5t）以上，其中浙江宁波的金田铜业(集团）股份有限公司、浙江诸暨的海量集团有限公司已成了国内数一数二的铜冶炼加工企业，天津大通和上海大昌铜业有限公司也是较大型的铜企业。此外，在东南沿海各省市还有一大批经原国家环保总局批准的指定的进口二次有色金属原料拆解和冶炼加工企业。

(1）沃尔费汉普顿金属有限公司(Wolverhampton Metal Ltd.）废电线、电缆的处理

英国沃尔费汉普顿金属有限公司采用机械分离电线、电缆包皮和导体，也是当前国外使用最普遍的方法，即滚筒式破碎分离法。电线、电缆首先剪切为长度不超过300mm的小段，然后人工输入转鼓切碎机。在转鼓切碎机内电缆被切碎脱皮，碎屑从转鼓刀片底部直径5mm的筛孔漏出。转鼓转速为3000r/min，转鼓直径为762mm，转鼓刀片与底部筛板的间隙为1.5mm，转鼓切碎机的处理能力为1t/h，电机功率为30kW。从筛孔漏出的碎屑用皮带送至料仓，再通过振动给料机送至摇床分离出铜屑、混合物和塑料(或橡胶）三部分。铜屑送铜冶炼处理或生产出硫酸铜；混合物返回转鼓切碎机处理；塑料(或橡胶）出售。每吨废电线、电缆可产出450～550 kg铜屑，450～550 kg塑料(或橡胶)。

该工艺的优点是：可综合回收物料中的金属和包皮；产出的金属屑纯度很高，不含包皮，冶炼烟气易于净化；工艺简单，机械化、自动化程度较高。缺点是过程电耗高，刀片磨损快。

(2）三菱金属公司(Mitsubishi Metal Corp.）熔炼-吹炼法处理铜废料

日本三菱金属公司采用的熔炼-吹炼炼铜工艺处理的铜废料范围很大。图5-33是直岛冶炼厂铜废料的处理流程。小颗粒废料与铜精矿一起由旋转喷枪加入熔炼炉，大块料通过炉顶和炉墙溜槽加入熔炼炉和吹炉。

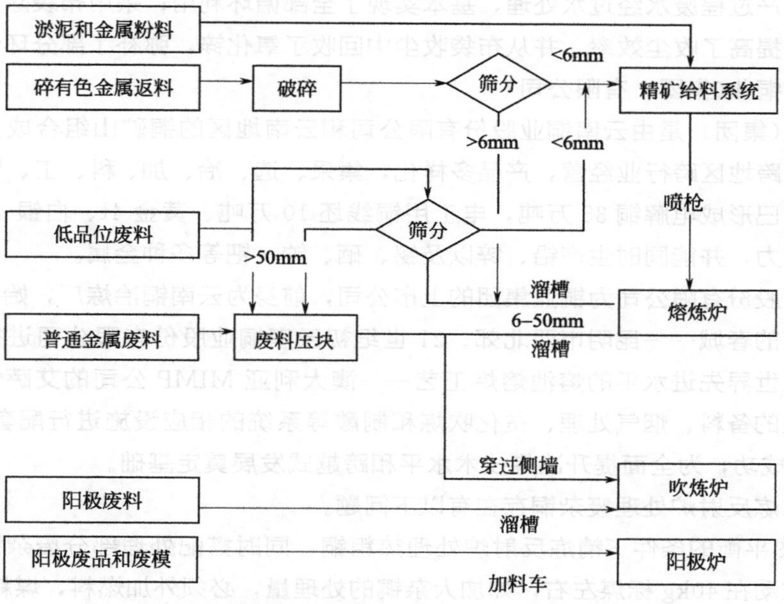

图 5-33 直岛冶炼厂三菱熔炼法处理铜废料

日本的小板冶炼厂在闪速炉中处理细粒铜废料，但加入量不能太多。事实上，电子废料由于含有大量塑料，用熔炼炉处理比转炉好，这是因为：塑料有热值，可为熔炼提供热，此外，当间断燃烧时，塑料往往会产生烟和其他颗粒物，由转炉口冒出，有害环境卫生。而在密封的闪速炉内燃烧时，容易在收尘系统中捕集。

在熔炼炉中处理非塑料包覆的铜废料数量是有限的，因为这类废料熔炼纯粹是吸热过程，因此这类废料大部分由转炉处理。

(3) 宁波金田铜业(集团)股份有限公司

公司 1986 年创建，现在是一家以循环铜冶炼加工为主的国内大型有色金属企业之一。公司下设冶炼、铜棒、铜管、铜线、板带、阀门、电工材料、贸易、进出口等生产型分公司。主要产品有阴极铜、铜合金、无氧铜线、各类铜丝、漆包线、各类铜棒、铜管、铜线、板带以及不同规格的铜阀门、管接件、水表、不锈钢材料等。拥有先进的生产设备和检测仪器，通过了 ISO 9001 国际质量体系认证，标准阴极铜是浙江省在上海期货交易所注册的产品。

2003 年该公司利用各种循环铜原料约 15 万吨；2004 年利用各种循环铜原料 20 余万吨，产品销售量达 25.65 万吨；2005 年预计利用各种循环铜原料 30 余万吨，产品销售量超过 35 万吨。

公司处理的主要原料包括一号、二号紫杂铜，黄杂铜以及各种低品位废铜料。入库的循环铜原料进行两次分拣，按不同的原料品质和种类分别进行冶炼加工，从而大大提高了铜资源的循环利用水平。

一号、二号紫杂铜经反射炉熔炼→铸成线锭→加工成各种线材；次一些杂铜用反射炉熔炼、精炼→铸成阳极→电解精炼→电铜；各种铜合金废料经电炉熔炼，生产各种棒、管、板带材等；有两个漆包线车间，产能约为 1.5 万吨/年。

公司十分重视环境保护，投入了大量资金。目前，投资 2000 万元新建的污水处理厂已投入使用，生产过程废水经过水处理，基本实现了全部循环利用；采用布袋除尘取代了原来的湿法除尘，提高了收尘效率，并从布袋收尘中回收了氧化锌，弥补了部分环保开支。

（4）云南铜业(集团）有限公司

云南铜业(集团）是由云南铜业股份有限公司和云南地区的铜矿山组合成立的，是一个以铜为主业的跨地区跨行业经营，产品多样化，集采、选、冶、加、科、工、贸为一体的大型集团公司，已形成电解铜 35 万吨，电工用铜线坯 10 万吨、黄金 4t、白银 400t、硫酸 60 万吨的生产能力，并能同时生产铅、锌以及铋、硒、铂、钯等多种金属。

云南铜业股份有限公司为铜业集团的上市公司，前身为云南铜冶炼厂，始建于 1958 年，位于西南边隘的春城——昆明市西北郊。21 世纪初云南铜业股份有限公司进行一次核心技术改造，引进世界先进水平的熔池熔炼工艺——澳大利亚 MIMP 公司的艾萨熔炼工艺，与此同时对相关的备料、烟气处理、贫化吹炼和制酸等系统的相应设施进行配套，于 2002 年 5 月一次投产成功，为全面提升冶炼技术水平和跨越式发展奠定基础。

关于铜精炼反射炉处理废杂铜存在有以下问题。

① 保证热平衡的条件下精炼反射炉处理热粗铜，同时搭配处理部分废杂铜成本优势明显，吨煤耗波动在 40kg 标煤左右，如加大杂铜的处理量，必须外加燃料，煤耗指标将增加，同时耐火材料和风管消耗也将增加。同时还会延长炉时，影响正常的生产组织，降低单位生产效应。燃粉煤的精炼反射炉，劣势更为明显，除上述缺点外，由于煤的热值低，灰分高，还将增加渣率，影响铜的直收率。

② 以往处理紫杂铜，为了不打破以处理热粗钢为主的正常生产秩序，只处理含铜品位在 95%以上的紫杂铜。为了热平衡入炉冷料量(包括紫杂铜或残极铜)，每炉最多不超过 30t，即不超过 20%，品质差的紫杂铜必须打包进入转炉吹炼且在造渣期加入或进行鼓风炉熔炼。

PS 转炉是将铜锍(冰铜）吹炼成粗铜的经典设备，铜锍吹炼的热量来源于冰铜的氧化放热。铜锍吹炼是间歇式的周期作业过程，分为造渣期和造铜期两个阶段。在造渣阶段，铜锍中的 FeS 与鼓入的空气中的氧发生强烈的氧化反应，生成 FeO 和 SO_2，FeO 与吹炼过程中加入的二氧化硅熔剂反应造渣，SO_2随烟气逸出，铜锍被吹炼成含铜品位高达 75%的白锍(白冰铜主要是 Cu_2S)；一般在造渣期，热量有富余时，可处理一定量含铜冷料(自产冷料或品位低粗铜、废杂铜等)。在造铜期，白冰铜（Cu_2S）被氧化成 Cu_2O，Cu_2O 与 Cu_2S 发生互换反应，生成金属铜，两周期不加熔剂，不造渣，在热量富余时，也可以处理一定量的含铜较高的冷料如残极铜、品位高的粗杂铜等。铜锍(冰铜）吹炼过程既是铜和铁与硫的分离过程，也是冰铜中杂质脱除过程，在吹炼过程中，冰铜中的杂质以氧化造渣或以金属或以化合物的形态挥发脱除。转炉处理废杂铜也存在不足，主要是加料的安全性和低空污染问题。废杂铜由吊车从炉口加入时，原料中所夹带的塑料、橡胶、编织物、油污等易燃物质，容易发生剧烈燃烧而烧到吊车，同时产生大量黑烟。所以，转炉处理废杂铜时，必须对原料进行分拣，以剔除原料中的塑料、橡胶、编织物、油污等易燃、易爆物质，同时进行干燥、打包、压块处理。如果所实现吹炼过程连续均匀加料，则可提高加料的安全性和降低低空污染。

（5）山东金升有色集团有限公司

该公司始建于 1993 年，是专门处理废杂铜的，当时还是一个小企业，1998 年完成了改制，成为股份制企业。目前已形成年产电解铜 10 万吨和光亮铜杆 10 万吨的能力，年回收加工再生紫杂铜能力达12 万吨。

紫杂铜熔炼回收采用“一段法”流程，即反射阳极炉火法精炼工艺，以煤气为燃料，火法精炼经熔化、氧化还原等工序后浇铸成阳极，然后电解精炼得电铜。反射阳极炉精炼规模可大型化，对原料、燃料消耗大。

光亮铜杆生产采用德国克虏克公司的连铸连轧生产设备和国际康帝诺德生产工艺，产品按国际标准进行，设计能力为 6.5 万吨/年。对铸机、轧机、液压自动控制系统、高压喷淋系统、导轨系统以及产品质量监测系统等进行技术创新和升级改造，使光亮铜杆的产量和质量大幅提升，目前光亮铜杆年产量已提高到10万吨以上。

为了保证公司原料的供应，把长期分散无序的市场规范归并成统一市场，2005 年集团公司投入资金筹建了华东有色金属城，目前金属城的交易已形成一定的规模，日交易废旧金属量达到 3000t 左右，其中废杂铜有近 1000t。自 2005 年 5 月正式开始交易，到 2005 年底仅废铜交易总量达 15 万吨，为公司提供了充足的原材料，同时为长江以北有色金属加工企业提供了急需的原料来源。当前金属城已成长江以北最大废旧有色金属集散地、加工地，实现了循环资源的有效配置。山东金升有色集团科学合理地将废旧金属集散地原料丰富的优势与公司的生产结合起来，成功地开辟出了国内回收企业工贸一体化的新型道路。

5.6.3 废电源线中聚氯乙烯的处理技术

美国大约有 0.227Mt 聚氯乙烯进入电线和电缆绝缘市场，由于拆毁、重建和改造电气和通信设备，每年有好几万吨到使用期限的电线和电缆废物进入非城市固体垃圾。除剖开取出铜和铝芯外，还剩下聚氯乙烯绝缘层和交联高密度聚乙烯、纸、织物和金属的混合物，其隐患是作为热稳定剂的含铅化合物。铅稳定剂用于电线和电缆的绝缘层，因为在加工时，它提供极佳的抗热降解保护作用而不产生盐，但会降低绝缘层的介电性能。铅是一种有毒金属，美国环境保护局特别将此作为替代目标，其原因是已发现它对地下水有污染，因而严格禁止填埋。焚烧也是被限制的，因为在空气中可能散发出含铅化合物，在灰分中也含有铅。再者，残留铜的存在又使人们联想到它是飞灰中形成二噁英的一种催化剂。已有几种回收电线、电缆绝缘层的方法，包括溶剂或漂浮分选和掺混加工。由于电线、电缆废料经处理能除去金属和高密度聚乙烯，在美国专门有公司购买这类废料在离岸不远处回收处理后制成鞋底。虽然这不是最后的处理的结果，因为鞋底使用后也将进入城市固体垃圾中，且无疑地将被填埋或焚烧，然而无论哪一种方法均可认为是能被接受的。

1990 年美国有关部门曾要求将铅从这种材料中除去。目前有 4 种可能的处理方法：a. 像电线护套那样重新使用；b. 溶剂回收聚合物，采用过滤方法回收不溶解的铅；c. 在可以回收铅的特殊装置中焚烧；d. 挤出加工成一种合乎填埋面积/体积比小的制品。

简单地将这种材料返回到商业中是不允许的，而且制造商必须对其产品提出处理方法。目前至少有两家公司(BF Goodrich 和 Vista 化学公司）对这种材料有合适的处理对策。

5.7 废显像管资源化工艺

目前，CRT 被平板显示器取代已成为必然，社会上所报废的 CRT 玻璃的最佳去处——CRT 玻壳制造公司最终将退出历史舞台。已生产的 CRT 玻璃将成为地球的负担，人们必须为其寻找新的去处。因此，提高废显像管玻璃的再利用率，从而有效减少新 CRT 玻璃的产生量已成为当务之急。

显像管主要是玻璃和金属组成的，其中玻璃占整机重量的55%～65%。另外，显像管中含有锶、钠、铅、钾、锌、镉、锰等几十种金属，这些物质有很高的回收利用价值，1台显像管含铅量平均为2kg，如果废的显像管随地乱扔，破碎后，这些物质就会进入土壤、空气和地表水中，造成环境污染。

显像管含有铅玻璃，这部分玻璃当遇到酸的环境时会游离出氧化铅（PbO），氧化铅会破坏人的神经、血液系统及肾脏。因此，废显像管不能直接填埋、焚烧，否则将造成对空气、土壤和水体的严重污染。当务之急必须研究对策，回收利用废显像管，进行资源化和无害化处理。

目前，废显像管的处理存在一些难点。由于电子产品更新很快，现行所用的材料、技术要求与废旧产品存在差异，一般显像管生产企业无法将它们收回重新利用。即使是部件玻壳、玻锥、电子枪三者，一般电子玻璃厂家也不愿回收利用它们。主要原因是：a. 显像管进厂后需要分割解体，人力物力消耗大，将会大幅度提高成本；b. 显像管分割解体前，需要收集内部的荧光粉，进行专业焚烧处理，实现无害化；c. 处理显像管内部涂层一般需要使用氢氟酸，而环保部门对氟化物废液管理相当严格，所以，再处理废液成本会增加很多。

5.7.1 处理方法

废显像管的再生工艺是显示器屏、锥玻璃严格分离，区别使用，不能相混。分开后，用氢氟酸洗去玻璃表面的荧光粉、绝缘涂料等涂层后，得到白玻璃、荧光粉和含铅玻璃（图5-34）。白玻璃可直接用于再生民用特种玻璃或返回玻壳厂再作原料以及再生硅酸盐基复合材料（如添加铝金属成分，可生产矿山传送带用铝质托辊），或利用废显像管生产建筑保温材料、铺路填垫材料等。荧光粉可集中处理，含铅玻璃可以作为防紫外线及抗辐射的高档民用玻璃原料。

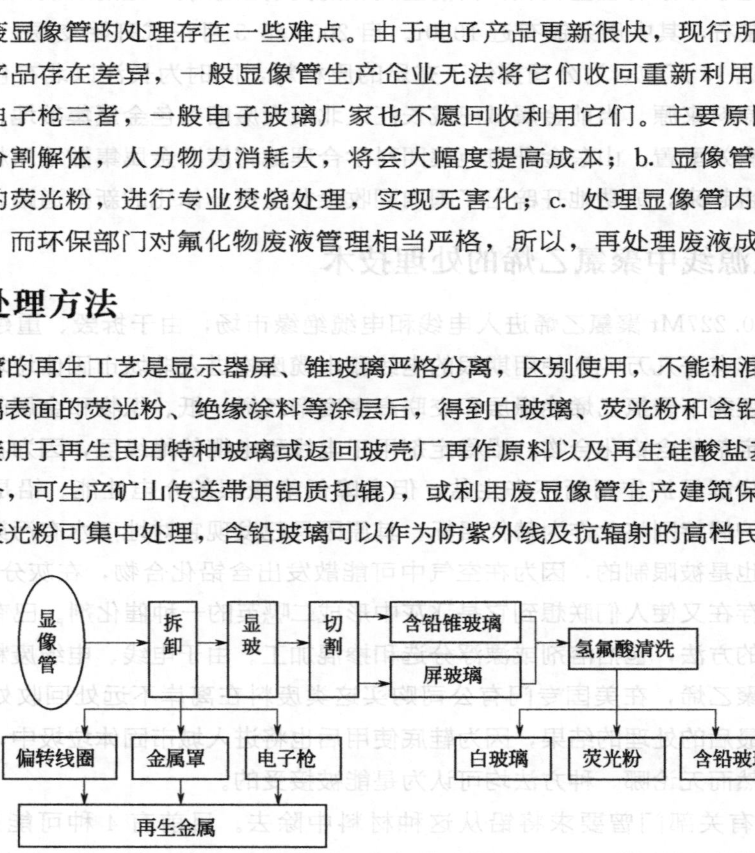

图5-34 显像管处理回收工艺

5.7.1.1 分离工艺

目前显像管分离有以下几种方法。

（1）电热丝法

用加热的金属丝或带缠绕在CRT上，利用热胀冷缩的原理来分离。这是我国台湾及国外应用最广泛的分离工艺。

（2）金刚锯锯割分离法

用金刚锯的优点是产量高，切割质量好，但是所用的设备目前只能依靠进口。

（3）激光切割分离法

激光切割设备包括自动定位、测量平台、激光发生器、控制台、冷却器等。对于 53cm 的显像管，根据自动化程度的不同，切割时间从 25～45s 不等。这种工艺切割质量好，切口平整，加工时间短。同样目前所用设备也只能进口，需要很高的投资，如一套年处理 12 万台显像管的激光切割的进口设备，国外的报价达到 500 万元人民币。整体破碎分离法显像管不采用切割，而是先整体破碎，将其破碎成 2cm 左右的碎块。用红外线装置识别出含铅玻璃和不含铅玻璃。但是这种办法对荧光粉的收集造成了困难。

（4）化学分离法

采用酸或特制的腐蚀液来浸泡，通过腐蚀锥玻璃和屏玻璃之间的封接玻璃，来使锥玻璃和屏玻璃分离。这种办法主要用于处理显像管生产过程中的不合格品，分离后保持锥玻璃或屏玻璃的完整，以便再使用。

5.7.1.2 分离后的清洗工艺

显像管屏、锥玻璃分离后，屏玻璃只要用刷吸器吸净荧光粉，尤其是转角处不易吸除的荧光粉后即可作为高分辨率玻璃入库待售，在转运和包装过程中应注意尽量避免屏玻璃与铁器接触，以保障再生屏玻璃的透明度。而锥玻璃则应破碎后进入显像管玻璃振动清洗装置，以去除其表面涂层，再经过环保处置后成为再生材料。

显像管玻璃振动清洗装置主要由振荡干磨机、玻璃输送机和振动筛除尘器组成。其处理工艺框图如图 5-35 所示。

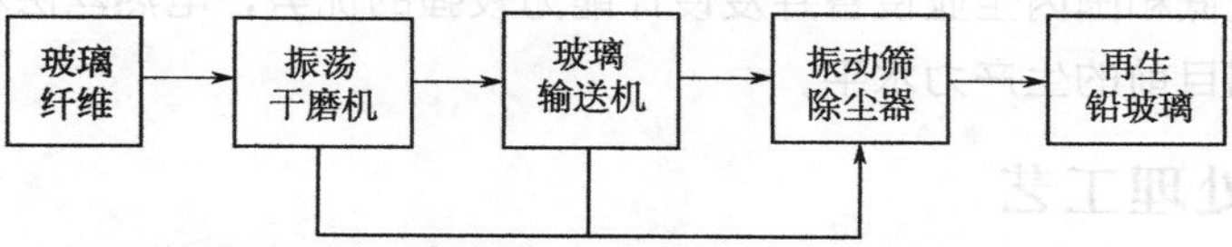

图 5-35 显像管玻璃振动清洗装置处理工艺框图

将与荧光屏分离后的锥玻璃敲碎成手掌大小的碎块，投入振荡干磨机内；碎玻璃经过一段时间的振荡自磨，其表面的复合涂层材料挤压剥落，玻璃碎裂成较均匀的 16cm^2 左右、大小不规则块状，由玻璃输送机带入振筛除尘器系统；而剥落的涂层粉尘和极细碎玻璃经吸尘器送入专用除尘设备暂存；静电黏附在碎玻璃表层的部分涂层粉尘则经振筛除尘器处理后，基本与碎玻璃分离，粉尘被送进除尘设备暂存，碎玻璃则作为产品成为再生铅玻璃。

再生铅玻璃经干磨后，表面已无尖锐棱角，可以较方便地袋装、存放和装运出售再生利用；涂层粉尘含铅量高、材料成分复杂，混入了大量玻璃纤维，必须作为危险废弃物安全处置。当然也可暂存，待技术能力达到一定程度后科学处理、再生利用。

实践经验表明，此套显像管玻璃处理装置的机械化程度较高，配套费用较低，作为显像管的最终机械处理设备，基本适用于我国现阶段显像管处理手段，可以成为废旧家电处理工厂的有效装置，用来环保处理显像管。处理后的玻璃能成为显像管再制造的合格原材料，有效地构成了产品使用、报废处理和再生利用的完整工业品生命链，报废显像管的环保处理，提高了环境污染的控制水平。

我国学者对废玻璃再利用方式已有了比较深入的研究。废玻璃主要通过回炉再造的方式再利用。这样可节省生产玻璃的原材料和纯碱，节省能源和时间，废显像管玻璃还可以起到助熔剂作用。目前，废显像管玻璃如何科学再利用的研究刚刚起步。

5.7.2 国内处理工艺

我国目前主要采用电热丝法和酸洗法两种方式分离显像管，在实践中均取得了一定的成功。洪亮[7]从2004年开始，研究和开发加热金属丝切割分离工艺和设备。加热金属丝切割工艺采用一根金属丝或带缠绕在显像管荧光屏玻璃和锥管玻璃的结合处的合适位置，然后对金属丝或带通电加热，加热一段时间后断电冷却，冷却时根据需要采取自然冷却或吹风强制冷却，利用玻璃热胀冷缩的原理和玻璃脆性的特点，使金属丝或金属带的缠绕部位的玻璃产生超过其强度的内应力而断裂，从而实现两种玻璃的分离。

国内多所著名高校多年前即已进入了废旧家电处理方面的研究，并获得了初步成果。以电热丝法为例，其工艺过程包括：人工拆解电视机，取出显像管放入流水线；切除防爆带，表面清理并去除射线管；手工将显像管荧光屏面朝下放入切割设备，把电热丝缠绕在荧光屏与锥管玻璃接触面靠近荧光屏面5～10mm的部位并调整松紧度；电热丝加热约1～2min；用压缩空气吹显像管加热过的四角，玻璃瞬间分离。电热丝法的优点是现场容易布置，相对投资成本较低（约20多万元），荧光粉可被方便地回收并以干粉形式取出，不需要昂贵的水净化工序和泥浆干燥工序；缺点是切口不够整齐、操作效率不够高。酸洗法在国内的显像管生产厂家应用较成熟，屏、锥玻璃结合面完整分离，但是一次性综合投入比电热丝法高。在国家相关政策尚未出台、企业资金相对紧张、环保处理电视机无利可图的情况下，利用目前劳动力成本相对较低和国内企业设备开发设计能力较强的优势，电热丝法和酸洗法这两种方式比较适用于我国目前的生产力水平。

5.7.3 国外处理工艺

欧美等发达国家采用的是自动化程度较高的屏、锥玻璃分离技术，如激光切割和整体破碎技术等。芬兰的PROVENTIA公司和意大利的MERLONI公司应用激光切割显像管技术。待拆解的报废电视机被真空设备吸住，由操作人员取出显像管并将荧光屏面朝下放至自动传输装置，此装置会将显像管送进激光切割工位，经切除防爆带及表面清理后，人工粘上切割位导引牌，激光分割器将在很短的时间内(约每台10s）从流水线上接连切割显像管，自动测量和定位功能可以调整激光的切割参数。切割后，操作工人敲下射线管、去除荫罩，并分类放入容器。年处理10万多台电视机的生产线现场仅用工6人，处理效果好、切口平整，生产过程井井有条，现场虽小却较整洁，劳保措施到位，没有污染产生。但其设备单价极高，显像管屏、锥玻璃分离全套处理设备单价约100万欧元。

5.8 废冰箱箱体资源化工艺

电冰箱箱体首先在粉碎机上粗粉碎，然后用磁力分选机、涡流分选机、风力分选机等进行分选。实现隔热材料尿烷分离，此隔热材料尿烷用微型粉碎机粉碎，将尿烷和CFC分离而回收；已粉碎的箱体按铜、铁、铝、塑料分离回收。

冰箱内胆和聚氨酯通常牢牢黏结在一起，通常对箱体进行整体破碎。处理过程如下。

① 在密闭容器中对箱内进行二级剪切破碎，送入碾磨机，碾磨机冲击剥离铁板和附着在塑料内箱的聚氨酯泡沫，用风力分选机分选出金属和泡沫塑料，使轻的泡沫塑料破碎成细

小的颗粒并放出气泡内的发泡剂（CFC-11），然后用活性炭吸附 CFC-11，吸足的活性炭加热后，逸出汽化的 CFC-11，再冷却液化加以回收。

② 风力分选出的金属和板状塑料，移送到破碎机的前部进行破碎。破碎金属通过磁力分选机将铁块分成四种尺寸筛选出来，再利用比重分选机、涡电流分选机等分选出不同材质的物品，如铜、铁、铝等金属、塑料、弱磁性物和粉尘等。

③ 回收的塑料品中，混有各种材质，包括细铜线、破碎电路板和金属片、导线包层氯乙烯等。将这些塑料混合物粉碎成小颗粒，用比重分选法选出金属，用静电分选法选出氯乙烯，最后将塑料用作高炉还原剂，金属用作铜原料。

有关机构也研制了废旧电冰箱箱体钢板切割机，通过该切割机，可以平整地揭取电冰箱的钢板。冰箱箱体钢板用优质冷轧板制作，虽然经过十多年的使用，其品质没有丝毫下降，可以直接利用其生产五金产品。上述工艺和装置，大大降低设备投资，提高了废旧冰箱附加值，减少了“废钢-冶炼-轧钢-运输”这一环节的处理量，减少能源消耗和二氧化碳排放量。

国外发达国家对废旧冰箱箱体处理，以德国和日本最具有代表性。德国建有若干专业废冰箱处理公司，如雷斯曼公司、电器循环处理公司、威斯巴登市废旧家电处理中心等。德国的基本做法是在抽取机油、制冷剂之后，在封闭空间内整机粉碎，收集发泡剂，将碎块根据材料性质分类，作为原材料再使用。欧洲地区由于回收体系运作成功，废电冰箱都能大量回收。粉碎处理是欧洲处理废电冰箱的主要工艺特点。日本的基本做法是以拆解为主的技术路线。将可以直接或可修复的零部件进行利用，包括压缩机、润滑剂、制冷剂等，其他的进行无害资源化处理。日本的处理方法的核心是再利用、资源化。美国 15 年前就建立了两个回收利用机构，一个对废弃的家电进行体检，通过探测装置，将其中还可使用的部件与整机分离开来，组装后，重新上岗。另一个机构被称为“临终处置”，是将剩下的材料拆开，把铝、铜、塑料等分类、压碎，运往各个专门的处理厂处理。

5.9 废金属外壳资源化工艺

废旧家电中的废电冰箱、废洗衣机等外箱壳、门壳一般都用厚度为 0.6 ～1.0mm 的冷轧钢板制成，经裁剪、冲压、折边、焊接或辊轧成形，外表面经磷化、喷漆或喷塑处理。

金属外壳一般经过压实送到冶炼厂，而对冰箱使用的优质冷轧板，可以直接利用生产五金产品，如建筑装修用扣板和暖气罩等，这要用到箱体钢板切割机，通过切割机的作用能平整地揭取电冰箱的钢板。如此工艺和装备，缩短了材料循环的路径，提高了废旧金属外壳的附加值，减少了“废钢-冶炼-轧钢-运输”这一环节的处理量，大大降低了设备投资，减少了能源消耗和二氧化碳排放量。

5.10 含铅玻璃资源化工艺

5.10.1 电脑显示器中的含铅玻璃

5.10.1.1 含铅玻璃的成分

CRT 玻壳玻璃作为 CRT 显像管的重要组成部分，它的主要成分是含 PbO 的硅酸盐玻璃。过去，玻璃一直都作为危险废物尤其是高放射性废物的固化体之一，国内外学者对高放玻璃固化体尤其是含铅 CRT 玻壳这种特殊玻璃做了许多研究。

CRT 玻壳玻璃有彩色和黑白两种，两者的玻壳玻璃略有不同。彩色 CRT 玻壳可以分为四个主要部分，即：荧光屏玻璃，主要是 $BaO-SrO-ZrO_2-R_2O-RO$ 系玻璃，约占 69.90%；锥形玻璃，主要是 $SiO_2-Al_2O_3-PbO-R_2O-RO$ 系玻璃，约占 25.20%；颈部玻璃，主要是 $SiO_2-Al_2O_3-PbO-R_2O-RO$ 系玻璃，约占 4.90%；熔结玻璃，主要是 $B_2O_3-PbO-ZnO$ 系玻璃，含量小于 0.10%。

为了更好地了解废 CRT 玻壳的成分，对两种废彩色 CRT 玻壳的样品进行了 X 荧光光谱分析，主要分析锥形玻璃和荧光玻璃两部分，具体分析结果基本与文献记载相符，见表 5-15。

表 5-15 CRT 玻壳样品中主要成分的含量 单位：%

成分	荧光玻璃		锥形玻璃	
	样品 1	样品 2	样品 1	样品 2
SiO_2	65.80	63.15	55.04	55.63
PbO	—	—	26.18	25.75
BaO	10.13	9.31	—	—
SrO	9.79	9.73	0.99	1.13
K_2I	7.49	7.89	7.56	7.63
Al_2O_3	1.94	1.79	3.36	3.07
Na_2O	1.71	1.11	1.44	1.56
ZrO_2	1.38	2.68	—	—
ZrO	0.52	—	0.07	0.10
TiO_2	0.51	0.41	—	—
Sb_2O_3	0.41	0.76	0.44	—
CaO	0.07	1.19	3.44	3.34
Fe_2O_3	0.06	0.08	0.18	0.15
MgO	—	0.05	0.38	0.44

黑白 CRT 玻壳的外形虽然与彩色 CRT 相似，但是它的荧光屏和锥形玻璃是一体的，只分为颈部玻璃（主要是 PbO 含量约 30%的高铅玻璃）和主体玻壳（主要是钡锂玻璃，含 BaO 约 12%和含 Li_2O 小于 1%）两部分。

表 5-16 给出了几种黑白 CRT 玻璃的化学组成，其中氧化铅含量最高也仅为 3.5%，有些含量甚至为零。

表 5-16 国内外黑白 CRT 玻璃的化学组成

玻璃牌号	主要化学组成质量分数/%									
	SiO_2	Na_2O	K_2O	BaO	Al_2O_3	Li_2O	PbO	MgO	CaO	B_2O_3
403(国产)	68.0	8.5	8.5	8.0	8.0	—	3.5	3.5	—	—
413(国产)	72.0	14.6	4.1	3.8	2.5	—	—	—	—	2.0
Corning(美国)	65.0	8.0	7.0	12.0	3.0	0.45	2.5	—	2.5	—
旭-9008HL(日本)	67.2	7.3	6.5	12.0	3.0	0.6	3.4	—	—	—
C-88-13(前苏联)	69.5	11.0	6.5	2.0	<1.0	—	—	3.5	5.5	2.0

据报道，一台阴极射线管式的电脑显示器中含有约 1kg 铅，如果通过掩埋方式处置这些

废玻璃，废玻璃中的铅等重金属元素将慢慢渗透到土壤中，从这些土壤中生长的各种植物（包括粮食）中的含铅量将大大增加。

5.10.1.2 含铅玻璃的回收技术

电子废物中铅的回收利用一般是在用火法或湿法工艺回收金、银等贵金属和铜、镍等贱金属的过程中同时进行，回收的方法取决于金、银、铜、镍等金属的回收工艺。在废电脑及其配件中，铅主要和锡一起用作焊料，或与锆等金属的化合物一起作为压电陶瓷器件的基底材料，或用于显示器玻璃中作为防辐射材料。显示器中的铅玻璃相对集中，一般采用火法处理。在火法回收铅的同时还可回收锆作为副产品，其基本流程是：将含铅的部件或玻璃废料破碎后，加入约 10%的纯碱和 5%的焦硫酸钾，充分混合均匀，置于石墨坩埚中，逐渐升温至全部熔融(约 1000℃)，将熔体上层倾入装有水的铸铁容器中进行碎化；熔体下层倾入另一只铸铁模具中进行冷却，可回收到约 85%的粗铅。将粗铅浇铸成铅阳极板，进行电解，在阴极得到纯度约为 99.9%的电解铅。阳极泥按照铅阳极泥处理，可以从中回收数量不等的金、银等贵金属。

另一种使屏玻璃分离的方式是先将整个 CRT 或电视和计算器破碎后再分离不同类型的玻璃。此做法的优点是不需要人工拆解塑料外壳。如果能获得较佳的分离程度，这种方法将比锥屏切割有更高的价值利益。不过，下面讨论的碎锥屏玻璃分离技术仍需进一步研究。

(1) 人工分选

破碎的 CRT 玻璃洗净后分散在一个传送带上，工人们将其中的屏玻璃拣出放到另一个传送带上，并最终用紫外线判断是否含有铅。该方法的缺点是工人始终暴露在具有危险性的破碎玻璃中，以及可能存在于玻璃表面涂层中的化学成分中。该方法是相当高效的，尽管技术人工化，大约可以达到 2t/h(4 个工人)，并且这样分离的投入很少，只需要几个传送带。美国的 Envirocycle 公司采用这种方法。

(2) 自动 X 射线荧光分选

基于不同物质通过 X 射线照射后产生的各种独特属性，利用含铅玻璃中的氧化铅来判断含铅的锥玻璃和不含铅的屏玻璃。该方法需要较少的人力。主要缺点是使操作者暴露于 X 射线源之下，并且玻璃和玻璃上涂层带来的尘土容易将 X 射线荧光镜头遮盖，而且投入较高。美国的 Dunkirk International Glass and Ceramics Corporation 公司在 1994～1998 年采用这种方法。

(3) 自动可见或者紫外光分选

这种方法是 X 射线荧光技术分选的改进。紫外线可以鉴别含铅和不含铅的玻璃，通过照射含铅玻璃显蓝绿色。它降低了用 X 射线荧光方法带来的潜在危害，也减少了人工投入。光分选系统具有极佳的潜力，但是资金和设施投入十分高。

(4) 密度分选

屏玻璃的密度约为 $2.7g/cm^3$，锥玻璃的密度为 $3.0g/cm^3$，利用两者的差异，利用一种密度介于两种玻璃密度之间的液体作为分选介质利用重力实现分选。美国的 DEER 已经找到了这样的物质。由于分离的是混合的碎玻璃，部分碎屏玻璃上涂有含铅的釉料，造成这部分的屏玻璃密度介于锥玻璃与屏玻璃之间，这是密度分离的一个难以解决的问题。

5.10.2 电视机中的含铅玻璃

电视机由显像管、印刷板、外壳等部分组成，主要是显像管玻璃、机壳塑料等，显像管由前面的屏板、后面的漏斗状部分及缩颈构成，而含铅玻璃主要存在于漏斗部分。占整体总质量50%～60%的显像管玻璃的再利用是重点。电视机拆解从组件开始，将后部机箱拿下来，显像管的真空解除后，把偏转线圈和印刷板等内部工件拆下来。在这以后把电子枪、显像管除掉，最后拆下固定显像管的螺丝，取出显像管。显像管要弄成碎片，可先将防爆夹层拆下，最后，对夹层内侧的带状物或显像管上的附属物清除。

其次用P(塑料)/F(铁)分开机，将组成相异的前面屏板玻璃和后面漏斗玻璃分开。玻璃除要求耐热、耐电压外，还要求有防止射线透过的性能，屏板是含碱、硅酸等的玻璃，因为漏斗状部分用含铅的玻璃制成，故显像管再利用时，屏板玻璃中不能混入漏斗部分中的含铅玻璃。切断线可从接合部起在面板侧设定。分开的屏板玻璃要把内部的护罩(面罩)取出，把荧光体和铝涂膜清除后粉碎，再把带阳极按钮的碎玻璃用磁力分选机除去而作为面板碎玻璃投放市场。另一方面将漏斗玻璃表面的碳涂膜(或氧化铁涂膜)除掉，粉碎、清洗后，再用磁力分选机除去带阳极按钮的碎玻璃，如此作为漏斗玻璃碎片投放市场。另外，也可用作铺路材料、建设用配料等。

5.10.3 含铅玻璃的资源化

美国每年更新淘汰的个人计算机数量是1700万台左右，其中只有10%被回收或者再利用，剩下相当一部分出口到了其他国家，而其余的15%是通过填埋进行处理，75%收集后堆存。休斯顿已经开发处理含铅玻璃的处理工艺，在对铅金属进行安全有效处理之后，将玻璃破碎填料进行再利用。总的说来国外的处理技术包括如下3种。

5.10.3.1 回收、循环利用

对于铅金属来说，尽量要避免对其进行最终处理，使之能够在生产商到销售商的闭合渠道内进行流通。也就是说将废旧显示器中的含铅玻璃回收起来并进行处理，使之作为生产新显示器的原材料。美国已经开发出一套成熟的工艺来回收铅金属，其中包括清洗、粗碎、运输、二次破碎、取样、X光分析、添加原材料等过程(见图5-36)。经过上述一系列处理，就可以得到用来制造新显示器的含铅玻璃。

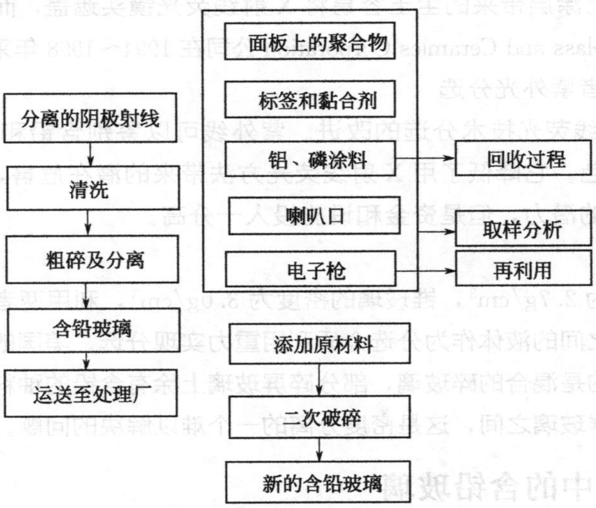

图5-36 美国回收含铅玻璃的工艺流程

5.10.3.2 熔炼

可以把含铅玻璃作为铅熔炉中的熔融试剂。这种方法比填埋处置的效果好，但成本稍高，对长期处置的可行性以及处置能力还有待研究。在瑞典，把粉碎了的含铅玻璃作为替代砂子和炉渣来吸附重金属的造渣材料。

5.10.3.3 危险废物填埋

作为危险废物，送至危险废物填埋场进行填埋处理。这种处置方法的成本比上述两种方法要高。

相对于国外来说，国内对于含铅玻璃的环境管理还是一片空白。《中华人民共和国固体废物污染环境防治法》中，对工业固体废物和城市生活垃圾的污染防治都做了详细的规定，而对含铅玻璃的环境管理却未做任何具体规定。

作为含铅玻璃主要来源的废旧显示器，目前的最终归宿不是被扔进垃圾堆里，就是被一些二手显示器收购商所收购，维修后再次使用，或者拆掉有用零件后再丢弃。同时，国内还有一些从事进口国外二手高档显示器的商贩，虽然这些显示器还有一定的使用寿命，但是也大大地增加了我国废旧显示器的产生数量，加重了含铅玻璃可能对环境产生的风险。

废 CRT 显示器的资源化方式的一般流程见图 5-37，其中，金属熔炼的原料可以是整个显示器(主要是炼铅和炼铜)、整个玻壳(主要是炼铅)、分离后的锥屏玻璃(主要是炼铅）等，美国的 Nova PB Inc、Noranda 等公司通过这种方式回收玻壳玻璃。

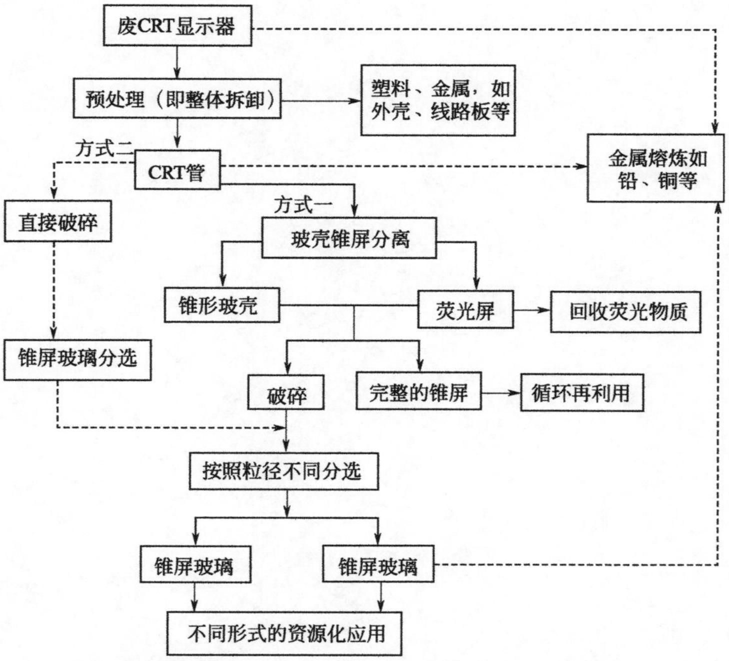

图 5-37 废 CRT 显示器的资源化一般流程

由于玻壳中两种主要玻璃即锥玻璃和屏玻璃的成分不同，两者的应用方式也不同，因此一般情况下，需要将两种玻璃分开进行资源化处理，也就是实现无铅和有铅玻璃的分类。通常会采用两种方式达到锥屏玻璃分类的目的。

1）方式一　是将 CRT 玻壳从显示屏中取出后，直接采用玻壳的拆卸技术将锥玻璃和屏玻璃分离，然后进行单独破碎、分选等处理。这种方法的优点在于可以得到完整的 CRT 屏玻璃面板或者锥形玻璃，并且两种玻璃的分离比较彻底，缺点就是前期的锥屏玻璃需要额外的拆卸工序才能实现完全分离。如果需要回收完整的玻壳锥玻璃或屏玻璃面板，或者对玻璃成分要求严格，或者破碎分选装置达不到方式二的要求，可以优先选用这种方法。

2）方式二　是将 CRT 玻壳玻璃整个进行破碎后，采用分选的方式将两种不同的玻璃分离。这种方式的优势在于减少了玻壳的前期处理，缺点在于需要额外增加对不同玻璃成分进行分选的装置，并且两种玻璃的分离不够彻底。如果应用于对玻璃成分要求不严格的情况，可以选用这种方法。

6 电子废物中贵金属的循环利用

废旧家电及其他电子产品中，贵金属和有色金属是最有回收价值的材料。对于铜、铝、铅、锌等常见有色金属而言，将废料中的相关金属回收变成粗金属即可，因为这些金属的纯化和深加工一般由冶炼和深加工企业完成。对于电子废物中的贵金属，由于价值大，许多电子废物再生利用企业希望能够自行完成回收和深加工。本章主要介绍电子电器产品中贵金属的存在形态、再生利用以及贵金属电子化学品深加工方法，以实现贵金属在"家电-废料-电子化学品-家电"的往复循环。

6.1 贵金属在电子电器中的存在形态

在家电等电子电器生产中，贵金属主要用作各类电镀材料、电阻材料及电子浆料等基础和功能材料。

6.1.1 贵金属合金电阻材料

含贵金属的电阻材料品种极其繁多，应用范围几乎包括了目前所有电子工业领域。贵金属在电阻材料中的存在形态包括含单一贵金属和多种贵金属的各类合金丝、纯贵金属或贵金属与贱金属形成的合金触点、贵金属单质或有关化合物与其他材料组成的各类电子浆料。

6.1.1.1 线绕电阻材料

早期的电阻材料为"德银"合金，实际上并不含银，而是Cu-Ni-Zn合金。从1888年开始，含贵金属的Pt-Zr、Pt-Ag等电阻合金材料开始在欧美出现并得到广泛应用。到20世纪30年代，相继诞生了Au-Co、Au-Cr、Ag-Mn和Ag-Mn-Sn等贵金属合金材料，使精密电阻合金体系日渐完善。20世纪中叶，计算机和航天技术的发展，要求精密电阻合金具有更优异的性能，从而使贵金属精密电阻合金呈现出两大发展趋势：一是向高电阻率、低电阻温度系数方向发展，相应的贵金属精密电阻合金的典型代表是Pd基和Au-Pd基高电阻合金；二是由于有机气氛对铂族金属电阻合金有腐蚀和毒害作用，同时铂族金属的资源日益枯竭，人们不得不去寻求综合性能更佳、资源更丰富的合金，典型代表是 Au 基精密电阻合金。目前，用于精密电阻合金的贵金属合金系列主要有 Ag 基、Au 基、Pt 基和 Pd 基合金。贵金属相互之间、贵金属与贱金属之间形成的多元合金是精密电阻合金的发展方向，其特殊的优点是可能得到性能更佳、贵金属含量更低的精密电阻合金。

（1）贵金属线绕电阻材料

应变合金的应用已有 100 多年历史。1965 年，英国科学家系统地研究了 Cu、Ag、Au、Pt、Pd 等 46 种金属及其合金系的 650℃以上的静态应变和 Pt-W 系电阻合金的高温应变。此后，美国、日本、苏联等对 Pt-W 贵金属合金进行了大量研究。

线绕电阻材料按组成可分为贱金属线绕电阻材料和贵金属线绕电阻材料两大类型。其制备方法通常是将元素周期表中ⅡB、ⅥB、ⅦB、Ⅷ族的金属按一定比例制成合金，再经拉伸而得到电阻合金丝。这些电阻合金丝具有电阻温度系数小、使用温度范围较宽、耐热性和稳定性好、电阻率高、噪声小和耐磨的优点，是制造固定线绕电阻器和线绕电位器的重要材料。根据线绕电阻器和线绕电位器的用途及使用环境的不同，对线绕电阻合金线的要求亦有所不同。

贱金属合金线种类较多，锰铜合金线一般用于室温范围中低电阻率的精密线绕电阻；康铜合金线适于大功率、中低阻值线绕电阻器和电位器；镍铬合金线主要用作中、高阻值的普通线绕电阻器和电位器。镍铬基多元精密电阻合金线比前述三类合金丝性能有较大提高，其主要优点是：电阻率高、电阻温度系数小，对铜的热电势小、耐热、耐磨、耐腐蚀、抗氧化、机械强度高、加工性能好和使用温度范围宽，适用于制作精密线绕电阻器和电位器以及特殊用途的大功率、高阻值、小型化精密电阻元件，但其不足之处在于焊接性能比锰铜线差。

常用的贵金属合金线包括铂基合金线、钯基合金线、金基合金线和银基合金线。其优点主要是有良好的化学稳定性、热稳定性和电性能，缺点是价格比贱金属合金线高。贵金属合金线在精密线绕电位器中具有举足轻重的地位。表 6-1 列出了典型贵金属电阻合金丝的品种、名称及主要性能指标。

表 6-1 贵金属电阻合金线的性能指标

名称	主要成分	电阻率 /($10^{-6}\Omega \cdot m$)	电阻温度系数 /(10^{-6}/℃)	对铜热电势 /(μV/℃)	抗拉强度 /MPa
金镍铬 5-1	AuNiCr5-1	0.24～0.26	350	—	350～400
金镍铬 5-2	AuNiCr5-2	0.40～0.42	110	0.027	400～450
金镍铜	AuNiCu5-1	0.18～0.19	610	—	550
金镍铁锆	AuNiFeZr5-1.5-0.5	0.44～0.46	250～270	15～22	—
金银铜	AuAgCu35-5	0.12	68.6	—	390
金银铜锰	AuAgCuMn33.5-3-3	0.25	160～190	−0.001～+0.002	500
金银铜锰钆	AuAgCuMnGd33.5-3-2.5-0.5	0.24	170	—	600
金钯铁铝	AuPdFeAl50-11-1	2.1～2.3	0	—	950～1000
铂铱 5	PtIr5	0.18～0.19	188	—	400～490

续表

名称	主要成分	电阻率 /($10^{-6}\Omega \cdot m$)	电阻温度系数 /(10^{-6}/℃)	对铜热电势 /(μV/℃)	抗拉强度 /MPa
铂铱 10	PtIr10	0.24	130	0.55	430
铂铜 2.5	PtCu2.5	0.32～0.37	220	—	520～630
铂铜 8.5	PtCu8.5	0.50	330		950～1100
钯银 40	PdAg40	0.42	30	−4.22	650～800
钯银铜	PdAgCu36-4	0.45	40		500
银锰	AgMn5.5	0.15～0.25	200	2.5	300～400
银锰锡	AgMnSn6.5-1	0.23	50	3	300～400

(2) 铂基电阻合金线

铂基合金线具有适中的电阻率、极优的耐腐蚀和抗氧化性，在高温、高湿或强腐蚀条件下表面仍能保持初始状态。接触电阻小而稳定，噪声低，耐磨性能优良，可靠性高。但铂基合金线在含有机物的气氛中工作，会生成称为“褐粉”的有机聚合物薄膜，该膜为绝缘性膜，会成倍增大接触电阻，从而增大噪声电平。因此用铂基合金线制备的线绕电阻应尽量避免在有机气氛中使用。常用的铂基电阻合金线有铂铱线、铂铜线等。

(3) 钯基电阻合金线

常用的钯基合金线有钯银线和钯银铜线。钯基电阻合金线具有电阻率高、电阻温度系数低且稳定、焊接性能好和价格比铂基合金线便宜的优点，但耐蚀性和抗氧化性不如铂基合金线。在有机气氛中也产生“褐粉”。

(4) 金基电阻合金线

金的抗氧化性及耐蚀性仅次于铂，但金对有机蒸气有惰性。与铂相比，金具有产量高、价格低的特点。以金为基的二元合金电阻率低，电阻温度系数较高，硬度较低，耐磨性差。如在二元体系的基础上添加其他元素，可克服以上不足。例如金钯铁合金的电阻率比二元体系显著提高，同时电阻温度系数得到降低。金钯铁铝系、金钯铁铊系、金钯铁铟系等可以克服金钯铁三元合金受热时电阻率不稳定的缺点，具有很高的电阻率，且可在退火状态下长期使用。常用的金基电阻合金线有金银铜线、金镍铬线、金镍铜线和金钯铁铝线等，它们是铂基电阻合金的代用材料。

(5) 银基电阻合金线

银基电阻合金线的主要特点是价格便宜，电接触性能良好，但容易被硫蒸气或硫化氢气体腐蚀，生成 Ag_2S 膜，造成接触不良。另外，银基电阻合金线的强度不高、硬度较低，耐磨性差、寿命短，只有为数不多的银锰基合金线有实用价值。常用的银基电阻合金线有银锰线和银锰锡线。银锰电阻合金线的电阻温度系数较小，对铜的热电势小，具有抗硫化和抗蚀的能力，是标准电阻器的良好材料。

贵金属合金线在许多方面都比贱金属合金线优越，但因价格昂贵，多用于制造特殊用途的电阻器和电位器。当前电阻器和电位器的发展方向是高精度、高稳定、高可靠、长寿命、小型化、高或低阻化、宽温度范围。此外，贵金属合金线使电阻合金丝在低温领域的应用得到了加强。如在液态 He 中使用的 Pt-Rh 电阻合金，可在 2～300K 的低温范围内使用。

6.1.1.2 **非线绕电阻材料**

用真空蒸发、溅射、化学沉积(CVD)、热分解、丝网印刷、喷涂、烧结等方法制作的电阻称为非线绕电阻材料。此类材料一般应具备如下特性：电阻率范围宽，能制作低、中、高阻值的电阻器；温度系数小，电压系数低，噪声电平小；高频性能好，使用温度范围宽；工艺性能好，稳定且可靠性高；具备在恶劣环境中使用所需的特殊要求。

非线绕电阻器种类繁多，一般由基体、电阻体、引出线和保护层四部分组成。贵金属在非线绕电阻器中主要用于化学沉积金属膜电阻器的活化材料、钌酸盐玻璃釉电阻器的导电材料、氧化钌金属混合物玻璃釉电阻器的导电材料、钯银玻璃釉电阻器的导电材料。

6.1.2 贵金属触点材料

触点材料是制造电触点的材料。当信号或能量从一个导体向另一导体传递时，在其连接处就会产生电接触，在导体接触过渡区就会产生一系列物理、化学作用和现象。在电接触中产生的主要问题有以下几个方面。

(1) 接触电阻

当两个金属表面接触时，实际发生机械接触的小面为“接触斑点”，形成金属接触或者准金属接触的更小面(实际传导电流的面) 称为“导电斑点”。当电流通过接触内表面时，电流将集中流过导电斑点，在其附近，电流线必然发生收缩，出现局部电阻即“收缩电阻”。如果导电斑点含有极薄的膜，在这时接触为准金属接触，则当电子通过极薄的膜时还会有另一附加电阻即“膜电阻”，收缩电阻与膜电阻之和即为接触电阻。

(2) 接触温升和熔焊

当接触压降增大时，导电斑点和收缩区的温度就会升高，产生接触温升，当升至触点材料的软化点和熔化点时，导电斑及其周围附近的金属就会发生软化和熔化。断电时，接触温度迅速下降，两个接触导体就可能连接在一起发生熔焊。

(3) 机械效应

主要有触点在闭合状态下出现冷焊，在闭合过程中出现机械磨损和机械振动，滑动接触的摩擦和磨损以及强电流通过触点时出现的电动斥力等。

(4) 电弧

两触点相互接近时，往往会被加在触点上的电压击穿，产生电弧和其他放电现象；电弧温度极高，往往造成触点表面熔化、汽化、飞溅，造成接触表面损坏，破坏触点工作性能。

一般情况下电触点材料要求尽可能避免和消除上述现象。因此触点材料应具备如下特性：尽可能高的电导率和热导率；高的再结晶温度、熔化温度、熔化和汽化潜热、电子逸出功和游离电位；适当高的密度、硬度和弹性；尽可能小的蒸气压、摩擦系数、热电势、汤姆逊系数、液态金属润湿角、表面膜隧道电阻率和机械强度、与周围介质某种成分的化学亲和力等。常见的触点材料有三大类，即纯金属材料、合金材料、复合材料。此处只介绍与贵金属相关的纯金属材料、合金材料及复合材料。

6.1.2.1 **纯贵金属触点材料**

在纯贵金属触点材料中，Ag 用得最广泛，有时也用 Au、Pt、Pd 等贵金属。银的导电率、导热率最高，价格最便宜，不易氧化但易硫化(但低温能分解)，其表面膜力学性能差。此外，银硬度小，熔点、沸点不高，既不耐磨又不耐电弧，因此只能用作小电流触点，对强电触点多用其合金或复合材料。Au、Pt、Pd 等在大气中不易氧化，多用于弱电触点。Rh 和 Ru 由于难以机械加工，因此不能做整体触点，但其电镀层析层或蒸发镀层则特别适于舌簧继电器用。

6.1.2.2 贵金属合金触点材料

（1）Ag 基合金

银合金化可以改善银的力学性能，提高银的抗硫化能力，减少熔焊倾向和提高耐烧蚀性。部分银合金触点材料的成分和性能见表 6-2。

表 6-2 部分银合金材料的成分和性能

合金代号	密度/(g/cm³)	熔点/℃	沸点/℃	布氏硬度 HB/MPa		热导率/[W/(m·K)]	电阻率/(Ω·cm)	电阻温度系数 α/(10⁻³/℃)
				退火态	硬态			
AgCu3	10.4	900	2200	500	850		0.00018	3.5
AgCu5	10.4	870	2200	550	900	333.92	0.00019	3.5
AgCu10	10.3	779	2200	600	1000	333.92	0.00019	3.5
AgCu20	10.2	779	2200	800	1050	333.92	0.0002	3.5
AgCd14	10.4	940	940	35	95		0.00029	2.1
AgCd16	10.0	875	906	55	115		0.00048	1.4
AuAg20	16.5	1035	2200	35	90	325.57	0.00098	0.9
AuAg30	15.4	1025	2200	40	95	304.70	0.00012	0.4

在银中添加铜可提高硬度和强度，但易氧化和变色，接触电阻较大，一般用于高压、大电流继电器节点以及轻负荷和中等负荷回路中；银镉合金材料导电和导热性能较好，该合金在使用时会生成氧化镉并分解为氧和镉蒸气，能使接点保持良好的金属接触面，同时镉蒸气还具有熄灭电弧的作用。此类触点多用于灵敏的低压继电器，制动继电器和轻负荷、中负荷的交流接触器等；添加 Au、Pt、Pd 的合金，提高了硬度和强度，对电导率无影响。银金合金易硫化，通常用于强腐蚀介质中工作的轻负荷接点。Ag-Pd 有良好的导电性能、力学性能和抗氧化、硫化性能，价格贵，只有在特殊场合才使用。

（2）Au 基合金

典型的金基合金及其性能见表 6-3。其中金银铜合金，具有足够的抗形成表面膜的能力和良好的力学性能。广泛用于精密仪表中的电位计绕组、电刷和轻负荷的电接触材料。以 Au-Ni 为基的合金，硬度和强度高，化学稳定性好，广泛用作轻、中负荷电触点材料。此外还有 Au-Co 合金、Au-Rh20 合金等。

表 6-3 部分金基触点材料的成分和性能

合金代号	密度/(g/cm³)	熔点/℃	硬度/MPa		电阻率/(Ω·cm)	电阻温度系数 α/(10⁻³/℃)
			退火态	硬态		
AuCu10	17.34	932	760(HV)	910(洛氏)	0.00101	
AuNi5	18.30	1000	1160(HB)	1970(HB)	0.00123	0.71
AuNi9	17.5	990	1900(HV)	2700(HV)	0.0020	0.97

续表

合金代号	密度/(g/cm³)	熔点/℃	硬度/MPa		电阻率/(Ω·cm)	电阻温度系数 α/(10^{-3}/℃)
			退火态	硬态		
AuRh20				2930	0.000796	2.02
AuZr3	18.3	1045	约 1200(HB)	约 2300(HB)	0.0020	
AuNi7.5Cr1.5	17.5	约 1000	2400(HV)	2400(HV)		0.19
AuAg25Pt6	16.07	1029	750(洛氏)	90(洛氏)	0.00147	

(3) Pd 基合金

部分钯基合金列于表 6-4 中。低钯合金的金属转移比纯 Ag 少，多用作弱电触点，如电话及普通继电器。高钯合金接触更可靠，一般用作滑动触点、电话继电器。钯铜合金较钯银合金硬，可作弱电接触材料。在 Pd 中添加 Ni、W 或 Ru 可提高硬度和强度，可用作继电器触点。

表 6-4　部分钯银和钯铜合金的典型性能

合金代号	密度/(g/cm³)	熔点/℃	布氏硬度 HB/MPa	热导率/[(W/m·K)]	抗拉强度(退火态)/MPa	电阻温度系数 α/(10^{-3}/℃)
PdAg40	11.4	1330	520	30	390	0.025
PdAg50	11.3	1290	420	35	310	0.27
PdAg60	11.1	1230	400	46	280	0.40
PdAg70	10.8	1160	360	60	270	0.43
PdAg90	10.6	1000	300	92	250	0.58
PdAg95	10.5	980	260	220	200	0.94
PdCu5	11.4	1480	550			1.3
PdCu10	11.7	1420	690			0.8
PdCu30	10.75	1250	800			0.2
PdCu40	10.60	1200	800		530	0.36

(4) Pt 基合金

在 Pt 基合金中，铂铱合金硬度、熔点高，耐蚀能力强，接触电阻低，因此在严酷环境下通常使用其作为电触点材料。部分典型的 Pt 基合金列于表 6-5 中。

表 6-5　部分铂铱和铂钌合金触点材料的性能

合金代号	密度/(g/cm³)	熔点/℃	硬度 HB(退火态)/MPa	电阻系数/(Ω·cm²/m)	热导率/[W/(m·K)]	抗拉强度(退火态)/MPa	电阻温度系数 α/(10^{-3}/℃)
PtIr5	21.49		900	0.19		282	1.88
PtIr10	21.6	1780	1300	0.245	30	387	1.33
PtIr20	21.7	1815	2000	0.30	17	703	0.88
PtRu4	20.8		1300	0.30			
PtRu5	20.67		1300	0.315		423	0.9

续表

合金代号	密度/(g/cm³)	熔点/℃	硬度HB(退火态)/MPa	电阻系数/(Ω·cm²/m)	热导率/[W/(m·K)]	抗拉强度(退火态)/MPa	电阻温度系数α/(10⁻³/℃)
PtRu10	19.94		1900	0.43		585	0.8
PtRu14			2400(HV)	0.46			0.36

6.1.2.3 贵金属复合触点材料

根据复合材料中与贵金属复合的材料种类不同，可将贵金属复合触点材料分为以下几类。第一类为Ag-氧化物材料。氧化物可以为CdO、SnO_2、ZnO、CuO、MgO、PbO、In_2O_3等，其中Ag-CdO复合触点材料最为重要，其抗熔焊性、灭弧性好，接触电阻较稳定，烧损率较小。含其他氧化物的复合材料对瞬时交流电弧的熄灭不利。第二类复合材料为金属-金属复合材料，主要有Ag-Ni、Ag-W、Ag-Mo复合材料。Ag-Ni合金接触电阻较Ag高，主要用于低压开头装置；Ag-W合金抗电弧侵蚀、黏着、熔焊能力强，轻负荷下可通过大电流，缺点是表面易形成钨酸银，使接触电阻升高；Ag-Mo合金接触电阻小，但抗蚀能力等不如Ag-W。第三类为Ag-石墨复合材料。石墨具有良好的抗熔焊能力、良好的润滑作用、受电弧作用可产生稳定的氧化物，接触电阻较低。常见的银-石墨触点材料见表6-6。

表 6-6 银-石墨触点材料性能

材料	密度/(g/cm³)	电导率/(S·m)	维氏硬度/MPa
AgC3	9.1	50	42
AgC4	8.8	46	41
AgC5	8.6	43	40
AgC10	7.4	35	31
AgC15	6.5	22	26

触点材料在选用时除应考虑一般开关设备的基本要求外，还应适当考虑具体的使用要求，如对于真空管用触点材料，还应满足如下要求：适当的开断能力；具有高的耐焊能力，在故障情况下，能顺利分断；小的截断电流；高的电导率、热导率和机械强度，小的接触电阻，保证长时间通过大的额定电流时不发热；高的击穿电压；含气量低；电磨损率和机械磨损率小，能达到较长的使用寿命；热电子发射小，剩余电流较低，灭弧能力较大。

铜铋银合金是在Cu-Bi合金中加入2.3%～2.7%Ag细化合金晶粒，提高机械强度和耐电磨损性能，目前大量用于真空断路器和真空负荷开关的开关器中。

铱丝等贵金属广泛用于电真空领域。铱为抗氧化性能优异的高熔点贵金属，通常用作抗氧化热阴极芯丝材料。热阴极电离真空规在中等真空度测量中有广泛应用。铱丝取代钨丝，使真空规的宽量程和长寿命得以实现。

6.1.3 贵金属浆料

6.1.3.1 种类与发展状况

贵金属浆料在电子器件的制造过程中有举足轻重的地位，因为将贵金属均匀涂布到有关器件的表面，使之产生特定的电性能，最有效的方法是通过丝网印刷，它可以使贵金属非常均匀地涂布到器件所需要涂布的表面上去，而且涂层的厚薄易于控制，涂层与基底材料之间的结合力大小容易控制，可以涂布复合贵金属，也可以涂布多层贵金属。因此，贵金属浆料技术是现代电子技术的一个重要组成部分。通常根据浆料的性质和用途将贵金属电子浆料分为电子导体浆料、电子电阻浆料和电子介质浆料三大类型，每一大类型的电子浆料中又可以根据需要涂布浆料的器件不同以及涂布工艺不同而分为许多品种，而且随着电子技术的发展，对贵金属浆料提出的新要求越来越多，相关电子浆料的性能和品种也是日新月异。

(1) 导体浆料

贵金属导体浆料以 Ag-Pd、Ag 应用最为广泛。这些导体浆料不及其他贵金属导体浆料稳定，有迁移性，但其电导率高，成本低。为了进一步节省贵金属，一种可节省 Ag 用量的压敏电阻电极浆料在美国通用电气公司(GE 公司)研制成功。这种浆料采用双层电极结构，底层电极为 Ni、Al 等贱金属电极，贵金属 Ag 只用于表层。日本京都陶瓷公司利用渗 Ag 生片制作层陶瓷器件(MLCC)，可防止分层和开裂，还可防止等效串联电阻下降和电容量增加，适于高频电路。

在富银电极中，Ag 对 Pd 的氧化和还原起催化剂作用，倘若 Pd 粉不能均匀分散，在约 350℃时，游离 Pd 粉就会开始氧化，并引起明显的体积膨胀，导致 MLCC 电极分层和开裂。钯氧化电极膨胀、还原时使气体析出。在混合微电子电路中，钯的氧化和还原作用同样重要，氧化钯会影响焊料对导体的润湿性。对 Ag-Pd 体系的研究结果表明如下。

① 银的催化作用与银钯之间的接触情况直接相关。随着银含量增大，接触面增多，催化作用增强，致使 Pd 的氧化和还原温度降低，氧化钯处于稳定状态的温度范围和时间均减小。当 Ag 量增加到一定程度后，再增加的 Ag 量对 Pd 的氧化和还原作用的影响不明显。

② 不同工艺制作的 Pd/Ag 粉料，其 Pd 的氧化和还原特性不同。机械混合法所制 Pd/Ag 粉接触状态不佳，银的催化作用较弱；钯银固溶体中，相互接触的粉粒较多，但需通过氧扩散才能形成 PdO；共沉淀粉料钯银粉粒相互接触好，且氧容易通过扩散到达钯所在位置，因此其氧化还原温度较低。

③ Pd/Ag 粉料的比表面积在一定范围内增大时，Ag 的催化作用增强。500℃热处理，先生成稳定的 Ag/Pd 固溶体及少量游离 Pd，就可在合金粉粒表面形成一层保护性 PdO 隔离层，用 Ag-Pd/PdO 双金相粒子作 MLCC 的电极可以避免分层和开裂。

利用片状银粉、超细银粉、超细金粉、铂粉和钯粉及其二元、三元合金粉可以制作高电导率、高附着强度及可焊性优良的贵金属导体浆料。可用于电子元件的导电性黏结剂和电极材料的制备等领域，具有成膜温度低、固化时间短、机械强度高、耐热和电气性能好的特点。除了贵金属及其合金粉的性质以外，贵金属导体浆料中的黏合剂性质对贵金属导体浆料的影响很大。贵金属导体浆料可以根据所用的黏合剂的不同而分为不同的类型。例如银导体浆料可以分为以环氧树脂为黏合剂的环氧树脂系银浆、以热固性聚酰亚胺为黏结材料的聚酰亚胺树脂系银浆、以纤维素或丙烯酸树脂等热塑性树脂为黏合剂的银浆等不同种类，用不同黏合剂制备的银浆的耐热性能、机械强度、焊接性能和导电性能都不相同。近年来对低温导电银浆的研究很多，如一种以 Ag、Cu、Ni 为导电相，以聚硫醚为黏结相并选用频那醇、过氧化物、偶氮化合物为引发剂的聚合物导电浆料的固化温度仅为 160℃，固化时间只需 10min。

贱金属导体材料是电子浆料发展的一个重要方向，它可以降低成本，节约贵金属资源，具有很大的市场前景。在贱金属电子浆料中，引入少量贵金属有利于稳定促进烧结致密度和表面质量，同时对有机物的排除起催化作用，对提高附着力也有益。

（2）电阻浆料

制造电阻浆料的金属氧化物，可以用如下通式表示：

$$(M_X Bi_{2-X})(M'_Y M''_{2-Y})_{7-Z}$$

式中 M——至少选自 Y、Tl、In、Cd、Pd 序数 57～71 之间的一种金属；

M′——至少选自 Pd、Ti、Sn、Cr、Rh、Re、Zr、Sb 及 Ge 中的一种金属；

M″——至少是 Ru 和 Ir 两金属之一；

X——在 0～2 范围；

Y——在 0～2 范围；

Z——在 0～1 的范围，当 M 为二价金属时，其最大值为 $X/2$。

典型的体系有 $Pb_2Rh_xRu_{2-x}O_{7-y}$（式中 $0.15 \leqslant x \leqslant 0.95$，$0 \leqslant y \leqslant 0.5$）。

钌系电阻浆料具有阻值范围宽、电阻温度系数小等特点，其电阻率重现性好、防潮性和电/热性能稳定，且不受还原性气氛之影响，但是，当 RuO_2 电阻浆料与厚膜银浆配合作用时，随添加量提高存在明显的电中和作用，即 Ag^+ 与 RuO^- 存在相互结合的趋势，Ag^+ 向电阻膜内扩散，会导致电流噪声和 TCR 增大。由于 Ag 迁移引起的电阻率变化取决于电阻膜的形态系数，该形态系数与粒度效应相关。Ag 在电场下会发生迁移，玻璃对 Ag 有一定的溶解性，当有 RuO_2 存在时，高温下 Ag 的溶解性大大增加，呈指数增长规律，这是因为在 RuO_2-玻璃界面处 Ag^+ 与 RuO_2 间发生了电子偶联。电的中和作用与 RuO_2 粉粒电子偶联作用导致 Ag^+ 浓度减小，从而提高了 Ag 在玻璃中的溶解度。导电体-电阻体界面处电阻率增加的现象即微粒效应，这一效应应是载流子浓度减小所致。

在电阻体中加入金粉可以消除微粒效应，可能是由于银粒在金粉粒表面生长，与 RuO_2 相结合的电子能保留的缘故。

加入 Fe_2O_3、Pb_3O_4 电阻功能相或者 TiO_2、Al_2O_3 绝缘性改性剂，以及 Ru、Cu、Ni 电阻功能相和 n 型半导体化合物构成的 Ru 系改性电阻浆料近年来得到了长足的发展。这种改性过程与对浆料的组成和结构的控制过程相伴。例如 Pb_3O_4、Fe_2O_3 和 RuO_2 在烧结过程中可以形成 $Pb_2Ru_2O_7 \cdot Fe_3O_4$ 及 Pb 和 Fe 的复合氧化物。

（3）树脂酸盐（MOC）电子浆料

树脂酸盐浆料由基料金属（Au、Ag、Pd、Pt、Ru、Rh、Ir 等）和添加剂金属（包括贱金属及呈金属性的元素）的金属有机化合物、树脂、助溶剂和载体构成，其制备工艺类似厚膜电阻浆料。添加剂金属有机化合物常用作各种厚膜浆料的改性剂，改性作用主要有抗氧化、黏结或其他性能的改性等。

树脂酸盐浆料具有如下优点：a. 分散性好，膜层厚度可小于微米；b. 厚膜致密度高，表面平滑；c. 纯度高，几乎与所有陶瓷相兼容；d. 附着强度高；e. 可镀和可焊性好；f. 烧结温度低；g. 成本低、价格便宜；h. 电性能好，稳定性高；i. 可加入感光剂进行光刻；j. 与微电子半导体工艺有些相似，可用 KI 作腐蚀剂。

美国 CTS 公司在 20 世纪 60 年代就开始用 Ru、Rh、Ir 等树脂酸盐制备电阻，80 年代开始了 Au 的 MOC 研究，使树脂盐浆料进入了实用化阶段。在 Au 的 MOC 中，硫代树脂酸盐、硫醇盐及胺盐已广泛用于热印头、同缘传感器、片式电阻、各种高密度电路的制造。

3 种体系各具特点，如表 6-7 所列。表 6-8 示出了厚膜浆料与 MOC 浆料的性价比。

表 6-7 树脂酸盐的特点

分类	硫代树脂酸盐	硫醇盐	铵盐
有机原料	松香	$C_{12}H_{25}SH$ $C_7H_{15}SH$	$(C_8H_{15}O_2)_3(NH_2)_2$
优点	烧结膜稳定	化合物稳定，成本低	无臭味
缺点	容易引入杂质，强烈臭味	烧结膜不稳定，有臭味	烧结膜不稳定，化合物耐热性差

表 6-8 厚膜浆料与 MOC 浆料的性价比

浆料	厚膜		MOC 法
	Ag-Pd	腐蚀 Au	树脂酸金
贵金属含量/%	70～80	60～80	15～30
烧结后纯度/%	80～90	90～95	95～100
比表面积/(cm^2/g)	60～70(10μmA. F 时)	150～220(2μmA. F 时)	400～500(0.35μmA. F 时)
烧结后膜厚/μm	4～10	7	0.2～0.5
方阻/(mΩ/□)	6～12	5	100～160
丝焊性	一般	一般	优
附着力	一般	一般	优
与介质的兼容性	一般	优	优
与钌系电阻兼容性	差	优	优
与 Au、Au、Pd 兼容性	好	好	好
与 Cu 的兼容性	较好	差	差

6.1.3.2 厚膜电子浆料

厚膜电子浆料由功能相、黏结相、载体、改性剂等组成，通过在陶瓷基片上丝网印刷、烧结等工艺制成厚膜电阻。在 20 世纪初期(1920 年) 贵金属的应用从陶瓷饰品向电子元器件上的应用转移，当时主要用于制造云母、陶瓷电容器，到 50 年代，Dupond 公司首先将 Pd/Ag-PdO 厚膜电阻浆料，用于 IBM 360 计算机上，60 年代 RuO_2电阻浆料诞生；70 年代出现了钌酸盐系电阻浆料；80 年代贱金属如 Cu、Ni 电阻浆料成为各国研究的热点。厚膜电阻浆料的发展，使 HIC 得到了极大的发展，同时也推动了分立元件如各类厚膜电阻和电位器的发展，也为 SMT(表面组装技术) 和 MCM(多芯片组件) 的发展奠定了坚实的基础。

厚膜电阻浆料的功能相如 Ag、Pd、RuO_2、$M_2Ru_2O_x$ ($x=6～7$)，构成电阻膜的导电颗粒；黏结相为铅、硼硅酸盐玻璃等，形成导电颗粒间的玻璃膜。

电阻浆料中的功能相的含量决定厚膜电阻的方阻，遵从稀释原理，即含量增大方阻减小。电阻温度系数(TCR) 一般同方阻高低相关，方阻高的浆料，TCR 向负偏大，反之亦然。这是由其“导电链位垒隧道效应” 之导电机理所决定的。通过改性剂也可调整 TCR。有机载体由有机树脂与溶剂构成，是决定浆料流变性、润湿、铺展性能、膜层质量的重要因素。厚膜电阻的稳定性一般情况与黏结相(玻璃) 含量相关。含量较高，烧结过程中形成的玻璃充分覆盖电阻表面，该玻璃层起着保护厚膜电阻的作用，所以一般情况下，方阻较高的浆料，其形成的厚膜电阻稳定性也较好。常见的贵金属电阻浆料体系及其特性如表 6-9 所列。

表 6-9 常见电阻浆料体系及其特性

浆料	烧成温度/℃	方阻/(Ω/□)	TCR/(10^{-6}/℃)
Pd-Ag-玻璃	690～720	100～100K	－200～＋300
RuO_2-玻璃	680～780	100～10K	－400～＋200
IrO_2玻璃	700～800	100～100K	－50～50
RhO_2-玻璃	700～780	100～50K	－150～0
RuO_2-IrO_2-RhO 玻璃	600～775	1～1M	－275～＋200

典型的厚膜导体材料如表 6-10 所列。

表 6-10 导体浆料及其主要特点

浆料	烧结温度/℃	方阻/(Ω/□)	附着力/(MPa)	其他
Ag	750～860	0.006	10.1	有聚集效应(与电阻膜反应)
Pd20Ag80	850～1000	＞0.02	＞11.8	有轻微聚效应
PdAu	850～950	＞0.033	＞9.8	方阻较大
Pt18Au82	850～1050	＞0.033	＞9.8	方阻较大
PtAuAg	760～1000	0.04	19.6～29.4	方阻较大
CdO10Ag90	600～800	0.0018～0.0024	20.3～21.1	

与厚膜电阻浆料配套使用的端头导体浆料，其功能相也主要由贵金属制成。

以金属粉或金属氧化物为功能相的电子浆料，对贵金属电子浆料而言其金属物质是 Pd、Ag、Ru、Pt 等金属粉或其氧化物或化合物(如钌酸盐 $Pb_2Ru_2O_6$、$Bi_2Ru_2O_7$等)，贱金属电子浆料的金属物质则主要为 Cu、Ni 等。黏结相主要由 PbO、B_2O_3、SiO_2、Bi_2O_3 等硼硅酸铅系玻璃构成；有机载体常见的构成是以松油醇为溶剂、乙基纤维素为结合剂、卵磷脂为分散剂。改性剂的加入可以对电阻浆料的 TCR 等进行调整控制，在含 $Bi_2Ru_2O_7$(n 型半导体)的电阻浆料中掺入同型半导体氧化物如 BeO、MgO、SrO、CeO_2、ThO_2、Nb_2O_5、Ta_2O_5、WO_3等可使 TCR 向正偏移，掺入异型半导体氧化物如 Cr_2O_3、FeO、CoO、NiO、Cu_2O、MoO_3、MnO_2等使电阻浆料 TCR 向负偏移。在钯银电阻浆料中掺入 Li^+、Sb^{3+}等改性，可以解决由于钯、银膨胀系数高于陶瓷基片，使导电相产生应力而引起 TCR 不稳定的问题。

在电子浆料配制过程中，必须严格控制原材料的纯度、杂质含量和粉体特性(如比表面、密度、粒度、粒度分布和形貌)；控制有机材料的黏度、颜色、透明度亦很重要。用电子浆料制作厚膜电阻、导体等 HIC 重要单元时，选用的陶瓷基片必须符合厚膜电路使用要求；同时要对丝网印刷、烧结、调阻等工艺进行严格的控制。

就电阻浆料、导体浆料而言，适用于多层工艺(含多层陶瓷工艺)的贱金属体系是当今元器件多层化和复合化、功能化、片式化的重要研究方向，贱金属和贵金属电子浆料体系将并存发展。贵金属配方的开发和作为导体、电阻以外新的功能以及适于光刻工艺的体系的开发和应用将成为贵金属体系发展的必然趋势。

6.1.3.3 合金焊料

焊料是真空电子器件和微电子、光电子器件封接和封装不可缺少的重要结构材料，主要用于金属间的钎焊，金属与陶瓷和陶瓷异材封接。适于真空电子器件用的焊料就有数百种。常用的焊料有如下几种(见表 6-11)。

表 6-11 常用电真空焊料

名称	成分/%	熔点/℃	流点/℃
纯银	Ag99.99%	960.5	960.5
无氧铜	Cu100	1083	
金镍	Au72.5Ni17.5	950	950
锗铜	Ge12Ni0.25Cu87.75	890	960
金铜	Au80Cu20	910	910
金银铜	Au20Ag60Cu20	835	845
银铜	Ag50Cu50,Ag72Cu28	779,779	875,779
银锡铜	Ag59Cu31Sn10	602	718
钯银铜	Pd10Ag58Cu32	824	852
钯银铜	Pd15Ag65Cu20	850	900
钯银铜	Pd20Ag52Cu28	879	888
金锡	Au80Sn20	280	280
金银锡	Au30Ag30Sn40	411	412
金硅	Au98Si2	370	370

1）钯系焊料　对基体金属侵蚀小，对钎焊薄细零件很有帮助，在各种温度下，钯的蒸气压比金、铜低，在焊料中引入钯，尤其在银铜焊料中引入，会降低蒸气压，同时其可塑性、填充性好，钎焊强度高。钯银铜焊料其流散浸润性、气密性均比 AuCu、AuNi 焊料好。

2）钯铜镍 Pd35Cu50Ni15 焊料　熔点 1171℃，主要用于磁控管阴极结构的焊接；钛银铜焊料为活性焊料，陶瓷不必预先金属化，用此焊料可实现金属-陶瓷间的封接。铟银铜焊料熔点较低，为 630℃，一般用于真空电子器件阶梯焊时的末次焊接用焊料，也可作真空电子器件的补焊焊料和封口焊料。

3）贵金属焊料　大致可分为金基焊料、银基焊料和钯基焊料三大类，广泛应用于真空电子、微电子、激光和红外技术、电光源、高能物理、宇航、能源、汽车工业、化学工业、工业测量和医疗行业。主要用于低温金属化(<1300℃)的场合。特高温金属化(>1600℃)、高温金属化(1450～1600℃)、中温金属化的金属化浆料体系则主要由难熔金属 W、Mo 等构成，而陶瓷和金属的封接则多采用 Ti-Ag-Cu 活性金属法(>1073℃，真空，惰性气氛)，35Au-35Ni-Mo 金属法(>883℃真空或惰性气氛)。对于非氧化物陶瓷如 SiC、Si_3N_4、AlN、BN 主要仍以活性金属法为主。

6.1.3.4 厚膜应变电阻浆料

影响厚膜电阻压阻变的主要因素有电阻结构、成分和方阻。隧道效应在厚膜电阻导电过程及对应变系数的影响方面起主要作用。方阻增大应变系数随之增大。电阻受到外力作用，导电体成分粒子间的距离发生变化引起阻值变化。电阻受压阻值下降，电阻受控阻值增大。在应变范围内电阻的相对变化是线性的。电阻变化具有弹性变形而不是永久变形，应变电阻重复性要求要好。

并非所有的电阻浆料都适于作应变电阻。为了制作高性能的应变片及压力传感器，必须有性能优良的浆料。电极浆料主要用 Ag-Pd、Au-Pt，为防止 Ag 的迁移，多使用 Au-Pt 电极。电阻材料为 RuO_2、$Bi_2Ru_2O_7$、$Pb_2Ru_2O_6$，有的还掺入部分 Au，导体粒子从 10^{-10} m 数量级到几十纳米，以增加片阻率灵敏度。国外几种电阻的应变系数如表 6-12 所列，除与浆料系统有关外，工艺条件对应变系数也有影响。

表 6-12　电阻的组成与 *K* 的关系

电阻系列	组成	*K*	方阻值/(kΩ/□)
DP1400	$Bi_2Ru_2O_7$	11～13.6	1～100
DP1800	$CdBiRu_2O_7$	17～18	10
DP1500	$CdBiRu_2O_7$	16	10～100
ESL3100	RuO_2	12～15.5	1～1000
ESL2900	RuO_2	9.8～13.8	1～100
EMCA5500	RuO_2+IrO_2	4.7～5.1	10～100
ESL3980	RuO_2＋钌酸盐	10～12	1
CERM910	RuO_2	5.2～7.3	1～10

6.1.3.5　片式器件

(1) 片式电阻

片式电阻小型化是当前的重要趋势，小型片阻对电阻浆料性能的要求日益提高。片式电阻器小型化增大了制造工艺的敏感性。片式电阻耐电压特性与电阻浆料、电极浆料和调阻工艺有重要的相关作用。导电相颗粒越细，其在电阻膜中分散度越好，所占的体积分数就越大，这就保证了电压在电阻膜内的分布越均匀。钯银导体浆料中，钯含量越高，对电阻的耐压特性影响越小。使用 Au 导体则几乎没有影响。在激光调阻过程中，如切槽边缘产生裂缝和切槽顶端未切槽的部分电流集中等，会严重影响电阻膜耐压特性，尤其是短时过负荷特性。

片式电阻所用的电子浆料必须匹配，包括一次导体、电阻浆料、一次包封玻璃介质浆料、二次包封玻璃介质浆料、标志玻璃浆料、二次导体浆料。一次导体浆料、二次导体浆料一般用 Ag 导体，电阻浆料则多以 $Pt_2Ru_2O_6$、RuO_2、Ag-Pd 等导电相。一般说来，随着片式电阻的小型化发展，要求电阻浆料具有如下特点：a. 电阻值散差小；b. HTCR-CTCR≤50×10^{-6}/℃；c. 可用 100mm/s 高速激光调阻；d. 烧成膜厚度 6～9μm，性能优异；e. 与端电极反应小，适于 0.3mm×0.3mm 的小型化产品；f. 阻值随工艺的变化程度小。

(2) 多层片式电感

非线绕式片式电感即多层片式电感(MLCI) 3216 型于 1980 年诞生于日本 TDK 公司，目前已形成了 2125、2012、1608、1005 等多种规格。片式电感是适应当前电子产品从插装向安装、从模拟电路向高速数字电路、从固定向移动转化而飞速发展的片式元件。同片阻、片容一样，片式电感已广泛用于寻呼、移动通信、无绳电话、局域移动通信、彩电机芯、便携电脑、软/硬盘驱动器、程控交换机、开关电源、混合等领域。片式电感的制造方法很多，日本 TDK 株式会社、美国 AEM 公司等已具有相当成熟的技术，并形成了较大规模的产量。我国片式电感的研究和生产还处于起步阶段。在片式电感中所用的电子浆料主要有 Ag、Pd-Ag、Ni-Ag 导体浆料等。

(3) 片式微介质陶瓷器件

微波介质陶瓷主要用于移动电话、PCN/PCS(个人通信网络/个人通信系统)、GPS(全球定位系统)、卫星通信、雷达设备和基站。在移动或固定通信设备和系统中，片阻、片容、片感、厚膜电路及等敏感陶瓷元件已得到广泛应用。微波介质器件、声表面波器件、多层 LC 滤波器以及近年出现的膜腔声波振荡等都已经运用于移动通信。微波介质陶瓷器件已在当前的手机等领域获得极大应用，主要用于带通滤波器、双工器。声表面波器件销量从全球范围看略高于微波介质器件。多层 LC 滤波器突出的优点是体积小，如 1.9G 规格的滤波器体积仅为 3.2mm×2.5mm×1.6mm。已商品化的微波介质陶瓷器件、声表面波器件、多层 LC 滤波器所用的电子浆料为分子银浆，氧化银浆，Pt、Pd、Ag-Pd 等导体浆料。

6.1.3.6 高温超导体

贵金属铂对铊系、铋系、钇系高温超导体有改性作用。在铊系超导体中掺入适量 Pt，可使居里温区变窄；在铋系中掺入适量铂，有利于 2212 相向 2223 相的转变，且能诱导晶粒择优取向；在 $YBa_2Cu_3O_{7\sim8}$ 中掺入适量 Pt，有利于超导相的形成，在一定程度上可以提高超导体的临界电流密度。贵金属以 $(NH_4)_2PtCl_4$ 的形式加入，铂加入量(质量分数) 小于 0.006 对 Tc 影响不显著，当进一步增加时，会导致 Tc 显著降低。在一定范围内 Pt 的掺入对 Tc 影响不大，但即使是少量 Pt 的加入也会使磁化强度显著提高，而过量 Pt 掺入反而使磁化强度降低。

贵金属包括 Pt 是化学工业中常用的催化剂。在高温下吸附氧气和氢气，低温下又释放出来，因此常用作气体载体。在 Y 系超导粉料中添加 $(NH_4)_2PtCl_4$，高温下分解为高活性的金属铂，均匀、高度地分散在 $YBa_2Cu_3O_{7\sim8}$ 中，由于其高温吸附、低温解吸作用，铂可从大气中吸附氧形成较高的氧浓度，在 $YBa_2Cu_3O_{7\sim8}$ 中形成时，能及时释放氧补充钇系中的氧。在超导体中氧含量及其有序度是影响 Y 系超导体临界温度的重要因素，少量 Pt 对超导体晶体结构不会产生多大影响，对氧含量及有序度影响不大，因而对 Tc 影响不大。但 Pt 含量较大时，晶胞正交扭曲度变化较大，Pt 会出现在晶界中，这样不利于超导相的形成。少量 Pt 的加入可能会提高超导相的含量，因而对磁化强度的改善有益。

6.1.4 贵金属掺杂玻璃

6.1.4.1 金属胶体着色玻璃

金属胶体着色玻璃又称宝石红玻璃，主要是 K_2O-CaO-SiO_2、K_2O-PbO-SiO_2 系的底玻璃为基础，后过渡到 K_2O-PbO-B_2O_3-SiO_2 系统，之后又以 Sb_2O_3 全部取代 PbO。底玻璃的发展主要是考虑熔制和加工性能。在上述体系中加入贵金属盐如 $AgNO_3$、$AuCl_3$，酒酸盐如酒石酸氢钾，$SnCl_2$、Sb_2O_3 还原剂，熔融后仍为无色或轻度显色的玻璃。掺银玻璃经热处理后，呈黄色至棕黄色，主要用于艺术玻璃、镶色玻璃。

对于掺 Au、Ag、Pd、Pt 等的金属胶体着色玻璃，其成色过程与金属胶体的析出和长大过程有关。金红玻璃成色只需加热玻璃进行热还原即可，而掺银玻璃成色，需要在熔体中加入酒石酸盐、草酸盐等作还原剂，当然 Sb_2O_3 在熔体高温下转变为 Sb_2O_5 亦具有同等作用。较高的 Sb_2O_3 含量能确保贵金属离子全部还原成金属或确保贵金属以胶体形式析出。胶体着色玻璃的颜色主要归因于胶体的特定吸收。

6.1.4.2 光色硼硅酸盐玻璃

光色玻璃，能可逆变色，适于多种用途。光色玻璃底玻璃为硼硅酸盐玻璃，在熔体中加入卤化银，在冷却时或者玻璃热处理中形成卤化银胶体粒子，玻璃为无色透明或乳白色取决于粒子尺寸大小。在硼硅酸盐玻璃中掺钼酸银-钨酸盐银可以避免在光色玻璃中掺卤化银，灵敏度过高时，玻璃变暗度与光强度不成正比的问题。该类光色玻璃最大的特点是光色效果与光强度完全成正比。

6.1.4.3 防辐射玻璃和耐辐射玻璃

防辐射玻璃和耐辐射玻璃主要由高铅玻璃构成。高铅有利于玻璃密度的提高，其防护作用除与玻璃密度有关外，还与玻璃厚度相关。X 射线和 γ 射线会对玻璃结构造成严重破坏，外观上表现为从黄色到深棕色的变色效应。若防辐射玻璃对这种变色效应不稳定，玻璃在短时间内就变成深棕色，不透明甚至不能使用。玻璃熔体中加入 CeO_2，可取得抵抗受照变色的稳定效果。

6.1.5 敏感陶瓷

6.1.5.1 气体敏感陶瓷

气体敏感陶瓷如 SnO_2、ZnO 为半导体金属氧化物陶瓷，其导电率对还原性气体极为敏感。这种依存性和敏感性是由于半导体陶瓷表面吸附的气体分子和半导体晶粒间的电子交换而产生的。究竟是电子给予体（施主）还是电子接受体（受体）取决于半导体晶粒和吸附分子的电子化学势（费米能级）的高低。

气体敏感功能是通过气体分子在固体表面的吸附和解吸来实现的。气敏陶瓷重点研究的是诸如选择性和灵敏度的问题。典型的传感器材料如表 6-13 所列。

表 6-13 各种传感器材料和被检气体

传感材料	检出气体	使用温度/℃
ZnO 薄膜	还原性和氧化性气体（H_2，O_2，C_2H_4，C_3H_6 等）	400～500
ZnO+Pt 催化剂	可燃气（C_2H_6，C_3H_8，n-C_4H_{10} 等）	400～500
ZnO+Pd 催化剂	可燃气（H_2，CO）	400～500
WO_3+Pt 催化剂	还原性气体（H_2）	200～300

在气敏元件中贵金属 Pt、Pd 等主要用作催化剂，以改善气敏元件的性能。在 SnO_2 气敏陶瓷中 Pt 丝作为电极，对实现稳定传感具有重要作用。SnO_2 等气敏元件通常是在 SnO_2 中添加贵金属 Pt、Pd 等催化剂制成，由于活性的氧吸附，而形成高势垒。可燃气体消耗了吸附氧，使元件电阻减少，作为增感（使灵敏度提高）剂添加的 Pt、Pd 本身是很强的氧化性催化剂，促使 C—H 键断裂。在 Zn 中添加 Pt 催化剂，对异丁烷和丙烷的灵敏度就提高，对 CO、H_2 和烟的灵敏度就降低。添加 Pd 催化剂其效果则正相反，在 α-Fe_2O_3 多孔敏感陶

瓷中掺钯，可以提高其对 H_2 的敏感性。

6.1.5.2 氧气传感器

贵金属电极还广泛用于 ZrO_2 氧气传感器。传感器的主要元件为 U 形管状氧气检测元件，该元件由氧离子型导体 Y-PSZ（Y 添加部分稳定 ZrO_2）的两侧附加电极，在接触汽车尾气的外侧电极上，形成一层或两层以上多孔陶瓷电极保护厚膜。传感器头部内侧，有一层 PTFE 聚合物材料制作的憎水性多孔性过滤器，具有通气防水的功能，内侧电极与大气连通但与水分隔绝。插入元件内侧的加热器，是为了保持元件检测部位处于 300℃以上的工作领域，达到传感器性能稳定化的要求。此外，元件检测部位由两层圆筒状金属罩套住，以防止尾气直接接触元件，保护其不被尾气中玻璃质等有毒物质和水分黏结上，并防止元件急剧升降温所受的热冲击。

浓差电池是氧敏感传感器的一种典型结构，除此以外还有其他结构形式，如 Pt/TiO_2 厚膜氧敏传感器，适于作氧传感器的金属氧化物材料。目前有 SnO_2、PbO、CoO、CeO_2、$LaNiO_3$、ThO_2、Cr_2O_3、TiO_2 等。Pt/TiO_2 厚膜氧敏感传感器制作过程的关键在于 TiO_2 膜层的制备和催化处理。目前有多种途径和方法可以采用。TiO_2 膜层可以利用传统的厚膜浆料及工艺制成，也可以采用其他方法如醇盐水解溶胶凝胶法（sol-gel）制取 TiO_2 金红石相微粉，也可以利用 sol-gel 法在陶瓷基片直接成膜，经热处理得到所需结构的膜层。Ti 的金属醇盐的重要反应过程如下：

$$Ti(OC_4H_9)_4 + H_2O \longrightarrow Ti(OC_4H_9)_3(OH) + C_4H_9OH\text{（水解）}$$

$$Ti(OC_4H_9)_4 + Ti(OC_4H_9)_3(OH) \longrightarrow Ti_2O(OC_4H_9)_6 + C_4H_9OH\text{（缩合）}$$

$$Ti(OC_4H_9)_3(OH) + Ti(OC_4H_9)_3(OH) \longrightarrow Ti_2O(OC_4H_9)_6 + H_2O\text{（缩合）}$$

适宜的反应温度为 80℃，当乳状物的量可再增加时，表明反应已进行完毕。停止加热，静置片刻，加入少量乙醇，使乳状物和液态有机物分离。经烘干于 1000℃左右处理 TiO_2（金红石）就形成了，经球磨处理后得到微粉，将其与有机载体混合制成 TiO_2 厚膜浆料，制作过程与厚膜工艺相同。

贵金属 Pt 催化剂有多种引入方式。一种方式是将 TiO_2 粉体在铂的盐溶液或酸液中浸泡 12h，干燥成型再进行烧结，使 Pt 附着在 TiO_2 晶粒表面；另一种方法是将整个 TiO_2 厚膜元件浸入一定浓度的 $PtCl_4$ 溶液中，24h 后取出，于 100℃下干燥，再于 600℃下处理 2h，使 $PtCl_4$ 完全分解即可得到掺 Pt 的 TiO_2 厚膜氧敏元件。该元件的最佳工作温区 200～400 ℃，比 ZrO_2 氧传感器最佳工作温度（800℃）低许多。更高温度下元件灵敏度 β 值大幅下降。

6.1.5.3 湿度传感器

镁尖晶石 $MgCr_2O_4$-TiO_2 系多孔陶瓷（MCT），在 200℃以下时，由于吸附、脱附水蒸气，使电阻明显变化。尤其在含有少量水蒸气的气氛中，单分子化学吸附导致羟基的形成，在该过程中，引起了氧化反应（$Cr^{3+} \rightarrow Cr^{4+}$），易于生成物理吸附时质子传导的 H^+，结果 H^+ 以跳动方式从一点迁移到另一点。这种陶瓷在高温状态下，经受热循环几乎不引起结构变化。利用这种陶瓷的热稳定性，通过加热器加热，清除陶瓷中出现的污染，由于采用了加热清洗，因而在其他有机物蒸气、尘埃、结露等极其恶劣的条件下，能够保证其长期可靠性。贵金属化合物 RuO_2 为湿度传感器的电极材料，它可作为检测气体时的加热源，还可作为加热清洗时的加热器。而丝（直径）则用作湿敏陶瓷的引线材料，起着非常重要的作用。

6.1.5.4 热敏陶瓷

(1) 负温度系数热敏电阻(NTCR)

在高温热敏电阻如 $Mg(Al_{0.3}Cr_{0.5}Fe_{0.2})_2O_4$ 中，600～1000 ℃温度范围中的 β 常数高达 14000K，线膨胀系数为 8.6×10^{-6}/℃(600℃) 与用作电极的丝(直径 φ0.15mm) 线膨胀系数 10.5×10^{-6}/℃十分接近。NTCR 热敏电阻的电极一般采用银电极或铂电极。由于 NTCR 热敏材料为 P 型半导体，因此可与银、铂等形成良好的欧姆接触。制备电极多采用印刷或涂敷电极浆料、高温烧渗，对于珠状 NTCR，电极采用细铂丝，在两根铂丝之间隔一定距离点上热敏浆料，高温烧成后封装于玻璃管中。

(2) 正温度系数热敏电阻(PTCR)

PTCR 与 NTCR 不同，PTCR 瓷体为 n 型半导体，因此金属与半导体接触首先面临的是欧姆接触。为了实现欧姆接触，原则上应选择功函数比半导体瓷功函数小的金属作电极，当然是否能形成良好的欧姆接触还与半导体瓷表面的电子状态及电极形成工艺等因素有关。Ni 的功函数约为 4.5～5.2eV，可以形成欧姆接触，但贵金属如 Ag 其功函数为 4.2～4.5eV，低于 Ni，从理论上应当形成欧姆接触，但实际上难以形成，这与 PTCR 的表面态有关。由于 n 型半导体陶瓷表面的电子产生极化作用，由物理吸附转化为化学吸附。由于电子被束缚，表面载流子浓度减少，在半导体表层形成了正空间电荷区，形成了高阻层。为了实现金属与 n 型半导体瓷的欧姆接触必须破坏半导体瓷表面的氧化吸附层。In-Ga 电极具有较高的氧化势，可夺取半导体瓷表面的化学吸附氧，因而是优良的 n 型半导体瓷欧姆接触电极。化学镀镍是 PTCR 生产中广泛使用的欧姆电极形成方法。采用此种方法经清洗的样品置于 $SnCl_2$ 酒精溶液中敏化，再于 $PdCl_2$ 溶液中活化形成贵金属 Pd 层，然后浸入 $Ca(H_2PO_3)_2$ 中还原，之后浸入镀镍溶液中镀镍，经清洗和热处理就可以形成良好的欧姆接触。此法化学镀 Cu，电镀 Ni、Cu、Au、Ir、Ag 并经适当的热处理均可获得良好的欧姆接触。

采用熔点较低的金属如 Al、Sn、Zn、Cu-Zn、Cu 等喷涂，控制压缩空气的氧含量及压缩空气气压、熔射距离，可避免气氛对 PTCR 电性能的影响并形成良好的欧姆接触。这种方法已在高温的 PTCR 生产中得到采用。

在研究和工业领域烧渗 Ag 电极法应用也非常广泛。但必须在电极浆料中引入强还原剂如 Zn、Sn、Sb、In、Cd 等贱金属粉，也可引入 Ti 及 Zn-Sb 合金，它们与表层氧结合，可以有效地破坏氧化高阻层、消除表面空间电荷层、获得理想的欧姆接触。欧姆接触银浆配方通常含少量 Bi_2O_3 或 Pb_3O_4 的硼硅酸盐玻璃，主要是为了提高电极在瓷体上的附着强度，并降低烧渗温度。

在实际应用中，欧姆接触电极是必需的，但基于种种考虑，当制作表层电极，通常大量的 PTCR 产品采取双电极结构。如在底层欧姆接触电极上涂敷用有机结合剂调和的石墨或炭黑，加热硬化后可形成耐腐蚀的电极；在底层电极的基础上，通过烧渗表层电极，可以得到抗氧化等性能较好同时可焊性好的 PTCR 产品。目前也有一次性银浆面世，该银浆可以实现常规底层欧姆接触电极和表层防护性及满足某种应用需要的表层电极的双层结构电极所要求的功能，但仅停留在研制阶段，尚未真正商品化。

除在敏感材料中大量使用贵金属作电极材料以外，在陶瓷其他领域如压电薄膜 ZnO/镍铬恒弹性合金复合音叉滤波器等，也大量使用贵金属如 Au 作电极材料。

贵金属 Pt、Au、Ag 等还可作全固态燃料电池 (SOFC，solid oxide fuel cell) 的阳极和

阴极，具有如下特点：a. 膨胀系数比等固体电解质大，电极层易于剥离，近年来有被 Ni-YSZ 金属陶瓷取代的趋势，而作为阴极材料也正被含稀土元素的 ABO_3 钙钛矿材料取代；b. 贵金属电极成本高，高温易挥发。

6.1.6 陶瓷器件和组件

6.1.6.1 多层陶瓷器件

多层陶瓷器件种类繁多，如多层陶瓷电容器、多层压电陶瓷变压器、多层压电陶瓷滤波器、多层压敏陶瓷变阻器和多层热敏陶瓷电阻器等。多层陶瓷工艺通常指的就是多层陶瓷器件典型的工艺，主要包括成型、切片、内电极及表层电极丝网印刷、叠层与层压、排胶、共烧等工序，有的器件还需要制作端电极。共烧技术是多层陶瓷工艺中最基础和最重要的关键技术，它要求陶瓷层与金属层膨胀系数相匹配、烧结温度范围相近，相匹配的致密化行为和理化相容性好。因为如果陶瓷/金属的共烧行为不匹配，将会产生各种缺陷(如分层、裂纹、剥离、针孔和翘曲等)，对多层元器件的电性能、热性能、力学性能以及长期可靠性产生不良的影响。

一般情况下，根据多层共烧陶瓷的材料种类、烧成温度范围高低，可选用从难熔金属、贵金属到贱金属为基的导体金属体系。为了改善陶瓷-金属的相容性，可加入适量的陶瓷粉体改性剂。在高温共烧多层陶瓷(HTCC) 中一般加入适量的 Al_2O_3粉和 Y_2O_3改性剂，它有助于改善陶瓷与 Mo-Mn 或 W-Mn 等金属化体系的共烧行为；多层电子陶瓷器件一般为中低温或低温共烧体系，通过在金属化浆料中加入适量同种功能相的陶瓷粉末或结构、组分相近的陶瓷粉末，有利于调整陶瓷金属的致密化行为、增加界面亲合力和改善界面微观结构，使界面相容性和结合强度得到增强。但如果陶瓷添加剂种类和加入量选择不对，则会恶化多层共烧陶瓷的性能，增大金属化浆料的方阻和互连、导通电阻，或者引起导体损耗的增大。调整致密化行为的另一个有效方法是在金属化浆料中掺一定量的金属有机化合物。这种金属有机化合物与烧结进程中产生游离金属的金属有机化合物不同，在烧结过程中产生的是金属氧化物，可以阻止或延缓金属的致密化，而游离金属则会加速和促进致密化。因此只要选择得当、工艺控制合理就可以降低或提高金属的致密化程度，改善金属与陶瓷的共烧行为。

中低温或低温共烧陶瓷元器件一般选用贵金属为基的电子浆料体系。尤以含 Ag 的电子浆料为多。片式电感(MLCI) 及相关的片式软磁元件、片式滤波器(MLCF)、片式天线等片式元器件向更小型化(如外型)、轻量化、多层化、复合化和集成化方向发展，是当今陶瓷基础元器件发展的趋势。多层功能组件是将片容、片感、片阻、片式传感器通过共烧集成，这些技术与 IC“电路集成” 技术(即高密度封装和 MCM 技术) 的结合，代表当今电子浆料、焊料、引线框架材料、陶瓷元器件技术、微电子技术和光电集成电路(OEIC) 的发展已经进入了一个新的时期。

为了实现多层化和集成化等目标，降低各类功能陶瓷材料的烧结温度，研究和开发与之相适应的贵金属和贱金属电子浆料已经成为多层器件领域的技术焦点和热点。

MLCC 的端头电极如果仅仅是一层 Ag，那么在 SMT 工艺过程经不起高温焊料的热浸蚀，会造成容量变化或开路，用纯 Pd 作端电极，化学稳定性和抗蚀能力得到增强，但成本太高。采用三层膜结构即以银浆为端电极的底层(25～50μm)，底层上再制作镍阻挡层(4～6μm)，表层为锡铅层(4～6μm)，就可以大大提高 MLCC 的可靠性。对于片式电阻，为了提高端头 Pd-Ag 电极的附着力，可焊性，通过镀 Ni、Sn 得到三层电极，使产品合格率得到大幅度提高。

多层压电陶瓷滤波器的多层结构中，内电极一般为 Pd、Ag/Pd 合金或其他高熔点合金，在 1200℃下 2h 内完成共烧后，在瓷体上下端表面施加极化电极。

片式压电陶瓷谐振器由陶瓷流通带，含贵金属 Au、Ag、Pt、Pd 中至少一种的导电浆料构成内电极，共烧成后需制作外电极。内电极数目为 3 以上的奇数，压电陶瓷为偶数层。极化时，电压施加于外部电极之间，位于某对内电极之间的压电陶瓷基体膨胀，而邻近内电极的另一部分压电陶瓷基体收缩，片式谐振器作为一整体却明显处于无振动状态。

6.1.6.2 多层陶瓷组件

多层陶瓷工艺已广泛用于集成电路、半导体器件的封装。从全球范围看，两大平行的工艺技术各具特色、各有其独特的优点。一种工艺是以 Al_2O_3、AlN 陶瓷为基的高温共烧多层陶瓷(HTCC)，主要用于 DIP(双列直插封装)、QFP(四边引出扁平封装)、PGA(针栅阵列封装)、BGA(环栅阵列封装)、MCM(多芯片组件) 等。其特点是烧成温度高，需以难熔金属或合金为导体材料，通常为了保证其可焊性和可靠性，表层裸露导体要进行化学镀镍和电镀贵金属金。其明显的不足是导体金属方阻大，不利于高速信号传递，同时很难制作具有埋置电容、电阻和电感的多功能复合共烧基极。另一种为低温共烧陶瓷，简称 LTCC，其突出的特点是烧成温度低，可使用低介电常数的介质材料、高导电率的金属导体如 Ag、Pd/Ag 等，可埋入与之相容的电阻(主要是贵金属体系)、电容等无源元件。一般说来，内层导体以 Ag、Pd/Ag 为主，通孔导体有 Ag、Pd/Ag 和 Au，顶层导体则根据需要，可选用 Au、Pt/Ag 和 Cu。顶层导体要求电阻低、可焊性好、抗焊料浸蚀、与基板附着力好。共烧用埋入型电阻材料主要有 5921D、5931D、5941D，端头导体用 6144D Ag/Pd；顶层电阻常用 Birox1900 和 Birox6000 系列。其中 6000 系列也可作共烧电阻。可用 6001 铜导体作端头导体。休斯公司和西屋电气公司(Westinghouse) 都致力于 LTCC 方面的研发和生产，IBM 则主要致力 HTCC 技术的应用。

贵金属作为半导体器件集成电路制造、封装、组装的互连金属化材料、焊丝和焊料等已得到了广泛的应用，是微电子、光电子发展不可或缺的重要支撑材料。GeAs 激光器制作中溅射制作 TiAu、蒸发制作 AuGeSi 层是激光器的重要组成结构单元。对于半导体器件芯片金属化多用金属 Al。一般说来，金属失效的原因：一是由于金属膜质量迁移引起的，它随电流增大而加剧，称为横向失效；另一为纵向失效即由于金属与金属或金属与半导体相互扩散或发生反应引起的失效，又称为电穿透。这一类失效随温度的提高而加剧。对于微波功率管，面临大电流和较高温度，因此含贵金属的金属化材料取代铝已成必然。在 Ti-Au、Ti-W-Pt-Au、TiW-Au、TiW-Pt-Au、Mo-Au 等磁控溅射沉积的金属化体系中，TiW-Pt-Au 综合性能较佳，在 GaN 微波电子学领域，Ti/Al/Ti/Au、Pt/Au 分别是重要的欧姆金属和栅金属。Au/Ge/Ni-Cu 则是 MESFET(金属-半导体场效应管) 重要的接触电极。源漏金属、栅分别采用 Au/Ge/Ni/Ag/Au、TiPtAu。近年来，随着集成电路及半导体器件的发展，互连金属化已窄到近 1μm，电流密度已超过 $5\times10^5 A/cm^2$，在抗迁移的金属化系统中，贵金属发挥了重要的作用，如 Al-Pd、Ti-Pt-Au、Pt-Ti-Mo-Au 等。在芯片制作过程中，互连金属尤其是贵金属得到了广泛应用。芯片在进行键合、封装、组装时许多工艺如 WB(wire bonding)、TAB(带式自动键合)、FC(倒装芯片) 等及相关结构件表面或要镀覆贵金属或者要使用含贵金属的焊料等，其内容极为丰富。

6.1.7 贵金属纳米材料

贵金属纳米材料是指运用纳米技术开发和生产贵金属制品，得到尺寸在 100 nm 以下(或含有相应尺寸纳米相)的含有贵金属的新材料。这些新材料在光学、电学、声学、磁学、催化和力学等性质上与传统的贵金属材料有很大差异。

贵金属纳米材料包括贵金属单质和化合物纳米粉体材料、贵金属新型大分子纳米材料和贵金属膜材料等几大类型。其中，贵金属的单质和化合物纳米粉体材料又可分为负载型和非负载型两类，非负载型贵金属纳米材料是在电子工业应用最广的贵金属纳米材料。

非负载型贵金属单质和化合物纳米粉体材料包括银、金、钯和铂等贵金属单质的纳米粉体及氧化银等贵金属化合物纳米粉体两大类型。目前国内外研究的重点和趋势是：a. 控制贵金属纳米粒子的颗粒大小，达到粒径可控；b. 控制贵金属纳米粒子的形貌，达到形貌可控；c. 加强应用和产业化研究，将实验室小试结果放大到生产规模。

由于纳米粒子的表面作用能很强，使纳米粒子之间极易团聚，而且由于小尺寸效应和表面效应使得这些贵金属粉末的颜色发生了很大变化，基本上呈黑色或灰色。为了防止贵金属粉末之间的团聚，通常在制备过程中或得到粉体产品后，用一定的保护剂(兼有分散作用)包覆在颗粒表面。常用的保护剂有聚乙烯吡咯烷酮、烷基硫醇、油酸或棕榈酸等。保护剂的选择原则是分散性好(对贵金属纳米粒子)和相容性好(对后续产品的生产)，因为阻止贵金属纳米粒子团聚的过程也是对贵金属纳米粒子的改性过程。非负载型贵金属纳米粉体颗粒的形状以球形为主，除了化学成分、主含量和杂质元素含量应符合一般产品的标准外，粒径分布是一个重要指标，在具有良好分散性的同时，要求粒径分布范围越窄越好。

最近人们对非球形的贵金属纳米粉体材料显示出了极大的兴趣，棒状、树枝状、管状和片状等非球形贵金属纳米粒子均获得了一定的应用。如纳米级片状银粉对改善电子浆料的电性能及降低浆料烧结温度非常重要，同时用贵金属片状粉末代替球状粉末可在不影响甚至提高后续产品性能的前提下节省大量的贵金属。

目前，已产业化并在工业上得到应用的非负载型贵金属(及其化合物)纳米粒子主要有纳米银粉(代替超细银粉)、纳米金粉(代替超细金粉)、纳米铂粉(代替超细铂粉)和纳米氧化银(代替普通氧化银)等。超细银粉是电子工业所用的导电浆料的重要原料，也是白银深加工的主产品之一。用纳米银粉替代工业上使用的超细银粉(微米级)的突出优点有三：一是纳米银粉所生产的电子浆料的颗粒度更小(前提是调浆料用的其他材料也必须是纳米级的)，在进行丝网印刷时可用孔径更小的丝网进行印刷，从而得到更致密的表面涂层，同时可以提高丝印操作的工效；二是在电子浆料中用纳米银粉代替微米级银粉，可在不降低器件性能的前提下使单位元器件的银耗下降，大大降低成本；三是由于超微颗粒的熔点通常低于粗晶粒物体，因此用纳米银粉制成导电浆料，其烧结温度一般低于普通浆料，可大大降低对基片材料的耐高温要求，甚至可用塑料等低温材料作为基片材料。

6.1.7.1 纳米银粉

银粉在电子工业中有广泛的用途。由银粉制成的厚膜导电浆料是混合电路封装的基础材料，也是白银深加工的主要产品之一。用银浆制成的厚膜导电带主要应用于各贴片元件的相互连接和微电子精密电路。银厚膜的导电率的高低和致密性等关键技术参数主要决定于银粉的颗粒大小、形貌和其他性能。使用纳米银粉代替微米级超细银粉制备厚膜导电浆料，其优点表现在 3 个方面。

(1) 性能优良

使用银纳米粉末可以制备具有优良表面状态和稳定电阻的导电带。研究表明，碳膜电位器用导电银浆，在相近松装密度情况下，片状银粉的颗粒度和厚薄、粒径分布等对导电膜的电阻有很大影响，细颗粒片状银粉对导电层间隙的填充效果比大颗粒片状银粉和球形颗粒银粉好。片状银粉的导电性优于超细银粉，是独石电容器、滤波器、碳膜电位器、钽电容器、薄膜开关、半导体芯片等电子元器件的主要电极材料。

(2) 减少耗银量

在电子浆料中用纳米银粉代替微米级银粉，在不降低器件性能的前提下，可使单位元器件的银耗量大大下降，降低器件的制造成本。制造商希望在提高电子元件产品质量的同时降低成本，其关键是必须提高银粉末的比表面积，细化颗粒平均尺寸并达到粒径和形貌可以自由控制。用作厚膜电子浆料的银粉，如果平均颗粒尺寸小于 0.1μm，即处于纳米尺度范围内，印刷太阳能电池中直径 100mm 的单晶硅，每千克银粉可印刷 1.5 万片。如果改用平均颗粒尺寸 0.1～0.5μm 的银粉，每千克只能印刷不到 1.1 万片。目前国内电子工业用银粉平均尺寸通常在 0.1～0.5μm，离制造商的要求仍有距离。昆明理工大学[8]、云南大学已研究采用丙三醇作为还原剂，加入有机高分子分散剂 0.5%～1.0%，在碱性环境介质下，将 $AgNO_3$ 还原制备纳米银粉。在银粉脱水干燥以前，对纳米银粉进行表面改性，通过油酸不饱和基团、脂肪羧酸基团或多元醇羟基基团等有机官能团取代颗粒表面的所有非架桥羟基及薄层水膜，可有效防止粉末在过滤、干燥过程中发生聚结。该种纳米银粉制备工艺简单、批量大、团聚小、易分散，已在电子工业得到应用。

(3) 烧结温度更低

由于超微颗粒的熔点通常低于粗晶粒物体，因此用纳米银粉制成导电浆料，其烧结温度一般低于普通浆料，可降低对基片材料的耐高温要求，甚至可用塑料等低温材料作为基片材料。例如，银块体材料的熔点为 961℃，而当颗粒尺寸降至 5nm 时，在低于 100℃的温度下银微粒即开始熔融。天津大学[9]利用纳米银作为导电材料和黏结剂与碳纳米管混合，低温烧结制备碳纳米管场发射阴极，不仅可以明显降低烧结温度，同时利用银的良好导电性，还可以使碳管上发射的电子源源不断地得到补充，具有稳定电流的作用，被广泛应用于平板显示领域的场发射(FED) 中。

6.1.7.2 银纳米线

银纳米导线因其不同寻常的量子性质可用于纳米设备的连接线，可以满足小直径、高比表面积和均匀取向要求。通过自组装反应合成有机纳米管，然后在酸性溶液和光化学条件下，银离子聚集在纳米管内形成纳米线。这种定向合成纳米线的方法具有重大的理论意义和实际应用价值，这类纳米线可用作纳米器件的连接线。

6.1.7.3 银金纳米颗粒

银纳米簇合物具有较强的吸收和发射信号能力，与有机物相比可以传输更高更强的信号，对单个纳米颗粒的观察更有利于理解分子性质的多样性。纳米颗粒是很大的复杂的体系，它们的银光性质常常反射出影像电子空洞重新组合时分子表面间的相互作用。然而如果这些纳米颗粒被设计成笼状的或具有光活性的，那么纳米颗粒的光效率会被大大增强，这种笼状银光颗粒可以迅速开启和闭合，可用作纳米光储存器件开关和生物探针。

金属和半导体纳米颗粒的光学、电学和化学性质适合运用于光电纳米机器、催化剂和化学传感器，其中金得到广泛研究。

6.2 电子废物中贵金属的再生利用

6.2.1 白银的回收

白银在工业上主要应用于感光材料、焊料、电气及电子工业、催化剂制造、电镀及电池等行业。我国电子电气、感光材料、化学试剂和化工材料每年所耗白银约占总消耗量的75%，白银工艺品及首饰消耗量约占10%，其他用途约占15%。

电气及电子工业所用白银制品为银及银合金、银复合材料、超细银粉、光亮银粉以及各类银浆。由于微电子工业的高速发展，在此方面的白银消耗与日俱增。我国电子浆料起步较晚，在数量和质量上还远远不能满足电气及电子工业的需要，高档电子元器件所用电子浆料绝大部分依赖进口。焊料是白银在工业上的一个新的应用领域。随着家用电器的日益普及，冰箱、洗衣机、空调等生产中所用含银焊料越来越多，而且逐步从低银焊条向高银焊条发展。使用含银焊条的好处在于焊接点的电阻小，发热少，相应家电的使用寿命长。电镀行业所用含银物质为高纯白银(99.99%以上，用作极板)、硝酸银、氰化银钾、氰化银等，所镀材料已从民用制品逐步转向工业制品(以电子电气元器件为主)。在电池行业，白银主要用于扣式氧化银电池，每年用于这方面的白银约占总消耗量的10%，而且呈现逐年上升趋势。

由于银的使用范围极广，因而银废料的分布很散，任何生产或使用含银产品的单位或个人都是银再生资源分布所在。银再生资源主要来源于以下几个方面：电子工业(钎料、触点材料、涂镀层、电极、导体、银复合材料等)、石油工业(含银催化剂)、照相工业(胶片、相纸)、饰品及装饰(首饰、表壳、艺术品等)、钱币等。可见银再生资源的种类、形状、性质和品位差别很大，因而银再生工艺具有多样性和复杂性。

与其他几种贵金属相比，银的化学性质活泼，所以其回收处理技术相对简单。但对低品位含银废料，考虑到其回收成本，一般的回收技术尚不能使用。随着贵金属应用范围的扩大，银再生资源的种类将更加复杂，低品位含银废料的比重将进一步增加，因而银再生技术还有待进一步提高。银的回收方法通常可分为火法、湿法、浮选法和机械法等。表6-14列出了相应回收方法及可处理的含银废料。常用金银废料回收工艺流程如图6-1所示。

表6-14 银废料回收方法及可处理的相应废料

回收方法		可处理的相应废料
火法	熔炼法	合金、电子废料、催化剂、炉灰、废渣
	焚烧法	废胶卷
	精炼	优质废料(如坩埚、漏板等)
湿法	酸法	催化剂、合金、氧化银电池
	剥离法	镀银废料、电极
	置换法	废定影液、镀液、剥离液、照相洗液
	沉淀法	
	电解法	
	吸附及交换法	

续表

回收方法	可处理的相应废料
浮选法	粉类、细粒贵金属废料
机械法	银镀层废料

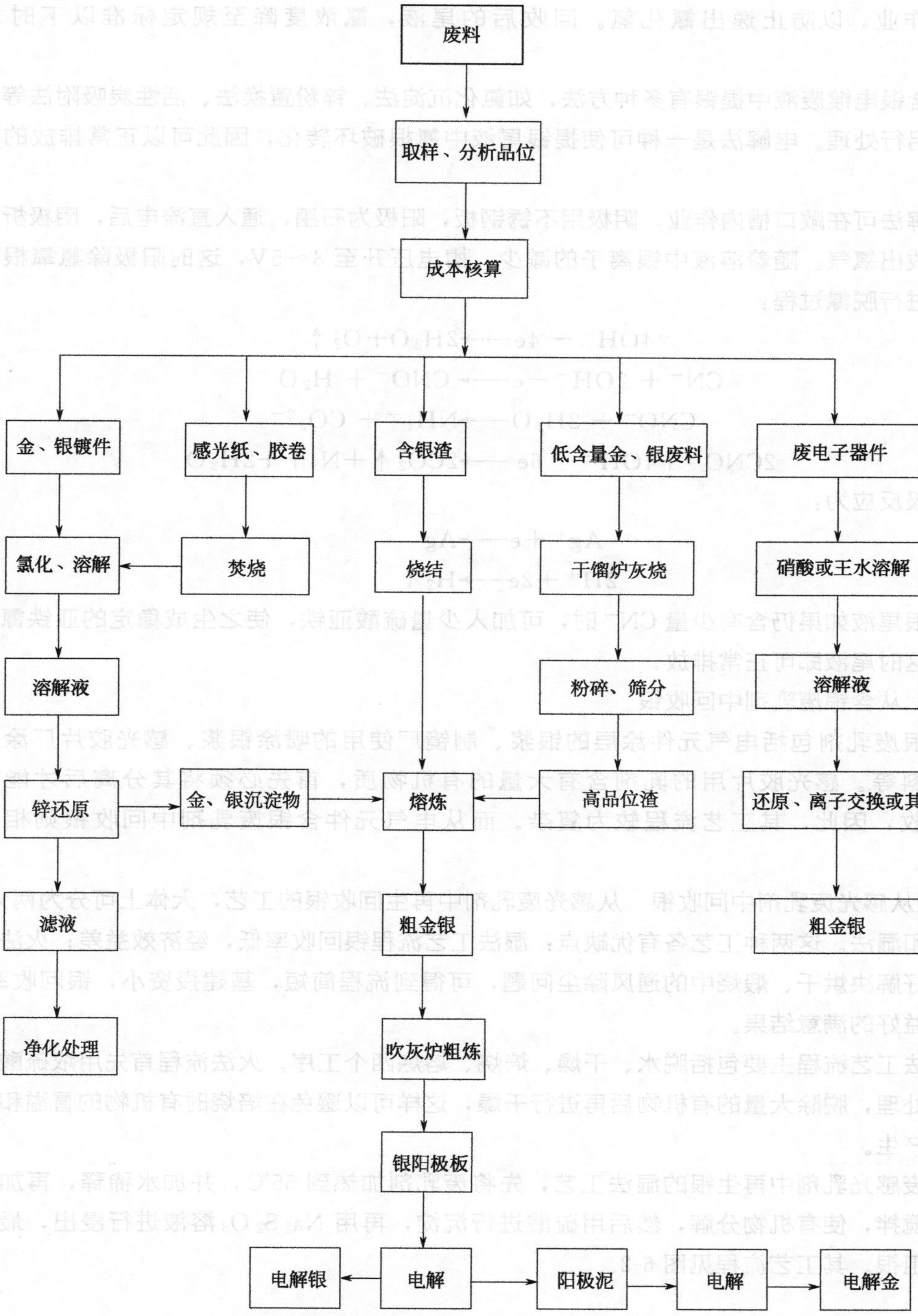

图 6-1　常用金、银废料回收工艺流程

6.2.1.1 含银废液中回收银

含银废液品种很多，与电子工业相关的含银废液包括废定影液、电镀银废液、含银废乳剂以及各个再生利用企业从废家电中自主处理的含银废液等。

(1) 从银电镀废液中回收银

电镀废液含银达 10～12g/L，总氰为 80～100g/L。处理这类废液时，不能在酸性条件下作业，以防止逸出氰化氢。回收后的尾液，氰浓度降至规定标准以下时才准排放。

从含银电镀废液中提银有多种方法，如氯化沉淀法、锌粉置换法、活性炭吸附法等，但尾液需另行处理。电解法是一种可使提银尾液中氰根破坏转化，因此可以正常排放的有效方法。

电解法可在敞口槽内作业，阴极用不锈钢板，阳极为石墨，通入直流电后，阴极析出银而阳极放出氧气。随着溶液中银离子的减少，槽电压升至 3～5V，这时阳极除氢氧根放电外，还进行脱氰过程：

$$4OH^- - 4e \longrightarrow 2H_2O + O_2\uparrow$$

$$CN^- + 2OH^- - e \longrightarrow CNO^- + H_2O$$

$$CNO^- + 2H_2O \longrightarrow NH_4^+ + CO_3^{2-}$$

$$2CNO^- + 4OH^- - 6e \longrightarrow 2CO_2\uparrow + N_2\uparrow + 2H_2O$$

阴极反应为：

$$Ag^+ + e \longrightarrow Ag$$

$$2H^+ + 2e \longrightarrow H_2\uparrow$$

脱银尾液如果仍含有少量 CN^- 时，可加入少量硫酸亚铁，使之生成稳定的亚铁氰化物沉淀，这时尾液即可正常排放。

(2) 从含银废乳剂中回收银

含银废乳剂包括电气元件涂层的银浆、制镜厂使用的喷涂银浆、感光胶片厂涂布车间的废料等。感光胶片用的乳剂含有大量的有机物质，首先必须将其分离后才能进行银的回收，因此，其工艺流程较为复杂。而从电气元件含银废乳剂中回收银则相对简单一些。

1) 从感光废乳剂中回收银　从感光废乳剂中再生回收银的工艺，大体上可分为两大类，即干法和湿法。这两种工艺各有优缺点：湿法工艺流程银回收率低，经济效益差；火法工艺如能很好解决烘干、煅烧中的通风除尘问题，可得到流程简短，基建投资小，银回收率高，经济效益好的满意结果。

火法工艺流程主要包括脱水、干燥、焙烧、熔炼四个工序。火法流程首先用浓硫酸将乳剂进行处理，脱除大量的有机物后再进行干燥，这样可以避免在焙烧时有机物的冒溢和大量臭气的产生。

从废感光乳剂中再生银的湿法工艺，先将废乳剂加热到 55℃，并加水稀释，再加蛋白酶进行搅拌，使有机物分解，然后用硫酸进行沉淀，再用 $Na_2S_2O_3$ 溶液进行浸出，最后电解得到粗银。其工艺流程见图 6-2。

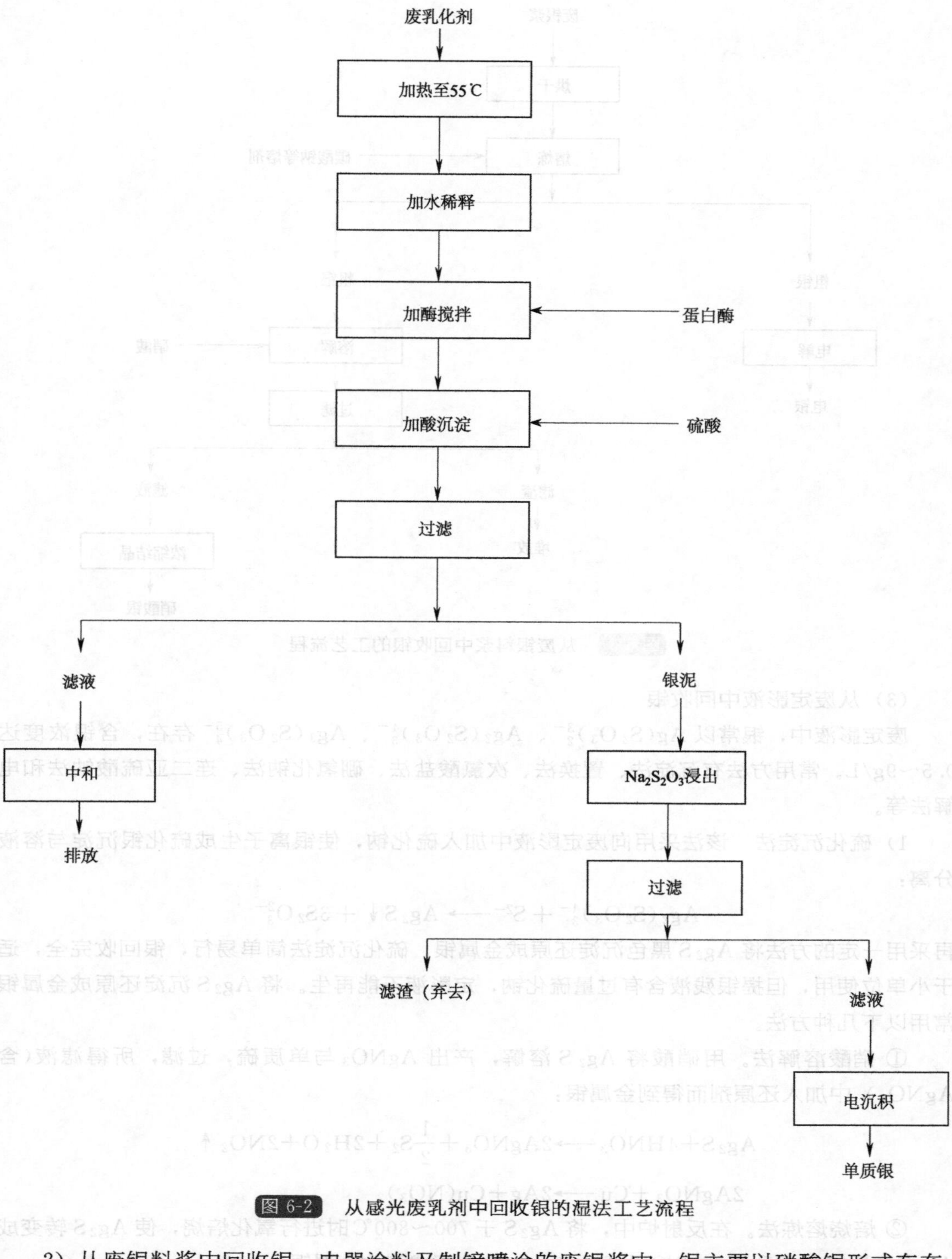

图 6-2　从感光废乳剂中回收银的湿法工艺流程

2）从废银料浆中回收银　电器涂料及制镜喷涂的废银浆中，银主要以硝酸银形式存在，其回收的工艺流程可采用简单的烘干、熔炼、电解获得纯银，或用硝酸将其中的银溶解，制取硝酸银，其工艺流程见图 6-3。也可采用电解法获得纯银。

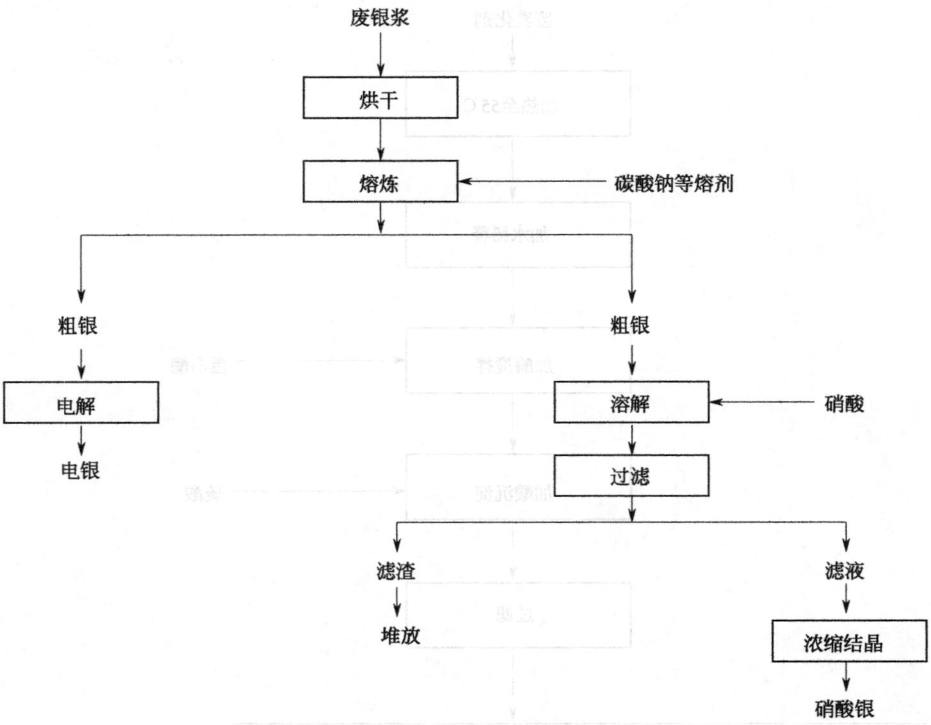

图 6-3　从废银料浆中回收银的工艺流程

(3) 从废定影液中回收银

废定影液中，银常以 $Ag(S_2O_3)_2^{3-}$、$Ag_2(S_2O_3)_3^{4-}$、$Ag_3(S_2O_3)_4^{5-}$ 存在，含银浓度达 0.5～9g/L。常用方法有沉淀法、置换法、次氯酸盐法、硼氢化钠法、连二亚硫酸钠法和电解法等。

1) 硫化沉淀法　该法采用向废定影液中加入硫化钠，使银离子生成硫化银沉淀与溶液分离：

$$Ag_2(S_2O_3)_3^{4-} + S^{2-} \longrightarrow Ag_2S\downarrow + 3S_2O_3^{2-}$$

再采用一定的方法将 Ag_2S 黑色沉淀还原成金属银。硫化沉淀法简单易行，银回收完全，适于小单位使用，但提银残液含有过量硫化钠，定影液不能再生。将 Ag_2S 沉淀还原成金属银常用以下几种方法。

① 硝酸溶解法。用硝酸将 Ag_2S 溶解，产出 $AgNO_3$ 与单质硫，过滤，所得滤液(含 $AgNO_3$) 中加入还原剂而得到金属银：

$$Ag_2S + 4HNO_3 \longrightarrow 2AgNO_3 + \frac{1}{2}S_2 + 2H_2O + 2NO_2\uparrow$$

$$2AgNO_3 + Cu \longrightarrow 2Ag + Cu(NO_3)_2$$

② 焙烧熔炼法。在反射炉中，将 Ag_2S 于 700～800℃时进行氧化焙烧，使 Ag_2S 转变成 Ag_2O。再将炉温升至 1000℃以上，使 Ag_2O 分解成液体金属银：

$$2Ag_2S + 3O_2 \longrightarrow 2Ag_2O + 2SO_2\uparrow$$

$$2Ag_2O \longrightarrow 4Ag + O_2\uparrow$$

③ 铁屑纯碱熔炼法。Ag_2S 与铁屑、碳酸钠预先进行配料拌合，其中铁屑为 30%，纯碱

为 20%，然后于 1100℃时进行熔炼：

$$Ag_2S+Fe \longrightarrow 2Ag+FeS$$

$$2Ag_2S+2Na_2CO_3 \longrightarrow 4Ag+2Na_2S+2CO_2+O_2$$

在产出金属银的同时，还生成了冰铜($Na_2S \cdot FeS$)。钠冰铜或单质 Na_2S、FeS 对银有较大的溶解能力，造成银的分散，降低了银的直收率。所以熔炼中应注意配料，创造条件，使铁氧化成氧化物。但若有 Fe_3O_4 生成，同样要增大银的损失。若渣含银高，此炉渣应单独处理，用硼砂、硝石与 Fe_3O_4 造渣，以回收其中的银。此外，熔炼温度不宜超过 1100℃，高温将增加硫化物对银的溶解能力。渣含银的高低，还可通过浇铸时，渣(或冰铜)与银分离状况进行判断，冷却后若渣容易分离，银面又不留渣黏结物，说明渣含银低，反之则渣含银高。

④ 铁置换法。在盐酸溶液中，常温下用铁屑按下式反应将银置换出来：

$$Ag_2S+Fe \longrightarrow 2Ag+FeS$$

2）置换法　利用铁粉、锌粉、铝粉作还原剂，使定影液中硫代硫酸银还原成金属银。这种方法效率高，简单易行，但定影液不易再生。

3）次氯酸盐法　次氯酸盐有分解银络合物的作用。当处理含 6g/L 银的定影液，用含 10%～15%的 NaOCl 和 1～1.5mol/L 的 NaOH 处理，可破坏定影液中的络合物，并析出 AgCl 沉淀。

4）二亚硫酸钠($Na_2S_2O_4$）法　将溶液的 pH 值用冰醋酸和 NaOH 或氨水调整到接近中性，然后将固态或液态的 $Na_2S_2O_4$ 添加到废定影中，在强烈搅拌下加热到 60℃，即可达到提银的目的。需要注意的是溶液的 pH 值不能太低，否则 $Na_2S_2O_4$ 容易分解产生单质硫而污染所得金属银。当温度超过 60℃时，也发生同样现象。此法不仅工艺简单、效率高，而且定影液可再生使用。

5）硼氢化钠($NaBH_4$）法　$NaBH_4$ 是一种很强的还原剂，在 pH＝6～7 的条件下，将 $NaBH_4$ 加入到废定影液中，发生如下反应：

$$8Ag(S_2O_3)_2^{3-}+NaBH_4+2H_2O \longrightarrow NaBO_2+8H^{+}+16S_2O_3^{2-}+8Ag\downarrow$$

该方法可取代传统的锌粉、铁粉置换法和硫化沉淀法，在处理小批量，低浓度的废液时更显示出其优点。

6）电解法　电解法回收含银废液中的银，在技术上和经济上均显示出许多优越性。各国进行过许多研究，改进并研制出许多形式的电解槽、电解装置或提银机。

根据设备结构，电解法提银设备可分成两大类，即开槽搅拌式电解提银机和闭槽循环式电解提银机。我国结合国内实际，制成的提银机采用石墨作阳极，不锈钢作阴极，溶液在机内密闭循环的工作方式。电解的技术条件为：槽电压 2～2.2V；电流密度 175～193A/m²；液温 20～35℃；循环速度 4.82m/s；电解时间，含银 3～4g/L，需 3～4h，含银 5～6g/L 时，需 5～6h；尾液含银，原液含银 2.5～9.3 g/L，尾液含银 0.5～0.7g/L(当尾液不再生时，含银可降至 0.15 g/L)；电银品位 90%～93%。

6.2.1.2　从镀银件中回收银

1）浓硫酸-硝酸溶解法　适用于基体为铜或铜合金的镀银件，作业条件为：浓硫酸 95%，硝酸或硝酸钠 5%作溶剂；严格控制在 30～40℃以下；作业时间为 5～10min。

装于带孔料筐中的镀银件退镀后，快速取出漂洗，可保证基体甚少溶解，从而能综合利用基体铜。溶剂多次使用失效后，取出溶液用置换法、氯化沉淀法回收其中的银。

2）双氧水-乙二胺四乙酸（EDTA）法　基底为磷青铜的镀银件，溶剂可用 EDTA 和双氧水按一定比例配制（如每升溶剂中加入 35%的双氧水 1～10g 和 EDTA5～10g），可使镀银层在 5～10min 内与基体分离。

3）四水合酒石酸钾钠溶液电解法　用四水合酒石酸钾钠溶液为电解液（如每升电解液中加入四水合酒石酸钾钠 37.4g，NaCN、NaOH、Na_2CO_3 分别为 44.9g、14.9g 和 14.9g 所得的溶液），用不锈钢为阴极，镀件为阳极，进行电解，几分钟后即可使厚度达 5μm 的镀层完全退去。

6.2.1.3　含银废合金中回收银

含银废合金类废料种类繁多，分布广泛。从中回收银的工艺因合金成分性质的不同而有所不同。

（1）从银金合金废料中回收银

如果合金中的含银量大大高于含金量，可直接用来电解银，金则富集于阳极泥中。但是当合金中 Ag∶Au＜3∶1 时，造液时银易钝化，不能被硝酸溶解，则应配入一定量的银熔融，形成 Ag∶Au 约为 3∶1 的银金合金，再从中回收银和金。

在用硝酸造液时，银按以下反应溶解。

在浓硝酸作用下：$Ag+2HNO_3 \longrightarrow AgNO_3+NO_2\uparrow+H_2O$

在稀硝酸作用下：$6Ag+8HNO_3 \longrightarrow 6AgNO_3+2NO\uparrow+4H_2O$

因此选用稀硝酸（一般为 1∶1）造液，既能防止产生棕红色 NO_2，又可减少溶剂硝酸的消耗。溶解后期适当加热，可促进银的溶解。

工艺流程如下：

银金合金废料→熔融配银→碎化→稀硝酸溶解→$AgNO_3$ 溶液→AgCl 沉淀→干燥→加 Na_2CO_3 熔炼→粗银

银金合金废料用稀硝酸溶解后所得金渣经过洗涤、干燥后，熔铸而得粗金。

氯化银加碳酸钠熔炼生产金属银的主要反应为：

$$2AgCl+Na_2CO_3 \longrightarrow Ag_2CO_3+2NaCl$$

$$\downarrow$$

$$Ag_2O+CO_2\uparrow$$

$$\downarrow$$

$$Ag+O_2\uparrow$$

熔炼作业中，可加入适量硼砂和碎玻璃，以改善炉渣性质，降低渣含银。熔炼作业中，熔化温度不宜过高，时间不宜过长。为减少氯化银的挥发损失，产出的银可铸成阳极板作电解提银用，电银品位可达 98%。

（2）从银铜、银铜锌、银镉等合金中回收银

银铜、银铜锌是焊料，前者含银最高达 95%，一般也有 72%，银铜锌含银仅 50%，银镉是接点材料，含银约 85%。属于接点材料的还有银钨、银石墨、银镍等。这类合金废料中品位高达 80%的，都可铸成阳极直接电解，产品电银品位可达 99.98%以上。含银 72%的银铜也可直接进行电解，可产出达 99.95%的电银，但电解液含铜迅速增加，增加了电解液净化量。采用交换树脂电极隔膜技术，处理银铜除可产出电银外，还可综合回收铜。对其他低银合金，可

用稀硝酸浸出，盐酸(或 NaCl) 沉银，用水合肼等还原剂还原回收其中的银。

6.2.1.4 银的精炼

银的精炼是指除去粗银中的杂质，产出纯银的过程。在银提取过程中得到的粗银，一般含银 50%～98%，同时还含有不同量的金、铂、钯、铅等，需进一步精炼除去杂质才能获得可供用户使用的纯银产品。银的精炼方法除工业上广泛使用的银电解精炼法外，还有化学还原法和溶剂萃取法。

(1) 电解法

用于银电解的原料，有处理铜、铅阳极泥所得到的金银合金(含银 90%以上)，氰化金泥经火法熔炼得到的合质金，配入适量银粉铸成的金银合金(含银 70%～75%)，其他含银废料经处理后得到的粗银等。

1) 银电解精炼原理与技术条件　银电解常以金银合金作阳极，外套隔膜袋，以银片或不锈钢片作阴极，以硝酸银溶液作电解液，在电解槽中通以直流电进行电解。其过程原理可表示为：

阴极	电解液	阳极
Ag(纯)	$\mid AgNO_3 + HNO_3 + H_2O \mid$	Ag(粗)

阳极主要反应：$Ag - e \longrightarrow Ag^+$

阴极主要反应：$Ag^+ + e \longrightarrow Ag$

银电解的技术条件如下。

电解液由 $AgNO_3$、HNO_3的水溶液组成。为增加电解液的导电性，电解液中需有少量游离硝酸。一般含银 100g/L 左右、硝酸 5g/L 左右，含铜<60g/L，一般 30～50g/L。电解液中还可加入适量KNO_3或 $NaNO_3$，既增加导电性，又可防止由于 HNO_3浓度过高而引起阴极析出银的化学溶解。

银电解多靠自热，维持在 30～50℃。温度低，电解液的电阻大，电能消耗增加；温度高会使酸雾增加，劳动条件差，并会加速电银的化学溶解。

为了缩短生产周期，电流密度一般控制在 250～300A/m²。过高会导致析出的银粉紧贴阴极表面不易剥离。

电解液常须循环以保持浓度、温度的均匀，约每 4～6h 电解液更换一次，依电解槽大小不同，其循环速度为 0.5～2L/min。

为防止阴极短路，同极中心距一般控制在 100～150mm，并用玻璃棒或塑料棒在阴阳极之间不断搅动电解液。

2) 银电解中杂质的行为　金与铂、钯的电极电位都比银高，电解时不发生电化溶解，以固态形式进入阳极泥。

铅、铋、砷、镉、锑、铜等金属电极电位比银负，电解时与银一道溶解转入溶液，既降低电解液的导电性，又增加硝酸消耗。其中铅与铋进入电解液后发生水解，呈过氧化铅和碱式硝酸铋进入阳极泥。砷、镉因阳极中含量很少，影响不大。铜与锑电极电位与银较接近，在电解液中积累到一定程度后会在阴极析出，从而降低电银纯度与电流效率。

硒与碲常以 Ag_2Se、Ag_2Te、Cu_2Se、Cu_2Te 化合物存在于阳极中，因其电化学活性很小，电解时全部落入阳极泥。

3) 银电解操作

① 造液。造液可用纯银粉，也可用银阳极，将其溶于硝酸水溶液中。如用银粉，其配

比为 $Ag : HNO_3 : H_2O = 1 : 1 : 0.7$。为加速反应可适当通以蒸汽。造液反应是：

$$Ag + 2HNO_3 \longrightarrow AgNO_3 + H_2O + NO_2 \uparrow$$

造液后的溶液含 Ag600～700g/L，含 $HNO_3 <$ 50 g/L，再加入适量水稀释至生产要求的电解液。为提高电解液的导电性，不但要保持 5g/L 左右的游离硝酸，而且要保持 30～50g/L 的铜离子，如果铜离子低至 10g/L，电解液电阻增大，槽压升高，同时析出银的化学成分，极不利于银的成形。

② 装槽前的准备。阳极入槽前要打平，去掉飞边毛翅，钻孔挂钩，套上涤纶布袋，挂在阳极导电棒上。阴极可用银、钛或不锈钢片，要平整光滑。用过的阴极板入槽前要刮掉表面银粉。装好电极后，注入电解液，检查极板与挂钩、挂钩与导电棒、导电棒与导电板之间的接触是否良好，然后接通电路进行电解。

③ 银电解槽。目前国内多用立式电极电解槽。它用硬聚氯乙烯焊成，槽内用未接槽底的隔板横向隔成若干小槽，小槽底部连通，电解液可循环流动。槽底连通处设有涤纶布制成的带式运输机，专供运出槽内银粉，槽面设有带玻璃棒的机械搅动装置，可定期开动，防止阴阳极短路，又可搅动电解液。

4）银电解的正常维护　保持电解液缓缓循环流动，使槽内电解液成分均匀，温度稳定；定期开动搅拌装置，防止阴极析出的枝状银结晶因过长而使阴阳极短路；保持导电棒与阳极挂钩及导电板之间接触良好，维持槽电压在 1.5～2.5V 之间。

5）电银的取出　电银析出一定数量后，取出阴极，刮掉表面银粉。目前国内较大型的银电解多采用带式运输机将银粉运出槽外。

6）电银的质量　电银含银＞99.9％，经洗涤、烘干后熔铸成锭，含 Ag99.995％。阳极溶解到残缺不堪后，更换新极，布袋内阳极泥收集好后，经洗涤、烘干，另行处理。银电解电流效率一般为 95％～96％，银的直流电耗约为 500kW・h/t。

（2）化学还原法

将粗银溶解使银转入溶液，调节一定酸度后，再用还原剂将银还原成纯海绵银。银的还原精炼可采用不同的还原剂或从不同的含银起始物开始。其中水合肼是最常用的一种还原剂，它被氧化后的产物为非金属，便于与还原银粉分离。现以 AgCl 的氨浸-水合肼还原为例说明银的还原精炼过程。

根据氯化银极易溶于氨水而生成银氨络合阳离子的原理，将氯化银沉淀物用氨水浸出，其条件是：工业氨水（含 NH_3 一般为 12.5％左右），常温、液固比视氯化银渣含银品位，控制浸出液含 Ag＜40g/L，机械搅拌，浸出 2h，浸出率可达 99％以上。因氮易挥发，浸出需在密闭设备中进行。

氨浸液用水合肼（$N_2H_4 \cdot H_2O$）还原即可得到海绵银，水合肼是一种强还原剂，其 $E^{\ominus}(N_2H_4 \cdot H_2O/N_2) = -1.16V$，而 $E^{\ominus}[Ag(NH_3)_2{}^+/Ag] = +0.377V$，因此，还原反应很容易进行。其反应为：

$$4Ag(NH_3)_2Cl + N_2H_4 \cdot H_2O + 3H_2O \longrightarrow 4Ag \downarrow + N_2 \uparrow + 4NH_4Cl + 4NH_4OH$$

水合肼还原条件：温度 50℃，水合肼（N_2H_4）用量为理论量的 2～3 倍，人工或机械搅拌下缓缓加入水合肼，30min 左右即可，还原率可达 99％以上。

如果氯化银渣中含 Cu、Ni、Cd 等金属杂质，则氨浸时也会形成相应的氨配合物而进入溶液，直接用水合肼还原时，得不到较纯的银产品。此时可在氨浸溶液中加入适量盐酸，使银又沉淀为 AgCl，与其他贱金属杂质分离，得到纯 AgCl 后再用氨浸还原，就可得到99.9%以上的海绵银。

（3）溶剂萃取法

溶剂萃取法是对硝酸溶解粗银得到的硝酸银溶液，用 40%硫醚-煤油组成的有机相进行溶剂萃取，用氨水进行反萃取，反萃液再用联氨（$N_2H_4 \cdot H_2O$）还原出银粉，银的回收率为 99%，银的纯度可达 99.9%。

6.2.2 黄金的回收

金在二次资源中的形态主要有：以液体状态处于含金废液中（如含金氰化废液和含金废王水等）；以固体状态处于表面镀金废料和合金等其他固体废料中；以固体或液体状态存在于金矿的采、选和冶炼各个环节中。由于存在于黄金生产的采、选和冶炼过程的废料中，各个黄金生产企业基本上自己消化，已经成为黄金生产过程的一部分；纯金或只有少量添加元素的金基合金，如黄金铸锭时的细碎金屑和切割边角料、镀金阳极板的余头、金基合金加工中的边角料等，较容易回收，有些只需在重新熔炼时增加少量的除杂工序即可。早期金的回收主要从此类物料开始。现在这类物料往往由加工厂自行处理或返回使用，不进入二次资源的市场。因此本节所讨论的金的回收主要以前两类废料为主。

含金废料主要来源于电子工业的各种废器件、各类废合金和各种废镀金液等。电子工业的各种废器件品种极其繁多，且随着信息产业的飞速发展，有关含金废料的数量越来越多。常见的含金电子元器件有锗普通二极管、硅整流元件、硅整流二极管、硅稳压二极管、可控硅整流元件、硅双基二极管、硅高频小功率晶体管、高频晶体管帽、高频三极管、高频小功率开关管、干簧继电器、硅单与非门电路等，黑白磁带录像机、晶体管三用电唱机、汞蒸气测定仪、微量氧化分析仪、计算机等仪器和电器的部分触点、引线和线路板也含有金。

各种含金合金的牌号和化学成分列于表 6-15。表中所列合金中金的含量都很高。除此以外，还有许多低金合金，它们在使用后更容易被人们遗忘其中的贵金属，而仅作为一般的金属进行回收。

表 6-15　各种含金合金的牌号和化学成分

金合金名称	牌号	化学成分/%
金银铜合金	AuAgCu35-5	Au60,Ag35,Cu5
金银铜钆合金	AuAgCuGd35-5-0.5	Au59.5,Ag35,Cu0.5,Gd0.5
	AuAgCuGd35-10-0.5	Au54.5,Ag35,Cu10,Gd0.5
金银钢锰合金	AuAgCuMn33.5-3-3	Au61.5,Ag33.5.Cu3,Mn3
金银钢锰钆合金	AuAgCuMnGd33.5-3-2.5-2	Au59,Ag33.5,Cu3,Mn2.5,Gd2
金银铜锰镍合金	AuAgCuMnNi33.5-3-2.5-2	Au57,Ag33.5,Cu3,Mn2.5,Ni2
金镍铜合金	AuNiCu7.5-1.5	Au91,Ni7.5,Cu1.5
金镍铬合金	AuNiCr5-1	Au94,Ni5,Cr1
	AuNiCr5-1.25	Au93.75,Ni5,Cr1.25
	AuNiCr6-2	Au92,Ni6,Cr2
	AuNiCr3.5-2.5	Au94,Ni3.5,Cr2.5

续表

金合金名称	牌号	化学成分/%
金镍铬合金	AuNiCr7-0.6	Au92.4,Ni7,Cr0.6
金镍铬钆合金	AuNiCrGd7-0.5-0.4	Au92.1,Ni7,Cr0.5,Gd0.4
金镍铬铑合金	AuNiCr7-0.6-0.4	Au92,Ni7,Cr0.6,Rh0.4
金钯铁铝合金	AuPdFeAl38-8.5-1	Au52.5,Pd38,Fe8.5,Al1

6.2.2.1 含金废液中回收金

(1) 从含金氰化废液中回收金

含金氰化废液主要是镀金废液（一般酸性镀金废液含金 4～12g/L，中等酸性镀金废液含 4g/L，碱性达 20g/L）。尽管世界各国都在开展无氰电镀的研究和试产，但氰化物镀金以其无可替代的镀层光洁度和固牢度，仍然是镀金的最常用方法。镀液在工作了一段时间以后，杂质离子在镀液中的量积累到一定程度，镀液就必须处理或回收。回收的目的主要是为了将贵金属提取出来，同时将氰化物处理成对环境没有危害的物质。除氰处理后的尾液达到含氰物排放标准时才能排放，在回收操作中更应特别注意防止中毒。常用的含氰镀金液的金回收方法有电解法、置换法和吸附法等。根据含氰镀金废液的种类和金含量可以选择单种方法处理，也可以采取几种方法联合处理。

1）电解法　将含金废镀液置于一敞开式电解槽中，以不锈钢作阳极，纯金薄片作为阴极，控制液温为 70～90℃，通入直流电进行电解，槽电压约 5～6V。在直流电的作用下，金离子迁移到阴极并在阴极上沉积析出。当槽中镀液经过定时取样分析，金含量降至规定浓度以下时，结束电解，再换上新的废镀液继续电解提金。当阴极析出金积累到一定数量后取出阴极，洗涤后铸成金锭。

电解法处理含金废液除了上述开槽电解外，还可以用闭槽电解进行处理。即采用一封闭的电解槽进行电解作业，溶液在系统中循环，控制槽电压为 2.5V 进行电解。当废镀液含金量低于规定浓度时，停止电解。然后出槽，洗净、铸锭。电解尾液经吸收槽处理达标后，废弃排放。闭槽电解的自动化程度较高，对环境比较友好，但一次性设备投入较大。

2）置换法　含金废镀液中金通常以 $Au(CN)_2^-$ 的形式存在。在废镀液中加入适当的还原剂，即可将 $Au(CN)_2^-$ 中的金还原出来。根据镀液的种类和含金量，还原剂可以选用无机还原剂(如锌粉、铁粉、硫酸亚铁等）或有机还原剂(如草酸、水合肼、抗坏血酸、甲醛等)。无机还原剂价格比有机还原剂低，但处理废镀液以后，过量的无机还原剂必须设法除去。有机还原剂价格较高，但还原金氰配合物后的产物与金很容易分离。由于金在回收过程中首先得到的粗金，后继提纯在所难免，因此，实际操作中一般采用无机还原剂(特别是锌粉和铁粉）进行还原。将金置换成黑金粉沉入槽底。锌粉还原的反应方程式为：

$$2KAu(CN)_2 + Zn \longrightarrow K_2Zn(CN)_4 + 2Au\downarrow$$

具体操作步骤为：将含金废镀液取样分析，确定其中的含金量。将废镀液置于塑料容器中，加入约 1.5 倍理论量的锌粉，搅拌。为加速置换过程，含金废镀液应适当稀释和酸化，控制 pH＝1～2。在酸化废镀液时易放出 HCN 气体，所以有关作业应在通风橱中进行。置换产物过滤后，浸入硫酸以去除多余的锌粉，再经洗涤、烘干、浇铸即得粗金。滤液经过化验含金量和游离氰含量，含金量和游离氰含量低于规定值时可以排放，否则应进一步进行处理。

3）活性炭吸附法　活性炭对金氰配合物具有较高的吸附能力，活性炭吸附的作业过程包括吸附、解吸、活性炭的返洗再生和从返洗液中提金等步骤。

含金废镀液经化验含金量后，置于塑料容器中。加入适当粒度的活性炭，充分搅拌。将吸附混合物离心脱水，所得液体收集后集中处理。将所得湿固体加入到由10%NaCN和1%NaOH的混合液中，加热至80℃，充分搅拌下进行解吸金。过滤或离心脱水，所得滤液即为含金返洗液，将活性炭加入到去离子水中，充分搅拌，脱水，反复三次。所得滤液并入含金返洗液中，活性炭经干燥后可以重新使用。返洗液中金的含量已经大大提高。用电解或还原的方法将返洗液中的金提取出来。

用活性炭处理含金废镀液时，废液中 $Au(CN)_2^-$ 被活性炭的吸附一般认为是物理吸附过程。活性炭孔隙度的大小直接影响其活性的大小，炭的活性愈强对金的吸附能力愈大。常用活性炭的粒度为10～20目和20～40目两种。活性炭对金吸附容量可达29.74g/kg，金的被吸附率达97%。南非专利认为，先用臭氧、空气或氧处理废氰化液，再用活性炭吸附可取得更好的效果。此外，解吸剂可选用能溶于水的醇类及其水溶液，也可选用能溶于强碱液的酮类及其水溶液。这类解吸剂的组成为：H_2O（0～60%体积百分数），CH_3OH 或 CH_3CH_2OH（40%～100%），NaOH（≥0.11 g/L）。或者 CH_3OH（75%～100%），水（0～25%），NaOH（20.1 g/L）。

4）离子变换法　由于含金废镀液中金以 $Au(CN)_2^-$ 阴离子的形式存在，因此可以选用适当的阴离子交换树脂从含金废镀液中离子交换金，再用适当的溶液将 $Au(CN)_2^-$ 阴离子从树脂上洗提下来。将阴离子交换树脂（如国产717）装柱，先用去离子水试验柱的流速，调节合适后将经过过滤的含金废镀液通过离子交换柱，流出液定时检测含金量。当流出液的含金量超出规定标准时停止通入含金废镀液。用硫脲盐酸溶液或盐酸丙酮溶液反复洗提金，使树脂再生。洗提液含金量大大提高，用电解或还原的方法将洗提液中的金提取出来。

5）溶剂萃取法　基本原理是利用含金废镀液中的金氰配合物在某些有机溶剂中的溶解度大于在水相中的溶解度而将含金配合物萃取到有机相中进行富集，处理有机相得到粗金。试验表明，可用于萃取金的有机溶剂有许多，如乙酸乙酯、醚、二丁基卡必醇、甲基异丁基酮（MIBK）、磷酸三丁酯（TBP）、三辛基磷氧化物（TOPO）和三辛基甲基胺盐等都可以从含金溶液中萃取金。萃取作业时，含金废镀液的萃取道次一般控制在3～8次，如萃取剂选择适当，萃取回收率一般都能达到95%以上。

(2) 从含金废王水中回收金

将含金固体废料溶于王水是最常用的将金转入溶液的方法。所得溶液酸度较大，常称为含金废王水，可选择以下还原法回收金。

1）硫酸亚铁还原法

$$3FeSO_4 + HAuCl_4 \longrightarrow HCl + FeCl_3 + Fe_2(SO_4)_3 + Au\downarrow$$

① 操作步骤。将含金废王水过滤除去不溶性杂质，所得滤液置于瓷质或玻璃内衬的容器中加热煮沸，在此过程中可以适当滴加盐酸以利于氮氧化物的逸出。趁热抽入高位槽，在搅拌下滴加到过量的饱和硫酸亚铁溶液中，硫酸亚铁溶液可以适当加热。继续搅拌和加热2h，静置沉降。用倾析法分离沉淀下来的黑色金粉，用水洗净后铸锭得到粗金。所得滤液集中起来，用锌粉进一步处理。

② 注意事项。料液在还原前应过滤和加热煮沸赶硝，以提高金的直收率。因硫酸亚铁的还原能力较小，用硫酸亚铁处理含金废王水时除贵金属以外的其他金属很难被它还原，因而即使处理含贱金属很多的含金废液，其还原产出的金的品位也可达98%以上。但此法作用缓慢，终点不易判断，而且金不易还原彻底，因此尚需锌粉进一步处理尾液。

2）亚硫酸钠还原法

$$Na_2SO_3 + 2HCl \longrightarrow SO_2 + 2NaCl + H_2O$$

$$3SO_2 + 2HAuCl_4 + 6H_2O \longrightarrow 2Au\downarrow + 8HCl + 3H_2SO_4$$

① 操作步骤。将含金废王水过滤后，所得滤液加热煮沸，在此过程中可以适当滴加盐酸以利于氮氧化物的逸出。趁热抽入高位槽，在搅拌和加热条件下滴加到过量的饱和亚硫酸钠溶液中，加入少量聚乙烯醇(加入量约为0.3～30g/L）作凝聚剂，以利于漂浮金粉沉降。充分反应后静置。用倾析法分离沉淀下来的黑色金粉，用水洗净后铸锭得到粗金。

② 注意事项。在有条件和方便的情况下，直接将二氧化硫气体通入经过过滤和煮沸的含金废王水中也可以将金氯配离子还原成单质金。为防止还原产物被王水重新溶解，含金废王水溶液在还原前应加热煮沸，赶尽其中游离硝酸和硝酸根。还原时适当加热溶液，有利于产出大颗粒黄色海绵金。此法也可以用于生产电子元件时用碘液腐蚀金所产出的含金碘腐蚀废液的回收。当饱和的亚硫酸钠溶液加入料液时，碘液由紫红色转变为浅黄色，自然澄清过滤，即得粗金粉。

3）锌粉置换法　与置换废镀金液相似，锌也可将金氯配离子还原。

① 操作步骤。将含金废王水过滤后，所得滤液加热煮沸，在此过程中可以适当滴加盐酸以利于氮氧化物的逸出。调节溶液的pH＝1～2，加入过量锌粉。充分反应后离心分离，所得金锌混合物用去离子水反复清洗到没有Cl^-为止。在搅拌下用硝酸溶煮，所得金粉的颜色为正常的金黄色，用水洗净后铸锭得到粗金。

② 注意事项。置换过程中控制pH＝1～2，能防止锌盐水解，有利于产物澄清和过滤。置换产出的金属沉淀物含有的过量锌粉，可用酸将其溶解。选用盐酸溶解时，沉淀中应不含有硝酸根。除银、铅、汞外，其余贱金属都易被盐酸溶解。选用硝酸溶解时，几乎能溶解所有普通金属杂质。为防止金重溶，要求沉淀中不含有氯离子，清洗用硝酸溶解的沉淀后，海绵金颜色鲜黄，团聚良好。另外，还可选用硫酸来溶解锌及其他杂质，沉淀金不易重溶，但钙、铅离子不能与沉淀分离，产品易呈黑色。

4）亚硫酸氢钠($NaHSO_3$）法

① 操作步骤。将含金废王水过滤后，先用碱金属或碱土金属的氢氧化物（例如浓度为25%～60%的NaOH或KOH）或碳酸盐的溶液调整含金废王水的pH值为2～4，并将其加热至50℃并维持一段时间，加入少量硬脂酸丁酯作凝聚剂。在搅拌下滴加$NaHSO_3$饱和溶液沉淀金。所得金粉经洗涤后可以熔铸成粗金，含量约为98%。

② 注意事项。此法特别适于处理含金量少的废王水，因为它不需要进行赶硝处理。

从含金废王水中回收金，还可用草酸、甲酸以及水合肼等有机还原剂，此类还原剂的最大优点是不会引入新的杂质。各种回收金后的尾液是否回收完全，可用以下方法进行判断：按尾液颜色判断，若尾液无色，则金已基本沉淀提取完全；用氯化亚锡酸性溶液检查，有金时，由于生成胶体细粒金悬浮在溶液中，使溶液呈紫红色，否则说明尾液中金已提取完全。

6.2.2.2 含金固体废料中回收金

含金固体废料种类繁多，组分各异，回收方法差异较大。但通常遵循一定的回收思路：回收前挑选分类—溶金造液—金属分离富集—富集液净化—金属提取—粗金—精炼(或直接深加工)。

(1) 造液

造液前，含金固体必须经过挑选分类，然后根据废料的性状除去油污和夹杂，或将大块物料碎化。这一过程花费的人工较多，但可以去除大量的贱金属和夹杂，为后续步骤的顺利进行创造良好的条件，同时可以降低生产成本。造液用酸包括王水或盐酸、硝酸和硫酸等单一酸。

1) 王水造液　含金固体废料中几乎所有金属都进入溶液，特别适用于含金属量比较少的固体废料，如塑料表面的金属镀层，首饰加工中的抛灰(主要成分为金刚砂) 以及电子浆料经过烧结以后的固体灰等。如果含贱金属很多，则不能直接用王水造液，必须先将贱金属溶于硝酸等单一酸以后，分离出不溶物，再用王水造液。

2) 单一酸造液　盐酸、硝酸和硫酸等单一酸可分别用于不同废料的造液，其目的是为了将金和铂铑铱等铂族金属以外的贱金属(包括银) 先行除去，得到富含金和铂族金属的固体物料。这样操作的好处是，用单一酸造液所需设备的抗腐蚀性能要求比用王水低，设备容易选型，同时后继提金过程可以得到简化。如用硝酸溶解金银合金时，造液结果使银和金分别进入溶液和沉淀，过滤即可实现金、银分离，然后分别处理溶液或不溶性沉淀，即可分别产出单质银和金。

(2) 金属分离富集

造液后的溶液中一般含有多种金属。根据所含金属的性质不同，应设计一定的分离和富集工艺，将贱金属和贵金属、贵金属相互之间进行分离。对于含贵金属量很低的贵金属混合溶液，在进行后继操作之前通常应对贵金属进行富集操作，即将含贵金属的溶液中贵金属的含量提高到可以进行高效回收的程度。富集的方法很多，如活性炭富集、有机溶剂萃取富集和离子交换富集等。这些方法在前一部分(从含金废液回收金) 中已做了介绍。

(3) 贵金属的提取

经过分离、富集和净化后的富集液，通常可以采用化学还原或电解还原的方法将贵金属从溶液中提取出来(变成贵金属单质)，从而达到与绝大多数杂质分离的目的。所用还原剂的种类和浓度因富集液的种类、贵金属的含量以及贵金属在溶液中的存在形态的不同而不同。具体方法可参见前一部分(从含金废液回收金)。

(4) 粗金的精炼

经过还原的粗金一般呈小颗粒。精炼的方法通常是将还原金粉熔铸成大块，然后再进行电解精炼。比较经济的做法是在得到粗金小颗粒后不再进行上述熔铸和电解精炼，而是直接进入贵金属制品的深加工工艺。因为在贵金属制品的绝大多数深加工过程中，贵金属可以得到进一步的纯化而不影响贵金属深加工制品的质量。从粗金粉进行深加工是一个很有前途的方法。现举两例来说明从含金固体废料中回收金和从粗金粉直接进行氰化亚金钾深加工的过程。

【例 6-1】从金锑合金废料中回收金

金锑合金中含金>99%，可用直接电解精炼的方法回收金，也可用王水溶金法回收。王水溶金法从金锑合金废料中回收金的工艺流程见图 6-4。

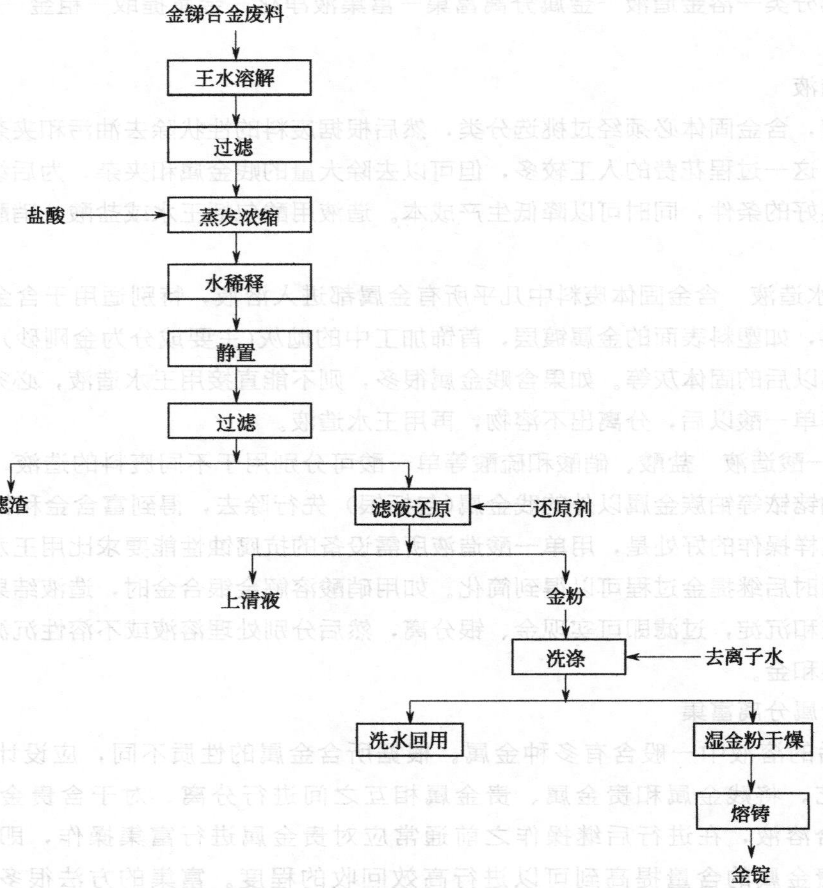

图 6-4 金锑合金废料回收金的工艺流程

操作要点如下。

① 王水溶金。王水(3 份 HCl+1 份 HNO_3) 的加入量为金属重量的 3 倍，使金完全溶解。

② 蒸发浓缩。加盐酸驱赶游离硝酸，反复蒸发浓缩至不冒 NO_2或 NO 为止。一般浓缩至原体积的 1/5 左右，将浓缩的原液稀释至含金 50~100g/L 左右，静置使悬浮物沉淀。

③ 过滤。如果在滤渣中有 AgCl 沉淀时，可回收其中的银。滤液则通入 SO_2或用 Na_2SO_3或 $FeSO_4$还原沉淀金。如果用 SO_2还原，SO_2的余气应该用稀 NaOH 液吸收。所得金粉经去离子水洗涤、烘干，溶铸成金锭。

【例 6-2】从含金废料直接制取氰化亚金钾工艺

从含金废料直接生产氰化亚金钾从经济和技术上讲是高效方法，其综合利用工艺如图 6-5所示。

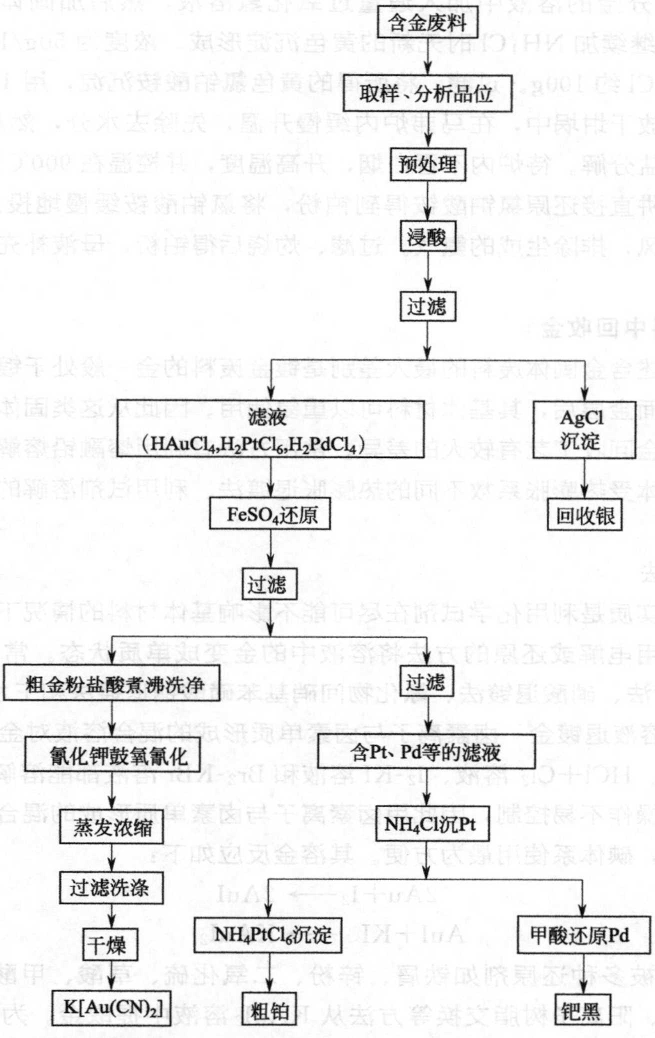

图 6-5 从含金废料直接生产氰化亚金钾工艺

操作要点如下。

① 废料经过预处理并用王水溶金后过滤，所得滤渣中含有 AgCl，可用氨水溶出后进一步回收银。滤液用 $FeSO_4$ 还原。为了得到颗粒度小的还原金粉，所用 $FeSO_4$ 的浓度应尽量大，使金粒子的生成速率远远大于生长速率，并加入聚乙烯醇（PVA）或聚乙烯吡咯烷酮（PVP）阻止金粒子的团聚。可重复上述步骤以提高所得金粉的纯度。将所得金粉加入饱和 Na_2CO_3 溶液煮沸，使粗金中的难溶和微溶盐如 $CaSO_4$ 等转化为碳酸盐沉淀。水洗至无 SO_4^{2-} 后，再分别用盐酸和硝酸煮洗。

② 氰化钾鼓氧氰化。将纯化后的还原金粉（过量10%）加入到氰化钾饱和溶液中，在反应器底部鼓入经碱液纯化的空气，加热至 80℃。空气的鼓入量以整个反应体系均匀冒泡为原则，不宜过大而使大量水分丧失。反应 24h 后，将未反应的金粉转入下一循环使用。将反应混合物过滤后在旋转蒸发仪中蒸发，保留原体积的 1/10，母液冷却，结晶，120℃烘干。取样分析，产品含金量＞68.2%。

③ 铂的回收。分金的溶液中加入适量过氧化氢溶液，然后加固体 NH_4Cl 盐或饱和 NH_4Cl 溶液，直至继续加 NH_4Cl 时无新的黄色沉淀形成。浓度为 50g/L 的 H_2PtCl_6 溶液，每升消耗固体 NH_4Cl 约 100g。过滤，将所得的黄色氯铂酸铵沉淀，用 10%的 NH_4Cl 溶液洗涤数次，抽滤后放于坩埚中，在马弗炉内缓慢升温，先除去水分，然后在 350～400℃恒温一段时间，使铵盐分解。待炉内不冒白烟，升高温度，并控温在 900℃煅烧 1h，冷后得到粗铂。也可用水合阱直接还原氯铂酸铵得到铂粉，将氯铂酸铵缓慢地投入到水合肼(1∶1)溶液中，并注意通风，排除生成的氨气。过滤、灼烧后得铂粉，母液补充水合肼可再用于氯铂酸铵的还原。

6.2.2.3 镀金废料中回收金

镀金废料与前述含金固体废料的最大差别是镀金废料的金一般处于镀件的表面，许多镀金废件在回收完表面金层后，其基体材料可以重复使用。因此从这类固体废料回收金的工艺与前述固体废料的金回收工艺有较大的差异。常用方法有利用熔融铅熔解贵金属的铅熔退金法、利用镀层与基体受热膨胀系数不同的热膨胀退镀法、利用试剂溶解的化学退镀法和电解退镀法等。

(1) 化学退镀法

化学退镀法的实质是利用化学试剂在尽可能不影响基体材料的情况下，将废镀件表面的金层溶解下来，再用电解或还原的方法将溶液中的金变成单质状态。常用的化学退镀法有碘-碘化钾溶液退镀法、硝酸退镀法、氰化物间硝基苯磺酸钠退镀法和王水退镀法等。

1) 碘-碘化钾溶液退镀金　卤素离子与卤素单质形成的混合溶液对金具有溶解作用，这是本法的理论基础。$HCl+Cl_2$ 溶液、I_2-KI 溶液和 Br_2-KBr 溶液都能溶解金。不过 Br_2-KBr 溶液的危害较大，操作不易控制，因此用卤素离子与卤素单质形成的混合溶液对贵金属造液一般用氯和碘体系，碘体系使用最为方便。其溶金反应如下：

$$2Au+I_2 \longrightarrow 2AuI$$

$$AuI+KI \longrightarrow KAuI_2$$

产物 $KAuI_2$ 能被多种还原剂如铁屑、锌粉、二氧化硫、草酸、甲酸及水合肼等还原，也可用活性炭吸附、阳离子树脂交换等方法从 $KAuI_2$ 溶液中提取金。为便于浸出的溶剂再生，通过比较，认为用亚硫酸钠还原的工艺较为合理，此还原后的溶液可在酸性条件下用氧化剂氯酸钠使碘离子氧化生成单质碘，使溶剂碘获得再生：

$$2I^- + ClO_3^- + 6H^+ \longrightarrow I_2 + Cl^- + 3H_2O$$

氧化再生碘的反应，还防止了因排放废碘液而造成的还原费用增加和生态环境的污染。本工艺方法简单、操作方便，细心操作还可使被镀基体再生。

研究人员对工艺条件做了不少研究试验工作，找出最佳条件如下。

浸出液成分：碘 50～80g/L，碘化钾 200～250g/L。

溶退时间：视镀层厚度而定，每次约为 3～7min，须进行 3～8 次。

贵液提取：用亚硫酸钠还原。

还原后溶液再生条件：硫酸用量为还原后溶液的 15%(体积比)。氯酸钠用量约 20g/L。

用碘-碘化钾回收金的工艺中，贵液用亚硫酸钠还原提取金的后液应水解除去部分杂质，才能氧化再生碘，产出的结晶碘用硫酸共溶纯化后可返回使用。

2) 硝酸退镀法　在电子元件生产中，产生很多管壳、管座、引线等镀金废件，镀件基体常为可阀(Ni28%，Co18%，Fe 54%) 或紫铜件，可用硝酸退金法使金镀层从基体上脱落，基体还可送去回收铜、镍、钴。

3）氰化物间硝基苯磺酸钠退镀金

① 退镀液的配制。取 NaCN75g，间硝基苯磺酸钠 75g，溶于 1L 水中使之完全溶解。

② 操作方法。将退镀液装入耐酸盆内(或烧杯内)，升温至 90℃。将镀金废件放入耐酸盆内的退镀液中，1～2min 后立即取出，金很快就被退镀而进入溶液中。如果因退镀量过多或退镀液中金饱和而使镀金退不掉时，则应重新配制退镀液。

退镀金的废件，用去离子水冲洗 3 次。留下冲洗水，以备以后冲洗用。往每升退镀液中另加入 5L 去离子水稀释退镀液，并充分搅拌均匀，调节 pH 值为 1～2。用盐酸调节时，一定要在通风橱内进行，以防 HCN 气体中毒。

用锌板或锌丝置换退镀液中的金，直至溶液中无黄色为止，再用虹吸法将上层清水吸出。金粉用水洗涤 2～3 次后用硫酸煮沸，以除去锌和其他杂质，并再用水清洗金粉。将金粉烘干后熔炼铸锭得粗金。

用化学法退镀的金溶液也可采用电解法从中回收金。电解提金后的尾液，经补加一定量的 NaCN 和间硝基苯磺酸钠之后，可再作退镀液使用。电解法的最大优点是氰化物的排除量少或不排出，氰化液还可继续在生产中循环使用，也有利于对环境的保护。

(2) 铅熔退镀金

本法是将电解铅熔化并略升温(铅的熔点为 327℃)，然后将被处理的废料置于铅内，使金渗入铅中。取出退金的废料，将铅铸成贵铅板，再用灰吹法或电解法从贵铅中回收金。

用灰吹法时，将所获得的贵铅，根据含金量补加一定量的银，然后吹灰得金银合金，将这种金银合金用水淬法得金银粒，再用硝酸法分金。获得的金粉，熔炼铸锭后得粗金。

(3) 热膨胀法退镀金

该法是利用金和基体合金的膨胀系数不同，应用热膨胀法使镀金层和基体之间产生空隙，然后在稀硫酸中煮沸，使金层完全脱落。最后进行溶解和提纯。生产流程如下：取 1kg 晶体管，在 800℃下加热 1h，冷却，放入带电阻丝加热器的酸洗槽中，加入 6L 的 25％硫酸液，煮沸 1h，使镀金层脱落。同时，有硫酸盐沉淀产生。稍冷后取出退掉金的晶体管。澄清槽中的溶液，抽出上部酸液以备再用。沉淀中含有金粉和硫酸盐类，加水稀释直至硫酸盐全部溶解，澄清后，用倾析法使液固分离。在固体沉淀中，除金粉外还含有硅片和其他杂质，再用王水溶解，经过蒸浓、稀释、过滤等工序后，含金溶液用锌粉置换(或用亚硫酸钠还原)，酸洗而得纯度 98％的粗金。

(4) 电解退镀法

采用硫脲和亚硫酸钠作电解液，石墨作阴极，镀金废料作阳极进行电解退金。通过电解，镀层上的金被阳极氧化呈 Au(Ⅰ)，Au(Ⅰ) 随即和吸附于金表面的硫脲形成络阳离子 Au $[SC(NH_2)_2]_2^+$ 进入溶液。进入溶液的 Au(Ⅰ) 即被溶液中的亚硫酸钠还原为金，沉淀于槽底，将含金沉淀物经分离提纯就可得到纯金。

① 电解液组成。$SC(NH_2)_2$ 2.5％，Na_2SO_3 2.5％。

② 阳极和阴极。阳极用石墨棒(ϕ30mm，长 500mm) 置于塑料滚筒的中心轴。阴极用石墨棒 (ϕ50mm，长 400mm) 放在电解槽两旁并列。

③ 电解槽与退金滚筒。电解槽用聚氯乙烯硬塑料焊接而成，容积为 164L。退金滚筒是用聚氯乙烯硬塑料焊接成六面体，每面均有钻孔 3mm，以使滚筒提出漏水和电解时电解液流通。

④ 电解条件。电流密度 $2A/dm^2$，槽电压 4.1V，电解时间：根据镀层厚度和阴阳极面

积是否相当而定。如果相当，在合适的电流密度下，溶金速度是很大的，时间可以短一点。一般的电解时间为 20～25min 是适当的。

【例 6-3】王水法从镀金废 PCB 中回收金

国内某企业设计并投入使用的 300t/a 家电含金废弃物中金的回收工艺：硝酸溶解贱金属、剥离松动金层—王水溶金—水合肼还原—熔炼。

1）硝酸溶解贱金属、剥离松动金层　以 100kg 手机线路板为计量单位。将 100kg 手机线路板放入多孔料筐，放入反应器中(见图 6-6)。

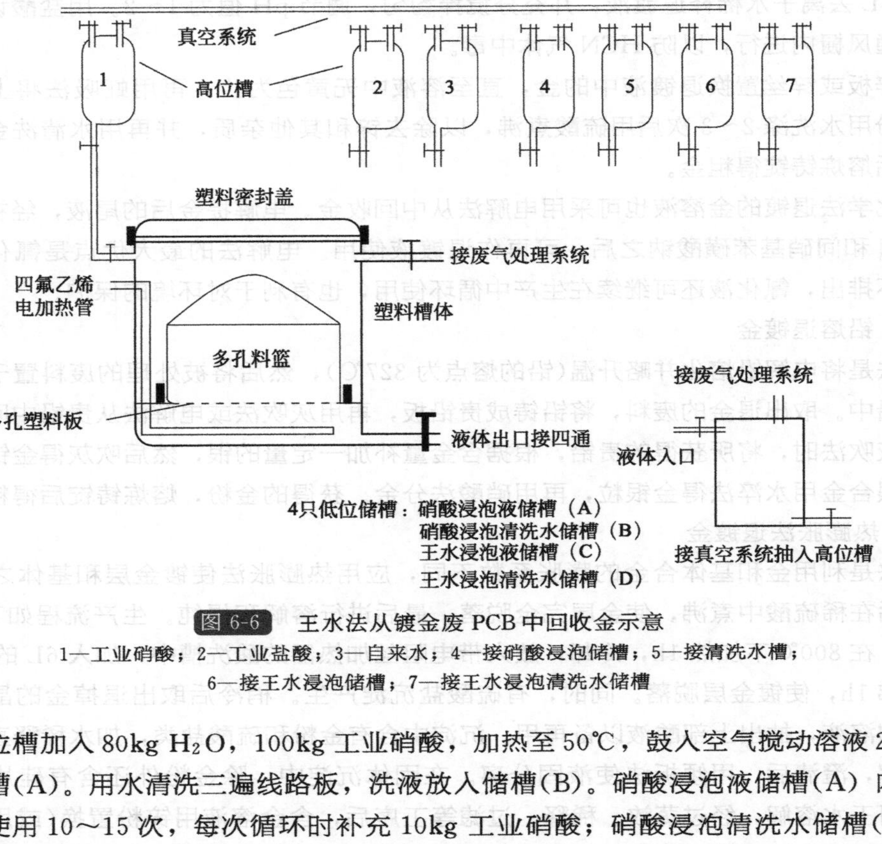

图 6-6　王水法从镀金废 PCB 中回收金示意

1—工业硝酸；2—工业盐酸；3—自来水；4—接硝酸浸泡储槽；5—接清洗水槽；
6—接王水浸泡储槽；7—接王水浸泡清洗水储槽

从高位槽加入 80kg H_2O，100kg 工业硝酸，加热至 50℃，鼓入空气搅动溶液 2h，放出滤液至储槽(A)。用水清洗三遍线路板，洗液放入储槽(B)。硝酸浸泡液储槽(A) 内的溶液可以循环使用 10～15 次，每次循环时补充 10kg 工业硝酸；硝酸浸泡清洗水储槽(B) 内的溶液可以循环使用 10～15 次，每次循环使用时，第三遍清洗用自来水。

最后的硝酸浸泡液和洗涤液合并，用于回收铜等金属。

2）王水溶金 在上述硝酸浸泡过的板卡中通过高位槽放入 80kg 盐酸和 20kg 硝酸，缓慢加热升温升至 80℃后，鼓入空气搅动溶液 2h。过滤，滤液放入王水浸泡液储槽 (C)。储槽 C 内的液体抽入高位槽以后可以循环使用 10～15 次，每次循环时加入 10kg 工业盐酸。

用自来水洗涤 3 次，洗液放入储槽 D。储槽 D 内的液体抽入高位槽以后可以循环使用 10～15 次，循环使用时，第三遍清洗用自来水。

废板卡作为固体废弃物用于回收其他物质。

3）加热赶硝　将王水溶金液和洗涤液合并到另一只反应器中，加热到 100℃，每次加入 2kg 盐酸赶硝酸，连续 5 次后，保持 30min。过滤。滤液进入下一工序。

4）还原金 将 100kg 水合肼溶液加入还原反应釜中，开动还原反应釜的搅拌机，缓慢滴入过滤后的溶金溶液。滴加完毕后继续搅拌 30min。将反应混合物放入低位槽静置 30min。将低位槽中的上层液体抽入废液槽中。用少量水洗涤金粉至中性，100kg 水合肼溶液可以处理 1t 板卡。

5）洗涤金粉　用水少量多次洗涤金粉至中性后，将金粉置于塑料容器中，再用 15%～40%的稀硝酸浸泡洗涤 1h。静置沉降，倒掉酸液后将金粉用水洗涤至中性，放到恒温干燥箱中于 110℃下干燥。再用高纯石墨埚 1200℃铸锭。

6）提纯黄金　如果要提高黄金的纯度，可以重复“王水溶解—赶硝—水合肼还原—洗涤—硝酸浸泡—金粉”得到提纯。

如果要得到高纯度金，可以采用二丁基卡必醇萃取提纯，但成本较高。方法如下：

将溶解后的贵液过滤除去氯化银杂质后转移到萃取器中，加入 150kg 二丁基卡必醇萃取剂，开动搅拌机搅拌萃取 20min，停机静置 30min 待分层。

将含金的有机相转移到还原反应釜中，水相分离后转移到第二号萃取机中，加入 150kg 二丁基卡必醇萃取剂萃取 20min、静止 30min 后分离出水相和有机相。

将含金的有机相转移合并到还原反应釜中，然后按照上述方法进行第三次萃取。合并有机相到还原反应釜中。后续还原过程同上。

7）纯金铸锭　将金粉置于高纯石墨坩埚中，加入相当于金重量 3%的高纯硼砂，1%的高纯硝酸钾，放入 30kW 高温电炉中，温度达到 1200℃时保温 10min 取出铸锭。

该实例的技术特点主要体现在以下几个方面。

① 工艺装备简单。本项目工艺技术装备简单，所有设备均为通用型化工设备或自行研制开发的设备，投资省，效率高。除基础设施(如厂房、配电、供水等）以外，形成年处理 300t 含金银等贵金属的生产规模，设备投资小于 200 万元(包括必要的分析和化验设备)。

② 技术含量高，经济效益可观。本工艺金的总回收率(表面金）达到 94%以上，而且基底材料大部分能够得到有效利用。

③ 该技术属于高效清洁生产工艺。本项目技术完全可以实现“三废”的达标排放，属于低投入、高产出、低污染项目。

6.2.2.4　金的精炼

金的精炼是指除去金中的杂质、产出纯金的过程。在金提取过程中得到的粗金产品，除金和银之外，还含有不同量的铜、铅、锑、锡、铋或铂、钯等，需经过进一步精炼处理。金精炼的原料是各种各样的，分来自原生资源和再生资源，化学成分波动较大。金的精炼方法有火法熔炼法、化学法、溶剂萃取法和电解精炼法。

(1）火法熔炼法

火法熔炼法也称为坩埚熔炼法，是分离和提纯金的古老方法。有硫黄共熔法、食盐共熔法、硝石氧化熔炼法、氯化熔炼法等。由于劳动强度大、环境条件差、生产效率低、产品纯度不高以及原材料消耗大等，因此近代已很少使用。

(2）化学精炼法

化学精炼法是采用化学方法除去杂质以提纯金，主要用于某些特殊原料或特定的流程中。例如，有浓硫酸浸煮法、硝酸分银法、王水分金法、还原精炼法等。下面介绍还原精炼法。

将粗金粉溶解使金转入溶液，调节一定酸度后，再用还原剂将金还原成纯海绵金，经酸洗处理后即可铸成金锭，品位可达 99.9%以上。可用于氯金酸溶液还原的还原剂有草酸、抗坏血酸、甲醛、氢醌、二氧化硫、亚硫酸钠、硫酸亚铁、氯化亚铁等，其中草酸选择性好、反应速率快，且草酸被氧化的产物为非金属，因此在实际生产中用得较多。草酸还原金的反应为：

$$2HAuCl_4 + 3H_2C_2O_4 \longrightarrow 2Au + 8HCl + 6CO_2 \uparrow$$

影响还原反应的因素如下。

1）酸度　从反应可知，反应过程将产生酸，为使金反应完全需加碱中和，以保持 pH=1～1.5 为宜。

2）温度　常温下草酸还原即可进行，加热时反应速率加快。但因反应过程放出大量 CO_2 气体，易使金液外溢，一般以 70～80℃为宜。

3）草酸还原操作过程　将金的王水溶解液或水溶液氯化液加热到 70℃左右，用 20%的 NaOH 调溶液的 pH 值至 1～1.5，搅拌下，一次加入理论量 1.5 倍的固体草酸，反应开始激烈进行。当反应平稳时，再加入适量的 NaOH 溶液，反应复又加快，直至加入 NaOH 溶液无明显反应时，补加适量草酸，使金反应完全。过程中始终控制溶液的 pH 值在 1～1.5，反应终了后静置一定时间。经过滤得到的海绵金以 1∶1 硝酸及去离子水煮洗，以除去金粉表面的草酸与贱金属杂质，烘干后即可铸锭，品位可达 99.9%。还原母液用锌粉置换，回收残存的金。置换渣以盐酸水溶液浸煮，除去过量锌粉，返回水溶液氯化或王水溶解。

（3）溶剂萃取法

溶剂萃取法是为适应电子工业对金纯度越来越高的要求而发展起来的。萃取法提纯金的效率较高、适应性较强、工序和返料少、产品纯度高、生产周期较短。目前工业上萃取用的原液，多为金与铂族金属的混合溶液，金在溶液中均以金氯酸根形式存在。为保证有较高的经济效益，工业上溶剂萃取法所用的含金原液的金浓度一般为 1～10g/L 之间。

金的萃取剂种类很多，包括中性、酸性或碱性有机溶剂，如醇类、醚类、酯类、胺类、酮类、含磷和含硫有机试剂均可作为金的萃取剂。金与这些有机萃取剂能形成稳定的配合物并溶于有机相，这就为 Au^{3+} 的萃取分离提供了有利条件。但由于与金伴生的一些元素往往会与金一道萃取进入有机相，从而降低了萃取的选择性；加之金的配合物较稳定，要将它从有机相中反萃出来比较困难。因而，在金的萃取分离和反萃取方面开展了大量的研究与发展工作。除了上述的二丁基卡必醇、二异辛基硫醚和仲辛醇已在工业上获得应用外，还开发了甲基异丁基酮、二仲辛基乙酰胺(N503)、乙醚、异癸醇、混合醇、乙醚与长碳链的脂肪醚、磷酸三丁酯与十二烷的混合液、磷酸三丁酯与氯仿的混合液等从氯化物溶液中萃取分离金与铂族金属的工作。对于从碱性氰化物溶液、硫代硫酸盐溶液以及酸性硫脲溶液中萃取分离金，则主要关注于有机磷类、胺类以及石油亚砜类萃取剂。

（4）电解精炼法

此法是目前金的主要精炼方法，其特点是劳动条件好，操作安全，生产效率高，原材料消耗少，产品纯度高和稳定，并能综合回收铂族金属。用于金电解的原料一般含金量在 90%以上。如铜阳极泥经银电解处理所得的二次黑金粉、金矿经金银分离所得的粗金粉以及其他废料经处理后所得的粗金等。将粗金配以硝石、硼砂熔铸成阳极，经电解可得到纯金。

1）金电解精炼的原理与技术条件　金电解以粗金板为阳极，纯金片作阴极，以金的氯配合物水溶液及游离盐酸作电解液。其过程可表示为：

阴极	电解液	阳极
Au(纯)	$\mid HAuCl_4 + HCl + H_2O \mid$	Au(粗)

阳极主要反应：　$Au - 3e = Au^{3+}$

阴极主要反应： $Au^{3+}+3e=Au$

金电解技术条件主要有以下几个方面。

① 电解液组成。HCl 200～300g/L，Au 250～300g/L。

② 电解液温度。一般不加热，靠自热维持50℃。温度过高会使电解液挥发，污染环境。

③ 阴极电流密度。一般为700A/m²。若提高阳极品位，电解液含金与盐酸浓度，电流密度可适当提高。

④ 电流效率。直流电阴极电流效率一般可达95%。

⑤ 槽电压。一般为0.3～0.4V。

⑥ 交流电的输入。金电解在输入直流电的同时，还输入交流电。因阳极中的银在电解时会电化溶解，与盐酸作用易生成AgCl，附着于阳极表面，使阳极钝化。当阳极含银超过6%时更为严重。交流电的输入使电极的极化发生瞬时变化，抑制AgCl的形成，更主要的是形成非对称性的脉动电流，使AgCl疏松而脱落。其次还能提高电解液温度，降低阳极泥中金的含量。一般交流电与直流电比值为1.1～1.5。

2）金电解时杂质行为　阳极中杂质一般是银、铜、铅、锌及少量铂族金属。这些杂质都比金的电位负，而溶解进入溶液。

银在阳极表面形成的AgCl薄膜可使阳极钝化，影响电解的正常进行。

铅锌因含量低，不会在阴极上析出。

铜的浓度一般较高，有可能在阴极析出，影响电金质量。故阳极中铜含量应小于2%。

铂族金属在溶液中积累到一定程度后，应及时处理加以回收，否则会在阴极析出。

3）金电解精炼的操作

① 阴极片的制作。阴极片制作可用轧制法，即将纯金轧制成片，再剪切成阴极片。也可用电积法，即以银片作阴极，其表面涂薄层蜡，边沿涂厚层蜡。采用低电流密度电积。当金电积层厚达0.3～0.5mm时，取出阴极，剥下金片，再剪切制成阴极。

② 电解液的配制。将纯金片以王水溶解，赶硝后，用盐酸水溶液按要求配制成电解液。

③ 电解操作。电解槽一般采用硬塑料制成。槽内电极并联，槽与槽串联。先向槽内加入电解液，把套有布袋的阳极挂入槽中，再依次相间挂入阴极。调节槽内液面接近阳极挂钩。通电并检查电路是否正常。

当阴极上的金达到一定厚度时，取出换上新阴极片。电金用水冲洗后铸锭。残极再铸成阳极复用，阳极泥收集以回收其中的金银及铂族金属。

6.2.2.5　金银及其合金的熔铸

由于银在高温下能大量吸收氧气并大量挥发，因此在熔炼银和银合金时，一般必须在保护气氛下进行的。在熔炼银及不含易氧化的合金组元的合金时，可采用煤气炉或电阻炉，或采用自制的煤油地炉，将煤油和空气一起喷入地炉，被熔炼物料放在石墨坩埚中，用硼砂、木炭或草灰覆盖，在大气下进行熔炼。熔炼完毕，熔体浇入石墨模、铸铁模或钢模中，可获得好质量的铸锭。在熔炼易氧化或易挥发组元的银合金时，可采用先抽真空，后充氩气（一般为20～30kPa）或氮气的中频感应电炉中熔炼。所用的坩埚、铸模材料与前同。石墨模的优点是使用方便，但对于熔化温度高于1200℃的银合金，因为会导致铸锭含有大量气孔或疏松而不宜采用。在熔炼含有易与碳发生作用组元的合金时，则要采用氧化铝或其他耐火氧化物坩埚。

银锭按含银量分为Ag-1、Ag-2和Ag-3三种规格。外形为长方体，表面必须平整、洁净，不得有夹层、冷隔、裂纹、飞边、毛刺和夹杂物。除切口及铜刷处理的表面以外，银锭表面不得有机械或手工加工的痕迹。每块银锭重一般规定在15～16kg之间，并且浇铸后应该打上生产厂家的钢印标记、年号、批号和编号。

金比较稳定，不易挥发。在熔炼金和含有不易氧化、不与碳发生作用组元的合金时，可在大气气氛下，采用煤气、煤油或电阻炉，在石墨坩埚中熔炼，浇注在石墨模、水冷铜模或钢模中。含有易氧化组元的合金则应在真空、充氩气的中频感应炉中熔炼；含有易与碳发生作用组元的合金，应在氧化铝或氧化锆坩埚中熔炼。金锭按含金量分为Au-1、Au-2和Au-3三种规格。外形为长方体或长方梯形，边角完整，不得有飞边、毛刺和夹杂物，表面不得有油污。每块金锭重一般规定在11～13kg之间，并且浇铸后应该打上生产厂家的钢印标记、年号、批号和编号。

6.2.3 铂族金属的回收

铂族金属的特点可用稀少、昂贵和用途极广来概括。它们常以合金、催化剂、金属制品以及试剂等形式应用于电子、化学及石油工业、国防、尖端科学和科学研究中，常用作仪器仪表的关键部件或用作催化剂、高档化工设备及器皿等。

从含铂废液中回收铂的工艺很多，可以视溶液的性质及含铂的多少加以选择。一般常用的方法有还原法、萃取法、离子交换法、锌粉置换法以及活性炭吸附法等。其中锌粉置换法最常用。

将含铂废镀液(含少量Au、Pt)，调整溶液pH=3，加入锌粉(或锌块)，进行置换Au、Pt等，过滤后将残渣用王水溶解，用$FeSO_4$还原金。分金的溶液中加入适量过氧化氢溶液，然后加固体NH_4Cl盐或饱和NH_4Cl溶液，直至继续加NH_4Cl时无新的黄色沉淀形成。浓度为50g/L的H_2PtCl_6溶液，每升消耗固体NH_4Cl约100g。过滤，将所得的黄色氯铂酸铵沉淀，用10%的NH_4Cl溶液洗涤数次，抽滤后放于坩埚中，在马弗炉内缓慢升温，先除去水分，然后在350～400℃恒温一段时间，使铵盐分解。待炉内不冒白烟，升高温度，并控温在900℃煅烧1h，冷后得到粗铂。也可用水合阱直接还原氯铂酸铵得到铂粉，将氯铂酸铵缓慢地投入水合肼(1∶1)溶液中，并注意通风，排除生成的NH_3。过滤、灼烧后得铂粉，母液补充水合肼可再用于氯铂酸铵的还原。

6.2.3.1 从银电解废液中回收钯

在银的电解精炼过程，分散在银电解液中的少量钯以$Pd(NO_3)_2$的形态存在。可用黄药沉淀法回收。

在75～80℃的条件下向含钯电解液中加入黄药(浓度为1%～5%)，剧烈搅拌，得到黄原酸亚钯，其反应式为：

$$Pd(NO_3)_2 + 2C_2H_5OCSSNa \longrightarrow 2NaNO_3 + (C_2H_5OCSS)_2Pa$$

沉钯后的溶液用铜置换回收银，余液用Na_2CO_3中和回收铜，其中和液弃之。

黄原酸亚钯[$(C_2H_5OCSS)_2Pa$]用王水溶解后除去氯化银。滤液加入HNO_3氧化，再加氯化铵沉淀钯，得到氯钯酸氨[$Pd(NH_4)_2Cl_4$]，用水溶解后，采用氨络合法提纯2～3次，水合肼还原，可制得99.8%海绵钯。此法设备简单，操作方便。钯的回收率>90%。

6.2.3.2 从金电解废液中回收铂和钯

在金的电解精炼过程中，由于铂、钯电位比金负，所以铂、钯从阳极溶解后进入电解液中，生成氯铂酸和氯亚钯酸。当电解液使用到一定周期后，铂钯的浓度逐渐上升，当铂的含量超过50～60g/L，钯超过15g/L时，便有可能在阴极上和金一起析出。因此电解液必须进行处理，回收其中的铂钯，由于电解液中含金高达250～300g/L，所以在提取铂钯前，必须先还原脱金。

(1) 还原脱金

电解液中，金以$HAuCl_4$的形态存在，铂与钯则分别以H_2PtCl_6和H_2PdCl_4形态存在，金的还原方法很多，如SO_2法、$FeSO_4$法等。

$$AuCl_3 + 3FeSO_4 \longrightarrow Au\downarrow + Fe_2(SO_4)_3 + FeCl_3$$

金粉经洗涤数次后烘干，与金电解残极、二次银电解阳极泥(又称二次黑金粉) 共熔重新铸阳极，供金电解使用。滤液和洗液合并处理，用于提取铂钯。

(2) 铂、钯分离

将还原金后的溶液，在搅拌下加入固体工业氯化铵，使铂生成$(NH_4)_2PtCl_6$沉淀与钯分离：

$$H_2PtCl_6 + 2NH_4Cl \longrightarrow (NH_4)_2PtCl_6 + 2HCl$$

$(NH_4)_2PtCl_6$用含5%HCl和15%NH_4Cl溶液洗涤后，放入马弗炉中煅烧成粗铂(含Pt95%)，进一步精炼得纯铂。将氯化铵沉淀铂后的溶液，用金属锌块置换钯，至溶液呈浅绿色时为置换终点(或用$SnCl_2$还原)，过滤后得钯精矿。钯精矿用热水洗涤至无结晶，拣出残留锌屑，将滤液和洗液弃之。置换反应为：

$$H_2PdCl_4 + 2Zn \longrightarrow Pd + 2ZnCl_2 + H_2\uparrow$$

6.2.3.3 含铂废合金中回收铂

(1) Pt-Rh合金废料回收铂

回收方法是先用王水溶解，再用NaOH溶液中和，过滤使铂与铑分离，从滤液中回收铂，从残渣中回收铑。其工艺流程见图6-7。

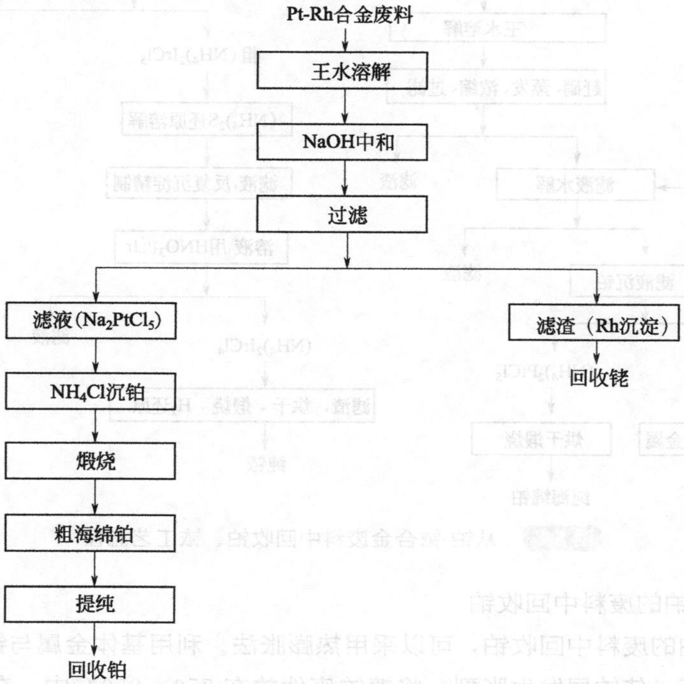

图6-7 从Pt-Rh合金废料回收铂的工艺流程

(2) 从铂-铱合金废料中回收铂、铱

从铂-铱合金回收铂、铱工艺，采用$(NH_4)_2S$粗分铂和铱，溴酸盐水解精制铂的工艺流程来实现铂铱分离。其工艺流程见图 6-8。

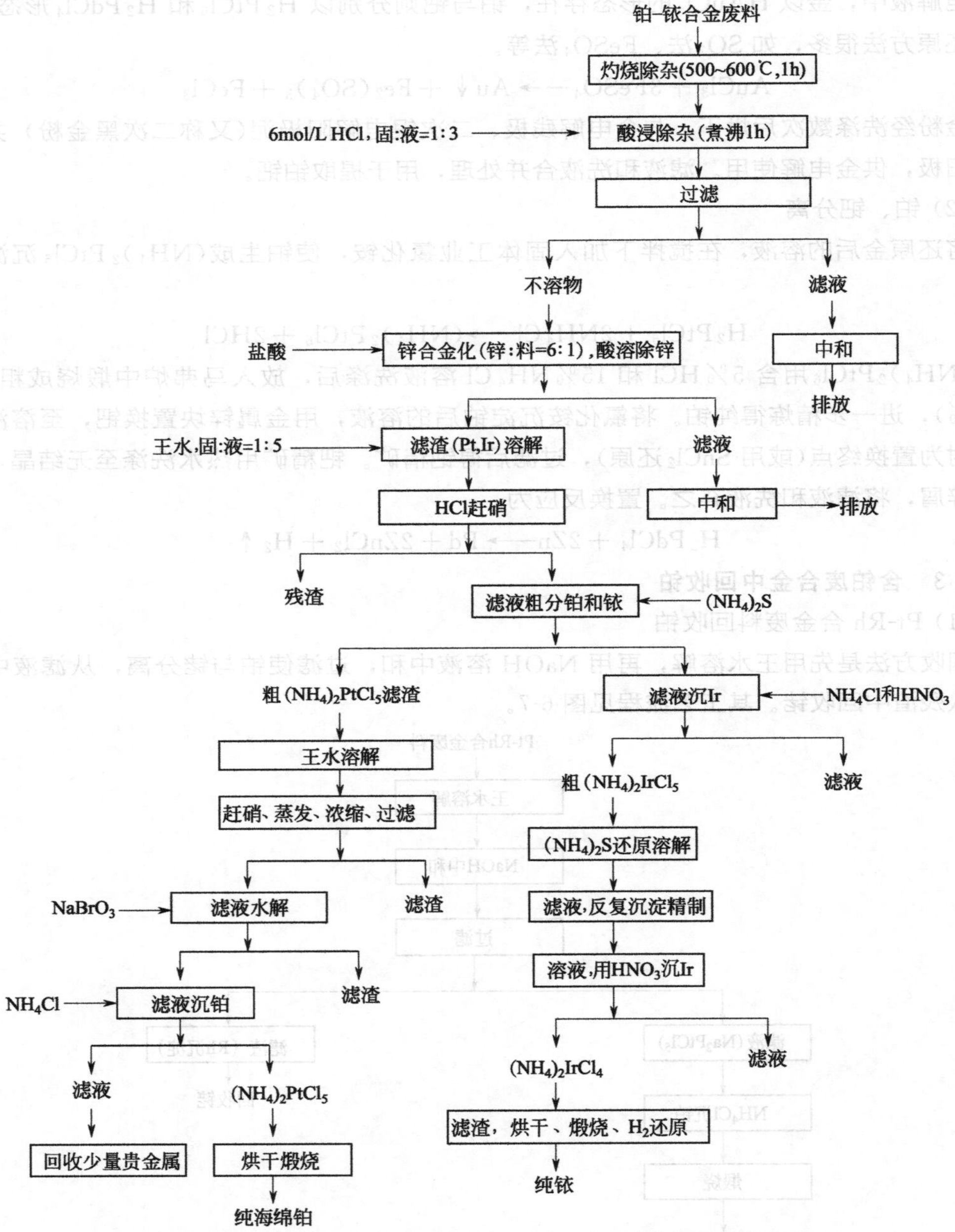

图 6-8 从铂-铱合金废料中回收铂、铱工艺流程

(3) 镀(涂) 铂的废料中回收铂

从镀铂、涂铂的废料中回收铂，可以采用热膨胀法。利用基体金属与铂的热膨胀系数不同，在加热条件下，使铂层发生胀裂。将镀铂废件放在 750～950℃中，在氧化气氛中恒温 30min，在上述的温度范围内铂不被氧化，而与铂层接的基体金属(如 Mo、W) 的表面则被

氧化，用5%NaOH($NaHCO_3$或NH_4OH）碱液溶解结合层的基体金属氧化物。通过振荡后铂层即脱落，沉于碱液槽底，在780～950℃下，将含铂的沉淀加热氧化，以升华基体金属（如Mo、W)，再经碱煮(或酸处理）含铂残渣，以进一步除去贱金属，经洗涤后，残渣再用王水溶解，过滤、赶硝，用水稀释调节pH＝5～6，水解除杂，用NH_4Cl沉铂，获得$(NH_4)_2PtCl_6$，煅烧得纯海绵铂。

6.2.3.4 含钯废液中回收钯

从含钯量很少的溶液中回收钯，可采用硫代尿素的衍生物使钯从溶液中沉淀出来，再进一步加以分离提纯而获得钯。其工艺流程见图6-9。

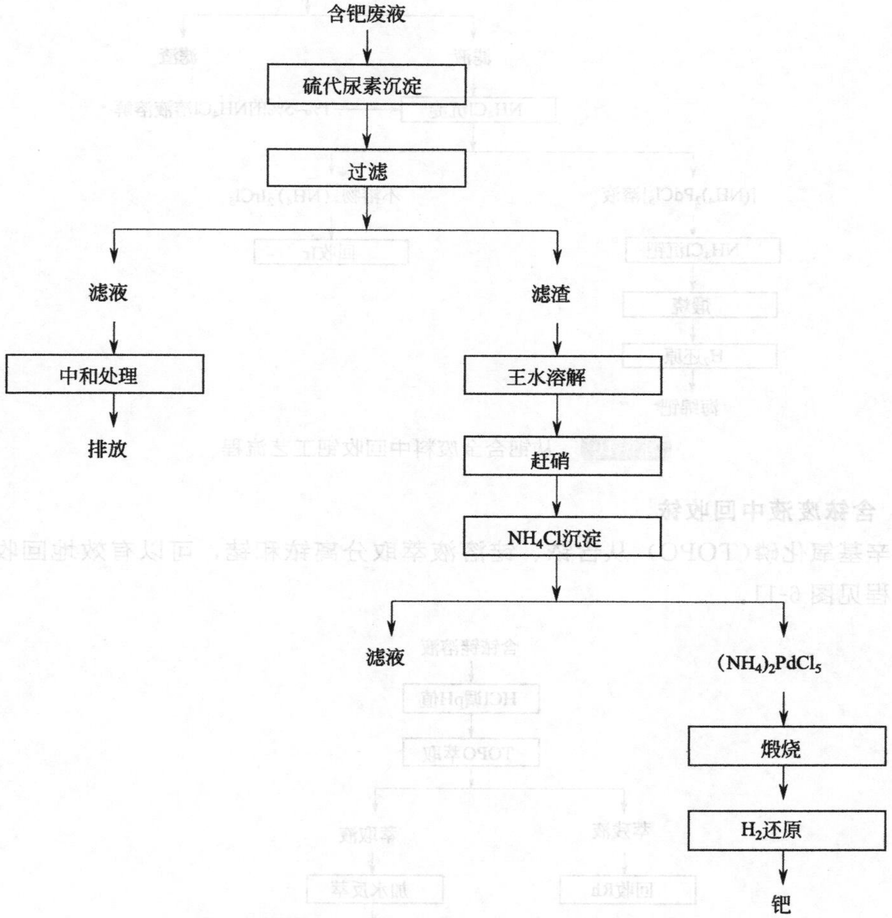

图6-9 从含钯的废液中回收钯工艺流程

6.2.3.5 钯合金废料中回收钯

钯合金废料的种类很多，钯-铱合金废料是常见的一种。从中回收钯的工艺有浓硝酸分离法、氯化铵分离法和直接氨络合法等。氯化铵分离法是先将Pd-Ir合金用王水溶解，混合液用HNO_3氧化。用NH_4Cl析出$(NH_4)_2PdCl_6$和$(NH_4)_2IrCl_6$混合物，再利用在1%～5%的NH_4Cl溶液中两者溶解度相差很大的原理，使$(NH_4)_2PdCl_6$进入溶液而得到分离。其工艺流程见图6-10。

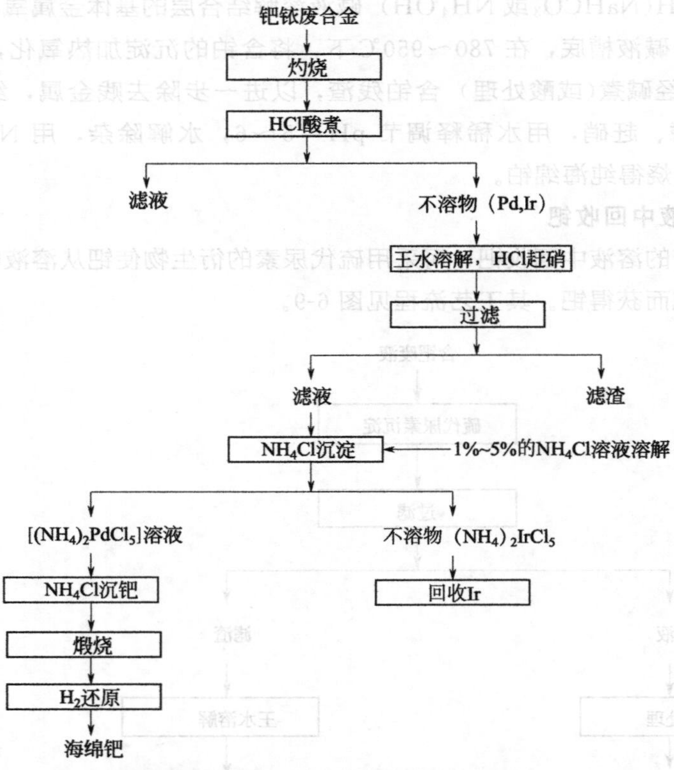

图 6-10　从钯合金废料中回收钯工艺流程

6.2.3.6　含铱废液中回收铱

用三辛基氧化磷（TOPO）从含铱、铑溶液萃取分离铱和铑，可以有效地回收铱和铑。其工艺流程见图 6-11。

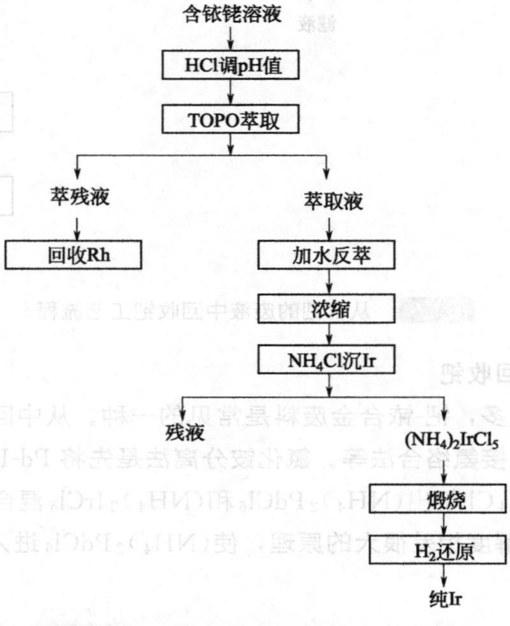

图 6-11　从含铱废液中回收铱工艺流程

(1) 待萃液的制备

含铱和铑溶液用盐酸调节酸度，使溶液含 4～6mol/L HCl。

(2) 萃取操作条件

萃取剂 TOPO(0.4mol/L 的苯溶液)；有机相∶水相＝1∶1；萃取时间为 10min；待萃液为 Rh、Ir 的氯络钠盐溶液；盐酸介质(4～6mol/L HCl)。

(3) Ir 的反萃

用水反萃，使 Ir 进入水相。

(4) Ir 的精制

将 Ir 的反萃液，加热浓缩，然后加入 NH_4Cl 沉淀铱，沉淀经煅烧后用氢还原得到纯铱粉。

(5) 萃取残液送去回收铑。

6.2.3.7 铂铱合金中回收铱

铂铱合金用王水溶解时，溶解速率很慢，甚至很难用王水将其完全溶解。国外曾采用电化学溶解法，国内主要采用加锌熔炼碎化法。其工艺流程见图 6-12。

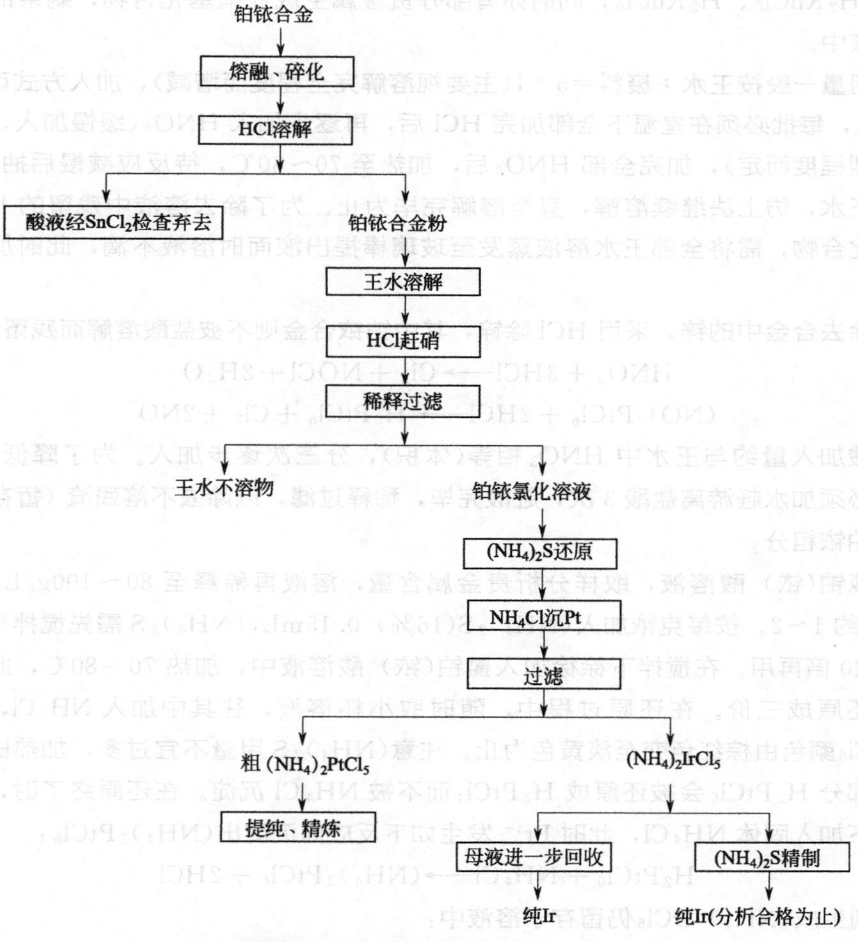

图 6-12 从铂铱合金中回收铱工艺流程

(1) 锌碎化

按锌：废料＝(4～5) ：1配入锌，炉温在800℃左右使金属迅速熔融，为防止锌被氧化挥发，必须用适量NaCl覆盖，使熔化锌与空气隔绝而减少氧化挥发，合金融熔后，出炉入铁盘中，呈片状，再捣碎，以便于酸浸出。

(2) 盐酸浸出

为了除去合金中的锌，采用HCl除锌，而其中的铂铱合金则不被盐酸溶解而残留在渣中。

$$Zn + 2HCl \longrightarrow ZnCl_2 + H_2 \uparrow$$

由反应可知，盐酸用量按理论量约为1kg需2.5～3L浓盐酸。为加快反应速率，一般加温至80℃左右，并经常搅拌。为防止$ZnCl_2$水解，必须控制pH＝1～2之间。当最后一批盐酸加入并煮沸约2h，pH值未显著上升时即为浸出终点。所有浸出过滤液，经$SnCl_2$检查无贵金属后弃之。

(3) 王水溶解，赶硝酸

盐酸浸出所得的残渣(铂铱合金粉) 经王水溶解，生成相应的H_2PtCl_6、H_2PdCl_4、H_2IrCl_6、H_2RhCl_6、H_2RuCl_6，同时亦有部分贵金属生成亚硝基化合物，剩余的硝酸部分残留在溶液中。

王水用量一般按王水：废料＝5：1(主要视溶解完全程度而增减)，加入方式可分批(2～3批) 加入，每批必须在室温下全部加完HCl后，再逐步加入HNO_3(缓慢加入，加入速度视反应剧烈程度而定)，加完全部HNO_3后，加热至70～80℃，待反应减慢后抽出溶解液，另换一批王水，仿上法继续溶解，直至溶解完毕为止。为了除去溶液中残留的HNO_3和破坏亚硝基化合物，需将全部王水溶液蒸发至玻璃棒提出液面时溶液不滴，此时加入浓盐酸赶硝。

为了除去合金中的锌，采用HCl除锌，其中铂铱合金则不被盐酸溶解而残留在渣中。

$$HNO_3 + 3HCl \longrightarrow Cl_2 + NOCl + 2H_2O$$

$$(NO)_2PtCl_6 + 2HCl \longrightarrow H_2PtCl_6 + Cl_2 + 2NO$$

浓盐酸加入量约与王水中HNO_3相等(体积)，分三次逐步加入。为了降低溶液酸度，赶硝后，必须加水赶游离盐酸3次，赶酸完毕，稀释过滤，以除去不溶残渣 (暂存)。

(4) 铂铱粗分

量取氯铂(铱) 酸溶液，取样分析贵金属含量，溶液再稀释至80～100g/L、pH值为1～2，Rh约1～2。按每克铱加入$(NH_4)_2S$(16%) 0.15mL，$(NH_4)_2S$需先搅拌稀释至原体积的10～20倍再用。在搅拌下徐徐加入氯铂(铱) 酸溶液中，加热70～80℃，此时溶液中的四价铱还原成三价。在还原过程中，随时取小杯溶液，往其中加入NH_4Cl，视所得的$(NH_4)_2PtCl_6$颜色由棕红色变至淡黄色为止。注意$(NH_4)_2S$用量不宜过多，加热时间不宜过长，否则部分H_2PtCl_6会被还原成H_2PtCl_4而不被NH_4Cl沉淀。在还原终了时，即往热溶液中搅拌下加入固体NH_4Cl，此时Pt^{4+}发生如下反应而沉淀出$(NH_4)_2PtCl_6$：

$$H_2PtCl_6 + NH_4Cl \longrightarrow (NH_4)_2PtCl_6 + 2HCl$$

Ir^{3+}则生成$(NH_4)_3IrCl_6$仍留存于溶液中：

$$H_3IrCl_6 + 3NH_4Cl \longrightarrow (NH_4)_3IrCl_6 + 3HCl$$

氯化铵用量为Pt量的0.6倍，并保持溶液中含50% NH_4Cl。过滤，沉淀用5%NH_4Cl

溶液洗至洗液色浅，洗液与滤液合并，待精制铱。

(5) 铱的精制

首先将铂铱粗分时所得的粗氯亚铱酸溶液浓缩(有 NH_4Cl 沉淀析出)，随后加入浓 HNO_3 并加热氧化即有粗氯铱酸铵沉淀析出(HNO_3 耗量为每 1g Ir 约 1mL)，冷却后过滤。

$(NH_4)_2IrCl_6$ 沉淀用 15% NH_4Cl 溶液洗涤数次，洗液与滤液合并待回收铱。

析出的粗 $(NH_4)_2IrCl_6$ 沉淀放在白瓷缸中，加纯水悬浮(使 Ir 的浓度为 80～100 g/L)，然后用酸或氯水调整溶液 pH 值约为 1.5，缓慢加入水合肼(按 1g 铱加 0.2mL)，直至气泡减少，反应平息，再调 pH 值至 2 左右，用石英内加热器逐渐升温至沸，保温 1h 冷却过滤，滤渣保存回收贵金属。滤液在室温下，当 pH 值约为 3 时缓缓加入 $(NH_4)_2S$ 进行硫化精制。$(NH_4)_2S$ 应尽量稀释，且在搅拌下徐徐加入，pH 值保持在约为 2。加完搅匀后，密封静置 24h 以上。过滤，其中滤渣(硫化物) 保存回收贵金属。滤液再加入 $(NH_4)_2S$ 进行第二次硫化精制，其杂质含量一般约为 3%，加完 $(NH_4)_2S$ 后，加热至沸约 2h，冷却过滤。经两次硫化精制后，一般铱的纯度可达 99.95%左右，如果经分析含贵金属较多时可再加入适量的 $(NH_4)_2S$，使溶液 pH 值升至约为 3，加热硫化。若贱金属较多，可按一次精制法，加入适量的硫化铵在冷态下精制，直至小样分析合格为止。

经分析合格的纯氯亚铱酸铵溶液，加入适量 H_2O_2(每 1kg Ir 加 H_2O_2 200mL)，再浓缩至表面有 NH_4Cl 析出，HNO_3 按每 1g 铱需 1mL HNO_3 计量加入氧化(加 HNO_3 时必须缓慢，以观察反应剧烈程度而定)，随即有黑色 $(NH_4)_2IrCl_6$ 沉淀析出，加热至表面结晶为止，稍冷过滤 $(NH_4)_2IrCl_6$ 结晶，用 15% NH_4Cl 洗至色淡，沉淀取出在瓷皿中于 400～850℃下煅烧至无白烟逸出为止，冷却取出。氧化铱在 800℃下氢还原炉中通 H_2 还原，即得纯产品铱。

(6) 氯铱酸铵母液回收

所有的氯铱酸铵母液加热浓缩至有氯化铵结晶析出，冷态下徐徐加入浓硫酸，其用量相当于原液数量，缓慢加入硫脲(用量约为贵金属含量的 5～6 倍)，升温至 180℃，保持 20～30min，取小样稀释过滤，滤液经 $SnCl_2$ 检查，或乙酸乙酯检查无色。大体可用 10 倍于原体积的自来水稀释过滤，滤液经 $SnCl_2$ 检查无色弃之，硫化物用水洗涤至洗水无色，于 100℃以下烘干，称重，取样分析 Pt 和 Ir 含量，保存回收。

6.2.3.8 钯铱合金废料中回收铱、钯

从钯铱合金中回收铱的工艺很多，如浓硝酸分离法、氨络合法、直接氨络合法等均可达到回收铱的目的，并能获得较纯的产品。氨络合-盐酸化法分离钯铱是回收钯铱合金废料的新工艺，工艺流程见图 6-13。其工艺操作条件如下。

(1) 钯铱合金废料的预处理

将废料碾片，剪碎，高温灼烧以除去油污、包漆等有机物。

(2) 王水溶解

将预处理后的废料放入耐酸白瓷缸中，分批计量加入王水溶解。王水加入量按金属量的 3～4 倍计，分三批加入：第一批加入王水总量的 60%；第二批加入 20%；第三批加入 20%。实际上可视金属溶液情况稍作增减。冷态下王水溶解减弱后，用石英加热器缓慢加热溶解至反应减弱后将溶液抽出，再加新配王水再溶。溶解过程需经常搅拌，以便溶解完全。

(3) 赶硝酸

全部王水溶解浓缩蒸干，以玻璃棒沾取不滴流为宜。此时加入盐酸赶硝酸，其盐酸耗量约为王水中所配入的硝酸量。分 3 次加入，赶至无 NO_2时即可。在 pH 值为 1 左右过滤，王水不溶物用自来水洗至无色。滤液量体积，取样，送分析，标定滤液中的 Pt、Pd、Rh、Ir 的含量。

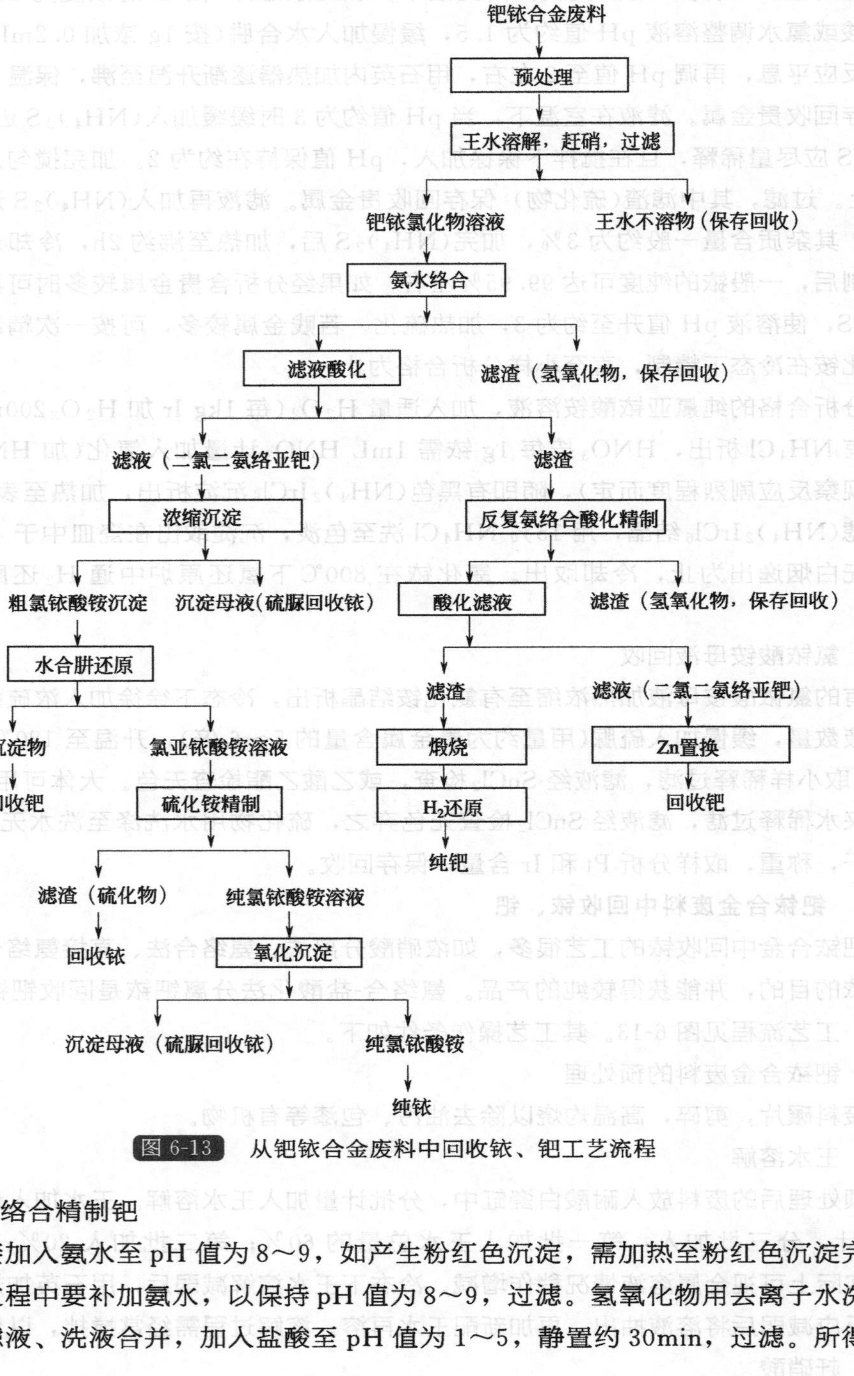

图 6-13 从钯铱合金废料中回收铱、钯工艺流程

(4) 氨水络合精制钯

滤液直接加入氨水至 pH 值为 8～9，如产生粉红色沉淀，需加热至粉红色沉淀完全溶解为止。加热过程中要补加氨水，以保持 pH 值为 8～9，过滤。氢氧化物用去离子水洗至无色保存回收。滤液、洗液合并，加入盐酸至 pH 值为 1～5，静置约 30min，过滤。所得二氯二

氨络亚钯，再继续精制 2～3 次，即将粗分所得的二氯二氨络亚钯与水拌和，使钯含量达 80g/L 左右的浓度，然后加入氨水络合，其条件与前络合过程相同。滤去不溶杂质，滤液再酸化，则可得到更纯的二氯二氨络亚钯，如此反复络合精制，直至小样分析合格为止。络合渣保存回收其中的贵金属。酸化沉淀母液用锌粉置换回收其中的贵金属。

小样合格之后，二氯二氨络亚钯在 300～400℃下煅烧至无大量白烟后，再升温至 600℃无白烟为止。所得的氧化钯再在氢的还原条件下煅烧成纯钯。

（5）硫化铵法精制

第一次氨络合、酸化分离钝后的母液，浓缩至有大量 NH_4Cl 结晶析出，然后加入浓硝酸，煮沸氧化，使铱呈粗氯铱酸铵沉淀析出，每克铱约耗浓硝酸 1mL。母液用硫脲回收铱。粗氯铱酸铵加水拌和，使铱的浓度约为 80g/L。在室温下，pH 值为 1 左右，逐渐加入水合肼，每克铱约耗 0.2mL 水合肼，加热至沸，还原半小时使氯铱酸铵转变为氯亚铱酸铵而溶解，冷却过滤，滤渣留作回收贵金属用，滤液在室温条件下，加入硫化铵精制。

所需硫化铵(16%）用无离子水稀释至 1%～5%，在人工搅拌下徐徐加入溶液中，最终 pH 值保持 2～2.5，封存静置 24h，冷却过滤。硫化物保存，滤液进行第二次硫化精制。

精制合格的铱液，必须首先加入双氧水(每公斤铱约耗双氧水 20mL)，加热氧化浓缩至表面有 NH_4Cl 析出。按每克铱需 1mL 浓硝酸计，缓缓加入氧化，此时随即有黑色氯化铱酸铵析出，至溶液颜色变淡后，继续加热约 0.5h 无明显变化，即断电冷却抽滤，氯铱酸铵用 15%氯化铵溶液洗至无色，滤液和洗液合并，用硫脲回收其中的贵金属。所得纯氯铱酸铵沉淀，在 450℃左右煅烧至无大量白烟，再升温至 800℃煅烧至无白烟为止。所得氧化铱待氢还原处理。

（6）氢还原

将氧化钯或氧化铱小心装入适当的容器（瓷管、瓷舟、石英舟）中，放入管式炉瓷管内，用连通洗气瓶橡皮塞塞紧，洗气瓶第一瓶为 10%硫酸铜液，第二瓶为 20%重铬酸钾液，第三瓶为浓硫酸。瓷管另一端上连通水封瓶的橡皮塞。检查整个管道是否畅通，切勿漏气，CO_2 赶尽空气，再通入 H_2，此时开始通电调节升温。

氧化钯的还原条件为升温 400℃通入 CO_2 约 5～10min 后通氢气，继续升温至 600℃，保温 2h，断电冷却至 400℃改通 CO_2，冷至 100℃以下，纯钯即可出炉，取出称重，取样分析产品纯度，置于已洗净烘干的容器中保存待用。

氧化铱的还原条件为升温至 400℃通入 CO_2 约 5～10min，改通氢气。继续升温至 800℃，保温 2h，断电冷却至 400℃改通 CO_2 冷至 150℃以下纯铱即可出炉，取出纯铱称重，取样分析产品纯度，主体铱置于已洗净烘干的容器中待用。

采用这一新工艺可使流程大大简化，劳动条件得到改善，Pd 的回收率达 95%，产品纯度可达 99.995%；Ir 的回收率达 70%～80%，纯铱的纯度可达 99.99%。

6.2.3.9 含铑的残渣中回收铑

将含铑残渣加入 PbO 及熔剂进行熔炼，获得贵铅，再用硝溶解，Ag、Pt、Pd、Pb 等进入溶液，而铑、铱、锇、钌等仍留在渣中，再用 $KHSO_4$ 水溶液溶解铑，使铑进入溶液，而铱、锇、钌不溶而达到分离。再将溶液用亚硝酸铵（NH_4NO_2）处理得到 $(NH_4)_3Rh(NO_2)_6$，将 $(NH_4)_3Rh(NO_2)_6$ 燃烧得到粗铑。其工艺流程如图 6-14 所示。

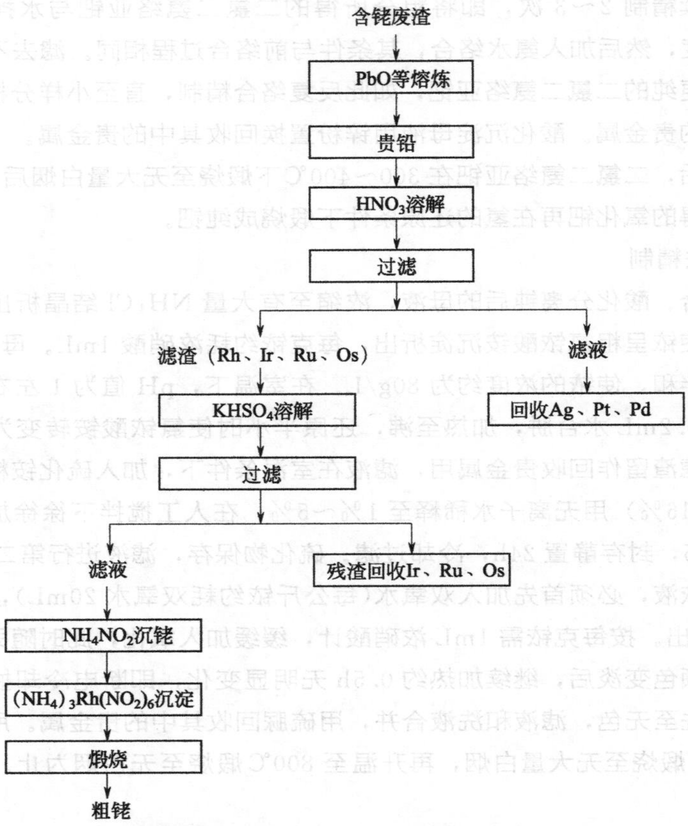

图 6-14 从含铑的残渣中回收铑工艺流程

6.2.4 铂族金属的精炼

铂族金属的精炼包括铂族金属与贱金属的分离、铂族金属的相互分离和单个粗铂族金属的提纯，整个精炼过程很复杂。

6.2.4.1 铂族金属与贱金属的分离

实践证明，进行铂族金属相互分离之前，尽量去除贱金属，无论是从技术上还是从经济上考虑都是非常必要的。铂族金属与贱金属的分离常用的方法有锌、镁粉置换法，水合肼还原法，铜置换法，硫脲沉淀法，硫化钠沉淀法，亚硝酸钠配合水解沉淀法，氯化铵沉淀法，离子交换法，溶剂萃取法。

（1）锌、镁粉置换法

此法常用于从溶液中富集贵金属，并分离镍、铁等贱金属。其优点是过程迅速、设备简单，贵金属回收率高。表 6-16 为用 Zn 粉或 Zn-Mg 粉置换贵金属的效果。

表 6-16 锌、镁粉置换贵金属的效果 单位：%

置换方式	Pt	Pd	Au	Rh	Ir	Os	Ru
单独用锌粉	>99.0	>99.0	>99.0	98.79	77.30	66.70	96.59
锌镁粉结合	>99.0	>99.0	>99.0	99.31	97.63	98.98	99.68

溶液含 Cu 低且只含 Pt、Pd、Au 时，通常用 Zn 粉即能接近定量置换，残液中贵金属含量均可低于 0.2mg/L。如果溶液中还含有 Rh、Ir 时，由于 Zn 粉对 Rh 的置换速率慢，对 Ir 的置换率不高(约为 70%)，则此时需将 Zn 粉和 Mg 粉共同使用：先用 Zn 粉置换，后再用 Mg 粉置换。Rh、Ir 的置换率可分别高于 99%及 97%。如果溶液中含铜，在置换时也将定量沉淀，这时可用稀硫酸加氧化剂或硫酸高铁溶液浸出 Cu。由于溶液中的酸及溶解的氧会消耗 Zn 粉，所以置换过程应在低酸度下进行，并减少空气与溶液的接触。

(2) 水合肼还原法

水合肼($N_2H_4 \cdot H_2O$)是一种很强的液体还原剂。且在不同的酸度下，其对贵贱金属的还原能力不同。表 6-17 是不同 pH 值下水合肼对贵贱金属的还原效果，从表中可以看到，在 pH 值低时，Pt、Pd、Au 具有很高的还原率，而 Rh、Ir、Os、Ru 的还原率不是很高，同时贱金属的还原率也较低；提高 pH 值时，贵金属的还原率都能达到满意的程度，但贱金属的还原率也很高。因此，该法适用于当 Rh、Is、Os、Ru 含量极低且不考虑回收时，选择性还原 Pt、Pd、Au，与贱金属粗分离。该方法多用于贵金属精炼过程及特种贵金属粉末的制备。

表 6-17　不同酸度条件下水合肼对金属的还原效果　　单位：%

pH 值	Pt	Pd	Au	Rh	Ir	Os	Ru	Cu	Fe	Ni
2	99.30	99.96	99.98	78.90	48.90	42.00	32.70	34.00	15.80	2.90
3	99.87	99.97	99.98	98.54	84.70	78.80	58.80	61.00	26.00	16.00
6	99.98	99.99	99.98	99.87	99.38	95.00	88.60	99.99	99.85	85.30
6~7	99.99	99.97	99.97	98.90	95.40	98.90	93.70	99.99	99.87	98.21

(3) 铜置换法

用铜粉(最好是活性铜粉)从含铂族金属的氯化物溶液中使铂族金属还原析出，而与贱金属分离。该法适宜于处理含铜高的贵金属溶液。由于置换过程中，Ni、Fe、Pb、Zn 等均不被置换，所以能达到较好的贵、贱金属分离的效果。例如用含有 Cu 2.10g/L、Ni 2.55g/L、Fe 1.95g/L、Pt 0.34g/L、Pd 0.20g/L 的氯化物溶液，控制酸度为 5 mol/L，温度 80℃，加铜粉置换 1h，置换后残液中含 Pt 0.0002g/L，Pd 0.0009g/L，Pt、Pd 置换率分别为 99.9%及 99.5%。操作得当时，用 Cu 粉能彻底地置换除 Ir 以外的其他贵金属，其置换速率的顺序为 Au＞Pd＞Pt＞Rh。

(4) 硫脲沉淀法

硫脲沉淀法是根据贵金属的氯配合物均能和硫脲生成分子比为 1∶(1～6) 的多种配合物，如 [Pt(Tu)$_4$] Cl_2、[Pt(Tu)$_2$] Cl_2、[Pd(Tu)$_4$] Cl_2、[Pd(Tu)$_2$] Cl_2、[Rh(Tu)$_3$] Cl_3、[Rh(Tu)$_5$Cl] Cl_2、[Ir(Tu)$_3$] Cl_3、[Ir(Tu)$_6$] Cl_3、[Os(Tu)$_6$] Cl_3、[Au(Tu)$_2$] Cl 等。这些配合物在浓硫酸介质中加热时被破坏，生成相应的硫化物沉淀，贱金属则不发生类似反应，继续保留在溶液中，从而实现贵贱金属的分离。

操作时将贵金属总量的 3～4 倍的硫脲加入待处理的溶液中，然后加入与溶液同体积的硫酸，加热至 190～210℃后保温 0.5～1h。冷却后稀释于 10 倍体积的冷水中，过滤洗涤后得到贵金属精矿。此法贵贱金属分离效果好，特别适用于各种复杂溶液，但操作条件差，通常较少使用。

（5）硫化钠沉淀法

此法是在含铂族金属的溶液中加入 Na_2S，使溶液中的贵贱金属在一定操作条件下都生成硫化物沉淀析出，然后用盐酸或控制电位氯化溶解贱金属硫化物，实现贵贱金属的分离。

在室温下，硫化钠能直接从金(Ⅲ)、钯(Ⅱ)的氯配合物溶液中沉淀出相应的硫化物，反应迅速。但与Pt(Ⅳ)、Rh(Ⅲ)、Ir(Ⅲ)反应时，首先只发生配位基交换，反应速率缓慢；在沸腾温度下，若硫化钠加入速度快，用量过多，一般均能生成相应的硫代盐，例如：

$$Na_2[PtCl_6] + 3Na_2S \longrightarrow Na_2[PtS_3] + 6NaCl$$

为分离贵贱金属，可采用如下操作：向贵贱金属混合溶液中加入过量 Na_2S，使pH值保持在8～9，煮沸一段时间，使贵金属氯配盐转化为各种硫代盐，然后用盐酸酸化溶液至pH＝0.5～1，再煮沸0.5h，此时贵贱金属全部转化为容易沉降和容易过滤的硫化物，滤出的混合硫化物在盐酸介质中加热和加适当氧化剂浸出贱金属，浸出渣为富的贵金属硫化物，用王水溶解后进行分离提纯。此法因贵金属硫化物常不易彻底破坏，在后续分离提纯过程中常会使反应出现不正常现象，现在已很少使用。

（6）亚硝酸钠配合水解沉淀法

该法是利用铂族金属的氯配酸盐溶液，经亚硝酸钠处理后可转化成较稳定的可溶性的亚硝酸配合物，而除Ni和Co以外的贱金属都不形成亚硝酸配合物，借助于调整溶液的pH值，使贱金属呈氢氧化物沉淀析出而实现贵贱金属分离。

Pt、Rh、Ir的亚硝酸配合物在中等碱度的溶液中能稳定存在，即使pH值为10，煮沸仍不分解；钯的亚硝酸配合物在pH值低于8时，沸腾下仍是稳定的，当pH值大于10时则很快分解为含水氧化物沉淀；锇和钌的亚硝酸配合物的稳定性则较差。镍和钴的亚硝酸配合物在溶液pH值为8～10的碱性条件下完全分解生成氢氧化物沉淀，其他贱金属在pH值小于8时已先后水解沉淀。贵贱金属分离过程中，金直接还原成金属，它可在溶解贱金属氢氧化物沉淀后过滤回收。由于部分锇在亚硝酸配合物分解时呈四氧化物挥发损失，而钌在盐酸破坏其亚硝酸配合物时也不能转变成相应的氯配酸盐，所以此法不适宜用来处理含有Os、Ru的溶液。

此外，由于贱金属氢氧化物吸附的贵金属配合物不易洗净，贵金属亚硝酸盐配合物用盐酸破坏重新转化为氯配合物的操作也比较繁冗，此法现已很少使用。

（7）氯化铵沉淀法

氯化铵是四价铂、钯、铱、锇、钌的氯配酸的特效沉淀剂，它与这些金属的氯配合物能生成相应的不同颜色的铵盐沉淀，这些铵盐沉淀在水中的溶解度低，在氯化铵溶液中溶解度更低，用一定浓度的氯化铵溶液可充分洗除夹杂的贱金属离子，从而达到贵贱金属的有效分离。此法在铂族金属精炼中被广泛采用。

（8）离子交换法

在盐酸介质中铂族金属均以配阴离子形态存在，而贱金属则以阳离子或稳定常数很低的阴离子存在，所以可以用阳离子交换树脂实现贵贱金属分离，也可以用阴离子交换树脂来实现贵贱金属分离。当含大量铂、钯、铑的溶液中带有少量的Cu、Fe、Ni、Co、Zn等贱金属时，可将溶液充分浓缩后用水稀释以降低酸度，并用少量NaOH溶液调整pH值至1左右，然后使之通过装有磺化聚苯乙烯型的强酸性阳离子交换树脂柱，贱金属将被吸附出现色层带，用pH＝1的水挤压完贵金属溶液，再用3mol/L的HCl溶液淋洗树脂。当含大量贱金属的溶液中带有少量铂族金属时，可使用717强碱性阴离子交换树脂吸附贵金属，但吸附后的树脂用NaOH溶液淋洗时，铂族氯配阴离子很难解吸，故一般很少采用阴离子交换。文献报道一种称为Monivex的硫脲型弱碱性交换树脂P—CH_2—S—C═(NH_2)—Cl^-，活性基团是硫脲，可从氯化物介质中交换吸附铂族金属的氯配阴离子而与贱金属阳离子分离，用硫脲溶液淋洗，使铂族金属与硫脲形成配阳离子，使之从树脂上有效地解吸。针对酸度2mol/L，贱金属浓度较高的贵贱金属混合溶液，室温下用Monivex树脂交换吸附铂族金属，所有铂族金属离子的吸附率都很高。负载树脂用含5%的$CS(NH_2)_2$+0.5mol/L HCl的溶液在80℃解吸，所有铂族金属的解吸率也都很高。

(9) 溶剂萃取法

溶剂萃取法就是通过有机萃取剂从贵贱金属共存的溶液中，把贵金属萃取入有机相而贱金属留在萃残液中，或把贱金属萃取入有机相而贵金属留在溶液中，从而实现贵贱金属分离。

提供萃取分离贱金属的溶液应满足一定的条件。首先，贵金属浓度应尽量高，贱金属浓度应尽量低，以便降低有机相的负荷；其次待萃溶液中应不含$AgCl_3^{2-}$，以免酸度变化时转变为AgCl悬浮沉淀，影响分相并污染其他贵金属产品。因此，应在贵金属精矿溶解后调整溶液酸度并充分煮沸，使AgCl尽量沉淀并过滤分离。

1) 萃取贱金属　萃取贱金属阳离子的萃取剂有酸性膦类、羧酸类和磺酸类三类。酸性膦类萃取剂主要有单烷基膦酸、二烷基膦酸、烷基膦酸单烷基酯、二烷基次膦酸、双膦酸五种。其中最常用的萃取剂有二-(2-乙基己基)膦酸(H_2MEHP)、异辛基膦酸单异辛基酯(PC88A或507)、磷酸单烷基酯(P538)、单(2-乙基己基)膦酸(H_2MEHP)、二(正丁基)膦酸(HDBP)等。这类萃取剂都有一个或两个氢离子可与料液中的金属阳离子交换，使贱金属萃取入有机相。萃取剂酸性越强，萃取能力越强。羟酸类萃取剂主要有环烷酸、叔碳酸C547、Versatic系列异构羧酸，这类萃取剂属弱酸性萃取剂。磺酸类萃取剂(RSO_2OH)属强酸性萃取剂，适合从高酸度溶剂中萃取金属阳离子。

萃取前要使溶液中的Pt(Ⅳ)、Pd(Ⅱ)、Au(Ⅲ)、Rh(Ⅲ)、Ir(Ⅲ、Ⅳ)充分转变为氯合或水合阴离子，而Fe(Ⅲ)、Ni(Ⅱ)、Cu(Ⅱ)主要以水合阳离子形式存在。然后用二-(2-乙基己基)膦酸(D2EHPA)煤油溶液将贱金属的阳离子萃取除去。Fe、Ni、Cu的萃取率可达97%以上，而贵金属的萃取率均小于1%。此法一般只在铑铱提纯中考虑，对于铂、钯，则采用氯化铵沉淀法除贱金属更为方便。

2) 萃取铂族金属

① 萃取机理。金及铂族金属在盐酸介质中稳定存在的氯配阴离子为$AuCl_4^-$、$PdCl_4^{2-}$、$PtCl_6^{2-}$、$RhCl_6^{3-}$、$IrCl_6^{3-}$、$RuCl_6^{3-}$，其中Ir、Ru氧化到四价态的$IrCl_6^{2-}$、$RuCl_6^{2-}$、也能稳定存在。这些配阴离子不但携带的负电荷数有差异，而且表征热力学稳定性的配离子稳定常数以及表征动力学活性的一水合反应速率常数也不尽相同，因而可以通过几种不同的反应机理萃取这类配阴离子。

Ⅰ. 配体交换机理的萃取。配体交换机理的特点为：萃取剂分子进入配离子内界，形成疏水性的中性配合物或螯合物；氢离子不参与反应，萃取率与水相酸度无关；萃取动力学速率慢，达到平衡的混相时间长；萃取过程吸热；反萃困难；饱和萃取容量较大等。

配体交换的萃取反应为：

$$2L(o) + MCl_4^{2-}(w) \rightleftharpoons [ML_2Cl_2](o) + 2Cl^-(w)$$

由于 $PdCl_6^{2-}$ 的热力学稳定性差，且动力学活性大，因此萃钯均选用符合此种机理的萃取剂。

常用的如各种不同烷基的硫醚、亚砜、羟肟及8-羟基喹啉衍生物等。反萃时常使用氨水、硫脲等络合试剂，它们能使Pd(Ⅱ)形成配阳离子，从而从有机相转入水相。

Ⅱ. 氢离子溶剂化机理的萃取。此类机理又称离子缔合机理，其特点为氢离子被萃取剂溶剂化生成$\equiv P=O\cdot H^+$、$=S=O\cdot H^+$、$=C=O\cdot H^+$或$\equiv N\cdot H^+$等类型的大阳离子；贵金属配阴离子进入有机相后结构不变，与水相中相同；萃取达到平衡所需的混相时间短；萃取过程放热；反萃容易；饱和萃取容量较低，采用胺类萃取剂时需加入少量TBP或高碳醇作调相剂等。

离子缔合机理萃取反应式为：

$$2L(o) + 2H^+ + MCl_6^{2-} \rightleftharpoons (LH^+)_2\cdot MCl_6^{2-}$$

Pt(Ⅳ)、Ir(Ⅳ)以及将Pd(Ⅱ)氧化为 $PdCl_6^{2-}$、均适合用此类机理的萃取剂萃取，常用的萃取剂有TBP、烷基亚砜、甲基异丁基酮、三辛胺等。对于前三类萃取剂需将待萃液的盐酸浓度调整到3～4mol/L，胺类因萃取率高可在低酸度下萃取。TBP有机相可用NaCl水溶液或稀硝酸反萃，亚砜用水反萃，胺类用稀碱反萃。

Ⅲ. 阴离子交换反应萃取。季胺盐属于典型的液态阴离子交换萃取剂，它由大体积的有机铵阳离子和卤素负离子组成，萃取时水相中面电荷密度小的贵金属配阴离子与有机相中容易水化的卤离子发生交换。其特点是与水相氢离子浓度无关；萃取速率较快，主要取决于配阴离子的面电荷密度；反萃困难。因无选择性，可作为贵贱分离的萃取剂。

萃取反应为：

$$mR_4N^+Cl(o) + MCl_n^{m-} \rightleftharpoons (R_4N^+)_m MCl_n^{m-}(o) + mCl^-$$

② 萃取原则。铂族金属精矿溶解后，溶液中同时存在着多种贵金属离子，这些贵金属离子的稳定性、氧化-还原性、随体系氧化电位、氯离子浓度及pH值变化而产生的配合物状态各不相同，这就要求萃取分离时必须遵循一定的原则。

Ⅰ. 用氧化蒸馏首先分离锇、钌。利用Os、Ru易氧化为易挥发的四氧化物的特性进行氧化蒸馏并分别吸收，至今仍是最可靠的提取Os、Ru的方法。在氯化物体系中，随pH值的变化，Os主要有 $[OsO_2Cl_4]^{2-}$、$[OsCl_6]^{2-}$，Ru主要有 $[RuCl_6]^{2-}$、$[Ru_2OCl_{10}]^{4-}$、$[RuCl_5(H_2O)]^{2-}$、$[Ru_2OCl_{10-n}(H_2O)_n]^{(4-n)-}$、$[Ru(OH)Cl_5]^{2-}$ 等，它们在溶液中处于不稳定的平衡状态，用萃取的方法进行分离很难达到稳定的指标。在氯化物体系中蒸馏时，Ru很难完全氧化为 RuO_4，常需要加入相当过量的强氧化剂。

Ⅱ. 先萃取金和钯。金的配阴离子 $[AuCl_4]^-$ 具有最小的面电荷密度，是贵金属中最易萃取的配阴离子，因此在国内外已投产的所有萃取流程中，总是用一种萃取能力弱的萃取剂首先萃除Au，这样可以使萃取有很高的选择性，并避免了Au(Ⅲ)容易还原出元素金的干扰。Pd(Ⅱ)的配阴离子 $[PdCl_4]^{2-}$ 呈平面正方形，动力学活性大，最容易发生萃取剂分子进入配离子内界的取代反应，因此成为第二个需要萃除的贵金属元素。

Ⅲ. 铂的萃取。$[PtCl_6]^{2-}$ 配离子相当稳定，面电荷密度也比较低，有多种萃取剂可以选用，一般可以将Ir(Ⅳ)先选择性还原为Ir(Ⅲ)后，即进行Pt(Ⅳ)的萃取。

Ⅳ. 铱的萃取。Ir(Ⅳ) 很容易还原为 Ir(Ⅲ)，Ir(Ⅲ) 也较容易氧化为 Ir(Ⅳ)，即 $IrCl_6^{2-}$、$IrCl_6^{3-}$、之间容易互相转化。利用这个特性可以在萃 Pt(Ⅳ) 前将 Ir 氧化为 Ir(Ⅳ)，然后与 Pt(Ⅳ) 一起共萃入有机相，再从有机相分别反萃 Ir 和 Pt；也可以在萃除 Pt(Ⅳ) 后，用氧化剂把 Ir 氧化至 $IrCl_6^{2-}$、状态，再进行萃 Ir。

Ⅴ. 铑的提取。$PhCl_6^{3-}$ 是很稳定的配阴离子，无法氧化到四价态，由于它的面电荷密度高，水化作用强，因此找不出一种能萃取它的萃取剂，通常把它留在最后，用其他化学法提取。Rh(Ⅲ) 的萃取只有当配体为大体积的 Br^-、I^-、$SnCl_3^-$ 等才能进行，生产中无法采用。

③ 萃取剂。萃取剂的选择要根据贵金属氯配阴离子的特性及萃取机理来进行。$[AuCl_4]^-$ 配阴离子要用萃取能力弱的萃取剂，如混合醇、二丁基卡必醇(DBC)、甲基异丁基酮(MIBK) 等即可得到满意的效果；若萃取剂的萃取能力强，可以用加大量稀释剂来抑制，以提高萃 Au 的选择性。如有人研究过用 30%TBP＋70%氯仿的有机相萃金，因为 $CHCl_3$ 中的 H 原子与 TBP 的═P ═O 键形成新的氢键，TBP 与氯仿缔合大大削弱了萃取能力，也可以取得选择性萃金的效果，当然氯仿的毒性不宜在生产中使用。

萃钯是借助配体交换机理，选用的萃取剂应该是一种能给出电子对起到配体作用的有机分子，通常如二正辛基硫醚、二异辛基硫醚、二异辛基亚砜、石油亚砜等。这些萃取剂分子中的硫原子很容易与 Pd(Ⅱ) 形成配位键。

萃铂(Ⅳ)、铱(Ⅳ) 是借助离子缔合机理，萃取剂的官能基应有碱性，能与水相中的氢离子形成氢键，与膦类形成大体积膦阳离子，与胺类形成大体积铵阳离子。这样，可把 $PtCl_6^{2-}$、$IrCl_6^{2-}$ 甚至 $PdCl_6^{2-}$、$RuCl_6^{2-}$ 萃入有机相。

④ 有机稀释剂。萃取有机相是由萃取剂、稀释剂、添加剂及必要时加入的协萃剂、抑萃剂等组成，其中最重要的是稀释剂。贵金属萃取体系中多用各种饱和的烃类化合物如烷烃及芳香烃作稀释剂，烷烃主要是煤油，芳香烃有苯、二甲苯、二乙苯等，常用稀释剂及性质见表 6-18。

表 6-18 常用稀释剂及某些物化性质

名称	分子式	分子量	密度/(g/cm^3)	沸点/℃	水中溶解度/(g/L)
环已烷	C_6H_{12}	84.2	0.783	87.7	0.100
正已烷	$CH_3(CH_2)_4CH_3$	86.2	0.660	69.0	0.138
正庚烷	$CH_3(CH_2)_5CH_3$	100.2	0.681	98.5	0.052
苯	C_6H_6	78.11	0.891	80.1	0.180
甲苯	$C_6H_6CH_3$	92.13	0.866	110.8	0.470
邻二甲苯	$C_6H_4(CH_3)_2$	106.16	0.875	144.0	
间二甲苯	$C_6H_4(CH_3)_2$	106.16	0.868	138.8	0.196
对二甲苯	$C_6H_4(CH_3)_2$	106.16	0.861	138.5	0.190

6.2.4.2 铂族金属的相互分离

(1) 锇、钌与其他铂族金属的分离

由于锇、钌在火法或湿法的富集提取过程中容易造成分散和损失，因此应尽早与其他铂族金属分离并回收。

分离锇、钌最经济有效的方法是氧化蒸馏，即用一种强氧化剂使锇、钌氧化成四氧化物并使之挥发，分别用碱液和盐酸吸收。

经过富集提取后的富铂族金属物料，如果不含硫或含少量硫，物料的性质又适合于氧化蒸馏(未受 300℃以上火法处理）时应考虑优先分离回收锇、钌。当然，是否进行氧化蒸馏分离锇、钌，还应考虑经济因素。

常用的氧化蒸馏分离锇、钌的方法有以下几种。

1）通氯加碱蒸馏法　氯气通入碱液(NaOH）后生成的强氧化剂次氯酸钠，使锇、钌氧化成四氧化物挥发。蒸馏可在搪玻璃的机械搅拌反应器中进行。物料用水浆化后加入反应器并加热至近沸，然后定期加入浓度 20%的 NaOH 并不断通入氯气，保持溶液的 pH6～8，锇、钌的四氧化物一起挥发，分别用盐酸吸收钌，氢氧化钠溶液吸收锇。蒸馏过程一般延续6～8h。此法的优点是比较经济，操作也较简单。缺点是由于贱金属及某些铂族金属及某些铂族金属离子在碱液中生成的沉淀包裹被蒸馏物料的表面，从而使锇、钌的蒸馏效率有所降低。另外，其他贵金属在蒸馏过程中基本不溶解，需经另一过程溶解后才能分离提取。

2）硫酸-溴酸钠法　该法根据实际操作过程特征又可分为“水解蒸馏”和“浓缩蒸馏”。“水解蒸馏”是将溶液先中和，水解，使锇、钌生成氢氧化物；蒸馏时将水解沉淀浆化，然后放入反应器内，同时加入溴酸钠溶液，升高温度到 40～50℃时，加入 6mol/L 硫酸，再升温至 95～100℃，此时锇、钌即生成四氧化物挥发，挥发物分别用氢氧化钠和盐酸吸收。“浓缩蒸馏”则首先将溶液浓缩，然后将浓缩液转入蒸馏器加入等体积的 6 mol/L 硫酸，升温到95～100℃，缓慢加入溴酸钠溶液，直至锇、钌蒸馏完毕。

两者相比,“水解蒸馏”可以保证锇、钌有较高的回收率，但操作过程长，水解产物过滤分离较难。浓缩蒸馏则操作简单，但蒸馏效果不够稳定。

3）调整 pH 值加溴酸钠法　此法的优点是不加硫酸，蒸馏后的氯配合物可接着进行其他贵金属元素的分离。但对锇的蒸馏效果很差，仅适用于含钌的溶液。蒸馏前将溶液浓缩赶酸加水稀释，使 pH 值在 0.5～1.0，然后装入蒸馏器中加热至近沸，再加入溴酸钠溶液和氢氧化钠溶液，使 pH 值升高。当大量的四氧化钌馏出时，停止加入氢氧化钠，继续加入溴酸钠直至钌蒸馏完毕。钌的馏出率几乎达到 100%。

4）硫酸加氯酸钠法　氯酸钠在硫酸的作用下产生初生态氧和初生态氯，不仅使铂族金属氧化溶解，而且能把锇、钌氧化成四氧化物挥发出来。蒸馏时，将铂族金属精矿用 1.5 mol/L 硫酸浆化并加入反应器中，加热至近沸后，缓慢加入氯酸钠溶液，几小时后锇、钌氧化物便先后挥发出来，继续加入氯酸钠溶液，直至锇、钌完全挥发。蒸馏过程一般延续8～12h。蒸馏完毕，断开吸收系统与蒸馏器的连接导管，将蒸馏器的排气管与排风系统相联，然后向蒸馏器内通入氯气，使其他铂族金属和金完全溶解，以便进一步处理，分离提取这些元素。此法的优点是锇、钌的蒸馏效率高，均可达 99%，且可同时使其他贵金属(除银外）转入溶液。

5）过氧化钠熔融后用硫酸加溴酸钠法　当固体物料中的锇、钌不能直接用上述方法蒸馏时，可采用此法。例如分离其他铂族金属以后的含锇、钌的不溶残渣，含锇、钌的金属废料、废件等。操作时，将物料与 3 倍量的 Na_2O_2混合，装入底部垫有 Na_2O_2的铁坩埚，表面再覆盖一层 Na_2O_2，装料坩埚在 700℃加热，待完全熔化后取出坩埚并冷却。冷凝后的熔块用水浸取，得到的浆料即可加入蒸馏器进行蒸馏分离回收锇和钌。

(2) 金与铂族金属的分离

在含铂族金属的物料中，通常总含有金，而金由于极易还原，即使是很弱的还原剂都能使之从溶液中还原析出。甚至当溶液的酸度降低，容器的内壁不干净或将溶液陈放，都有金自溶液中还原析出。因此，在铂族金属相互分离之前，总是先分离金。下面介绍可供选择应用于生产的一些方法。

1) 还原沉淀法　可供选择应用生产的还原剂有 $FeSO_4$、SO_2、$H_2C_2O_4$、$NaNO_2$、H_2O_2、Na_2SO_3 等。

用 $FeSO_4$ 还原时，虽然可以达到满意的分金效果，但是使贵金属溶液中带进了 Fe^{3+} (Fe^{2+})，影响铂族金属相互间的分离，当溶液中仅含金、铂、钯时，可以考虑采用。因为 $FeSO_4$ 易获得，比较经济，而且 Fe^{3+} (Fe^{2+}) 的存在，不影响铂与钯的分离。

用 $H_2C_2O_4$ 作还原剂分离金，也是一个效果很好的方法。但溶液要求控制一定的酸度，且有过量 $H_2C_2O_4$ 留于沉金母液，影响铂族金属分离。本方法主要用于粗金的提纯。

亚硝酸钠还原法，其实质是金被还原析出时，铂族金属生成稳定的亚硝基配合物留在溶液中而实现金与铂族金属的分离。当溶液中有铜、铁、镍等贱金属离子存在时，可水解生成氢氧化物沉淀和还原析出的金混在一起，固液分离后，滤饼需进一步用酸处理将贱金属氢氧化物溶解。当溶液中含有钯、锇、钌时不宜采用此法，因为钯有可能生成氢氧化物沉淀造成分散，而锇和钌的亚硝基络合物在转变为氯络合物时，会造成氧化挥发损失。

SO_2 还原分离金，是一个经济、简便、效果好的方法，而且不影响分金后铂族金属的相互分离。其反应式如下：

$$2HAuCl_4+3SO_2+6H_2O \longrightarrow 2Au^{+}+3H_2SO_4+8HCl$$

还原过程主要控制溶液中金的浓度、酸度、温度和 SO_2 通入的速率，如金的浓度在 10～90g/L时还原效率均大于 99%。用 SO_2 (H_2SO_3) 还原分离金时，溶液中的 Pt(Ⅳ)、Pd(Ⅳ)、Ir(Ⅳ)被还原为Pt(Ⅱ)、Pd(Ⅱ)、Ir(Ⅱ)。用过氧化氢还原分离金时，其反应式为：

$$2AuCl_3+3H_2O \longrightarrow 2Au\downarrow+6HCl+3O_2$$

还原时需加入碱中和反应生成的酸。此法需要过量很多的 H_2O_2。

2) 溶剂萃取法　有多种萃取剂可用来萃取金，实现与铂族金属的分离。

① 二丁基卡必醇(DBC) 萃取 AuClg。有机相为 100%的 DBC，任何酸度下几乎皆能定量地萃取金，而不萃取铂族金属。DBC 萃金的分配系数随料液酸度及金浓度的升高而增大。贱金属的萃取行为是：当 [HCl] ＝0.5～5mol/L 时，Fe(Ⅲ)、Sn(Ⅳ)、Sb(Ⅲ)、Sb(Ⅴ)、As(Ⅲ) 与 Au 共萃，而 Cu(Ⅱ)、Co(Ⅱ)、Ni(Ⅱ) 不被萃取，当 [HCl] <3mol/L，只有 Sn(Ⅳ)、Sb(Ⅲ) 共萃。生成的萃合物为一简单的溶剂化物 $HAuCl_4 \cdot 2DBC$，该萃合物非常稳定，用一般反萃剂很难反萃。载金有机相用 1.5mol/L HCl 洗涤后，直接用草酸在 70～80℃搅拌下还原出纯金，有机相蒸馏后返回使用。

② 甲基异丁基酮(MIBK) 萃取 $AnCl_4^-$。用 MIBK 萃金时，相比为 1～2，从含 HCl 0.5～5.0mol/L的料液中萃取 Au(Ⅲ) 的分配系数大于 100，萃取率高于 99%，萃取容量大于 50 g/L。高酸度下萃取时，Fe(Ⅲ)、Te(Ⅳ)、As(Ⅲ)、Sb(Ⅳ)、Se(Ⅳ) 等元素及少量 Pt(Ⅳ) 与 Au(Ⅲ) 共萃，其他贵金属留在萃残液中。因此在铂族金属萃取分离工艺中以萃金作为起始工序时，高酸度下萃取 Au(Ⅲ) 的同时可共萃其他杂质元素，排除了它们对

后续铂族金属萃取分离过程的干扰。载金有机相用0.1～0.5mol/L HCl洗涤，后用5%草酸在90～95℃下还原得金粉。MIBK的闪燃点较低，在水中溶解度也较大。

③ 仲辛醇[$C_8H_{17}OH$]萃取$AnCl_4^-$。仲辛醇适于从含铂族金属很低的氯化物溶液中萃取分离金。萃取剂先用盐酸平衡转化为氯化缔合物[$C_8H_{17}OH$]$^+$ Cl^-，萃取时$AnCl_4^-$与Cl^-交换进入有机相，萃取容量可大于50g/L，萃取平衡速率较慢，混相时间需30～40min，澄清分相约需30min。当相比为1∶5，萃取温度25～35℃，萃取率约等于99%。载金有机相在90℃，用7%草酸，搅拌下还原得海绵金，金回收率约99%。有机相用2mol/L HCl洗涤平衡后返回使用。仲辛醇臭味强，操作环境差。

④ 其他萃取剂萃取$AnCl_4^-$用40% ROH＋煤油有机相三级逆流从含Au0.7g/L，Pt4.63g/L、Pd1.7g/L及少量Rh、Ir、Cu、Ni的硫酸-盐酸(总酸度约3mol/L)混合溶液中萃取金，金的萃取率大于99%，但Pt、Pd共萃约3%。载金有机相用3mol/L HCl洗涤后用草酸溶液或水反萃。在盐酸溶液中用0.05mol/L三辛胺氧化物(TONO)＋煤油有机相萃取$AnCl_4^-$，萃取速率很快，平衡仅需0.5min。经五级逆流萃取，金的萃取率大于99%，有机相用4mol/L HCl洗涤除去杂质，用5%草酸溶液还原得海绵金。二仲辛基乙酰胺(N503)是胺氧化生成的一种中性含氧萃取剂，对金有高的选择性。用7%N503＋10%异辛醇＋煤油有机相按相比1∶2三级逆流萃取含Au 2.17g/L、Pt6.95 g/L、Pd 3.05g/L及少量Rh、Ir、Cu、Fe的溶液，混相3min，Au的萃取率高于99%，仅少量Fe共萃。载金有机相用0.5mol/L HCl洗涤后用1mol/L NaAc溶液反萃，Au反萃率大于99%，反萃液用草酸煮沸还原得海绵金。乙酸异戊酯萃金时，相比1∶1，金的萃取率及反萃率均可达99.9%，而铂族金属几乎不被萃取。用磷酸三丁酯(TBP)萃取金时，通过加入适当的稀释剂可显著提高TBP萃金的选择性。用乙醚萃取适于制备高纯金，乙醚使用前先用HCl平衡酸碱度，在酸度2mol/L HCl、相比1∶1、室温下混相10min左右、澄清分相10min左右，可达到良好的萃取分离效果。

金的萃取剂虽然较多，但多数都存在着易挥发、在水相中溶解度大、价格昂贵及气味不佳等缺点，只有二丁基卡必醇及甲基异丁基酮在工业上得到应用。

(3) 铂与钯、铑、铱的分离

生产中主要采用沉淀法、水解法和萃取法使铂与其他铂族金属分离。但萃取法分离铂一般在分离钯以后进行。

1) 氯化铵沉淀法　此法是铂生产中的传统方法。钯和铱在溶液煮沸或加入弱还原剂(如氢醌、抗坏血酸、食糖等)时，保持低价，不被氯化铵沉淀而留在溶液中。操作时，将溶液煮沸，然后直接加入固体氯化铵并不断搅拌，这时生成蛋黄色的氯铂酸铵$(NH_4)_2PtCl_6$沉淀，直至加氯化铵不产生沉淀为止。经冷却并过滤，得到的氯铂酸铵沉淀用5%NH_4Cl溶液洗涤。实践表明，溶液中铂的浓度在50g/L以上时，直收率可达99%以上。氯铂酸铵沉淀中夹带的少量钯、铑、铱，可以在铂精炼的废液中回收。

2) 水解法　这是分离铂的有效方法之一。铂族金属的氯络合物溶液，用碱中和至pH4～8时，除铂以外的铂族金属均形成含水氧化物沉淀，过滤后即与留在溶液中的铂分离。分离时要向含铂的氯络合物溶液加入NaCl并蒸至近干，使铂族金属转变为钠盐，中和时不能用NH_4OH，它会使铂部分呈铵盐沉淀，同时应加入氧化剂(如溴酸钠)，使钯、铑、铱保持高价状态而水解，生成过滤性能较好的水解沉淀。水解法也是铂精炼的重要方法。但当溶液中含有较多量的其他铂族金属、金或贱金属时不宜采用，因为水解将生成大量的氢氧化物沉淀，使固液分离困难，铂的分离效率降低。

3）溶剂萃取法　萃取法分离铂一般在分离钯以后进行，通常用胺类和膦类萃取剂从不含 Au、Pd 的料液中萃取 Pt，使 Rh(Ⅲ）和 Ir(Ⅲ）保留在水相中。

用于萃取铂的含磷萃取剂有磷酸三丁酯(TBP)、三正辛基氧化膦(TOPO)、三烷基氧化膦(TAPO)、三丁基氧化磷(TBPO)、三戊基氧化膦(TRPO)、烷基磷酸二烷基酯(P218)等，其中 TBP、TOPO 工业上常用。TBP 在盐酸溶液中萃取铂族金属的能力是：Pt(Ⅳ）＞Pd(Ⅱ）＞Rh(Ⅲ）≈Ir(Ⅲ），例如 Acton 精炼厂用 TBP 从不含 Au、Pd 的铂族金属混合溶液中有选择地萃取 Pt，用 35％TBP(体积浓度）＋脂肪烃做稀释剂＋5％异癸醇为有机相，萃取相比(O/A）＝1，调待萃液酸度至 5mol/L，通二氧化硫使 Ir 还原为低价态，经四级逆流萃取，萃残液含 Pt 可降至 0.02～0.05g/L。经 5mol/L HCl 洗涤，用水反萃，含 H_2PtCl_6 的反萃液送精炼车间。

用于萃取铂的胺类萃取剂有叔胺(N235)、三正辛胺(TOA)、胺衍生物(N503、A101)。用 TOA 萃取盐酸介质中的铂族金属时，Ir 和 Pd 的分配系数规律相似，能被胺共萃，所以用胺选择性萃取 Pt 时，料液应不含 Pd；Ir(Ⅳ）在很宽的酸度范围内与 Pt(Ⅳ）共萃，在 HCl 浓度为 4mol/L 时，共萃最大，但 Ir(Ⅲ）在酸度高于 1mol/L 时不被萃取。为了减少 Ir 和 Pt 共萃，料液应用 SO_2 等弱还原剂使 Ir(Ⅳ）还原为 Ir(Ⅲ）；料液酸度低于 0.5mol/L 时，任何价态的 Rh 和 Ir 皆少量与 Pt 共萃，所以萃取时料液酸度应高于 1mol/L，另一方面萃取酸度也不能太高，因为在高酸度下铂的萃合物 $[N(C_8H_{17})_3H]_2PtCl_6$ 在有机相中的溶解度降低。萃取后的载 Pt 有机相先用带弱还原性的酸化水洗涤共萃的少量 Rh、Ir，后用稀碱液反萃 Pt，反萃液加盐酸煮沸转化为 Na_2PtCl_6 后送精炼。用三异辛胺(N235）萃取铂时，研究表明用 N235＋ROH(C_7-C_9）＋$C_{12}H_{26}$ 有机相最好，并先与 HCl 平衡为胺盐后萃取。对于成分(g/L）为：Pd 0.22、Pt 23.54、Rh 0.8、Ir 1.34、Cu 3.8、Ni 1.35、Fe 0.31、Co 2.8 的待萃液，当 O/A＝1 时，经逆流六级萃取，萃取率大于 99.9％。

(4) 钯与其他铂族金属的分离

实现钯与铂族金属的分离，有如下几种方法。

1）黄药沉淀法　黄药(黄原酸盐）是选矿过程中广泛应用的捕收剂，价格低廉。乙基黄药(乙基黄原酸钠）与钯离子作用生成乙基黄原酸钯 $Pd(C_2H_5OCSS)_2$ 沉淀，其溶度积为 3×10^{-43}。金也生成 AuC_2H_5OCSS 沉淀，其溶度积为 6×10^{-30}。铂、铑、铱因乙基黄原酸盐的溶度积很大而不被沉淀。所以，在用黄药沉淀铂前，应先用其他方法分离金，或者用黄药使金、钯与其他铂族金属分离后再进行金、钯分离。黄药沉淀分离钯(金）的条件为：溶液 pH 0.5～1.5，室温；黄药用量为理论量的 1.1～1.3 倍；反应时间 30～60min。操作时首先用 NaOH 溶液调整溶液的 pH 值至 0.5～1.5，然后按要求的用量加入乙基黄药并充分搅拌，到预定的反应时间后，即可过滤得到钯(金）的沉淀，钯的沉淀率可达 99.9％，金的沉淀率＞99％，铑、铱、铜、镍、铁的沉淀率＜1％，铂的沉淀率波动在 2％～12％。此法的优点是操作简便、过程迅速、成本低廉，钯（金）的分离彻底。缺点是有令人不快的气味，且铂的沉淀率较高。

2）无水二氯化钯法　氯亚钯酸溶液蒸干时，按下式分解：

$$H_2PdCl_4 \longrightarrow PdCl_2 + 2HCl$$

生成的不溶于浓硝酸的二氯化钯可与其他溶于浓硝酸的铂族金属分离。分离时将含钯的氯络酸溶液小心地浓缩并蒸至近干，然后按蒸干后的体积加十倍量的浓硝酸煮沸，使钯以外的其他铂族金属氯化物充分溶解，待硝酸分解的黄烟减退后即可将其冷却并过滤。滤出的 $PdCl_2$ 用冷浓硝酸洗涤，洗至滤液为硝酸本色，洗液与滤液合并回收其他铂族金属。此法钯的分离效率可达 99.5%以上。缺点是生产周期较长，劳动条件较差，分离钯后的溶液需要处理转变为氯络合物后，才能进行下一步的作业。

3）氨水络合法　它是粗钯精制获得纯钯的方法，也可应用来分离钯(在钯的精炼中介绍)。但是，此法要求溶液中的铂含量不能太高。否则，将使铂的分离回收过程复杂化。另外，此法对铑的回收也很不理想。

4）硫化钠沉淀法　沉淀在室温下进行，所用 Na_2S 与 Pd 的摩尔比接近 1∶1。硫化钠的加入量、加入速度及加入方式，对沉淀过程有很大影响。若缓慢地往铂族金属氯配合物溶液中加入规定量的 0.2mol/L 的 Na_2S 溶液，能迅速地将溶液中的钯定量地沉淀，并可明显地观察到反应终点。溶液中的金也被迅速地定量沉淀。钯和金的硫化物用 $HCl+H_2O_2$ 溶解，金则还原析出，经过滤即与铂分离。硫化钠沉淀法能使钯与铑、铱分离得很好。但有较大量的铂共沉淀，不但影响铂的回收，而且影响钯精制，使钯的纯度很难达到 99.9%以上。

5）溶剂萃取法　工业上主要用硫醚和羟肟两类萃取剂从不含金的贵、贱金属溶液中萃取分离钯。

① 硫醚萃钯。硫醚可从含贱金属及其他铂族金属的混合溶液中高选择性地萃取分离 $PdCl_4^{2-}$。萃钯的硫醚类萃取剂主要有：二正已基硫醚(DNHS)、二正辛基硫醚(DOS)、二异戊基硫醚(S201)、二异辛基硫醚等。二正已基硫醚萃钯常用脂肪烃稀释，有机相含硫醚一般为 25%～50%(体积分数)。工厂实际使用含 50%DNHS+Solvesso 150 有机相的萃取容量可达 80g/L。该体系对酸度的依赖关系不明显，可在任何酸度下萃取，从酸度 1mol/L 的料液萃钯时，分配系数大于 10^5，萃合物为稳定的 $PdCl_2\cdot 2(R_2S)$，对其他铂族金属都不萃取。DNHS 萃取钯的速率很慢，平衡时间需 1～3h，载钯有机相用 0.1mol/L 盐酸洗涤，用浓度为 2～3mol/L 的氨水反萃，含 $Pd(NH_3)_4C_2$ 的反萃液送钯精炼。二正辛基硫醚(DOS)萃钯常用脂肪烃作稀释剂，有机相中 DOS 的体积百分浓度一般为 25%。萃取钯的理论最高负荷为 40g/L，实际应用中应按约等于 30g/L 萃取容量控制相比。生成的萃合物形式及萃取率等指标与 DNHS 类似，萃残液中钯浓度小于 0.01g/L 以下。载钯有机相也用盐酸溶液洗涤除去杂质后用氨水反萃。二异戊基硫醚(S201) 萃钯 5～10min 即可完成萃取平衡和分相，稀释剂可用正十二烷、芳香烃和煤油，如含 30%S201+10%芳烃+正十二烷的有机相，萃取钯的饱和容量大于 30g/L。对料液中的钯浓度和酸度的适应范围宽，含 Pd 2～20g/L、酸度 0.5～5mol/L 范围均可。但酸度太高使萃取选择性变差，铂的共萃比例增大。萃取 Pd 的关键是确保钯呈 Pd(Ⅱ) 状态，料液在萃取前不能进行氧化。若料液中有 Pd(Ⅳ)，则需煮沸或用还原方法使 Pd(Ⅳ) 还原为 Pd(Ⅱ)。载钯有机相用稀盐酸洗涤，Pd 的洗脱率约为 0.05%，可忽略不计。洗涤后的载钯有机相用稀氨水反萃，反萃率高于 99.9%，有机相含钯小于 0.0005g/L，反萃液送钯精炼。

② 石油亚砜(PSO) 萃钯。亚砜是硫醚的氧化产物，是一种中性含硫萃取剂。任何酸度下 Au 的萃取率都很高，低酸度下也有较高萃取率，而其他铂族金属的萃取率则随酸度提高而增加。对于不含 Au 的料液曾研究在低酸度下选择性萃取 Pd，提高酸度后萃取 Pt。首先

用碱液调酸度低于1.5mol/L，用0.25mol/L PSO+煤油有机相按O/A=1，逆流三级萃取Pd，萃取率达99%。载Pd有机相用pH≈1的HCl溶液洗涤共萃的Pt，再用1%NH_4Cl+2mol/L NH_4OH逆流三级反萃，反萃率为99.6%，反萃液送Pd精炼。萃Pd残液用盐酸调酸度5mol/L，通氯气氧化后用0.7 mol/L PSO+煤油有机相按O/A=1，逆流三级萃Pt。载Pt有机相用5mol/L HCl溶液逆流四级洗涤后，再用3.2mol/L NaCl溶液按O/A=2逆流四级反萃Pt，反萃液送Pt精炼。

还有在高酸度下共萃Pt、Pd后再分别反萃的工艺。在酸度5 mol/L的料液直接用0.7mol/L PSO+煤油(+7%混合醇）有机相按O/A=(2～3)∶1逆流三级共萃，负载Pt、Pd的有机相用5 mol/L HCl洗涤后，用0.5mol/L HCl溶液按O/A=(3～4)∶1逆流六级反萃Pt。载Pd有机相用pH=1的HCl溶液洗涤后，用1%NH_4Cl+2mol/L NH_4OH溶液按O/A=(2.5～3)∶1逆流三级反萃Pd。Pt、Pd的萃取率及反萃率均可达99%。含Pt、Pd的反萃液分别送精炼。对多金属共存的复杂成分料液，PSO的使用受到局限。

③ 羟基肟(OXH）萃钯。α-OX、β-OXH均是Pd的选择性萃取剂，如5-壬基水杨醛肟(P500)、2-羟基-3-氯-5-壬基二甲苯酮肟(Lix70)、2-羟基-5-壬基二苯甲酮肟(Lix65N、N530）等。用脂肪烃(Solvesso 150或Escaid 100）作稀释剂配成一定浓度的有机相，可从复杂成分的料液中选择性萃取$PdCl_4^{2-}$。

肟类萃取剂对Pt基本不萃取，萃取时Pt、Pd的选择性分离效果很好，但会发生Cu与Pd共萃，可用稀盐酸洗涤除去共萃的Cu。载Pd有机相用6mol/L HCl反萃，含H_2PdCl_4的反萃液送Pd精炼。羟肟萃取Pd时平衡速率慢，通过加入少量动力学协萃剂的方法可提高萃取平衡速率。

(5) 铑、铱的相互分离

铑、铱的相互分离是铂族金属分离中最困难的课题，虽然有多种方法曾用来分离铑、铱，但分离效果都不能令人满意。生产中曾经用来分离铑、铱的方法有以下几种。

1) 硫酸氢钠(钾）熔融法　这是早期使用的方法之一。它是将含铑、铱的金属与硫酸氢钠混合，在500℃左右熔融，冷却后熔块用水浸出，这时铑以硫酸盐的形态进入溶液，而铱大部分留在浸出的残渣中。此法时间冗长，需要反复多次熔融，浸出，才能使铑、铱较好地分离。

2) 还原及沉淀法　某些金属的低价盐(亚钛盐、亚铬盐)、锑粉、铜粉等，能把铑还原成金属，铱还原到三价而实现铑、铱分离。但是，这些还原剂使产品铑不纯并使铱的分离复杂化。过氧硫脲$(NH_2)_2CSO_2$也是一种可用于铑铱分离的还原剂。但是当体系中有一定量的铜存在时，铑沉淀不完全，且产生大量胶体，妨碍铑、铱的分离。亚硫酸铵沉淀法分离铑、铱的实质是氯铑酸同亚硫酸铵发生如下反应：

$$H_3[RhCl_6]+3(NH_4)_2SO_3 \longrightarrow (NH_4)_3Rh(SO_3)_3+3HCl+3NH_4Cl$$

反应产物不溶于水，铱虽然发生类似反应，但它的相应络合物可溶，从而可使之与铑分离。亚硫酸铵沉淀法对于含铱较高的溶液，铑铱分离效果较差，故此法多用于铑的提纯。

3) 萃取法　有多种萃取剂可用来萃取铱，从而实现铑、铱的分离，如三正辛胺(TOA)、三烷基胺(N235）等胺类萃取剂和TBP、TRPO、TAPO、TOPO等膦类萃取剂。用TOA萃取铱时，用HCl调待萃液酸度为5mol/L，加入NaCl并通氯气氧化，使铱呈Na_2IrCl_6。然后用TOA+异辛醇有机相萃取，一级萃取率高于95%，二级萃取率高于

99.3%。为使铱保持在Ir(Ⅳ)状态，每级萃取前均需氧化。载Ir有机相用盐酸溶液洗涤去除杂质元素，用5%Na_2CO_3的稀溶液反萃，一级反萃率即可达到99.5%，含$Na_2IrCl_2(OH)_4$的反萃液送铱精炼。用N235萃取铑、铱的混合溶液时，在低酸度下，铑、铱均具有高的萃取率，选择性差，萃取铱需要在高酸度下进行。TBP在4mol/L HCl浓度下，Ir(Ⅳ)的分配系数接近10，而铑仅0.3%左右进入有机相，故可用来分离铑、铱，TBP尤为适合从大量的铑中分离少量铱。用TRPO萃取时，以30%TRPO+$C_{12}H_{26}$为有机相，当待萃液酸度为3mol/L HCl，Ir浓度为5～15g/L，O/A=1，混相5min，一级萃取率约为95%，二、三级萃取率约为97%，料液中的几乎全部铁及少量铜、钴萃取进入有机相。载铱有机相用3mol/L的HCl洗涤，去除大部分贱金属，铱的洗脱率约等于2%。然后用硝酸反萃，反萃率高于99%。含铑的萃残液用阳离子交换树脂吸附贱金属，流出液浓缩后送铑精制。

铑、铱的萃取分离还可通过萃取铑的水合阳离子来实现。首先将铑、铱的氯配合物溶液用NaOH中和调pH值至10～12，在35～40℃陈放一定时间，然后用3mol/L HCl溶液调pH=1并通入氯气15～20min，这时铑即转变为Rh(Ⅲ)水合阳离子，而铱及其他贵金属仍保持络阴离子状态。然后用酸性萃取剂33%(体积浓度)P204+磺化煤油有机相，或0.3mol/L P538+煤油有机相萃取，满意地实现铑与铱及一些铂族金属的分离。P538一次萃铑率可达80%～85%。载铑有机相用pH≈1的水洗涤后用3mol/L HCl反萃。含H_3RhCl_6的反萃液浓缩后送铑精制。

6.2.5 单个铂族金属的精炼

6.2.5.1 铂精炼

有多种方法可用来生产>99.9%的纯铂。这些方法归结起来有氯化羰基铂法、熔盐电解法、区域熔炼法、氯化铵反复沉淀法、溴酸钠水解法、氧化载体水解法、树脂交换法等。氯化羰基铂法是基于氯化铂吸收一氧化碳以后，保持在适当的温度下能生成氯化羰基铂$[PtCl_2(CO)_2]$，在常压或减压下蒸发加热分解得到纯铂。此法可将99%的粗铂精制成99.9%的纯铂。熔盐电解法是将粗铂作阳极，纯铂作阴极，以碱金属氯化物作电解质，在电解质中加入K_2PtCl_6，在500℃进行电解，纯度95%的铂阳极电解后得到的阴极铂纯度为99.9%。氯化羰基铂法、熔盐电解法在工业上都没有得到应用，其原因主要是工艺过程更杂、操作麻烦、大规模生产受到限制。区域熔炼法主要用于生产超高纯铂，在大规模的工业生产中也很少应用。目前广泛采用的是氯化铵反复沉淀法、溴酸钠水解法、氧化载体水解法等。

(1) 氯化铵反复沉淀法

它是最古老的经典方法。自从1800年英国的沃拉斯顿用此法生产铂以来，一直沿用至今，虽然做过许多研究和改进，但实质都是用氯化铵将铂以氯铂酸铵$(NH_4)_2PtCl_6$的形式沉淀下来并进行洗涤而与其他元素分离。

操作时，将粗铂或粗氯铂酸铵用王水溶解在搪玻璃蒸发锅中，用蒸汽间接加热。溶解后，溶液需浓缩、赶硝2～3次，最后用1%稀盐酸溶液溶解并煮沸10min。冷却至室温后，过滤除去不溶物。滤出的铂溶液，控制含铂50～80g/L，加热至沸，加入氯化铵，使铂呈氯铂酸铵沉淀：

$$H_2PtCl_6 + 2NH_4Cl \longrightarrow (NH_4)_2PtCl_6 \downarrow + 2HCl$$

NH_4Cl的用量除理论计算所需量外，还要保证溶液中有5%以上的NH_4Cl。沉淀完毕后，冷却并过滤出氯铂酸铵，铂盐用盐酸酸化(pH=1)的5% NH_4Cl溶液洗涤。上述过程反复进行2～3次，可得到很纯的铂盐。将它移入表面非常光洁的瓷坩埚中，加盖后小心送入电热（或煤气加热）马弗炉中，逐步升温，在100～200℃区间停留相当的时间，至铂盐中水分蒸发后，再升温至360～400℃，这时铂盐显著分解：

$$3(NH_4)_2PtCl_6 \longrightarrow 3Pt + 16HCl + 2NH_4Cl + 2N_2\uparrow$$

分解完毕后再将炉温提高至750℃，恒温2～3h，降温出炉。海绵铂从坩埚内取出并经研磨、取样分析，称量包装后即可出售。

氯化铵反复沉淀法可将含铂90%以上的粗铂经3次沉淀提纯至含量高于99.99%的精铂。氯化铵反复沉淀法提纯铂，操作简单，技术条件易控制，产品质量稳定。但此法生产过程长，王水溶解、蒸干赶硝都需要消耗很多时间。

(2) 溴酸钠水解法

在低酸度下，用溴酸钠使溶液中的贵、贱金属杂质全部氧化为高价态，然后用NaOH中和，贵金属中的Pd(Ⅳ)、Rh(Ⅳ)、Ir(Ⅳ)以及全部贱金属均将生成氢氧化物沉淀，$PdCl_6^{2-}$很难水解，即使转变为$Pt(OH)_6^{2-}$也保留于溶液中，从而达到提纯铂的目的。

操作时，将含Pt约50g/L的溶液煮沸，用NaOH溶液中和至pH≈1.5，按溶液含铂量的10%加入溴酸钠氧化，第一次加入溴酸钠总量的70%(10%浓度溶液)，煮沸后用10% NaOH或$NaHCO_3$溶液调整pH≈5；加入剩余的溴酸钠溶液，再用2% NaOH或5% $NaHCO_3$溶液调整pH≈7.5～8。这时，溶液中贵、贱金属杂质生成高价氢氧化物沉淀，溶液煮沸后维持调整到的pH值，迅速冷却至室温，静置澄清，过滤，用pH≈8的纯净水洗涤沉淀物。滤液和洗液合并，用盐酸酸化至pH≈0.5，煮沸浓缩赶溴，蒸发至近干后加纯水溶解，后用氯化铵沉淀出氯铂酸铵，经煅烧得海绵铂。通过一次水解和一次氯化铵沉淀即可将粗铂(90%)提纯至纯度高于99.99%。该法对分离铑、铱及贱金属杂质特别有效，用于生产高纯铂。

(3) 氧化、载体水解法

当铂溶液中杂质含量不高时，为了更彻底地分离杂质，通过在溶液中补加一定量的铁盐来增加水解产物的沉淀量，从而携带其他杂质一起水解沉淀，提高杂质的分离效果。

操作时，在粗氯铂酸溶液中加入铂量0.6倍的氯化钠使之完全转变为氯铂酸钠(水解时氯铂酸钠较氯铂酸更稳定)，调整溶液浓度至含铂50～80g/L，往溶液中加入适量的三氯化铁(一般每千克铂加50g，配制成10%的溶液)作载体，再加少量H_2O_2(每千克铂加入100mL)作氧化剂，将溶液加热至沸，并保持一定时间，在不断搅拌下加5%～10% NaOH，调pH值至7.5～8.0，使除铂以外的贵、贱金属杂质沉淀，随后迅速冷却，过滤，用2%NaCl溶液洗涤沉淀。洗液与滤液合并，得到的橘红色透明溶液用盐酸酸化至pH值为1～1.5，取样分析，合格后进行氯化铵沉淀，煅烧得海绵铂，海绵铂用纯水洗涤至无钠离子，烘干即可得到99.9%～99.99%的海绵铂。

由于水解沉淀量增加必然会增加沉淀对铂溶液的吸附和夹裹损失，因此该法仅适于从杂质较低的粗铂制取高纯铂。

(4) 树脂交换法

含铂溶液用稀碱调pH值至1.5左右，使贱金属呈阳离子状态。然后使溶液缓慢流经阳离子交换树脂，贱金属阳离子被树脂吸附。之后再调 pH 值至2～3，使溶液通过另一阳离子树脂交换柱，进一步除去一些贱金属杂质。重复操作，直至流出的含铂($PtCl_6^{2-}$) 溶液符合纯度要求。得到的纯铂溶液用氯化铵沉淀出$(NH_4)_2PtCl_6$，经过滤、洗涤、烘干、煅烧得海绵铂，纯 $PtCl_6^{2-}$ 溶液也可用水合肼还原得细铂粉。此法对除去铂中的贱金属有效，但不能除去其他铂族金属杂质。

6.2.5.2 钯精炼

钯精炼的原料一般为粗钯或粗钯盐溶液，对于粗钯，则需首先用王水溶解，浓缩赶硝后用稀盐酸溶解为氯钯酸溶液。钯精炼的方法主要有氯钯酸铵沉淀法和二氯二氨络亚钯法。

(1) 氯钯酸铵沉淀法

将 Pd(Ⅳ) 盐与氯化铵作用生成难溶的$(NH_4)_2PdCl_6$，可实现与贱金属及某些贵金属的分离。由于钯在氯化物溶液中一般以 Pd(Ⅱ) 存在，因此在沉淀前必须向溶液中加氧化剂，如 HNO_3、Cl_2或 H_2O_2等，使 Pd(Ⅱ) 氧化为 Pd(Ⅳ)。氧化剂用氯气最方便。

$$H_2PdCl_4+2NH_4Cl+Cl_2 \longrightarrow (NH_4)_2PdCl_6\downarrow+2HCl$$

操作时，控制溶液含钯 40～50g/L，室温下通入氯气约 5min，然后按理论量和保证溶液中有 10%的 NH_4Cl 计算加入固体 NH_4Cl，继续通入氯气，直至 Pd 完全沉淀为止。沉淀完毕即过滤，并用 10% NH_4Cl 溶液（经通入氯气饱和）洗涤，即可得到纯钯盐。如需进一步提纯则可将钯盐加纯水煮沸溶解：

$$\underset{\text{(红色固体)}}{(NH_4)_2PdCl_6}+H_2O \longrightarrow \underset{\text{(黑红色液体)}}{(NH_4)_2PdCl_4}+HCl+HClO$$

冷却后重复进行上述过程，得到的较纯的氯钯酸铵经煅烧和氢还原得纯海绵钯。氯钯酸铵沉淀法能有效地除去贱金属和金等杂质，但对其他贵金属则难于除去，故当贵金属杂质含量过高时，钯的纯度很难达到 99.9%。

(2) 二氯二氨络亚钯法

Pd(Ⅱ) 的氯配合物能与氨水(NH_3H_2O) 生成可溶性盐：

$$H_2PdCl_4+4NH_4OH \longrightarrow Pd(NH_3)_4Cl_2+2HCl+4H_2O$$

而钯溶液中的其他铂族元素、金和某些贱金属杂质，在碱性氨溶液中都形成氢氧化物沉淀。滤去沉淀得到的钯氨络合物溶液用盐酸中和生成二氯二氨络亚钯沉淀：

$$Pd(NH_3)_4Cl_2+2HCl \longrightarrow Pd(NH_3)_2Cl_2\downarrow+2NH_4Cl$$

沉淀经过滤和洗涤即获得纯钯盐，再经煅烧和氢还原得纯海绵钯。要获得更高纯度的钯，可用氨水将二氯二氨络亚钯溶解：

$$Pd(NH_3)_2Cl_2+2NH_4OH \longrightarrow Pd(NH_3)_4Cl_2+2H_2O$$

再用盐酸中和。反复溶解、沉淀即可获得纯度在 99.99%以上的纯钯产品。纯的钯氨络合溶液还可以直接用甲酸等还原剂得到海绵状金属钯：

$$Pd(NH_3)_4Cl_2+HCOOH \longrightarrow Pd\downarrow+2NH_3+CO_2+2NH_4Cl$$

还原时在室温下往溶液中徐徐加入甲酸并不断搅拌，直至溶液中的钯全部被还原，过滤洗涤（用纯水洗涤）后经干燥即可得到海绵钯。还原 1g 钯约需 2～3mL 甲酸。此过程较简单，金属回收率较高。但所得海绵钯颗粒细，松装密度小，包装及使用转移时易飞扬损失，一些用户不大欢迎，另外，溶液中的铜、镍等杂质也将被还原，影响钯的纯度。

(3) 金属钯的制备

钯溶液经提纯后得到各种纯钯盐，从钯盐制备金属钯有煅烧、甲酸还原、水合肼还原等方法。

对于纯$(NH_4)_2PdCl_6$或$[Pd(NH_3)_2Cl_2]$，可在低温下烘干，升温500～600℃煅烧得到海绵金属钯：

$$3(NH_3)_2PdCl_6 \longrightarrow 3Pd + 16HCl\uparrow + 2NH_4Cl\uparrow + 2N_2\uparrow$$

$$4[Pd(NH_3)_2Cl_2] + O_2 \longrightarrow 4Pd + 4NH_4Cl\uparrow + 2N_2\uparrow + 2H_2O\uparrow + 4HCl\uparrow$$

部分金属钯在高温下氧化为PdO，因此通过煅烧获得的海绵钯，需进一步在500～600℃下用氢气还原，即可获得纯金属钯产品。

纯钯盐溶液可用甲酸直接还原出金属钯：

$$(NH_4)_2PdCl_4 + HCOOH \longrightarrow Pd\downarrow + 2NH_4Cl + CO\uparrow + 2HCl$$

沉淀出的钯粉末很细，吸附有大量气体，需在高温下氢还原得金属钯产品。

纯的钯氨配合物溶液可用水合肼还原出金属钯。

$$2[Pd(NH_3)_4Cl_2] + N_2H_4 \cdot H_2O \longrightarrow 2Pd\downarrow + 4NH_4Cl + 3N_2\uparrow + 5H_2\uparrow + H_2O$$

$$[Pd(NH_3)_2Cl_2] + N_2H_4 \cdot H_2O \longrightarrow Pd\downarrow + 2NH_4Cl + N_2\uparrow + H_2\uparrow + H_2O$$

用该种方法还原出的金属钯，条件控制得当时，产品致密，吸附气体少，不需高温氢还原。

6.2.5.3 钌精炼

金属钌是通过过氧化钠熔融法或中温氯化法转入溶液：

$$Ru + 6Na_2O_2 + 2NaOH \longrightarrow 2Na_2RuO_4 + 5Na_2O + H_2O$$

$$Ru + 2NaCl + 2Cl_2 \longrightarrow Na_2RuCl_6$$

通过氧化蒸馏，蒸馏出RuO_4用HCl吸收：

$$Na_2RuCl_6 + 4NaOH \longrightarrow RuO_2 + 2H_2O + 6NaCl$$

$$RuO_2 + 2NaOH + Cl_2 \longrightarrow Na_2RuO_4 + 2HCl$$

$$Na_2RuO_4 + Cl_2 \longrightarrow RuO_4 + 2NaCl$$

$$RuO_4 + 10HCl \longrightarrow H_2RuCl_6 + 4H_2O + 2Cl_2$$

钌的精炼过程就是对氯钌酸吸收液的处理过程。对钌吸收液的处理，有如下方法。

(1) 赶锇后直接浓缩用氯化铵沉淀

将吸收液置于蒸馏釜中，加热煮沸40～50min，使钌吸收液中的OsO_4挥发出来并用含20%NaOH和3%C_2H_5OH的吸收液吸收。用硫脲棉球检验不呈红色后，加入一定量的H_2O_2，使OsO_4彻底挥发。除锇后的纯钌吸收液缓慢浓缩至含Ru 5～30g/L，热态下逐渐加入固体氯化铵，则沉淀出深红色的$(NH_4)_2RuCl_6$结晶。

$$H_2RuCl_6 + 2NH_4Cl \longrightarrow (NH_4)_2RuCl_6 + 2HCl$$

沉淀完全后，经冷却、过滤，沉淀用无水乙醇洗涤至洗液无色后，置于还原炉中。在氢气流中低温烘干并缓慢升温至450～500℃分解铵盐，再于950℃下还原，氢气或惰性气体保护下冷却至室温得金属钌粉。

$$3(NH_4)_2RuCl_6 \longrightarrow 3Ru + 16HCl\uparrow + 2NH_4Cl\uparrow + 2N_2\uparrow$$

所得钌粉立即转入密闭干燥箱，以防氧化挥发，用该法所得钌粉的纯度高于99.9%。

(2) 钌吸收液的重蒸馏提纯

如钌吸收液含杂质高，则可对吸收液进行重蒸馏提纯。有两种途径，其一是将赶锇后的钌吸收液浓缩至近干后加水溶解，调 pH 值至 0.5～1，并转入蒸馏瓶中，连接好吸收系统后，在加热及负压下加入 20%的 NaOH 溶液，同时滴入 20%的 $NaBrO_3$ 或 $NaClO_3$ 溶液，使 pH 值升高。当 RuO_4 大量逸出时，停止加入 NaOH 溶液，只继续加入 $NaBrO_3$ 溶液，直到在出气口用硫脲棉球检查无蓝色为止。这时获得的纯钌吸收液经氯化铵沉淀、过滤、烘干、煅烧、氢还原即可得到纯度高于 99.9%的海绵钌。

另一种途径是将钌吸收液用 NaOH 中和沉淀出 $Ru(OH)_3$，过滤后的沉淀物用纯水浆化并转入蒸馏瓶中，连接好吸收系统后，向蒸馏瓶中加入 1∶2 H_2SO_4 溶液，同时滴入 20%的 $NaBrO_3$ 或 $NaClO_3$ 溶液，升温至 100℃左右继续蒸馏，直到蒸馏完毕。钌吸收液仍采用赶锇、浓缩、氯化铵沉淀的方法得到纯钌铵盐。此法也可得到纯度大于 99.9%的海绵钌。

(3) 萃取法提纯钌

钌的盐酸吸收液中的主要杂质是锇，而四氧化锇极易被 CCl_4 萃取，用 CCl_4 萃取时，吸收液中的 OsO_4 迅速进入有机相，加 H_2O_2 氧化可使锇较完全地进入有机相，有机相中的锇可用 NaOH 溶液反萃。萃取分离锇之后的钌溶液，经浓缩、氯化铵沉淀即能得到纯铵盐。CCl_4 亦可萃取 RuO_4，并用二氧化硫饱和的6mol/L HCl 反萃，可使钌与其他元素获得良好的定量分离。如含钌液用 6 mol/L HCl 处理到出现沉淀为止，加入一定量 CCl_4，同时加入过量 NaClO 溶液，调 pH 值至 5～7，经充分混合，RuO_4 萃入有机相。后用 SO_2 饱和的 6mol/L HCl反萃，反萃液加入 HNO_3 煮沸、浓缩，氯化铵沉淀，得到纯钌铵盐。反萃后的有机相用 3mol/L NaOH 平衡，使其中少量锇转入水相后，有机相可返回使用。

6.2.5.4 锇精炼

金属锇同样是通过过氧化钠熔融法或中温氯化法转入溶液：

$$Os + 6Na_2O_2 + 2NaOH \longrightarrow 2Na_2OsO_4 + 5Na_2O + H_2O$$

$$Os + 2NaCl + 2Cl_2 \longrightarrow Na_2OsCl_6$$

然后通过氧化蒸馏，蒸馏出 OsO_4，并用 NaOH 吸收：

$$Na_2OsCl_6 + 4NaOH \longrightarrow OsO_2 + 2H_2O + 6NaCl$$

$$OsO_2 + 2NaOH + Cl_2 \longrightarrow Na_2OsO_4 + 2HCl$$

$$Na_2OsO_4 + Cl_2 \longrightarrow OsO_4 + 2NaCl$$

$$OsO_4 + 4NaOH \longrightarrow 2Na_2OsCl_4 + 2H_2O + O_2$$

所以锇的精炼过程就是对锇吸收液的处理过程。锇的精炼方法有：还原氯化铵沉淀法、硫化钠沉淀法、二次蒸馏锇酸钾加压氢还原法和甲酸还原法等。

(1) 还原氯化铵沉淀法

将含 OsO_4 的碱性吸收液，加入还原剂(甲醇、乙醇或硫代硫酸钠溶液) 使吸收液中锇全部转变为 Na_2OsO_4，然后在室温下，定量加入固体氯化铵，反应为：

$$Na_2OsO_4 + 4NH_4Cl \longrightarrow [OsO_2(NH_3)_4]Cl_2 \downarrow + 2NaCl + 2H_2O$$

析出浅黄色的弗氏盐——二氯化四氨锇酐。同时在溶液中，NH_4Cl 和 NaOH 反应生成的 NH_3 又会将弗氏盐转为可溶性的氨化物。所以，在沉淀过程中，氯化铵不能过量。沉淀完全后，立即过滤，用稀盐酸洗涤除去沉淀中夹杂的钠盐，70～80℃下烘干后置于氢还原炉中低温烘干，再于 700～800℃下氢气流中煅烧还原得锇粉。

也可用饱和了 SO_2 的 1∶1 的 HCl 吸收 OsO_4，此时 Os 呈 H_2OsCl_6 状态，缓慢浓缩溶

液至 Os 大于 20g/L，冷却后加入氯化铵沉淀出$(NH_4)_2OsCl_6$。氢气流中升温至 800℃煅烧还原得锇粉：

$$3(NH_4)OsCl_6 \longrightarrow 3Os\downarrow + 16HCl\uparrow + 2NH_4Cl\uparrow + 2N_2\uparrow$$

用该法提纯锇，过程简短，但氯化铵沉淀不完全，有较多的锇残留在母液中，可用Na_2S沉淀回收。

(2) 硫化钠沉淀法

将含锇的吸收液，室温下加入硫化钠溶液，沉淀出OsS_2，经过滤并用水仔细洗涤除去钠离子，在低于 100℃下烘干后，置于管式炉中，在 700℃左右通入氢气，煅烧还原得到锇粉。

(3) 二次蒸馏锇酸钾加压氢还原法

将蒸馏所得的碱性吸收液，用 50%H_2SO_4中和至 pH=8～9，通入SO_2至 pH 值为 6 左右，加热控制温度 70℃左右，则发生沉淀反应：

$$2OsO_4 + 12NaOH + 8SO_2 + 4H_2O \longrightarrow [(Na_2O)_3OsO_3(SO_2)_4 \cdot 5H_2O]\downarrow + O_2\uparrow$$

沉淀完毕进行冷却和过滤，得到的褐色钠锇亚硫酸盐用 1∶1 的硫酸加热溶解，90℃下用 40%的$NaClO_3$溶液进行二次氧化蒸馏，仍用 20%NaOH 溶液进行三级吸收。如吸收液中含微量钌，则可加入少量甲醇，40℃下静置沉淀出$Ru(OH)_4$并过滤分离。除去Ru 的锇溶液在冷却的条件下缓慢加入固体氢氧化钾，则有：

$$2Na_2OsO_4 + 4KOH \longrightarrow 2K_2OsO_4\downarrow + 4NaOH$$

静置过滤，得到的紫红色锇酸钾用无水乙醇洗涤。阴干的锇酸钾用 0.8mol/LHCl 浆化后转入高压釜中氢还原。在 125℃左右，氢压 3～4MPa 下还原 2h，锇即可彻底被还原得到海绵金属锇：

$$K_2OsO_4 + 2HCl + 3H_2 \longrightarrow Os + 2KCl + 4H_2O$$

还原结束后冷却至室温，过滤后用纯水洗涤以彻底去除钾离子，最后用无水乙醇洗涤并阴干，迅速转入管式炉中，通入氢气或氮气于低温下干燥后缓慢升温至 900℃进行氢还原，并在氢气或惰性气体保护下冷却至室温，即得成品锇粉。用该法得到的锇粉，纯度稳定在 99.9%以上。

(4) 甲酸还原法

碱性锇吸收液用 HCl 调 pH 值至 6～7，加热 80℃，加入甲酸或水合肼，则发生下列反应：

$$Na_2OsO_4 + HCOOH \longrightarrow OsO_2 \cdot H_2O\downarrow + Na_2CO_3$$

经过滤、洗涤得到的还原产物在氢气流中低温烘干后，再在 800～900℃下氢还原得纯锇粉：

$$OsO_2 \cdot H_2O + 2H_2 \longrightarrow Os + 3H_2O\uparrow$$

各种方法获得的锇粉在空气中易被氧及二氧化碳重新氧化为四氧化锇挥发，会造成损失，所以获得的锇粉必须立即转入密闭干燥容器内隔绝空气保存。

6.2.5.5 铑精炼

粗铑的精制过程一般包括粗铑的溶解和提纯两个步骤。由于铑(铱也一样）的溶解比其他铂族金属困难得多，因此在精炼过程中得到的含铑(铱）的溶液或金属盐，在没有确认其纯度达到要求之前，不要轻易地将它们还原成金属。

粗铑的溶解一般采取中温氯化法或硫酸氢钠熔融法，将其转变成铑的氯配合物后再进行提纯。中温氯化法是将金属铑粉(如果粗铑为致密的块状金属，则许先与金属锌粒共熔后，经过水淬、酸溶转变成粉状）与相当于铑量30%的NaCl混合后装入石英舟内，在管式炉内于750～800℃下通氯气进行氯化，得到的氯铑酸钠，用稀盐酸浸取。硫酸氢钠熔融法是将铑粉于8倍量的硫酸氢钠混合，装入刚玉坩埚，在500℃共熔，熔块用水浸取。浸出液再用盐酸转变成氯配合物后进行提纯。由于硫酸氢钠熔融法过程长、试剂消耗量大且得到的水溶液仍需转变成氯配合物后才能进行进一步处理，因此生产中一般采用中温氯化法而不用硫酸氢钠法。提纯铑的传统方法是亚硝酸钠络合法和氨化法。

(1) 亚硝酸钠络合法

控制铑的氯配合物的含铑量为40～50g/L，用20%NaOH溶液调整pH值至1.5，加热溶液至70℃以上，在搅拌下加入固体亚硝酸钠或50%的亚硝酸钠溶液，使溶液的pH值为6，生成$Na_3Rh(NO_2)_6$。溶液的颜色由玫瑰红色转变为稻草黄色。煮沸30min，继续用20%NaOH溶液调pH值至9～10，使除铑以外的其他杂质水解成氢氧化物沉淀。溶液继续煮沸1h后冷却过滤，滤液按1g铑加入1g氯化铵，使铑以$Na(NH_4)_2Rh(NO_2)_6$形式沉淀。沉淀完毕立即滤出沉淀并用盐酸溶解。溶解液浓缩赶硝后再用1%HCl溶解，使铑转变成氯配合物溶液。经过分析，如果杂质元素不合格则可用上述方法重复进行除杂或采用其他方法除杂，直至溶液纯度合格。用甲酸还原铑。还原时煮沸溶液并用20%NaOH中和至pH=7，使铑完全水解。然后按1g铑加1.4mL甲酸还原。甲酸加完后再加适量氨水并继续将溶液煮沸一定时间。冷却后，滤出铑黑并用纯水煮洗以彻底除去钠盐。经过烘干、氢还原得到99%～99.9%的纯铑粉。

(2) 氨化法

氨化法又分五氨化法和三氨化法。五氨化法是基于下列反应：

$$(NH_4)_3RhCl_6+5NH_4OH \longrightarrow [Rh(NH_3)_5Cl]Cl_2\downarrow+3NH_4Cl+5H_2O$$

沉淀滤出后用NaCl溶液洗涤，然后溶于NaOH溶液中，使$Ir(OH)_3$留在残液中。铑溶液用盐酸酸化并用硝酸处理，使铑转变成$[Rh(NH_3)_5Cl](NO_3)_2$溶液。将此溶液浓缩赶硝转变成铑的氯配合物后，再重复上述过程直至制得纯$[Rh(NH_3)_5Cl]Cl_2$。煅烧后用稀王水蒸煮溶去其中的一些可溶性杂质，再在氢气流中还原。得到的铑的纯度可达99%～99.9%。

三氨化法是利用$[Rh(NH_3)_3(NO_2)_3]$沉淀在用盐酸处理时，能转化为$[Rh(NH_3)_3Cl_3]$沉淀而设计的。铑的氯配合物溶液用碱中和并加入50%的$NaNO_2$溶液络合，滤去水解沉淀，在滤液中加入氯化铵使铑变成$Na(NH_4)_2[Rh(NO_2)_6]$沉淀。用10倍于沉淀量的4%NaOH溶液溶解沉淀并加热至70～75℃后加入氨水和氯化铵，生成$[Rh(NH_3)_3(NO_2)_3]$沉淀。

$$Na(NH_4)_2[Rh(NO_2)_6]+2NaOH \longrightarrow Na_3Rh(NO_2)_6+2NH_4OH$$

$$Na_3Rh(NO_2)_6+3NH_4OH \longrightarrow [Rh(NH_3)_3(NO_2)_3]\downarrow+3H_2O+3NaNO_3$$

沉淀滤出后用5%NH_4Cl溶液洗涤，转入带夹套的搪玻璃蒸发锅内，加入3倍量的4 mol/L的HCl，在90～95℃处理4～6h。此时$[Rh(NH_3)_3(NO_2)_3]$转变为鲜黄色的$[Rh(NH_3)_3Cl_3]$：

$$2[Rh(NH_3)_3(NO_2)_3]+6HCl \longrightarrow 2[Rh(NH_3)_3Cl_3]+3H_2O+3NO_2+3NO$$

冷却后过滤、洗涤、干燥、煅烧。煅烧后的铑用王水处理，以除去可溶性杂质，然后再进行氢还原得到铑粉。

(3) 溶剂萃取法

粗 H_3RhCl_6 溶液中的铂、钯、铱、钌等铂族金属杂质均可用强氧化剂氯或氯酸钠氧化到正四价，形成 MCl_6^{2-} 络离子，铑则保持在三价态不变，因而可用胺类或 TBP 萃取除去所有铂族金属杂质，有效地提纯铑。贱金属杂质则可在溶剂萃取后，用阳离子交换树脂除去。

将不纯的 H_3RhCl_6 溶液浓缩到糖浆状，用 4mol/L 浓度的盐酸稀释，使铑浓度控制在 10～30g/L 的范围。有机相用 100%TBP 时，先用 4mol/L 的 HCl 预平衡。萃取在室温下进行，相比视杂质含量而定，杂质较多时，可用 1∶1，通常分相速率很快。由于 Pt(Ⅳ)、Pd(Ⅳ)、Ir(Ⅳ) 的萃取分配系数在 10 左右，只要能保证将它们氧化到正四价，在连续三级至四级萃取后，残留的贵金属杂质可符合 99.9%以上纯铑的要求。如果获取粗氯铑酸经历的过程比较复杂，或接触过特殊的有机物，则 Ir 的存在状态也变得复杂，微量 Ir 会很难氧化到 $IrCl_6^{2-}$ 配离子，会给制取高纯铑带来困难。操作得当时，每级萃取仅有 0.2%左右的铑进入有机相，因此铑的直收率远远高于亚硝酸盐络合法或氨化法。TBP 有机相可用 3mol/L HNO_3 反萃，或用水反萃一次后再加少量还原剂进行还原反萃。

6.2.5.6 铱精炼

当原料为铱的氧化物或粗铱金属时，必须首先使原料溶解。一般采用碱熔融法，即金属铱与过氧化钠和氢氧化钠按 1∶3∶4 配料后，在铁坩埚中于 700～800℃熔融 1～2h，冷却后的熔块用水浸出，这时铱呈 Ir_2O_3 及 Ir_2O_2 留在渣中，过滤后的不溶渣用盐酸溶解得到铱的氯配合物溶液。金属铱粉的溶解也可用中温氯化法。含主体铱的溶液，一般采用硫化法和亚硝酸络合法提纯。

(1) 硫化法

首先将浓度为 50～80g/L Ir(Ⅲ) 的氯铱酸溶液在室温下缓慢加入 $(NH_4)_2S$ 的稀溶液，硫化剂按每毫升可除 0.2g 杂质计量加入，由于 $IrCl_6^{3-}$ 络离子非常稳定，不易与硫化铵反应，其他微量贵、贱金属杂质则生成硫化物沉淀，静置过夜后滤去硫化物沉淀。纯净的 H_3IrCl_6 溶液，加热并加硝酸或通氯气使其中 Ir(Ⅲ) 氧化为 Ir(Ⅳ)，然后再加固体 NH_4Cl，继续加热氧化，使铱完全沉淀，反应为：

$$H_2IrCl_6 + 2NH_4Cl \longrightarrow (NH_4)_2IrCl_6 + 2HCl$$

经冷却、过滤，用 15%NH_4Cl 溶液洗涤，如氯铱酸铵纯度不合格，则将所得的沉淀用纯净水浆化，保持原有浓度，加热煮沸，按 1g 铱加 0.2mL 水合肼之量加入水合肼，Ir(Ⅳ) 还原为 Ir(Ⅲ) 重新被溶解，反应为：

$$NH_2H_4 \cdot H_2O + (NH_4)_2IrCl_6 \longrightarrow (NH_4)_3IrCl_6 + \frac{1}{2}N_2 + H_2O$$

冷却至室温，再次加入 $(NH_4)_2S$ 稀溶液沉淀贵贱金属杂质，静置过夜；滤去硫化物沉淀，得到纯净的 $(NH_4)_3IrCl_6$ 溶液，再次加热氧化并补加适量氯化铵，使氯铱酸铵 $(NH_4)_2IrCl_6$ 沉淀。经洗涤、过滤、烘干、煅烧、氢还原，可得纯度在 99.9%以上的铱粉。

(2) 亚硝酸钠络合法

首先将红色的含铱溶液在室温下用稀 NaOH 溶液调 pH 值至 1.5 左右，加入适量 Na_2S

溶液，沉淀杂质元素。过滤后，滤液加热煮沸，加入 $NaNO_2$ 溶液，溶液转变为浅黄色：

$$H_3IrCl_6 + 6NaNO_2 \longrightarrow Na_3Ir(NO_2)_6 + 3HCl + 3NaCl$$

络合过程产生酸，继续用稀碱液中和至 pH≈6，使贱金属以硫化物沉淀。冷却并滤去贱金属杂质沉淀，铱溶液加入浓盐酸煮沸，彻底破坏亚硝基配合物：

$$Na_3Ir(NO_2)_6 + 6HCl \longrightarrow Na_3IrCl_6 + 3H_2O + 3NO\uparrow + 3NO_2\uparrow$$

反复络合分离贱金属杂质，直到纯度达到要求。所得氯亚铱酸钠溶液进一步浓缩，蒸发去除过量盐酸，调整溶液含铱 50～80g/L 左右，加热氧化并加入氯化铵，使铱呈 $(NH_4)_2IrCl_6$ 析出。沉淀用氯化铵洗涤、烘干、煅烧、氢还原得到纯铱粉。

(3) 萃取法

铱精矿溶解液用 P204（二乙基己基磷酸）萃取分离贱金属，则贵金属集中在水相中；调整铱离子状态为 Ir(Ⅲ)，用 N235 萃取分离贵金属，其中 Pt、Pd、Au、Ru(Ⅳ) 进入有机相，Ir、Rh、Ru(Ⅲ) 留在水相，加氧化剂蒸馏 RuO_4 并用 HCl 吸收。含铱溶液通入氯气氧化使 Ir(Ⅲ) 转为 Ir(Ⅳ)，再用 N235、TBP 或 TRPO 萃取正 $[IrCl_6]^{2-}$，铱进入有机相，铑留在水相。含铱有机相用稀 NaOH、Na_2CO_3 或 HNO_3 反萃，反萃液加盐酸煮沸、通 Cl_2 氧化并加 NH_4Cl 沉淀出 $(NH_4)_2IrCl_6$。沉淀经洗涤、烘干、煅烧、氢还原得纯铱粉（99.95%～99.99%）。

6.2.6 铂族金属及其合金的熔铸

铂及含不易氧化或不大量吸收气体的铂合金，可在大气气氛下，用高频或中频感应电炉，在氧化铝或氧化锆坩埚中熔炼，浇注在水冷铜模中，可以获得高质量的铸锭。熔炼含易氧化或易吸收气体的铂合金，则应在真空、充氩气的气氛下，用高频或中频感应电炉加热。熔炼熔化温度较高的铂合金则在真空、充氩气的电弧炉中进行。应该指出的是，在熔炼符合中华人民共和国国家标准 GB 3772—1998 和 GB 2902—1998 的 PtRh10-Pt 和 PtRh30-PtRh6 热电偶丝的铂及铂合金时，原料的纯度铂应为 99.99%以上，铑应为 99.95%以上，配料时 PtRh10 配平，PtRh30 应配为 PtRh29.7，PtRh6 应配为 PtRh6.12。钯在高温下大量吸气，钯及大多数钯合金，采用真空、充氩气的中频感应电炉加热，在氧化铝坩埚中熔炼，浇注在水冷铜模中。在熔铸铂及铂合金、钯及钯合金时，通常的浇注温度比熔化温度高150～200℃。

铑、铱及其合金，可用高频感应电炉，或中频感应电炉，在真空、充氩气的气氛下，在氧化锆坩埚中熔炼，浇注在水冷铜模中，可获得质好的铸锭。钌和锇可采用真空、充氩气的电弧炉熔炼。

铂族金属除了铸锭以外，铂、钯、铑和铱经常以海绵态存在。根据后继加工的需要，有时铂族金属在精炼成海绵态以后就不再铸锭，因为海绵态的铂族金属在许多方面比铸锭状态使用更方便，如在进行化学反应时，海绵态的铂族金属更容易反应；海绵态的铂族金属有时可以直接用于催化剂的制造等。我国海绵态铂族金属产品的化学成分标准如表 6-19 所列。

表 6-19　中国铂族金属产品化学成分标准　　单位：%

品名		海绵铂			海绵钯			海绵铑			海绵铱		
牌号		HPt-1	HPt-2	HPt-3	HPd-1	HPd-2	HPd-3	FRh-1	FRh-2	FRh-3	FIr-1	FIr-2	FIr-3
化学成分	主金属含	99.99	99.95	99.9	99.99	99.95	99.9	100	99.95	99.9	99.99	99.95	99.9
	Pt				0.003	0.02	0.03	0.003	0.02	0.03	0.003	0.02	0.03
	Pd	0.003	0.02	0.03				0.001	0.01	0.03	0.001	0.002	0.03
	Rh	0.003	0.02	0.03	0.002	0.02	0.03				0.003	0.02	0.03
	Ir	0.003	0.02	0.03	0.002	0.02	0.03	0.003	0.02	0.03			
	Au	0.003	0.02	0.03	0.002	0.02	0.05	0.001	0.02	0.03	0.001	0.02	0.03
	Ag	0.001	0.005		0.002	0.005		0.001	0.005		0.001	0.005	
	Cu	0.001	0.005		0.001	0.005		0.001	0.005		0.002	0.005	
	Fe	0.001	0.005	0.01	0.001	0.005	0.01	0.002	0.01	0.02	0.002	0.01	0.02
	Ni	0.001	0.005	0.01	0.001	0.005	0.01	0.001	0.005	0.01	0.001	0.005	0.01
	Al	0.003	0.005	0	0.003	0.005	0.01	0.003	0.005	0.01	0.003	0.005	0.01
	Pb	0.002	0.005	0.01		0.005	0.01	0.001	0.005	0.01	0.001	0.005	0.01
	Si	0.003	0.005	0.01		0.005	0.01	0.003	0.005	0.01	0.003	0.005	0.01
	Sn							0.001	0.005	0.01	0.001	0.005	0.01
	杂质总量	0.01	0.05	0.1	0.01	0.05	0.1	0.01	0.05	0.1	0.01	0.05	0.1

6.3 典型金银电子化学品的生产

6.3.1 含银电子化学品

6.3.1.1 硝酸银

硝酸银(silver nitrate)，分子式 $AgNO_3$，分子量 169.87。无色透明斜方片状晶体，味苦，有毒。易溶于水和氨，微溶于乙醇，难溶于丙酮与苯，几乎不溶于浓硝酸中。硝酸银水溶液呈弱酸性，pH=5～6。纯硝酸银晶体对光稳定，在有机物存在下易被还原为黑色金属银。潮湿硝酸银及硝酸银溶液见光较易分解。硝酸银于 207～209℃熔化，变为明亮的淡黄色液体，在 440℃分解产生氧化氮棕色气体。硝酸银为氧化剂，可使蛋白质凝固，对人体有腐蚀作用，成人致死量 10g 左右。

硝酸银是白银深加工的第一个产品，是许多其他深加工产品的原料。在电子工业中主要用作电子元器件的电镀银，印刷电子元器件(经烧结后还原为白银，用于导电)，用于微电子工业的各种元器件(包括滤波片、蜂鸣片、热敏电阻、光敏电阻等)和电接触材料(如各类纯银或银合金触头和触点)。

硝酸银的生产主要采用酸解法，即由金属银与硝酸直接反应而得。其主要反应如下：

$$Ag + 2HNO_3 \longrightarrow AgNO_3 + NO_2\uparrow + H_2O$$

$$3Ag + 4HNO_3(\text{稀}) \longrightarrow 3AgNO_3 + NO\uparrow + 2H_2O$$

根据所用银原料的纯度不同，酸解法生产硝酸银通常有纯银法和杂银法两种生产工艺。

(1) 纯银法生产工艺

将银块用去离子水冲洗，除去表面污物，置于反应器中。先加去离子水，再加浓硝酸，使硝酸浓度约为60%～65%。此时要控制加酸速度，使反应不至过于激烈。为了降低硝酸消耗，在反应过程中应保持金属银过量。当硝酸加完后，在夹套中通蒸汽加热以促使反应完全，同时促使氮的氧化物气体逸出。当反应液的 pH 值达到 3～4 时，将反应液抽入处理反应器，用去离子水稀释至密度为 1.6～1.7g/cm³，搅拌加入氧化银至 pH 值为 1～1.5，以除去 Ca^{2+}、Mg^{2+} 等碱金属杂质，冷却静止 10～16h，过滤。

将过滤后的清液送入蒸发器，蒸发溶液至液面出现结晶膜后，放入结晶器，静置、冷却结晶 16～20h。结晶析出的晶体经离心分离后，用少量冷水洗涤，然后在 90℃干燥 4～5h，即得硝酸银成品。

合成反应放出的氮氧化物气体经冷凝器冷却后，用稀碱液通过水喷射真空泵吸收机组和吸收塔二级吸收，合格尾气放空。碱液吸收后的中和液可通过蒸发结晶的方法生产 $NaNO_3$ 和 $NaNO_2$。

生产操作注意事项如下。

① 一次投料白银的量：根据反应釜的容积而定。对 100L 的不锈钢反应釜而言，一次投料的白银量以 100～120kg 较为合适。

② 实际生产中，通常使最后反应体系中保留少量的未溶解白银，这样可使后继加工步骤更为简单一些(过滤后赶硝可以容易得多)。

③ 反应的温度：一般控制在溶液保持微沸状态为宜。通过控制夹套反应釜的加热蒸汽压力或通过调压器控制加热炉的电压较为精确地控制反应体系的温度。

④ 过滤是得到合格硝酸银的必要步骤。白银造液后，所得溶液必须过滤一次，以使白银中的不溶性杂质以及硫酸银、硝酸铋等得以从溶液中分离。这些不溶性杂质一般含有含量较高的贵金属(如 Au、Pt、Pd 等)，因此这些杂质以及过滤所用的滤纸、滤布等不应作为无用之物随手弃去，应该集中起来统一回收这些比白银更贵重的金属。滤液在蒸发之前应该用氧化银调节溶液 pH 值至 1.0～1.5 左右，否则，如果酸度过低则会造成结晶发暗、发黏，出现水不溶物等现象。

⑤ 洗涤晶体：用去离子水洗涤晶体数次，使洗涤后的水 pH 值保持在 5～6。分离后的母液与洗涤水送回蒸发器，循环使用。母液中含有金属杂质(铁、铋、铜、铅等)，当循环使用数次后，母液会变浑浊，颜色呈墨绿色，此时表示母液中杂质过多，可用熔融法处理。即将母液蒸干后，在 300～400℃下加热熔融，以除去全部游离的 HNO_3 并使其他杂质的硝酸盐分解为氧化物以便除去。冷却后加去离子水溶解熔体，调节溶液 pH 值至4～5，使上述金属杂质以碱式盐形式沉淀，经澄清、过滤，得硝酸银溶液，倒入反应液中一起蒸发。含银废液也可用工业盐酸处理，沉淀出氯化银，再用铁粉还原，然后焙炼成银块，作原料使用。

⑥ 硝酸银与乙炔反应生成乙炔银，在干燥条件下，受轻微摩擦就发生爆炸，故设备维修时严禁电石糊或乙炔气带入车间。此外硝酸银有氧化作用，用过的滤纸，遇火极易燃烧，需妥善保管。皮肤接触硝酸银见光后变黑，故操作时要戴好防护用具。

(2) 杂银法生产工艺

杂银法生产硝酸银的核心是生产过程兼有提纯原料银的作用，常用的方法是使杂银中的银通过氯化银中间状态而与其他杂质分离，再将氯化银还原成纯银后生产硝酸银。有关反应方程式为：

$$AgNO_3 + HCl \longrightarrow AgCl\downarrow + HNO_3$$

$$2AgCl + Zn \longrightarrow 2Ag\downarrow + ZnCl_2$$

将杂银置于溶银反应器中，用浓度约为20%的稀硝酸使其溶解，加去离子水稀释至密度为1.6～1.7g/cm³后，静置沉降。

过滤硝酸银生成液至反应器中，在不断搅拌下加入密度约为1.12g/cm³的盐酸，并稍微过量，使氯化银沉淀完全。抽出母液，在氯化银沉淀中加入浓度约10%的稀盐酸共沸，最后用热水以倾析法洗涤沉淀至接近中性，并用亚铁氰化钾检验至无Cu^{2+}为止。将洗涤好的氯化银过滤备用。

在还原器中，氯化银用去离子水搅拌浆化，并用硫酸酸化混合物，按AgCl∶锌粉＝1000∶235的比例加入锌粉，搅拌反应混合物，此时，氯化银被置换成银粉析出，大部分锌粉则溶解为氯化锌进入溶液。取少量固体粉末作为试样，用水洗涤后用硝酸检验还原反应是否完全。如试样能够完全溶解于硝酸中，表明还原反应已经完全，否则应补加锌粉并加热继续反应至还原过程彻底。反应结束后，用倾析法洗涤沉淀，最后用10%的稀硫酸处理沉淀以溶解未反应的锌粉。静置沉降后，倾析法倒掉上层清液，加水充分洗涤沉淀至洗液中不含硫酸根为止(用$BaCl_2$溶液检验)。过滤，所得固体粉末即为纯度较高的银粉。

将所得银粉按纯银法制备硝酸银，其生产过程见纯银法生产工艺。

生产操作注意事项如下。

① 杂银硝酸溶解，过滤后的滤渣中含有比纯银中更多的不溶于硝酸的其他贵金属，有关滤纸和滤渣应集中放置，以后统一处理。

② 得到氯化银沉淀后，也可以如下方式将氯化银分解为纯度较高的银：在坩埚中预先放置一层K_2CO_3固体，将烘干的氯化银固体置于坩埚中，再在上面覆盖一层固体K_2CO_3。将坩埚置于中频炉或地炉中，加热至坩埚内的固体混合物全部熔融后保温10min。将坩埚内的熔融液体趁热倒入钢模中，冷却后敲掉银板表面的熔渣，用自来水刷洗银板表面，再用去离子水洗涤银板。所得银板的含银量可达99.9%左右，可以用于纯银法生产硝酸银。

6.3.1.2 氧化银、超细氧化银和纳米氧化银

氧化银(silver oxide)、超细氧化银(superfine silver oxide)、纳米氧化银(nano-scale silver oxide)，分子式Ag_2O，分子量231.74。氧化银是棕褐色立方结晶或棕黑色重质粉末。密度7.143g/cm³。在空气中能吸收二氧化碳，潮湿状态时更严重。氧化银在干燥或潮湿状态保存在暗处均稳定，但见光则逐渐分解为银和氧。易溶于稀酸、氨水和氰化钾(或钠)溶液，难溶于水和乙醇。在空气中加热到200℃开始分解，加热到300℃全部分解为银和氧气。有碱存在时甲醛水溶液能使其直接还原为金属银。与可燃性有机物或易氧化物摩擦能引起燃烧，因此勿与氨气和易氧化物接触。熔点为300℃(分解)。属于危险品。

在电子工业中的主要用途如下。

1) 电子元器件中的表面银涂层的主要原料 将氧化银与有机成膜物质(如聚乙烯醇等)和适当的添加剂(如玻璃料等)混合，置于球磨机中球磨，得到具有特定涂布性能和电性能的浆料(氧化银浆)。将氧化银浆料通过丝网印刷或手工刷涂的方法涂布于蜂鸣器、滤波器等器件的陶瓷基底材料表面，再通过烧结的方法使氧化银还原成金属银而均匀分布于陶瓷基底

材料表面。

2）扣式氧化银电池的主要原料　将氧化银粉末与锌或锰等金属的化合物混合均匀，置于电池外壳内，通过有关工艺而得到符合要求的扣式氧化银电池。该种电池体积小、电容量大、放电时间长，广泛应用于手表、电脑和其他需要小体积电池的场合。因此，工业用银中用于氧化银电池生产的白银用量逐年上升。

国家质量标准中对氧化银的颗粒度未做具体规定，但在实际工业应用中，不同行业对氧化银产品的颗粒度都有明确的要求。普通氧化银的颗粒度一般在300目左右，超细氧化银的颗粒度一般在几个微米左右，而纳米级氧化银的颗粒度要求在几十纳米左右。

氧化银的生产是由硝酸银溶液与氢氧化钠溶液反应而得。其主要反应如下：

$$2AgNO_3 + 2NaOH \longrightarrow Ag_2O \downarrow + H_2O + 2NaNO_3$$

普通氧化银的生产与超细氧化银及纳米级氧化银的生产其工艺过程基本相同，区别在颗粒度的控制方法上，下面分别介绍普通氧化银与超细氧化银和纳米级氧化银的生产工艺。

(1) 普通氧化银生产工艺

将硝酸银用去离子水配成约为1.0mol/L的溶液，用真空吸入的方法将溶液抽入高位槽(真空吸入管口用500目滤布覆盖住，兼有过滤作用，下同)。按硝酸银：氢氧化钠＝3：1的比例称取氢氧化钠，溶于去离子水中，配成饱和溶液。冷却后用真空吸入(兼过滤)的方法抽入不锈钢反应器中。在搅拌、冷却的条件下，将硝酸银溶液按1L/min的速度滴加到氢氧化钠碱液中。滴加完毕后，继续搅拌4h以使反应完全。

将反应混合物在搅拌下通过放料阀放入不锈钢离心机中，用去离子水冲洗反应釜，洗液也放入离心机。离心分离，并用去离子水淋洗晶体表面，直至淋洗液的pH接近中性。离心所得母液通过蒸发结晶的方法可回收硝酸钠。

所得氧化银棕黑色固体置于真空干燥箱中于80℃干燥6h。产品氧化银经化验合格后包装入库。

生产操作注意事项如下。

① 滴定的顺序：由于氧化银产品的颗粒度一般为越小越好(电子元器件)，因此在反应釜中预先加入NaOH，用$AgNO_3$溶液滴加到NaOH溶液中去，可以得到较细的氧化银颗粒；如果要求得到颗粒度较大的氧化银，可以反过来滴定，并且降低反应物的浓度、延长反应时间使之达到要求。

② 是否加热：$AgNO_3$与NaOH的反应过程中会放出热量，在生产试剂级氧化银(普通氧化银，化学纯、分析纯等)时一般不需要加热，而且为了保证反应过程中反应条件的均一性，必须在夹套中通入室温下的自来水带走反应放出的热量；在生产电池专用级氧化银时，必须加热，通过在夹套中通入加热蒸汽的方法加以解决，以生产出符合电池专用的特种氧化银。

③ 整个过程所用的水及溶液应除去二氧化碳。

④ 反应结束后应及时将料液从反应釜中放出，因为氧化银为沉淀，时间过长，容易使放料阀堵塞，同时容易使氧化银颗粒过大(团聚现象)。

⑤ 干燥过程：注意温度不要超过80℃，用真空干燥较为合适。

(2) 超细和纳米级氧化银生产工艺

由于氧化银的颗粒很硬，一旦颗粒形成后，很难再将其细碎。若要得到颗粒度更小的氧化银产品，如超细氧化银(颗粒度在几个微米）或纳米级氧化银(颗粒度在几十纳米)，则必须采用新的生产方法。作者提出的超细和纳米级氧化银生产方案和工艺如下。

1）原理　普通氧化银生产中，硝酸银溶液直接与氢氧化钠溶液反应时，溶液中的 Ag^+ 浓度过大，生成的氧化银微粒在反应体系中的生长速率过快，同时颗粒之间很容易团聚，导致得到的氧化银产品颗粒过大。若能降低反应时 Ag^+ 的浓度，使氧化银的生成速率加快而生长速率减慢，同时在氧化银颗粒生成后即被立即保护起来，阻止团聚现象的发生，则可得到颗粒度极小的氧化银颗粒产品。

2）生产方法　将硝酸银配成溶液，加入浓氨水得到银氨溶液，逐渐加入到预先加有保护剂(如 PVP 等）的氢氧化钠溶液中，超细氧化银沉淀即生成。经过洗涤、分离和干燥得到超细氧化银成品。

① 将硝酸银 50kg 溶于 300L 水中，在搅拌下逐渐加入浓氨水 100L，配成银氨溶液。另将固体氢氧化钠 40kg 和 0.2kg 保护剂(聚乙烯吡咯烷酮，简称 PVP，分子量为 30000）加水 500L，搅拌溶解，配成碱溶液。

② 将银氨溶液在搅拌下滴加到碱溶液中，同时在反应釜夹套中通入自来水循环。银氨溶液滴加完毕后，再充分搅拌 4h，离心过滤出氧化银，用水洗涤 3 次，再用乙醇洗涤 3 次，在温度为 80℃时真空干燥，即得纳米级氧化银。

③ 按本方法所生产的纳米级氧化银平均粒径约为 88nm，最大粒径与最小粒径之差≤ 5nm。改变反应物的浓度和反应条件，可以得到指定粒径的微米级或纳米级氧化银。

6.3.1.3　超细银粉、片状银粉和纳米银粉

超细银粉(superfine silver powders)、片状银粉(flake silver powders)、纳米银粉(nano-scale silver powders)。溶于硝酸、热硫酸，在空气中溶于熔融的碱金属氢氧化物、碱金属过氧化物、碱金属氰化物。盐酸能腐蚀表面，对大多数酸不活泼，不溶于冷水和热水。不被水和大气中的氧所侵蚀。遇臭氧、硫化氢和硫变成黑色。热传导性好，比表面积大，化学性能稳定。

超细银粉指颗粒度为 100nm～1μm 的球形或近似球形的金属银粉末，依据颗粒度的不同，超细银粉的颜色从灰色至灰黑色不等，颗粒越小，颜色越黑。片状银粉指银粉颗粒的形状为片状，化学成分、平均尺寸和密度符合有关规定的银粉，其颜色为灰白色，带有金属光泽，有时又称为光亮银粉。颗粒度在 100nm 以下的银粉称为纳米银粉，它是随着纳米技术的发展而于近年开发出来的银粉新品。

白银在电子元器件行业的最终应用在于将白银制成适当的化合物或混合物，涂布到相应电子元器件的基础材料上，从而具有一定的电学性质。银粉是白银在电子元器件上应用效率最高、使用最为方便的含银材料。

(1) 超细银粉生产工艺

目前超细银粉的生产，主要采用化学还原法，即将白银制成硝酸银后，加入适当的还原剂，将 Ag^+ 还原成单质银粉。为了控制还原速度以及所得产品的颗粒度大小和粒度分布，生产中常将硝酸银制成适当的配合物(如 $[Ag(NH_3)_2]^+$ 或 $[Ag(CN)_2]^-$）后，再加入还原剂进行反应。由于超细粉末具有极大的表面能，超细粉末之间的团聚现象很明显，在反应过程中应加入必要的保护剂，以防止银粉颗粒之间的团聚。

取一定量的 $AgNO_3$，将其配成浓度约为 1.0 mol/L 的水溶液，加入浓氨水使其形成银

氨溶液，过滤。

取理论量2～3倍的甲醛（或水合肼、草酸、维生素C），按每千克硝酸银加入6g的比例加入聚乙烯吡咯烷酮（简称PVP）或聚乙烯醇（简称PVA）。在搅拌下将银氨溶液滴加到上述溶液中。滴加完毕后继续搅拌2h，静置沉降。

用倾析法去除上层清液，用去离子水反复清洗后，再用少量油酸浸泡，倾析去除油酸后，将湿银粉置于真空烘箱（80℃）中干燥4h。

冷却后根据不同要求过筛分级，得到不同粒径范围的超细银粉产品。

生产操作注意事项如下。

① 反应物的浓度。$AgNO_3$加入氨水或KCN制成相应的配合物，各有关反应物的浓度应该尽量控制得低一些，并且保证所用试剂有足够的纯度。为了保证所得还原银粉的纯度，生成的银氨溶液或银氰配合物溶液必须过滤一次。

② 还原剂的选择。为了保证所得银粉的纯度，所用还原剂一般用有机还原剂。如果用无机活泼金属作为还原剂，在反应结束后应及时用H_2SO_4将多余的还原剂清除。

③ 保护剂的选择。由于反应所得银粉的颗粒度很小，微粒之间的团聚现象明显。加入保护剂兼作分散剂，可以使所得银粉分布比较均匀。

④ 产品的过筛分级是产品包装之前必需的步骤。过筛时一般选用一系列500目以上的不锈钢筛，以振动方式过筛。

⑤ 产品的包装和储存。产品装入带有密封盖的塑料瓶中，每瓶净重分别为50g、100g、500g、1000g或5000g，外加安全包装。瓶上应贴标签，注明：供方名称、牌号、批号、净重和生产日期。每批产品应附产品质量证明书，注明：供方名称，产品名称，产品牌号、批号、毛重、净重、件数，分析检验结果和生产日期等内容。产品应存放在清洁、干燥和避免日晒的场所。

质量标准：已有国家标准GB/T 1774—2009。

（2）片状银粉生产工艺

片状银粉一般采用化学法形成超细颗粒、物理法研磨成片的方法生产，即将超细银粉加入分散剂和研磨剂，在球磨机中研磨一定时间，经过干燥、筛分、检测合格后包装入库。

将行星式球磨机的不锈钢罐用去离子水清洗干净，晾干。用少量油酸润湿内壁。在罐体内装入体积约为罐体积一半的超细银粉，加入银粉质量的0.6%的聚乙烯吡咯烷酮（PVP）保护剂（预先溶于水配成溶液），按一定比例加入大小不一的玛瑙球或不锈钢球，加水至罐体积的3/4，将罐内混合物调成糊状，盖紧并固定好球磨罐盖子。

按球磨机的说明，控制球磨罐的转速，使罐内球与罐壁以最佳撞击力撞击。当球磨进行到预定时间后，停止球磨并进行冷却罐体。将球磨罐内的混合物取出，挑出玛瑙球或不锈钢球，用水将粘在球上的银粉清洗下来。所得银粉先用水和乙醇分别洗涤3次，再用丙酮和油酸充分洗涤后，在80℃以下进行真空干燥。

所得片状银粉根据不同要求过筛分级，得到不同粒径范围的片状银粉产品。经检验合格后包装入库。

生产操作注意事项如下。

① 研磨剂/保护剂的选择。棕榈酸、油酸以及其他有机酸都曾经作为保护剂。经过反复实验，PVP等非酸类保护剂的效果很好。加入比例为6g（PVP）/1000g（Ag）。水或乙醇均

可作为研磨剂。

② 球磨机的选择。普通球磨机仅能较好地混合物料，无法将颗粒状银粉打成片状。应选择行星式球磨机，利用强大的离心力将颗粒状银粉压成片状。所用球磨罐体和球磨球的材料应该用高强度不锈钢，保证在球磨过程中没有罐体材料混入银粉。

③ 球磨发热的解决。球磨过程中产生大量的热量，如何将这些热量及时移走，在球磨中应该重点考虑。球磨罐内温度过高，易使银粉相互团聚、结块、氧化。通常采用间歇操作、周期性正转/反转、真空球磨或风冷却等方法加以解决。

④ 产品的包装和储存。所得片状银粉产品装入带有密封盖的塑料瓶中，每瓶净重分别为50g、100g、500g、1000g或5000g，外加安全包装。瓶上应贴标签，注明：供方名称、牌号、批号、净重和生产日期。每批产品应附产品质量证明书，注明：供方名称，产品名称，产品牌号、批号、毛重、净重、件数、分析检验结果和生产日期等内容。产品应存放在清洁、干燥和避免日晒的场所。

质量标准：已有国家标准GB/T 1773—2008。

(3) 纳米银粉生产工艺

由于纳米银粉的颗粒度很小，在10^{-9} m的范围，它的电学、光学和催化等方面的性质与大颗粒银粉有很大不同。因此，世界各国对纳米银粉及由纳米银粉组成材料的研究非常重视。生产过程中的关键问题在于控制颗粒之间的团聚。作者发明的还原-保护法生产纳米级银粉的生产工艺如下。

1) 工艺流程

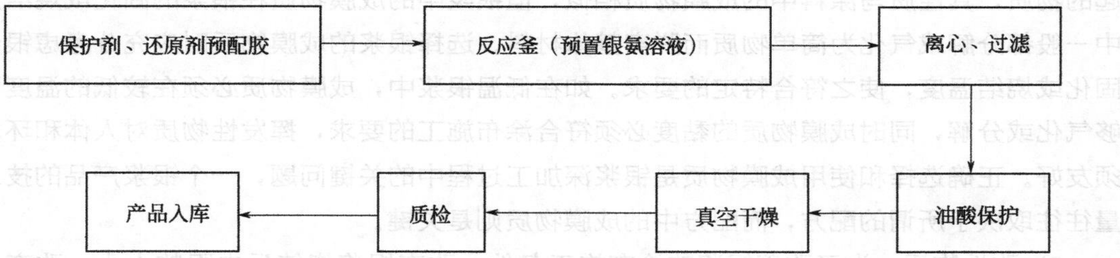

2) 生产操作注意事项

① 将还原剂、保护剂在反应体系以外先进行预混合：可使Ag^+在形成Ag核后立即被保护，解决还原剂作用于含Ag化合物时出现的微颗粒过早团聚的问题。

② 将$AgNO_3$在反应体系以外先变成银氨溶液，以解决Ag^+局部浓度过大的问题。

③ 以油酸为钝化剂，在得到银粉后对其进行钝化处理，以解决银粉在烘干、保存、使用等过程中易被氧化的问题。

④ 还原剂种类包括抗坏血酸(维生素C，下称VC)、水合肼、四氢硼钠($NaBH_4$)、柠檬酸及其钠(钾)盐；保护剂种类包括聚乙烯吡咯烷酮(下称PVP)、烷基硫醇(RSH)、油酸、棕榈酸。

按本方法现已生产出颗粒度在50～100nm的颗粒状超细银粉，技术效果良好。

3) 质量标准　目前尚无纳米银粉的质量标准。通常根据纳米材料的检测方法对纳米级银粉进行透射电镜(TEM)、扫描电镜(SEM)和X-射线衍射分析。产品的包装和储存要求与超细银粉和片状银粉相同。

6.3.1.4 银浆系列产品

银浆为均匀的超细银颗粒或银化合物的悬浮物，或带有助熔剂、黏合剂、溶剂等组成的有机胶体混合物。按其用途可以分为导体浆料、电阻浆料、电极浆料、玻璃包封浆料、PTC浆料和太阳能电池用浆料等；按银浆的烧结或固化温度，可将银浆分为低温银浆、中温银浆和高温银浆，不过，各低温、中温和高温的分界线并不十分明确；按银浆中贵金属的种类又可分为单组分纯银浆和含有其他贵金属的多组分银浆；按含银物质的种类可分为氧化银浆、分子银浆和银粉银浆等。它们广泛用于制造电容器、电位器、电阻器以及压电陶瓷材料的电极。随着银浆在工业上用途的不断扩大，银浆产品的品种和功能不断扩大，据不完全统计，目前市场上银浆的品种多达上千种，其中还不包括许多银浆用户根据自身产品的需要自产自用的银浆。因此，银浆系列产品的深加工必须紧密结合市场的需求，有的放矢地开展研究和生产。银浆产品的保质期一般较短(几个月或一年)。

银浆中各种组分根据其功能可以分为导电物质、成膜物质、改性物质和溶剂等几大类型。

1）导电物质　银浆中的导电物质无疑是以银或含银化合物为主，必要时可以添加其他贵金属或贱金属辅助导电。加入银浆中的含银物质有：银粉，包括超细银粉、片状银粉和纳米级银粉；氧化银粉；硝酸银；碳酸银和硫酸银等。这些不同的含银物质在银浆固化或烧结后的形态基本是相同的，都是单质状态的银。之所以要采用不同的含银物质加入到浆料中，主要是考虑到浆料的其他性质和将银浆涂布到基体材料的工艺不同。

2）成膜物质　成膜物质是银浆中将含银物质与基体材料在涂布和烧结过程中结合在一起的物质，其性质与涂料中的成膜物质相似，但银浆中的成膜物质在银浆的固化或烧结过程中一般都分解或气化为简单物质而脱离基体材料。选择银浆的成膜物质时应充分考虑银浆的固化或烧结温度，使之符合特定的要求。如在低温银浆中，成膜物质必须在较低的温度下能够气化或分解，同时成膜物质的黏度必须符合涂布施工的要求，挥发性物质对人体和环境必须友好。正确选择和使用成膜物质是银浆深加工过程中的关键问题，一个银浆产品的技术含量往往取决于所谓的配方，而配方中的成膜物质则是关键。

3）改性物质　为了改善银浆的涂布施工条件，改变银浆烧结后电阻的大小，改变烧成银层的可焊性能，或增加银层与基体材料的结合力等性质，在银浆生产中添加一定量的改性物质是必不可少的。如添加邻苯二甲酸二丁酯等具有增塑性的物质可以改善银浆的流变性，添加松香等物质可以改善烧结后银层的可焊性，添加硼酸铅、氧化铋等玻璃料可以改善银层与陶瓷或玻璃基体之间的结合力，添加石墨等物质可以改变银浆的电阻等。改性物质的种类和添加量取决于银浆的用途和使用方法，各种银浆配方中改性物质的添加情况都不一样。

4）溶剂　溶剂是溶解或分散含银物质、成膜物质和改性物质的液体，不同溶剂的挥发性、溶解性能、分解条件以及对人体的毒性和对环境的污染程度都不一样。在保证银浆有关性能的前提下，选择低毒和低污染的溶剂是银浆生产过程中必须重点考虑的问题之一。

（1）制备含银物质

根据银浆性能和用途的不同，将白银制成适当的形态或物质是银浆生产的第一道工序。下面介绍分子银浆所用的银泥的生产方法。

① 原料 $AgNO_3$，Na_2CO_3，正丁醇，三乙醇胺，试剂级别均为分析纯。

② 生产工艺　在硝酸银溶液中于搅拌下逐步加入饱和碳酸钠溶液，使之充分反应后，

过滤，并用少量水和乙醇洗涤沉淀。所得沉淀于80℃真空干燥得到碳酸银泥。取少量松香溶于正丁醇中，按5L正丁醇加入5kg碳酸银的量加入碳酸银泥，于94℃下充分搅拌，在2h内滴加过量20%的三乙醇胺，降温至84℃后继续搅拌2h，自然冷却，用少量无水乙醇洗涤沉淀，得到制备分子银浆所用的银泥，工艺流程示意如下：

$$AgNO_3+Na_2CO_3 \xrightarrow[\text{洗涤沉淀、80℃真空干燥}]{\text{反应、过滤}} Ag_2CO_3 \longrightarrow Ag_2CO_3\ (5kg)+\text{正丁醇}(5L)$$

$$\xrightarrow[\text{84℃搅拌(2h)、自然冷却、无水乙醇洗涤沉淀}]{\text{94℃搅拌、滴加三乙醇胺(2h加完)}} \text{银泥}$$

(2) 配料调浆

根据银浆性能要求，选择适当的成膜物质和改性物质，按有关比例加入含银物质和溶剂，充分搅拌使之均匀分散。为了保证分散效果，通常选择球磨方式进行分散。表6-20～表6-22列出了常用电阻银浆、电容器银浆和分子银浆的配方。

表6-20 烧结温度为400～500℃的电阻用银浆

组成	含量/%	用途和作用
氧化银	61.4	导电材料
助熔剂	3.85	黏合剂
松香松节油溶液	32.05	

表6-21 烧结温度为840～860℃的电容器用银浆

组成	含量/%	用途和作用
氧化银	70.07	导电材料
氧化铋	1.42	助熔剂
硼酸铅	0.71	助熔剂
蓖麻油	4.47	黏合剂
松节油	6.7	溶剂
松香松节油	15.63	黏合剂

表6-22 常用分子银浆配方 单位：%

组成	陶瓷电容器[低(高)功率]	云母电容器	瓷件	用途和作用
银泥(含银量85%)	70.15(75.40)	70.21		导电材料
银泥(含银量99%)			70.49	导电材料
氧化铋	4.45(4.73)		4.25	助熔剂
硼酸熔块		1.70		助熔剂
环己酮	12.94(9.62)	18.05	15.13	溶剂
混合油	9.09(7.05)	8.02	8.57	黏合剂
硝化纤维	3.37(3.20)	2.00	1.58	黏合剂

注：混合油：松节油24%，大茴香油41%，邻苯二甲酸二丁酯35%。

(3) 性能测试

根据预定银浆性能，对所配银浆进行有关电性能、烧结性能、涂布性能以及化学成分分析，达到预定要求后包装入库。由于银浆中各组分的密度相差很大，同时有关溶剂的挥发性较大，因此银浆在长期放置过程中容易出现分层和黏度增加现象。在保存和使用过程中应注意密封和随用随取。在使用时应充分搅拌，如果黏度过大，可用少量专用溶剂进行稀释。

6.3.2 含金电子化学品

6.3.2.1 氯金酸

氯金酸(chloroauric)，分子式 $HAuCl_4 \cdot 4H_2O$，分子量 411.85。氯金酸是金黄色或红黄色晶体，容易潮解，溶于水、醇和醚，微溶于三氯甲烷，见光出现黑色斑点，有腐蚀性。加热到 120℃以上分解为氯化金。市场上出售的氯金酸商品主要是一定含金量的氯金酸溶液。氯金酸主要用于半导体及集成电路引线框架局部镀金、印刷线路板、电子接插件和其他电接触元件的镀金。它是生产其他含金精细化工产品的重要原料之一。

氯金酸的生产主要通过将纯金与王水反应而制得，主要化学反应方程式如下。

$$Au + 3HCl + HNO_3 \longrightarrow AuCl_3 + NO\uparrow + 2H_2O$$

$$AuCl_3 + HCl \longrightarrow HAuCl_4$$

(1) 工艺流程

1) 原料和反应器　生产氯金酸所用原料金一般要求为 1 号金或经电解除杂的金粉。粗金中因含有大量的其他金属，不能直接用于投料。所用盐酸和硝酸也必须是分析纯，其中的微量金属元素含量必须低于规定标准。由于一般的金属反应器无法承受王水的强腐蚀性，在氯金酸生产中凡是与王水接触的容器不能用金属制造。常用的反应器有：玻璃烧杯，用于小批量氯金酸的生产；高温烧结瓷质容器，可用于大批量产品的生产；聚四氟乙烯容器，用于溶金过程，必须内置加热装置。

2) 反应　将金块或电解金粉先用去离子水冲洗，再置于稀硝酸中煮洗 5～10min 后，倾干硝酸并再用去离子水冲洗干净。分批加入王水。刚加入王水后可以适当加热以启动反应，当反应较为剧烈时则停止加热，使王水溶液保持微沸状态。当反应较为平缓后，可再加入少量王水，直至大部分金块或金粉溶解。反应结束时应保证体系中有少量未反应的黄金存在，即投料时必须保证黄金的过量。

3) 赶硝、浓缩　将溶金液倾入另一烧杯中，用水洗净未反应的金块或金粉，转入下一循环使用。洗液并入溶金液。加热并在此过程中滴加浓盐酸以赶尽氮氧化物，同时生成氯金酸。过滤，滤液转入旋转蒸发器进行浓缩结晶。

4) 干燥　所得晶体在 80℃下真空干燥，磨碎，化验合格后包装入库。

(2) 操作注意事项

① 由于原料的贵重和操作条件严格，因此在操作中应格外小心，反应过程中(尤其是用烧杯溶金时) 严禁操作人员离开反应器和操作现场。

② 溶金反应器如果是玻璃烧杯或瓷质容器，则在加料和操作时应十分小心，因为黄金的密度很大，在投料时容易将容器撞破。为了保证反应和其他操作的顺利进行，做到万无一失，将烧杯置于大一点的塑料容器中是非常必要的。同时加热方式可以采取内加热方式，即在王水溶液中放入电热玻璃管或内置玻璃加热蒸汽管进行加热。如果有条件，可以采用聚四氟乙烯质的烧杯或容器作为反应器，用内置加热方式解决加热问题。

③ 为了保证反应后继步骤的顺利进行，在投料时应保证原料金的适当过量。未反应的原料金在洗净后转入下一循环使用。

④ 由于所得产品特别容易吸湿和潮解，因此在干燥时采用真空干燥方式，同时在包装时可以采用塑料袋真空包装后再装入玻璃或塑料瓶。根据客户需要，也可以将所得晶体配成适当浓度的水溶液作为产品出售。

6.3.2.2 超细金粉和纳米金粉

超细金粉(superfine gold powders) 产品的颗粒一般是微米级球形粉末，颜色根据颗粒度大小的不同，从金黄色到红褐色或黑色不等，颗粒越小，颜色越深。溶于王水、氰化钾，不溶于水、酸。超细金粉在电子元器件、首饰、电镀、化工催化等行业有广泛的应用。例如，将超细金粉与有关成膜物质、溶剂和改性物质混合均匀得到具有特定电性能的含金浆料，广泛应用于电子元器件的制造；将超细金粉负载在多孔性载体上，可以得到具有特定催化性能的含金催化剂。

超细金粉的制备原理是将金化合物的适当溶液通过化学还原而得到单质金粉。常用的还原剂有锌粉、铁粉、亚硫酸钠等无机还原剂和水合肼、抗坏血酸(维生素 C) 等有机还原剂。所得超细金粉产品的颗粒一般是微米级球形粉末。颜色根据颗粒度大小的不同，从金黄色到红褐色或黑色不等，颗粒越小，颜色越深。现以抗坏血酸作为还原剂为例来说明超细金粉的生产工艺。

(1) 超细金粉生产工艺

抗坏血酸作为还原剂生产超细金粉工艺流程如下。

将黄金经过酸洗、王水溶解和赶硝浓缩后配成适当浓度的水溶液。有关要求和方法同氯金酸的制备。将抗坏血酸配成饱和溶液，在不断搅拌下将氯金酸溶液滴加到抗坏血酸溶液中，滴加完毕后继续搅拌 1h。静置沉降。将上层清液倾出，用水和乙醇以倾析法清洗金粉。所得金粉置于真空干燥。冷却后，将金粉过筛分级，得到不同粒度的球形金粉末。

(2) 纳米金粉生产工艺

对于粒径≤100nm 的颗粒状超细金粉，用上述方法很难解决金粉微粒之间的团聚问题和粒度分布不均匀等问题。作者在实践中发现，如果能将金制成稳定常数比氯金酸更高的配合物，同时在还原过程中加入适当的保护剂或分散剂，所得金粉的颗粒度将明显小于从氯金酸作为起始原料所得的金粉，同时，金粉颗粒之间的团聚不再明显，粒度分布的范围更窄。

1) 工艺流程

① 起始原料的制备。将原料金按氰化亚金钾的生产方法制成氰化亚金钾固体。以它作为起始原料。按 1kg 氰化亚金钾溶于 2～20L 水配成溶液。

② 还原剂和保护剂的预混合。在还原剂(抗坏血酸) 溶液中加入一定量的保护剂溶液，保护剂可以是聚乙烯吡咯烷酮(PVP)、烷基硫醇(RSH)、油酸或棕榈酸。保护剂的加入量根据被还原金粉的量而定，以 PVP 为例，还原 1kg 金粉需要加入 PVP 约 300g。

③ 还原。将氰化亚金钾溶液在搅拌下滴加到还原剂和保护剂的预混合溶液中，加热到 60℃。滴加完毕后继续搅拌 1～2h。冷却，静置沉降。

④ 清洗、干燥。将所得金粉用水、乙醇和丙酮分别清洗干净，置于 80℃真空干燥。化验合格后包装入库。

2) 操作注意事项

① 保护剂应该加在还原剂溶液中，而不应加在氰化亚金钾溶液中。

② 为了得到颗粒度更小的金粉，还原剂可以采用饱和溶液以增加金粉颗粒的生成速度。

③ 纳米级金粉的颗粒度检测方法和比表面积测定方法同纳米级银粉。

参 考 文 献

[1] 周益辉，曾毅夫，刘先宁，等．电子废弃物的资源特点及机械再生处理技术［J］．电焊机，2011，(02)：22-26，75.

[2] 白庆中，王晖，韩洁，等．世界废弃印刷电路板的机械处理技术现状［J］．环境污染治理技术与设备，2001，2 (1)：84-89.

[3] Melchiorre M，Jakob R. Electronic Scrap Recycling［J］. Microelectronics Journal，IEEE，1996，28 (8-10)：xxii-xxiv.

[4] 林金堵．中国 PCB 工业可持续的清洁生产［J］．印制电路信息，2005，(07)：41-43.

[5] 胡利晓，温雪峰，刘建同，等．废印刷电路板的静电分选实验研究［D］．环境污染与防治，2005，5 (27)：326-330.

[6] 温雪峰．物理法回收废弃电路板中金属富集体的研究［J］．中国矿业大学，2004.

[7] 洪亮．废电视机显像管的再生利用［J］．资源再生，2008，(02)：33-34.

[8] 赖耀斌．高振实密度球形微米银粉的制备工艺研究［D］．昆明理工大学，2014.

[9] 王金龙．碳纳米管组装及场发射性质研究［D］．天津大学，2008.

第三篇

电子废物环境管理和污染减控技术

7 电子废物的环境管理

电子废物回收利用是一个复杂的系统工程，涉及电子废物回收体系建设、回收利用技术、回收利用企业准入和审核、二次污染防治、法律法规建设等多方面内容，其中，如何建立一套科学合理的回收管理体系，是我国电子废物回收利用行业可持续发展的关键。

7.1 电子废物管理依据

7.1.1 产品生命周期理论

7.1.1.1 生命周期及评价

生命周期，又称为生命循环或寿命周期，是指产品从自然中来再回到自然中去的全部过程，即“从摇篮到坟墓”(from cradle to grave) 的整个生命周期各阶段的总和，具体包括从自然中获取最初的资源、能源，经过开采、原材料加工、产品生产、包装运输、产品销售、产品使用、再使用以及产品废弃处置等过程，从而构成一个完整的物质转运的生命周期。产品的生命周期管理就是要以使用需求为牵引，对产品的生命周期各阶段进行全过程、全方位的统筹规划和科学管理，实现对传统产品管理的“前伸” 和“后延”，即全过程管理模式。而生命周期评价(life cycle assessment，LCA) 则是对产品的整个生命周期进行环境表现分析的一种重要方法。

生命周期评价起源于 20 世纪 60 年代后期，最初研究焦点主要是包装品废弃物问题，其开始的真正标志是美国中西部研究所(MRI) 在 1969 年对可口可乐公司饮料包装瓶进行了从最初的原材料采掘，到最终的废弃物处理全过程的跟踪与定量分析。进入 90 年代，LCA 得到显著发展，国际环境毒理学与化学学会(SETAC) 和国际标准化组织(ISO) 起到了举足轻重的作用。1990 年 SETAC 首次提出了生命周期评价的概念和架构，统一了国际上的 LCA 研究。根据 SETAC 对 LCA 的定义，LCA 被描述成这样一种评价方法:“通过确定和量化与评估对象相关的能源消耗、物质消耗和废弃物排放，来评估某一产品、过程或事件的环境负荷；定量评价由于这些能源、物质消耗和废弃物排放所造成的环境影响；辨别和评估改善环境(表现) 的机会。评价过程应包括该产品、过程或事件的寿命全过程，包括原材料的提取与加工、制造、运输和销售、使用、再使用、维持、循环回收，直到最终的废弃”。ISO 从 1992 年开始筹划包括 LCA 标准在内的 ISO 14000 环境管理系列标准的制定，LCA 标准成为 ISO 14000 系列标准中产品评价标准的核心和确定环境标志和产品环境标准的基础。LCA 标准包含 ISO 14040～ISO 14049 10 个标准号，2006 年，ISO 发布了生命周期评价标准新的修订版，以 ISO 14040：2006《生命周期评价——原则和框架》和 ISO 14044：2006《生命周期评价——要求和导则》代替先前的标准 ISO 14040：1997《生命周期评价——原则与框架》，ISO 14041：1998《生命周期评价——目的与范围的确定和清单分析》，ISO 14042：2000《生命周期评价——生命周期影响评价》和 ISO 14043：2000《生命周期评价——生命周期解释》。作为 ISO 14000 系列标准的一部分，我国在 1998 年全面引进 ISO 14040 标准，并将其等同转化为国家标准，为了与国际同步，2008 年我国颁布了两项新的国家标准，即 GB/T 24040—2008 和 GB/T 24044—2008。根据 ISO 14040：2006 标准定义的技术框架，LCA 包括 4 个阶段：目的与范围确定(goal and scope definition)、清单分析(inventory analysis)、影响评价(impact assessment) 和结果解释(interpretation)，其框架如图 7-1 所示。

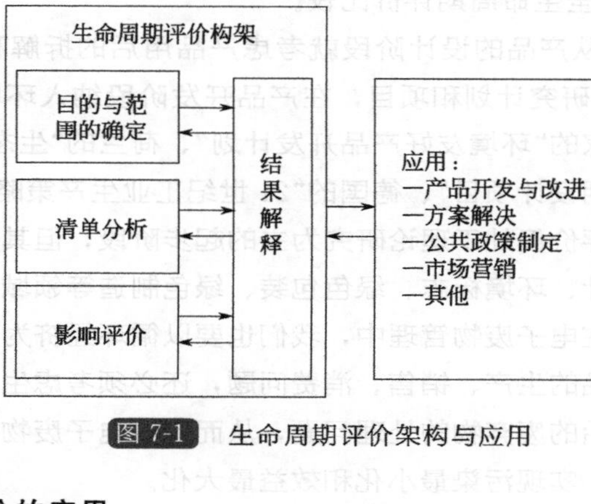

图 7-1 生命周期评价架构与应用

7.1.1.2 生命周期评价的应用

在决策和管理方面，LCA 作为一种重要的环境管理手段，是实现源头控制的有效途径，并且对污染产生全过程进行分析，在很大程度上克服了以往评价和分析方法的片面与局限性，为全局性和整体性环保政策的制定提供了科学依据。LCA 的理论和分析框架开始广泛应用于环境立法上。比较有影响的环境管理标准有英国的 BS 7750、欧盟生态管理和审计计划(EMAS)、国际标准化组织(ISO) 制定的 ISO 14000 环境管理体系。这些标准体系规范了企业和社会团体等所有组织的活动、产品和服务的环境行为。很多发达国家还借助于 LCA，制定“面向产品的环境政策”。例如“欧盟产品环境标志计划”，根据生命周期评价的效果已经对洗碗机、洗衣机、电灯泡等产品颁布了环境标志，并准备给更多的产品授予环境标志。而生命周期评价则是实施和制定环境标志的一个重要理论支柱，是评价某一产品是否可授予环境标志的准则。LCA 对于废物管理政策的提出也具有重要的指导意义。如法国环境保护部采用 LCA 方法，选择了具有代表性的垃圾进行了 3 个案例(玻璃瓶、瓦楞纸盒和聚乙烯包装布) 的研究。令人不可思议的是，分析结果对广受推崇的循环利用的环境效果提出了质疑，认为严格按照环境等级要求的包装品处理过程会导致大规模的环境污染。依据这一研究结果，欧盟和欧洲议会在有关包装和包装垃圾条例中取消了再利用—循环处理—焚烧—填埋这一传统的包装垃圾处理程序，提倡充分考虑地方条件并以具体案例研究为基础制定垃圾处理措施和程序，并在最低回收利用率的基础上提出最大回收利用率。

在技术、工艺、设计方面，采用LCA可以比较具有同一目的的不同产品或具有相同作用的不同工艺和原材料的环境负荷，从而选择经济和环境效益均好的产品或工艺，帮助开发“资源和环境保护取向”的产品、工艺和能源，推广清洁生产技术。LCA是清洁生产审计的有效工具，可以全面地分析企业生产过程及其上游(原料供给方）和下游(产品及废物的接受方）产品全过程的资源消耗和环境状况，找出存在的问题，提出解决方案。环境设计或生态设计，是LCA最重要的应用之一。LCA作为一种产品评价与产品设计的原则，可直接应用于产品生态设计的各个阶段。

① 产品的生态辨识与诊断。通过产品全生命周期的分析，识别对环境影响最大的工艺过程和产品寿命阶段。

② 新产品设计与开发。

③ 产品环境性能比较。以环境影响最小化为目标，对某一产品系统内的不同方案或者对替代产品(或工艺）进行全生命周期评价比较。

④ 再循环工艺设计。从产品的设计阶段就考虑产品用后的拆解和资源的回收利用。一些国家发起和实施了LCA研究计划和项目，在产品开发阶段纳入环境因素。例如：瑞典的“产品生态项目”、北欧国家的“环境友好产品开发计划”、荷兰的“生态设计计划”和“生态指数计划”、美国的“生命周期设计项目”、德国的“21世纪工业生产策略”等。

目前，我国生命周期评价仍处于理论研究为主的起步阶段，但其作为一种环境管理国际标准，我国在清洁生产审计、环境标志、绿色包装、绿色制造等领域进行了生命周期评价思想和方法的探索。同样，在电子废物管理中，我们也要以循环经济为指导来重新审视产品生命周期，不仅仅要考虑产品的生产、销售、消费问题，还必须考虑生产前的原材料、能源的开发和获取，以及消费以后的废弃物的处理问题，从而减少电子废物的产生量，并在产生后采取合适的处理处置方式，实现污染最小化和效益最大化。

7.1.2 循环经济理论

7.1.2.1 循环经济3R原则

循环经济的思想萌芽可以追溯到环境保护思潮兴起的20世纪60年代。当时美国著名的经济学家鲍尔丁提出了两种经济模式：一种是对自然界进行掠夺、破坏式的“牧童经济”；另一种是强调资源循环利用的“宇宙飞船经济”，并认为“宇宙飞船经济”将代替原有的“牧童经济”，成为未来的发展模式。20世纪70年代，罗马俱乐部发表的《增长的极限》，引起了世界各国对污染物产生后的治理和减少其危害的重视，即仍保留在对废弃物的末端治理上，而循环经济还只是先行者的一种超前性理念。进入80年代，人们开始逐步采用资源化的方式处理经济活动中产生的“废物”，但大多数国家对于源头控制仍缺乏深刻的认识和具体的举措。到了90年代，当可持续发展战略成为世界潮流后，源头控制和全过程管理取代末端治理成为国家环境和发展政策的主流，实践证明，发展循环经济是实施可持续发展战略的最重要和最现实的选择。

循环经济是一种以资源的高效利用和循环利用为核心，以“减量化、再利用、资源化”

为原则，以低消耗、低排放、高效率为特征的可持续经济增长模式。即在经济发展中，遵循生态学规律，将清洁生产、资源综合利用、生态设计和可持续消费等融为一体，实现废物减量化、资源化和无害化，使经济系统和自然生态系统的物质和谐循环，维护自然生态平衡。与传统经济相比，循环经济的不同之处在于：传统经济是一种由“资源—产品—污染排放”单向流动的线性经济，其特征是高开采、低利用、高排放。在这种经济中，人们高强度地把地球上的物质和能源提取出来，然后又把污染和废物大量地排放到水系、空气和土壤中，对资源的利用是粗放型的和一次性的，通过把资源持续不断地变成为废物来实现经济的数量增长。而循环经济倡导的是一种与环境和谐的经济发展模式。它要求把经济活动组织成一个“资源—产品—再生资源”的反馈式流程，其特征是低开采、高利用、低排放。所有的物质和能源要能在这个不断进行的经济循环中得到合理和持久的利用，把经济活动对自然环境的影响降低到尽可能小的程度。循环经济要求以“3R”原则为经济活动的行为准则。

(1) 减量化原则(reduce)

属于输入端控制原则，要求在生产、流通和消费等过程中减少资源消耗和废物产生，即在经济活动的源头就注意节约资源和减少污染。在生产中，要求生产者通过优化设计制造工艺等方法减少原料使用量和污染物排放量。在消费中，要求消费者优先选购包装简易、坚实耐用、可循环使用的产品，减少过度消费。

(2) 再利用原则(reuse)

属于过程性控制原则，要求将废物直接作为产品或者经修复、翻新、再制造后继续作为产品使用，或者将废物的全部或者部分作为其他产品的部件予以使用。生产者提供的产品要易于拆卸和再使用，采用标准尺寸设计，延长产品的使用期。在消费中，要求人们对消费品进行修理或更新升级而不是频繁更换，提倡二手货市场化。

(3) 资源化(再循环) 原则(recycle)

属于输出端控制原则，要求将废物直接作为原料进行利用或者对废物进行再生利用。再循环有两种情况，一种是原级再循环，即废品被循环用来生产同种类型的新产品，例如报纸再生报纸、易拉罐再生易拉罐等；另一种是次级再循环，即将废物资源转化成其他产品的原料。原级再循环在减少原材料消耗上面达到的效率要比次级再循环高得多，是循环经济追求的理想境界。

“3R” 原则是循环经济的核心概念，指导循环经济的具体实施。但“3R” 原则在循环经济中的重要性并不是并列的，其优先顺序是减量化＞再利用＞再循环。其要义是，首先要从源头控制废物的产生，提高资源使用的效率，减少资源的消耗量；其次是对源头不能消解又可利用的废弃物和经过消费者使用过的旧货等加以回收利用；对于不能再利用的废弃物才允许进行最终的无害化处置。资源循环利用是循环经济的核心内涵，循环经济的中心含义就是“循环”，但它不是指经济的循环，而是指经济赖以存在的物质基础——资源在国民经济再生产体系中各个环节的不断循环利用(包括消费与使用)。但人们必须认识到再生利用的局限性：a. 再生利用本质上仍是事后解决问题而不是一种预防性措施；b. 废弃物的再生利用过程中消耗资源、能源，并产生新的污染，以目前落后的方式进行的再生利用是一种环境非友好型的处理活动；c. 废弃物中可再生利用资源只有达到一定的含量才有利可图，含量太低则在生态经济效益上不合算。因此，物质作为原料进行再循环只应作为最终的解决办法，在完成了在此之前的所有的循环(比如产品的重新投入使用，元器件的维修更换，技术性能的恢复和更新等）之后才予实施。2004 年 10 月，在上海“世界工程师大会”上，中国工程院徐匡迪院士结合中国国情创造性地提出了关于建设我国循环经济的“4R”模式［reduce(减量化)、reuse(再利用)、remanufacture(再制造)、recycle(再循环)］。将原来 3R 中的“再利用”区分为对废旧产品的直接重复使用的“再利用”和需要消耗部分能源、原料和劳动投入的“再制造”，突出再制造在循环经济中的重要性。

循环经济为工业化以来的传统经济转向可持续发展的经济提供了战略性的理论范式，可以充分提高资源和能源的利用效率，最大限度地减少废物排放，保护生态环境，实现社会、经济和环境的“共赢”发展。推行循环经济发展模式已成为各国政府实现国家可持续发展战略、保障国家生态安全、协调人与自然和谐发展的有效途径。

7.1.2.2 循环经济实践

在发达国家，循环经济已经成为一股潮流和趋势，德国、日本、美国、丹麦、韩国等国都对循环经济进行了积极的探索和实践，有的国家甚至以立法的方式加以推进。如德国在 1994 年颁布了《循环经济与废物管理法》，该法规对废物问题的优先顺序为避免产生＞循环使用＞最终处置。根据循环经济要求实现分层次目标：通过预防减少源头废弃物的产生；尽可能多次使用各种物品；尽可能使废弃物资源化；对于无法减少、再使用、再循环的废弃物进行无害化处理。日本在 2000 年通过了《推进形成循环型社会基本法》，该法从法制上确定了 21 世纪经济和社会发展的方向，提出了建立循环型经济社会的根本原则：“根据有关方面公开发挥作用的原则，促进物质的循环，减轻环境负荷，从而谋求实现经济的健全发展，构筑可持续发展的社会。”这标志着日本在环保技术和产业上迈入了新的发展阶段。发达国家的循环经济实践已在三个层面上展开：一是企业内部的清洁生产和资源循环利用，如杜邦公司模式；二是共生企业间或产业间的生态工业网络，如著名的丹麦卡伦堡生态工业园；三是区域和整个社会的废物回收和再利用体系，如德国的包装物双元回收体系（DSD）和日本的循环型社会体系。

中国在实施循环经济上具有超前意识，在世界上也是走在前列的几个国家之一。2005 年 7 月，国务院发布了《关于加快发展循环经济的若干意见》，这是我国发展循环经济的纲领性文件。2006 年《国民经济和社会发展第十一个五年规划纲要》中把发展循环经济作为“十一五”时期的重大战略任务。于 2009 年 1 月 1 日起开始实施的《循环经济促进法》确立了六项制度促进循环经济发展。这六项制度是：循环经济的规划制度，抑制资源浪费和污染物排放总量控制制度，循环经济的评价和考核制度，以生产者为主的责任延伸制度，对高耗能、高耗水企业设立重点监管制度及强化经济措施。有关《循环经济促进法》的配套法规也正在制定，其中《废弃电器电子产品回收处理管理条例》将于 2011 年 1 月 1 日起施行。该条例规定，国家对废弃电器电子产品处理实行资格许可制度，建立回收处理基金，并明确了各相关方责任。

近年来，我国正在三个层面上积极开展循环经济的实践探索，并取得了显著成效。

(1) 在企业层面上积极推行清洁生产

2002 年我国颁布了《清洁生产促进法》，这是我国第一部以污染预防为主要内容的专门法律，推动了清洁生产的法制化和规范化管理。自 1993 年起，全国范围内进行了大量的试点示范，目前有 24 个省、自治区、直辖市正在启动或已经开展清洁生产示范项目。据对开展清洁生产审核的 500 多家企业的统计，清洁生产方案的实施取得了约 5 亿元/年的经济效益，环境效益也很明显，减排废水量126万吨/年，减排废气8亿立方米/年。

(2) 在工业集中区建立生态工业园区

生态工业园(eco-industrial park，EIP) 是一种新的工业可持续发展方式，有助于解决工业园区或工业集中区经济发展与资源环境制约之间的矛盾。2001年以来我国快速推进生态工业园与循环经济建设，到目前为止国家级的生态工业园区已经达到30个，包括8个行业类生态工业园区、21个综合类生态工业园区和1个静脉产业类生态工业园区。

(3) 在城市和省区开展循环经济试点工作

2005年以来，经国务院批准，国家发展改革委等6部委开展了两批国家循环经济试点示范工作，范围涉及重点行业(企业)、产业园区、重点领域以及省市，共计178家单位。随着国家循环经济试点示范企业、园区、城市的出现，还带动一大批省(市)、中等城市从自身实际出发，与节能减排、建设生态文明相结合，筛选确定省(市) 循环经济试点单位。据不完全统计，开展试点企业在百家以上省份目前有山东300家、江西300家、江苏100家、安徽109家、浙江116家。上述5省在确定省循环经济试点企业的同时，还确定一定数量的工业园区、社区、市(县) 等。如浙江省开展省级循环经济试点时，选择了22个工业园区、4个市和10个县(社区)。有些中等城市也开展循环经济试点工作，如青岛市试点单位中有50家企业、10个产业园区、3个区市。2010年以来，发展改革委、财政部等部门又组织开展了园区循环化改造、“城市矿产”示范基地、餐厨废弃物资源化利用等方面的试点示范工作。各地及各试点单位高度重视，编制了试点实施方案和规划，在各领域各层面探索循环经济发展路径和模式，推动了技术进步和节能减排，促进了生产方式由粗放型向资源节约型和环境友好型转变，支持了节能环保、新能源等战略性新兴产业的发展，取得了良好的经济效益、社会效益和环境效益。从2013年以来国家发展改革委等7部委对178家国家循环经济试点示范单位的验收及评估结果看，试点示范工作取得了一定进展，形成了一批有益的典型经验。但是总体上，目前我国的循环经济还处于试验、示范的初级阶段，普及面较小，深度不够，质量不高。推动循环经济发展要提高各级政府和相关决策部门对循环经济重要性的认识，借鉴国际、国内先进经验，积极开展循环经济的实践。“十三五”时期，是实现全面建成小康社会战略目标的决胜期，转变经济发展方式、提高发展质量和效益的任务更加艰巨，全球绿色竞争的挑战更加激烈。加快推动循环经济发展，是全面贯彻落实创新、协调、绿色、开放、共享发展理念的必然要求，推广循环经济试点示范中形成的典型经验，有利于推动循环经济的全面深入发展，提高生态文明建设水平。

7.2 生产者责任延伸制度

7.2.1 主要内容

生产者责任延伸制度[1] (extended producer responsibility，EPR) 是最早由瑞典环境经济学家 Thomas Lindhquist 在1988年提出，他认为EPR制度是一种环境保护战略，旨在降低产品的环境影响目标，它通过使产品制造者对产品的整个生命周期，特别是对产品的回收、循环和最终处置负责来实现。20世纪90年代，该理念迅速传播并进入实践和立法领域，代表了发达国家废弃物管理模式的重要发展趋势。今天，几乎所有的经济合作与发展组织(Organization for Economic Co-operation and Development，OECD) 国家都制定了生产者责任延伸制度。

传统上，生产者对产品的责任被界定在产品的设计、制造、流通和使用阶段，仅对生产过程中产生的环境污染负责，而产品废弃后则由地方政府对废弃物负责处理。而 EPR 制度则把生产者责任扩展到产品的整个生命周期，特别是产品消费后的回收处理和再生利用阶段，从而促进改善生产系统全部周期内的环境影响状况。生产者责任的延伸实际上是将废弃物管理与处置的责任部分或全部从政府承担而上移至生产者承担，使废弃物管理与处置的成本内部化，从而激励生产者进行环境友好设计，减少原料及有害物质的使用，从而实现废弃物的最终处置与源头控制的完美融合。当前，EPR 存在欧盟和美国两种不同的定义，关键在于责任主体的区别。欧盟的 EPR 策略是将产品处置阶段的责任完全归于生产者，即由生产者承担产品使用完毕后的回收、再生及处置责任，这迫使生产者必须重新考虑产品的设计和原料的选择。美国的 EPR 定义较为宽泛，1996 年美国可持续发展总统议会(PCSD) 就对 EPR 制度进行了修订，将 EPR 中的 P 由生产者(producer) 修订为产品(product)，其着眼点在于产品对环境冲击的每个阶段，而不仅限于弃置阶段，主张由政府、生产者和消费者共同承担产品及其废物对环境的影响责任。与欧盟的生产者责任延伸制相比，这种产品责任延伸制更具灵活性，但也可能会导致生产者失去对产品设计和原料选择的压力和动力。无论各个国家实施 EPR 的方式如何，其总体思想是一致的，都体现了环境管理模式的重要转变：第一，环境保护的重点从以限制生产者行为为中心的生产阶段控制转向以降低整个生产系统环境影响为中心的综合产品政策，体现了可持续发展的变革思路；第二，在管制方法上，环境保护政策从“末端处理”向“源头控制”转变，提倡生产者在生产中采用绿色设计，以有利于降低未来对 EOL(end of life) 产品回收的成本支出；第三，就城市废物处理问题而言，从单纯依靠政府公共支出向多元化的费用分担模式转变，以促进政府、生产者、分销商、消费者等诸多利益个体共同参与循环经济的节约型社会的建设。

在 EPR 制度下，生产者具体需要承担哪些责任呢？OECD 编著的《政府实施 EPR 指导手册》提出了 EPR 制度的 5 项责任。

1) 物质责任(physical responsibility)　生产者对产品使用期后(消费后阶段) 的直接或间接的产品物质管理责任。

2) 经济责任(financial responsibility)　生产者对产品(使用后) 废弃物的全部或部分管理成本责任，包括 EOL 产品的回收、分类与处置。

3) 信息责任(informative responsibility)　在产品的不同生命周期，生产者负有提供产品及其影响的信息责任(如环境标志，能源信息或噪声等)。

4) 产品责任(liability responsibility)　生产者对已经证实的由产品导致的环境或安全损害承担责任，产品责任不但存在于产品使用阶段，而且存在于产品的最终处置阶段。

5) 所有权责任(ownership responsibility)　在产品的整个生命周期中，生产者仅出售产品的使用权，保留对产品的所有权，对其生产销售的产品负完全责任。

7.2.2 相关实践

自 20 世纪 90 年代以来，生产者责任延伸制进入高速发展时期，一些发达国家在实践中逐渐摸索出了一套行之有效的实施方案，并制定了一系列的法律规定，构成严密的法律体系，为 EPR 的成功实施提供了法律保障。表 7-1 列出了部分发达国家的 EPR 实施现状。

表 7-1 部分发达国家 EPR 实施情况

国家	实施现状
德国	1991 年制定《包装废弃物处理法》，规定制造者必须负责回收包装材料或者委托专业公司回收；1994 年制定了《循环经济与废物管理法》，该法律建立了生产者责任延伸制度的基础，之后依据该法，又陆续出台相关条例，就电池、报废汽车、建筑废料、电子产品废物等促使企业自发承担循环利用这些废物的责任
瑞典	1994 年制定了包装行业的生产者责任法令，确立了 EPR 制度的原则方法：生产者应对最终消费后的产品承担环境责任，消费者有义务对废弃物按需求进行分类并把它们送到有关回收处。并先后制定了《关于原料包装容器管理法》、《关于玻璃和纸板包装容器的生产者责任令》、《关于废纸的生产者责任令》、《关于轮胎的生产者责任令》、《关于汽车的生产者责任令》、《关于电子电气产品的生产者责任令》
荷兰	1997 年颁布包装和包装废弃物指令，采取共同责任原则，由政府和生产者共同承担包装废弃物的处置管理责任，政府与行业签订盟约，成立 SVM-PACT 组织执行协议
奥地利	2002 年修订了《废弃物处理法案》，要求生产厂商尽可能降低有害废弃物的残留。另外，奥地利联邦经济部、环境部及财政部等部门，也采取了相关的配套措施，例如：货品回收或再利用的标识、有害物质成分与处理的警示、回收系统与再利用的监督、包装材料与残余材料的回收、押金的征收等
美国	1996 年美国可持续发展总统议会（PCSD）就延伸生产者责任进行了修订，改为“延伸产品责任”。政府倾向于利用市场的力量实施 EPR 制度，未制定全国性的 EPR 法律，由州政府各自推行一些相关法规。鼓励实施 EPR 的相关政策：伙伴协定、自愿性产品环境资讯、强制性公开环境资讯、强制标识产品内容等
日本	2000 年实施的《推进形成循环型社会基本法》中，明确体现了 EPR 的思想。并先后颁布了《废弃物处理法》、《资源有效利用促进法》、《容器包装循环法》、《家电再生利用法》、《建筑材料循环法》、《可循环性食品资源循环法》、《绿色采购法》、《车辆再生法》等，构建了一个实施 EPR 制度的体系
韩国	从 1992～2002 年针对电子废物颁布《废弃物管理法》，采用押金返还的回收体系。为了加速废弃物回收利用的进程，于 2002 年，韩国政府对《资源节约及回收利用促进法》进行了全面修订，宣布逐步废除押金返还制度，从 2003 年 1 月开始实施新的生产者责任延伸（EPR）制度

我国虽然没有制定明确的生产者责任延伸制度，但是在相关的法律法规或规章中对 EPR 已经有所体现。例如，2003 年 1 月 1 日施行的《清洁生产促进法》不仅强调了企业转变为循环经济模式的要求，而且对产品和包装物的设计提出了要便于回收利用的要求，实质上初步确定了 EPR 制度。在 2004 年 4 月召开的“全国生产者责任延伸制度行业标准制定及电子废物资源化与综合利用技术政策研讨会”上，对我国的生产者责任延伸制度进行了专门讨论。2005 年 4 月 1 日修订实施的《固体废物环境污染防治法》规定“产品的生产者、销售者、进口者、使用者对其产生的固体废物依法承担污染防治责任。”“生产、销售、进口依法被列入强制回收目录的产品和包装物的企业，必须按照国家有关规定对该产品和包装物进行回收。”2005 年 7 月 2 日国务院发布的《国务院关于加快发展循环经济的若干意见》中更明确提出建立生产者责任延伸制度。2009 年 1 月 1 日实施的《循环经济促进法》第十五条规定了生产者对其产品或包装物的回收责任，第十九条提出工艺、设备、产品及包装物的设计要易拆解回收。

电器电子产品是全球 EPR 政策的主要焦点，许多国家均把电子废物的治理及立法工作提上了议事日程。其中影响最大的是欧盟在 2003 年 2 月 13 日颁布的两项电子指令，即《废弃电子电气设备指令》（2002/96/EC，简称 WEEE 指令）和《关于在电子电气设备中禁止使用某些有害物质指令》（2002/95/EC，简称 RoHS 指令），标志着生产者责任延伸制（EPR）在欧盟的确立。我国于 2011 年 1 月 1 日起施行的《废弃电器电子产品回收处理管理条例》明确规定废弃电器电子产品回收将推行生产者责任制。在我国电子废物管理领域推行 EPR 制度已成为必然趋势[2]。

7.3 电子废物管理体系制定原则

7.3.1 全过程管理原则

随着废弃物末端治理弊端的逐渐显现，人们越来越意识到实行源头控制的重要性，需对废弃物从源头产生到末端处置全过程进行严格的控制。家电产品生命周期全过程的划分，从制造流程角度看，包括生产阶段、销售阶段、消费阶段、回收阶段、处理处置与再制造阶段；从物流方向角度看，又可分为正向物流体系(从原材料加工到产品制造、销售与使用)和逆向物流体系(从电子废物的回收到处理、处置、再制造)。全过程管理就是对电子废物的源头减量、收集、运输、储存、利用、处理、处置的全过程及各个环节实施控制管理和开展污染防治，它是建立在对于家电产品的生命周期评价基础上，实行生命周期管理的重要环节，其目标是使废弃物对人类环境的损害和风险最小，在其生命全过程内将物耗、能耗和污染物排放降至最少。家电产品的生命周期框架见图 7-2。

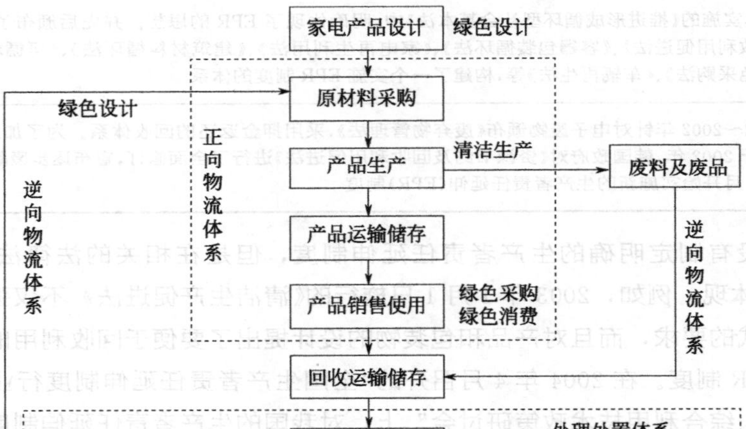

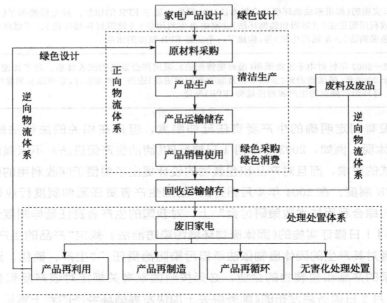

图 7-2 家电产品的生命周期框架图

依据避免产生(clean)、综合利用(cycle)、妥善处置(control)的"3C"原则和"3R"原则，废弃物从产生到处置的全过程可分为五个连续或不连续的环节进行控制。其中，各种产业活动中的清洁生产是第一阶段，在这一阶段，通过改变原材料、改进生产工艺和更换产品等来控制减少或避免废弃物的产生。在此基础上，对生产过程中产生的废弃物，尽量进行系统内的回收利用，这是管理体系的第二阶段。对于已产生的废弃物，则通过第三阶段——系统外的回收利用、第四阶段——无害化处理、第五阶段——进行废弃物的最终处置。在全过程管理中应遵循以下原则。

7.3.1.1 源头控制优先

依据污染预防原则，电子废物的源头控制是电子废物管理的优先环节，其目的是在污染物产生之前最大限度地减少或降低污染物的产生量和毒性。源头控制的范围包括产品设计、生产工艺等生产环节，销售包装、销售形式等销售环节，以及消费模式和消费水平等消费环节。对于生产环节：要求在产品的生产设计阶段将生态设计和清洁生产的理念贯穿其中，包括设计与生产使用寿命更长的产品，淘汰有毒有害原材料的使用，在产品设计中考虑使用后便于资源化再利用，采用清洁生产工艺，达到节能、降耗、减排的目的。对于销售环节：要求不对商品附加超过产品质量保障所需要的包装，鼓励消费者返还包装物以便回用，提供便捷、长期的产品销售后维修和保养服务，实施含毒害物商品的残余物抵押销售。对于消费环节：限制奢侈性消费行为，倡导绿色消费习惯，优先购买和使用低产废率、不含对环境有害成分以及便于资源化利用的商品，积极参与废品回收交售等家庭型资源化活动。

源头控制的管理活动，一般不属于政府管理部门的职权范围，其管理的实施方式主要采取制定社会性法规、宣传教育和经济刺激等。在生产环节管理上，可以立法要求生产商禁用某些毒害性原料；要求生产商对其产品进行“生命周期评价”(由独立的第三方完成)，并进行清洁生产审计；对于采用源头控制措施的生产商给予一定的政策和资金扶持；对不符合管理原则的产品征收惩罚性的税收。在销售环节管理上，可以立法规范商品的包装行为，限制过度包装；要求对产品及其影响(如所含有毒有害物质的种类和量）进行标识，对于符合环境要求的产品授予环境标志；规定对某些商品的强制性抵押销售义务。对于消费者，进行绿色消费的宣传和引导，通过对商品价格的干预(如惩罚性税收和高额抵押金) 引导消费者选择符合环境管理要求的商品(如环境标志产品)，推广政府绿色采购制度；调控电子废物回收价格，提高家庭回收的吸引力。

7.3.1.2 完善资源化体系

资源化是废弃物产生后的最优先管理原则，其过程涉及收集、运输、储存、资源化利用等。收集是废物产生后对其实施管理的第一个环节，它在一定程度上影响资源化过程的实现。资源化原料的混杂性会造成其“品位”的下降，从而造成资源化实现难度加大，而分类收集可以提高原料的纯净性(品位)，是提高资源化过程可行性的根本途径。此外，为确保能够达到一定的收集比例，需要建立合理的收集体系，明确各种责任人的义务，建立顺畅的收集渠道。由于电子废物的原料组成包括有毒有害的危险废物和无毒无害物质两大类，而其中的有毒有害物质通常和无毒无害物质混杂在一个产品中，因此电子废物在运输和储存过程中要遵循国家有关危险废物运输的一些法律制度，主要包括危险废物经营许可制度、转移联单制度和危险废物储存污染控制标准。

资源化有多种实现途径，根据“距离法则”，资源化原料和产品之间在用途和性质上越相近，该资源化过程的生态效应越显著(较高的原料替代价值、较高的物料再产品化比例、更低的资源化成本)，由此确定资源化过程的优先次序：再利用—再制造—再循环。再利用要求人们在社会生产和消费中，尽可能多次，或者以尽可能多的方式重复使用物质，以防止物品过早成为垃圾。再制造要求将废旧机电产品及零部件作为毛坯，在基本不改变零部件的材质和形状的情况下，运用高技术再次加工，再制造虽然要消耗部分能源、材料和一定的劳动投入，但它充分挖掘了废旧产品中蕴涵的原材料、能源、劳动付出等附加值，再制造后的质量要达到或超过新品，而成本是新品的50%左右、节能60%、节材70%以上，对环境保护贡献显著。再循环要求将废物作为下一次使用的原料，构成资源循环的“生态链”，再循环（金属回炉冶炼、塑料重融、贵金属化学萃取等方式）消耗的能源较多，而得到的只是原材料。最后对于无法再利用、再制造、再循环的废物则焚烧利用热能，以此作为介于处理与资源化之间的过程。

7.3.1.3 处理处置无害化

电子废物处理处置环节管理的重点在于二次污染的控制。具有较高的资源综合利用价值的电子废物或零部件，可通过市场化的运作模式实现其再生利用。但目前我国电子废物的再生利用技术总体上还比较落后，二次污染严重，即使采用先进的处理技术也不可避免地将产生污染物，因此管理的重点在于再生利用过程中的二次污染控制。污染物包括废水、废气（包括粉尘）、终态固体废弃物及噪声四个方面，可以分为生产过程中产生的、末端治理前污染物，以及经过治理后的污染物两类。对于末端治理前的污染物，主要是积极采用相应的环保设备，避免或减少其在环境中的排放。根据“三同时”制度，要求“建设项目中环境保护设施必须与主体工程同步设计、同时施工、同时投产使用”，是我国以预防为主的环保政策的重要体现。对于处理后的污染物，应达到相应的国家或地方规定的排放标准。有效控制二次污染的手段在于制定严格的法规、标准和经济惩罚手段、行政上的强制关停并转手段等。而对于不具有较高再生利用价值的废弃物应重点实施环境无害化管理控制或通过经济等激励机制来实现其环境无害化处置。

7.3.2 减量化、资源化和无害化原则

我国在20世纪80年代中期提出了“资源化”“无害化”“减量化”作为控制固体废物污染的技术政策，并确定今后较长一段时间内以“无害化”为主。由于技术经济原因，我国固体废物处理利用的发展趋势必然是从“无害化”走向“资源化”，“资源化”是以“无害化”为前提的，“无害化”和“减量化”应以“资源化”为条件。

7.3.2.1 减量化

减量化就是通过适宜的手段减少和减小废弃物的数量和体积，并尽可能减少废弃物的种类、降低有害成分浓度、减轻或清除其危险特性等。这一任务的实现需从两方面着手：一是对终态废弃物进行处理利用，属于末端控制，如采用压实、破碎、焚烧等方法可以达到减量并方便运输和处理处置的目的；二是减少废弃物的产生，属于源头控制，通过改革生产工艺、产品设计、改变物资能源消费结构等措施实现。随着资源与环境问题的日益突出，人们对综合利用范围的认识已从物质生产过程的末段（废物利用）向前延伸了，即从物质生产过程的前端（自然资源开发）起，就考虑和规划如何全面合理地利用资源，减少废弃物的产生。在电子废物的管理中也要以减量化作为优先措施，通过选用合适的生产原料，采用无废或低废工艺，提高产品质量和使用寿命，综合利用电子废物等途径，实现末端废弃物的“低排放”甚至“零排放”。

7.3.2.2 资源化

资源化就是采取工艺措施从废弃物中回收有用的物质和能源，加速物质和能源的循环，再创经济价值的方法。它包括物质回收、物质转换、能量转换。目前，发达国家出于资源危机和治理环境的考虑，已把固体废物纳入资源和能源开发利用之中，并逐步形成了一个新兴的工业体系——资源再生工程。我国固体废物资源化起步较晚，在20世纪90年代把八大固

体废物资源化列为国家的重大技术经济政策。固体废物的“资源化”具有环境效益高、生产成本低、生产效率高、能耗低等特点。相对于自然资源，电子废物等废弃物属于“二次资源”或“再生资源”。从资源开发过程看，再生资源和原生资源相比，可以省去开采、选矿、富集等程序，保护和延长原生资源寿命，弥补资源不足，且可以节省投资，降低成本，减少环境污染，具有显著的社会效益。例如，报废的计算机主机，其成分包括：钢铁54%，铜铝20%，塑料17%，线路板8%，其中线路板还含有金、银、钯等贵重金属。而一部小小的手机中也含有铜、金、银、钯等十几种回收价值较高的金属。因此，对于电子废物这种含“金”量高的废弃物要充分利用能够资源化利用的全部组分，遵从以资源化利用为主的管理原则。

7.3.2.3 **无害化**

废弃物一旦产生，首要选择是千方百计使之资源化，但由于科学技术水平等限制，当前总会有些废弃物无法或不可能利用，对这样的终态废弃物，尤其是有害废物，必须无害化以避免造成环境危害。无害化的基本任务是废弃物经过工程处理，如焚烧、卫生填埋、热处理等，达到不损害人体健康，不污染周围的自然环境(包括原生环境和次生环境)。电子废物中含有大量的有毒有害物质，如果随意丢弃、简单填埋或无控制的焚烧等，将会严重污染环境，危害人体健康。因此电子废物在全过程管理中应该遵从无害化原则。

随着管理实践的发展和环境管理思想总体上趋向于抛弃“唯末端处理为重”的认识的进步，“三化”原则均向源头延伸，成为贯穿整个管理体系的指导原则。“减量化”不仅是对已产生的废弃物减量减容，而且包括对源头的控制管理；“资源化”不仅是处理与利用过程中通过工程技术手段实现的目标，还可以通过可回用产品的设计、源分离收集等非末端处理技术达到资源综合利用的要求；“无害化”也不再被看作单纯是处理处置的任务，采用源分离收集对有害废物分类管理，减少有毒有害物质的使用等也是无害化的手段。电子废物是一类特殊的废物，其可资源化潜力远远高于城市生活垃圾等固体废物，但同时也要看到，大量的环境污染正是在电子废物的资源回收再利用过程中，由于没有采取恰当的环保措施而造成的。因此，在电子废物的管理中仍应以减量化为优先，以资源化为重点，同时强调无害化。在电子废物资源化的研究过程中，逐渐发展了再利用、再制造和再循环三条资源化基本途径。其中再利用和再制造是电子废物产品资源化的最佳形式和首选途径，虽然再循环也有资源效益、环境效益，但它是当前技术水平达不到或经济上不合算条件下不得已的举措。资源化的目标和发展趋势是通过采用先进技术和严格管理，使再利用、再制造的部分最大化，使再循环的部分最小化，使需要安全处理的部分减量化，最大限度地提取电子废物产品中所蕴含的财富。

7.3.3 谁受益谁负责原则

“十五”以来，我国的固体废物管理取得了积极的进步。多年来，我国实行环境污染治理方面的基本政策是“谁污染谁治理”。这一政策，迫使经营者承担由于经营活动所造成的污染成本，减轻了国家和社会污染防治的负担，打击了损人利已，损公肥私的经营行为，符合民法的公平原则。其自20世纪70年代实施以来，为我国的污染治理做出了巨大的贡献。但是，该政策不符合绿色设计的思想，不能从与源头上控制污染，客观上肯定了走“先污染后治理”的老路，给环境保护和污染治理带来了巨大的压力。而且该政策还在一定程度上不利于环境治理技术创新及其延续。作为企业，仅仅满足于污染治理达到排放标准。在不能确定污染者或污染者无力治理时，经常发生违法超标排污、偷排等现象，反而阻碍了污染的治理。

"谁污染谁付费"即"污染者付费"原则，自20世纪初在德国实施以来，已为世界各国普遍采用，我国于1979年开始实施。污染者付费原则要求污染者负担其生产过程中所产生的外部成本(污染防治成本)，该原则向污染者施加了强烈的经济激励，以减少污染，降低污染治理所需的成本。该原则强调环境应为公共财产，要求污染环境的个人或团体需负起环境的责任，并利用经济机理的手段将污染防治的资源重新分配，以达到污染物的源头减量，环境资源合理使用的目的。其常用的政策工具有征收污染费［排放费、使用费、货物税(费)］，投保环境损害保险以及实施绿色财政改革等手段。该制度可以充分调动治污企业的积极性，有利于实行集中处理，促进环境治理技术的发展，实现社会资源的合理配置。但是由于收费标准偏低，处罚力度不足，造成企业乐于交费而不积极治理污染的后果。

以上两项原则的核心内容在于污染，无法有效地处理产品类废弃物，电子废物就是典型。家电制造商生产了家电产品获得了经济效益；销售商在家电销售中也获得了一定的经济效益；消费者购买家电产品，享受了家电产品带来的便利、舒适和愉悦，并最终产生了电子废物。并且在我国，废旧家电并不被看作是废物或污染物。因此，在废旧家电的管理中很难确定污染者，也就不适用以上原则。根据分析，家电产品的受益者是明确的，有生产者、销售者、消费者，以及获得税收的政府。"谁受益谁负责"的原则更适宜用于废旧家电的管理。该原则也是"生产者延伸责任制"的一种方式，与美国的EPR制度接近，能有效矫正生产者环境不友好行为，降低产品生命周期的环境损害风险，刺激和激励生产者绿色设计、清洁生产并对产品消费后环境友好回收，实现资源的高效、合理利用。在该原则下，由政府、生产者(包括进口者)、销售者、消费者共同承担电子废物回收处理所需的费用，并且在各自环节承担电子废物回收处理责任。政府的职责是制定法规政策、监督管理，提供政策扶持和资金支持；生产者承担主要责任，可以自行或委托第三方回收处理电子废物；销售商承担补充责任，作为主要回收渠道之一，负责回收电子废物；消费者有义务将电子废物交售有资质的回收机构或企业，并承担一定的回收处理费用。

7.4 我国电子废物管理体系

我国再生利用产业在取得长足进步和发展的同时还存在着一些较为严重的问题，主要表现在以下几个方面[3]。

一是规范废旧资源再生利用产业发展的法律法规不健全，现有的一些法律法规不系统不配套，导致废物回收利用的无序化，既造成资源的浪费，又造成环境的严重污染，特别是废旧汽车、废旧电池、生活垃圾等废物的回收利用，都不同程度存在秩序混乱的问题。

二是由于上述相关法律规范不健全、废物回收的无序导致资源浪费、环境污染严重的状况存在，使得人们普遍对废物回收利用的认识存在误区。使正规的废旧资源再生利用产业受片面认识的阻碍发展不起来，一些企业想做这方面的工作也得不到明确的政策指导和舆论支持。

三是对废物回收利用产业发展缺乏战略性的考虑，缺乏废物回收系统和废物无害化处置系统。在广州、福建、浙江等沿海地区，从事地下拆解进口废旧电子产品的工厂，将拆剩的废物丢弃在自然界里，造成了更大的环境污染。

四是激励和引导废物利用产业发展的政策不健全，现有的一些激励政策缺乏系统性、配套性和可操作性，对废物回收利用产业发展的激励作用有限。

促进电子废物资源化的基本原则可以概括为以下几点。

① 系统化配套化原则。在发展电子废物资源利用产业过程中，必须根据其特点，克服过去存在的问题，坚持系统化的思想，明确废物再生利用全过程的各个环节，各个环节涉及的相关方面，以及相关方面各自应做的工作、承担的责任和义务。

② 社会化集约化的原则。要适应现代社会服务社会化、生产集约化的要求，引导电子废物资源利用向社会化、系统化的方向发展。

③ 市场化企业化原则。在现代的市场经济条件下，坚持把电子废物资源利用作为一个产业来推进，按照经济发展规律和市场运作模式，引入成本效益机制，使这个产业有蓬勃生命力。

④ 法制化规范化原则。使相关方面置身于法律的监督和规范之下，认真做好工作，避免二次污染的情况发生。

⑤ "3R" 原则。减量化、再利用、再循环是一切废物再利用的原则。

要切实的解决目前电子废物资源利用所存在的问题，就需要系统化、社会化、市场化、法制化、科学化地做好"变废为宝" 的工作，才能达到资源环境和经济发展双赢的局面。

电子废物管理任务的复杂性和管理对象的多元性，必然要求构建一个相应的有效管理体系。以一定的理念和原则作为系统建设和运行的方向指引，从系统观出发，对电子废物管理体系的要素、结构、功能和内外环境进行分析，以明晰电子废物管理体系的建设任务和运行条件。从层次结构来分析，一个完整的体系包含多个相对独立又相互影响的子系统，子系统下又包含更小的子系统。电子废物管理体系由电子废物管理控制系统、电子废物管理制度系统和电子废物管理扶持系统共同构成。电子废物管理体系框架如图 7-3 所示。

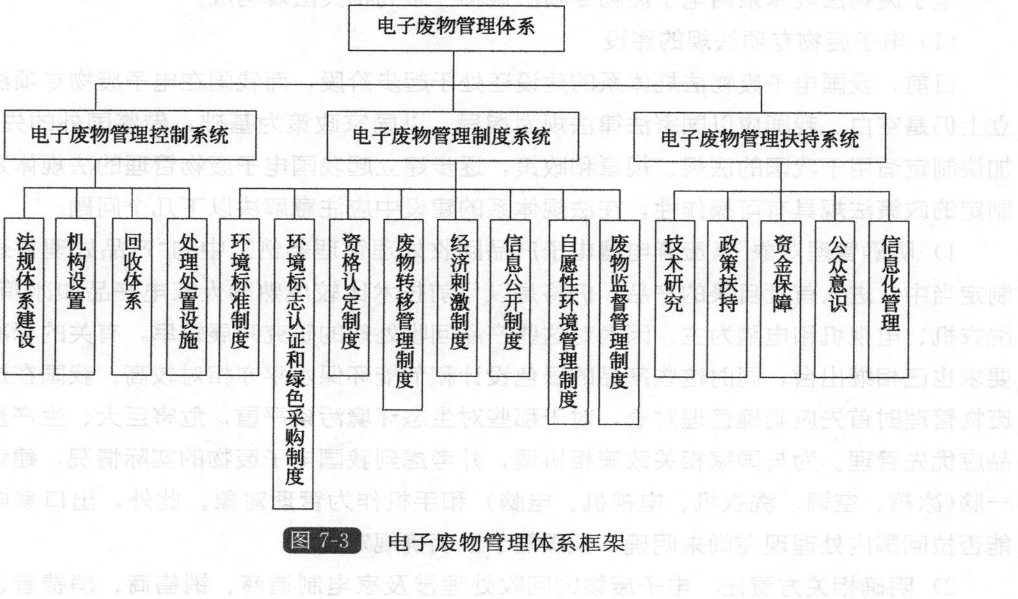

图 7-3 电子废物管理体系框架

7.4.1 控制系统

电子废物管理控制子系统是管理开展的必要前提，包括管理开展的政策法规、机构设置、回收体系和处理处置设施等，是整个管理体系的运行基础。

7.4.1.1 法规体系建设

法规体系是管理工作开展的依据和规范，也是对管理者行为的约束和规范。它是通过制定和实施一定的法律、法规、规章，运用制裁性手段来进行管理，具有强制性、威慑性和公平性等特点。只有建立了有效的法规体系，电子废物管理才能有法可依，走上规范的道路。法规体系建设的必要性在于以下几个方面。

1）有利于规范电子废物的处理处置技术，减少环境污染和资源浪费　通过立法，提出对电子废物的收集、运输与储存、再利用和处置全过程的环境污染防治措施，为电子废物的处理处置设施的规划、立项、设计、建设、运行和管理提供技术指导，引导相关产业的发展。

2）促进家电产业自身的可持续发展　从社会再生产过程来看，电子废物的回收利用是完成家电产业物质循环的重要组成部分，它不但实现了对有用资源的循环利用，同时促进了家电生产企业从回收利用角度完善产品设计，增加其可循环性。并且随着生产者责任延伸制在全球范围的普遍实施，能否有效回收处理电子废物，已成为家电企业，特别是出口型家电企业竞争力的关键要素。

3）有利于明确相关方的责任　电子废物的回收处理涉及政府、生产者、进口者、销售者、消费者、回收商、处理商等众多相关者，是一项耗资巨大的工程，只有通过制定相关法律，才能明确各方责任和所承担的费用，并保障相关方切实履行各自的义务。

在电子废物管理方面，我国已陆续出台了一系列法律法规，特别是纲领性的法规——《废弃电器电子产品回收处理管理条例》的颁布，改变了我国电子废物"无法可依"的状况。可见，我国政府已经开始重视电子废物的问题，相关法规正在不断地充实和完善中。

电子废物法规体系由电子废物专项法规和一系列相关法规构成。

（1）电子废物专项法规的建设

目前，我国电子废物法规体系的建设还处于起步阶段，而我国在电子废物专项法规的建立上仍是空白。我国应以国家法律法规为指导，以国家政策为基础，借鉴国外的先进经验，加快制定适用于我国的法规、规章和政策，逐步建立起我国电子废物管理的法规体系。为使制定的政策法规具有可操作性，在法规体系的建设中应注意解决以下几个问题。

1）明确管理对象《废弃电器电子产品回收处理管理条例》中的"产品处理目录"已在制定当中，进入首批目录的产品，仍将是以目前技术比较成熟的大家电产品如冰箱、空调、洗衣机、电视机和电脑为主。因为对这些产品回收处理的研究开展较早，有关的标准和技术要求也已相继出台，同时这些产品的绿色设计和节能环保水平亦相对较高。我国在进行电子废物管理时首先应明确管理对象，对于那些对生态环境污染严重，危害巨大、生产量大的产品应优先管理。为与国家相关政策相协调，并考虑到我国电子废物的实际情况，建议以四机一脑(冰箱、空调、洗衣机、电视机、电脑）和手机作为管理对象。此外，出口家电废弃后能否拉回国内处理现在尚未明确，我国需予以明确规定。

2）明确相关方责任　电子废物的回收处理涉及家电制造商、销售商、消费者、处理商及政府部门多个行为主体和利益相关者，在充分考虑和权衡各方利益的基础上，必须明确各主体的职责和义务，最大限度地调动各方配合和参与电子废物回收处理积极性，通过各主体的共同协作实现回收处理体系的顺畅。

① 政府。废旧家用电器的回收处理涉及的领域和环节较广，牵扯到各方面的利益关系，需要政府制定法规、完善政策、制定标准、统筹规划、合理布局、加强监管。同时由于我国地区差别、城乡差别、家电拥有量、消费需求层次差别很大，需要地方政府根据相关的法律法规，结合本地区的实际考虑回收处理体系的建设，落实责任，加强对废旧家用电器回收处理的有效管理。

政府责任主要包括以下几方面。a. 制定政策法规并实施监督。在我国，法律法规对厂商强制力强，政府对企业的影响力大，必须由政府制定相关的法规条例并由政府职能部门监督才能保证电子废物回收处理体系的正常运行。但政府不应该成为“主角”，电子废物的治理必须引入市场机制，推动电子废物循环利用产业化发展。b. 政策扶持。在中国，电子废物需支付较高的回收成本，其无害化处理处置技术和设备价格高昂，为保证该行业的健康发展和电子废物的有效处理，政府需完善电子废物综合利用的各项政策扶持。c. 舆论宣传和教育。我国公民环保意识不强，政府要通过各种媒体和途径广泛宣传，让公众积极参与电子废物的回收，并起监督作用。

② 生产者。根据生产者责任延伸制度，生产者主要应承担产品责任、信息责任和经济责任。产品责任即生产者不仅要承担产品设计、生产的责任，而且还要承担产品回收、安全处置、再循环利用的责任，真正实现产品“从摇篮到坟墓”的全程设计。信息责任即生产者通过不同方式提供产品及其生产过程中关于环境影响程度的相关信息，如在产品说明中注明产品材料成分、废弃后的回收处理渠道与方法以及安全使用年限等。经济责任即生产者要承担电子废物回收处理所需费用。这一制度具有前瞻性，但考虑到我国家电企业竞争力相对较弱的情况，需建立对家电生产企业的政策和资金等方面的支持制度。

③ 销售者。销售者是联系生产者和消费者的最好纽带，庞大、完善的销售网络对于散布在消费者手中的电子废物的收集也能够且应该发挥更大的作用。在电子废物循环利用体系中，销售者有责任回收消费者手中的电子废物，利用与消费者紧密联系、销售网络完善的优势，将回收的电子废物转交给生产者或专门的机构进行循环利用。

④ 消费者。消费者作为家电产品的最终受益者也应当承担电子废物循环利用的相关责任。在国外的电子废物立法中，基本上都对消费者的责任作了规定：或规定每人每年的回收目标，或承担相关费用。但目前我国消费者环保意识不强，且在我国电子废物是具有“正价值”的商品，因此消费者暂时难以做到主动交付。应加强宣传引导，循序渐进，鼓励消费者主动将电子废物交售给有资质的回收者并承担一定的费用。此外，还应引导消费者绿色消费，购买和消耗符合环境保护标准的商品，利用消费者的环保意识在市场上形成一个庞大的环保消费趋势，来引导企业生产和制造符合环境标准的产品。

⑤ 回收处理企业。回收和处理企业可能同属一家企业，也可能分立。生产者可直接回收处置自己的产品，也可以委托专门的回收处理企业进行处置。回收企业的义务是，将收购的电子废物交售给生产企业或由生产企业确定的具有资格的处理企业，严禁销售、拆解和拼装。处理企业的义务是，对旧家电进行维修、清洁、检测；根据环保要求和资源再生利用的需要，对电子废物进行有效的回收处理，提高资源的回收率，对终极废弃物进行恰当处置，

以保证处理过程中产生的废弃物对周边环境不带来负面影响。

⑥ 旧货经营者。旧货经营者应对所回收的废旧家用电器产品进行检测，达到二手家电质量标准后，贴上再利用品标识出售，不得利用废旧家用电器的元部件拼装成家电产品重新销售，对于已达到废弃标准的旧家电要按照家用电器废弃物回收处理程序进行处置。

3）明确回收目标　回收目标的确定可以推动电子废物的回收处理，在实行生产者责任延伸制度的前提下，能促使生产者在设计和制造产品的过程中全面考虑对环境的影响，设计生产的产品应易于拆解和再生利用、回收利用，尽可能不采用特殊的功能部件设计或制造工艺。虽然产品的再生利用通常是产品生命周期完成以后的事，但产品的可再生利用率必须要在产品设计时就考虑，材料的选取和产品设计会影响产品报废后的回收利用。提高产品可再生利用效率，要在产品的设计之初优先选择可以再生的材料，优先选择组成简单便于分类的材料，优先选择不含有毒有害物质的材料。可再生利用率的设定要基于现有回收、再生利用技术和手段，并应确保回收、再生利用时对人类健康不会产生危害和不产生新的环境污染。

《家用及类似用途电器使用年限及再生利用通则》对家用电器中元件、材料的再使用和再生利用率的要求见表 7-2。但该《通则》只是推荐性标准，不具备强制性，其效力较小。

表 7-2　家电的再使用和再生利用率

类别	产品范围	再使用和再生利用率/%
大型器具	WEEE 指令、附录ⅠA 类别中的第 1.10 部分	75
小型器具	WEEE 指令、附录ⅠA 类别中的第 2.5.6.7 和 9 部分	50
其他器具	WEEE 指令、附录ⅠA 类别中的第 3 和 4 部分	65

目前，对产品可再生利用率进行规范的强制性国家标准——《产品可再生利用率指标限定值和目标值》系列标准中的第一部分和第二部分，首先对空调、冰箱、洗衣机、电视机、计算机等产品的可再生利用率进行了限定，标准还处于征求意见阶段，尚未出台。该标准的核心内容是给出了可再生利用率的计算准则和方法，根据该公式和相应的计算准则就可以计算出不同型号产品的可再生利用率指标，并提出了产品中有毒有害物质限量要求。相关产品的可再生利用率限定值(按照现有技术和手段应实现的可再生利用率的最小允许值）和目标值(考虑标准实施 5 年后的技术和手段，可以实现的可再生利用率预定的最小允许值）见表 7-3。

表 7-3　家电可再生利用率指标限定值和目标值

产品类别		可再生利用率限定值/%	可再生利用率目标值/%
房间空气调节器		87	90
家用电冰箱		85	88
洗衣机	波轮	74	77
	滚筒(含洗衣干衣机)	74	78
电视机	阴极射线管	77	80
	液晶	80	85
	等离子	80	85

续表

产品类别		可再生利用率限定值/%	可再生利用率目标值/%
计算机	便携式	75	80
	台式计算机主机	80	85
	显示器	80	85

4）明确法律责任　电子废物立法的顺利实施同样需要相关法律责任的保障，若是没有相关法律责任的强行约束，必然会成为一纸空文。通过立法为生产者、销售者、消费者、回收者、处理者等规定的种种义务，对于违反义务性和禁止性规定的，承担相应的法律责任。其行政责任主要包括：责令限期整改、行政处分、责令停产停业、没收违法所得、责令停业关闭、撤销有关资质等。对于严重的违法行为还将承担刑事责任和民事责任。

法律责任的约束力的大小取决于人们对守法成本和违法成本的权衡。若守法成本过高，或违法成本过低，法律责任的约束力将大大降低。在现实情况下，电子废物回收的违法成本是相当低的，即人们违法所需承担的法律责任小。这种情况下，人们就会罔视法律规定，心存侥幸，甚至主动接受处罚而继续违法行为。电子废物的持有者可能抛弃废物或高价卖给小贩，小贩则将回收的电子废物卖给手工作坊或直接回用，手工作坊采用落后工艺处理电子废物而偷排废物。而正规的回收处理企业则会因为守法而将承担高昂的处理成本，从而在市场竞争中处于劣势。可见，过高的守法成本和过低的违法成本将造成电子废物回收处理行业的混乱。合理可行的法规，应同时在提高违法成本和降低守法成本方面起作用：一是通过严格的监管措施，高额的处罚，提高违法成本；二是通过财政补贴、税收优惠等方面的倾斜政策，建立良好的电子废物回收体系，降低守法成本。

但是法律规定也并非越严格越好。法律严格程度的提高就意味着守法成本的提高，人们反而会更加倾向于选择违法的行为。例如，日本由于采用消费者付费的方式，而造成电子废物的大量非法弃置。在我国，人们的环保意识和守法意识相对较低，并且将电子废物当作旧货而不是废物看待，因此直接向持有者收费或要求主动提交在当前是不现实的。由此可见，制定法规应充分考虑国情，严格程度应适中。否则即使提高违法成本，人们也会选择冒险。在明确了法律责任后，就需要强有力的执行来保障，对于违法行为给予相应的处罚，从而起到威慑效果，以保证法律法规的顺利实施。目前普遍采用的以罚为主、以罚代管的方式存在很大的弊端，单纯的罚款反而使得企业或个人“心安理得”地违规操作。因此，一方面，加大处罚力度，使得违法成本高于守法成本；另一方面，加强日常监督管理，做好资格审查和现场检查，将执法手段与行政手段、经济手段及教育手段结合起来，综合管理。

(2）电子废物相关法规的完善

目前，我国已出台了一些电子废物的相关法规，但很多还仅流于形式，无法操作。关键在于法规内容未具体化，缺乏相应的配套措施作为支撑。例如，《废弃电器电子产品回收处理管理条例》中的《废弃电器电子产品处理目录》、具体的资格审查制度、处理基金的征收标准和补贴标准等都未同步出台。具体的配套措施相对于法规具有一定的滞后性，这导致了相关法规长期无法实施。应加快已出台法规的配套技术政策和行业标准的制定工作，以保证法规的顺利实施。考虑到二手家电在电子废物回收体中的独特地位，这里将做一具体介绍。

电子废物的回用，即俗称的二手家电，在电子废物的各种回收利用方式中，其利润空间最大，是我国回收的电子废物输出的重要渠道。但旧货市场的规范仍处于无序空白状态，对旧货交易(包括二手家电的鉴定，二手家电的来源、去向等）没有真正的监管和监管者。旧货市场是电子废物的中转站，通过旧货市场的电子废物并没有流入正规的处理企业，而是流向了“地下拆解工厂”和“家庭拆解小作坊”。而从事二手家电收购出售行业的“门槛”很低，只需由工商部门批准，并没有相应的环保技术资质认定。可以说，在电子废物的管理中最难以控制的就是对二手家电的管理。

2006年我国曾颁布了《旧货品质鉴定通则》、《旧货品质鉴定：旧家用电器》两部行业标准。根据两部行业标准要求的内容，所有二手家电出售时都必须经过旧货质量监管部门的鉴定，对于已经超过使用年限的废家电要强制报废，还应在商品的明显部位贴“旧货”标识。两个行业标准实施已有两年，却未能给混乱的二手市场带来明显改观。这两个行业标准为推荐性，不具备强制效力，且实施上主要通过中国旧货协会来负责完成，在强制性方面存在很大问题，执行更是无从说起。《废弃电器电子产品回收处理管理条例》指出“回收的电器电子产品经过修复后销售的，必须符合保障人体健康和人身、财产安全等国家技术规范的强制性要求，并在显著位置标识为旧货”，但配套的技术规范尚未出台。因此，应加快《二手(旧)电子电器品质技术要求》的出台，只有成为国家标准，具有法律效力才能在真正意义上规范二手家电市场。《二手(旧）电子电器品质技术要求》旨在规范二手电器电子产品市场、保护消费者利益。将对二手(旧）电子电器的品质要求、安全要求、环保要求、性能要求、二手(旧）电子电器的检验方法以及不得作为二手(旧）货经营的家用电器等进行规范。适用产品范围包括二手(旧）电视机、音响设备、冰箱(柜)、空调器、洗衣机产品。

与一般新产品的生产销售过程一样，电子废物的回用也包括了相应的生产过程，即通过检测、维修、更新等手段使废物重新具备正常的使用功能，并为产品的使用提供质量保证。但是，在目前的旧货运行模式下，旧货的“生产者”是不存在的。在缺乏责任主体的情况下，二手家电的质量难以保证。因此，应通过法规，赋予具有一定资质的主体相应的生产者地位，由其承担产品质量、安全和售后服务责任，并根据生产者延伸责任制，由其承担电子废物报废后的回收义务。该“生产者”的角色适合由二手家电销售商承担，并且对其实施资质管理，只有符合一定条件的销售商才被允许进行旧货生产和销售。合格的二手家电生产者至少应具备以下资格和能力：正规的经营资格；足够的技术和经营能力；必要的检测手段；足够的售后服务能力。

在以上条件中，检测手段是一项重要的条件。因为旧货的质量只有通过一定的检测手段才能确定，而旧货的质量又是旧货维修、定价等的必要依据。为保证质量检测的权威性和公正性，应建立旧货的质量检测认证体系。二手家电必须由专门检测机构检测，获得检测合格证，并标明使用年限和粘贴旧货标志，才能进入二手市场销售，不合格的报废电器强制报废，集中送回收处理中心拆解处理。

为加强对二手家电产品的质量和流通进行监督管理，对二手家电的管理可实行登记制度，打击未经正规检测维修的二手家电的销售行为，阻断那些由非正规途径收集的二手家电的去路。登记制度的执行有赖于再利用标识的实行，以及对家电维修网点和二手家电销售商的监督管理。收集到的旧家电经正规处理场进行检测维修，达到品质技术要求的贴上统一的再利用标识后，进入合法的二手交易市场进行再流通。电子废物处理企业定期向主管部门上报其检测维修家电的数量、类型及去向；接受并销售二手家电的销售商定期向主管部门上报其销售二手家电的来源、类别及数量。工商局主要负责对电子废物处理企业及二手家电销售商进行核查，并对伪造、出售再利用标识的行为进行打击。

7.4.1.2 机构设置

(1) 管理机构

1) 管理模式　目前，电子废物的管理模式主要有三种形式：一是由政府特定的部门组织管理；二是由行业协会管理；三是由企业自行管理。在国外组织模式主要采用行业协会管理，如荷兰的NVMP协会和比利时的RECUPEL协会，负责建立会员单位电子废物的信息流，通过组织招标确定有资格的处理企业，实施电子废物全过程的组织和资金分配管理。中国适宜采取政府主导模式。首先，我国不适于采取企业自行管理方式。在我国现有的电子电器产业结构中，除了部分产品外，大部分产品多由中小型企业提供。即便是大型企业，其规模也远小于国外电子生产巨头。因此由企业自行处理电器电子产品缺乏足够的效率。其次，我国目前市场环境不成熟，企业协会发展也不很规范，企业协会对企业的约束作用小。第三，企业联合会自建回收体系缺乏必要监督，回收效率堪忧。

2) 职能分工　合理明确的管理职责划分是保障法规可行性的首要条件。针对电子废物等废弃电器电子产品的管理机构的职能分工，我国相关法律法规中做出了规定。《废弃电器电子产品回收处理管理条例》规定"国务院商务主管部门负责废弃电器电子产品回收的管理工作"，设区的市级人民政府环境保护主管部门审批废弃电器电子产品处理企业(以下简称处理企业）资格"。2009年6月初公布的《促进扩大内需鼓励汽车、家电"以旧换新"实施方案》也明确了"商务部会同有关部门组织实施汽车、家电'以旧换新'工作，环境保护部负责废旧家电拆解处理的组织实施和监督管理"。《电子废物污染环境防治管理办法》规定"国家环境保护部对全国电子废物污染环境防治工作实施监督管理。县级以上地方人民政府环境保护行政主管部门对本行政区域内电子废物污染环境防治工作实施监督管理"。《电子信息产品污染控制管理办法》则规定信息产业部、发展改革委、商务部、海关总署、工商总局、质检总局、环保总局，在各自的职责范围内对电子信息产品的污染控制进行管理和监督。

分析可见，我国对电子废物等的管理基本沿用了废旧物资的管理模式，即"商业部门管回收、工业部门管利用、环保部门管治理"。电子废物回收处理的组织协调和监督管理工作仍由资源综合利用行政主管部门负责，在回收的具体环节上，废物回收、旧货经营、污染防治、回收处理等部分各自归口，各管一摊。我国的这种分级管理与分部门管理相结合的模式导致管理部门众多，主管部门不明确，政出多门容易导致政府部门在电子废物的治理中出现"缺位"、"越位"、"错位"的现象。

为避免现行管理体制在对废旧家电管理上条块分割所带来的弊端，建议确立一个专门机构，对电子废物的回收处理进行统一管理和监督。综观世界各国立法，大多数国家电子废物治理基本上都是环境部门在主管，有的甚至有专门的主管部门。目前我国确定的资源综合利用行政主管部门虽然隶属于国家发改委，具有足够的行政权威。但由于电子废物的回收利用首要目的是保护环境，而不是资源综合利用，并且考虑到电子废物回收处理过程存在的环境问题，因此它并不适合作为主管部门。我们需要确立环境部门在我国电子废物处理中的主管地位，这也与我国的法律规定是一致的。同时也要强调政府其他有关部门在各自的职责范围内负责电子废物污染环境防治的监督管理工作。同时，应设立一个专门的电子废物管理协调小组，进行各职能部门的沟通协调工作。根据各部门的职能范围，建议各部门承担相应的电子废物管理职能，见表 7-4。

表 7-4 主要相关职能部门管理职能

职能部门	主要职能
环保厅/局	制定废旧家电回收处理的政策措施； 废旧家电回收处理组织实施和监督管理； 废旧家电回收处理企业资质认定
发改委	指导废旧家电回收指导价格和旧货价格的制定； 制定废旧家电回收处理发展规划和政策； 组织实施废旧家电处理处置新技术、新设备的推广应用和产业化示范
经贸委	制定废旧家电回收行业的行业标准规范、市场准入政策标准以及发展规划； 二手家电销售登记制度的实施指导； 对家电行业指导和管理以及家电行业技术改造、先进技术开发等项目计划
工商局	对取得资质认可的废旧家电回收处理企业进行登记管理以及行为监督； 对二手市场及二手家电经销商的登记及管理
财政厅/局	落实废旧家电处理处置补贴和税收优惠政策； 废旧家电专项基金、家电以旧换新财政补贴资金的监督和管理； 废旧家用电器回收处理技术研发、宣传教育等活动的资金预算落实； 制定政府采购政策，编制政府采购计划，监督管理政府采购工作
质监局	对家电产品的质量及环保标准是否达标进行监管； 对二手家电的质量及安全性能进行监管
物价局	制定废旧家电回收指导价格和旧货价格； 监督“以旧换新”产品价格
信息产业厅/局	对家电产品生产企业的管理； 督促指导生产企业提高和保障家电产品质量； 制定并落实家电产品污染控制措施
海关	防止废旧家电进口； 家电进口的登记管理； 代收进口部分家电产品的回收处理费用并汇入废旧家电专项基金
税务局	代收家电企业的废旧产品回收处理费用并汇入废旧家电专项基金； 对废旧家电回收处理企业以及环境管理成效突出的家电企业的税收减征
商务厅/局	组织实施家电以旧换新工作； 设置管理废旧家电回收处理行业的机构； 制定和实施废旧家电回收产业政策、回收标准和回收行业发展规划
科技厅/局	废旧家电回收处理及家电绿色技术相关科技成果的认定、登记、奖励及促进科技成果的转化； 组织对外的科技合作交流

(2) 监督机构

生产者责任的监督机制是确保生产者责任顺利运行的制度保证。监督机制不仅包括对生产者责任延伸参与方的监督，也包括对监督方的监督。

在我国以政府主导生产者责任管理的情况下，需要广开门路，鼓励企业、行业协会、环保组织和媒体等社会各界加强对政府的监督。同时，政府应大力培育企业行业协会组织，逐渐将监督职能由政府向行业协会转变。我国采取企业联合的监督管理模式有如下特点，其一联合会是一种自律组织，其中企业的行为同时受到对此最为敏感的同行业界的监督，因而企业从长期角度看，会形成一种相互信任的维持机制；其二采取民营化的管理模式会受到更为严格的第三方的监督，它来自于政府、民间环保组织以及媒体。在这样一种多重监督模式的保护下，企业联合管理模式在监督上是有效的。

7.4.1.3 回收体系

所谓“回收”，就是从地理上分布广泛而分散的消费者手中收集废旧家电，并运输汇集到回收中心以便进行下一步处理。可见回收是废旧家电资源化利用的起点，也是最关键的问题。据统计，收集和运输是废旧家电等电子废旧品回收处理过程中成本最高的环节，占总成本的比例超过了80%。回收体系的研究围绕3个主要问题进行：回收率；回收渠道；回收成本及其分担。关于回收率，日本和欧盟已分别以立法的形式规定了电子电器生产商对其电子废旧品的回收标准和比率，而通过何种回收渠道、以什么样的回收成本达到并实现规定的回收率直接影响着电子废旧品回收的成本和效益，也是电子废旧品回收问题的难点。

目前，我国尚未形成一个较为完整、规范的回收体系，废旧家电的回收基本上是靠街头“游击队”，由于回收渠道的无政府状态，直接导致了处理处置市场的混乱，由此导致了资源的浪费和环境的污染。面对这一严峻的现实问题，我国应加快制定废旧家电回收体系建设实施规划，培育和建立规范有序的废旧家电回收体系。作为整个废旧家电回收处理过程的核心问题，废旧家电的回收体系的建设具有决定性的意义。

7.4.1.4 处理处置设施

(1) 回收处理企业

废旧家电回收处理企业主要有两种形式：一种是由家电生产企业投资或多元投资建设，例如我国TCL集团、海尔集团、长虹集团等均建立了废旧电子回收处理企业；另一种是专业的回收处理企业，接受家电制造商的委托处理处置废旧家电，例如芬兰成立的全世界第一家专门处理电子垃圾的现代化工厂“生态电子公司”。由于我国家电生产企业多为中小型企业，缺乏足够的资金和技术处理废旧家电，适宜采用第二种方式。在规划废旧家电拆解处理产业发展的过程中，政府应通过调研，掌握废旧家电的产生量，在宏观上控制废旧家电处理与再利用生产能力的总量，并根据地区的发展规划合理布局。考虑到我国废旧家电产生量的地域性特征，因此在回收处理企业的建设上也必须合理，既要满足处理需求，又要防止盲目建设。对于产生量少的地区可对废旧家电进行收集分类与保存，最终转运到其他地区的废旧家电回收处理工厂。

国家规定废弃电器电子产品实行集中处理。专业化的集中处理可以引导企业的规模化经营，最大限度地回收资源、保护环境，也便于政府部门规范和监管，以及全社会共同监督处理企业的行为。并且从经济的角度要求，废旧家电回收处理企业必须达到一定的规模才是经济可行的。为保证废旧家电的集中处理，可从以下3个方面着手：a. 执行资格认定制度，对合格企业颁发许可证，实现废旧家电的无害化、资源化处理，并维护正规企业的利益；b. 实现废旧家电回收处理行业的产业化，有助于改变目前废旧家电回收处理的“低技术、高污染”的现状，产生小规模处理所不能达到的规模效益，是市场经济条件下废旧家电处理与回收利用的有效方式之一；c. 为充分利用园区的集中治污功能和发挥产业集聚效应，在废旧家电集中量大的地区建立废旧家电拆解基地或资源化利用示范园区或产业园区，园区统一规划、统一管理、分期实施；对于废旧家电集中量较小的地区，废旧家电回收处理企业应入驻当地工业园区。

从发达国家经验看，实现规范、环保的废旧家电回收处理在一个国家（或地区）的普及需要首先局部地区试点，探索性地规划建设几处示范性处理处置设施，总结其经验并根据各地情况，然后逐步推广。自2004年，我国废旧家电示范工程的规划建设工作已经起步，北京、浙江、青岛、天津等地已动工建设示范性处理处置设施，各地也相继进行了地区性的投资建设。通过示范基地的先行探索，希望可以找出适合我国废旧家电资源化处理的管理对策。

(2) 处理处置技术

废旧家电的处理过程一般遵循梯级利用原则：首先，对回收的废旧家电进行检验、测试及简单修理，可得到一些基本功能完好，可直接再用的家电整机，这部分家电可以低廉的价格销售给欠发达地区或其他有需要的市场；其次，对于不能直接再用的废旧家电，可将其拆解，把其中功能完好的可再用零部件进行翻新和再造，用于新产品的制造；第三，对不可再用的零部件，经过破碎和再生，可循环利用其原材料；最后，不可再用部分，则进行最终处置。

废旧家电的回收处理过程中存在着技术难题。首先，由于家电产品生产技术更新速度快，产品淘汰速度也很快，这使得回收拆解商很难及时把握关于相应的废旧家电的相关信息，即使掌握了信息，也很难保证设备的及时升级。其次，家电产品种类繁多，多数采用了不同的工艺，无法采用统一的处理方式。再次，目前已经产生的许多废旧家电在其生产过程中并未考虑拆解回收问题，增加了现在拆解回收工作的难度。最后，由于电子产品属于高新技术产品，关于电子产品的材料组成和结构等信息很多属于商业秘密，给回收工作带来了障碍。

发展废旧家电处理处置技术包括两个方面。首先，加强回收过程的污染控制技术。中国电子废物回收过程中污染防治措施缺乏是目前需要解决的重要问题之一，这一方面需要法律制度等管理的约束，另一方面也需要进行技术上的改进，包括在回收过程中减少末端有害废弃物的产生，以及在排放前对废气、废水、废渣进行无害化处置等。其次，回收处理行业需要不断的改进技术，才能赶上生产者的技术革新速度。要充分发挥我国劳动力优势，发展符合我国国情的拆解处理技术和装备。鼓励自主研发设备，避免盲目引进。要通过有关科技计划和专项，积极推动"产学研"相结合，促进废旧家电拆解处理技术的标准化和规范化，降低印刷线路板等拆解产物的利用或深度处理成本，提高拆解产物的市场价值。这同时也需要生产者的配合，提供产品构成等相关信息。

废旧家电拆解处理具有一定的技术含量，需要特定的工艺设备和环保设备，专业的技术人员进行操作，以确保在再生利用过程中不产生或少产生二次污染。对于无法维修或升级再使用的废旧家电首先进行拆解，目前废旧家电的自动或半自动拆解研究进展缓慢，主要靠手工完成。拆解技术研发应着重开发通用型、多功能实用拆解工具，由一定拆解工具和经过系统培训的拆解人员组成类似拆解生产线，充分利用自动拆解设备的高效性和人工拆解的灵活性。对于拆解下的元(器）件、零(部）件，应优先考虑再使用；如果无法继续再使用则送往专业的再利用厂，主要回收利用塑料、玻璃和金属。一些含危险物质的零(部）件，如阴极射线管(CRT)、液晶显示器(LCD)、线路板、含多溴联苯或多溴二苯醚阻燃剂的电线电缆和塑料机壳、电池等需采用特定的处理技术，具体参照《废弃家用电器与电子产品污染防治技术政策》。对于没有回收利用价值的废旧家电或处理过程中产生的残余物应采用焚烧、填埋或其他适当的方式进行处置，禁止采用露天焚烧和直接填埋的方式，经鉴别属于危险废物的，应按照危险废物处置。为减少污染物产生、提高产品回收率、提高资源利用率，禁止使用落后的技术、工艺和设备拆解、利用和处置废旧家电，应采用先进、环保的生产工艺与装备，并且应配备环保装备，减少废水、废气、固废等二次污染物的排放。目前，国家尚未出台有关废旧家电拆解处理的标准工艺，对此可先制定废旧家电拆解处理技术规范，在标准出台前，要求采用经环保部门组织专家认证的生产工艺。

7.4.2 制度系统

管理制度是具体的管理工作中采取的对策和措施，对废旧家电的有效管理有赖于具体可行的管理制度的建立和实施。当前，在继承发扬一些已经比较成熟且在固废管理中普遍适用的管理制度的同时，更迫切需要加强国际交流和自主研发，专门针对废旧家电制定一系列适用的管理制度。

7.4.2.1 环境标准制度

家电产品的环境标准制度，主要是家电产品中有毒物质含量的限制。制定家电产品的环境标准，其主要目的就是禁止或限制其中有毒有害物品的使用。对于能够找到替代品的有害物质，规定产品中禁止含有，对于目前技术无法解决而又必须使用的物质，规定其最高含量应该以不损害人体健康为标准。这可以从源头上减少电子废物对环境的污染，为处置工作提供便利。为配合《电子信息产品污染控制管理办法》(以下简称《管理办法》) 的实施，制定了《电子信息产品中有毒有害物质的限量要求》(以下简称《限量要求》) 和《电子信息产品中有毒有害物质的检测方法》(以下简称《检测方法》) 两项配套标准。《限量要求》规定了被列入重点管理目录的电子信息产品中的有毒有害物质的最大允许浓度。通过对构成电子信息产品的基本组成单元进行分类后，分别设定了各组成单元中有毒有害物质或元素的最大限量值。具体要求见表 7-5。《检测方法》则规定了电子信息产品六种有毒有害物质或元素的检测方法，是实行《限量要求》的技术支撑。

表 7-5 有毒有害物质的限量要求

组成单元类别	组成单元定义	限量要求
EIP-A	构成电子信息产品的各均匀材料	铅、汞、六价铬、多溴联苯、多溴二苯醚(十溴二苯醚除外)的含量不应该超过 0.1%，镉的含量不应该超过 0.01%
EIP-B	电子信息产品中各部件的金属镀层	铅、汞、镉、六价铬等有害物质不得有意添加
EIP-C	电子信息产品中现有条件不能进一步拆分的小型零部件或材料，一般指规格小于或等于 $4mm^3$ 的产品	同 EIP-A

根据家电产品的特点，家电产品的环境标准中，还包括家电产品的报废标准。若没有家用电器的报废标准，超期服役将会严重威胁消费者生命财产安全，同时，还会造成大量的国外废旧家电流入，给我国的环境以及贸易带来危害，因此制定家电产品的报废标准是非常必要的。

2007 年，我国发布了《家用和类似用途电器的安全使用年限和再生利用通则》国家标准，对家电安全使用年限给出了原则性的要求，对安全使用年限的定义如下：家用电器按照使用说明书的要求，经过一定时间后，其安全性能仍然符合《家用和类似用途电器的安全通用要求》(GB 4706.1) 及其相应的特殊要求，安全使用年限从消费者购买日期计起。但该标准没有具体的安全使用年限的规定，而家电产品说明书只包括产品和零部件的保修年限。不仅我国没有家电安全使用年限的国家标准，国际电工委员会(IEC) 也没有制定过家电安全使用年限的国际标准，发达国家中，只有日本发布过家电安全使用年限的标准。2007 年国家标准委员会下达了制定 10 种家电［冰箱、空调、洗衣机、微波炉、室内加热器(即电暖气)、吸尘器、储水式热水器、快热式热水器、电热毯、电饭锅］的安全使用年限国家标准。10 项标准的草案已完成并开始在业内征求意见，其中，《家用和类似用途电器的安全使用年限 真空吸尘器和吸水式清洁器具的特殊要求》和《家用和类似用途电器的安全使用年限 电动洗衣机和干衣机的特殊要求》作为“先锋部队”首先进入 WTO/TBT 网上公示阶段，分别规定：电动洗衣机、滚筒式干衣机、洗衣干衣一体机的安全使用年限应不小于 8 年；真空吸尘器和吸水式清洁器具的安全使用年限应不小于 6 年。

《管理办法》对电子信息产品环保使用期限的定义是：电子信息产品中含有的有毒、有害物质或元素不会发生外泄或突变，电子信息产品用户使用该电子信息产品不会对环境造成严重污染或对其人身、财产造成严重损害的期限，其起始时期为产品的生产日期。环保使用期限特指环境质量安全的期限，不等于安全使用期限，不包含因电性能安全、电磁安全等方面因素所限定的使用期限。超过环保使用期限的产品应该进入废弃环节，进行回收、处理和再利用，否则将可能发生有毒有害物质或元素的外泄或突变。于 2010 年 1 月 1 日开始实施的《电子信息产品环保使用期限通则》规定了含有毒有害物质或元素的电子信息产品确定环保使用期限的通用规则，作为指导性技术文件，它与《电子信息产品污染控制标识要求》配套使用，可有效指导企业更加科学、合理地确定产品环保使用期限。并列举了现有技术水平下常见电子信息产品的平均环保使用期限，目的是为工业界制定电子信息产品的环保使用期限提供参考。如手机(NEC) 10 年，电话机及其系统 7 年，台式微型计算机 10 年，笔记本电脑 8 年，电池 5 年等，但对于家用电子产品未给出参考值。

7.4.2.2 环境标志认证和绿色采购制度

实施环境标志认证，实质上是对产品从设计、生产、使用到废弃处理处置，乃至回收再利用的全过程(也称“从摇篮到摇篮”) 的环境行为进行控制。它由国家指定的机构或民间组织依据环境产品标准(也称技术要求) 及有关规定，对产品的环境性能及生产过程进行确认，并以标志图形的形式告知消费者哪些产品符合环境保护要求，对生态环境更为有利。获得环境标志的产品不仅质量合格，而且在生产、使用和处理处置过程中符合特定的环境保护要求，与同类产品相比，具有低毒少害、节约资源等环境优势。因此，实行环境标志认证的最终目的是保护环境，它通过两个具体步骤得以实现：一是通过环境标志向消费者传递一个信息，告诉消费者哪些产品有益于环境，并引导消费者购买、使用这类产品；二是通过消费者的选择和市场竞争，引导企业自觉调整产品结构，采用清洁生产工艺，使企业环保行为遵守法律、法规，生产对环境有益的产品。目前，我国已制定了部分家电环境标志产品的技术要求，包括家用微波炉(HJ/T 221—2005)、家用制冷器具(HJ/T 236—2006)、打印机、传真机和多功能一体机(HJ/T 302—2006)、房间空气调节器(HJ/T 304—2006)、彩色电视广播接收机(HJ/T 306—2006)、家用电动洗衣机(HJ/T 308—2006)、微型计算机、显示器(HJ/T 313—2006) 等，以作为认证的技术依据。通过环境标志认证，确认生产者获得政策优惠的资格，可以刺激生产者自觉承担生产者延伸责任，并为政府在对生产者进行差别化的扶持和抑制时提供依据。我国正在逐步推广的绿色采购制度，就是建立在环境标志认证的基础上的。我国环境标志(Ⅰ型、Ⅱ型) 见图 7-4、图 7-5。

图 7-4 中国环境标志Ⅰ型

图 7-5 中国环境标志Ⅱ型

绿色采购是指在采购行为中除了考虑产品品质、交期及服务外，还综合考虑环境因素的采购行为。综合国内外的绿色采购实践，可分为 4 种主要形态，见表 7-6。我国的绿色采购主要为政府形态。原国家环保总局和财政部联合发布了《环境标志产品政府采购实施意见》（以下简称《实施意见》）和《环境标志产品政府采购清单》（以下简称《采购清单》），这项制度已于 2008 年 1 月 1 日起全面实施。《实施意见》明确了中国环境标志产品在政府绿色采购产品清单中的主体地位。《采购清单》则是在综合考虑国民经济发展和产品技术性能、信誉度及市场成熟度的情况下，从国家认可的环境标志产品认证机构认证的环境标志产品中选取确定的，其中家电产品是主要采购种类之一。一些地方政府也已经颁布或正在制定地方的政府绿色采购法规，如贵阳市政府颁布了《贵阳市政府绿色采购管理办法》，以法规的形式保障政府绿色采购，青岛市已经开始了政府绿色采购的实践，深圳、厦门等一些城市正在制定本地的政府绿色采购法规。随着中国政府绿色采购的观念日益深入人心，其他形态的绿色采购也逐渐发展起来。一些行业、企业主动地开始实施绿色采购，一些大型的超市要求进入超市的产品应符合相关的环境要求或获得环境标志认证。绿色采购的目的是对全社会的生产和消费行为进行引导，提高全社会的环境意识、推动企业技术进步、引导公众绿色消费、实现可持续发展。

表 7-6 绿色采购的形态及其影响范围

绿色采购形态	驱动力来源	市场机制	采购对象	采购项目	案例
政府形态	政府权力推动	半自愿性	产品供应商，包括自有品牌、贸易商、代理商等	以公共及办公设备产品为主要对象	国内政府采购法 加拿大政府绿色采购政策
非政府组织形态	商业推动	封闭性	产业自组商业组织对应民间消费者	办公设备为主	日本绿色采购网（GPN）
	公益或商业推动	自愿性	民间自组商业组织对应民间消费者	民生设备为主	Buy Green. com
消费者形态	以公益广告与环境意识推动	自愿性	一般消费大众	所有民生消费品	Sharp 的绿色电视
产业供应链形态	公益、商业与竞争力推动	强制性	工业生产链之供应商与外包商	所有工业产品	Canon 的绿色采购标准 NEC 的绿色采购指引

7.4.2.3 资格认定制度

目前，我国废旧物资回收行业实行的是特种行业经营许可制度，主要由公安部门审批和管理，重点关注治安问题，而忽略环保问题，并且其设置的门槛较低，不能适应废旧家电这样含有危险废物的情况。由于在管理上的缺位，我国现行的废旧家电处理体系中，处理者以手工作坊为主，采用落后粗暴的拆解和处理工艺，带来了资源浪费和环境污染，因此亟须制定相关政策，严格该行业的市场准入。

规范的、产业化的处理体系要求处理者应具有一定的经济规模，有一定的技术、专业装备和设施条件，回收、储存、运输、拆解、检测、处理处置等过程均要符合安全、环保要求，并接受有关部门监管。因此，对废旧家电处理设立行政许可，实行严格的市场准入和资质认定，是我国废旧家电处理产业化道路必不可少的。将于 2011 年 1 月 1 日实施的《废弃电器电子产品回收处理管理条例》中规定“国家对废弃电器电子产品处理实行资格许可制度。设区的市级人民政府环境保护主管部门审批废弃电器电子产品处理企业资格”。可见资格认定将下放给地方政府，我国应加快制定废旧家电处理企业资格认定办法。

资格认定制度是通过控制某一具体活动的准入条件，对该活动的开展实现有效的监管。根据危险废物名录，废旧家电中含有的铅酸电池、镉镍电池、氧化汞电池、汞开关、阴极射线管、多氯联苯电容器、印刷电路板等部件，被列入危险废物。特别是废线路板是电子废物处置利用企业的主要经营品种。由此可见，不应将废旧家电归为普通废旧物资进行管理，而应参考危险废物的管理办法。根据《危险废物经营许可证管理办法》(国务院令［2004］408号)，从事危险废物经营活动的企业或个体工商户应依法取得危险废物经营许可证，包括危险废物综合经营许可证和危险废物收集经营许可证，并进行区别管理。前者可以从事各类别危险废物的收集、储存、处置经营活动；后者只能从事机动车维修活动中产生的废矿物油和居民日常生活中产生的废镉镍电池的危险废物收集经营活动。在废旧家电回收阶段，重点是审查经营者的运输能力、储存能力及污染防治能力，具备相关条件的单位可领取收集经营许可证，专门从事废旧家电的收集经营活动，并保证将收集到的废旧家电交(卖)给具有处理许可证的企业，不得进行拆解、销售等活动。废旧家电的拆解和处理需要一定的专业技术和设备，对经营者的资格有要求。只有领取了综合经营许可证的单位，才能从事废旧家电的收集、储存、处置经营活动。鉴于废旧物资由公安部门归口的模式不能有效解决废旧家电的环境管理问题，因此废旧家电的经营许可应由环境保护主管部门负责。

在制定废旧家电的经营许可证管理办法的同时，还需设定废旧家电回收处理行业具体准入条件作为支撑，从生产规模、技术水平、环境保护措施等方面作出硬性规定，禁止无资质单位从事废旧家电的处理处置。目前许多重污染行业如印染、焦化、电石等行业均已出台了准入条件，而污染严重、管理混乱的废旧家电回收处理行业准入条件尚属空白。江苏省正在积极开展电子废物处理企业准入条件研究，并出台了相关政策，但由于存在的利益博弈，未能最终出台行业准入条件。政府部门应以法规的形式明确相关方的责任，协调各方利益，尽快出台废旧家电回收处理行业准入条件，从而保障废旧家电资源综合利用行业的健康和可持续发展，遏制低水平重复建设和盲目扩张，减少和消除以上处置利用过程对环境的污染，推动废旧家电利用与处置的规范化、无害化和产业化。

7.4.2.4 废物转移管理制度

我国废旧家电回收采取的主要是废旧物资的管理模式，对废物的转移是完全不控制的。由于废旧家电中含有危险废物，为防止废物的大量非预期流转，就不能像废旧物资一样完全放开，而必须像危险废物那样，对废旧家电的转移过程进行精确控制。但是废旧家电中的危险废物并不是以独立状态存在，而且往往同时含有多种危险废物成分，同时废旧家电属于社会源废物，来源广泛，因而无法直接采用危险废物转移的管理模式。因此，对废旧家电回收过程的废物转移管理，应借鉴危险废物的转移管理模式，同时考虑废旧家电回收的自身特点。

危险废物转移联单管理制度其核心是通过转移联单，监控废物从产生到最终处置的全过程，以确保废物的正确流转，防止对环境产生二次污染。根据《危险废物转移联单管理办法》，转移危险废物必须填写危险废物转移联单，跟踪记录危险废物离开产生源地直至到达最终处理处置单位全过程情况，目前已在多个国家得到采用，成为危险废物全过程管理的有效工具。我国使用的废物转移联单俗称“五联单”，实际为七联，其中正联为五联，副联为二联。转移联单系统运行流程如图 7-6 所示。

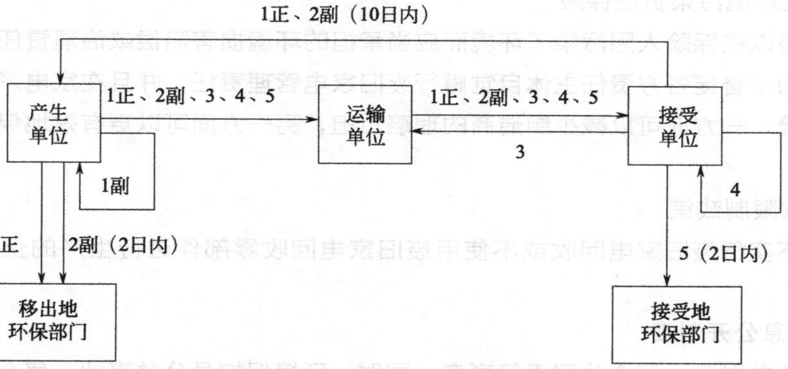

图 7-6 危险废物转移联单系统的运行流程

由此可见，通过危险废物转移联单管理，使废物从产生开始（产生单位处），其名称、数量、特征、形态、包装方式等信息就处于严格的监控之下，而且这种监控将保持至接受单位（通常是废物处理单位）接受到废物为止。这样就有效避免了废物在转移过程中的非预期流转，保证废物被安全处置。

青岛废旧家电回收试点采用“五联单”运行模式，对我国废旧家电的转移管理起到了很好的借鉴意义。其操作方式是：回收人员上门对废旧家电进行核对、称重并填写五联单，客户签字后，留存第二联；回收人员将废旧家电入库，由仓库保管员核对并暂存第三联；废旧家电定期运往处理厂，第三联随同转至处理厂；回收人员分别将第一联交信息中心、第四联交监管中心保管；第五联交财务中心核销预支回收费用。

我国废物联单系统正处于起步阶段，根据试点城市的经验，纸质系统运作繁杂，每一份联单都要进行多次的邮寄或传递，而且联单上的数据还需要人工统计。我国幅员辽阔，全面运行纸质联单系统成本较高。随着电子信息技术，尤其是互联网技术的发展，电子化联单系统的尝试被提上议事日程。电子转移联单的目的在于，以电子化、自动化的方式实现转移联单的申报、审批、填写、传输、核对和稽查全过程。目前，这一工作已取得了一定程度的进展。

7.4.2.5 经济刺激制度

我国废旧家电正规回收企业经营困难，资金成为限制产业发展的重要瓶颈，一方面需支付高昂的环境成本，由此导致难以承受回收成本而“无米下锅”；另一方面，由于收购废旧家电无法取得增值税进项发票，其税收远远高于任何形式的生产企业。为了提高家电制造商回收废旧家电的主动性与积极性，提高废旧家电再利用的商品化率，可以考虑采取以下4个方面的措施。

(1) 税收优惠机制

对于制造商回收、再利用废旧电器而改进或生产的家电产品，给予税收优惠，实行税收减征或免征。

(2) 设立环境污染税

对于在家电产品制造过程中，不考虑产品的环境性能，未使用废旧家电产品零部件或应该利用而没有利用对环境无污染或对人体无危害的原料的“非绿色环保型”家电产品，征收惩罚性的环境污染税。

(3) 建立环境污染责任保险

该制度是以被保险人因污染了环境而应当承担的环境损害赔偿或治理责任为目标的，其本质目的是为了督促各方责任主体自觉履行废旧家电管理责任，并且在家电产品中推行环境污染责任保险，一方面可以减少制造商的理赔负担，另一方面可以更有效地保护消费者的环境民事权利。

(4) 贷款限制政策

国家对不实行废旧家电回收或不使用废旧家电回收零部件进行生产的企业不提供贷款支持。

7.4.2.6 信息公开制度

环境是公共财产，每个公民平等享有。同时，环境保护是公益事业，每个社会个体对环境保护都负有责任。我国环境保护法第六条规定：“一切单位和个人都有保护环境的义务，并有权对污染和破坏环境的单位和个人进行检举和控告”。公众参与是实现环境保护的基础和动力，而及时准确地获知环境信息是公众参与环保活动的基础，没有以信息公开为基础的公众参与充其量只是形式上的参与，无法保证参与的品质和效力。但是，我国目前的环境法中缺乏关于公众环境知情权和参与权的法律规定，远远不能适应环保民主化、法律化的世界潮流和迫切要求。因此，在构建废旧家电回收制度中，应规定生产者有公开信息的义务，并且政府作为公益的代表，对生产者履行信息公开的义务负有监督管理的义务。政府既要督促生产者及时发布环境信息，同时又需对监管结果定期予以公布，二者有机结合，为公众参与环保活动创造必要的条件。

与信息公开制度相应的是环保信息的标识，标识是一种最直观的、最重要的让消费者了解产品相关信息的方式。标识制度的实施将使产品信息更加透明，同行业者、消费者及其他相关方更易于进行监督，促使生产者不断改进产品回收利用特性，从而赢得同行业者之间的竞争，赢得消费者的青睐。信息标识主要包括以下几方面：a. 安全使用年限和环保使用期限的标识；b. 旧器具标识，表明该旧器具经过专业的检验、维护、维修、消毒，符合旧器具安全标准和性能要求，可以在二手市场进行流通，继续使用；c. 回收利用标识，产品标志上要有回收、再利用的可能性和义务的说明，产品中所含污染物量，提供产品返还、再使用和回收再利用等信息，特别标明用后可以回收的材料及其比例，提供恰当的废物回收方式。

我国先后出台了《电子信息产品污染控制标识要求》(以下简称《污染控制标识》) 和《产品

及零部件可回收利用标识》(以下简称《回收利用标识》)，这对于推进废旧家电回收利用工作和源头污染控制具有重要意义。污染控制标识是根据《电子信息产品污染控制管理办法》的要求制定的配套标准，规定了电子信息产品中有毒有害物质或元素的名称和含量、环保使用期限、可否回收利用及包装物材料名称的标识要求。以此为基础，2009 年又出台了国家标准回收利用标识，它是生产者在其产品或包装上侧重标注与产品回收利用特性有关的性能明示。其目的在于帮助消费者和公众了解产品的回收利用特性，如产品的原材料是否使用了有毒有害物质，材料是否可回收利用，回收利用率如何。同时，回收利用标识也会为产品废物处理者提供相关信息，帮助回收利用者准确、高效地实施产品材料的分类，方便其对废旧产品的处理处置。回收利用标识将成为推动产品回收利用的一种重要手段和途径。回收利用标识主要针对电器电子产品，重点要求对象是空调、电冰箱、洗衣机、电视机、电脑五类产品。可回收利用的标识图形如图 7-7、图 7-8 所示。

图 7-7　不含有毒有害物质的产品可回收利用标识

注：标识颜色宜采用绿色，可再生利用率 80%。

图 7-8　含有毒有害物质的产品可回收利用标识

注：标识颜色宜采用橙色，可再生利用率 75%，环保使用期限 10 年，宜同时在说明书中提供所含有毒有害物质的名称及是否超标的说明。

7.4.2.7　自愿性环境管理制度

我国目前的环境管理仍处于政府管制为主的阶段，事实证明，在政府与企业的博弈中，政府管制效果平平。废旧家电管理将推行生产者责任延伸制，如何使家电企业自愿承担起废旧家电的回收处理责任是问题所在。国外发达国家成功经验表明，自愿性环境管理制度在企业环境治理等方面具有更有效的推动作用，具有政府强制执行制度无法达到的效果。特别是当前我国政府职能的转换为企业的自愿性环境管理创造了条件，同时面对贸易国越来越明显的“绿色壁垒”，家电企业从本身利益出发也迫切需要加强废旧家电的管理，这样的形势就为自愿性环境管理制度的发展创造了一定的条件。在废旧家电管理中，应重点开展家电产品环境标志的推广和获得家电企业环境管理体系(ISO 14001) 认可，引导家电企业主动开展产品生命周期管理。同时，加强政府对家电企业自愿性环境管理的引导。把政府采购与企业的自愿性环境管理成效联系起来，建立和完善政府绿色采购政策和相关的采购标准，优先采购环境友好的产品，引导家用电器与电子产品的生产向绿色化方向发展。并且通过对实施自愿环境管理的企业给予鼓励和优惠，提高企业主动进行废旧家电管理的积极性。

7.4.2.8　废物监督管理制度

对废物在回收处理过程的监督，是保障废物合理流动并得到妥善处置的必要条件。对废旧家电回收过程的监督不力，是造成我国目前废旧家电回收处理行业混乱的重要原因之一。在废旧家电回收阶段，监督管理的对象主要是废旧家电的持有者和回收者。由于持有者的数量多而分散，对其监督管理有一定的困难，适宜采取经济手段和教育手段。对废旧家电回收者，监督的重点是回收、运输、储存的合法性，在目前废旧家电多元化回收体系下，只能采取市场准入制度，从源头实现对回收者的管理，并采用定期或不定期的现场检查。

废旧家电拆解处理阶段，废物变化情况比较复杂，危险废物从废物集合体中分离出来，有用物质被重新提取，因此应加强这一阶段的监督管理。拆解阶段监督管理的内容主要是危险废物，尤其是 CFC 制冷剂、CRT 阴极射线管等危害性较大部分的去向，以及拆解过程的安全性和环保性。由于目前我国废旧家电处理处置技术相对落后，以及环保措施不到位等问题，造成废旧家电处理阶段的高污染性。处理阶段监督管理的内容主要是污染物的排放情况。拆解处理企业要建立信息管理系统以及填写经营情况记录簿，如实记载每批废旧家电的来源、类型、重量以及数量、收集(接收）时间、拆解处理时间、储存地点；不能深度处理的废旧家电拆解产物(以下简称“拆解产物”）以及其他固体废物或液态废物的种类、重量或者数量及去向；拆解处理过程中的污染物排放情况等信息。相关原始凭证应作为经营情况记录簿的附件保存。拆解处理企业应将接收的废旧家电的基本信息如实录入信息管理系统，并定期向环保部门报送拆解处理信息。这种经营情况记录簿很好地跟踪了废旧家电的去向，并使环保部门及时获知废旧家电处理情况。但这种非现场检查的方式监管力度不够，应督促拆解处理企业建立日常环境监测制度，实施日常环境监测，并由监管部门监督拆解处理企业依据相关法律和标准规范的要求拆解处理废旧家电，各类污染物排放要达到相关排放标准。

7.4.3 扶持系统

7.4.3.1 技术研发

(1) 加强废旧家电相关问题的基础研究

研究内容包括明确废旧家电的相关概念、分类和范围；我国废旧家电的社会产生量、分布量、构成状况；废旧家电及其回收处理过程对环境的影响程度；废旧家电在时间、空间的流动变化曲线；社会、经济等外部影响因素；废旧家电回收物流系统研究等。特别应将废旧家电作为一种资源来展开研究，从促进其处理与再利用产业化的角度从宏观上为政府制定相关的政策法规、标准规范以及对该行业的扶持促进政策提供依据；同时也给各类投资者提供决策依据。建设废旧家电回收体系信息管理系统，将相关的信息进行整合，全面反映过程中的信息流和物质流，加强宣传、促进交流和废物交换流通。

(2) 开发先进的回收工艺和回收装备

废旧家电回收利用技术涉及的面非常广，一些关键技术需要较大的人力、物力、财力投入。如冰箱聚氨酯发泡剂的分离、回收技术，电视阴极射线管玻屏、玻锥的分离、回收技术，印刷电路板的回收利用技术等。国外发达国家已有成熟的、拥有自主知识产权的回收利用技术，并且利用这些技术实现了规模化生产，由于其人工费用高，因此回收利用技术手工操作少，机械化、自动化程度高，设备价格昂贵。我国有具体的国情，废旧家电回收处理从工艺装备、技术政策上，都不应完全照搬国外模式，而应紧密与国情相结合。

我国有丰富、廉价的劳动力，这是发达国家所不可比拟的优势。应充分利用我国的人力资源优势，提高处理处置的精细化程度，在废旧家电预处理阶段提高再生品的附加值。在保证操作安全、环境友好和规范作业的前提下，尽可能采用人工方式或人机配合进行。研制开发适宜的手动工具，做到高效手动工具与专用设备相结合，实现处理效率和经济效益的最优化。借鉴先进国家的成功工艺技术，加强消化吸收，以资源再生为重点，研究适应我国目前经济发展水平的拆解、处理与再利用的工艺和技术装备，提高资源的综合利用技术水平，有效地控制电子废物回收利用中的污染。政府科研部门也应立项支持综合利用课题的研究。

(3) 开发生态设计与清洁生产技术

发达国家的废旧家电处理经验表明，必须从源头着手，从改变产品的设计和生产方式入手，才能真正避免和解决废旧家电所产生的污染。并且加入世界贸易组织也对我国家用电器的生态设计提出了更高的要求。已经出台的多项法律法规规定了家电等电器电子产品应采用生态设计，主要包括以下几方面：减少有毒有害物质的使用；延长产品使用寿命；提高产品的再使用和再利用特性；提高产品零(部)件的互换性；合理使用包装材料；信息标注等，并积极开展了相关标准的制定。《家用和类似用途电器的生态设计通用要求》是我国电器领域里的第一项产品生态设计标准，后又出台了《家用和类似用途电器生态设计——电冰箱的特殊要求》(GB/T 23109—2008)。起草了《环境意识设计——将环境因素引入电工产品的设计和开发》，制定了《家用及类似用途电器中有害物质的限定要求及检测方法》《废弃电器电子产品可回收性与再生利用性评估与计算》国家标准等工作。对部分家电产品(如微波炉、洗衣机等)制定了相应的环境标志产品技术要求。我国应积极推行绿色家电的设计，支持新材料、新技术、新工艺的研发和推广。研究与推广使用环境友好原材料；制定产品失效、报废标准和零部件再使用的标准；电子产品及零配件标准化、通用化研究和推广；在产品结构设计上充分考虑产品报废后方便处理处置与再利用的需要，研究有利于拆解和回收的工艺结构，选择开发易于循环利用的材料，提高回收处理的可操作性，并将这些绿色设计理论方法与实际应用紧密结合。努力使电子产品在其到达安全使用年限后，产品部件、材料的再使用率和可回收利用率应符合《家用和类似用途电器的安全使用年限和再生利用通则》(GB/T 21097.1—2007) 以及相关产品特殊的国家标准要求，提高其资源和能源利用率。

开展清洁生产是将整体的预防污染的环境保护策略贯穿到家电产品生产和服务的全过程中，以最大限度地利用资源、减少环境污染，提高产品的生态效率。自从我国《清洁生产促进法》颁布实施以来，清洁生产在我国得到越来越多企业的重视。目前，很多重污染行业也都制定了清洁生产标准，如电解铝业、钢铁行业、炼焦行业等。废旧家电回收处理行业也面临着严重的环境污染问题，我国应加快建立废旧家电等电子废物回收处理行业的清洁生产标准，并建立相应的清洁生产评价指标体系，淘汰落后的生产方式、工艺和产品，推广清洁生产技术。

7.4.3.2 政策扶持

相对于非规范的处理企业，正规企业需要投入大量资金保证高技术、高回收利用率的拆解完成，并支付高额的环境成本，在市场竞争中处于劣势，长此以往难以为继。国家应通过政策倾斜扶持，来维护正规企业的权益。目前政府在废旧家电的回收处理上的政策倾向已经逐渐显现，在一系列的法律法规、规章制度中都对政府提出了在废旧家电等电子废物的回收处理中的政策扶持和经济补贴的要求。在废旧家电的回收处理上，经济导向政策主要具有两方面的作用：一是对回收处理过程中的某些成本的补偿或筹集资金；二是对回收处理过程的激励和导向。主要的经济导向政策有以下几个方面。

(1) 财政补贴

目前受到广泛关注的废旧家电“以旧换新”做了很好的探索，在新修订的《家电以旧换新实施办法》(商商贸发［2010］231号）中，国家补贴政策由原先的只补贴销售和回收环节，扩大到了拆解处理领域，推动了废旧家电的顺利回收和规范处理，有效促进了废旧家电回收处理行业的健康发展，对于建立我国废旧家电回收处理体系具有重要的标杆意义。其具体的政策补贴如下。

1）家电补贴　按新家电销售价格的10%给予补贴，补贴上限为：电视机400元/台，电冰箱(含冰柜）300元/台，洗衣机250元/台，空调350元/台，电脑400元/台。

2）运费补贴　根据回收旧家电类型、规格、运输距离分类分档给予定额补贴。具体补贴标准为：电视机20～40元/台，电冰箱(含冰柜）30～50元/台，洗衣机30～50元/台，空调20～50元/台，电脑20～35元/台。考虑到单纯回收中标企业(指仅经营再生资源回收、分拣，不参与家电销售或拆解的回收企业）单程往返，运费高，在上述补贴标准基础上每台提高10元(不分品种和运距)。

3）拆解处理补贴　根据拆解处理企业实际完成的拆解处理“以旧换新”旧家电数量给予定额补贴。具体补贴标准为：电视机15元/台、电冰箱(含冰柜）20元/台、洗衣机5元/台、电脑15元/台，空调不予补贴。

但该政策只惠及少数的中标企业，并且仅局限于通过“以旧换新”回收的废旧家电。应扩大补贴范围，提高废旧家电回收利用企业的积极性。

(2）税收调节

这是目前已经被广泛采用的一种经济导向手段，是通过规定不同的税收种类、税收科目和税收比率等，来调节管理对象经济利益的手段。通过对一定对象实行税收优惠、税收抵免、税收返还等，可以使其获得额外的收益；相反，若对对象实行附加的征税，则可以减少其收益。目前，国家对企业开展的资源综合利用税收优惠政策主要有：增值税减免、所得税减免和消费税减免。例如：企业利用废渣、废水、废气等废弃物为原料进行生产的，可在5年内减免所得税；企业利用废液(渣）生产的黄金、白银，免征增值税；废旧物资回收经营企业增值税实行先征后返70%的政策；资源综合利用项目固定资产投资方向调节税实行零税率。

《资源综合利用目录》则是企业享受国家资源综合利用税收优惠政策的依据，体现了国家鼓励资源综合利用发展的政策导向。根据《资源综合利用目录》(2003年修订)，回收生产和消费过程中产生的废旧家用电器、废旧电脑及其他废电子产品和办公设备；利用废家用电器、废电脑及其他废电子产品、废旧电子元器件提取的金属(包括稀贵金属)、非金属生产的产品，均被列入其中。《资源综合利用企业所得税优惠目录》(2008年版)，也把以废弃电器电子产品为原料提取的金属(包括稀贵金属)、非金属，列入了回收综合利用再生资源的所得税优惠目录。由此可见，废旧家电的回收和利用将享受国家税收优惠政策。并且直接对资源再生利用产品实行优惠可以弥补资源再生产品在市场竞争中的相对弱势所造成的损失，也可以引导废旧家电的回收利用进入良性循环。

当然，在对资源再生产品实施税收优惠的同时，也可以对影响环境的产品实行额外的征税。这样可以起到两方面的作用：一是可以与对资源再生产品的税收优惠相辅相成，促进整个社会的资源再生事业的发展；二是可以通过对限制产品的额外征税，筹集资金补贴资源再生产品。

(3）低息贷款和财政融资

德国对能减轻环境污染的环保设施给予贷款，这种贷款利率低于市场利率，而偿还条件又优于市场条件，且借贷周期长，利率固定，头几年不需偿还，必要时还可以给予补助；在前民主德国，对新建节能设施给予优惠贷款，贷款利率仅为1.8%，远低于普通贷款5%的利率水平。可见，低息贷款能间接地给予企业以资金支持，提高企业从事相关产业的积极性。而国家融资具有政策性功能、引导性功能，由政府财政、国债等资金投入，吸引捐款，以及由生产者、销售商、消费者分摊费用组成，为电子废物的回收处理提供持续的资金支持，吸引更多的资金投向这一行业，保证技术先进、运作规范的废旧家电处理与再利用企业在发展过程中的资金需求，得到更多的社会性补偿。

此外，还可以实行更多优惠的产业政策，包括：区域规划的优先政策和鼓励政策；实行规范企业土地规划用地指标优惠；积极扶持规模化、技术实力强的企业；同时，还可按照企业的回收处理率、技术先进水平、环保标准等指标执行不同等级的奖励、补贴或减免税政策。

7.4.3.3 资金保障

(1) 资金来源

想要解决回收处理中存在的种种问题，经济政策已成为重中之重。如果有了足够的资金，正规企业回收量就不成问题，加工过程也不会出现二次污染，一切问题都可以迎刃而解。那么，资金从何而来呢？即如何征收废旧家电的回收处理费。表7-7列出了部分国家和地区的废旧家电回收费用征收情况。

表7-7 部分国家和地区回收处理费用征收情况

国家/地区	付费者	付费环节	国家/地区	付费者	付费环节
欧盟	生产者	回收	瑞士	消费者	销售
瑞典	生产者	回收	奥地利	消费者	销售
中国台湾	生产者	回收	法国	消费者	销售
荷兰	消费者	销售	日本	消费者	回收
挪威	消费者	销售			

从征收对象和环节来看，回收处理费用的征收主要可以划分为两种方式：一种是针对产品的预付费模式，包括在产品销售时作为销售价格的一部分进行征收或在销售价格外另立处理费；另一种是针对废物的后付费模式，即在废弃时支付。从征收环节来看，包括在销售环节和回收环节付费。从付费者看，由消费者或生产者付费，当然生产者的付费会部分或全部转嫁给消费者，因此生产者付费的方式实际上也是一种“隐性的”消费者付费。此外，加拿大安大略省的生产者向安大略省废物转运局交回收、再利用费用的50%，其它费用由政府和消费者承担，采取的是全社会付费的方式。具体的付费方式和费用水平，依不同国家或地区的技术水平、设备类型、劳资水平而定。

不同的付费模式各有利弊。预付费模式的优点主要表现在：以销售新产品收取的费用来处理现有的全部废物；费率透明，便于生产者按照其市场份额承担相应回收处理责任。缺点主要是易发生个别生产者“搭便车”现象，以逃避回收处理责任；收费标准需要根据回收处理成本的变化定期调整。后付费模式的优点主要表现在：有利于延长产品的使用寿命，促进二手产品的交易；有利于产品生产者改进技术以提高市场竞争力。缺点主要是易发生消费者非法丢弃现象以逃避收费；对现有废弃物的处理需投入较多启动资金。我们应认真分析发达国家采取某种具体制度的原因和实施效果，根据我国具体情况，合理分配政府、生产者、消费者和回收处理机构的责任，并通过制定法律制度加以保障。

分析可知，采取日本的“消费者责任制”不适合中国的现状，欧盟的“生产者责任制”（EPR）给只有1%～2%的微利家电企业带来更大的经济负担，丹麦的“国家责任制”中国负担不起。因此，发展改革委提出了建立以“生产者责任制”为核心的废旧家电及电子产品回收处理体系初步方案，要求全社会共同承担起家电回收处理的责任。该项资金的取向可以设想为：以资源循环利用和环境保护为目的，推行政府和受益者(生产者、销售者、消费者）责任制，设立回收处理基金，同时国家要给予优惠政策，保证资金来源，促进处理技术的开发，使处理厂在市场中正常有序的运作。其中政府主要通过财政拨款、税收减免、投融资优惠政策等给予回收处理企业充分的支持；生产者(进口者）应该是回收处理费用的主要承担者，由于我国缺乏足够的回收处理资金，对生产者收费应采用预先收费机制，即由生产者根据新产品量预先支付废物的处理费用；销售者作为受益主体之一，也应该承担部分费用，可根据一定比例缴纳；从可操作性和消费者心理考虑，对消费者的费用征收方式宜采用价内回收处理费，由物价部门控制。处理基金的征收由政府税务部门负责。在《废弃电器电子产品回收处理管理条例》中已提出建立的废旧家电回收处理基金，用于回收处理费用的补贴，并明确了生产者和进口者的缴纳义务，但是具体的征收标准和补贴标准尚未出台。

以上建议只适用于新产品，对于历史遗留的废旧家电则需要另作考虑。由于我国家用电器是随近二十年经济的快速发展而迅速普及的，这使得我国的家电市场一直处于不稳定状态，以前风靡一时的许多品牌如今都已销声匿迹，造成大量的“孤儿产品”。另外，由于市场的不规范，市场上还充斥着大量的假冒伪劣产品。这使得在我国要追溯生产者的延伸责任是不可能的。即使是对于现在仍有生产或能追溯到生产者的品牌产品，要生产者承担过去生产的产品延伸责任，也很难操作。若是只针对正规生产者实施，必然造成这些正规生产者处于不利的竞争地位，对其是不公平的。因此，“历史废物”的处理处置费用应由政府承担。

(2）资金分配

回收处理资金的分配与回收渠道具有密切的联系，该资金不可能只分配给回收厂商或者处理厂商。我国台湾地区的回收渠道资金的分配方式值得学习和参考。台湾地区的生产厂商按照规定向政府管理的回收基金全额缴费，而回收基金按照回收产品的性质，实行终点付费。即如果最终的废弃物没有价值的，则向地方政府的清洁队付费，而如果有回收价值的，则向最终的回收处理厂付费。此外，为了鼓励居民回收废弃物，基金也向居民提供一定的回收资金支持。台湾地区的回收基金分派模式，在保障了最终回收责任，减少政府监督费用的基础上，尽量保持了市场的力量。这一做法值得大陆借鉴。

废旧家电回收处理资金的主要用途有以下几个方面：首先，建立一批具有一定规模的废旧家电处理工厂，为集中处理废旧家电提供条件；其次，用于废旧家电处置技术的研发，研发需要大量的资金，而且具有不确定性，企业在没有利润的情况下，是不会投入的，因此可以利用专项资金开展这项工作；再次，为建立废旧家电的回收系统提供一定的帮助，例如，在社区建立回收站点、对公众进行宣传教育等工作；再次，为废旧家电处理企业提供资金上的支持，废旧家电处理企业在建立之初是很难盈利的，如果没有一定的资金支持，可能难以为继，因此，专项资金可以在这方面发挥作用；最后，可以利用专项资金处置历史遗留下来的废旧家电。

(3) 资金管理

废旧家电回收处理资金的管理部门，一般由环境保护部门担任。首先，环保部门主要负责环境保护工作，而治理废旧家电污染是它的职责之一；其次，环保部门是政府机构，可以代表公共利益，本身也没有私人利益存在，可以更好地管理专项资金。废旧家电回收处理的专项资金的运行还需要有关部门进行监督，现在资金的监督工作可以由审计部门担任，定期对资金的来源和使用情况进行审计，防止资金的流失给废旧家电回收处理工作的进行带来麻烦。

7.4.3.4 公众意识

公众行为，包括公众对环境管理的参与以及公众的行为自我管理，在环境管理的工作开展中具有重要意义。1992 年《里约环境与发展宣言》第十条规定：环境问题只有在所有有关公众的参与下才能得到最好的解决，每个人都应有适宜的途径获取政府部门掌握的环境信息资料。尤其是废旧家电这一来自千家万户的特殊废物，消费者对废旧家电的报废态度很大程度上决定了废旧家电的流向，消费者的行为在废旧家电的管理中占据着关键的位置。为了保障和鼓励公众参与废旧家电环境管理，政府需要发挥一系列的服务职能，从公众宣传教育和扩大公众知情权方面开展工作。

我国当前在废旧家电方面的公众环境意识还很薄弱，加强对公众的宣传教育力度，对于我国废旧家电管理工作的开展极为迫切和重要。通过广播、电视、报纸、互联网等媒体以及宣传资料、教科书等多种途径与方式向公众广泛宣传废旧家电对环境、人类健康的危害，回收处理的重要意义，以及法律法规动态等，提高居民的环境保护意识、自我保护意识和资源节约意识，使社会各界对“政府、生产者、消费者责任分担制度”有个全面的了解和认识，对促进循环经济发展的紧迫性和必然性有认同感。大众环保意识的提高是我们解决废旧家电等电子废物的群众基础。一方面，作为消费者，人们有意识地选择符合环保设计的家电，这对生产商自然会形成有利的约束和导向，并将从根本上提高生产商的环保意识。另一方面，消费者不能随意丢弃废旧家电，有义务将废旧家电交给相关企业进行专业处理，废旧家电的回收体系也将更加顺畅、完善。

另外，保障和扩大公众的知情权也是激励公众参与环境管理的有效措施。我国应加强在公众知情权方面的工作开展，保障公众在家电产品使用的原材料、废旧家电的回收处理信息等方面的信息获取。公众对于这些相关信息的了解程度，将会大大影响到他们的消费取向等行为，从而积极参与废旧家电的环境管理。

7.4.3.5 信息化管理

废旧家电作为一类流通性废物，在其回收处理过程中涉及大量数据，迫切需要引入先进的信息技术来提高管理与决策水平。废旧家电回收信息管理系统的建立，能够对家电产品整个生命周期进行跟踪管理，并且能够及时得到可靠的信息，这样便得到了一个准确、及时的产业数据链，不仅满足家电生产企业自身的信息需求，而且为政府部门法律法规的执行提供了可靠的信息支持。

国外早已创建了许多废旧家电专门的信息交换平台支持废旧家电的回收处理，如日本的 recycling passport 和美国的 electronicycle 网站。我国也开始重视废旧家电信息化管理系统的建设。《废弃电器电子产品回收处理管理条例》规定“处理企业应当建立废弃电器电子产品的数据信息管理系统，向所在地的设区的市级人民政府环境保护主管部门报送废弃电器电子产品处理的基本数据和有关情况”。而我国正在开展的家电“以旧换新”拟采用信息管理系统进行全程跟踪管理。目前，废旧家电回收管理信息系统正在积极研究和建设当中。中国家用电器研究院与日本东京大学和日本 YRP 研究所利用电子标签技术构建了一套完整的废旧家电回收信息管理体系。青岛废旧家电回收试点正在尝试建立覆盖山东全省范围回收网络信息平台（包括信息、财务和监管中心三个部分）。信息中心记录和下达废旧家电回收信息；财务中心支付和管理废旧家电回收费用；监管中心通过信息平台对系统运行信息进行监管，并以网络信息系统为平台，尝试“五联单”回收并采集基本信息的运行模式。

随着我国废旧家电管理逐渐走向规范化，必然出现业务管理烦琐、数据统计困难、信息交流不畅等问题。因此，在废旧家电管理中应充分引入信息化手段，开发建立家电回收信息管理系统，以提高废旧家电的回收效率。该系统应具备以下主要功能。

（1）信息发布

及时发布废旧家电管理法律法规；废旧家电回收处理新技术；许可公示；废旧家电回收价格标准及回收站点联系方式等。

（2）数据采集

采集废旧家电回收和处理处置企业注册信息；家电产品相关材料环境信息；废旧家电产生、转移、储存和处理处置信息；二手家电及再生材料（产品）信息等。

（3）业务管理

提供废旧家电回收和处理处置企业经营许可证管理，电子转移联单网上办公等相关业务办理。

（4）信息交流

废旧家电收集、运输、处理处置企业间的信息交流；二手家电及再生材料（产品）供应和需求信息交流。

7.4.4 企业准入条件

环保部为贯彻落实《中华人民共和国固体废物污染环境防治法》《废弃电器电子产品回收处理管理条例》《废弃电器电子产品处理资格许可管理办法》，指导和规范地方人民政府环境保护主管部门对申请废弃电器电子产品处理资格企业的审查和许可工作，于 2010 年 12 月 9 日发布了《废弃电器电子产品处理企业资格审查和许可指南》（以下称《指南》），《指南》中明确处理电视机、电冰箱、洗衣机、房间空调器、微型计算机五类废弃电器电子的企业，必须取得资质许可。《指南》还要求，申请处理资格的企业必须有集中和独立的厂区。中东部省（区、市）申请企业的总设计处理能力不低于 1000t/a，厂区建筑面积不低于 $20000m^2$；其中，生产加工区的建筑面积不低于 $10000m^2$。西部省（区、市）申请企业的总设计处理能力不低于 5000t/a，厂区面积不低于 $10000m^2$；其中，生产加工区的面积不低于 $5000m^2$。《指南》也对申请企业的设备、数据信息管理系统、环境管理制度和措施、人员资质等提出了明确的要求。未取得废弃电器电子产品处理资格而擅自从事废弃电器电子产品处理活动的，查出后将被环保部门责令停业、关闭，没收违法所得，并处 5 万元以上 50 万元以下罚款。

7.4.5 收集和处置区域试点

试点先行、逐步推广是我国开展废旧家电管理工作的一项重要措施。2003 年 12 月，国家发改委确定了浙江省、青岛市为国家废旧家电回收处理试点省市，同时将北京市、天津市废旧家电示范工程一起纳入了第一批节能、节水、资源综合利用项目国债投资计划（NDRC, 2005/9/12）[5]。通过试点建立废旧家电及电子产品回收处理体系，探索废旧家电及电子产品回收处理模式；选择适合我国国情的工艺技术路线；分析测算回收、拆解成本；研究提出相关标准；建立完善监督管理制度。

7.4.5.1 浙江省废旧家电回收处理试点

浙江省废旧家电回收处理试点由专门的回收处理企业——杭州大地环保有限公司承担，初步建立了年处理能力 7000t 的处理设施，建立了家电销售商、社区回收站、企事业单位和家电制造商四条回收渠道 36 个回收处理站，并与十多家电子电器生产商建立了合作关系。截止到 2006 年 3 月底，共回收电子废物 133t，废旧家电 1325 台，拆解电子废物 92t，回收加工废塑料、铜、钢等材料 59t。

浙江省经贸委会同有关部门共同制定了《浙江省废旧家电及电子产品回收处理试点暂行办法》，已于 2005 年起在全省范围内实施。《办法》遵循了定点回收、集中处置和生产者责任制的原则，提出了建立覆盖全省的回收网点，形成规范的废旧家电回收体系，并规定了政府、生产企业、销售商及消费者相应的责任。为了保证二手家电的安全使用，浙江省颁布了《再利用家电安全性能技术要求》（DB 33/566—2005），于 2005 年 10 月 1 日开始实施。该标准包括微型计算机、电视机、洗衣机、家用电冰箱、房间空调器 5 个部分，确定了必要的检测项目及合格指标，以保证二手家电使用的安全性。

7.4.5.2 青岛市废旧家电回收处理试点

青岛市废旧家电回收处理试点由家电生产企业——海尔集团承担，与青岛新天地投资有限公司合资成立青岛新天地生态循环科技有限公司作为示范项目单位。该项目分三阶段推进：手工拆解阶段（5 万台/年）；破碎分选阶段（20 万台/年）；规模化拆解阶段（60 万台/年）。拟探索一条适合我国国情的废旧家电回收处理模式和拆解工艺技术路线，建成国内家电产品第一个循环经济产业基地和宣传教育基地。具体开展了以下工作。

（1）摸清家电废弃情况

2005 年 9 月，青岛市发展改革委对全市机关、企事业单位、居民家庭和旧货市场等进行调查摸底，初步掌握了电视机、冰箱、空调器、洗衣机、电脑等家电产品的保有、报废及回收情况。全市五大类家电每年有近 90 万台进入淘汰期，回收拆解仅占 7%，进入二手市场的占 30%，大量的废旧家电处于闲置状态。

（2）出台政策

2006 年 6 月，在国家《废旧家电回收处理管理条例》尚未出台情况下，青岛市发展改革委会同环保等八部门制定了《青岛市废旧家电回收处理试点暂行办法》，要求市机关事业单位废弃的电子产品由试点企业统一回收处理。同时还从生产者责任延伸、市场化运作、回收体系建立、处理工厂建设等方面做出了规定。确定以集中回收处理为原则，建立覆盖全市的回收网点。

（3）启动回收体系建设

建立了以下回收渠道。

1）搭建海尔回收平台。由海尔集团研发部牵头，搭建内部报废整机集中回收平台，将研发、试制、生产、销售、售后等环节所产生的报废整机集中回收，交处理厂统一拆解。

2）建立稳定回收渠道。处理企业与市政机关、事业单位及海信、澳柯玛等家电生产企业和家电连锁商场达成回收协议，建立了稳定的回收渠道。

3）设置社会回收站点。在青岛市及所辖区域设置回收站点，公开社会回收服务热线电话，委托个体业户加盟回收，构建了政府支持的社会化回收站点。2006年总计回收废旧家电8000多台。

（4）构建网络信息系统

为及时掌握废旧家电回收信息，正在尝试建立覆盖山东全省范围回收网络信息平台（包括信息、财务和监管中心三个部分）。

（5）建立五联单制度

以网络信息系统为平台，尝试“五联单”回收并采集基本信息的运行模式。

7.4.5.3 北京市废旧家电回收处理示范工程

该项目由北京华星集团承担，主要处理回收的废旧家电是“四机一脑”，项目总投资8000万元，设计处理能力120万台/年。建成了5条主要的回收渠道：行政机关回收渠道；企事业单位回收渠道；大型家电连锁商回收渠道；电子废物集散地、旧货交易市场、大型电子商城回收渠道；居民社区回收渠道。为方便社会各界交投电子废物，公司开设了“华星环保网”网上交投平台，设立了免费交投热线。与此同时，还广泛印发相关宣传资料，以提高百姓环保意识。

该公司回收的废旧家电主要有两种处理模式：一是对回收的旧家电进行检测之后，使能够确保正常使用的旧家电进入二手市场销售，或者销售到经济落后的农村地区；二是对不能正常使用的废家电将其拆卸，对其中的一些电子元器件、线路板等进行检测处理后，进入原材料流通领域，供家电生产企业再次循环利用。该公司还积极探索优化废旧家电处置工艺：改进完善热包带工艺；优化设备及工作空间，以处理电视、电脑为主，兼顾办公设备以及洗衣机、电风扇等电器的拆解；在回收利用环节上，针对不同的拆散零件进行拆解综合分析，本着资源利用最大化原则，转入下游环节进行再利用；采用纯物理机械拆解的处理方式，不使用化学试剂，减少了对环境造成的影响。

7.4.5.4 天津市废旧家电回收处理示范工程

《天津市资源综合利用“十一五”发展规划纲要》指出，其工作重点是建设1个试点园区、6个产业链条、1个回收网络体系和4个资源再生基地，实施资源综合利用8大工程。试点园区是天津经济技术开发区国家级循环经济示范区，在示范区内巩固现有电子信息等循环经济产业链，完善线路板及废弃物回收的补链工作。资源再生基地建设内容之一就是建设废旧电器回收再生利用基地，包括建设国家级循环经济试点项目——由天津和昌环保技术有限公司具体承担的“天津废旧电器回收处理示范项目”，项目计划总投资1.1亿元，占地100亩，年设计拆解能力33万台。

目前，该项目已建立了比较完善的回收网络。注册设立了“中国废旧家电网”，在网站上设立了网上交易平台，并充分利用天津刘家房子、青光镇辰光、赵沽里镇等集回收、维修、销售于一体的废旧家电旧货市场的优势，在旧货市场积极筹建自己的废旧家电回收门市部，整合现有回收市场；搭建政府、企事业、学校、军队等单位办公设备回收渠道；与天津市绿天使物资回收公司合作建立“绿天使”回收系统，充分利用已建成的废旧家电回收网点，并在天津市区建设以废旧家电回收为主的大型废旧物资交易集散地，在物流环节控制废旧家电流入终端用户，为公司搭建又一废旧家电回收平台。

7.4.5.5 我国台湾地区废旧家电回收处理情况

(1) 相关法规政策

1997 年 7 月 5 日，台湾环保署依据《废弃物清理法》，宣布废弃的电视机、电冰箱、洗衣机及空调为不易清除处理及长期不易腐化的一般废弃物，并颁布了废家用电器(以上四类)的再利用“法规”，开辟了世界上废家用电器再利用“立法”的先例；同年 12 月 29 日创办了“废旧电器再利用和管理基金会”；1998 年 2 月 26 日，环保署首次发布了废家用电器再利用、处置及储存的补贴标准，并于 3 月 1 日起向制造商、进口商和销售商征收回收费，并开始回收处理废家用电器；同年 7 月 1 日，成立了“资源回收基金管理委员会”(RRFMC)，负责专项基金的收取和拨付，台湾回收工作由此走上制度化。2002 年 7 月 3 日公布了《资源回收再利用法》，并拟将与《废弃物清理法》两法合一制定《废弃资源循环促进法》。2002 年 12 月 25 日，《废电子电器物品回收储存清除处理方法及设施标准》发布，对四大家电的处理方法做出了明确规定，并要求废电冰箱及废空调器的资源回收再利用率在 80% 以上；废洗衣机及废电视机的资源回收再利用率在 60%以上。

台湾地区在废旧家电管理方面已经经历了一个发展过程并取得了一些经验，而且与我国大陆的情况较为接近，对于大陆废旧家电管理体系的建设具有借鉴作用，在此对台湾地区废旧家电的管理实践作一介绍。台湾地区实施《废家电资源回收四合一制度》：结合小区居民、回收商、地方政府及回收基金 4 方面，实施资源回收、垃圾减量工作，通过回馈方式鼓励全民参与。具体措施包括：

1) 小区居民方面。推广家庭垃圾分类回收，将废电子电气设备与其他家庭垃圾分类，再经由回收点、回收队或民间回收商，将可再生废弃物与垃圾分开收集，并对可再生废弃物进行有效回收再利用。

2) 回收商方面。鼓励由民间回收商来执行。回收商参考基金管理委员会公告的补贴费率，按照市场价格向居民、小区团体及清洁队或传统回收网络收购可再生废弃物。

3) 地方政府方面。地方政府应将可再生废弃物与一般垃圾分开收集运输。由地方清洁队向居民收集可再生废弃物，变卖后所得按照一定比例返回给参与的居民及工作人员，鼓励公众参与，提升服务质量。以回馈奖励制度鼓励居民小区参与回收，将资源回收工作与小区整体发展结合起来。环保主管机关制定《奖励实施资源回收及变卖所得款项使用办法》，原则规定：其变卖所得中，至少 30%应返回给参与回收的小区团体。

4) 回收基金方面。采取对民众提供回收奖励金及对清除处理业者提供回收及处理补贴费的方式，主要目的是提高回收率，确保废家电的回收量。针对民众废弃者，采取奖励和教育双管齐下的做法，推动废弃物回收资源的形成。

(2) 回收处理系统

为有效利用现行的回收渠道，台湾地区废旧家电的回收市场是一个完全开放的市场，以家电经销商为主，乡镇市清洁队、旧货商、使用者个人或团体及其他回收系统为辅，在其经销服务区域内通过新产品销售、售后服务及报废行为等渠道，收集废弃家电产品。并以各县市的乡镇为收集单位，负责管理贮存由各地收集来的废家电，并统一运送至处理厂进行资源回收再生或最终处理。台湾地区的回收处理系统见图 7-9。

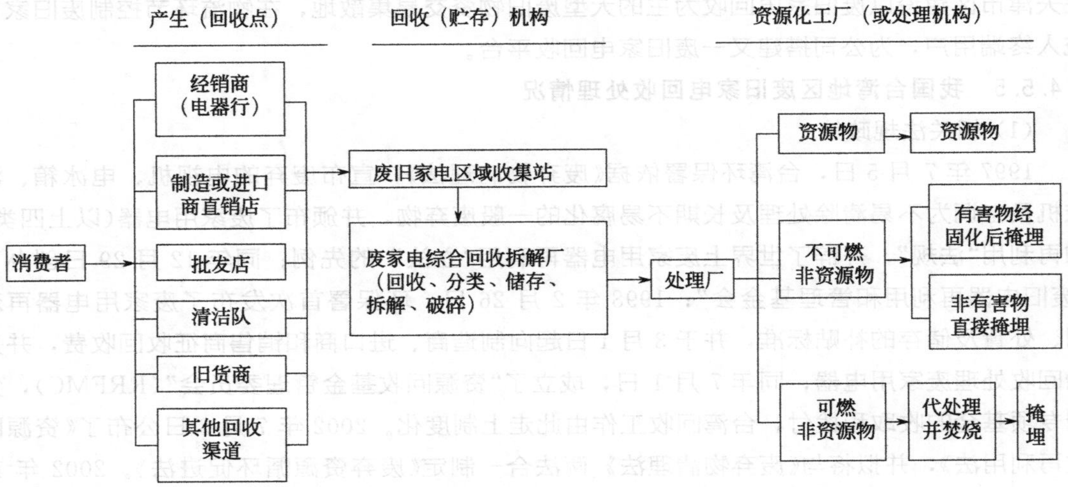

图 7-9　台湾地区废旧家电回收处理系统

（3）运行机制

台湾地区的废旧家电再生利用模式见图 7-10。家电制造商、进口商、销售商，按照相关部门规定的比例并根据核定的费率及申报的营业量，向 RRFMC 支付回收处理费以及与再生利用相关的费用，处理费率及补贴费率见表 7-8。废旧家电回收处理收费采取不可见收费方式，向生产商/进口商收取回收处理费，通过产品价格转嫁给最终消费者。之所以在生产商环节收取费用，主要考虑到生产商数量相对较少，费用收取方便且有保障。

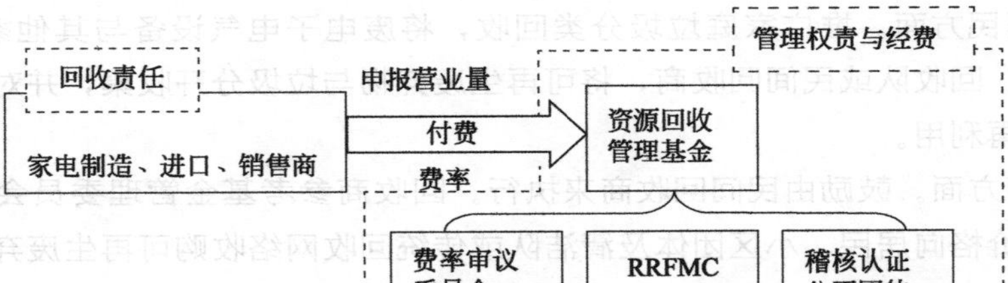

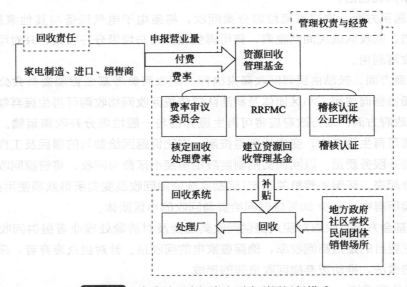

图 7-10　台湾地区废旧家电再生利用运行模式

在资源回收管理基金的运用上，分为“信托基金”和“非营业循环基金”两部分。其中信托基金约占 80%，用于向取得受补贴资格的处理工厂支付两类补贴费：一是提供给处理工厂的资源化处理补贴费；二是处理工厂提供给回收商的废弃物回收清除补贴费。非营业循环基金约占 20%，用于支付相关管理费用及补助回收渠道、研发技术等方面。目前台湾主要电子废物的再利用机构共计 78 家，再利用能力达每年 127.7 万吨。获得“A 类处理厂执照”的再利用厂可从基金会获得再利用补贴，拆解厂不能获得补贴；收集者将废旧家电送到再利用厂可获得补贴，但卖给拆解厂则无补贴。

表 7-8　2005 年回收清除处理费率及补贴费率　单位:元/台(新台币)

项目		收费	补贴费		
			合计	回收补贴	处理补贴
电视机	>63.5cm	371	379.5	127.5	252
	≤63.5cm	247	379.5	127.5	252
电冰箱	>250L	606	635.5	302.5	333
	≤250L	404	635.5	302.5	333
洗衣机		317	346.5	175	171.5
空调		248	410.5	302.5	108
笔记本电脑		39	303	200	103

废旧家电及电子产品的回收处理问题已引起发达国家和地区的高度重视，为促进资源的循环利用和保护环境，很多国家都通过立法来进行规范，主要法律法规见表 7-9。

表 7-9　国外废旧家电管理相关立法现状

国家	法规名称	颁布/生效年份	立法管辖对象
奥地利	灯具及白色家电回收利用法	1990 年颁布	灯具及白色家电
意大利	家电回收利用法	1996 年颁布	电冰箱、洗衣机、电视、空调
比利时	白色和褐色家电的法规	1998 年颁布	白色和褐色家电
日本	家电再生利用法	1998 年颁布 2001 年 4 月 1 日生效	电冰箱、洗衣机、电视、空调
挪威	电子和电器产品回收法令	1998 年提案 1999 年 7 月 1 日生效	大型家用电器、计算机、电话、有线电视、电子工业材料
瑞士	电子电气产品返还收集和处置法	1998 年 6 月 1 日生效	电子电气产品
荷兰	白色家电和棕色家电法令	1998 年 4 月 21 日颁布 1999 年 1 月 1 日生效	白色和棕色家电，信息、通信/办公设备等其他电子电气设备
瑞典	电子电气产品废弃物法令	1998 年提出 2001 年 6 月生效	电子电气产品(不含电冰箱和制冷装置)
加拿大安大略省	废物回收法	2002 年 6 月 13 日通过	所有家庭有害废物如计算机、电池
韩国	生产者负责回收利用制度	2003 年 1 月 1 日生效	电视、冰箱、计算机、手机等电子产品以及塑料瓶等包装材料共 18 个品种
欧盟	WEEE/RoHS	2003 年 2 月 13 日颁布	电子电气产品包括 10 大类，100 多个品种

7.4.5.6　其他城市废旧家电回收处理所面临的问题

上海、无锡、广州、佛山、深圳、珠海等市都已在建设或是酝酿建设废弃电器电子产品的回收处置中心。但这些示范性基地的建设都遇到了重重困难，导致企业裹足不前。主要问题有以下几个方面。

(1) 回收价格高，企业亏损运行

国家定点的废弃电器电子产品的回收处置企业均面临着回收困难的尴尬局面。这些企业虽然处理能力较强，但一直处于吃不饱或长时间停工状态。例如，2004年，青岛试点项目回收中心仅收集到不足1000台家电，而浙江大地回收中心仅收集到50多吨的废电子电器。其关键障碍在于过高的回收成本。这是由于居民的废旧家电主要通过有偿方式回收，加之个体拆解市场活跃，导致城市流动回收大军在利益驱动下的抢夺性收购。与此同时，废旧家电回收处理是新兴产业，国内技术工艺设备研发滞后，关键设备依靠进口，固定资产投资较大，运行维护费用大。在国家废旧家电回收处理专项基金政策没有出台的情况下，企业处于亏损运行状态。

(2) 相关配套政策措施缺乏，企业负担沉重

虽然《废弃电器电子产品回收处理管理条例》已经颁布实施，但从可操作性来看，存在原则未细化、配套不完备、技术支撑不到位等问题。总体来说，废旧家电回收处理政策相对滞后，企业对规范回收处理行为的政策措施和未来预期存有疑虑，观望程度较大。正规企业多数引进了价格昂贵的环保拆解净化设备，其特征是现代化、无污染、高效率和处理成本高。从居民家庭和企事业单位收购废旧家电无法取得增值税进项发票，无法进行抵扣，处理企业全部销售收入的17%全部用于缴税，远远高于任何形式的生产企业，成为限制产业发展的重要瓶颈，严重影响行业发展。建议有关部门加快制定相关配套政策措施，减轻处理企业税赋压力。

7.4.6 处理处置技术开发

我国在加大对废旧家电等电子废物处理处置法规建设和回收体系建设的同时，高度重视电子废物处理处置工艺和技术的开发工作。2005年，国家自然科学基金委针对电子废物等含有色金属量较大的废弃物利用和处置研究问题，专门在常州召开了国家自然科学基金委有色金属资源循环科学前沿与关键问题的“双清论坛”，明确提出了在国家自然科学基金项目中，必须增列相关课题进行重点研究。2008年，国家科技部设定了国家“十一五”科技支撑计划重大项目(废旧机电产品和塑胶资源综合利用关键技术与装备开发，2008BAC46B00，项目经费2亿元)，共10个课题，其中涉及废旧家电等电子废物处理处置的课题达到6个之多。可见，国家对电子废物技术工艺研发的重视。

我国电子废物的处理处置研究还处于起步阶段，中国矿业大学、清华大学、中国科学院等高校和研究院所都在针对废旧家电等电子废物处理处置过程中的某些技术问题进行研究，并取得了一定的成果。

北京航空航天大学研制了一套处理废线路板设备，其原理是：通过二次机械粉碎，废线路板成为金属和非金属的混合物，然后通过空气分离技术，实现金属和非金属的完全分离。整个处理过程在一条生产线上完成，全封闭运行，回收的金属铜和玻璃纤维再利用。

清华大学进行了国家“863”课题“废旧家电资源化综合利用成套技术”的研究，开发具有自主知识产权、国产化的废旧家电综合利用处理设备和处理处置技术，并建设综合示范工程，为国内废旧家电的无害化、资源化利用奠定基础。

江苏理工学院承担了“废线路板全组分高值化清洁利用关键技术与示范”课题，进行废旧家电等电子废物的拆解分类、材料回收利用、环保标准制定等相关技术和示范工程的建设研究，目前，第一期占地 102 亩，投资 2.8 亿元的示范工程已经建设完成，形成了年产值 10 亿元的现代化企业。

中国矿业大学自 1998 年开始从事电子废物资源化研究，研究的重点是废线路板的机械处理及各种成分的资源化。例如采用剪切破碎机、冲击破碎机对废线路板进行破碎及金属的高效解离，并利用脉冲气流分选、静电分选、高效离心分选对金属富集体进行回收。

中国科学院等离子体所研制成功国内第一台处理电子废物的等离子体高温无氧热解炉。通过 150kW 的高效电弧在等离子高温无氧状态下，将电子废物在炉内分解为气体、玻璃体和金属 3 种物质，然后从各自的排放通道有效分离。该等离子体处理炉每日可处理废线路板 500kg。

华东理工大学承担了上海科技重大项目“电子废物回收利用成套技术研究”。该项目率先瞄准旧电视和旧电脑，建成一条每年可拆解 2 万台旧电视、旧电脑的成套技术生产线。该生产线把整机先分离成显像管、塑料外壳、金属部件和印刷线路板等，然后把 ABS 塑料、玻壳、铜导线、硅钢片及金属结构件等，分类进行资源化再利用，印刷线路板可分离出铜和贵重金属。

7.5 国外废旧家电管理体系

7.5.1 国外废旧家电管理概况

7.5.1.1 日本

众所周知，日本是世界上电子技术最为先进、电子产品应用最为广泛的国家之一，但同时日本的电子废物，尤其是其中的废旧家电数量猛增。从 1994～1998 年四年期间，废弃的电视机、空调、冰箱和洗衣机的总量从 574 000t 增加到了 723 354t。虽然废旧家电等电子废物具有严重的危害性，但由于电子废物的数量仅占城市固体废物总量的 2%，日本长期把电子废物当作一般固体废物收集、处理。特别是自从 1991 年加强《废物管理和公共清洁法》的修改后，电子废物的非法堆放不断增加。鉴于以上问题，从 20 世纪 90 年代开始，日本逐步建立起了资源循环社会的法律体系，见图7-11。由此可见，日本废旧家电的管理体系分为三个层面：基础层面是《推进建立循环型社会基本法》；第二个层面是综合性的两部法规：《废物管理和公共清洁法》和《促进资源有效利用法》。在这两个基础层次的基础上，制定了《家电回收利用法》。

(1)《家电回收利用法》

《家电回收利用法》于 1998 年 6 月 1 日颁布，2001 年 4 月 1 日开始实施，是继《包装循环利用法》之后日本颁布的第二个在EPR 原则指导下的法律。该法只适用于特定的家电产品，包括电视机、电冰箱、洗衣机和房间空调器，这四类电器占到了电子废物总量的 80%。该法明确划分各主体的责任，强调各主体的共同参与，最大限度地发挥地方政府、企业和公共团体的积极性，使得废旧家电回收利用变成全民参与、共同推进的自觉和自发的持久性行动。

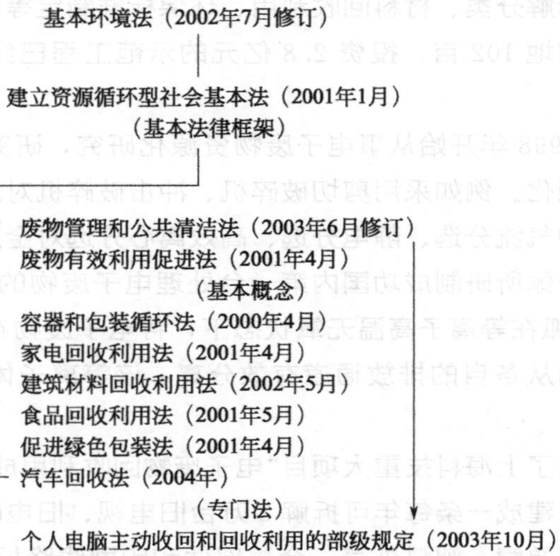

图 7-11　日本建立资源循环型社会的法律框架

1）生产者　家电制造企业或进口商对其产品负有回收和再生利用的责任(即对废旧家电的处理负有个体责任)，可自行建立再生利用工厂或委托再生利用业者进行回收处理，并达到相应的再商品化率。其中电视机大于 55%，空调器大于 60%，电冰箱和洗衣机大于 50%。到 2008 年则统一要求大于 80%。

2）销售者　废旧家电的收集工作主要由销售者完成。销售者有义务应消费者要求回收由其售出的家电，以及在销售新家电时入户回收旧家电，并将回收的电器运送到指定的回收地点，交给生产厂家或指定的法人。

3）市政当局　有义务应消费者的要求收集废弃家电(即不在销售者收集义务范围内的废弃电器)，移交给家电的生产者或政府指定的法人处理，也可以自己处理。

4）消费者　应将废旧家电交还销售商或直接送到指定收集点，并为废旧家电的收集、运输和循环利用付费，收费标准由生产厂商决定。实行的是消费者废弃时付费机制，按规定，消费者每丢弃一台废旧电视机、洗衣机、空调器、电冰箱分别要支付 2700 日元、2400 日元、3500 日元、4600 日元的费用。

日本《家电回收利用法》的实施过程如图 7-12 所示。

自该法实施后，日本实行了对家电的分类收集，建立了以生产商、销售商为主体的废旧家电回收体系。废旧家电的回收采用企业间合作的方式进行，不仅节约了成本、提高了回收效率，也有利于最新技术的普及。由家电制造商和进口商资源组成了 A、B 两个回收处理组织，A 组有松下、东芝等 13 家公司，共设 190 个回收点和 24 个回收利用厂；B 组有日立、三菱电机等 18 家公司，共设 190 个回收点和 14 个回收利用厂，范围覆盖日本全境。其中集团 A 建立的区域性收集站点约有 1/3 直接设在循环利用厂，而集团 B 的区域性收集站点多数是运输公司。其他产量较小的公司可以将其废弃家电委托给政府指定的法人完成，也可以进入集团 B 设立的区域性收集站点。属于同一集团内企业原产的旧电器在任何一家处理厂都可处理。为保证循环利用费能顺利达到生产者手中，日本实施“家电再循环券”制度，由生产者发行，零售商或邮局发售，消费者在移交废弃家电时购买。再循环券不仅是消费者支

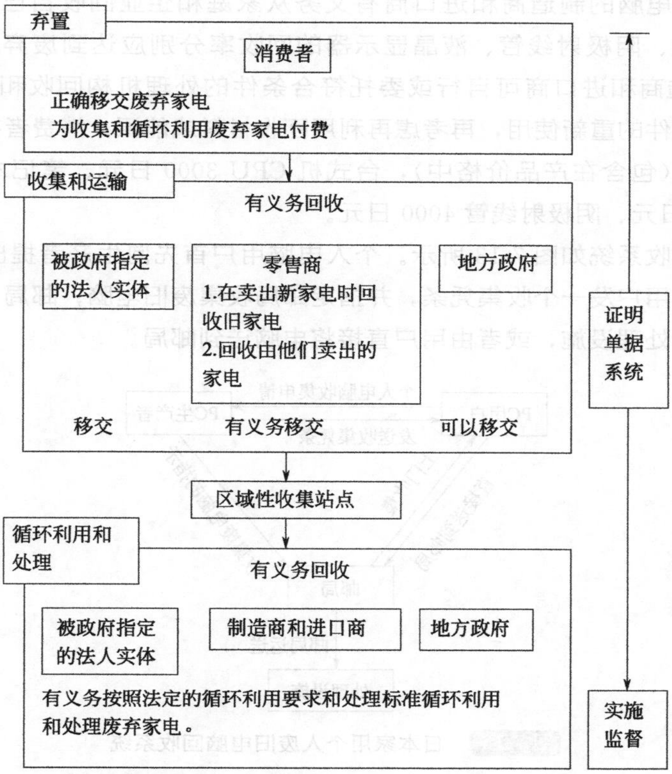

图 7-12　日本《家电回收利用法》的实施过程

付循环利用费的证明，还记载了与产品终期管理相关的信息，从而掌握废弃产品的种类、数量和处理情况。废旧家电循环利用费的管理由日本家用电器协会（AEHA）成立的家电回收利用中心负责。

自该法实施后，实施效果良好。在该法实施的第一年（2001 年 4 月～2002 年 3 月），共收集了约 854.9 万件废弃家电，第二年（2002 年 4 月～2003 年 3 月）收集数量增幅达 18.7%，以后逐年递增。2005 年 4 月～2006 年 3 月，收集废弃家电已达 1161.8 万件，收集率达 64.5%。从循环利用率来看，也超过了法定最低循环利用率，从 2005 年 4 月～2006 年 3 月，空调、电视机、冰箱、洗衣机的循环利用率分别达到了 84%、77%、66%和 75%。不足的是，该法的实施导致了非法弃置的增加。据环境省 2002 年 3 月初对全国 276 个地方自治体统计，10 个月的非法投弃量为 23052 台，比上年同期增加了 18%。但随着消费者对该法的日益理解和支持，不法弃置的现象正在好转。

（2）《个人电脑主动回收和回收利用的部级规定》

日本的电脑拥有量居世界第二位，仅次于美国。虽然废旧电脑只占城市固体废物总量的 0.02%，占电子废物总量的 1%，但随着电脑市场的膨胀和电脑产品更新速度的加快，废旧电脑的数量增长迅速。如 1999 年为 5.6 万吨，2000 年为 6.7 万吨，2001 年则达到了 8 万吨。针对该问题，2001 年日本在《资源有效利用促进法》的基础上颁布了《个人电脑主动收回和回收利用的部级规定》，但仅在商业部门强制执行，2003 年修订后其范围扩大至家用电脑。

该法规定个人电脑的制造商和进口商有义务从家庭和企业回收自己品牌的废旧电脑，CPU、笔记本电脑、阴极射线管、液晶显示器的回收率分别应达到废弃物的50%、20%、55%和55%。制造商和进口商可自行或委托符合条件的处理机构回收和再利用个人电脑，先考虑整机或零部件的重新使用，再考虑再利用回收材料或能源。消费者在购买新电脑时支付回收利用的费用(包含在产品价格中)，台式机CPU 3000日元、笔记本电脑3000日元、液晶显示器3000日元、阴极射线管4000日元。

废旧电脑的回收系统如图7-13所示。个人电脑用户首先向生产者提出废旧电脑回收申请；日本生产者给用户发一个收集凭条，并指定邮局收集废旧电脑；邮局上门收集，并将收集到的电脑运送到处理设施，或者由用户直接将电脑送到邮局。

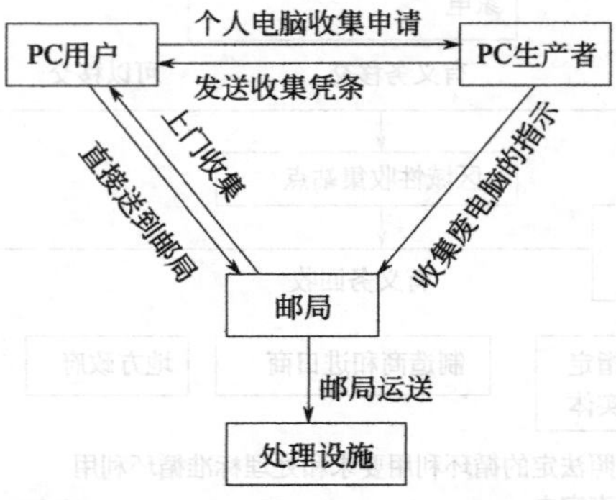

图7-13 日本家用个人废旧电脑回收系统

7.5.1.2 美国

美国拥有世界上最发达的电子信息市场，与之相伴的是大量电子废物的产生。据资料显示，电子废物的数量平均以16%～28%的速度增加，其数量已占美国城市废弃物总量的2%～3%，2002年电子废物量约600万吨。其中仅2004年一年就有3150万台电脑被淘汰，洗衣机、空调、冰箱等淘汰量占新品的70%。长期以来，焚烧和填埋因为成本低而成为美国包括废家电在内的许多废弃物的主要处理方式。废弃电脑和电视的含铅量占美国垃圾填埋物总含铅量的比例已超过40%，如何妥善处理电子废物已经引起了美国的关注。

(1) 法律法规

美国作为联邦制国家，美国更多地强调以市场的力量来规范电子废物的管理，目前暂无电子废物管理的联邦法律，但支持各州尝试制定自己的专门管理法案。现在在联邦发挥主要效用的是1976年的《资源保护与回收法》(简称RCRA)，它为美国的固体废物处置提供了法律基础。RCRA以法律形式禁止企业将大量电子产品作为普通垃圾丢弃，并规定对废旧电子电器中破坏臭氧层的氯氟烃(CFCs)和含氢氯氟烃(HCFCs)实行强制回收。RCRA为各州制定自己专门的电子废物管理法案提供了法律基础，各州参照一般固体废物的处置办法，并在RCRA的许可范围内，结合州内的立法传统和电子废物状况，因地制宜地制定相应的法律。截至2006年，已有22个州正在进行71项与电子废物处置相关的单独立法。1996年8月，美国共有18个州立法禁止填埋白色家电，如亚利桑那州、科罗拉多州规定白色家电必须经过拆解后才能进入最终的填埋处理。2000年4月，马萨诸塞州全面禁止废弃电脑显示器和电视机进入填埋场或者焚烧炉处理。2001年，阿肯色州出台《电脑和电子固体废弃物管理法案》，提出解决电子废物的方案是通过部件回收、二次使用、捐赠等手段加强废物交换和专业拆解处理等，从 2005 年 1 月 1 日起，全面禁止电脑和电子设备进入州立填埋厂。加州率先通过了《2003 电子废物再生法案》，提出了一项在美国首开先河的提案——规定从 2004 年 7 月 1 日起消费者在购买视频显示设备时，要交纳每件 6～10 美元的电子垃圾回收处理费。缅因州在 2006 年 1 月开始实施《有害废物管理条例》，规定对家用电视机和电脑显示器实行强制回收，由生产商承担收集和处理费用。新泽西州和宾夕法尼亚州立法确定通过征收填埋和焚烧税来促进有关家电企业回收利用废弃物。此外，美国也开始酝酿制定全国统一的法律法规，2007 年 5 月 25 日电子行业联盟发布了针对家用电视和信息技术产品的国家回收再利用计划：由该行业赞助的第三方机构负责电视的收集和回收再利用，消费者在购买时只要支付一小笔费用；IT 设备产品的制造商实施对其自身产品进行收集和回收再利用的方案，而且是以对消费者便利和免费的方式来实施。

(2) 管理方式

在美国，电子废物的管理隶属于美国国家环保局，此外一些行业组织或民间机构也参与电子废物的管理，如国际电子废物回收商协会(IAER)、电子工业协会(EIA)、国家回收联盟(NRC)、电子与电气工程师协会(IEEE)、聚合物联盟区(PAZ) 等行业组织和硅谷有毒物质联盟(SVTC)、巴塞尔行动网络(BAN)、绿色和平组织(GP) 等民间机构。

虽然美国也开始在电子废物回收处理中采用生产者责任延伸制(EPR)，但其管理模式更加灵活，提出了有别于传统以生产者为中心的 EPR，其内涵更加宽泛，将所有与产品废弃后回收处理有关的生产者、消费者、销售者、回收处理者及其他相关机构都纳入这一体系中，但强调应该是基于企业和各种相关组织自愿参加基础上的一种非政府行为。为了保证该制度的顺利实施，在自愿协议方法不成功的情况下，政府将强制立法，以此促使企业界自发开展废弃电子产品的回收和处理行动。目前，已经有很多企业自发开展了一系列的废弃电子产品的回收计划，如索尼、松下、夏普、惠普、IBM 等。

(3) 回收机构

美国主要有两个回收利用机构：一个对废弃的家电进行体检，通过探测装置，将其中还可使用的部件与整机分离开来，工人们将这些部件组装起来“重新上岗”；另一个机构被称为“临终处置”，是将剩下的材料拆开，把铝、金、铜、塑料等分类、压碎，运往各个专门的处理厂处理。据统计，1995 年美国有 75% 的大家电进行了回收利用，由此提供了 10% 的再生钢铁。

7.5.1.3 欧盟

欧盟国家的电子废物管理法律制度比较成熟，早在 1993 年就提出了“生产者责任延伸制”(EPR) 的理念，而在此之前就已经开始了废旧家电回收处理的立法实践。20 世纪 90 年代，奥地利、意大利、比利时等国先后颁布了废旧家电处理的相关法规。而大部分欧盟成员国在 2000 年就电子产品颁布了一系列区域性法令，2003 年 2 月 13 日欧盟又颁布了两部整体性法令：《关于在电子电器设备中限制使用某些有害物质指令》(The Restriction of the Use of Certain Hazardous Substances in Electrical and Electronic Equipment，简称《RoHS 指令》，2002/95/EC) 和《关于废弃电子电器设备指令》 (Waste Electrical and Electronic Equipment 简称《WEEE 指令》，2002/96/EC)。之后，欧盟成员国开始陆续进入将这两个指令转化为本国法规的立法程序。2005 年 8 月 13 日，依据两指令制定的《电子垃圾处理法》

开始实施。欧盟电子废物的法律框架如图 7-14 所示。

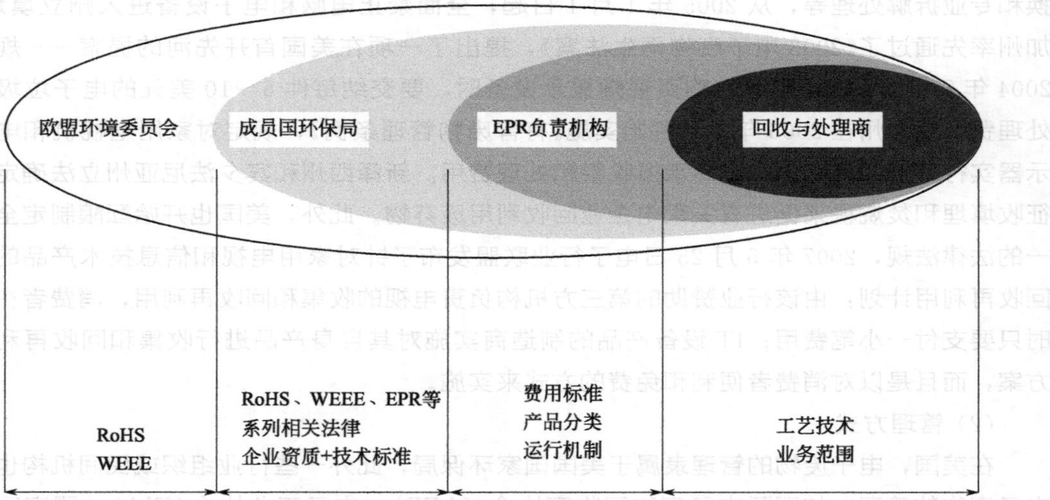

图 7-14 欧盟电子废物管理的法律框架

(1)《关于报废电子电气设备指令》(WEEE)

WEEE 指令涉及范围广泛，几乎涵盖了当今所有电器电子产品。根据 WEEE 指令的定义，“电子电气设备”(EEE)，指的是设计使用电压为交流电不超过 1000 V 和直流电不超过 1500 V 的、正常工作需要依赖电流或者电磁场的设备和实现这些电流与磁场的产生、传递和测量的设备。WEEE 指令的适用范围是全部 10 大类近 100 小类电子电气设备(见表 7-10)，涉及产品清单只是象征性的，具体产品还会在指令实施过程中予以进一步修正或补充。

表 7-10 WEEE 指令管理的产品表

序号	产品大类	产品类型
1	大型家用器具	大型制冷设备，电冰箱，冷冻箱，其他用于食品冷藏、保存和储存的大家电，洗衣机，干衣机，洗碗机，烹饪设备，电炉，电热盘，微波炉，其他用于食品烹饪或其他加工的大家电，电加热器，电暖器，其他用于房屋、床和座椅加热的大家电，电扇，空调器，其他通风、排气装置和调节设备
2	小型家用器具	真空吸尘器，地毯清扫器，其他用于清洁的电器，用于织物缝纫、编织和其他加工的电器，电熨斗和其他用于衣物熨烫和护理的电器，烤面包器，油炸锅，磨碎机，咖啡器和用于打开或密封容器或包装的设备，电动刀具，用于理发、干发、刷牙、剃须、按摩和其他的身体护理器，时钟，手表和用于测量、显示或记录时间的设备，电子秤
3	IT 及通信设备	中央数据处理设备：主机，电脑，打印机；个人计算设备：个人计算机(包括 CPU、鼠标、显示器和键盘)，膝上电脑(包括 CPU、鼠标、显示器和键盘)，笔记本计算机，掌上电脑，打印机，复印机、电动和电子打字机，袖珍和台式计算器，其他以电子方式收集、储存、加工、显示或传输信息的产品和设备，用户终端及系统，传真机，电报机；电话；付费电话机，无绳电话，蜂窝电话，应答系统；其他以电信方式传送声音、图像或其他信息的产品或设备
4	用户设备	收音机，电视机，摄像机，录像机，高保真录音机，音频放大器，乐器，其他用于记录或复制声音或图像的产品和设备，包括信号或其他以非电信方式传播声音或图像的技术
5	照明设备	荧光灯照明器具(家庭用除外)，直管荧光灯，紧凑型荧光灯，高强度放电灯包括高压钠灯和金属卤灯、低压钠灯，其他用于传播或控制灯光的照明器具(白炽灯除外)

续表

序号	产品大类	产品类型
6	电子和电气工具（大型固定工业工具除外）	电钻，电锯，缝纫机，用于木材、金属或其他材料的车削、铣削、砂磨、研磨、锯、切割、剪切、钻孔、打洞、冲压、折弯或类似加工的设备，用于铆、钉或拧或去除铆钉、钉子、螺钉、拧或类似用途的工具，用于焊接、钎焊或类似用途的工具，用其他手段对气体或液体进行喷射、扩散、分散或其他处理的设备，割草或其他花园用工具
7	玩具、休闲和运动设备	电动火车或赛车，视频游戏机，用于骑车、潜水、跑步、划船等的计数器，带有电子或电气元件的运动器械、投币机
8	医用设备（所有被植入和被感染的产品除外）	放射治疗设备，心脏病学设备，透析机，呼吸器，核医学设备，用于试管诊断的试验设备，分析器，冷冻箱，受精试验装置，其他用于检测、预防、监测、处理、缓解疾病、减轻伤害或致残的设备
9	监测和控制器械	烟雾探测器，加热调节器，温控器，家用或实验室用的测量，称重或调节设备，用于工业设施的其他监测和控制仪表(如控制面板等)
10	自动售货机	热饮自动售货机，瓶装或听装冷热饮自动售货机，固体商品自动售货机，自动取款机，各类商品的自动补给设备

WEEE 指令的目的在于提高报废电子电气产品的回收及再循环率，从而降低最终处理的电子废料的数量，以此减少对环境的污染，提高对自然资源的利用率。并且 WEEE 指令的实施将迫使电子电气设备生产商加快环保绿色产品的研究、设计和产业化生产。

该指令主要明确了在 WEEE 管理中采用的 3 个制度。

1）生产者责任延伸制度　生产商设计生产的产品应有利于分解和回收；生产者可以以独立或联合的方式建立分类回收系统，负责 WEEE 的回收；生产者应建立使用最佳的可用的处理、回收和循环技术的系统负责 WEEE 的处理；在 2006 年 12 月 31 日前，生产者要完成规定的回收目标，见表 7-11；生产者应提供再利用中心、处理和回收设施所需要的再利用和处理信息，如电子电气设备组件和材料，有害物质及配制件的部位等；对于在 2005 年 8 月 13 日前投放市场的产品所产生的“历史垃圾”的管理费用，将由市场上所有的生产者按其产品所占市场份额的比例承担，对于 2005 年 8 月 13 日之后销售的产品，生产商仅对自己产品所形成的 WEEE 的处理费用负责。

2）分类收集制度　要求消费者必须有效地为分类收集事业做出积极贡献，鼓励消费者返还 WEEE 时，将 WEEE 单独收集，不让其进入城市垃圾系统，尽可能减少由于 WEEE 未被分类的处置量。各成员国应当建立收集 WEEE 的便利设施，包括公共收集点。对于来自私人家庭的 WEEE，成员国应确保在 2005 年 8 月 13 日前建立允许消费者和销售商将 WEEE 免费送回的系统。销售商在供应新产品时，应保证在一对一的基础上免费收回与新产品类型和功能相同的 WEEE。2006 年 12 月 31 日前达到每人每年平均 4kg 的家庭 WEEE 的分类收集量。

3）信息标识制度　为区分“历史垃圾”和“新报废品”，在 2005 年 8 月 13 日后投放市场的产品应有清晰的生产商识别标志，并专门指明产品是在 2005 年 8 月 13 日后投放市场的。为便于分类收集，从 2005 年 8 月 13 日起，电子电器设备应用标记带十字叉的带轮垃圾桶收集，以显示报废品不能作为普通生活垃圾处理。

表 7-11　WEEE 指令对回收率及再利用和再循环率要求　单位(质量分数)：%

产品类型	回收率	再利用和再循环率
大型家用器具，自动售货机	80	75

续表

产品类型	回收率	再利用和再循环率
IT及通信设备，用户设备	75	65
小型家用器具，照明设备，电子和电气工具，玩具、休闲和运动设备，监测和控制器械	70	50
气体放电灯	—	80

WEEE指令明确要求生产者应负责废旧电子电器设备的回收和处理费用及回收处理设施的建设费用。比如彩电或冰箱，每台将被加收2%～3%左右的电子垃圾回收费。收费标准的制定和费用的管理都交由商业协会共同组建的非赢利组织EPR运行机构来操作。虽然在欧盟执行的是由生产者承担的EPR责任模式，但大部分成员国采用政府、生产商和消费者共同参与的联合机制。处理费用也转移到产品成本中，由消费者承担，其征收模式为预付费方式，即在消费者购买新产品时支付，一种是在新产品的销售价格的基础上明码标出处理费；另一种是将处理费隐含在销售价格之中。

(2)《关于在电子电气设备中禁止使用某些有害物质指令》(RoHS指令)

RoHS指令的适用范围涉及WEEE指令中的八大类电子电气设备，不包括医用设备及监测和控制器械。RoHS指令的目的是限制电子电气设备中某些有害物质的使用，从而实现源头污染控制，保护人类健康，促进对废弃电子电气设备进行合乎环境要求的回收处理。

指令规定从2006年7月1日起，投放欧盟市场的新的电子电气设备不含有铅、汞、镉、六价铬、多溴联苯(PBB)和多溴二苯醚(PBDE)6种物质。但是，由于在电子电气设备中完全禁用上述物质几乎是不可能的，出于实际考虑，RoHS指令首先将WEEE指令中的八大类产品全部放入约束的范围，然后再对其中有毒有害物质的浓度进行控制，对“技术尚不够成熟、经济上不可行”的产品采用“排除法”予以“豁免”，但其“豁免”不是无限期的。因此欧盟RoHS指令的贯彻需要标准和豁免清单的支撑。目前欧盟正在陆续发布更新豁免清单，使那些指令所涉及的有害物质不能通过改变设计而被消除或替代的情况以及替代可能给环境、人类健康，尤其是消费者健康带来更大负面影响的情况，被不断补充进指令的附件中。

由于在RoHS指令中未详细说明有害物质的最大浓度限值，欧盟委员会于2005年8月18日通过了2005/618/EC决议，明确规定了电子电气设备中铅、汞、六价铬、PBB和PBDE的最大允许含量为0.1%(1000 ppm)，镉为0.01%(100 ppm)，此限值的出台为判定整机、元器件等产品是否符合RoHS指令(2002/95/EC)提供了法定依据。欧盟的RoHS指令对有毒有害物质的控制采取的是“自我声明”的方式，要求“一步到位”，“自我声明”的前提是要使有毒有害物质达到限量要求。

欧盟的两指令在电子废物立法史上具有里程碑意义。其具体目标和时间表见表7-12。基于欧盟的经济强势，两指令具有世界影响。欧盟各国或者制定新法规或者修订原有法规，在WEEE和RoHS下纷纷建立起符合统一要求又符合本国国情的电子废物管制体系。

表7-12 表实施两指令的目标和时间表

时间	目标	主要任务
2003/2/13	欧盟官方公报发布	两指令生效

续表

时间	目标	主要任务
2004/8/13	两指令转换为成员国的国家法规	欧盟成员国将欧盟指令转换为本国的国家法规
2005/8/13	WEEE 指令作为各成员国法律生效	报废电子电气产品回收体系、处理及成本支付系统必须开始运转
2006/7/1	限制使用有害物质	投放欧盟市场的产品不含有规定的 6 种有害物质
2006/12/31	达到回收循环目标	WEEE 符合规定的回收率和循环利用率
2008/12/31	新的强制性目标	具体回收目标更新，提高要求

7.5.2 废旧家电管理体系分析比较

7.5.2.1 其他国家和地区管理体系比较

目前在废旧家电等电子废物管理方面做得比较好且已经建立专项法规的国家和地区均为发达国家和地区。欧洲早在 1993 年就提出了“生产者责任延伸制”，从 20 世纪 90 年代中初期欧洲各国开始对电子废物立法，90 年代末期亚洲的日本实施了专项法规，而亚洲的大部分国家和美洲国家在专项立法方面落后于欧洲。美国作为世界上最大的电子垃圾产生国，支持电子废物的回收的专项法均由各州政府制定，立法与回收再利用落后于欧盟与日本。由于各国的国情不同，其制定的相关废旧家电的法律法规在内容上也各有特色，如表 7-13 所列。

表 7-13　其他国家回收体系比较

国家/地区	网络构成	经费来源	相关方责任	运行效果
日本	以销售渠道为主的回收体系。家电厂家已建立了 30 多家废弃家电回收利用工厂	消费者承担相关费用	制造商负责废旧家电的再生利用；经销商回收废旧家电并送至处理中心； 消费者承担回收集搬运和再生利用费用	实施效果明显，回收处理量和回收处理率不断增加。但同时引起废旧家电不法投弃的增加
瑞典	销售体系和社区回收两个平行渠道进行回收。收集到的废旧家电送到制造商委托的预处理厂处理。各预处理企业自由竞争，生产厂家招标选择	社区回收方式所需收集费用由地方政府承担；制造商承担运输回收等费用	居民可通过免费的“以旧换新”返还商店，或投入社区的指定收集点；制造商负责组织收集废旧家电并承担费用，委托预处理厂处理	以社区回收为主，回收率较高，可达 10kg/(人・年)
德国	由各市区直属市政企业负责回收。包括上门回收，居民直接送到回收点	由消费者承担收集费（从清洁费中支出），由制造商承担运输、回收、拆解、填埋等费用	主要由社区收集点收集，运输公司将其运至分拣公司分拣后交由预处理厂处理	各州政策不同，要求消费者废弃家电时付费的效果不理想
荷兰	由 NVMP(家用电器)回收组织负责废旧家电的收集和运输，并交由其签约处理公司处理	消费者在购买新产品时支付处理费用(可见收费)	消费者可通过两种渠道免费交付电子废物，一是通过零售商来实现，二是直接送至市政指定回收点。生产者联合组织 NVMP 负责回收处理	2001 年，NVMP 系统共回收处理 350 万台 WEEE，人均收集量4.13kg/年

续表

国家/地区	网络构成	经费来源	相关方责任	运行效果
美国	拥有一批技术成熟、管理完善的废旧家电处理企业：专业分工，有专门的拆解、电路板回收和提炼贵重金属的公司	加州规定由消费者在购买时交纳每件6～10美元的电子垃圾回收处理费。缅因州由生产商承担收集和处理费用	一些制造商开始致力于回收其电子产品，政府干预购买行为，优先采购有再生成分的产品	回收处理能力相对废旧家电的数量大大不足，存在向发展中国家出口电子垃圾的现象

(1) 回收体系

废旧家电的回收方式多样化，包括社区回收、销售点回收、专业回收商回收等。总结各国回收体系主要有以下几种形式[6]。

① 由政府或半官方性质的机构承担，通过建立回收基金，向生产者、销售商收取处理费用，用于建立废旧产品的回收网络和资助处理企业。

② 成立独立的第三方机构，通过生产者的委托进行收集和再生处理工作，具体包括：a. 以零售商为中心的回收服务体系，消费者自行将废旧产品就近送到零售商处，生产商再从零售商处将其送至再生利用企业；b. 以个体回收者为主体的上门或定点收购服务体系，由个体回收者走街串巷式上门或定点的方式进行收购。

③ 由独立的或联合的生产者组建自己的回收体系。大多数国家的废旧家电回收方式并不是单一的，通常由多种回收途径共同运行构成一个有效的回收网络。

(2) 相关方责任

一个最重要的共同点在于许多发达国家和地区均实行了生产者责任延伸制，强调了制造商的责任，不仅对废旧家电的回收处理提出了一定的要求，对家电产品的设计也提出了更高的环保要求。但其具体措施却日趋多元化，制造商具体承担的责任各国存在较大差异。生产者延伸责任实施参与方很多，包括整个产品链的各相关方，如生产者、销售者、回收处理机构、消费者以及政府机构等。其中欧盟规定经济责任、具体实施责任和信息责任均由生产者承担；日本生产者承担具体实施责任，经济责任由消费者承担；荷兰具体实施责任由生产商和销售商分担；瑞典由专业厂家处理回收来的电子废物，回收、信息责任和经济责任由生产者承担；各国在立法中明确规定了生产者负有回收处理电子废物的责任，生产者可以自己建立回收处理体系或者以外包的方式委托给第三方。

(3) 费用分担

为推动废旧家电的回收再利用，发达国家投入在废旧家电回收中的费用是比较大的。其付费方式包括生产者付费(如欧盟、瑞典)和消费者付费(如荷兰、挪威、瑞士、日本)。生产者付费即由生产者负责收集、处理、再利用自己的废弃产品或者向第三方的组织或政府付费，但这部分费用增加的成本最终转嫁给消费者，是隐性消费者付费方式。消费者负担处理费主要有两种方式：一种是预付费模式，具体可以通过“价内回收处理费”(处理费计入产品价格)和“主动回收保证金”(处理费另立)两种方式实现；另一种是后付费模式，即在废弃时支付。其回收体系模式及付费情况如图7-15所示。

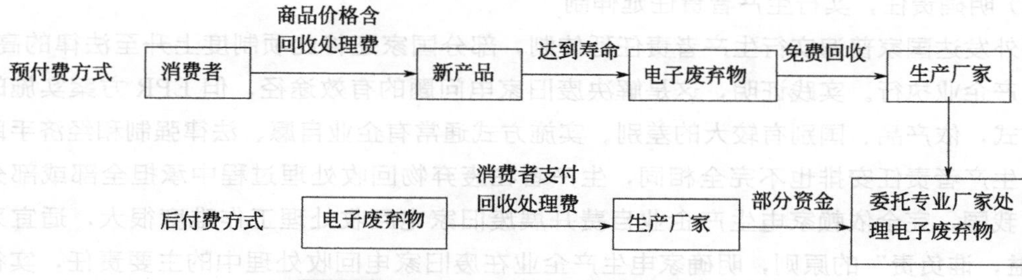

图 7-15 国外电子废物回收处理体系示意

随着 EPR 的广泛认可，将来制造商在回收再利用中将承担更大的责任，由制造商承担大部分回收处理费用是一个共同的发展趋势。从总体上看，这种制造商付费制有助于刺激制造商从源头开始考虑减少污染及方便回收。目前的回收费用在大部分国家仍然由消费者提供，付费方式主要是由社区清洁费支出、专门的废旧家电回收费用等。消费者在报废家电时交纳回收费用的方式即便在发达国家，执行起来也具有相当的难度，如日本在执行消费者交旧时付费的同时就引发了不法投弃率的显著上升。

(4) 废旧家电处理企业

废旧家电的专业化处理早已受到发达国家的高度重视，它们在回收处理工艺设备等方面进行了大量的研究，并运用于实际发展了一些专业的废旧家电处理厂。一些国家已经实行自由竞争的市场行为以推动废旧家电处理行业的发展，企业间通过自由竞争分配到废旧家电处理的利润。国外废旧家电处理企业的利润来源主要包括旧家电流入二手市场产生的利润(约占 30%)、所拆解零部件的销售利润、回收再利用的材料的销售利润、消费者委托企业处理交付的处理费用。处理企业对废旧家电中有毒有害部件特别考虑，并进行专门处理，从处理厂的资格认证、处理人员的资质认证等方面严格规范，以防止在回收利用过程中将成本转嫁给环境。有的法规对于废旧家电的回收处理方式还做出了严格的要求，如欧盟规定废家电采用“热处理”的比例不得超过 5%～20%。

7.5.2.2 经验与启示

将我国废旧家电管理体系与其他国家和地区的管理体系分析比较，获得以下几点经验与启示。

(1) 完善法律法规

健全废旧家电回收利用的法律法规、配套政策是废旧家电管理的首要任务。如果没有法律法规的硬性约束，只依靠各责任主体的自觉行为，将会由于责任不清、行为不规范等原因造成回收处理体制的混乱。目前许多发达国家(如美国、德国、日本等)和地区通过立法的方式保证废旧家电的合理回收、处理以及再利用，以具体的法律法规作为强有力的保障措施。现有与废旧家电相关的法规和标准均为部门性法案，尚缺乏一部能够统领电子产品的清洁生产以及电子废物的综合利用、回收利用以及无害化处置等各个方面的综合性法规。我国应尽快建立面向循环经济的电子废物综合性、统率性立法体系，从法律上明确消费者、商家和厂家对废旧家电所应该负担的责任以及相关部门的监管职责，对废旧家电的回收处理过程实施监督。对违反规定者实施相应处罚，通过法律保障实现废旧家电的有效回收处理，将环境污染降低到最小程度。

(2) 明确责任，实行生产者责任延伸制

国外发达国家普遍实行生产者责任延伸制，部分国家还将此项制度上升至法律的高度，强制生产企业执行。实践证明，这是解决废旧家电问题的有效途径，但 EPR 方案实施的过程、方式，依产品、国别有较大的差别。实施方式通常有企业自愿、法律强制和经济手段刺激等。生产者责任安排也不完全相同，生产者在废弃物回收处理过程中承担全部或部分责任。在我国，完全依赖家电生产企业自费开展废旧家电回收处理工作难度很大，适宜采用“谁受益，谁负责”的原则，明确家电生产企业在废旧家电回收处理中的主要责任，实行生产者(进口者)、销售者、消费者和政府共同承担的联合机制，有配套的费用构成和承担机制。

(3) 明确回收目标

只有明确了回收目标，各项政策措施才具有可操作性。例如，WEEE 要求按照电子废物类别达到 50%～80%的再使用(reuse) 和再生利用(recycling) 率、70%～80%的回收利用(recovery) 率及每人每年 4 kg 的回收目标。日本根据家电种类，要求达到 50%～60%以上的再商品化率，到 2008 年则统一要求大于 80%。从实施效果来看，对回收率做出要求的国家在规定的时间里都达到了并且超过了预定的回收目标，实施效果良好，进入良性循环轨道。但确立回收目标需要综合考虑电子产品生产厂商、处理企业的能力，以及消费者参与情况，存在差异是难免的。我国《家用和类似用途电器的安全使用年限和再生利用通则》中要求制造商对不同的产品类型，其再使用和再生利用率达到电器平均质量的 50%～75%。但这只是推荐性标准，其效力不如国外法律规定。

(4) 合理确定管理对象

综观世界各国的立法管辖对象，可以得出以下结论：从范围上看，涉及的管辖范围逐渐向广泛化、全面化方向发展。从最初仅规定了几种家用电器，到如今欧盟的 WEEE 指令要求对 10 大类，100 多种产品进行回收处理。从内容上看，管辖的内容更加具体、专项化。日本《特种家电再循环法》规定了对电视机、洗衣机、空调、电冰箱 4 大家电进行回收再利用。美国面临的电子废物问题主要是废旧电脑，因此各州的法律措施主要是针对消费类电子产品以及 IT 产品等废弃物。还有欧盟及其成员国的法律也对其管辖产品进行具体的分类。管理对象的系统化、规范化，有利于实现废旧家电的集中治理。我国初步建立的废旧家电治理政策需要进一步细化，明确管理对象，使其具有更强的约束力和可操作性。根据国情，先确定优先管理对象，随着法规的顺利实施，再扩大管理范围，最终实现对所有废旧家电的分类管理。《废弃电器电子产品回收处理管理条例》采用目录管理，但配套的目录却尚未出台。

(5) 建立规范的回收体系

废旧产品的回收是一个庞大、复杂的系统工程。建立完善的回收系统对废旧产品的回收起着良好规范和促进作用。世界许多国家都建立了较为完备的回收体系。例如，德国建有废旧电子电器 WEEE、包装废弃物 DSD(duales system deutschland) 和饮料瓶 Tormra 等回收系统；日本形成了自主回收体系，现有 40 多家处理工厂，380 个分为 A，B 两类的回收据点，均获得了较高的回收率。通过成功案例分析，建立的回收系统应包含经济法律、组织管理、群众参与和企业经营等多方面的因素，这些因素相互协调才能构成一个有机整体。

7.6 电子废物管理体系发展趋势

7.6.1 规范化

废旧家电的回收体系建设问题，涉及家电生产者、销售者、消费者、废旧家电收集者、拆解处理者和废旧家电回收管理者等多个环节，是一个复杂的系统工程。

首先，如何提高家电消费者的资源和环保意识，使其不随意处置废旧家电，需要有一个过程，需要采用一定的手段。除了必要的宣传和教育以外，像废旧家电以旧换新政策的持续有效科学实施、政府集中采购家电的集中报废、收旧人员的持证上岗和收集废旧家电的流向登记等手段，均可以在有条件的试点率先实施，再逐步推广。要让家电消费者真正认识到，按照有关规定进行废旧家电的处置，既是责任和义务，同时也能够给自己带来效益。

其次，必须建立废旧家电收集者持证上岗制度。这是一件难事，又是不得不做的事。废旧家电的收集，不仅涉及废旧家电的资源化利用问题，更是关系到二手家电的安全问题和拆解处理的环保问题，收集者必须将收集所得废旧家电交由有资质的处置企业处理，在此过程中必须有登记、查验等监管措施。

第三，必须对废旧家电拆解处理企业所用拆解处理工艺是否环保科学、拆解装备是否符合环保要求、拆解环境是否达标等进行全面考核和监管。尽快制定废旧家电处置与利用环保准入条件，对不符合条件的废旧家电拆解处理企业，必须限期进行整改。新增的废旧家电拆解处理企业必须严格按照准入条件进行企业设立、环境评价和验收。同时，对相关企业实行年检制度。

第四，必须实行废旧家电回收管理者唯一制，变“政出多门、管事多头”为同一部门。建议由环保部门进行废旧家电的统一管理，包括对家电消费者、废旧家电收集者、废旧家电拆解处理者的管理和废旧家电再生利用行业的管理。

7.6.2 规模化

资源循环产业是阳光产业，具有节能减排的特点，属于国家鼓励和扶持的新兴产业。我国必须进一步加大资源循环产业的规划和建设力度，使之成为我国经济转型的重要抓手和载体。资源循环产业的规划必须综合考虑科技进步水平、地区分布平衡、废旧家电等再生资源的来源渠道等因素，统筹管理。资源循环产业的建设必须考虑高起点和高标准，不留二次污染。对具有示范意义的废旧家电再生利用工程，必须从舆论上给予宣传，从政策上给予优惠，使之真正起到示范和标杆作用。

7.6.3 中国化

废旧家电的资源化利用是一件利国利民、有利于经济和社会发展的好事，完全可以办成一个新兴工业产业。为此，必须加大废旧家电资源化利用的科技开发和工程示范力度。科技厅、环保厅等部门，在每年的科技立项中增加立项数量和支持力度，使包括废旧家电在内的资源循环科技水平提升到一个新的高度，使资源循环产业成为我国重要支柱产业。

目前我国关于废旧家电回收处理的法律、法规中主要从宏观层面上提出了一些指导性原则，但实施细则不够明确，因而在实际操作中还存在诸多困难，需要完善相关法律细则，推行废旧家电回收处理的市场化运作，推动废旧家电回收处理产业化进程，不断完善政府保障调控，促进我国循环经济的健康发展。

7.6.3.1 制定相关法律法规的实施细则

以《废弃电器电子产品回收处理管理条例》等法律法规为基础，加快制定相关实施细则和规则制度，并予以有效执行。

（1）完善相关法规实施细则和规章制度

在制定实施细则中，要做到明细化和可操作化。例如，明确制定适合我国国情的废旧家电回收目标；规范废旧家电的回收处理过程中，制造商、分销商、消费者等相关主体的回收义务；确定回收费用支付的方式；从立法层面制订预防措施，禁止废旧家电及电子产品非法入境；制定旧家电的技术标准、捐赠制度等。

（2）实施法律责任问责和鼓励政策

制定制造商、进口商或经销商回收所售废旧家电条款，对制造商、进口商或经销商违反规定，不对其所售废旧家电进行回收的，给予一定的经济处罚，并责令其限期改正，情节严重的可以以污染环境罪追究其刑事责任；制定禁止对废旧家电直接填埋、焚烧条款，禁止制造商、进口商或经销商将所回收废旧家电私自转移、转卖条款，对拒不执行者，给予一定的经济处罚，情节严重的同样可以以污染环境罪追究刑事责任；实行税收减免机制，对于制造商回收、再利用废旧产品给予税收优惠，实行税收减征或免征；设立环境污染税，对于在制造过程中不考虑产品的环境性能、未使用废旧家电商品零部件或应该利用而没有利用对环境无污染和对人体无危害原件的“非绿色环保型”产品的，征收惩罚性的环境污染税；建立环境污染责任保险，推行环境污染责任保险，一方面可以减少制造商的理赔负担，另一方面可以更有效地保护消费者的民事权利；实施贷款限制政策，对不实行废旧家电回收或不使用废旧家电回收零部件进行生产的企业不提供贷款支持。

7.6.3.2 推行废旧家电回收处理市场化运作

目前，中国家电制造商的整体盈利水平不高，承担回收处理责任的能力有限。消费者付费又难以实现，经销商代收费也由于成本支出较大缺少可操作性。因此，借鉴国外先进经验，结合我国国情，建议推行废旧家电回收处理市场化运作模式，具体可采取以下措施。

① 规范和整合提高现行的废旧家电回收经营渠道，建立完善的回收网络，以保证处理企业有足够的废旧家电来源。

② 制定和试行《二手家电产品质量标准》，强制实施废旧家电监测制度，建立二手家电产品销售的市场准入制度。

③ 支持建设或改造一批回收处理企业，配备先进的专用拆解、分类、有害物质的处理设施，经过资格认证方可回收处理废旧家电。

④ 建立环境保护行政主管部门对废旧家电制造商回收利用废旧家电的定期检查制度，并由相关部门制定检查标准。

⑤ 将大批个体回收人员纳入回收体系，通过兼并、拆、转等方式，坚决取缔个体作坊加工处理废旧家电，实现多元回收和集中处理。

为了保障废旧家电回收处理市场化运作，政府除设立专项补贴外，可以在政策上给予倾斜与扶持。例如，从法规条例上规定生产商对自己产品的全生命周期负责，以保障专业回收处理企业的利益；利用财政预算内资金支持开展废旧家电回收处理宣传教育，设立示范试点，为从事回收处理的企业创造一个良好的社会环境；从企业注册、运营资金、税收、管理费用等方面向回收处理企业倾斜；提供专项资金，积极为回收处理企业和科研单位牵线搭桥，支持企业研究开发有毒有害物质的替代材料以及有毒有害物质的回收处理技术；政府从财政收入中分离部分资金作为启动基金，对企业技术创新进行适当的补贴；设置特殊税种，如以环保税的形式向企业收取部分资金，同时规定这项税金不能纳入企业成本中，以保证这项费用不会转嫁到消费者头上，但对专业回收处理企业实行免税。此外，可由政府设立一个专门的监督机构，监督各方回收处理资金到位、使用情况和废旧家电最终的回收处理情况，以确保该机制运行的有效性和安全性。

7.6.3.3 实行废旧家电回收处理从业资质认证

废旧家电回收处理企业作为资源循环利用产业的主体，应具备必需的专业技术人员、装备和设施。检测、拆解、回收零部件，有毒有害物质和废弃垃圾的处置等过程要符合安全、环保等要求，其回收、储存、运输、处置过程要符合相关规定并接受监督。为此，应对从业企业实行资质认证，提高市场准入门槛，具体可以采取以下措施。

(1) 实行许可制度

实行许可制度即对废旧家电的回收企业和再利用处置企业实行许可制度，对从事回收处理的企业进行资格审查及登记。

(2) 设置废旧家电回收许可证和废旧家电回收处理综合许可证，并进行管理

获得回收许可证的企业只能进行废旧家电回收，获得废旧家电回收处理综合许可证的企业对废旧家电进行集中拆解、资源化以及保证最终处置，同时也可开展回收活动。

(3) 实行转移联单制度

为了更好地控制废旧家电的流向，并方便核查管理，可对废旧家电回收企业和处理企业实行转移联单制度。同时，可将转移联单作为对正规废旧家电回收及处理企业进行一定补贴的依据，这也利于对回收处理企业进行监管。废旧家电转移联单的运作可借鉴危险废物转移五联单的正副联运作方式。另外，结合信息化工作的开展，可开发废旧家电电子联单系统，逐步开展网上废旧家电转移联单办理。

8 电子废物处理处置中的污染减控技术

电子废物处理处置的核心是资源化利用和无害化处置，材料的分离回收率、再生利用过程中二次污染的大小是关键指标。二次污染的严重与否及治理措施是否科学合理，是电子废物再生利用相关工艺技术和装备的成败关键因素，也是国家相关部门和媒体最为关注的问题。

废旧电器电子产品等电子废物再生利用过程中产生的二次污染主要包括：拆解分类过程中释放出的废弃电器电子产品内部积存的灰尘，元器件与电路板分离过程中产生低熔点金属废气，电冰箱等整机破碎和线路板等粉碎过程中产生粉尘，气割和压缩等过程中产生金属粉尘和废气，焚烧或火法处理废线路板粉末或其他有机物质时产生二噁英等有毒废气，化学法和生物法处理过程中产生酸碱废水、含氰废水和重金属废水，以及在上述过程和工序中产生各类二次固体废弃物等。

8.1 电子废物再生利用过程废气治理

8.1.1 废气污染物种类

电子废物再生利用工艺不同，所产生的废气种类和数量差异很大，可以分为有机废气、酸性废气、重金属废气、可悬浮颗粒物等四大类型。

8.1.1.1 有机废气

有机废气主要产生于电子废物中的焚烧和高温过程中。有机废气中由多氯代二苯并-对-二噁英（polychlorinated dibenzo-*p*-dioxins，PCDDs）和多氯代二苯并呋喃（polychlorinated dibenzofurans，PCDFs）的异构体构成的持久性有机污染物统称为二噁英，二噁英是近年来国际上高度关注的有机污染物。92 个国家于 2001 年 5 月 22 日签署了联合国《关于持久性有机污染物的斯德哥尔摩公约》（简称《斯德哥尔摩公约》），认识到“持久性有机污染物（persistent organic pollutants，POPs）具有毒性，且难以降解，可产生生物蓄积以及通过大气、水和迁徙物种作跨境迁移并沉积在远离其排放地点的地区，之后在迁移点的陆地、水域生态系统中蓄积起来等危害”“必须在全球范围内对POPs采取行动”。我国政府于2001年5月23日签署了《关于持久性有机污染物的斯德哥尔摩公约》，并于2007年4月发布了《中华人民共和国履行〈关于持久性有机污染物的斯德哥尔摩公约〉国家实施计划》（简称“NIP”）。NIP旨在减少、消除和预防持久性有机污染物污染，保护环境和人类健康，根据我国履行公约的各项义务、需求和实际国情，提出了我国履约的总体战略目标、优先领域以及未来多领域的中长期战略规划和行动，分阶段、分区域和分行业开展履约活动。

为落实《斯德哥尔摩公约》NIP有关要求，2014年起，江苏省、湖北省和天津市被环境保护部确定为承担联合国开发计划署(UNDP)“通过环境无害化管理减少电子电器产品的生命周期内持久性有机污染物和持久性有毒化学品排放全额示范项目”试点省份，以“减少非法倾倒、露天焚烧和随机处置残余塑料等不规范的电子垃圾拆解和处置活动产生的大量POPs和PTS(持久性毒物，persistent toxic substances）等全球关注环境污染物的排放”为目标，通过对电子电器产品的生命周期分析，完善相关政策标准和技术规范，同时在相关省市开展废弃电器电子产品处理处置技术示范等活动，减少POPs/PTS的环境排放。

在废线路板粉末和其他有机废物焚烧处理过程中，大部分有机物会被氧化成CO_2、H_2O、氮氧化物等。如果在低温(400 ℃以下）下焚烧或局部供氧不足，某些含卤有机物就可能生成二噁英的前驱物，这部分物质再经过复杂的热反应，生成二噁英。但二噁英在高温环境(800 ℃以下）中绝大部分会被裂解。在焚烧炉尾部烟道烟温处于250～500 ℃时，在烟气中所含的Cu、Fe、Ni等金属颗粒和未燃尽的炭(主要是CO）等的催化作用下，二噁英的前驱物与烟气中的氯化物和O_2发生反应，可能再次合成二噁英。

8.1.1.2 酸性废气

酸性废气主要产生于电子废物中有机物的焚烧过程和使用硝酸、盐酸和硫酸等对有色金属进行湿法处理过程。主要成分为氮氧化物(绝大部分是NO)、硫氧化物(SO_x)、氯化氢(HCl)、氟化氢(HF）等酸性废气。

8.1.1.3 重金属废气

重金属废气主要来源于废弃电器电子产品拆解过程中低熔点金属的高温挥发和焚烧过程中重金属的气化。这些重金属以气态形式存在于烟气中，或者与焚烧烟气中的颗粒物结合，以固态形式存在于烟气中，还有部分重金属进入烟气后被氧化并凝聚成很细小的颗粒物。

8.1.1.4 可悬浮颗粒物

废弃电器电子产品在破碎、粉碎和焚烧等过程中，将产生大量的粉尘、由金属和高分子材料构成的轻质固体颗粒物等可悬浮颗粒物，这些颗粒物将悬浮于废气中。

8.1.2 废气治理方法

根据废气来源，可分为燃料燃烧废气治理方法、工艺生产尾气治理方法、汽车尾气治理方法等。按废气中污染物的物理形态可分为颗粒污染物治理(除尘）方法以及气态污染物治理方法等。

8.1.2.1 除尘方法

从废气中将颗粒物分离出来并加以捕集、回收的过程叫除尘，实现上述过程的设备装置称为除尘器。治理烟尘的方法和设备很多，各具不同的性能和特点，必须依据废气排放特点、烟尘本身的特性、达到的除尘要求等，结合除尘方法和设备的特点进行选择。

（1）重力除尘法

重力除尘法利用粉尘密度与气体密度不同，使粉尘靠自身的重力从气流中自然沉降下来，使含尘气流中粒子得到分离或捕集的方法。重力沉降室是通过重力作用使尘粒从气流中沉降分离的除尘装置。气流进入重力沉降室后，流动截面积扩大，流速降低，较重颗粒在重力作用下缓慢向灰斗沉降。重力沉降室分层流式和湍流式两种。重力沉降室的优点是结构简单、投资少、压力损失小、维修管理容易。缺点是体积大、效率低，一般仅作为高效除尘器的预除尘装置，除去较大和较重的粒子。

（2）惯性力除尘法

惯性力除尘法是利用粉尘与气体在运动中的惯性力不同，使粉尘从气流中分离出来的方法。常用设备是惯性除尘器。沉降室内设置各种形式的挡板，含尘气流冲击在挡板上，气流方向发生急剧转变，借助尘粒本身的惯性力作用，使其与气流分离。按照结构形式可分为利用气流冲击挡板捕集较粗粒子的冲击式惯性除尘器和改变气流方向捕集较细粒子的反转式惯性除尘器。主要应用范围为：净化密度和粒径较大的金属或矿物性粉尘；多级除尘中的一级除尘，捕集 10～20 μm 以上的粗颗粒。

（3）离心力除尘法

离心力除尘法利用含尘气流的流动，使气流在除尘装置内沿某一定方向作连续的旋转运动，粒子在随气流的旋转中获得离心力，导致粒子从气流中分离出来的方法。主要设备是旋风除尘器。可以将多个构造形状和尺寸相同的小型旋风除尘器(又叫旋风子）组合在一个壳体内并联使用构成除尘器组。常见的多管除尘器有回流式和直流式两种。

（4）湿式除尘法

湿式除尘法用液体(一般为水）洗涤含尘气体，利用形成的液膜、液滴或气泡捕获气体中的尘粒，尘粒随液体排出，使气体得到净化的方法。湿式除尘器可使含尘气体与液体(一般为水）密切接触，利用水滴和尘粒的惯性碰撞及其它作用捕集尘粒或使粒径增大，可以有效地除去直径为 0.1～20 μm 的液态或固态粒子，亦能脱除气态污染物。低能湿式除尘器的压力损失为 0.2～1.5 kPa，对 10μm 以上粉尘的净化效率可达 90%～95%。高能湿式除尘器的压力损失为 2.5～9.0 kPa，净化效率可达 99.5%以上。湿式除尘器依据净化机理的不同，可以分为重力喷雾洗涤器、旋风洗涤器、自激喷雾洗涤器、板式洗涤器、填料洗涤器、文丘里洗涤器、机械诱导喷雾洗涤器等。常见湿式除尘装置的性能和操作范围见表 8-1。

表 8-1 常见湿式除尘装置的性能和操作范围表

装置名称	气体流速/(m/s)	液气比/(L/m³)	压力损失/Pa	分割直径/μm
喷淋塔	0.1～2	2～3	100～500	3.0
填料塔	0.5～1	2～3	1000～2500	1.0
旋风洗涤器	15～45	0.5～1.5	1200～1500	1.0
转筒洗涤器	300～750 r/min	0.7～2	500～1500	0.2
冲击式洗涤器	10～20	10～50	0～150	0.2
文丘里洗涤器	60～90	0.3～1.5	3000～8000	0.1

湿式除尘器的优点是：在相同能耗时，除尘效率比干式机械除尘器高。高能耗湿式除尘

器对于清除 0.1 μm 以下粉尘粒子仍有很高效率；除尘效率可与静电除尘器和布袋除尘器相比，而且还可适用于处理高温、高湿气流，高比电阻粉尘，及易燃易爆的含尘气体。在去除粉尘粒子的同时，还可去除气体中的水蒸气及某些气态污染物。既起除尘作用，又起到冷却和净化的作用。湿式除尘器的缺点是：排出的夹带着固体废弃物的污水需要处理，澄清的洗涤水应重复回用；净化含有腐蚀性的气态污染物时，洗涤水具有一定程度的腐蚀性，因此要特别注意设备和管道腐蚀问题；不适用于净化含有憎水性和水硬性粉尘的气体；寒冷地区使用湿式除尘器，容易结冻，应采取防冻措施。

喷雾塔洗涤器结构简单、压力损失小，操作稳定，经常与高效洗涤器联用捕集粒径较大的粉尘。严格控制喷雾的过程，保证液滴大小均匀，是有效操作的关键之一。

旋风洗涤器：干式旋风分离器内部以环形方式安装一排喷嘴，就构成一种最简单的旋风洗涤器。喷雾作用发生在外涡旋区，并捕集尘粒，携带尘粒的液滴被甩向旋风洗涤器的湿壁上，然后沿壁面沉落到器底。在出口处通常需要安装除雾器。

旋风水膜除尘器：喷雾沿切向喷向筒壁，使壁面形成一层很薄的不断下流的水膜。含尘气流由筒体下部导入，旋转上升，靠离心力甩向壁面的粉尘为水膜所黏附，沿壁面流下排走。旋风洗涤器的压力损失范围一般为 0.5～1.5 kPa。

离心洗涤器对于净化粒径小于 5 μm 的尘粒仍然有效，耗水量(L/G) 约为 0.5～1.5 L/m^3，适用于处理烟气量大，含尘浓度高的场合；可单独使用，也可安装在文丘里洗涤器之后作脱水器。

(5) 过滤除尘法

使含尘气体通过多孔滤料，把气体中的尘粒截留下来，使气体得到净化的方法。采用纤维织物作滤料的袋式除尘器，在工业尾气的除尘方面应用较广，除尘效率一般可达 99%以上。性能稳定可靠、操作简单，因而获得越来越广泛的应用。

含尘气流从下部进入圆筒形滤袋，在通过滤料的孔隙时，粉尘被捕集于滤料上；沉积在滤料上的粉尘，可在机械振动的作用下从滤料表面脱落，落入灰斗中。粉尘因截留、惯性碰撞、静电和扩散等作用，在滤袋表面形成粉尘层，常称为粉尘初层。新鲜滤料的除尘效率较低。粉尘初层形成后，成为袋式除尘器的主要过滤层，提高了除尘效率。随着粉尘在滤袋上积聚，滤袋两侧的压力差增大，会把已附着在滤料上的细小粉尘挤压过去，使除尘效率下降。清灰是袋式除尘器运行中十分重要的一环，多数袋式除尘器是按清灰方式命名和分类的。常用的清灰方式有机械振动式、逆气流清灰、脉冲喷吹清灰三种。

(6) 电除尘法

利用高压电场产生的静电力的作用实现固体粒子或液体粒子与气流分离的方法。电除尘器使尘粒荷电并在电场力的作用下沉积在集尘极上，与其他除尘器的根本区别在于，分离力直接作用在粒子上，而不是作用在整个气流上，具有耗能小、气流阻力小的特点。电除尘器的主要优点是压力损失小，一般为 200～500 Pa；处理烟气量大，可达 10^5～10^6 m^3/h；能耗低，大约 0.2～0.4 kW·h/1000 m^3；对细粉尘有很高的捕集效率，可高于 99%；可在高温或强腐蚀性气体下操作。

8.1.2.2 气态污染物治理方法

气态污染物种类繁多，性质各异，治理方法各不相同。所采用的净化技术可分为分离法和转化法两大类。分离法是利用外力等物理方法将污染物从废气中分离出来的方法。转化法是使废气中污染物发生某些化学反应，然后分离或转化为其他物质，再用其他方法进行净化。对于烟尘、雾滴之类的颗粒状污染物，可利用其质量较大的特点，用各种除尘器、除雾器使之从废气中分离出去。对于气态污染物，利用其不同的理化性质，采用冷凝、吸收、吸附、燃烧、催化转化等方法进行净化处理。

(1) 冷凝法

冷凝法是利用不同物质在同一温度下有不同的饱和蒸气压以及同一物质在不同温度下有不同的饱和蒸气压，将混合气体冷却或加压，使其中某种或几种污染物冷凝成液体或固体，从混合气体中分离出来的方法。可用于回收高浓度的有机蒸气和汞、砷、硫、磷等废气，通常用于高浓度废气的一级处理，以及除去高湿废气中的水蒸气。

当气体中含有较多的有回收价值的有机气态污染物时，通过冷凝来回收这些污染物是较好的方法。当尾气被水饱和时，为了消除白烟，有时也用冷凝法将水蒸气冷凝下来。但是仅仅通过冷凝往往不能将污染物脱除至规定的要求，除非使用冷冻剂。

(2) 吸收法

吸收法是用适当的液体吸收剂处理气体混合物，以除去其中一种或多种组分的方法，通常按吸收过程是否伴有化学反应将吸收分为化学吸收和物理吸收两大类，前者比后者复杂。可用于净化含有 SO_2、NO_x、HF、SiF_4、HCl、NH_3、汞蒸气、酸雾和多种组分有机物蒸气。常用的吸收剂有水、碱性溶液、酸性溶液、氧化溶液和有机溶剂。

吸收设备的主要作用是使气液两相充分接触，以便很好地进行传递。许多吸收设备与湿式除尘设备基本相似。目前工业上常用的吸收设备主要有表面吸收器、鼓泡式吸收器、喷洒式吸收器三大类。吸收法的特点是工艺成熟、设备简单、一次性投资低，只要有合适的吸收剂就会有很高的捕集效率。但由于吸收是将气体中的有害物质转移到了液体中，这些物质中有些还具有回收价值，因此对吸收液必须进行处理，否则将导致资源的浪费或引起二次污染。

1) 空塔(又称喷雾塔)　与除尘用的喷雾室的原理相同。吸收多采用逆流式，将吸收液喷成雾状，气体自下向上低速流过与吸收液接触。这种设备的吸收效率不高。

2) 板式塔　包括筛板塔、阶梯式塔、泡罩塔、浮阀塔和喷射塔等有溢流装置的板式塔以及栅板塔等无溢流装置的板式塔。

3) 气泡塔　将气体用多孔板等分散器分散成小气泡，连续吹入塔内液体中，在气泡群与液体之间进行吸收。液体多为半间歇式送入和排出。

4) 湍球塔　在塔内的支承栅板上放置一些乒乓球或泡沫塑料球作为填料，气体从下部送入，液体从上部流下。气体将球吹起在塔内上下翻动，在激烈的湍动状态下进行气液接触。

(3) 吸附法

由于固体表面上存在着未平衡和未饱和的分子引力或化学键力，因此当固体表面与气体接触时，就能吸引气体分子，使其浓集并保持在固体表面，这种现象称为吸附。最常用的吸附设备是固定床吸附器。吸附法的特点是效率高，对低浓度的气体有很强的净化能力。但吸附剂在使用一段时间后，吸附能力会明显下降乃至消失，需要对吸附剂进行再生。为不使再生次数过于频繁，对高浓度气的净化不宜采用吸附法。根据吸附器内吸附剂床层的特点，可将气体吸附器分为固定床、移动床和流化床三种类型。一般在一个系统中安置2～3台吸附器，轮流进行吸附和再生。

(4) 燃烧法

燃烧法是通过燃烧将废气中的污染物(可燃气体、有机蒸气、微尘等)转变成无害物质或容易除去的物质。由于这种方法常常放在所有工艺流程的最后，故又称为后烧法，所用设备称为后烧器。与其他处理方法对比，燃烧法的特点是可以处理污染物浓度很低的废气，净化程度很高。根据燃烧方式的不同，可将燃烧法分为直接燃烧法、焚烧法和催化燃烧(转化)法。直接燃烧法为将废气直接点火，在炉内或露天燃烧。焚烧法为利用燃料的热能，使污染物分解和氧化。催化燃烧法是利用催化剂将废气中的污染物在较低温度下氧化。

1) 直接燃烧法　用于处理含有足够可燃物的废气，这些废气不需要燃料帮助即可燃烧，要求可燃物的浓度必须高于最低发火极限。对于烃类混合物来说，处于最低发火极限的发热量为 1925 kJ/m^{3}左右。但这种气体的燃烧很不稳定，也不安全。通常为了正常地进行燃烧，直接燃烧法要求废气的发热量应在 3347～3723 kJ/m^{3}之间。如将废气预热至 350 ℃，发热量尚可降低。这类废气与普通的气体燃料相近，用一般气体燃料的燃烧装置即可处理。此法可用于处理高浓度的硫化氢、氰化氢、一氧化碳、有机蒸气废气等。硫化氢燃烧后产生的二氧化硫可用于制造硫酸和亚硫酸钠。上述方法不能用于处理污染物浓度很低的废气。

2) 焚烧法　利用燃料燃烧产生的热量将废气加热至高温，使其中所含的污染物分解和氧化的方法。此法一般将废气加热至 700 ℃左右，必须保证燃烧完全，否则将形成燃烧的中间产物，其危害可能比原来的污染物还大。为了保证完全燃烧，必须有过量的氧和足够高的温度，并在此温度下停留足够长的时间。温度、时间和湍动是保证完全燃烧的三个要素。焚烧法所用的设备可分为立式和卧式两大类。立式焚烧炉一般安装在废气的导管上，用于处理含有足够氧的废气。当废气通过燃烧器上的火焰时，废气被加热至污染物的着火点以上。为了使废气与火焰更好地接触，通常在燃烧器上方的炉壁上设置挡板，并在上部设置格砖。卧式焚烧炉采用外燃烧器，位于炉子的一端。利用挡板或由切线方向进气，使废气与高温燃烧产物密切混合，以将废气加热至要求的温度。

3) 催化燃烧法　特点是可使燃烧反应在较低温度下进行，一般为 250～500 ℃，同时可利用热交换器回收热量，这样就有可能使燃烧过程的热量自给或只需少量补充。催化剂床为充满催化剂的容器或放在花板上的催化剂层。常用的催化剂载体有无规则金属网、氧化铝球载体以及蜂窝陶瓷载体。一般多将贵金属沉积在载体表面上来制备催化剂，其他如铜、锰、铬、铁、钴、镍等的氧化物也有一定活性，但反应所需温度较高，而且耐热性能差。催化剂载体必须具有很大的表面积和有效截面，阻力小于 19.6 Pa。蜂窝陶瓷载体催化剂由大量薄壁平行直通孔道构成整块。这种催化剂的自由空间大，磨损小，不易产生粉尘，也不会被外来粉尘堵塞，气体阻力很小，通常为颗粒床的 1/100～1/20。

由于大部分废气的温度都比较低，因而必须有预热燃烧器，通过燃烧燃料将废气的温度提高至反应温度(一般为 250～500 ℃)。这个预热部分与焚烧装置十分相似。当废气被预热至一定温度后，催化燃烧反应即开始进行。如排气表明燃烧完全，则说明预热温度已够，这时可减少预热燃烧器的燃料供应或将其关闭。如废气中所含的氧不够使用，可另外补充空气。催化燃烧的燃烧放热与普通燃烧完全相同，在催化剂表面上进行的燃烧反应必然使催化剂的温度升高。由个大部分催化剂的使用温度低于 800 ℃，如废气含有机污染物的浓度很高，即使不预热也可将催化剂烧毁。所以，催化燃烧法只适用于污染物浓度很低的废气，通过催化剂时的温升最好在 55～110 ℃左右。

催化燃烧法主要用于油漆溶剂、化工厂的恶臭物质、漆包线炉气体等的氧化处理。催化燃烧法不适用于处理含有有机氯化合物或含硫化合物的废气。这一方面是由于能形成有毒的氯化氢和三氧化硫，另一方面也会使催化剂中毒。此法也不适于用来处理含高沸点或高分子化合物的气体，因为由于产物的不完全氧化，催化剂的表面会堵塞。

采用燃烧法处理废气时均可进行废热回收。直接燃烧法的烟道气温度很高，可以采用加热锅炉。焚烧法和催化燃烧法的烟道气温度较低（300～800 ℃），可利用它在热交换器中预热废气。

4）催化转化法　利用催化作用将废气中的污染物转化成无害的化合物或者转化成比原来存在状况更易除去的物质的方法，可分为催化氧化法和催化还原法。催化转化法所用的催化剂应具备很好的活性和选择性、足够的机械强度、良好的热稳定。通过催化剂床层的气体应无粉尘及其他可使催化剂中毒的物质。催化燃烧法也属催化转化法。催化还原法分为非选择性和选择性两种。还原性气体与氮氧化物和氧同时起作用的称为非选择性催化还原法，还原性气体只与氮氧化物起作用的称为选择性催化还原法。催化剂主要采用贵金属，亦可采用镍-铜系、铬-铁系、铬-铜系、铜系催化剂。此法效率很高，操作简便。

8.1.3　焚烧过程废气治理实例

作者采用自主研发的“自动拆解分类-火法-湿法联合流程”处理废线路板粉末和其他有机废弃物，其中的密闭焚烧炉和烟气的二次燃烧技术是该联合流程的关键[7]。密闭焚烧-二次燃烧技术工艺流程如图 8-1 所示。

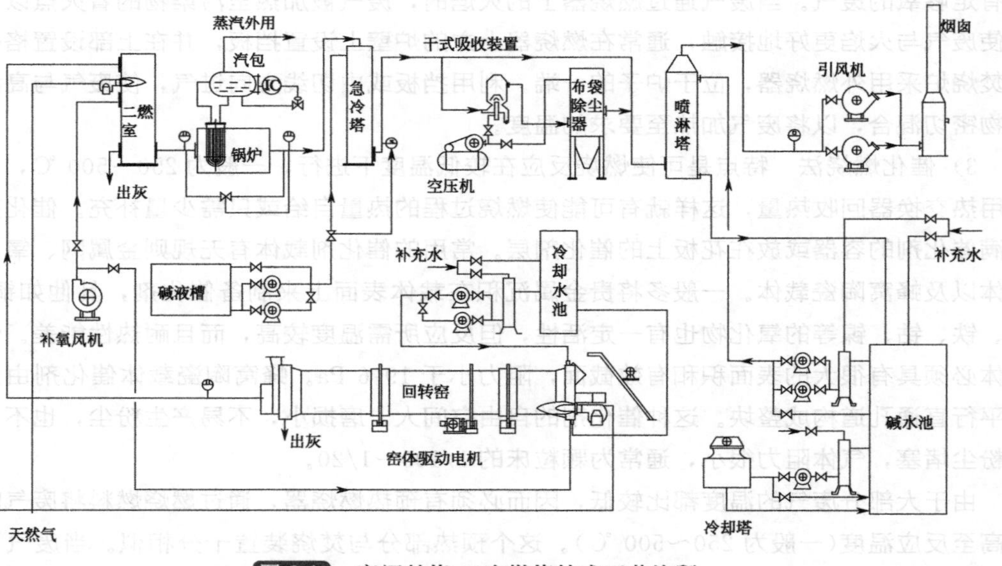

图 8-1　密闭焚烧-二次燃烧技术工艺流程

1）密闭回转炉焚烧　该装置的特点是给予一定的启动能量后，废线路板能够在其中进行自热型焚烧，使废线路板中的有机物充分燃烧，并在回转炉中回收铅和锡。焚烧所得材料分为焚烧料、铅锡合金锭和烟气三个部分。其中焚烧料已经全部转化为无机化合物，加入铜精炼系统，进行熔炼。铅锡等低熔点金属形成合金，可以作为一级粗产品进行销售或进一步分离低熔点金属。

2）二次燃烧室　烟气导入二次燃烧室，在补给富氧的情况下使烟气充分燃烧，温度大于1000 ℃，能够使二噁英彻底分解，为了避免烟气缓慢降温到300～600 ℃之间少量二噁英的合成，在一个特殊的速冷装置中，使烟气温度迅速降低到300 ℃以下，避免了二噁英的产生。通过一个特殊的热交换器使烟气速冷过程的热能得到有效回收。烟气速冷之后，再经过布袋收尘、吸收塔，烟气达标排放。经过密闭回转炉焚烧所得的焚烧料，加入铜精炼系统，进行熔炼。其中的铜、贵金属等得到回收利用，玻璃纤维的主要成分为氧化硅，代替了再生铜必须加入的熔剂，得到有效的回收利用，最后形成熔融状态的炉渣，经过水淬之后，形成颗粒状的炉渣，主要成分为硅酸亚铁，对环境不产生任何污染，销售给水泥厂作为水泥的配料。

8.1.4　铸锭过程废气治理实例

金属铸锭成型过程中，加热炉燃烧时排放含二氧化硫、氮氧化合物、含碳化合物（CO、CO_2）及含磷化合物等废气（气态），同时还会产生含金属、金属氧化物粉尘以及煤燃烧产生的烟尘（气溶胶）。对这种含气溶胶和气态污染物的废气的治理，通常是先进行除尘，然后再通过吸收、吸附等方法净化。

对于金属铸锭成型过程产生的烟尘，可以采用前面介绍的重力除尘法、惯性力除尘法、离心力除尘法、湿式除尘法、过滤除尘法和电除尘法等除尘技术，并结合有色金属回收技术进行除尘和综合利用。

在熔铸含铅合金时，可溢出大量的含铅蒸气，在空气中生成铅的氧化物微粒，以铅尘的形式散发到大气中，这种废气常被称为铅烟。含铅烟气的净化方法可分为干法和湿法两种方法。干法包括布袋除尘、电力除尘等，湿法包括水洗法、酸性溶液吸收法和碱性溶液吸收法等。

在熔铸或焙烧含硫金属时，产生大量的硫的氧化物气体（主要为SO_2）。SO_2最突出的环境特性是在大气中氧化最终生成硫酸或硫酸盐，是酸雨和光化学烟雾的成因之一。含量在0.1%～0.5%之间的称为低浓度SO_2，一般来自于有色冶炼过程；大于2%的称为高浓度SO_2，一般来源于燃料的燃烧过程。根据浓度的高低不同，采用的治理技术也不同。高浓度SO_2烟气可采用接触氧化直接制取硫酸；而低浓度SO_2烟气需进行脱硫净化，最终把烟气中的SO_2转化为液体或固体化合物从烟气中分离出来。金属铸锭过程中常用的SO_2废气治理方法有以下几种。

1）石灰（石灰石）-石膏法　该工艺以石灰或石灰石浆液与烟气中SO_2反应，脱硫产物亚硫酸钙可直接抛弃，也可用空气氧化为石膏回收或抛弃。这是目前世界上使用最广的脱硫技术。工艺流程见图8-2。目前系统大多采用了大处理量洗涤塔，300 MW机组的烟气可用一个吸收塔处理，从而节省投资和运行费用；系统的运行可靠性可达99%以上，脱硫效率可达95%。

2）钠碱法　这类方法主要包括亚钠循环吸收法和亚硫酸钠法两种。亚钠循环吸收法是用Na_2SO_3吸收SO_2生成$NaHSO_3$，吸收液加热分解出高浓度SO_2（进一步加工为液态SO_2、硫黄或硫酸）和Na_2SO_3（便于循环吸收）。亚硫酸钠法则是用Na_2CO_3吸收SO_2生成Na_2SO_3，并将Na_2SO_3制成副产品。我国一些中小型化工厂和冶炼厂常用该法治理硫酸尾气

中的 SO_2。

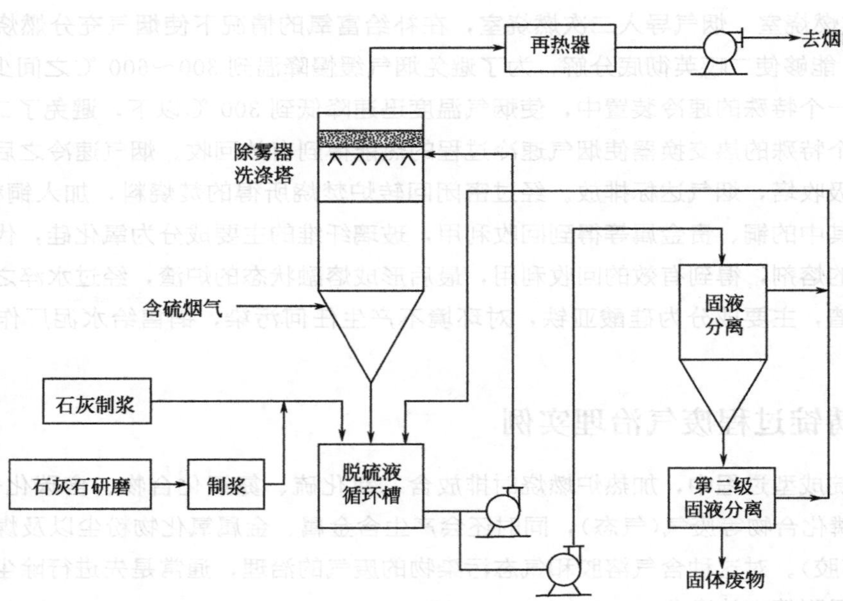

图 8-2 石灰(石灰石)-石膏法脱硫工艺流程

3）氨吸收法　按吸收液再生方式的不同可分为氨-酸法、氨-亚硫酸氨法和氨-硫氨法。典型工艺是氨-酸法。其实质是用$(NH_4)_2SO_3$吸收 SO_2生成 NH_4HSO_3，循环槽中用补充的氨使 NH_4HSO_3再生为$(NH_4)_2SO_3$循环脱硫，部分吸收液用硫酸(硝酸或磷酸）分解得到高浓度 SO_2和硫铵(或硝氨、磷铵）化肥。

4）生化治理法　利用污水生化处理过程产生的碱化学吸收二氧化硫，是烟道气脱硫和污水回用的新思路。生化处理出水具有水量大，碱度高的特点。对酸有较强的缓冲作用。试验证明：生化处理出水吸收二氧化硫的效果好，去除率可达 95%以上，与其他脱硫方法相比，用水量少，能耗低，运行费用省，投资少，不需化学试剂，不产生二次污染。

5）活性炭吸附法　活性炭对 SO_2吸附时，物理吸附和化学反应同时存在。SO_2经除尘和脱水后进入吸附塔被吸附。当活性炭吸附 SO_2达到一定程度后，需再生处理，恢复活性后再进入下一个吸附循环。

氮氧化物是 NO、NO_2、N_2O、NO_3、N_2O_3、N_2O_5等氮的氧化物的总称(NO_x)。在金属铸锭和燃烧过程中产生的氮氧化物主要是 NO 和 NO_2。NO_x 的危害主要在于形成酸雨、较高的地面臭氧浓度、与烃类化合物在太阳照射下发生一系列光化学反应形成光化学烟雾。常用的净化方法有催化还原法、液体吸收法、电子束法、固体吸附法和生物法。

6）选择性催化还原法(SCR 法）　使用适当的催化剂，在一定温度下，以氨作为还原剂，使氮氧化物转化成无害的氮气和水蒸气。反应式如下：

$$4NO + 4NH_3 + O_2 \longrightarrow 4N_2 + 6H_2O$$

$$8NH_3 + 6NO_2 \longrightarrow 7N_2 + 12H_2O$$

催化剂不同，反应所需温度也不一样。以二氧化钛为载体的钯、铂催化剂，所需的反应温度为 300～400℃，而以焦炭为催化剂，反应温度为 100～150℃。此法净化率可达 85%以上。

7）液体吸收法　NO_x是酸性气体，可通过碱性溶液吸收净化废气中的NO_x。常用的吸收剂有水、稀HNO_3、$NaOH$、$Ca(OH)_2$、NH_4OH、$Mg(OH)_2$等。为了提高NO_x的吸收效率，又可采用氧化吸收法、吸收还原法及络合吸收法等。氧化吸收法先将NO部分氧化为NO_2，再用碱液吸收，常用的氧化剂有浓HNO_3、O_2、$KMnO_4$等。吸收还原法是用还原剂将NO_x还原成N_2，常用的还原剂有$(NH_4)_2SO_4$、NH_4HSO_3、Na_2SO_3等。络合吸收法则基于NO与某些化合物可生成络合物，而所生成的络合物加热时，可释放出NO，从而得到高浓度NO的方法。常用的络合物有$FeSO_4$、Na_2SO_3、EDTA等。

8）固体吸附法　利用多孔性固体吸附剂净化含NO_x废气的方法。常用的吸附剂有杂多酸、分子筛、活性炭、硅胶及含NH_3的泥煤等。

9）TiO_2光催化脱除法　TiO_2受到超过其带隙能量以上的光辐射照射时，价带上的电子被激发，越过禁带进入导带，同时在价带上产生相应的空穴。电子与空穴迁移到粒子表面的不同位置，空穴本身具有很强的得电子能力，可夺取NO_x体系中的电子，使其被活化而氧化。电子与水及空气中的氧反应生成氧化能力更强的·OH及O_2^-等，将NO_x最终氧化生成NO_3^-。

10）生物法　适宜的脱氮菌在有外加碳源的情况下，利用NO_x作氮源，将NO_x还原为最基本的无害的N_2，而脱氮菌本身获得生长繁殖的方法。其中NO_x先溶于水中形成NO_3^-及NO_2^-，再被生物还原为N_2，而NO则是被吸附在微生物表面后直接被生物还原为N_2。

11）电子束法　电子束法是利用高能射线（电子束或γ射线）照射工业废气，发生辐射化学变化，从而将SO_2和NO_x除去的方法。一般认为，该反应为自由基反应。高能射线照射工业废气，其中水被分解为OH^-、O^-、HO_2^-等自由基，这些极为活泼的自由基与NO_x反应生成酸，经分离达到净化目的。电子束法已达中试阶段，脱硫率达90%以上，脱硝率达80%。

8.2　电子废物再生利用废水治理

电子废物再生利用过程中所产生的废水可以分为酸碱废水、含氰废水和重金属废水等几大类型，大部分情况下是这几类废水的混合物。酸碱废水主要产生在酸溶、碱溶、洗涤和贵金属深加工等环节；氰化废水主要产生于氰化法处理废线路板、含有金银的零部件、金银深加工成氰化亚金钾和氰化银钾等过程中；重金属废水主要伴生于上述酸碱废水和氰化废水产生过程以及其他加工利用过程中。电子废物再生利用过程中的废水处理是一个复杂的系统工程，尽管废水总量并不大，但是废水成分复杂，产生环节较多，而且毒性较大。提贵（金属）、脱重（金属）、破氰（化物）和中和（酸碱）是目前处理电子废物再生利用过程废水的主要方法。

8.2.1　酸碱废水治理

酸性废水是指含有一种或几种酸、pH值小于6.0的废水。根据含酸种类和浓度的不同，酸性废水可分为无机酸废水和有机酸废水、强酸性废水和弱酸性废水、低浓度和高浓度酸性废水。通常的酸性废水，除含有某种酸外，往往还含有重金属离子及其盐类等有害物质。

碱性废水是指含有一种或几种碱、pH 值大于 9.0 的废水，分为强碱性废水和弱碱性废水、低浓度碱性废水和高浓度碱性废水。碱性废水中，除含有某种不同浓度的碱外，通常总是含有大量的有机物、无机盐等有害物质。

酸碱废水是电子废物再生利用中最常见的废水，若在排放前不进行回收利用和必要的处置，将严重腐蚀管(渠）道，改变水体 pH 值，消灭或抑制水体生物的生长，破坏水体的自净功能而导致生态系统破坏。酸碱废水治理后的 pH 值应该处于 6.0～9.0 之间。

最常用的酸碱废水的治理方法是自然中和法、药剂中和法和过滤中和法。由于在电子废物再生利用过程中酸碱废水通常含有重金属离子，因此常将酸碱废水的治理和重金属废水的治理结合起来综合提出治理方案。如果废水还含有氰化物，还必须同时考虑氰化物的治理问题。

8.2.1.1　自然中和法

将含酸、含碱废水集中到一个中和池内自然中和，可以使酸、碱废水同时得到处理。在酸性和碱性废水中 H^{+} 和 OH^{-} 总量相差不多时，经过自然中和，可以达到排放标准。但由于在电子废物再生利用过程中，酸性废水的量一般比碱性废水的量大得多，酸性废水的浓度一般也比碱性废水大，自然中和后一般难以达到排放标准。因此，在酸碱废水治理中，自然中和法必须辅以投加药剂或采取其他措施，以保证获得稳定的治理效果。

8.2.1.2　药剂中和法

药剂中和法是在酸碱废水中加入中和剂使废水的酸碱度达到排放标准的废水处理方法。常用的中和池分为矩形和圆形两种。一般进水管为聚氯乙烯(PVC)管或 ABS 工程塑料管，中和池内衬玻璃钢或砌耐酸瓷砖。根据酸、碱废水的水质和水量的变化，可采用连续式中和或间歇式中和。中和剂常用石灰粉或石灰乳，特殊情况下也可采用 NaOH 溶液。当废水量较大时可采用连续操作，由 pH 计自动控制投药量。废水量较小时，采用间歇式处理。在药剂中和法处理废水的酸碱度时，溶液中的部分重金属离子在一定酸度条件下也能够生成沉淀析出，因此药剂中和法常用于具有酸碱性和重金属双重废水属性的废水治理中。废电脑及其配件的回收利用过程中产生的废水中，重金属离子的浓度较高，药剂中和法是最常用的废水治理方法。在药剂中和法治理过程中，如果方法得当，还能够回收到一些重金属，能够增加废电脑及其配件回收利用的经济效益。常见金属离子进行沉淀的最适宜的 pH 值见表 8-2。

表 8-2　常见金属离子沉淀最适宜的 pH 值表

金属离子	pH 值范围	残留浓度 /(mg/L)	备注
Al^{3+}	5.5～8	<3	pH 值为 8.5 以上时沉淀再溶解
Cd^{2+}	>10.5	<0.1	
Cr^{3+}	7～9	<2	pH 值为 12.5 以上时沉淀再溶解
Cu^{2+}	7～14	<1	
Fe^{3+}	5～12	<1	pH 值为 9 以上时沉淀再溶解
Mn^{2+}	10～12	<1	pH 值为 12 以上时沉淀再溶解
Ni^{2+}	>9	<1	
Sn^{2+}	5～8	<1	

续表

金属离子	pH 值范围	残留浓度 /(mg/L)	备注
Zn^{2+}	9～10.5	<1	pH 值为 10.5 以上时沉淀再溶解
Pb^{2+}	9～9.5	<1	pH 值为 9.5 以上时沉淀再溶解

8.2.1.3 过滤中和法处理酸性废水

将酸性废水流过装有石灰石、白云石或大理石等滤料的中和滤池后，酸性废水可以得到中和。对石灰石滤料：

$$CaCO_3 + H_2SO_4 \longrightarrow CaSO_4 + H_2O + CO_2 \uparrow$$

$$CaCO_3 + 2HNO_3 \longrightarrow Ca(NO_3)_2 + H_2O + CO_2 \uparrow$$

$$CaCO_3 + 2HCl \longrightarrow CaCl_2 + H_2O + CO_2 \uparrow$$

对白云石滤料：

$$CaCO_3 \cdot MgCO_3 + 2H_2SO_4 \longrightarrow CaSO_4 + MgSO_4 + 2H_2O + 2CO_2 \uparrow$$

中和过滤装置主要有中和滤池、升流式膨胀中和滤塔和滚筒式中和装置三种，可以自制或购买成品。

8.2.2 重金属废水的治理

重金属废水可分为含重金属的酸性废液、含重金属的碱性废液、铬系废液、废溶剂、含重金属废水、含微量重金属废水、铬系废水、络合废水、一般清洗废水及低污染性废液。由于重金属不能被微生物降解，排入水体后，大部分均沉积于水体底部。水中重金属的浓度随水温、pH 值不同而变化。冬天水温低，重金属盐类在水中溶解度小，水体底部沉积多，水中浓度小；夏季水温高，重金属盐类溶解度增大，水中浓度较高。

从经济角度看，电子废物再生利用的主要目的是为了回收其中的数量较大的铜、锡、铅等有色金属以及金银等贵金属。但是，在火法或湿法工艺回收上述有价值金属的同时，产生了大量的重金属废水，其中含有铜、镍、铬、汞、锌、铁、铅、锡等金属和少量的金、银、铂、钯等贵金属。这些重金属废水的回收利用价值相对较小，许多回收企业对回收有价值材料后产生的重金属废水的处置积极性不高，造成了严重的二次污染。重金属废水造成的二次污染在某些方面比直接掩埋电子废物还要严重。

含重金属废水的处理方法较多，根据废水来源和废水性质不同，所用的处理方式不同。常用的重金属废水的处理技术可以分为三类。

1）化学技术　将废水中重金属离子通过发生化学反应的方式除去，包括中和沉淀法、硫化物沉淀法、铁氧体共沉淀法、化学还原法、电化学还原法等具体方法。

2）物理化学技术　使废水中的重金属在不改变其化学形态的条件下进行吸附、浓缩和分离，包括沸石吸附、大洋多结核矿吸附、膨润土吸附、溶剂萃取法、离子交换法等具体方法。

3）生物技术　利用微生物或植物的吸收、积累、富集等作用去除废水中重金属，包括生物絮凝法、生物吸附法和植物整治法等具体方法。

8.2.2.1 化学技术

利用废水中的重金属离子或化合物与有关的化学试剂作用而使重金属从废水中分离出来的技术称为重金属废水处理的化学技术。从理论上讲，用化学技术处置重金属废水比较容易，只要化学药剂的选择准确无误，就可根据化学反应方程式准确地计算相应药剂的投加量，再按照发生反应所必需的条件使重金属与投加的化学药剂进行反应，可将重金属废水治理到可以排放的标准。废水量少时可以用简单的手工操作处理，或使用处理重金属废水的一步处理机制。废水量较大并且条件许可时，可用大型设备进行自动化废水治理，按照人们预先设定的程序完成对重金属废水的治理。

（1）化学沉淀法

能使重金属离子产生沉淀的化学反应类型很多，如氧化还原反应、离子置换反应、酸碱反应、络合反应和沉淀反应等。利用这些反应可以使废水中的重金属离子得到富集或直接从废水中分离出来。在特定条件下，废水中的砷和硼等两性元素离子、钙和镁等碱土金属离子以及含硫和氟的非金属元素离子也可以用化学沉淀法得到合理处置。常用的化学沉淀工艺如下。

根据废水中待沉淀离子与沉淀剂形成沉淀的溶度积常数和实际溶液中的离子积，判定生成沉淀的条件：当离子积＜溶度积，溶液未饱和，此时存在的固体物质继续溶解；当离子积＝溶度积，溶液刚好饱和，沉淀过程和沉淀离解过程达到动态平衡，单位时间内有多少固体物溶解，也就有同样的固体物生成；当离子积 ＞ 溶度积，溶液过饱和有沉淀物产生，沉淀一直生成到溶液中的离子积等于溶度积为止。

加化学沉淀剂于废水中，使沉淀剂与重金属离子发生化学反应，生成难溶物析出。或用酸或碱调整废液的 pH 值，使某种重金属离子生成氢氧化物沉淀析出（如前述治理酸碱废水的药剂中和法）。

为加速沉淀的生成、凝聚和沉降，使用一些化学或物理手段可以改变离解平衡的条件，加快生成沉淀的速度。因为当废水中某重金属离子达到沉淀条件后，有时也不一定能很快形成沉淀，或即使形成了沉淀但并不立即凝聚和沉降。此时常用的处理方法是往废水中投加絮凝剂。常用的絮凝剂有：阳离子型的絮凝剂如聚合氯化铝（PAC）、聚合硫酸铝（PAS）、聚合磷酸铝（PAP）、聚合硫酸铁（PFS）、聚合氯化铁（PFC）、聚合磷酸铁（PFP）等；阴离子型絮凝剂如活化硅酸（AS）和聚合硅酸（PS）等；无机复合型絮凝剂如聚合氯化铝铁（PAFS）、聚硅酸硫酸铁（PFSS）、聚合硅酸硫酸铝（PASS）、聚合硅酸氯化铁（PFSC）、聚合氯硫酸铁（PFCS）、聚合硅酸铝（PASI）、聚合硅酸铁（PFSI）、聚合硅酸铝铁（PAFSI）、聚合磷酸铝铁（PAFP）和硅钙复合型聚合氯化铁（SCPAFC）等。此外，有机高分子絮凝剂和生物絮凝剂也可用于加速沉淀的生成和凝聚。有机高分子絮凝剂与无机高分子絮凝剂相比具有用量少、絮凝速度快、受共存离子、pH 值和温度的影响小，生成固体废弃物量少且容易处理的优点。有机高分子絮凝剂应用最多的是聚丙烯酚胺（PAM），该物质有非离子型、阳离子型和阴离子型三种，分子量约在 50 万～60 万之间。生物絮凝剂的优点是易于固液分离、形成沉淀物少、易被微生物降解、具有无毒无害等安全性，无二次污染，适应性广，具有除浊和脱色性能。为了加强混凝效果，节约絮凝剂用量，常在加入絮凝剂的同时再加入助凝剂，常用的助凝剂有酸碱类、矾花类、氧化剂类。

（2）中和沉淀法

Cu、Ni、Zn、Pb、Sn、Cr 等重金属离子形成氢氧化物所需的酸度条件差异较大。在含重金属的废水中加入适当数量和浓度的碱，可使这些重金属分别生成不溶或难溶解于水的氢氧化物沉淀，经过滤而与母液分离。中和沉淀法操作简单，而且可以用废碱液作为中和碱试剂，这是常用的处理废水方法。在实际操作中需要注意以下几点。

中和并过滤出沉淀后的废水，往往碱度很高，必须当作酸碱废水进行中和处理达标后才能排放。

重金属废水中通常含有多种重金属离子。当 pH 值偏高时，Zn、Pb、Sn、Al 等两性金属的氢氧化物沉淀可能有再溶解倾向，必须严格控制沉淀这些金属离子时的 pH 值，实行分段沉淀。

废水中如果含有卤素、氰根、腐殖质等阴离子时，这些阴离子有可能与重金属离子形成配合物，影响重金属离子生成氢氧化物沉淀。因此在中和前需对废水中的这些阴离子进行适当的预处理，破坏这些配合物。

如果中和反应所得的固体颗粒太小，不易沉淀，可以加入絮凝剂辅助沉淀生成或用离心分离方式分离出沉淀。

(3) 硫化物沉淀法

绝大部分重金属离子都可以与碱金属硫化物生成硫化物沉淀。因此，控制废水的酸度，加入可溶性硫化物，可以选择性地除去废水中的重金属离子。与中和沉淀法相比，硫化物沉淀法的优点很明显。重金属硫化物的溶解度比其氢氧化物的溶解度更低，而且反应的 pH 值一般处于 7～9 之间，经过硫化物沉淀后的废水一般不用再次中和即可达到排放标准。但是由于重金属硫化沉淀物的颗粒较小，很容易形成胶体而难以沉淀下来。此外，过量的可溶性硫化沉淀剂残留在废水中，遇酸能生成硫化氢气体，产生二次污染。为了克服过量的可溶性硫化沉淀剂残留产生二次污染问题，英国学者在需处理的废水中有选择性地加入硫化物离子和另一重金属离子(该重金属的硫化物离子平衡浓度比需要除去的重金属污染物质的硫化物的平衡浓度高)。由于加进去的重金属的硫化物比废水中的重金属的硫化物更易溶解，这样废水中原有的重金属离子就比添加进去的重金属离子先分离出来，同时能有效地防止硫化氢气体的生成和硫化物离子的残留。

(4) 铁氧体法

铁氧体沉淀法是使废水中的各种金属离子形成铁氧体晶粒并一起沉淀析出，从而使废水得到净化的方法。铁氧体是一类复合的金属氧化物，其化学通式为 M_2FeO_4 或 $MOFe_2O_3$ (M 代表其他金属)，呈尖晶石状立方结晶构造。铁氧体约有百种以上，最简单而又常见的是磁铁矿 $FeO \cdot Fe_2O_3$ 或 Fe_3O_4。形成铁氧体的条件是提供足量的 Fe^{2+} 和 Fe^{3+}，$Fe^{2+}/Fe^{3+} = 1/2$，最理想的生成条件是 pH ＝ 8～9。铁氧体法处理含重金属离子的废水，能一次脱除废水中的多种金属离子，对脱除 Cr、Fe、As、Pb、Zn、Cd、Hg、Cu、Mn 等离子均有很好的效果。

往废水中添加亚铁盐(如硫酸亚铁)，再加上氢氧化钠溶液，调整 pH 值至 9～10，加热至 60～70℃，吹入空气进行氧化，即可形成铁氧体晶体并使其他金属离子进入铁氧体晶格中。由于铁氧体晶体密度较大，又具有磁性，因此无论采用沉降过滤法、气浮分离法还是采用磁力分离器，都能获得较好的分离效果。铁氧体法可以除去铜、锌、镍、钴、砷、银、锡、铅、锰、铬、铁等多种金属离子，出水符合标准，可直接外排。

(5) 氧化还原法

重金属离子一般有几种价态，有些价态易于和沉淀剂生成沉淀，为了获得这些价态常需要在废水中加入氧化剂或还原剂。常用还原剂有铁屑、铜屑、硫酸亚铁、亚硫酸氢钠、硼氢化钠等；常用氧化剂有液氯、空气、臭氧等。利用废水中的重金属在氧化还原反应中被氧化或被还原的性质，把它们转化为无毒、低毒的物质，或转化为容易从水中分离出来的物质，从而达到处理的目的。可以分为化学还原法和电化学还原法两类。化学还原法是利用重金属的多种价态，在废水中加入一定的氧化剂或还原剂，使重金属获得容易从水中分离出来所需价态的方法。如可利用硫酸亚铁、亚硫酸盐、二氧化硫等还原剂，将废水中的六价铬还原成三价铬离子，加碱调整 pH 值，使三价铬形成氢氧化铬沉淀除去。这种方法设备投资和运行效用低，主要用于间歇处理。氧化剂或还原剂的选择原则是生成物低毒或无毒(避免产生二次污染)；价格便宜，易于取得；反应所需的 pH 值适中。目前化学氧化还原法一般用作废水处理的预处理方法。电化学还原法是利用电解过程中，废水与电源的正负极接触并发生氧化还原反应，废水中的重金属离子在阴极得到电子而被还原，这些重金属或沉淀在电极表面或沉淀到反应槽底部，从而降低废水中重金属含量的方法。这种方法能源消耗大，一般用于重金属离子浓度大的废水的处理。

近年来光催化氧化法、超声波催化氧化法被用来治理各种有机物废水和重金属废水。例如含铜废水的治理可采用铁屑过滤法，铜离子被还原为金属铜，沉积于铁屑表面而加以回收。又如，含汞废水的治理，可采用钢、铁等金属还原法，将含汞废水通过金属屑滤床或与金属粉混合反应，置换出金属汞而与水分离，汞的去除率可达 90%以上。

(6) 电解法

电解法是在有废水流过的电解槽中通入电流，使废水中的阴离子移向阳极而被氧化，阳离子移向阴极被还原，使重金属生成不溶于水的沉淀物，从而废水得到净化。此外，电絮凝法可通过阳极溶解产生的 Fe^{2+} 或 Al^{3+} 的絮凝作用去除污染物。

电解法作为一种较为成熟的水处理技术，以往多用于处理含氰、含铬的电镀废水。目前，电解法可用于处理高浓度的电子废物再生利用废水，并将重金属通过电解回收利用。电解法的优点在于：具有多种功能，便于综合处理；电解法可与生物学方法结合使用；电解反应可避免产生二次污染物；设备相对简单、易于自动控制。但此方法存在耗电量高、电极板消耗大、处理成本高的问题。

近年来在电解法基础上发展起来的微电解法也被用于处理电子废物再生利用废水，它的原理是在酸性介质中，铁屑和炭粒形成无数个微小的原电池，通过氧化还原反应破坏被处理物的结构，同时生成 Fe^{2+}，Fe^{2+} 具有良好的絮凝作用。用铁屑内电解法处理电子废物再生利用络合废水，络合废水中铜的总浓度从最高时的 1679 mg/L 下降到 0.29 mg/L 以下，COD 去除率在 20%左右。微电解法的主要优点是可以利用废铁屑作为阳极，处理成本低，能耗低，其主要缺点是需要反复调节 pH，酸碱药剂费用高，且产生的渣量较大。电解法处理含铬废水适应性强，处理效果稳定，适用于废水中含六价格浓度不大于 100 mg/L 的处理。

8.2.2.2 物理化学技术

(1) 溶剂萃取法

溶剂萃取法是分离和净化物质常用的方法。由于分离过程中液-液处于接触状态，可实现连续操作，分离效果和效率较高。使用这种方法时，萃取剂的选择是首先必须考虑的因素。废水中重金属一般以阳离子或阴离子形式存在，如果在酸性条件下与萃取剂发生配位反应，则重金属离子将从水相(W) 被萃取到有机相(O)。然后必须在碱性条件下将重金属离子反萃取到水相，使溶剂再生并循环使用。因此在用萃取法处理废水中的重金属离子时，水相酸度的选择是一个关键因素。萃取法有很多优点，但溶剂在萃取过程中流失严重，溶剂再生过程中的能源消耗较大。

（2）吸附法

吸附是两相交界面上物质分子浓度自动发生变化的自然现象，吸附法是应用多孔吸附材料吸附处理废水中重金属的一种方法。

例如活性炭有很强的吸附能力，对各种重金属离子的吸附容量较大，在废水处理过程中得到了一定的应用。活性炭表面上存在大量的含氧基团，如烃基—OH、甲氧基—OCH_3（在制造时引入）等，因此，活性炭不单纯是游离碳，而是含碳量多、分子量大的有机物分子凝聚体，基本上属于苯的各种衍生物。活性炭是一种非极性吸附剂，具有巨大的比表面积和特别发达的微孔。通常活性炭的比表面积高达 500～1700 m^2/g，这是活性炭吸附能力强、吸附容量大的主要原因。另外它具有良好的化学稳定性，可以耐强酸、强碱，能经受水浸、高温、高压作用，不易破碎。活性炭的吸附以物理吸附为主，但由于表面氧化物的存在，也进行一些化学选择性吸附。用活性炭吸附废水中的重金属的机理与活性炭富集分离贵金属的机理相似，吸附操作可以采取静态法和动态法两种。用活性炭处理废旧家电回收加工废水，在 pH 值为 5～6 时，可使铜络合物的吸附率达到 90%以上，而且被吸附的铜回收率可达 98%。活性炭处理重金属废水操作方便、处理效果好，而且可以回收重金属，饱和炭经再生处理后可重复使用，处理后的废水可循环回用，但它易受水中悬浮物、大分子有机污染物、油脂等的影响，且活性炭用量大、费用较高。吸附重金属后的活性炭也可采取炭化法处理，得到富含待回收重金属的烧结灰后再进一步处理。

近年来人们逐渐开发出了许多具有较强吸附能力的吸附材料，如凹凸棒、浮石、麦饭石、蛇纹石、大洋多结核矿、硅藻土等，部分吸附材料已经在重金属废水治理中得到了一定应用。例如大洋多结核是以 Mn、Fe 为主要成分，含微量 Co、Cu、Zn、Pb 等成分的复杂矿物集合体，比表面积大，是呈多孔结构的晶体，对废水中的重金属离子有很好的吸附作用，不仅吸附量大、速度快、效率高（最高去除率可达 99%以上），而且操作简单，可以循环利用。

（3）离子树脂交换法

离子交换法是在离子交换器中，借助离子交换剂来完成重金属离子的交换。交换器中装有不同类型的交换剂（离子交换树脂），含重金属的液体通过交换剂时，交换剂上的离子同水中的重金属离子进行交换，达到去除水中重金属离子的目的。这个过程是可逆的，离子交换剂可再生，但受废水中杂质的影响及交换剂品种、产量和成本的限制。

离子交换树脂在废水处理领域的应用较广泛，尤其是在电镀工业废水处理中。处理后的废水可以回用，而且还可以回收贵重金属，因而常用于处理含金、银、铜、铬、镍等金属的废水。用离子交换法处理电子废物再生利用废水中的重金属废水，金属可回收，而离子交换树脂可再生利用，出水可达标排放。

采用离子交换法处理电子废物再生利用废水，对金属离子的去除率高，出水的水质好，而且设备较简单，操作易于控制。但是废水中的强氧化剂和多种有机物，会使树脂较快地老化和污染，大幅度地失去交换能力，使离子交换法处理废水的成本过高。离子交换树脂在处理重金属废水时的作用主要有以下几个方面。

1）转换离子种类　在废水中，若某种离子属于有害离子应予除去时，可利用离子交换树脂将这种离子转换成另一种离子。例如，软化水时除去天然水中含有的钙、镁、锰、铁等离子，处理含重金属离子废水中的铬、铜、镍、锰等，以及回收废水中的贵重金属黄金等。

2）分离提纯　当含有多种离子性物质的废水流过树脂层时，可将离子进行有选择性的分离。对电性相反离子的分离，可采用阴、阳离子交换树脂来完成。例如经过阳离子交换树脂后，废水中的阳离子被交换出来，则阴离子留在溶液中；反之，若废水经过阴离子交换树脂后，阴离子被交换出来，则阳离子留在溶液中。对电性相同离子的分离，利用树脂对不同离子有不同交换亲和力的现象，在树脂层中不断发生置换取代作用，交换亲和力较高的离子，将亲和力较低的离子逐渐排斥到树脂层底部，最后完全被排出树脂层，使离子性物质获得分离提纯。对电性相同但离子半径相差很大的离子的分离，例如分离大的有机离子和小的无机离子，可采用孔隙小的离子交换树脂吸附无机离子而加以分离。两种离子相应酸的强度不同时，可选用一种树脂，其碱度足以中和一种酸，也可使两者分离。

3）浓缩离子性物质　工业废水一般具有浓度低、水量大的特点，但排放标准要求的浓度更低。利用离子交换树脂，可将溶液中一些低浓度微量物质进行富集浓缩，再将其洗脱下来。

4）废水脱盐和酸、碱废水处理　同时使用阴、阳离子交换树脂，将废水中的阳离子全部转换成 H^+，阴离子全部转换成 OH^-，两者再结合生成水分子而达到脱盐目的。经过脱盐后的废水接近去离子水，可以循环使用。可以把离子交换树脂看作是一种不溶于水的酸、碱、盐，因而可用来去除一些酸、碱性物质。近年来出现了一些理化性能优良、交换容量高的弱酸弱碱树脂，用来处理某些酸、碱废水，显示出其良好的应用潜力。将酸、碱废液反复轮流通过一个弱酸性离子交换树脂柱，就可保证出水的 pH 值保持在可排放的范围内。

（4）蒸发浓缩法

蒸发浓缩法处理含重金属的废水，仅就重金属而言是最简单的方法，适合于回收浓度较高的废水中的溶质。蒸发浓缩的实质是加热废水，由于水分子大量汽化，使溶质得到浓缩，浓缩后的溶液回收利用，浓缩过程中产生的蒸汽冷却、凝结成为去离子水。故进行蒸发浓缩的必要条件是不断供给热能，以及汽化出来的二次蒸汽需不断排出，否则溶液与二次蒸汽达到平衡，使汽化不能继续进行。蒸发可在常压、减压或加压下进行。蒸发的工艺有单效、双效或多效蒸发。所谓单效蒸发是指溶液在蒸发器内蒸发时所产生的二次蒸汽不再利用；多次蒸发就是多次利用二次蒸汽进行蒸发，通常称为多效蒸发。在处理贵金属回收利用产生的废水时一般采用常压蒸发。

在蒸发系统中，最重要的设备是蒸发器。生产中常用的处理废水的蒸发器为薄膜蒸发器（又称升膜蒸发器）和旋流（或旋转）薄膜蒸发器等。在贵金属回收过程中若含重金属的废水量较少，也常用自然蒸发，即利用太阳光的能量将废水池中的废水浓缩。由于废水池一般不直接面向天空，采用自然蒸发时通常要另外设计一个暴晒池，将废水池中的废水在天气好的时候抽入暴晒池曝晒。经过蒸发器蒸发浓缩的废水含重金属浓度较大，通常也抽入曝晒池晒干而得到固体。

经过蒸发浓缩得到的固体废料，经化验成分和含量后进一步回收重金属。蒸发浓缩法处理废水的缺点是对含重金属离子浓度低的废水，直接应用蒸发浓缩回收耗能量太大，经济上不合理(曝晒除外)，对于含有氰化物的废水，不能用金属质地的蒸发器。因此蒸发浓缩法在应用上受到一定的限制。克服的办法是将蒸发浓缩法与其他方法联合使用。如对含氰化物和重金属的废水常用离子树脂交换-蒸发回收的工艺处理。

8.2.2.3 生物化学技术

微生物累积重金属是一种广泛受到人们关注的现象，也是目前国内外的研究热点之一。目前，对此研究涉及废水净化、稀有或贵重金属回收以及核工业等产生的污染物解毒等领域，可以用来解释重金属生物累积的机理有多种，如代谢驱动、被动机理等。生物累积重金属的过程包括络合、配位、离子交换、吸附以及无机物沉淀过程等物理学-化学过程。国外对利用微生物去除重金属的研究已开展了一些工作，并取得了一些进展。国内的研究证明了特定微生物具有一定的吸附去除铜离子的能力。电子废物再生利用废水具有水质复杂，种类繁多，性质迥异，污染物浓度高等特点。废水的处理均采用分质处理的方法，应将其按组分不同详细分类，废液回收，废水分别预处理后再综合处理。

电子废物再生利用废水可生化性差，且水质水量随生产变化大，负荷冲击导致生化系统不能稳定运行。解决重金属处理系统与生物系统同时运行的兼容性、生物毒性等问题，需对进入生物反应系统的废水进行严格控制：络合铜和络合有机物需单独处理，或破络后才能进入生物反应系统；槽液事故排放或更换不能排入生物反应系统。通过分质、分类预处理后，一般由水洗废水、各预处理废水形成的综合废水 SS 值高。将电化学-生物接触氧化法应用于处理电子废物再生利用废水工程，Cu^{2+} 和 COD 的去除率分别在 99%、87%以上，但需对水质分流及工艺参数控制极为严格才能达标。针对废水来源的不同，依据分类收集、先预处理再综合处理的原则对废水进行合理的细化分类，对不同的水质进行不同的物化处理。

(1) 生物吸附法

生物吸附法是通过生物体及其衍生物对水中重金属离子的吸附作用，去除重金属的方法。生物吸附依据吸附剂原料的来源可分为微生物吸附、植物材料吸附和动物材料吸附。能够吸附重金属及其他污染物的生物材料称为生物吸附剂，主要包括细菌、真菌、藻类和农林废弃物(见表 8-3)。

表 8-3 生物吸附剂的种类

种类	生物吸附剂
有机物	纤维素、淀粉、壳聚糖等
细菌	枯草杆菌、地衣型芽孢杆菌、氰基菌、牛枝动胶菌等
酵母	啤酒酵母、假丝酵母、产朊酵母等
霉菌	黄曲霉、米曲霉、产黄青霉、白腐真菌、芽枝霉、微黑根霉、毛霉等
藻类	绿藻、红藻、褐藻、鱼腥藻、墨角藻、小球藻、岩衣藻、马尾藻、海带等
动植物碎片	螃蟹壳、金钟柏、红树叶碎屑、稻壳、花生壳粉、番木瓜树木屑等
植物系统	苎麻、红树、加拿大杨、大麦、香蒲、凤眼莲、芦苇和池杉等

与传统的吸附剂相比，它们具有以下主要特征：适应性广，能在不同 pH 值、温度及加工过程下操作；选择性高，能从溶液中吸附重金属离子而不受碱金属离子的干扰；金属离子浓度影响小，在低浓度(<10 mg/L) 和高浓度(>100 mg/L) 下都有良好的金属吸附能力；对有机物耐受性好，有机物污染(≤5000 mg/L) 不影响金属离子的吸附；再生能力强、步骤简单，再生后吸附能力无明显降低。

根据生物吸附金属是否依赖细胞的代谢，把生物吸附机理分为代谢依赖的和非代谢依赖的；而根据从溶液中去除的金属的定位，把生物吸附分为胞外聚集或沉淀、细胞表面吸附或沉淀、胞内聚集。

由于生物吸附剂的多样性及其结构的复杂性，以及金属溶液组成的复杂性，生物物质吸附金属的机理十分复杂，在某些方面尚未完全被了解，但普遍认为生物吸附有别于生物聚集，生物聚集依赖代谢作用，而生物吸附与代谢无关，一些研究表明，生物吸附机理主要有静电吸附、离子交换、络合和氧化还原等作用；一种生物吸附剂可能通过上述机制中的一种或多种吸附某一金属离子，而对不同的金属离子的吸附机制也可能不同。

生物体吸收金属离子的过程主要有两个阶段：第一个阶段是金属离子在细胞表面的吸附，即细胞外多聚物、细胞壁上的官能基团与金属离子结合的被动吸附；另一阶段是活体细胞的主动吸附，即细胞表面吸附的金属离子与细胞表面的某些酶相结合而转移至细胞内，包括传输和积累。由于细胞本身结构组成的复杂性，目前吸附机理还没有形成完整的理论。

生物吸附为重金属废水的处理提供了一种经济可行的技术，它的原料来源广泛且廉价，可达到以废治废的效果，随着对生物吸附剂研究的不断深入，生物吸附技术在工业上应用于重金属废水的净化具有广阔的发展前景。

(2) 生物絮凝法

由于许多微生物具有一定的线性结构，有的表面具有较高的电荷和较强的亲水性或疏水性，能与颗粒通过各种作用(比如离子键、吸附等) 相结合，如同高分子聚合物一样起着絮凝剂的作用。生物絮凝法的开发虽然不到 30 年，却已发现有 17 种以上的微生物具有较好的絮凝功能，如霉菌、细菌、放线菌和酵母等，其中 12 种微生物可以用于重金属治理。生物絮凝法具有其他絮凝法所无法比拟的优点，如安全无毒、不产生二次污染、絮凝效率高和絮凝物易于分离等。此外还可通过遗传工程，驯化或构造出具有特殊功能的菌株，因此生物絮凝法的发展前景广阔。

(3) 生物法组合技术

废水中所含重金属铜离子的毒性，常导致单一生物法处理后不能达标排放。实际工程应用中，常采用物理法、化学法、物化法等作为预处理工艺，再与生物法组合处理电子废物再生利用综合废水，以减少铜离子进入生化反应池毒害微生物的正常生长。可采用“酸析-混凝-沉淀”进行除铜处理。实际工程中常采用的物化法、电化学法等预处理法，既减少进入生化反应池的铜离子浓度，又提高废水的可生化性，使微生物摄取足够的基质供自身生长繁殖，提高 COD 和铜离子的去除率。也可采用物化＋生化处理(厌氧＋好氧) 方法，并在厌氧段引入部分生活污水，好氧段定量投加营养源，提高废水的可生化性。二级或多级好氧生物处理工艺的优点是工艺成熟，易控制；缺点是能耗高，剩余固体废弃物量大，固体废弃物处置困难，占地面积大，投资大，运行费用高。

(4) 植物整治法

利用植物处理重金属废水，主要包括三部分内容：一是利用金属积累植物或超积累植物从废水中吸取、沉淀或富集有毒金属；二是利用金属积累植物或超积累植物降低金属活性，从而减少重金属被淋滤到地下或通过空气载体扩散；三是利用金属积累植物或超积累植物将土壤中或水中的重金属萃取出来，富集并搬运到植物根部可收割部分和植物地上枝条部分，通过收获或移去已积累和富集了重金属的植物的枝条，降低土壤或水体中的重金属浓度，达到治理污染、修复环境的目的。在植物整治技术中能利用的植物有草本植物和木本植物。其中草本植物净化重金属废水应用较多。例如凤眼莲是一种常见水生漂浮植物，它生长快、耐低温又耐高温，能迅速大量地富集废水中Cd^{2+}、Pb^{2+}、Hg^{2+}、Ni^{2+}、Ag^{+}和Co^{2+}等多种金属。用植物处理污水的优点是成本低、不产生二次污染，可以定向栽培，在治污的同时还可以美化环境，获得一定的经济效益，是较有前途的一种无害化处理重金属废水的方法。

8.2.2.4 膜分离技术

在重金属废水的各种处理技术中，膜分离技术具有很好的竞争性，这主要在于废水处理的可封闭性、水及废水中有价值成分的回收与再利用、无相变过程的节能效果以及无固体废弃物和二次污染。已工业化、应用较成熟的膜分离技术有反渗透(RO)、超过滤(UF)、电渗析(ED)等。膜分离技术的应用特性如表8-4所列。

表 8-4 RO、UF、ED三种膜分离技术应用特性

特性比较	膜过程		
	RO	UF	ED
膜类别	非对称致密膜或复合膜	非对称多膜孔膜	离子交换膜
分离驱动力	膜两侧压力差 (1～10MPa)	膜两侧压力差 (0.1～0.5MPa)	膜两侧电位差
适用分离物	无机离子及 低分子有机物	高分子物、 胶体、细菌等	无机离子
溶质分离率	高	高	较高
浓缩能力	中等	高	高
膜稳定性	中等	高	高
预处理要求	较高	中等	中等
过程连续性	可连续	可连续	可连续
能耗	中等	低	中等
应用(或研究)的电镀废水种类	Ni、Zn、Cd、Cu、Au、Ag、Cr、Ni、Fe、Ni-Sn	Zn、(Cu、Cr、Ni)碱洗除油	Ni、Zn、Cd、Sn、Mo、Pd、Pt、Au、Ag、Pb-Sn

(1) 电渗析法

电渗析(electrodialysis，简称ED)是在直流电场的作用下，溶液中的带电离子选择性地透过离子交换膜的过程，电渗析膜装置同时包含有一个阳离子交换膜和一个阴离子交换膜。电渗析过程中金属离子通过膜而水仍保留在进料侧，依靠金属离子与膜之间的相互作用而实现分离。电渗析法是一种较成熟的膜分离技术，已广泛应用于废水处理，主要用于金属类废水、放射性废水、造纸废水等的处理。

近年来，随着对离子交换膜和传统电渗析装置的不断革新和改进，电渗析技术进入了一个新的发展阶段。改进后的电渗析技术包括无极水电渗析技术、无隔板电渗析器、卷式电渗析器、填充床电渗析技术、液膜电渗析技术和双极膜电渗析技术等。尤其是双极膜电渗析技术和填充床电渗析技术的发展，使电渗析技术成为新的热门研究领域。

电渗析法的主要优点有：处理过程中没有化学反应发生，能耗较低；浓液与淡液的浓缩比可高达100倍左右，比反渗透法效率高；操作管理简单，便于自动化生产。但是该方法对废水预处理要求严格，排出的浓水仍需进一步处理，膜的阴阳对数较多，在安装上很难达到密封，渗漏会严重影响出水质量。

电渗析处理用的是离子交换膜或荷电膜，所以只适用于处理具有金属离子的废水，用电渗析处理重金属废水，预处理要求比反渗透低，膜对金属离子一次分离率也比反渗透低，但电渗析对废水的浓缩能力要比反渗透好。可是，随着废水阴离子浓度的增加，耗电量增大。因此，一般国内外学者认为，用电渗析处理的废水含盐量在 3000～5000 mg/L 以下为宜，大于上述含盐量的废水宜采用反渗透法处理，过高的含盐量，采用蒸馏法浓缩在经济上则更为有利。

(2) 超滤膜

超滤膜是一种具有超级“筛分”分离功能的多孔膜。它的孔径只有几纳米到几十纳米，只有一根头发丝的 1‰，在膜的一侧施以适当压力，就能筛出大于孔径的溶质分子，以分离分子量大于 500、粒径大于 2～20nm 的颗粒。超滤膜属于深层过滤，具有较致密的表层和以指状结构为主的底层，表层厚度为 0.1μm 或更小，并具有排列有序的微孔。超滤也可以说具有介于微滤和反渗透之间的性能，产水水质达到生活杂用水标准，超滤膜的运行压力一般 0.1～0.7MPa，远远低于反渗透膜(1.2～7.0MPa)。有条件的工程可以优先考虑采用超滤＋反渗透工艺。

超滤处理重金属废水的研究始于 20 世纪 80 年代初期，优点主要在于膜的过水速度比反渗透膜要高 1～2 个数量级；同时膜对大分子絮凝物有很高的分离率，透过膜的水质远比化学沉淀要好。此外，对于同样的处理量，超滤设备的价格仅为反渗透的 1/4～1/3，能耗低、管理简单。超滤在工业中成功用于处理锌酸盐废水，用聚砜中空纤维超过滤装置，膜的透过水 Zn^{2+}＜0.5 mg/L，远低于国家排放标准，将废水中 Zn^{2+} 所转化的 $Zn(OH)_2$ 絮状物，膜的分离率约为 97%，装置操作压力仅 0.12 MPa。

胶束增强超滤法(micellar enhanced ultraifltration，简称 MEUF) 是一种将表面活性剂和超滤膜耦合起来的新技术。当表面活性剂浓度超过其临界胶束浓度(CMC) 时，大的两性聚合物胶束就形成了。当溶液以超滤膜过滤时，吸附有大部分金属离子和有机溶质的胶束就被截留下来了，透过液中由于仅含有极少量的金属离子、有机溶质和表面活性剂单体而达到了重新利用或直接排放的标准。

目前胶束增强超滤法所使用的表面活性剂主要有阴离子表面活性剂，如十二烷基磺酸钠(SDS)、十六烷基氯化吡啶(CpCI)、十二烷基三甲基溴化铵(CTABr)、十六烷基三甲基溴化铵(CTAB) 和聚苯乙烯磺酸钠(PSS) 等；非离子型表面活性剂，如聚氧乙烯壬基苯基醚(PONPEs) 和三硝基甲苯等。采用 SDS 表面活性剂分离稀溶液中的金属离子，除 Cr^{3+} 以外，当 SDS 浓度增大到一定程度以后，其它离子截留率几乎达到一个极值；由于 H^+ 在胶束表面竞争的原因，当 pH＜3 时金属离子的截留率明显下降。

某些离子型的表面活性剂与非离子型表面活性剂混合后具有协同作用，能形成较大的胶束，增强对金属离子的去除效果。采用纯度为 99%的 SDS 和纯度为 97%的三硝基甲苯混合物作为表面活性剂去除水溶液中的铜离子和苯酚，测得混合液的 CMC 值比纯 SDS 溶液有大幅度降低；同时发现 SDS 和三硝基甲苯混合溶液的胶束尺寸介于这两者之间，且随 SDS 摩尔分率的增大而减小。胶束增强超滤处理重金属废水工艺简单、处理效率高，适用于处理浓度较低的重金属废水，处理后的水可以回用，还可从浓缩液中回收重金属，尤其是采用混合型的表面活性剂能增强对金属离子的去除效果，是一种很有前景的方法。

水溶性聚合物络合超滤法：含氮、硫、磷和羰基功能基团的聚合物及它们的衍生物能与大多数的重金属离子络合，当这些聚合物的分子量大于超滤膜的切割分子量时，这部分聚合物就被截留下来，故被络合的重金属离子也就获得了分离，从而实现了离子的选择性分离。影响水溶性聚合物超滤耦合工艺络合反应的主要因素有 pH 值、金属离子与聚合物浓度比(L)、离子强度和同时络合的金属离子种类等。pH 值是影响金属离子截留率的主要因素之一。一般而言，pH 值增大，截留率有增大的趋势，但 pH 值增大到一定程度后，金属离子会产生氢氧化物沉淀。影响金属离子截留率的另一重要因素就是金属离子与聚合物浓度比，当 L 值超过一定范围后，截留率随 L 值的增大而迅速下降。影响超滤过程的主要因素有温度、压差、料液流速和聚电解质浓度等。温度改变料液的黏度，对膜过滤过程的通量有一定的影响，同时使络合平衡发生移动，进而影响着金属离子的截留率。压差和料液流速也对膜过滤通量有着重要的影响，而对截留率的作用相对较弱，故对这两个参数进行优化，可提高膜通量、节约投资成本。金属离子的截留率还与金属离子与聚合物的浓度比(L) 有关，通常膜通量随聚电解质浓度的增大而下降。影响聚合物再生过程的因素因聚电解质再生方法的不同而不同，聚电解质再生主要有两种方法：一种是酸化法，即改变 pH 值使络合物释放出游离金属离子，一般 pH 值控制在 2～3 之间有利于解络合的进行；另一种是电解法，络合的金属被沉积在电极上，而聚合物则留在溶液中，影响电解再生的主要因素是电流密度和重金属浓度，分别针对不同种类的重金属优化这两个参数，可以获得最佳的重金属回收和聚电解质再生效果。

聚合物增强超滤工艺的主要优点有：由于使用了有选择性的聚电解质使得该技术能高度选择地分离金属离子；在低能耗下可获得高的透过速率。

(3) 反渗透

目前，反渗透膜如以其膜材料化学组成来分，主要有纤维素膜和非纤维素膜两大类。如按膜材料的物理结构来分，大致可分为非对称膜和复合膜等。在纤维素类膜中最广泛使用的是醋酸纤维素膜。

反渗透处理适用于无机离子、低分子有机物等溶质的分离。由于反渗透膜对无机离子，特别是对于二价和高价金属离子的分离率一般可达 95% 甚至更高。因此，膜的透过水质好，可以用作重金属废水的处理。而未透过膜的无机离子等溶质，由于可采用循环分离浓缩，使废水和有价值成分得到最大限度的回收和再利用。膜透过水经进一步处理后重新回用，从而使系统耗水量大大降低。

反渗透法处理重金属废水，在技术上受到的主要限制：一是膜所能承受废水的 pH 值的限制，目前化学稳定性优良的反渗透膜，pH 值适用范围在 0.5～13，因此可用于多数重金属废水处理；二是废水浓缩倍数的限制，随着浓缩倍数的增加，废水的渗透压增大，导致膜的透水量下降。

采用超低压反渗透膜(ULPROM) 可以克服传统反渗透膜所面临的经济方面的压力，而且还能获得高的金属离子截留率。采用超低压反渗透膜处理工业重金属废水不仅降低了操作压力，大幅降低了操作费用，而且截留率较高、装置简便、不改变溶液的物理化学性质，可以回收透过液和浓溶液，组成封闭循环无排放系统。

(4) 纳滤法

纳滤膜(nanofiltration，简称 NF) 表面由一层非对称性结构的高分子与微孔支撑体结合而成，纳滤与电渗析显著的不同点是通过膜的物质不是离子而是水。纳滤膜能用于从溶剂中分离高化合价离子和有机分子。纳滤膜分为多孔膜和致密膜，多孔膜主要是无机膜，而致密膜主要是聚合物膜，现已工业化的纳滤膜主要是聚合物膜。已有的复合陶瓷纳滤膜，其孔径在0.5～2 nm之间，对于分子量在500以上的有机物和二价以上离子都具有较高的截留率，而对于一价离子却只有中等截留率。纳滤膜在分离过程中溶质损失少，是一种很好的分离废水的方法。但纳滤膜的传质机理还需进一步研究和完善，以进一步提高分离精度。

(5) 液膜法

液膜是以浓度差或pH差为推动力的膜，由萃取与反萃取两个步骤界面膜构成。液膜过程的萃取与反萃取分别发生在膜的两侧界面，溶质从料液相萃入膜相并扩散到膜相另一侧，再被反萃入接收相，由此实现萃取与反萃取的"内耦合"(inner coupling)，液膜过程是一种非平衡传质过程。

一般而言，液膜可分为bulk liquid membrane(简称BIM)、supported liquid membrane(简称SLM)和emulsion liquid membrane(简称ELM)等几种。SLM的出现为重金属废水的处理提供了一个很好的方法，它只需少量的增溶性有机载体就可以达到很高的阳离子分离效率。与固膜相比，液膜表现出高选择性、高定向性(高浓度到低浓度)、极大的渗透性、更大的膜表面积、成膜简单等优点，加上液膜体系中载体浓度和相比的降低，使液膜过程中的试剂夹带损失减少，对于需要昂贵试剂或者处理量较大的场合具有显著的经济意义。

(6) 膜分离组合技术

由于电子废物再生利用废水水质水量变化大，给单一方法处理废水带来困难，因此大多采用组合工艺，如化学沉淀-离子交换法、离子交换-活性炭法、气态凝集-过滤法等。将膜分离技术与其他分离技术进行组合也是很有前景的废水处理方式。

1) 反渗透与超过滤的组合　废水用NaOH调整pH值，使重金属离子沉淀析出，母液用超过滤处理，超过滤的透过液用H_2SO_4调整pH值后，再用反渗透作深度处理，反渗透的透过液返回重新回用。在工艺流程中，前级采用超过滤，其目的是除去pH值调整槽中母液中残存的Al^{3+}、Fe^{3+}沉淀，以防止沉淀对反渗透膜的污染。超过滤是反渗透的预处理，保证反渗透的生产效率。该流程特点是既回收了重金属，又使回收的水有较好的水质。

2) 反渗透与离子交换的组合　以含镍废水处理为例，对pH值为4.5～5的高浓度含镍废水，在4 MPa压力下用醋酸纤维素反渗透膜装置浓缩约6倍，膜对镍的平均分离率为97.8%，透过液与低浓度含镍废水合并后用阳离子交换树脂进行深度处理，处理后的水进行回用，树脂饱和后的H_2SO_4脱洗液，镍含量为150～180 g/L。该系统不但实现废水的封闭循环，而且处理后的水质好。

反渗透和离子交换组合工艺处理含铬废水国外也有采用，废水经pH值调节后用卷式醋酸纤维系反渗透装置在2.8 MPa下浓缩10倍，膜对Cr^{6+}的分离率为93%，浓缩液经阳离子树脂去除杂质阳离子后以铬酸形式回收。膜透过液与其他废水混合，经还原、中和、絮凝沉降、pH值调整等处理。再用反渗透处理以回收水，浓缩液经蒸发以盐的形式回流。

3) 反渗透与化学法的组合　采用反渗透法处理重金属废水时，尽管膜对重金属离子的分离率高，但是，当废水中重金属离子浓度很高时，例如对废水高倍数浓缩时则会降低重金属离子的分离率及膜的透水速度。因此，对高浓度的重金属离子电镀废水，在反渗透前可先进行化学沉淀处理，以降低重金属离子浓度。对残存母液中的重金属离子，进一步在反渗透膜装置进行分离和水的回收和再利用。

4）反渗透与蒸发法的组合　主要用于反渗透的浓缩液进一步用蒸发法浓缩，以求得废水浓缩的经济合理性，也采用小型电加热蒸发器对浓缩液进行蒸发浓缩。

5）电渗析与反渗透组合　将废水用电渗析做初脱盐，再用反渗透作深脱盐，这种组合方式发挥了电渗析宜处理低浓度废水，反渗透宜处理中、高浓度废水的特点。由于大部分盐分在电渗析过程中被去除，所以反渗透可维持较高的生产效率。

6）电渗析与离子交换组合　将废水用电渗析作初脱盐，再用离子交换作精脱盐。这种组合工艺所获得的回收水的纯度要比电渗析与反渗透组合工艺高，但存在离子交换树脂再生等问题。

8.2.3 氰化废水的治理

氰化物可以分为无机氰化物和有机氰化物。常见的无机氰化物有氰氢酸、氰化钠、氰化钾和卤族氰化物等，有机氰化物有乙氰、丁氰和丙烯氰等。

氰化物中的 CN^-，在 pH＝6～8 条件下，遇水便以 HCN 形式存在，酸性极弱，有苦杏仁味，可感受的最低浓度为 0.001 mg/L。CN^- 离子的重要特点是容易与某些金属形成络合物。氰化物剧毒。含氰废水通常的治理方法是将氰化物部分氧化成毒性较低的氰酸盐，或完全氧化成二氧化碳和氮气。

处理含氰废水时，必须综合考虑废水中的贵金属回收、重金属处理和酸碱中和。常用的处理方法有氯化法、酸化法、电解氯化法和臭氧氧化法等。

8.2.3.1　氯化法

氯化法又称碱性氯化法，是利用活性氯的氧化作用，使氰化物氧化成氰酸盐，氰酸盐再进一步氧化生成二氧化碳（CO_2）和氮气（N_2），以达到除去氰根之目的的废水处理方法。活性含氯物质包括氯气、次氯酸、次氯酸钠、次氯酸钙和漂白粉等。由于含氰废水在酸性条件下会产生剧毒的 HCN 气体，因此，用活性氯处理含氰废水一般是在碱性条件下进行。碱性氯化法处理含氰废水时发生的化学反应如下：

$$CN^- + OCl^- + H_2O \longrightarrow CNCl(\text{剧毒}) + 2OH^-$$

$$CNCl + 2OH^- \longrightarrow CNO^-(\text{低毒}) + Cl^- + H_2O$$

$$2CNO^-(\text{低毒}) + 3OCl^- + H_2O \longrightarrow 2CO_2 + 3Cl^- + N_2 + 2OH^-$$

实际投药时，根据废水中化验所得的 CN^- 量，将次氯酸盐折算成 Cl_2，按表 8-5 的投药比例投药。

表 8-5　碱性氯化法处理氰化物废水的投药质量比

含氰形态：含氯形态	氧化成氰酸盐		完全氧化	
	理论值	实际值	理论值	实际值
CN^-：HClO	1：2		1：5	
CN^-：NaClO	1：2.85		1：7.15	
CN^-：Cl_2	1：2.73	1：(3～4)	1：6.83	1：(7～8)

氯化法常用处理流程有间歇式、连续式和完全氧化式等。图 8-3 表示出了间歇式处理流程，适用于电子废物再生利用和贵金属深加工废水的处理。优点是效果可靠，设备简单，投资少，特别适用于治理中等以下浓度的废水。但药剂费用高，储存和使用较为不便。

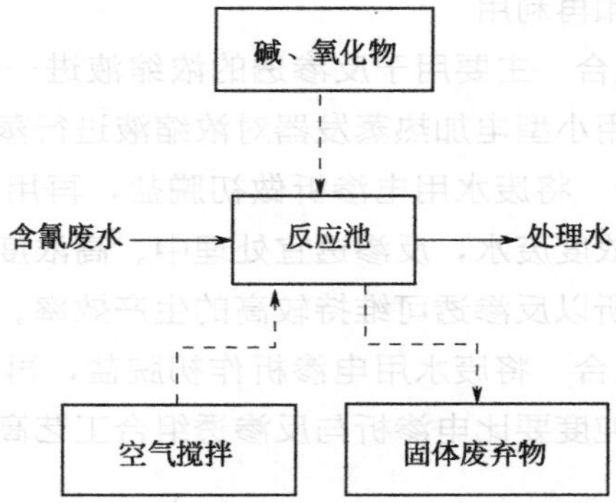

图 8-3　碱性氯化法间歇式处理含氰废水工艺流程

8.2.3.2　酸化法

其原理是利用含氰废水在酸性条件下，简单氰化物和铜、锌等金属的配位氰化物容易解析、挥发出氢氰酸(HCN)，将挥发出的氢氰酸收集起来，然后用碱液吸收。这样既净化了含氰污水又回收了氰化物，并能回收废液中的铜和其他金属，达到了综合回收目的。酸化法处理含氰废水所用酸一般为硫酸，主要工序包括酸化、吹脱、吸收和沉淀过滤。

(1) 酸化

将酸加入含氰废水中时，依次发生中和碱的酸碱反应、分解简单氰化物和配位氰化物的复分解反应，并生成氰化氢气体(HCN 沸点 26.5 ℃)：

$$2CN^- + H_2SO_4 \longrightarrow SO_4^{2-} + 2HCN\uparrow$$

$$Zn(CN)_4^{2-} + 2H_2SO_4 \longrightarrow ZnSO_4 + SO_4^{2-} + 4HCN\uparrow$$

$$2Cu(CN)_3^{2-} + 2H_2SO_4 \longrightarrow Cu_2(CN)_2\downarrow + 2SO_4^{2-} + 4HCN\uparrow$$

生成的氰化亚铜与废水中的硫氰酸盐反应，生成稳定的硫氰化亚铜沉淀：

$$Cu_2(CN)_2 + 2SCN^- + 4HCN\uparrow \longrightarrow Cu_2(SCN)_2\downarrow + 2CN^-$$

(2) 吹脱

将酸化处理后的溶液，充分地暴露在空气中，借助于空气流的作用，把上述各反应式中生成的氰化氢从液相中挥发逸出并随气流带走，可以使污水中氰化物的净化率达 96%以上。

(3) 吸收

挥发逸出的氢氰酸随空气流带走后，用氢氧化钠溶液中和，生成氰化钠回收。

$$NaOH + HCN \longrightarrow NaCN + H_2O$$

(4) 沉淀过滤

经酸化、吹脱处理后的废液中有乳白色的沉淀如：$Cu_2(SCN)_2$、$Cu_2(CN)_2$以及少量的 AgSCN 等化合物，可用浓缩过滤的方法将其回收。其浓缩溢流或滤液经再处理(中和残酸或再处理残氰) 后排放。

酸化法适用于产生含氰废水量大的场合(如从矿石中用氰化法提炼金银等)。利用酸性条件下容易挥发出氢氰酸的特性，高浓度的含氰废水经调节、加热和酸化，由发生塔的顶部淋下。来自风机和吸收塔的空气，将氰化氢(HCN) 吹脱出，冷却后，经气-水分离，循环使用。或者由风机将 HCN 鼓入吸收塔底部，与塔顶淋下的碱液接触，生成 NaCN 溶液，汇集至碱液储池。碱液不断循环吸收，直至达到所需浓度。即使在 pH 值很低的条件下，也很难

将 CN^- 全部转化为 HCN 而完全去除。

8.2.3.3 臭氧氧化法

臭氧氧化法是利用臭氧作为氧化剂来氧化消除氰污染的一类方法。每氧化 1g CN^- 需投加 4.6g O_3，因废水中其他杂质也消耗 O_3，实际投加量为氧化 1g CN^- 投 5g O_3。当废水中存在 1mg/L 的 Cu^+ 时，O_3 去除 CN^- 的接触时间可较正常时间缩短 1/4～1/3。因此，O_3 处理含 CN^- 废水时常以亚铜离子为催化剂。当废水含 CN^- 浓度为 20～30mg/L，按 CN^-/O_3 为 1/5(质量比）投加 O_3 后，处理后的出水含 CN^- 浓度可达到 0.01mg/L 以下，可以作为清洗水回用。反应机理如下：

$$CN^- + O_3 \longrightarrow CNO^- + O_2$$

$$2CNO^- + H_2O + O_3 \longrightarrow 2HCO_3^- + N_2$$

锌、镍、铜的氰络合物易被分解，但钴氰络合物难以氧化。臭氧氧化的特点是在治理过程中不必加入可溶解固体，治理后废渣少，但臭氧发生器价高，治理费用较高。臭氧氧化法处理含氰废水的工艺流程如图 8-4 所示。

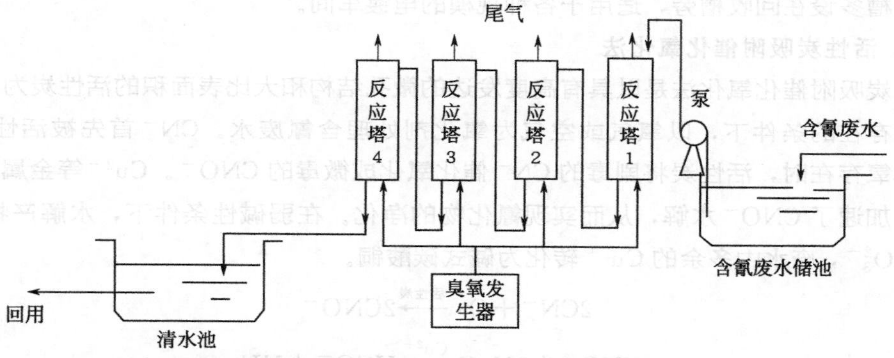

图 8-4 臭氧氧化法处理含氰废水的工艺流程

8.2.3.4 电解氯化法

电解氯化法是通过电解的方法将废水中的简单氰化物和配位氰化物转变为二氧化碳和氮气的含氰废水处理方法。简单氰化物在阳极上首先发生的反应是：

$$CN^- + 2OH^- \longrightarrow CNO^- + H_2O$$

反应进行得很强烈，接着发生第二阶段的两个反应：

$$2CNO^- + 4OH^- - 6e \longrightarrow 2CO_2\uparrow + N_2\uparrow + 2H_2O$$

$$CNO^- + 2H_2O \longrightarrow NH_4^+ + CO_3^{2-}$$

配位氰化物的反应为：

$$Cu(CN)_3^{2-} + 6OH^- - 6e \longrightarrow Cu^+ + 3CNO^- + 3H_2O$$

$$Cu(CN)_3^{2-} \longrightarrow Cu^+ + 3CN^-$$

在电解的介质中投加食盐时发生下列反应：

$$2Cl^- - 2e \longrightarrow 2Cl$$

$$2Cl + CN^- + 2OH^- \longrightarrow CNO^- + 2Cl^- + H_2O$$

$$6Cl + Cu(CN)_3^{2-} + 6OH^- \longrightarrow Cu^+ + 3CNO^- + 6Cl^- + 3H_2O$$

$$6Cl + 2CNO^- + 4OH^- \longrightarrow 2CO_2\uparrow + N_2\uparrow + 6Cl^- + 2H_2O$$

在阴极上发生的化学反应为：

$$2H^+ + 2e \longrightarrow H_2\uparrow$$

$$Cu^{2+} + 2e \longrightarrow Cu$$

$$Cu^{2+} + 2OH^- \longrightarrow Cu(OH)_2\downarrow$$

电解法处理含氰废水的工艺流程可分为间歇式和连续式两种。含氰废水经电解法处理后出水含 CN^- 量为 0～0.5 mg/L，同时在阴极可回收金属。但在处理过程中会产生少量 CNCl 气体，需采取防护措施。

在以石墨为阳极、铁板为阴极的电解槽内，投加一定量的 NaCl，阳极产生的 Cl_2 可将废水中的 CN^- 和络合物氧化成氰酸盐、N_2 及 CO_2。这种方法一般用来治理高浓度含氰废水。已成功用于铜、镍气提废液和浸渍废液、碳性除垢水和去锈水中高浓度氰化物的治理。当残余氰化物浓度低于每升几百毫克时，用电解法治理就不经济了。氰化物的最终分解通常还是采用氯化法。对漂洗水中的氰化物，由于初始浓度比较低，一般不采用电解法。

电解法的特点是能回收纯度高的金属，处理设备操作简单，占地面积小，运行费用较低，电解槽多设在回收槽旁，适用于各种规模的电镀车间。

8.2.3.5 活性炭吸附催化氧化法

活性炭吸附催化氧化法是以具有高度发达的微孔结构和大比表面积的活性炭为载体，在有催化剂存在的条件下，以氧气或空气为氧化剂处理含氰废水。CN^- 首先被活性炭吸附，当有溶解氧存在时，活性炭将剧毒的 CN^- 催化氧化成微毒的 CNO^-。Cu^{2+} 等金属离子作为催化剂，加速了 CNO^- 水解，从而实现氰化物的净化。在弱碱性条件下，水解产物 HCN^- 转化为 CO_3^{2-}，废水中多余的 Cu^{2+} 转化为碱式碳酸铜。

$$2CN^- + O_2 \xrightarrow{\text{活性炭}} 2CNO^-$$

$$CNO^- + 2H_2O \xrightarrow{Cu^{2+}} HCO_3^- + NH_3$$

$$HCO_3^- + OH^- \longrightarrow CO_3^{2-} + H_2O$$

活性炭吸附催化氧化法处理含氰废水包括预处理、氰化物脱除和饱和炭再生 3 个过程，工艺流程如图 8-5 所示。上述过程中预处理较为简单，只需除去废水中的悬浮物和沉淀物，在中和槽中用硫酸调节 pH 于 7.8～8.5。然后使废水自上而下流入活性炭吸附床，并与来自吸附床底部的空气混合，完成氰化物的氧化过程，同时废水中的 Au、Ag 吸附到活性炭上。吸附床的级数取决含氰废水的初始含氰浓度、流量以及对最终净化水的要求。该法在处理含氰废水的同时可综合回收 Au、Ag 等有价组分，成本低，操作简便，除氰效果好，适合连续处理。通常，饱和吸附了贵金属的活性炭不再重复利用，而采用高温炭化法将其灰化，贵金属全部转入溶液后进行回收。

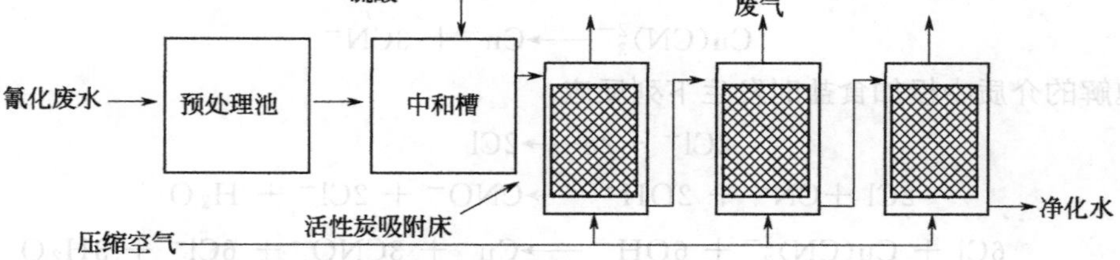

图 8-5 活性炭吸附催化氧化法处理含氰废水的工艺流程图

8.2.4 有机废水的治理

废家电回收利用过程中，在对贵金属（金、银、铂、钯等）和贱金属（铜、镍、铬、钛等）使用萃取方法进行回收，或者将相关金属加工成金属有机化合物，或者在回收高分子材料等环节，会产生一定量的有机废水。一般而言，有机废水的成分要比无机废水复杂，包括含烃类、卤烃类、醇及醚类、酮及醛类、酸及酯类、酰胺或腈类、硝基化合物、杂环化合物、水溶性高分子聚合物及金属有机化合物等。废水浓度及有害性表征指标可以分为物理性指标、化学性指标和生物性指标。物理性指标包括温度、色度、嗅和味、固体物质。化学性指标包括无机指标和有机指标。生物性指标包括细菌总数和大肠菌群数。对有机废水，一般用有机指标去表征，包括生化需氧量（BOD）、化学需氧量（COD）、总有机碳（TOC）与总需氧量（TOD），其中，用得最多的是五日生化需氧量 BOD_5 和 COD。BOD、COD、TOC 和 TOD 值越大，表示有机废水中有机物含量越高，废水受污染的程度越大。而 BOD_5/COD 的比值可以大致表示废水的可生化降解特性，一般认为当污染物的 BOD_5/COD 大于 0.3 时，即为生化可降解物质，而大于 0.45 时为生化易降解物质。有机废水的治理方法分为物理和物理化学法、化学法、生物法三类。

8.2.4.1 物理和物理化学法

1）空气吹脱法　将空气通入水中，利用传质作用，将水中溶解状挥发物由液相转为气相，扩散到大气中而得到去除。从原理分析，空气吹脱法仅限于去除水中的挥发性有机化合物（VOCs），不适于挥发性不高和消毒副产物（DBPs）的前体物的去除。

2）膜分离法　利用膜生物反应器技术，治理有机废水。

3）吸附法　利用多孔性固体吸附废水中杂质的方法。常用的吸附剂有活性炭、活性氧化铝、硅胶和沸石分子筛。有机废水治理上用得最多的是活性炭吸附。

8.2.4.2 化学法

1）氧化剂氧化法　目前有机废水治理中常用的氧化剂有 $KMnO_4$、O_3、H_2O_2、ClO_2 等。其中，O_3 由于其氧化能力强，在过去 20 年中已被广泛地应用于有机废水治理中。

2）湿式氧化法　在高温下（100～374 ℃），利用高压氧气或空气与废液中有机物在液相中反应，将污染物氧化降解，从而达到去除污染物的目的。已成功用于治理造纸、染料、贵金属加工、石油化工废水等有机废水治理。

3）超临界水氧化法　在温度和压力分别超过其临界状态（374 ℃）和临界压力 220×10^5 Pa 时，水处于临界状态。临界水的许多性质都与常温常压下水的性质有很大差别，其介电常数类似于常温常压下极性有机物，能与非极性有机物完全混溶，也能与空气、氧气、二氧化碳和氮气等气体完全混溶，使氧化反应均相进行。研究表明超临界水可以将多种有毒有机物完全氧化成二氧化碳、氮气和水等无毒物质。目前得到实验证实的有二噁英、多氯联苯、硝基苯、尿素、氰化物、酚类等。

4）还原法　氯代有机物是一类重要的难降解性有机物，对此类有机物的降解一直是很多研究人员关注的对象。有人使用还原性较强的物质如 Fe、Zn、Al、Cu 等将含氯有机物转化为危害性较小的低级烃类。

5）光化学氧化法　在水处理领域中，光化学氧化法是近 20 年才进行研究的新技术。其中，光激发氧化在去除水中有机污染物方面最具有竞争力。这是一种将紫外光辐射（UV）

和氧化剂(如 O_3和 H_2O_2等) 结合使用的方法。在紫外光的激发下，氧化剂光分解产生氧化能力更强的游离基(如·OH)，从而大大提高了氧化能力和反应速率，可以氧化许多单用氧化剂无法分解的难降解污染物。其中，O_3/UV 光激发氧化法已被美国环保局指定为多氯联苯废水治理的最佳实用技术。紫外光和氧化剂的共同作用，使得光激发氧化无论在氧化能力还是反应速率上，都远远超过单独使用紫外辐射或氧化剂所能达到的效果。

6) 超声波氧化法 近年来，国外研究开发了超声强化氧化技术，这是一种属于声化学范畴的治理技术。声化学是利用超声空化能量来加速和控制化学反应，提高反应效率和引发新的化学反应的一门新的边缘交叉学科。声化学现象已广泛应用于众多领域，已迅速发展成为与热化学、光化学和电化学并列的一个崭新的化学分支。声化学反应的作用机制多种多样，其中最重要的是"声空化"，即当超声波以一定频率与强度作用于液相反应系统时，液体分子承受交替的压缩、扩张循环，在扩张循环过程中，液体的密度降低到足以使液体介质"撕裂"出大量瞬间生成又瞬时崩溃的微小"空化泡"，从而将声场的能量集中起来。在压缩过程中，已存在的空化泡被大大压缩、崩溃，并在极小的空间内将能量释放出来，产生瞬时的局部高温(5000K) 和高压(1000 atm)，即所谓的"热点"，这为有机物的分解反应提供了一个非常特殊的物理环境，大大加速与促进了氧化还原分解反应，特别是非均相反应的进行，使一些需要在较高温度与压力等条件下的反应可在常态下顺利进行。

8.2.4.3 生物法

生物法是利用水中的微生物的新陈代谢及絮凝、吸附、氧化、硝化等综合作用，使废水中呈溶解和胶状的有机物被降解，并转化为无害的物质，废水得以净化。目前用于废水中有机物去除的生物工艺有生物滤池、生物流化床、生物活性炭、生物转盘以及生物接触氧化法。生物法具有能耗小，处理效率高，二次污染少，可产生有利用价值的有机大分子等特点，具有良好的应用与开发前景，一般作为有机废水的二级治理工艺。

8.3 电子废物再生利用固体废弃物治理

在电子废物再生利用过程中，不可避免地会产生一些目前已无利用价值的固体废弃物。例如在火法熔炼过程中产生的熔炼废渣、焚烧飞灰；湿法工艺中产生的沉淀废渣；废水处理中采用化学沉淀法产生的重金属固体废弃物等。其中，根据 2016 年 3 月 30 日环保部通过的、于 2016 年 8 月 1 日实施的新版《国家危险废物名录》中规定，焚烧飞灰、重金属污泥属于危险废弃物，废旧家电拆解后的废线路板也是危险废弃物，主要因为其对环境会造成重金属污染。这些危险废弃物与一般的废弃物相比，对环境危害更大，必须由有资质企业进行安全处置。目前，对这类重金属固体废弃物的处置技术最常用的有固化技术和卫生填埋技术。

8.3.1 固化技术

固化技术又称为稳定化技术，相对比较成熟，废弃物消纳量大，在国内外应用广泛。其次是以固化法为基础的材料化技术，均是将有害的重金属包埋、固化在固化体中，做成各种能再利用的材料，进行资源化利用。

8.3.1.1 固化/稳定化技术

固化(solidification) /稳定化(stabilization) 技术(简称 S/S 技术) 就是通过降低有毒物

质在环境中的迁移速度、溶解度或进行化学反应改变其存在形态来降低对环境的影响，或者使有害的物质被无害的物质包裹形成牢固的固体结合形态，使重金属等有害物质失去对环境的污染。具体操作就是通过投加常见的固化剂，如水泥、沥青、石灰、玻璃和热塑料物质等，让含重金属废弃物与之充分混合，使固体废弃物内的有害物质封闭在固化体内不被浸出，从而达到无害化、稳定化目的。因此，稳定化是将有毒有害的污染物转变为低溶解度、低迁移性及低毒性的物质过程。稳定化一般可分为化学稳定化和物理稳定化。化学稳定化是通过化学反应使有毒物质变成不溶性化合物，使之在稳定的晶格内固定不动；物理稳定化是将固体废弃物或半固体物质与一种疏松物质(如粉煤灰)混合生成一种粗颗粒、有土壤状坚实度的固体。固化技术与稳定化技术密不可分，实际上，固化技术是稳定化技术中的一种。到目前为止，已经得到开发和应用的稳定化/固化技术主要包括以下几种类型：水泥固化、沥青固化、塑料固化、石灰固化、自胶结固化和玻璃固化。其中，水泥和石灰固化/稳定化技术比较经济有效，应用广泛。

固化技术是危险废物处理中的一项重要技术，在区域性集中管理系统中占有重要地位。和其他处理方法相比，它具有固化材料易得、处理效果好、成本低的优势。美国、日本及欧洲一些国家对有毒固体废物普遍采用固化处置技术，并认为这是一种将危险物转变为非危险物的最终处置方法。其中，水泥固化是国内外最常用的固化技术，但对于含水率较高的废物，需要使用大量的水泥，致使废物增容比较大，给后续的运输和处理带来困难，也极大地提高了处理费用。另外，若废物中含有阻碍水泥固化的成分时，常发生固化体强度低，有害物质浸出率高等问题。

为改善固体废弃物的固化效果，降低有害物质的溶出率，节约水泥用量，增强废物中危险成分的固定能力或有效降低其毒性，常常加入不同种类的添加剂，这些添加剂往往起到稳定化的作用。添加剂种类繁多，作用也不同，常见的有活性氧化铝、硅酸钠、硫酸钙、碳酸钠、活性谷壳灰等，这些添加剂可以使水泥固化产生更好的效果。固化法最初使用时，没有考虑危险成分的稳定化效果，处理的唯一目的是改变固废的物理形态，使之适合运输和填埋。后来，美国的CSI公司和Chemfix公司开始采用科学的方法固化各类危险废物。如采用石灰/粉煤灰与废物的硫酸盐结合，可提高固化体的强度；Chemfix公司利用水溶性硅酸盐和普通水泥处理机械制造、金属表面处理和冶金等工艺产生的废物以及高浓度重金属固体废弃物。

进入20世纪80年代以后，固化/稳定化技术得到迅猛发展，到目前为止，已经得到开发和应用的固化/稳定化技术除常规的水泥固化和石灰固化外，还有有机聚合物固化、塑性材料固化、大型包胶、自胶结固化和玻璃固化等。

8.3.1.2 水泥固化

水泥是一种无机胶结材料，加水产生水化反应，反应后形成坚硬的水泥块。水泥固化是基于水泥的水合和水硬胶凝作用而对废物进行固化处理的一种方法，它将废物和普通水泥混合，形成具有一定强度的固化体，从而达到降低废物中危险成分浸出的目的。

水泥固化法对含重金属固体废弃物的处理特别有效，固化工艺和设备简单，设备和运行管理费用低，水泥原料和添加剂便宜易得，对含水量较少的废物可以直接固化，操作可在常温下进行，固化产品经过沥青涂覆能有效降低污染的浸出，固化体的强度、耐热性、耐久性均好，有的产品可作路基或建筑物基础材料。不足之处是水泥固化体的浸出率高，固化体增容较大。

(1) 水泥固化原理

水泥是一种以硅酸三钙、硅酸二钙为主要成分的无机胶结材料。水泥固化的作用机理，一般认为是水泥中的粉末状水化硅酸钙胶体(CSH) 对有毒物质产生吸附作用，以及水泥中的水化物能与有毒有害物质形成固溶体，从而将其束缚在水泥硬化组织内，降低了有毒有害物质的可渗透性，并达到稳定化、无害化的目的。水泥固化时将重金属固体废弃物与水泥充分混合，并需要适量的水，可以保证水泥分子跨接所必需的水，以便发生水化反应，形成与岩石性能相近的、以水化硅酸钙凝胶为主的坚硬石状结构。固化过程有以下两种。

1) 水化反应过程 水化反应过程主要是硅酸二钙，硅酸三钙的水化反应。

2) 水化、凝结及硬化过程 重金属固体废弃物中含有的重金属与水泥或粉煤灰中的 Al_2O_3、SiO_2 发生胶凝化学反应，形成主要由水泥、粉煤灰或石灰等组成的水泥胶结材体系。固化体主要水化产物为水化硅酸钙凝胶(CSH) 和钙矾石(AFt)。其过程中的水化及凝结、硬化经历下面几个阶段。

① 水化初期。重金属固体废弃物、水泥和其他胶材均匀混合加水后，水泥、石灰等可溶解成分迅速溶解于水中，CaO 快速溶解生成 $Ca(OH)_2$，释放出大量的 Ca^{2+} 和 OH^-。同时，石灰等在强碱性溶液中的离子扩散到粉煤灰和细砂表面，侵蚀玻璃体结构，硅酸盐水泥矿物和二水石膏随之溶解。水泥熟料中 C_3A 首先在 $Ca(OH)_2$ 水溶液中水化成 C_4AH_{13}，接着与石膏反应形成钙矾石；同时 C_3S 和 C_2S 水化形成水化硅酸钙胶体(CSH)。随着反应进行，生成的水化硅酸钙、水化硫铝酸钙等水化产物沉积在粉煤灰、水泥表面逐渐包裹住玻璃体，在水泥、粉煤灰与细砂表面开始形成包覆膜。

② 诱导期。在包覆膜形成后，只有离子半径小的 OH^-、Ca^{2+} 能扩散穿过包覆膜，水化反应速率减慢，扩散控制反应过程，进入诱导期。浆料中的凝聚结构也逐渐形成、增多，使得离子难以迁移扩散。由于游离水和空余空间减少导致流动性降低，失去可塑性。浆料在这个阶段初凝。

③ 加速水化期。随着水化反应继续进行，包覆膜逐渐增厚，包覆膜内外的渗透压增加。当渗透压足够大时，包覆膜破裂，水化加速。浆料在这个阶段终凝。

④ 缓慢水化期。浆体完全硬化，具有一定的强度。水化产物的包覆作用随水化产物的不断增加而增强，胶结材的水化速率主要受扩散速率控制。进入减速期后，液相中的 $Ca(OH)_2$ 浓度降低，形成的钙矾石都是分散分布的单个晶体，填充在硬化体微结构孔隙中。

水化过程的主要产物是一种具有特定组分的非晶体水化硅酸钙胶体(CSH)。在水合反应过程中，重金属固体废弃物中的重金属固化形态各不相同。通过研究发现，Ni 和 Sn 是以化学吸附的形式固化在 C—S—H 胶体中，其中 Ni 以 Ni $(OH)_2$ 的形式存在；Cd、Pb 和 Zn 通过它们的氢氧化物和碳酸盐化合物的沉淀而达到固化的目的，Cd 的形式是 $Cd(OH)_2$，Pb 则以碳酸盐的形式存在于水泥颗粒的表面上。Zn 会取代 CSH 中的 Ca 或与 CSH 表面的 Ca 反应形成含 Ca 和 Zn 的氧化物。Cu 通常形成不溶性的沉积物，Cr 被吸收进了水化产物，特别是 CSH 凝胶中。同时一部分重金属离子也以氢氧化物的方式被捕集，由于混合物中形成的氢氧化铝为宽松的絮状物，有比较大的比表面积，会吸附捕捉部分重金属离子。

(2) 水泥固化工艺

水泥的种类很多，最常用的是普通硅酸盐水泥。为达到满意的固化效果，在水泥固化操作过程中，要严格控制 pH 值、水灰比、凝固时间、水泥与废物的比例、添加剂和固化块的成型条件等工艺参数。在水泥固化过程中，由于废物组成的特殊性，常会遇到混合不均匀，过早或过迟凝固，产品的浸出率较高、强度较低等问题。为了改善固化物性能，在固化过程中可适当加入一些添加剂，如沸石、黏土、缓凝剂或速凝剂、硬脂酸丁酯等。另外，在固化过程中，许多化合物会有干扰作用，如锰、锡和铜等金属的可溶性盐类会延长凝固时间，而且会大大降低固化体的物理强度。有些杂质如有机物、淤泥以及某些黏土也会延长凝固时间。

在固化操作中需要严格控制以下的各种条件，才能使各种组分之间得到良好的匹配性能。

1）pH 值　因为大部分金属离子的溶解度与 pH 值有关，对于金属离子的固定，pH 值有显著的影响。当 pH 值较高时，许多金属离子将形成氢氧化物沉淀，而且 pH 值高时，水中的 CO_3^{2-} 浓度也高，有利于生成碳酸盐沉淀。应该注意的是，pH 值过高，会形成带负电荷的羟基络合物，溶解度反而升高。例如：pH＜9 时，铜主要以 $Cu(OH)_2$ 沉淀的形式存在，当 pH＞9 时，则形成 $Cu(OH)_3^-$ 和 $Cu(OH)_4^{2-}$ 络合物，溶解度增加。许多金属离子都有这种性质，如 Pb 当 pH＞9.3 时，Zn 当 pH＞9.2 时，Cd 当 pH＞11.1 时，Ni 当 pH＞10.2 时，都会形成金属络合物，造成溶解度增加。

2）水、水泥和重金属固体废弃物的量比　固化过程中，先要将水泥与重金属固体废弃物混合，为保证水化反应，这时需要一定的水量。水量过小，则无法保证水泥的充分水合作用；水量过大，则会出现泌水现象，影响固化块的强度。水泥与重金属固体废弃物之间的量比应通过试验方法确定，主要是因为在重金属固体废弃物中往往存在妨碍水合作用的成分，它们的干扰程度是难以估计的。

3）凝固时间　为确保水泥废物混合浆料能够在混合以后有足够的时间进行输送、装桶或者浇注，必须适当控制初凝和终凝的时间。通常设置的初凝时间大于 2h，终凝时间在 48h 以内。凝结时间的控制是通过加入促凝剂（偏铝酸钠、氯化钙、氢氧化铁等无机盐）、缓凝剂（有机物、泥沙、硼酸钠等）来完成的。

4）其他添加剂　为使固化体具有良好的性能，还经常加入其他成分。例如，过多的硫酸盐会由于生成水化硫酸铝钙而导致固化体的膨胀和碳裂，如加入适当数量的沸石或蛭石，即可消耗一定的硫酸或硫酸盐。为减小有害物质的浸出速率，也需要加入某些添加剂，例如，可加入少量硫化物以有效地固定重金属离子等。

5）固化块的成型工艺　主要目的是达到预定的机械强度。并非在所有的情况下均要求固化块达到一定的强度，例如，对最终的稳定化产物进行填埋或贮存时，就无须提出强度要求。但当准备利用废物处理后的固化块作为建筑材料时，达到预定强度的要求就变得十分重要，通常需要达到 10 MPa 以上的指标。

水泥固化法的主要优点有：水泥固化法对含高毒重金属废物的处理特别有效，适合重金属固体废弃物无害化处置。固化工艺和设备比较简单，设备和运行费用低，水泥原料和添加剂便宜易得，对含水量较高的废物可以直接固化，固化产品经过沥青涂覆能有效地降低重金属的浸出，固化体的强度、耐热性、耐久性均好，产品适于投海处置，有的产品可作路基或建筑物基础材料。

水泥固化法的缺点是：重金属固体废弃物经固化处理后生成的固化产品体积都会有不同

程度的提高，一般都比原体积增大 1.5～2.0 倍。为防止固化体的重金属浸出，须作涂覆处理，并且随着对固化体稳定性的提高和浸出率的降低等要求，在处理废物时将会需要使用更多的凝结剂，相应地也提高了稳定化/固化技术的处理费用；在固化处置前，重金属固体废弃物需作预处理或需要加入添加剂，因而可能影响水泥浆的凝固，同样也会使成本增加；若重金属固体废弃物中含有铵离子，则水泥的碱性能使铵离子变成氨气释出。

另一个重要问题是废物的长期稳定性，很多研究都表明传统的固化技术稳定废物成分的主要机理是废物和凝结剂之间的化学键合力、凝结剂对废物的物理包胶以及凝结剂水合产物对废物的吸附等共同作用，然而，确切的包容机理和对固化体在不同化学环境中长期行为的认识还很不够，特别是包容机理，当包容体破裂后，危险成分会重新进入环境并造成不可预见的影响。

8.3.1.3 药剂固化

近年来国际上提出了利用高效的化学稳定化药剂进行固化的新方法，通过药剂与废物的物理化学作用，对废物进行无害化处置，其增容比远远低于水泥固化，这就显著降低了后续的运输、储存和处置费用，而且通过改进螯合剂等的结构和性能，可以使其与电镀固体废弃物中的重金属间的螯合作用得到加强，从而提高稳定化产物的长期稳定性。该法具有价廉、工艺简单、效果好等优点，已逐渐成为重金属废物无害化处理领域的研究热点。

(1) 药剂固化现状

根据废物中所含重金属种类的不同，常用的稳定化药剂有无机稳定剂和高分子有机稳定剂(如重金属螯合剂、磷酸盐等）两种。目前发展较快的是螯合型重金属稳定药剂。高分子螯合剂是一类具有螯合重金属离子功能的高分子，不同的重金属离子与重金属螯合剂所形成的螯合结构是不相同的，但最终的结果都是形成高分子重金属离子螯合物，达到重金属废物稳定化的目的。高分子螯合剂对重金属废物稳定化效果好于无机药剂，该技术处理在焚烧飞灰、固体废弃物、铬渣三个方面有应用。

1) 在焚烧飞灰中的应用　重金属固体废弃物焚烧所产生的焚烧飞灰因其含有较高浸出浓度的铅和铬等重金属而属于危险废物，在对其进行最终处置之前必须先经过稳定化处理。在日本，法律明确规定焚烧后飞灰，必须进行填埋或其他方式处理利用。

国内研究开发了多胺类和聚乙烯亚胺类重金属螯合剂，这种螯合剂可以通过采用不同种类的多胺或聚乙烯亚胺与二硫化碳反应得到。通过对这种重金属螯合剂处理焚烧飞灰的工艺及处理效果的研究，与 Na_2S 和石灰处理等效果进行了比较，结果表明：螯合剂投加量 0.6%，捕集飞灰中重金属的效率高达 97%以上；为达到相同稳定化效果，螯合剂的使用量要比无机稳定化药剂少得多；同时 14 个月的微生物影响实验表明，重金属螯合剂稳定化产物在填埋场环境下，其稳定性不受微生物活动的影响。

清华大学[8]研究了用聚乙烯亚胺与二硫化碳反应得到重金属螯合剂二硫代氨基甲酸或其盐，该螯合剂对 Cr^{3+}、Cu^{2+}、Ni^{2+}、Ag^{+}、Pb^{2+}、Zn^{2+} 和 Cd^{2+} 均有较好的捕集作用，而且捕集效果不受 pH 值的影响。

还有人进行了垃圾焚烧飞灰的新型稳定化药剂—重金属螯合剂的实验室研究，探讨了该螯合剂处理焚烧飞灰的稳定化工艺流程及处理效果。结果表明：该螯合剂对飞灰中重金属的总捕集效率高达 97%以上，其效果显著优于无机稳定化药剂 Na_2S 和石灰，且处理后的飞灰能达到重金属废物的填埋控制标准。同时，其处理后的飞灰的最大浸出量远低于无机稳定化药剂处理后的飞灰，且能在较宽的 pH 值范围内都具有好的稳定化效果，减少了稳定化产物在环境条件变化下产生二次污染的风险。

日本对氨基甲酸盐类螯合剂对飞灰中重金属的处理进行了研究，合成了多种分子量的螯合剂，用于重金属的稳定化/固化，以达到减少固废中重金属的二次污染的良好效果。

美国研究了用 $Ca(OH)_2$ 和多胺类添加剂来固定 MSW 飞灰，结果表明：$Ca(OH)_2$ 水合物的加入使混合物的抗压强度随时间的增加而增加；有机添加剂的加入在短时间内(14 d)使混合物的抗压强度是不加添加剂的 2 倍；重金属的渗滤实验表明不加添加剂时 Cr^{6+} 的渗滤超标，加入添加剂后 Cr^{6+} 的渗滤满足要求。

国外也有人用抑制型螯合剂来处理飞灰，即利用螯合剂与飞灰中的重金属离子反应生成溶于水的螯合物，例如，以糖酸为原料的螯合剂，这种螯合剂可以有效地萃取飞灰中的锌、汞、铜等离子。也可用 EDTA、NTA 等螯合剂来溶解飞灰中的重金属，结果表明经过这些螯合剂处理后的飞灰浸滤液中的重金属含量大大降低，都达到了相应的填埋标准。

2) 在处理固体废弃物上的应用　可利用有机络合剂来去除固体废弃物中 Cd、Pb、As、Cu 和 Zn 等重金属元素。其原理是，在一些难溶的金属化合物中加入络合剂后，将其转化为可溶态的金属络合物予以去除。研究表明有机络合剂 EDTA、二乙烯三胺五乙酸(DTPA)等在去除重金属上非常有效，如 EDTA 能与许多重金属元素形成稳定的化合物；用 0.01～0.1 mol/L 的 EDTA 对 Pb 的去除率可达到 60%；当 EDTA 的用量足够时，不论在何种性质基质中，特定重金属的去除率不受 pH 值的影响；EDTA 对重金属的去除效率与重金属在固体废弃物中的来源和分布有关。

通过研究螯合剂与表面活性剂等化学物质对 Cd、Cr 去除的影响，发现柠檬酸(CTA)、EDTA 单一处理固体废弃物 Cd、Cr 的去除效果要优于十二烷基磺酸钠(SDS)；柠檬酸与 SDS、EDTA 与 SDS 复合，无论是顺序处理还是共同处理，它们对去除固体废弃物 Cr 表现都为拮抗效应或独立效应，而对 Cd 的去除则表现出复杂的复合效应。

还有人采用药剂稳定化、水泥固化二者结合等方法对锌渣进行了处理研究。结果表明重金属螯合剂的药剂稳定化和水泥固化相结合的方法处理锌渣，其重金属含量可以低于固体废物毒性浸出标准的限值，能有效控制对周围环境的污染。所以，采用药剂稳定化和水泥固化结合的方法处理锌渣是完全可行的。

(2) 药剂固化优势

固化时间短，可以在短期内(1～2 d) 使固体废弃物凝固。添加量少，仅为固体废弃物量的 5%～8%，对固体废弃物 pH 值改变较小，同时可以抑制臭气的产生。是一种绿色的固体废弃物调理剂，不对固体废弃物造成二次污染，并能改进固体废弃物的性能，促进固体废弃物的稳定化。固化过程简化，易于生产和施工。可持续使用，固定化处理的固体废弃物经过在填埋场内 2～3 年的稳定期后，形成一种类土壤物质，可进行开采利用，实现固体废弃物填埋场的可持续使用。

8.3.1.4　石灰固化技术

水泥固化具有对电镀固体废弃物等重金属废物处理十分有效、投资和运行费用低、水泥及其他添加剂价廉易得、操作简单、固化体稳定等优点，因而得到了广泛的应用。但水泥固化体中重金属的长期稳定性问题和水泥固化的高增容率一直是许多研究者密切关注的问题。随着固化体浸出率法规要求的日益严格以及填埋场建设费用的提高，水泥固化的费用会急剧增加而失去廉价的优势。因此，近年来，又有石灰固化技术应用到重金属固体废弃物处置中。

石灰固化技术的应用不如水泥固化应用广泛。石灰固化是将氢氧化钙(熟石灰）和重金属固体废弃物以及其他材料如水泥窑灰、熔矿炉渣进行混合，通过催化反应将危险废物中的重金属等有害成分吸附于所产生的胶体结晶中，从而使固体废弃物得到稳定。与其他稳定化过程一样，向石灰固化中加入少量添加剂，可以获得额外的稳定效果。石灰固化法的优点是使用的填料来源丰富，价格低廉，操作简单，不需要特殊的设备，处理费用低，被固化的废渣不要求脱水和干燥，可在常温下操作等。缺点是石灰属于高碱性物质，很容易与酸发生作用，因此受外界酸雨等一些环境条件的作用而易丧失固化效果。但由于这项技术的处理费用低，所以是一种很有潜力的固化技术。

8.3.2 卫生填埋技术

尽管国外近年对填埋处置依赖越来越小，并在逐步关闭现有的填埋场。但我国对危险固体废物的管理起步较晚，处置技术还处在低水平阶段，在重金属固体废弃物处理处置方面还缺乏有效的实用技术，因此对重金属固体废弃物实行卫生填埋处置仍是未来一段时间内我国处置固体废弃物的主要方法。

重金属固体废弃物卫生填埋的优点是投资少、容量大、见效快，但填埋存在诸多问题。首先人口增加，土地资源匮乏，填埋侵占了大量土地，造成土地资源紧缺。其次，填埋造成二次污染。主要是填埋的重金属固体废弃物中含有各种各样复杂的有毒有害物质，尽管填埋时进行了安全防护，但经过多年后，重金属固体废弃物中有害物质仍然会通过雨水的侵蚀和渗漏作用污染地表水和地下水。因此固体废弃物填埋技术并没有最终避免环境污染问题，没有从源头上、根本上解决固体废弃物处置问题，而只是拖延了污染产生的时间，因此应采取卫生填埋措施。卫生填埋是从环境保护角度出发，进行科学选址，选择在底基渗透系数低且地下水位不高的区域，填坑铺设防渗性能好的材料，否则，若防渗层处理不当易造成土壤和地下水污染，同时还需配备渗滤液收集装置和气体导排设施。然后，填埋前需要对重金属固体废弃物先行进行固化/稳定化处理，将有害物质固化，并达到浸出要求，然后才能填埋。

重金属固体废弃物的填埋选址是一个很重要的问题，选址不当可能会造成对地下水体的污染进而危害人体健康。填埋场场址的选择应符合国家及地方城乡建设总体规划要求，还要符合国家和省的固体废物防治规划：a. 能充分满足填埋场基础层的要求；b. 现场或其附近有充足的黏土资源以满足构筑防渗层的需要；c. 位于饮用水、水源地主要补给区范围之外，且下游无集中供水井；d. 地下水位应在不透水层 3m 以下，如果小于 3m，则必须提高防渗设计要求，实施人工措施后的地下水水位必须在压实黏土层 1m 以下；e. 天然地层岩性相对均匀、面积广、厚度大、渗透率低；f. 地质构造相对简单、稳定，没有活动性断层，非活动性断层应进行工程安全性分析论证，并提出确保工程安全性的处理措施。

8.3.3 焚烧处置

固体废物焚烧处理技术是一种高温高热处理技术，以一定的过剩空气与被处理的有机废物在焚烧炉内进行氧化燃烧反应，有毒有害物质在高温下氧化、热解而被破坏，是一种可同时实现废物“减量化、资源化、无害化”的处理技术，通过焚毁能使被焚烧的物质最大限度地减容或变为无害物质，尽量减少新的污染物产生，同时可以回收利用焚烧产生的热量。焚烧的方式主要根据废物种类、形态、燃烧性能和补充燃料的种类来决定。固体废物焚烧法是目前世界各国普遍采用的固体废物处理技术，但固体废物焚烧技术有其局限性。除了焚烧设备一次性投资大，运转成本高外，它通常要求固体废物有比较高的热值，而且焚烧过程中会产生大量的有害气体，增加了废气处理的量和难度。

参考文献

[1] 童昕，颜琳．可持续转型与延伸生产者责任制度［J］．中国人口资源与环境，2012，22（8）：48-53.

[2] 方海峰，黄宇和，黎宇科．落实生产者责任延伸制度推动汽车企业提高回收利用水平（上）［J］．汽车与配件，2009，(31)：41-43.

[3] 刘蕊，张明顺，李惠民．我国电子废物资源化利用的产业化障碍及其政策分析［J］．环境与可持续发展，2015，40(3)：113-118.

[4] 李晓旭，张志佳，刘展宁，等．废旧电子产品回收现状分析及对策［J］．中国市场，2016，1：97-100.

[5] 袁剑刚，郑晶，陈森林，等．中国电子废物处理处置典型地区污染调查及环境、生态和健康风险研究进展［J］．生态毒理学报，2013，8（4）：473-486.

[6] 周炳炎，于泓锦，鞠红岩．我国包装废物回收体系研究［J］．再生资源与循环经济，2010，3（7）：33-37.

[7] 周全法，周品，王玲玲．贵金属深加工及其应用［M］．化学工业出版社，2015，129-145.

[8] 蒋建国，王伟，李国鼎，等．重金属螯合剂处理焚烧飞灰的稳定化技术研究［J］．环境科学，1999，3（20）：13-17.

索 引

（按汉语拼音排序）